现代数学基础丛书·典藏版　16

算子代数

李炳仁　著

科学出版社
北　京

内 容 简 介

本书叙述算子代数的基本理论. 关于 von Neumann 代数 (ω^*-代数) 介绍了基本概念、拓扑方面的分析、分类理论、因子理论、Tomita-Takesaki 理论、von Neumann 代数的 Borel 空间以及约化理论等. 关于 c^*-代数介绍了基本概念、GNS 构造、*表示理论、公理的理论、张量积理论以及 (AF) 代数等.

本书可供数学专业的研究生、大学教师以及研究工作者阅读和参考.

图书在版编目(CIP)数据

算子代数/李炳仁著. —北京: 科学出版社, 1986.6
(现代数学基础丛书·典藏版; 16)
ISBN 978-7-03-006857-6
I. ①算… II. ①李… III. ①算子代数 IV. ①O177.5
中国版本图书馆 CIP 数据核字(2007) 第 002880 号

责任编辑: 张 扬 / 责任校对: 林青梅
责任印制: 徐晓晨 / 封面设计: 王 浩

科学出版社 出版
北京东黄城根北街 16 号
邮政编码: 100717
http://www.sciencep.com
北京厚诚则铭印刷科技有限公司印刷
科学出版社发行 各地新华书店经销
*
1986 年 6 月第 一 版 开本: B5(720×1000)
2016 年 6 月印 刷 印张: 32 1/4
字数: 417 000

定价: 198.00 元
(如有印装质量问题, 我社负责调换)

序

算子代数，确切地说，是指由 Hilbert 空间中有界线性算子组成的*代数，也就是 $B(\mathscr{H})$的*子代数．这里 $\mathscr{H}$ 是 Hilbert 空间，$B(\mathscr{H})$ 是 $\mathscr{H}$ 中有界线性算子的全体．由于这是无穷维的，为了能够着手研究起见，我们自然要求这样的算子代数在一定的拓扑下是封闭的．当在 $B(\mathscr{H})$ 中引进通常的线性拓扑后，我们发现所要研究的算子代数只有两类：一致闭的算子代数（c^*-代数）和弱闭的算子代数（von Neumann 代数或 w^*-代数）．

J. von Neumann 在研究 Hilbert 空间中算子谱理论以及奠定量子力学数学基础的同时，认识并且预见到：研究物理世界中无穷自由度的系统，还需要新的数学工具．1929 年，他引入了弱闭算子环的概念．他指出了这类代数的两个本质的特点：1）代数必须是自伴的；2）代数是弱算子闭的，这使得代数包含它任意自伴元的谱族．由此，J. von Neumann 开辟了一个重要的数学领域．后来，J. Dixmier 重新命名这个数学领域为 von Neumann 代数．到了卅年代，J. von Neumann 与他的合作者 F. J. Murray 进行了系统的研究，他们的结果在今天仍然是这个理论的核心部分．六十年代末到七十年代，由于对因子构造的深入研究、Tomita-Takesaki 理论的出现，以及关于权的一般理论和 A. Connes 关于（III）型因子更细致的分类理论等等，使得 von Neumann 代数理论得到蓬勃的发展．

c^*-代数本来是指 Hilbert 空间中一致闭的算子代数，1943 年，I. M. Gelfand 与 M. Naimark 指出，无须依赖 Hilbert 空间，可以用很少的公理来表征它．他们的工作后来为 I. E. Segal 进一步完善，从而不仅使得 c^*-代数得到抽象的表述，而且产生了重要的 GNS 构造，由此奠定了 c^*-代数理论的基础．c^*-代数的理论形式地可以分为两个部分：一是代数的本质的构造；二是表示理论．当然，这两个部分是紧密相关，相互促进的．同 von Neumann 代数一样，C^*-代数理论也取得了丰饶的成果．

本书的目的是介绍算子代数的基本理论和这个数学领域的发展状况．在写作方面，本书将尽量作到自给自足，当然也假定读者已经熟悉泛函分析的基本知识．

在本书的写作过程中，作者自始至终得到复旦大学数学系夏道行教授的鼓励与支持．同时，在书稿的校勘中，又得到中国科学院数学研究所刘尚平同志的大力帮助．这里谨致谢意．

本书难免有错误和缺点，敬请读者指正．

作　者

1984 年 3 月于北京

中国科学院数学研究所

目　　录

记　号　表

第一章 von Neumann 代数的基础

von Neumann 代数是无穷维的复杂对象，因此需要进行细致的拓扑讨论. §1 中，指出 $B(\mathscr{H})$ (Hilbert 空间 $\mathscr{H}$ 中有界线性算子的全体)是 $C(\mathscr{H})$ ($\mathscr{H}$ 中全连续线性算子的全体) 的二次共轭空间. 由此在 §2 中，能够提出 $B(\mathscr{H})$ 中各种线性拓扑以及它们的比较. §3 讨论了 von Neumann 代数的一些基本性质，尤为重要的是二次交换子定理 (1.3.10)，它是这个理论的第一个有力的工具(为 J. von Neumann 于 1929 年所证明)，给出了代数定义与拓扑定义的等价性. §4 的张量积的交换子定理 (1.4.12) 是很深刻的结果，也曾经是长期没有解决的猜测. 第一次完全证实这个猜测的是 M. Tomita，但 §4 的证明遵循 M. A. Rieffel 与 A. van Dale 的途径. §5 投影的比较，是 F. J. Murray 与 J. von Neumann 用以进行因子分类的维数理论的出发点. §6 I. Kaplansky 证明的稠密性定理是算子代数理论的又一个有力的工具，它揭示了：如果 $B(\mathscr{H})$ 的一个 $*$ 子代数在另一个中依较弱的拓扑是稠密的，那么一定能够依更强的拓扑(有界地)稠密. §8—§10 讨论了线性泛函的几个重要性质：正规性、极分解、直交分解及 Radon-Nikodym 性质. §12 研究 $*$ 同态，把它归结为三个初等的 $*$ 同态(增补、诱导、空间 $*$ 同构)的复合. §13 是空间分析，主要结果是 1.13.2 (循环投影的比较)，1.13.5 (空间 $*$ 同构定理)，及 1.13.7. §14 σ-有限的 von Neumann 代数是一类经常遇到的代数，例如可分 Hilbert 空间中的 von Neumann 代数都属于这一类.

§1. Hilbert 空间中算子的 Banach 空间

定义 1.1.1 设 $\mathscr{H}$ 是复 Hilbert 空间，$F(\mathscr{H})$表示 $\mathscr{H}$ 中有

限秩线性算子的全体，$C(\mathscr{H})$ 表示 $\mathscr{H}$ 中全连续线性算子的全体，$B(\mathscr{H})$ 表示 $\mathscr{H}$ 中有界线性算子的全体，$\mathscr{H}$ 中恒等算子记以 $1_{\mathscr{H}}$，在不致混淆时，记以 1[1]。

命题 1.1.2 如果 $\mathscr{H}$ 是可数无穷维的，则 $C(\mathscr{H})$ 是 $B(\mathscr{H})$ 唯一的非零真的闭双侧理想.

证. 设 ϑ 是 $B(\mathscr{H})$ 的非零闭双侧理想，a 是 ϑ 的非零元，于是有 $\xi, \eta \in \mathscr{H}$，使得 $a\xi = \eta \neq 0$. 设 ξ', η' 是 $\mathscr{H}$ 的任意元，作 $b \in B(\mathscr{H})$，使得 $b\eta = \xi'$. 于是

$$ba(\xi \otimes \eta') = (ba\xi) \otimes \eta' = \xi' \otimes \eta'^{\,2)} \in \vartheta$$

进而 $F(\mathscr{H}) \subset \vartheta$，$C(\mathscr{H}) \subset \vartheta$.

若有 $t \in \vartheta \backslash C(\mathscr{H})$，则 $h = (t^*t)^{\frac{1}{2}} \in \vartheta \backslash C(\mathscr{H})$. 设 $\{e_\lambda\}$ 是 h 的谱族，由于 $h \notin C(\mathscr{H})$，必有 $\varepsilon > 0$，使得 $(1 - e_\varepsilon)\mathscr{H}$ 与 $\mathscr{H}$ 有同样的可数无穷维. 今命 v 是以 $\mathscr{H}$ 为始域，$(1 - e_\varepsilon)\mathscr{H}$ 为终域的部分等距算子，易见 $v^*hv\mathscr{H} = \mathscr{H}$，及 v^*hv 是可逆的. 又由于 $v^*hv \in \vartheta$，所以，$\vartheta = B(\mathscr{H})$. 证毕.

命题 1.1.3 当 $\mathscr{H}$ 无穷维时，$C(\mathscr{H})$ 不能是某个 Banach 空间的共轭空间.

证. Banach 空间的共轭空间的单位球是弱 * 紧的，依 Krein-Milman 定理，它必有端点. 因此只要证明 $C(\mathscr{H})$ 的单位球并无端点，即对于任意的 $a \in C(\mathscr{H})$，$\|a\| \leqslant 1$，只须指出有 $b \in C(\mathscr{H})$，$b \neq 0$，使得 $\|a \pm b\| \leqslant 1$.

如果 a 是有限秩的. 令 $\mathscr{H}_1 = [a\mathscr{H}, a^*\mathscr{H}]$[3] $\mathscr{H}_2 = \mathscr{H}_1^{\perp}$，则 $\dim\mathscr{H}_1 < \infty$，$a$ 与 a^* 对 $\mathscr{H}_1$，$\mathscr{H}_2$ 不变，并且限于 $\mathscr{H}_2$，a 与 a^* 都为零，于是上述 b 不难找到. 如果 a 不是有限秩的，极分解 $a = wh$，并且可写 $h = \sum\limits_n \lambda_n p_n$，其中 $\{p_n\}$ 是相互直交的一

---

1) 今后行文中，将不区别恒等算子 1，代数的单位元素 1，与数 1 等，请读者自行识别.

2) $\xi \otimes \eta$ 表示 $\mathscr{H}$ 中如下作用的一秩算子：

$$(\xi \otimes \eta)\zeta = \langle \zeta, \eta \rangle \xi, \quad \forall \zeta \in \mathscr{H}.$$

3) 今后，$[E]$ 表示子集 E 张成的线性子空间.

秩投影[1)]无穷列，$0<\lambda_n\leqslant 1\ (\forall n)$，及 $\lambda_n\to 0$. 于是，有 $\lambda_N\in(0,1)$. 适当取 $\varepsilon>0$，使得 $|\lambda_N\pm\varepsilon|\leqslant 1$. 再命 $b=\varepsilon w p_N$，即有 $b\neq 0$，$\|a\pm b\|\leqslant 1$. 证毕.

定义 1.1.4 $a\in C(\mathscr{H})$ 称为 Hilbert-Schmidt 算子，指若 $\{\lambda_n\}$ 是 $(a^*a)^{\frac{1}{2}}$ 的正本征值全体时（k 重的本征值，则在 $\{\lambda_n\}$ 中出现 k 次），则 $\sum\limits_n \lambda_n^2<\infty$. 记 Hilbert-Schmidt 算子的全体为 $S(\mathscr{H})$.

命题 1.1.5 $a\in S(\mathscr{H})$，当且仅当，对于 $\mathscr{H}$ 的某个(从而任意的)直交规范基 $\{\xi_l\}$，有 $\sum\limits_l\|a\xi_l\|^2<\infty$.

证. 设 $\{\xi_l\}$，$\{\eta_r\}$ 是 $\mathscr{H}$ 的两组直交规范基，

$$\begin{aligned}\sum_l\|a\xi_l\|^2&=\sum_l\|(a^*a)^{\frac{1}{2}}\xi_l\|^2\\&=\sum_{l,r}|\langle(a^*a)^{\frac{1}{2}}\xi_l,\ \eta_r\rangle|^2\\&=\sum_{r,l}|\langle\xi_l,\ (a^*a)^{\frac{1}{2}}\eta_r\rangle|^2\\&=\sum_r\|(a^*a)^{\frac{1}{2}}\eta_r\|^2\\&=\sum_r\|a\eta_r\|^2,\end{aligned}$$

因此只须对 $\mathscr{H}$ 的某个直交规范基来证明.

设 $a\in S(\mathscr{H})$，$\{\xi_l\}$ 是 $\mathscr{H}$ 的直交规范基，使得 $\{\xi_l\}$ 包含 $(a^*a)^{\frac{1}{2}}$ 所有正本征值相应的本征矢，于是 $\sum\limits_l\|a\xi_l\|^2=\sum\limits_n\lambda_n^2<\infty$.

反之设 $\sum\limits_{l\in\Lambda}\|a\xi_l\|^2<\infty$，这里 $\{\xi_l\}_{l\in\Lambda}$ 是 $\mathscr{H}$ 的直交规范基，于是 $\|p_Fap_F-a\|\to 0$，这里 F 是 Λ 的有限子集，依包含关系成为定向指标集，而 p_F 是 $\mathscr{H}$ 到 $[\xi_l|l\in F]$ 上的投影，从而 $a\in C(\mathscr{H})$. 再取 $\{\xi_l\}$ 包含 $(a^*a)^{\frac{1}{2}}$ 所有正本征值相应的本征矢，即见

1) 今后，Hilbert 空间中的投影算子总是指自伴的.

$a\in S(\mathscr{H})$. 证毕.

定义 1.1.6 设 $a\in S(\mathscr{H})$, 称 $\|a\|_2=\left(\sum\limits_n \lambda_n^2\right)^{\frac{1}{2}}=\left(\sum\limits_l \|a\xi_l\|^2\right)^{\frac{1}{2}}$ 为 a 的 Hilbert-Schmidt 范数, 这里 $\{\lambda_n\}$ 是 $(a^*a)^{\frac{1}{2}}$ 的正本征值全体, $\{\xi_l\}$ 是 $\mathscr{H}$ 的任意直交规范基.

命题 1.1.7 对任意的 $a\in S(\mathscr{H})$, $b\in B(\mathscr{H})$

$\|a\|\leqslant\|a\|_2=\|a^*\|_2$, $\|ba\|_2\leqslant\|b\|\|a\|_2$, $\|ab\|_2\leqslant\|a\|_2\|b\|$,

特别 $S(\mathscr{H})$ 是 $B(\mathscr{H})$ 的 * 双侧理想.

证. 由于 $\sum\limits_l\|a^*\xi_l\|^2=\sum\limits_{l,l'}|\langle a^*\xi_l,\xi_{l'}\rangle|^2=\sum\limits_{l,l'}|\langle\xi_l,a\xi_{l'}\rangle|^2=\sum\limits_{l'}\|a\xi_{l'}\|^2$, 所以, $\|a\|_2=\|a^*\|_2$. 极分解 $a=wh$, 这里 $h=(a^*a)^{\frac{1}{2}}$, 于是 $\|a\|\leqslant\|(a^*a)^{\frac{1}{2}}\|=\max\limits_n\lambda_n\leqslant\|a\|_2$. 此外, 由 $\sum\limits_l\|ba\xi_l\|^2\leqslant\sum\limits_l\|b\|^2\|a\xi_l\|^2$, 可见 $\|ba\|_2\leqslant\|b\|\|a\|_2$. 进而 $\|ab\|_2\leqslant\|b^*a^*\|_2\leqslant\|b^*\|\|a^*\|_2=\|a\|_2\|b\|$. 证毕.

命题 1.1.8 在 $S(\mathscr{H})$ 中定义 $\langle a,b\rangle_2=\sum\limits_l\langle a\xi_l,b\xi_l\rangle$, 这里 $\{\xi_l\}$ 是 $\mathscr{H}$ 的任意直交规范基, 则 $S(\mathscr{H})$ 成为 Hilbert 空间, 并且 $F(\mathscr{H})$ 在其中稠.

证. 易见定义 $\langle\,,\rangle_2$ 的级数是绝对收敛的. 今指出这个定义不依赖于 $\{\xi_l\}$ 的选择. 设 $\{\eta_r\}$ 是 $\mathscr{H}$ 的另一组直交规范基, 由于 $\sum\limits_{l,r}|\langle a\xi_l,\eta_r\rangle\langle\eta_r,b\xi_l\rangle|\leqslant\|a\|_2\|b\|_2$, 即级数 $\sum\limits_{l,r}\langle a\xi_l,\eta_r\rangle\langle\eta_r,b\xi_l\rangle$ 是绝对收敛的, 从而

$$\begin{aligned}\sum_l\langle a\xi_l,b\xi_l\rangle&=\sum_{l,r}\langle a\xi_l,\eta_r\rangle\langle\eta_r,b\xi_l\rangle\\&=\sum_r\langle b^*\eta_r,a^*\eta_r\rangle.\end{aligned}$$

同样也有 $\sum\limits_r\langle a\eta_r,b\eta_r\rangle=\sum\limits_r\langle b^*\eta_r,a^*\eta_r\rangle$, 因此, $\langle\,,\rangle_2$ 的定义不依赖于 $\{\xi_l\}$ 的选择.

今设 $\{a_n\}$ 是 $S(\mathscr{H})$ 的依 $\|\cdot\|_2$ 的基本列, 由于 $\|\cdot\|_2\geqslant\|\cdot\|$,

所以有 $a\in C(\mathscr{H})$，使得 $\|a_n-a\|\to 0$. 再由 $\sum\limits_l \|(a_n-a_m)\xi_l\|^2\to 0$，可见 $a\in S(\mathscr{H})$ 及 $\|a_n-a\|_2\to 0$. 所以 $S(\mathscr{H})$ 依 $\langle\ ,\ \rangle_2$ 是 Hilbert 空间.

最后对任意的 $a\in S(\mathscr{H})$ 及 $\varepsilon>0$，如果 $\{\xi_l\}_{l\in\Lambda}$ 是 $\mathscr{H}$ 的直交规范基，则有 Λ 的有限子集 F，使得 $\sum\limits_{l\notin F}(\|a\xi_l\|^2+\|a^*\xi_l\|^2)<\varepsilon$. 令 p_F 是 $\mathscr{H}$ 到 $[\xi_l|l\in F]$ 上的投影，则

$$\|p_Fap_F-a\|_2^2=\sum_{l\notin F}\|a\xi_l\|^2+\sum_{l\in F}\|(1-p_F)a\xi_l\|^2,$$

但是

$$\sum_{l\in F}\|(1-p_F)a\xi_l\|^2=\sum_{l\in F}\sum_{l'\notin F}|\langle a\xi_l,\xi_{l'}\rangle|^2$$
$$\leqslant\sum_{l'\notin F}\|a^*\xi_{l'}\|^2.$$

因此，$\|p_Fap_F-a\|_2<\varepsilon$. 证毕.

定义 1.1.9 $a\in C(\mathscr{H})$ 称为迹类的，指若 $\{\lambda_n\}$ 是 $(a^*a)^{\frac{1}{2}}$ 的正本征值全体，则 $\sum\limits_n\lambda_n<\infty$，并且，这时称 $\|a\|_1=\sum\limits_n\lambda_n$ 为 a 的迹范数，及记全体迹类算子为 $T(\mathscr{H})$.

命题 1.1.10 1) $a\in T(\mathscr{H})$，当且仅当，$(a^*a)^{\frac{1}{4}}\in S(\mathscr{H})$. 此外，如果 $\{\xi_l\}$ 是 $\mathscr{H}$ 的直交规范基，则

$$\|a\|_1=\|(a^*a)^{\frac{1}{4}}\|_2^2=\sum_l\langle(a^*a)^{\frac{1}{2}}\xi_l,\xi_l\rangle;$$

2) 如果 $a,b\in S(\mathscr{H})$，则 $ab\in T(\mathscr{H})$;

3) $a\in T(\mathscr{H})$，当且仅当，

$$\sup\left\{\sum_n|\langle a\xi_n,\eta_n\rangle|\,\Big|\,\{\xi_n\},\ \{\eta_n\}\text{是}\mathscr{H}\text{的任意直交规范列}\right\}<\infty,$$

并且，这时有 $\|a\|\leqslant\|a\|_2\leqslant\|a\|_1$，及 $\|a\|_1$ 等于上面的 sup;

4) $T(\mathscr{H})$ 是 $B(\mathscr{H})$ 的 * 双侧理想，$T(\mathscr{H})\subset S(\mathscr{H})$，并且任意迹类算子是迹类正算子的线性和.

证. 如果 $\{\lambda_n\}$ 是 $(a^*a)^{\frac{1}{2}}$ 的正本征值全体，则 $(a^*a)^{\frac{1}{4}}$ 的正本征值全体是 $\{\lambda_n^{1/2}\}$，由此即见 1).

2) 设 $a, b \in S(\mathscr{H})$，极分解 $c = w(c^*c)^{\frac{1}{2}}$，这里 $c = ab$，由 $\sum_l \langle (c^*c)^{\frac{1}{2}}\xi_l, \xi_l\rangle = \sum_l \langle b\xi_l, a^*w\xi_l\rangle = \langle b, a^*w\rangle_2 \leqslant \|b\|_2 \|a\|_2$，即见 $c = ab \in T(\mathscr{H})$.

3) 设 $a \in T(\mathscr{H})$，极分解 $a = w(a^*a)^{\frac{1}{4}} \quad (a^*a)^{\frac{1}{4}}$，于是

$$\sum_n |\langle a\xi_n, \eta_n\rangle| \leqslant \left\{\sum_n \|(a^*a)^{\frac{1}{4}}\xi_n\|^2 \cdot \sum_n \|(a^*a)^{\frac{1}{4}}w^*\eta_n\|^2\right\}^{\frac{1}{2}}$$

$$\leqslant \|(a^*a)^{\frac{1}{4}}\|_2 \cdot \|(a^*a)^{\frac{1}{4}}w^*\|_2 \leqslant \|a\|_1.$$

另一方面，如果取 ξ_n 为 λ_n 相应的规范本征矢，$\eta_n = w\xi_n$，这里 $\{\lambda_n\}$ 是 $(a^*a)^{\frac{1}{2}}$ 的正本征值全体，则 $\sum_n |\langle a\xi_n, \eta_n\rangle| = \sum_n \lambda_n = \|a\|_1$. 此外，显然有 $\left(\sum_n \lambda_n\right)^2 \geqslant \sum_n \lambda_n^2$，所以 $\|a\|_1 \geqslant \|a\|_2 \geqslant \|a\|$.

反之设 $\sup\{\cdots\} < \infty$，适当地取 $\{\xi_n\}$ 及 $\{\eta_n = w\xi_n\}$，即可见 $(a^*a)^{\frac{1}{4}} \in S(\mathscr{H})$，特别 $a \in C(\mathscr{H})$. 再仿前段，$a \in T(\mathscr{H})$.

4) 由 $a = w(a^*a)^{\frac{1}{4}} \cdot (a^*a)^{\frac{1}{4}}$ 立即可见. 证毕.

命题 1.1.11 $T(\mathscr{H})$ 依照迹范数 $\|\cdot\|_1$ 是 Banach 空间，并且 $F(\mathscr{H})$ 在其中稠.

证. 依前一命题，$\|\cdot\|_1$ 确实是 $T(\mathscr{H})$ 上的范数. 今设 $\{a_n\}$ 是依 $\|\cdot\|_1$ 的基本列，由 $\|\cdot\|_1 \geqslant \|\cdot\|$，所以有 $a \in C(\mathscr{H})$，使得 $\|a_n - a\| \to 0$.

如果 $\{\xi_k\}$，$\{\eta_k\}$ 是 $\mathscr{H}$ 的任意直交规范有限列，$\sum_k |\langle (a_n - a)\xi_k, \eta_k\rangle| = \lim_m \sum_k |\langle (a_n - a_m)\xi_k, \eta_k\rangle| \leqslant \overline{\lim_m} \|a_n - a_m\|_1 < \varepsilon$（只须 n 充分大），由此可见 $a \in T(\mathscr{H})$ 及 $\|a_n - a\|_1 \to 0$.

今若 $a \in T(\mathscr{H})$，极分解 $a = w(a^*a)^{\frac{1}{2}}$，并写 $(a^*a)^{\frac{1}{2}} = \sum_n \lambda_n p_n$，其中 $\{p_n\}$ 是相互直交的一秩投影列，$\{\lambda_n\}$ 是 $(a^*a)^{\frac{1}{2}}$ 的正本征值全体，于是

$$\left\|a - \sum_{n=1}^{N} \lambda_n w p_n\right\|_1 = \sum_{n>N} \lambda_n \to 0$$

即 $F(\mathscr{H})$ 在 $T(\mathscr{H})$ 中稠. 证毕.

注. 在 $F(\mathscr{H})$ 中，$\|\cdot\|_1 \geq \|\cdot\|_2 \geq \|\cdot\|$，分别依这三个范数完备化，得到 $T(\mathscr{H}) \subset S(\mathscr{H}) \subset C(\mathscr{H})$.

定义 1.1.12 对任意的 $a \in T(\mathscr{H})$，令

$$\operatorname{tr}(a) = \sum_l \langle a\xi_l, \xi_l \rangle$$

称为 a 的迹，这里 $\{\xi_l\}$ 是 $\mathscr{H}$ 的任意直交规范基. 由于 a 可以写成两个 $S(\mathscr{H})$ 元的乘积，因此，迹的定义不依赖 $\{\xi_l\}$ 的选择.

命题 1.1.13 对任意的 $a \in T(\mathscr{H})$，$b \in B(\mathscr{H})$，

$$\operatorname{tr}(ab) = \operatorname{tr}(ba), \quad |\operatorname{tr}(ab)| \leq \|b\| \|a\|_1.$$

证. 在命题 1.1.8 的证明中，实际已指出：$\operatorname{tr}(cd) = \operatorname{tr}(dc)$，$\forall c, d \in S(\mathscr{H})$. 今把 a 写成两个 $S(\mathscr{H})$ 元的乘积，即可见 $\operatorname{tr}(ab) = \operatorname{tr}(ba)$.

极分解 $a = w(a^*a)^{\frac{1}{4}} \cdot (a^*a)^{\frac{1}{4}}$，则

$$\begin{aligned}|\operatorname{tr}(ab)| &= |\langle (a^*a)^{\frac{1}{4}}, (bw(a^*a)^{\frac{1}{4}})^* \rangle_2| \leq \|b\| \|(a^*a)^{\frac{1}{4}}\|_2^2 \\ &= \|b\| \|a\|_1.\end{aligned}$$

证毕.

定理 1.1.14 1) $C(\mathscr{H})^* = T(\mathscr{H})$，即对任意的 $f \in C(\mathscr{H})^*$，有唯一的 $a \in T(\mathscr{H})$，使得

$$\|f\| = \|a\|_1, \quad f(c) = \operatorname{tr}(ac), \quad \forall c \in C(\mathscr{H})$$

反之对任意的 $a \in T(\mathscr{H})$，$\operatorname{tr}(a\cdot)$ 决定 $C(\mathscr{H})$ 上范为 $\|a\|_1$ 的线性泛函；

2) $T(\mathscr{H})^* = B(\mathscr{H})$，即对任意的 $f \in T(\mathscr{H})^*$，有唯一的 $b \in B(\mathscr{H})$，使得

$$\|f\| = \|b\|, \quad f(a) = \operatorname{tr}(ab), \quad \forall a \in T(\mathscr{H})$$

反之对任意的 $b \in B(\mathscr{H})$，$\operatorname{tr}(b\cdot)$ 决定 $T(\mathscr{H})$ 上范为 $\|b\|$ 的线性泛函.

证. 1) 设 $a \in T(\mathscr{H})$，$\{\lambda_n\}$ 是 $(a^*a)^{\frac{1}{2}}$ 的正本征值全体，ξ_n 是 λ_n 相应的规范本征矢，$\forall n$. 对正整数 N，定义有限秩算子 c：

$$cw\xi_i = \xi_i, \quad 1 \leq i \leq N, \quad c[w\xi_1, \cdots, w\xi_N]^\perp = \{0\}$$

这里 $a = w(a^*a)^{\frac{1}{2}}$ 是极分解. 显然 $\|c\| = 1$，又

$$|\mathrm{tr}(ac)| = \left|\sum_i \langle (a^*a)^{\frac{1}{2}} cw\xi_i, \xi_i\rangle\right| = \sum_{i=1}^{N} \lambda_i \to \|a\|_1.$$

因此，$\mathrm{tr}(a\cdot)$ 决定 $C(\mathscr{H})$ 上范为 $\|a\|_1$ 的线性泛函.

今设 $f\in C(\mathscr{H})^*$，对于任意的一秩算子 $\xi\otimes\eta$，当固定ξ时，$\overline{f(\xi\otimes\eta)}$是 η 的有界线性泛函，因此有 $\mathscr{H}$ 的唯一元 $a\xi$，使得

$$f(\xi\otimes\eta) = \langle a\xi, \eta\rangle, \quad \forall\eta\in\mathscr{H},$$

显然 a 对于 ξ 是线性的，并且

$$\|a\| = \sup\{|\langle a\xi, \eta\rangle| \,|\, \|\xi\| = \|\eta\| = 1\} \leqslant \|f\|.$$

由于 $f(c) = \mathrm{tr}(ac)$，$\forall c\in F(\mathscr{H})$，因此只须证 $a\in T(\mathscr{H})$. 极分解 $a = w(a^*a)^{\frac{1}{2}}$，并设 $\{\xi_l\}_{l\in\Lambda}$ 是 w 始域的直交规范基. 对 Λ 的任意有限子集 F，$c_F = \sum\limits_{l\in F} \xi_l\otimes w\xi_l$ 是 $\mathscr{H}$ 中范数为 1 的有限秩算子，从而

$$\left|\sum_{l\in F} \langle (a^*a)^{\frac{1}{2}}\xi_l, \xi_l\rangle\right| = |\mathrm{tr}(ac_F)| = |f(c_F)| \leqslant \|f\|.$$

F 是任意的，因此，$a\in T(\mathscr{H})$.

2) 设 $b\in B(\mathscr{H})$，注意 $\|b\| = \sup\{|\langle b\xi, \eta\rangle| \,|\, \|\xi\|=\|\eta\|=1\}$ 及 $\mathrm{tr}(b\cdot\xi\otimes\eta) = \langle b\xi, \eta\rangle$ $(\forall\xi, \eta\in\mathscr{H})$，因此，$\mathrm{t_r}(b\cdot)$ 决定 $T(\mathscr{H})$ 上范数为 $\|b\|$ 的线性泛函.

今设 $f\in T(\mathscr{H})^*$，由于

$$|f(\xi\otimes\eta)| \leqslant \|f\|\|\xi\otimes\eta\|_1 = \|f\|\|\xi\|\|\eta\|, \quad \forall\xi, \eta\in\mathscr{H},$$

所以有 $b\in B(\mathscr{H})$，使得

$$f(\xi\otimes\eta) = \langle b\xi, \eta\rangle, \quad \forall\xi, \eta\in\mathscr{H}.$$

又 $F(\mathscr{H})$ 在 $T(\mathscr{H})$ 中稠，因此，$f(a) = \mathrm{tr}(ab)$，$\forall a\in T(\mathscr{H})$. 证毕.

注 本节见参考文献 [13], [98], [99].

§2. $B(\mathscr{H})$ 中的拓扑

设 $\mathscr{H}$ 是复 Hilbert 空间，在 $B(\mathscr{H})$ 中，我们引入下列局部

凸的 Hausdorff 线性拓扑:

1) 弱算子拓扑,网 $a_l \to 0$, 指

$$\langle a_l\xi, \eta\rangle \to 0, \quad \forall \xi, \eta \in \mathscr{H};$$

2) 强算子拓扑, 网 $a_l \to 0$, 指 $\|a_l\xi\| \to 0$, $\forall \xi \in \mathscr{H}$;

3) 强*算子拓扑, 网 $a_l \to 0$, 指 $(\|a_l\xi\| + \|a_l^*\xi\|) \to 0$, $\forall \xi \in \mathscr{H}$;

4) σ-弱算子拓扑,网 $a_l \to 0$, 指

$$\sum_n \langle a_l\xi_n, \eta_n\rangle \to 0, \quad \forall \sum_n (\|\xi_n\|^2 + \|\eta_n\|^2) < \infty$$

5) σ-强算子拓扑,网 $a_l \to 0$,指 $\sum_n \|a_l\xi_n\|^2 \to 0$, $\forall \sum_n \|\xi_n\|^2 < \infty$;

6) $\sigma(B(\mathscr{H}), T(\mathscr{H}))$, 网 $a_l \to 0$, 指 $\mathrm{tr}(a_l a) \to 0, \forall a \in T(\mathscr{H})$, 即是 $B(\mathscr{H})$ 作为 $T(\mathscr{H})$ 的共轭空间中的弱*拓扑;

7) $s(B(\mathscr{H}), T(\mathscr{H}))$, 网 $a_l \to 0$, 指网 $\{a_l^* a_l\}$ 依 $\sigma(B(\mathscr{H}), T(\mathscr{H}))$ 收敛于 0;

8) $s^*(B(\mathscr{H}), T(\mathscr{H}))$, 网 $a_l \to 0$, 指网 $\{a_l^* a_l\}$ 与 $\{a_l a_l^*\}$ 都依 $\sigma(B(\mathscr{H}), T(\mathscr{H}))$ 收敛于 0;

9) Mackey 拓扑 $\tau(B(\mathscr{H}), T(\mathscr{H}))$, 网 $a_l \to 0$, 指

$$\mathrm{tr}(a_l a) \to 0, \text{对 } a \in E \text{ 一致}$$

或者 0 点有邻域基形如

$$E^\circ = \{a \in B(\mathscr{H}) \mid |\mathrm{tr}(ab)| \leqslant 1, \forall b \in E\}.$$

上面 E 是 $T(\mathscr{H})$ 的任意 $\sigma(T(\mathscr{H}), B(\mathscr{H}))$ 紧子集[1];

10) 一致拓扑,即算子范数产生的拓扑.

命题 1.2.1 1) 算子的*运算依上面所说的拓扑 1), 3), 4), 6), 8), 9), 10) 是连续的; 2) 任意固定 $b \in B(\mathscr{H})$, 则 $B(\mathscr{H})$ 中的映象 $\cdot \longrightarrow \cdot b$ 与 $\cdot \longrightarrow b \cdot$ 依上面所有的拓扑都是连续的; 3) 如果在 $B(\mathscr{H})$ 的有界(依算子范数而言)球中的网 $\{a_l\}$, $\{b_r\}$

---

1) $\sigma(T(\mathscr{H}), B(\mathscr{H}))$ 指 $T(\mathscr{H})$ 中(对于 $T(\mathscr{H})^* = B(\mathscr{H})$) 的弱拓扑.

分别依强算子拓扑收敛于 a，b，则网 $\{a_l b_r\}$ 也依强算子拓扑收敛于 ab。

证. 如果网 $\{a_l\}\subset T(\mathscr{H})$，且依 $\sigma(T(\mathscr{H}), B(\mathscr{H}))$ 收敛于 0，即 $\operatorname{tr}(a_l b)\to$，$\forall b\in B(\mathscr{H})$，注意 $\operatorname{tr}(a_l^* b)=\overline{\operatorname{tr}(a_l b^*)}$，所以 $\{a_l^*\}$ 也依 $\sigma(T(\mathscr{H}), B(\mathscr{H}))$ 收敛于 0. 当然对任意的 $b\in B(\mathscr{H})$，$\{a_l b\}$ 与 $\{b a_l\}$ 也依 $\sigma(T(\mathscr{H}), B(\mathscr{H}))$ 收敛于 0. 因此，如果 E 是 $T(\mathscr{H})$ 的 $\sigma(T(\mathscr{H}), B(\mathscr{H}))$ 紧子集，则 $E^*=\{a^*|a\in E\}$，bE 与 Eb 都是 $T(\mathscr{H})$ 的 $\sigma(T(\mathscr{H}), B(\mathscr{H}))$紧子集. 由此对拓扑 $\tau(B(\mathscr{H}), T(\mathscr{H}))$，命题成立. 其余部分留给读者. 证毕.

命题 1.2.2 设 f 是 $B(\mathscr{H})$ 上的线性泛函，则下列是相互等价的:

1) f 是 $\sigma(B(\mathscr{H}), T(\mathscr{H}))$ 连续的;

2) 存在唯一的 $a\in T(\mathscr{H})$，使得 $f(b)=\operatorname{tr}(ab)$，$\forall b\in B(\mathscr{H})$;

3) 存在 $\{\xi_n\},\{\eta_n\}\subset\mathscr{H}$，$\sum_n(\|\xi_n\|^2+\|\eta_n\|^2)<\infty$，使得 $f(b)=\sum_n\langle b\xi_n, \eta_n\rangle$，$\forall b\in B(\mathscr{H})$.

此外，为了 $f\geqslant 0$（即对 $\mathscr{H}$ 中任意的正算子 b 有 $f(b)\geqslant 0$），当且仅当，$a\geqslant 0$. 这时并可取 $\xi_n=\eta_n$，$\forall_n$.

证. 由于 $T(\mathscr{H})^*=B(\mathscr{H})$，1) 与 2) 的等价性是显然的. 这时如果 $f\geqslant 0$，对任意的 $\xi\in\mathscr{H}$，命 p 为 $\mathscr{H}$ 到 $[\xi]$ 上的投影，则

$$\|\xi\|^{-2}\langle a\xi, \xi\rangle=\operatorname{tr}(ap)=f(p)\geqslant 0$$

即 $a\geqslant 0$. 反之如果 $a\geqslant 0$，自然 $f\geqslant 0$.

2) 推导 3) 写 $a=a_1a_2$，使得 a_1 与 $a_2^*=a_2$ 都 $\in S(\mathscr{H})$. 但 $f(b)=\operatorname{tr}(a_2ba_1)=\sum_{l\in\Lambda}\langle ba_1\xi_l, a_2\xi_l\rangle$，这里 $b\in B(\mathscr{H})$，$\{\xi_l\}_{l\in\Lambda}$ 是 $\mathscr{H}$ 的直交规范基，因此有 Λ 的可数子集 J，使得 $a_1\xi_l=a_2\xi_l=0$，$\forall l\notin J$. 从而，$f(b)=\sum_{l\in J}\langle ta_1\xi_l, a_2\xi_l\rangle$，$\forall b\in B(\mathscr{H})$，及

$\sum\limits_{l\in J}(\|a_1\xi_l\|^2+\|a_2\xi_l\|^2)<\infty$. 这时如果 $f\geqslant 0$，取 $a_1=a_2=a^{\frac{1}{2}}$，则 $a_1\xi_l=a_2\xi_l$，$\forall l\in J$.

3) 推导 2) 取 $\mathscr{H}$ 的直交规范列 $\{\zeta_n\}$，并命 $a_1\zeta_n=\xi_n$，$a_2\zeta_n=\eta_n$，$\forall n$，及 $a_i[\zeta_n|n]^\perp=\{0\}$，$i=1,2$. 易见 $a_1, a_2\in S(\mathscr{H})$，从而 $a=a_1a_2^*\in T(\mathscr{H})$，以及对任意的 $b\in B(\mathscr{H})$，

$$f(b)=\sum_n\langle ba_1\zeta_n, a_2\zeta_n\rangle=\mathrm{tr}(a_2ba_1)=\mathrm{tr}(ab).$$

证毕.

定理 1.2.3 前面列举的诸拓扑有下面的关系：

$$\begin{array}{ccccccc} & & & & \text{拓扑 6)} \sim \text{拓扑 4)} & & \\ \text{拓扑 10)} \prec \text{拓扑 9)} \prec & & & & \curlyvee & & \prec \text{拓扑 1)} \\ & & \text{拓扑 8)} \prec & \text{拓扑 7)} \sim & \text{拓扑 5)} \prec & \text{拓扑 2)} & \\ & & & & & \curlyvee & \\ & & & & \text{拓扑 8)} \prec & \text{拓扑 3)} & \end{array}$$

其中符号拓扑 i) $\prec$ 拓扑 j) 表示：拓扑 i) 较之拓扑 j) 为强，符号 $\sim$ 则表示拓扑等价.

证. 我们显然有：拓扑 10) $\prec$ 拓扑 9) $\prec$ 拓扑 6)，拓扑 8) $\prec$ 拓扑 7)，拓扑 3) $\prec$ 拓扑 2) $\prec$ 拓扑 1)，拓扑)5) $\prec$ 拓扑 2)，拓扑 5) $\prec$ 拓扑 4) $\prec$ 拓扑 1).

拓扑 4) 与拓扑 6) 的等价性　依命题 1.2.2 立见.

拓扑 5) 与拓扑 7) 的等价性　设网 $\{a_l\}$ 依 $s(B(\mathscr{H}), T(\mathscr{H}))$ 收敛于 0，由于拓扑 4) $\sim$ 拓扑 6)，$\{a_l^*a_l\}$ 依 σ-弱算子拓扑收敛于 0，特别 $\{a_l\}$ 将依 σ-强算子拓扑收敛于 0. 反之设 $\{a_l\}$ 依 σ-强算子拓扑收敛于 0，对任何的 $0\leqslant a\in T(\mathscr{H})$，由命题 1.2.2，存在 $\{\xi_n\}\subset\mathscr{H}$，$\sum\limits_n\|\xi_n\|^2<\infty$，使得

$$\mathrm{tr}(ab)=\sum_n\langle b\xi_n, \xi_n\rangle,\ \forall b\in B(\mathscr{H})$$

因此，$\mathrm{tr}(a_l^*a_la)=\sum\limits_n\|a_l\xi_n\|^2\to 0$，即 $\{a_l\}$ 也是 $s(B(\mathscr{H}),$

$T(\mathscr{H}))$ 收敛于 0 的.

今证明 $\tau(B(\mathscr{H}), T(\mathscr{H}))\prec s(B(\mathscr{H}), T(\mathscr{H}))\prec\sigma(B(\mathscr{H}), T(\mathscr{H}))$. 依照 Mackey 定理[1)]及 $s(B(\mathscr{H}),T(\mathscr{H}))\sim\sigma$-强算子拓扑，只须证明：$B(\mathscr{H})$ 上任意的 σ-强算子拓扑连续的线性泛函 f 必是 $\sigma(B(\mathscr{H}), T(\mathscr{H}))$ 连续的. 对这样的 f，有 0 点的 σ-强算子邻域 $U=U(0, (\xi_n^{(1)}), \cdots, (\xi_n^{(k)}), 1)$，使得 $|f(b)|\leqslant 1$, $\forall b\in U$，这里 $\sum_n\|\xi_n^{(i)}\|^2<\infty$, $1\leqslant i\leqslant k$. 如果命 $(\xi_n)=\bigcup_{i=1}^{k'}(\xi_n^{(i)})$，则 $\sum_n\|\xi_n\|^2<\infty$，及

$$|f(b)|\leqslant\left(\sum_n\|b\xi_n\|^2\right)^{\frac{1}{2}},\ \forall b\in B(\mathscr{H})$$

作 $\tilde{\mathscr{H}}=\sum_{i=1}^{\infty}\oplus\mathscr{H}_i$, $\mathscr{H}_i=\mathscr{H}$, $\forall i$，于是 $\xi=(\xi_n)\in\tilde{\mathscr{H}}$. 对任意的 $b\in B(\mathscr{H})$，定义 $\tilde{b}\tilde{\eta}=(b\eta_n)$, $\forall\tilde{\eta}=(\eta_n)\in\tilde{\mathscr{H}}$，则 $\tilde{b}\in B(\tilde{\mathscr{H}})$. 依此符号，$|f(b)|\leqslant\|\tilde{b}\xi\|$, $\forall b\in B(\mathscr{H})$. 特别 $\tilde{b}\xi=0$ 时，$f(b)=0$. 从而可以在 $\tilde{\mathscr{H}}$ 的线性子空间 $\{\tilde{b}\xi|b\in B(\mathscr{H})\}$ 上定义线性泛函 $\tilde{f}$

$$\tilde{f}(\tilde{b}\xi)=f(b),\ \forall b\in B(\mathscr{H}),$$

且已指出 $|\tilde{f}(\tilde{b}\xi)|=|f(b)|\leqslant\|\tilde{b}\xi\|$，因此可把 $\tilde{f}$ 连续开拓到整个 $\tilde{\mathscr{H}}$ 之上，即有 $\tilde{\eta}=(\eta_n)\in\tilde{\mathscr{H}}$，使得

$$f(b)=\tilde{f}(\tilde{b}\xi)=\langle\tilde{b}\xi, \tilde{\eta}\rangle=\sum_n\langle b\xi_n, \eta_n\rangle$$

$\forall b\in B(\mathscr{H})$. 再依命题 1.2.2，$f$ 是 $\sigma(B(\mathscr{H}), T(\mathscr{H}))$ 连续的.

$\tau(B(\mathscr{H}), T(\mathscr{H}))\prec s^*(B(\mathscr{H}), T(\mathscr{H}))$ 由 $*$ 运算依 $\tau(B(\mathscr{H}), T(\mathscr{H}))$ 的连续性（命题 1.2.1）及 $\tau(B(\mathscr{H}), T(\mathscr{H}))\prec s(B(\mathscr{H}), T(\mathscr{H}))$ 立见.

最后拓扑 8) $\prec$ 拓扑 3) 由拓扑 5) $\sim$ 拓扑 7) 立见. 证毕.

---

1) 本节中用到的一些关于 Banach 空间对偶理论的标准结果，可见参考文献 [22]，[60]

定理 1.2.4 在 $B(\mathscr{H})$ 的任意有界球中，弱算子拓扑～$\sigma(B(\mathscr{H}), T(\mathscr{H}))$，强算子拓扑～$s(B(\mathscr{H}), T(\mathscr{H}))$，强＊算子拓扑～$s^*(B(\mathscr{H}), T(\mathscr{H}))$.

证. 设 $\|a_l\| \leqslant K$, $\forall l$, 且 $a_l \xrightarrow{\text{弱算子}} 0$，对于任意的 $\{\xi_n\}$, $\{\eta_n\} \subset \mathscr{H}$, $\sum_n (\|\xi_n\|^2 + \|\eta_n\|^2) < \infty$，则

$$\left|\sum_n \langle a_l\xi_n, \eta_n\rangle\right| \leqslant \sum_{n=1}^N |\langle a_l\xi_n, \eta_n\rangle| + \frac{K}{2}\sum_{n>N} (\|\xi_n\|^2 + \|\eta_n\|^2)$$

由此即见 $\{a_l\}$ 也依 σ-弱算子拓扑收敛于 0. 其余结论相仿证明. 证毕.

以后，我们还将指出，在 $B(\mathscr{H})$ 的任意有界球中，$s^*(B(\mathscr{H}), T(\mathscr{H})) \sim \tau(B(\mathscr{H}), T(\mathscr{H}))$. 但另一方面，我们却有

命题 1.2.5 如果 $\mathscr{H}$ 是无穷维的，则在整个 $B(\mathscr{H})$ 中，$s^*(B(\mathscr{H}), T(\mathscr{H}))$ 与 $\tau(B(\mathscr{H}), T(\mathscr{H}))$ 并不等价.

证. 设 $\{p_n\}$ 是 $\mathscr{H}$ 中相互直交的非零投影无穷列，记 $K = \{\sqrt{n}\, p_n | n = 1, 2, \cdots\}$. 由于任意迹类算子是迹类正算子的线性和，因此，0 点有 $s^*(B(\mathscr{H}), T(\mathscr{H}))$ 的邻域基形如

$$U(0, a_1, \cdots, a_k, \varepsilon) = \{a \in B(\mathscr{H}) | \operatorname{tr}((a^*a + aa^*)a_i) < \varepsilon, 1 \leqslant i \leqslant k\},$$

其中 $0 \leqslant a_i \in T(\mathscr{H})$, $1 \leqslant i \leqslant k$. 我们说 K 与这样的每个邻域的交是非空的. 若不然，存在 $0 \leqslant a_i \in T(\mathscr{H})$, $1 \leqslant i \leqslant k$ 及 $\varepsilon > 0$，使得

$$n\operatorname{tr}(p_n a) \geqslant \varepsilon, \quad \forall n$$

这里 $a = \sum_{i=1}^k a_i \in T(\mathscr{H})$. 令 $p = \sum_n p_n$，则

$$\operatorname{tr}(pa) = \lim_N \operatorname{tr}\left(\sum_{n=1}^N p_n a\right) \geqslant \lim_N \sum_{n=1}^N \frac{\varepsilon}{n} = +\infty$$

这不可能. 因此，0 点属于 K 的 $s^*(B(\mathscr{H}), T(\mathscr{H}))$ 闭包.

现在只须证明 0 点并不属于 K 的 $\tau(B(\mathscr{H}), T(\mathscr{H}))$ 闭

包. 对每个 n,取 $\xi_n\in p_n\mathscr{H}$, $\|\xi_n\|=1$, 于是, $c_n=\frac{2}{\sqrt{n}}\xi_n\otimes\xi_n\in T(\mathscr{H})$, 并且 $\|c_n\|_1=\frac{2}{\sqrt{n}}\to 0$. 从而, $L=\{0, c_n|n=1, 2,\cdots\}$ 是 $T(\mathscr{H})$ 的依迹范数的紧子集,所以也是 $\sigma(T(\mathscr{H}), B(\mathscr{H}))$ 紧的. 因此,

$$L^\circ=\{b\in B(\mathscr{H})|\quad |\mathrm{tr}(bc_n)|\leqslant 1, \forall n\}$$

是 0 点的 $\tau(B(\mathscr{H}), T(\mathscr{H}))$ 邻域. 由于 $\mathrm{tr}(\sqrt{n}\,p_nc_n)=2$, $\forall n$, 所以, $\sqrt{n}\,p_n\notin L^\circ$, $\forall n$, 即 $K\cap L^\circ=\varnothing$. 这说明 0 点不属于 K 的 $\tau(B(\mathscr{H}), T(\mathscr{H}))$ 闭包. 证毕.

由定理 1.2.3 与 1.2.4, 并依照 Banach 空间中对偶理论的标准结果, 判断 $B(\mathscr{H})$ 上线性泛函的 $\sigma(B(\mathscr{H}), T(\mathscr{H}))$ 连续性, 除去命题 1.2.2 外,我们还有

命题 1.2.6 设 f 是 $B(\mathscr{H})$ 上的线性泛函,则下列条件是相互等价的: 1) f 是 $\sigma(B(\mathscr{H}), T(\mathscr{H}))$ 连续的; 2) f 是 $s(B(\mathscr{H}), T(\mathscr{H}))$ 连续的; 3) f 是 $s^*(B(\mathscr{H}), T(\mathscr{H}))$ 连续的; 4) f 是 $\tau(B(\mathscr{H}), T(\mathscr{H}))$ 连续的; 5) f 限于 $B(\mathscr{H})$ 的任意有界球是弱算子连续的; 6) f 限于 $B(\mathscr{H})$ 的任意有界球是强算子连续的; 7) f 限于 $B(\mathscr{H})$ 的任意有界球是强$*$算子连续的.

关于 $B(\mathscr{H})$ 上弱(或强)算子连续线性泛函,我们有

命题 1.2.7 设 f 是 $B(\mathscr{H})$ 上的线性泛函,则下列条件是相互等价的:

1) f 是弱算子连续的;

2) f 是强算子连续的;

3) 存在唯一的 $v\in F(\mathscr{H})$, 使得

$$f(b)=\mathrm{tr}(bv),\quad \forall b\in B(\mathscr{H});$$

4) 存在 $\xi_1,\cdots,\xi_n,\eta_1,\cdots,\eta_n\in\mathscr{H}$, 使得

$$f(b)=\sum_{i=1}^{n}\langle b\xi_i,\eta_i\rangle,\quad \forall b\in B(\mathscr{H}).$$

此外，$f \geqslant 0$，当且仅当，$v \geqslant 0$. 这时并可选取 $\xi_i = \eta_i$，$1 \leqslant i \leqslant n$.

证. 显然 3) 与 4) 是等价的，并且从 3) 或 4) 可以推导出 1) 与 2). 又强算子拓扑 $\prec$ 弱算子拓扑，所以只须由 2) 来推导 4).

设 f 是强算子连续的，于是有 0 点的强算子邻域 $U = U(0, \zeta_1, \cdots, \zeta_m, 1) = \{b \in B(\mathscr{H}) \mid \|b\zeta_i\| \leqslant 1, 1 \leqslant i \leqslant m\}$，使得 $|f(b)| \leqslant 1$，$\forall b \in U$. 命 $\{\xi_1, \cdots, \xi_n\}$ 为 $[\zeta_1, \cdots, \zeta_m]$ 的直交规范基，于是只须 $\varepsilon > 0$ 充分小，0 点的强算子邻域 $V = U(0, \xi_1, \cdots, \xi_n, \varepsilon) \subset U$. 特别，如果 $b \in B(\mathscr{H})$，$b\xi_i = 0$，$1 \leqslant i \leqslant n$，则 $f(b) = 0$.

f 当然也是 $s(B(\mathscr{H}), T(\mathscr{H}))$ 连续的，依命题 1.2.6，有 $a \in T(\mathscr{H})$，使得 $f(b) = \mathrm{tr}(ab)$，$\forall b \in B(\mathscr{H})$. 如果 $\{\xi_l\}$ 是 $\mathscr{H}$ 的包含 $\{\xi_1, \cdots, \xi_n\}$ 的直交规范基，取 $c \in B(\mathscr{H})$，使得

$$c\xi_i = 0,\ 1 \leqslant i \leqslant n,\ c\xi_l = a^*\xi_l,\ \forall l \neq 1, \cdots, n,$$

则 $0 = f(c) = \mathrm{tr}(ac) = \sum\limits_l \langle ac\xi_l, \xi_l\rangle = \sum\limits_{l \neq 1, \cdots, n} \|a^*\xi_l\|^2$，因此 $a^*\xi_l = 0$，$\forall l \neq 1, \cdots, n$. 今若命 $a^*\xi_i = \eta_i$，$1 \leqslant i \leqslant n$，则

$$f(b) = \mathrm{tr}(ab) = \sum_l \langle ab\xi_l, \xi_l\rangle = \sum_{i=1}^n \langle b\xi_i, \eta_i\rangle, \forall b \in B(\mathscr{H}).$$

最后，关于 $f \geqslant 0$ 的结论，实际上已包含在命题 1.2.2 之中. 证毕.

关于 $B(\mathscr{H})$ 的凸子集依照各种拓扑的闭性，依照命题 1.2.6，1.2.7，分离性定理与 Krein-Šmulian 定理，我们有

命题 1.2.8 设 K 是 $B(\mathscr{H})$ 的凸子集，则下列条件是相互等价的：1) K 是 $\sigma(B(\mathscr{H}), T(\mathscr{H}))$ 闭的；2) K 是 $s(B(\mathscr{H}), T(\mathscr{H}))$ 闭的；3) K 是 $s^*(B(\mathscr{H}), T(\mathscr{H}))$ 闭的；4) K 是 $\tau(B(\mathscr{H}), T(\mathscr{H}))$ 闭的；5) $K \cap \lambda S$ 是弱算子闭的，$\forall \lambda > 0$；6) $K \cap \lambda S$ 是强算子闭的，$\forall \lambda > 0$；7) $K \cap \lambda S$ 是强 * 算子闭的，$\forall \lambda > 0$. 这里 S 是 $B(\mathscr{H})$ 的单位球. 此外，如果 K 还是有界的，则条件 5)，6)，7) 中的 $K \cap \lambda S$ 可直接代以 K.

命题 1.2.9 设K是 $B(\mathscr{H})$ 的凸子集，则K依弱算子的闭包等于它依强算子的闭包；K的弱算子闭性等价于它的强算子闭性.

作为本节的结束，我们要提到下面的命题，这在以后，是经常使用的.

命题 1.2.10 如果 $\{a_l\}$ 是 $B(\mathscr{H})$ 的由自伴元组成的有界递增网，即有常数 M，使得 $\|a_l\| \leqslant M$，$\forall l$，以及如果 $l' \geqslant l$，就有 $a_{l'} \geqslant a_l$，那么，依照强算子拓扑，$a_l \to a = \sup\limits_l a_l$.

证. 对任意的 $\xi \in \mathscr{H}$，$\{\langle a_l\xi, \xi\rangle\}$ 递增、有界，因此，$\langle a_l\xi, \xi\rangle \to \langle a\xi, \xi\rangle = \sup\limits_l \langle a_l\xi, \xi\rangle$. 由极化公式，可见 $\langle a_l\xi, \eta\rangle \to \langle a\xi, \eta\rangle$，$\forall \xi, \eta \in \mathscr{H}$. 因此，$a \in B(\mathscr{H})$，$a = \sup\limits_l a_l$，及 $a_l \xrightarrow{\text{弱算子}} a$. 又对任意的 $\xi \in \mathscr{H}$，

$$\|(a - a_l)\xi\|^2 \leqslant \|(a - a_l)^{\frac{1}{2}}\|^2 \cdot \|(a - a_l)^{\frac{1}{2}}\xi\|^2$$
$$\leqslant 2M\langle (a - a_l)\xi, \xi\rangle \to 0,$$

所以，$a_l \xrightarrow{\text{强算子}} a$. 证毕.

注 本节见参考文献 [13], [78], [79], [93], [135].

§3. vN 代数的定义

定义 1.3.1 设 $\mathscr{H}$ 是复 Hilbert 空间，$B(\mathscr{H})$ 的 $*$ 子代数 M 称为 von Neumann 代数，往后简记作 vN 代数，指

$$M = M'',$$

这里 $M' = \{b' \in B(\mathscr{H}) \mid b'a = ab', \forall a \in M\}$ （称为 M 的交换子），而 $M'' = (M')'$.

如果 $\mathfrak{M} \subset B(\mathscr{H})$，$M$ 是包含 $\mathfrak{M}$ 的最小的 vN 代数，则称 M 为由 $\mathfrak{M}$ 生成的 vN 代数.

命题 1.3.2 设 $\mathfrak{M} \subset B(\mathscr{H})$，则 $\mathfrak{M}$ 生成的 vN 代数是 $(\mathfrak{M} \cup \mathfrak{M}^*)''$. 此外，$(\mathfrak{M} \cup \mathfrak{M}^*)'$ 也是 vN 代数. 特别，vN 代数的交换子是 vN 代数.

证. 显然，$(\mathfrak{M} \cup \mathfrak{M}^*) \subset (\mathfrak{M} \cup \mathfrak{M}^*)''$，$(\mathfrak{M} \cup \mathfrak{M}^*)' \subset (\mathfrak{M} \cup$

$\mathfrak{M}^*)'''$. 于是，如果 $a\in(\mathfrak{M}\cup\mathfrak{M}^*)'''$，则 $ab=ba$，$\forall b\in(\mathfrak{M}\cup\mathfrak{M}^*)''$. 特别，$ab=ba$，$\forall b\in(\mathfrak{M}\cup\mathfrak{M}^*)$，所以，$a\in(\mathfrak{M}\cup\mathfrak{M}^*)'$. 即 $(\mathfrak{M}\cup\mathfrak{M}^*)'=(\mathfrak{M}\cup\mathfrak{M}^*)'''$ 是 vN 代数. 同证 $(\mathfrak{M}\cup\mathfrak{M}^*)''$ 是 vN 代数. 今若N是任意的包含 $\mathfrak{M}$ 的 vN 代数，则 $N\supset(\mathfrak{M}\cup\mathfrak{M}^*)$. 于是，$N'\subset(\mathfrak{M}\cup\mathfrak{M}^*)'$，$N''=N\supset(\mathfrak{M}\cup\mathfrak{M}^*)''$. 即$(\mathfrak{M}\cup\mathfrak{M}^*)''$ 是 $\mathfrak{M}$ 生成的 vN 代数. 证毕.

命题 1.3.3 1) 设M是 $\mathscr{H}$ 中的 vN 代数，则 M 是弱算子闭的，并且 $1\in M$. 从而，M是 Banach 空间 $T(\mathscr{H})$ 的商空间 $T(\mathscr{H})/M_\perp$ 的共轭空间，这里

$$M_\perp=\{a\in T(\mathscr{H})\,|\,\mathrm{tr}(ab)=0,\ \forall b\in M\};$$

2) 设 $\{M_l\}$ 是 $\mathscr{H}$ 中一族 vN 代数，则 $M=\bigcap_l M_l$ 也是 vN 代数，并且 M' 由 $\bigcup_l M_l'$ 生成.

证. 1) 是显然的. 今证 2). 显然下列条件是相互等价的: ① $a\in M$；② $a\in M_l$，$\forall l$；③ a 与 M_l' 交换，$\forall l$；④ a 与 $\bigcup_l M_l'$ 交换；⑤ $a\in\left(\bigcup_l M_l'\right)'$. 因此，$M=\left(\bigcup_l M_l'\right)'$ 是 vN 代数以及 $M'=\left(\bigcup_l M_l'\right)''$. 证毕.

命题 1.3.4 设 M 是 $\mathscr{H}$ 中的 vN 代数.

1) 如果 $a\in M$，$a=vh$ 是极分解，则 $v,h\in M$. 特别，$\mathscr{H}$ 到 $\overline{a\mathscr{H}}$ (a 的值域的闭包) 上的投影 $(=vv^*)\in M$；

2) 如果 a 是M的正规元(即 $a^*a=aa^*$)，$e(\cdot)$ 是 a 的谱测度，则 $e(\Delta)\in M$，$\forall\Delta$ 是 $\mathbb{C}$ 的 Borel 子集；

3) M是其投影全体依一致拓扑的线性闭包，M也是其酉元全体的线性包.

证. 1) 显然 $h=(a^*a)^{1/2}\in M$. 今设 $b'\in M'$，如果 $\xi\in[a^*\mathscr{H}]^\perp$，则 $a\xi=v\xi=0$，$ab'\xi=b'a\xi=0$，所以 $b'\xi\in[a^*\mathscr{H}]^\perp$，从而 $vb'\xi=0=b'v\xi$. 对任意的 $\eta\in\mathscr{H}$，

$$b'v(a^*a)^{1/2}\eta=b'a\eta=ab'\eta=v(a^*a)^{1/2}b'\eta=vb'(a^*a)^{1/2}\eta$$

但 $(a^*a)^{1/2}\mathscr{H}$ 在 $\overline{a^*\mathscr{H}}$ 中稠，所以 $b'v\zeta = vb'\zeta, \forall \zeta \in \overline{a^*\mathscr{H}}$. 由此，$b'v = vb'$，$\forall b' \in M'$，即 $v \in M$.

2) 设 $b' \in M'$，由于 $ab' = b'a$，因此，$e(\Delta)b' = b'e(\Delta)$，即 $e(\Delta) \in M'' = M$，$\forall \Delta$ 是 $\mathbb{C}$ 的 Borel 子集.

3) 由于M的自伴元的谱族仍然属于M，因此，M是其投影全体依一致拓扑的线性闭包. 今设 $h = h^* \in M$，$\|h\| \leqslant 1$，于是 $(1-h^2)^{1/2} \in M$. 从而，$(h \pm i(1-h^2)^{1/2})$ 是M的酉元. 这就说明M是其酉元全体的线性包. 证毕.

命题 1.3.5 设M是 $\mathscr{H}$ 中的 vN 代数，则M的投影全体依照包含关系[1]是完全格，并且如果 $\{p_l\}_{l\in\Lambda}$ 是M的一族投影，则

$$\sup_{l\in\Lambda} p_l = (\text{强算子})\text{-}\lim_F \sup_{l\in F} p_l = \mathscr{H} \text{ 到 } \left[\bigcup_l p_l\mathscr{H}\right] \text{ 上的投影}$$

$$\inf_{l\in\Lambda} p_l = (\text{强算子})\text{-}\lim_F \inf_{l\in F} p_l = \mathscr{H} \text{ 到 } \bigcap_{l\in\Lambda} p_l\mathscr{H} \text{ 上的投影.}$$

这里 F 是 Λ 的有限子集，依包含关系成为定向指标.

证. 首先如果 p, q 是M的投影，注意

$$\overline{[p\mathscr{H} + q\mathscr{H}]} = q\mathscr{H} \oplus \overline{[(1-q)p\mathscr{H}]},$$

由命题 1.3.4，$\mathscr{H}$ 到 $\overline{[(1-q)p\mathscr{H}]}$ 上的投影 $\in M$，从而，$\mathscr{H}$ 到 $\overline{[p\mathscr{H} + q\mathscr{H}]}$ 上的投影 $\in M$，即 $\sup\{p, q\} \in M$. 又

$$\overline{[p\mathscr{H} + q\mathscr{H}]} = (p\mathscr{H} \cap q\mathscr{H}) \oplus \overline{[(1-p)q\mathscr{H}]} \oplus \overline{[(1-q)p\mathscr{H}]}$$

因此，$\inf\{p, q\} \in M$.

进而可见，对 Λ 的任意有限子集 F，

$$\sup_{l\in F} p_l \in M, \quad \inf_{l\in F} p_l \in M.$$

今依命题 1.2.10 及M也是强算子闭的，

$$\sup_{l\in\Lambda} p_l = \sup_F \sup_{l\in F} p_l = (\text{强算子})\text{-}\lim_F \sup_{l\in F} p_l \in M.$$

同样考虑 $\{(1-\inf_{l\in F} p_l) \mid F$ 是 Λ 的有限子集$\}$，则可得到其余的结

---

1) 投影 p 包含 q，指 $p\mathscr{H} \supset q\mathscr{H}$，即 $p \geqslant q$.

论．证毕．

命题1.3.6 设M是 $\mathscr{H}$ 中的 vN 代数，p是M的投影，则 $M_p = pMp$，及 $M'_p = M'p$ 都是 $p\mathscr{H}$ 中的 vN 代数，并且 $(M_p)' = M'_p$．

证．显然 $(M'_p)' \supset M_p$．设 $a \in (M'_p)' (\subset B(p\mathscr{H}))$，令

$$\bar{a} = \begin{cases} a, & \text{于 } p\mathscr{H} \text{ 中;} \\ 0, & \text{于 } (1-p)\mathscr{H} \text{ 中,} \end{cases}$$

则 $\bar{a} \in B(\mathscr{H})$．对任意的 $b' \in M'$，显然 b' 对于 $p\mathscr{H}$ 及 $(1-p)\mathscr{H}$ 不变，$b'p \in M'_p$，从而 $b'\bar{a} = \bar{a}b'$，即 $\bar{a} \in M$．于是，$a = p\bar{a}p \in M_p$，因此，$M_p = (M'_p)'$ 是 $p\mathscr{H}$ 中的 vN 代数．

今只须证明 M'_p 是 $p\mathscr{H}$ 中的 vN 代数，或只要证明 $M'_p = (M_p)'$．由于 $(M_p)' \supset M'_p$，所以，只要对任意的 $a' \in (M_p)'$，指出 $a' \in M'_p$．依命题 1.3.4，无妨设 a' 是 $p\mathscr{H}$ 中的酉算子．命 q 是 $\mathscr{H}$ 中的投影，使得 $q\mathscr{H} = \overline{[Mp\mathscr{H}]}$．易见 $q \in M \cap M'$．又命

$$\begin{cases} v' \sum_i a_i \xi_i = \sum_i a_i a' \xi_i, \forall \xi_i \in p\mathscr{H}, a_i \in M; \\ v'(1-q)\xi = 0, \qquad \forall \xi \in \mathscr{H}. \end{cases}$$

由于 $a' \in (M_p)'$，及 a' 是 $p\mathscr{H}$ 中的酉算子，于是

$$\begin{aligned} \Big\| \sum_i a_i a' \xi_i \Big\|^2 &= \sum_{i,j} \langle a_i p a' \xi_i, a_j p a' \xi_j \rangle \\ &= \sum_{i,j} \langle p a_j^* a_i p a' \xi_i, a' \xi_j \rangle \\ &= \sum_{i,j} \langle p a_j^* a_i p \xi_i, a'^* a' \xi_j \rangle \\ &= \Big\| \sum_i a_i \xi_i \Big\|^2. \end{aligned}$$

从而，v' 可扩充为 $\mathscr{H}$ 中以 $q\mathscr{H}$ 为始域的部分等距算子．对任意的 $a \in M$，

$$\begin{cases} v'a \sum_i a_i \xi_i = \sum_i a a_i a' \xi_i = a v' \sum_i a_i \xi_i, \forall \xi_i \in p\mathscr{H}, a_i \in M; \\ v'a(1-q)\xi = v'(1-q)a\xi = 0 = av'(1-q)\xi, \forall \xi \in \mathscr{H}, \end{cases}$$

因此，$v' \in M'$. 对任意的 $\xi \in p\mathscr{H}$，依 v' 的定义，$v'\xi = a'\xi$，即 $a' = v'p \in M'_p$. 证毕.

定义 1.3.7 设M是 vN 代数，称 $Z = M \cap M'$ 为M的中心. 如果 $Z = \mathbf{C}$，称这样的 vN 代数为因子.

命题 1.3.8 设M是 $\mathscr{H}$ 中的 vN 代数，Z 是它的中心，p 是M的投影，则 $M_p \cap M'_p = Zp$. 特别，如果M是因子，则 M_p 与 M'_p 也是($p\mathscr{H}$ 中的)因子. 此外，如果 q 是 M_p 的中心投影，则存在M的中心投影 z，使得 $q = zp$.

证. 显然 $Zp \subset M_p \cap M'_p$. 反之，设 $a \in M_p \cap M'_p$，于是有 $b' \in M'$，使得 $a = b'p$. 记 r 为 $\mathscr{H}$ 到 $\overline{[Mp\mathscr{H}]}$ 上的投影，则 $r \in Z$，$r \geqslant p$. 由此，$a = b'p = (b'r)p$. 如果替代 b' 以 $b'r$，可以认为 $b'r = b'$. 今设 a' 是M'的任意元，则

$$b'a'p = b'p \cdot a'p = aa'p = a'ap = a'b'p.$$

即 $(a'b' - b'a')p = 0$. 进而 $(a'b' - b'a')r = 0$，但 $b'r = b'$，所以 $a'b' = b'a'$，$\forall a' \in M'$，即 $b' \in Z$，从而，$a = b'p \in Zp$.

今设 q 是 M_p 的中心投影，依上面，有 $z \in Z$，使得 $q = zp$. 自然 $q = \frac{1}{2}(z + z^*)p$，所以可认为 $z = z^*$. 亦如前面，可设 $z = zr$. 由于 $q^2 = q$，于是 $(z^2 - z)p = 0$. 进而 $(z^2 - z)r = 0$，即 $z^2 = z$ 是M的中心投影. 证毕.

定理 1.3.9 设M是 $B(\mathscr{H})$ 的 $*$ 子代数，$\overline{M}^w$ 是M的弱算子闭包，则

$$\overline{M}^w = \{a \mid a \in M'',\ ap_0 = p_0a = a\}.$$

这里 p_0 是 $\mathscr{H}$ 到 $\overline{[M\mathscr{H}]}$ 上的投影，并且 $p_0 \in M' \cap M''$ 以及 $(1 - p_0)\mathscr{H} = \{\xi \in \mathscr{H} \mid a\xi = 0,\ \forall a \in M\}$. 特别，当$M$还是非退化的(即 $p_0 = 1$)，则 $\overline{M}^w = M''$.

证. 依 p_0 的定义，$p_0a = a$，$\forall a \in M$. 因此

$$p_0a = ap_0 = a,\ \forall a \in \overline{M}^w.$$

显然，$\overline{M}^w \subset M''$，$p_0 \in M' \cap M''$ 及 $(1 - p_0)\mathscr{H}$ 是 M 的零子空间.

今设 $a \in M''$, $p_0 a = a p_0 = a$ 及 $U(a, \xi_1, \cdots, \xi_n, \varepsilon)$ 为 a 的任意强算子邻域. 命

$$\tilde{\mathscr{H}} = \mathscr{H} \oplus \cdots \oplus \mathscr{H} \quad (n\text{ 个})$$

及 $\tilde{p}' = (p'_{ik})_{1 \leqslant i,k \leqslant n}$ 是 $\tilde{\mathscr{H}}$ 到 $\overline{[(b\xi_1, \cdots, b\xi_n) | b \in M]}$ 上的投影, 这里 $p'_{ik} \in B(\mathscr{H})$, $\forall i, k$. 对任意的 $b \in M$, 令

$$\tilde{b}\tilde{\eta} = (b\eta_1, \cdots, b\eta_n), \ \forall \tilde{\eta} = (\eta_1, \cdots, \eta_n) \in \tilde{\mathscr{H}},$$

则 $\tilde{b} \in B(\tilde{\mathscr{H}})$. 显然, $\tilde{b}$ 对 $\tilde{p}'\tilde{\mathscr{H}}$ 是不变的, 所以 $\tilde{b}\tilde{p}' = \tilde{p}'\tilde{b}$, $\forall b \in M$. 由此, $p'_{ik} \in M'$, $\forall i, k$. 由于 $\tilde{p}'\tilde{b}\tilde{\xi} = \tilde{b}\tilde{\xi}$, $\forall b \in M$, 这里 $\tilde{\xi} = (\xi_1, \cdots, \xi_n)$[1], 因此

$$b\xi_i = \sum_{k=1}^{n} p'_{ik} b\xi_k = b \sum_{k=1}^{n} p'_{ik}\xi_k, \quad 1 \leqslant i \leqslant n, b \in M.$$

所以, $\left(\xi_i - \sum_k p'_{ik}\xi_k\right) \in (1 - p_0)\mathscr{H}$, $1 \leqslant i \leqslant n$. 但 $a(1 - p_0) = 0$, 因此

$$a\xi_i - \sum_k p'_{ik} a\xi_k = 0, \ 1 \leqslant i \leqslant n.$$

即 $(a\xi_1, \cdots, a\xi_n) \in \tilde{p}'\tilde{\mathscr{H}}$. 今依 $\tilde{p}'$ 的定义, 对上面的 $\varepsilon > 0$, 便有 $b \in M$, 使得

$$\|b\xi_i - a\xi_i\| < \varepsilon, \ 1 \leqslant i \leqslant n.$$

即 $U(a, \xi_1, \cdots, \xi_n, \varepsilon) \cap M \neq \phi$, 从而, $a \in M$ 的强算子闭包 $= M''$ (命题 1.2.9). 证毕.

今依照定理 1.3.9, 我们有如下的 vN 代数的等价定义

定理 1.3.10 (von Neumann 二次交换子定理) 设 M 是 $B(\mathscr{H})$ 的 * 子代数, 则 M 是 $\mathscr{H}$ 中的 vN 代数, 必须且只须, M 是弱算子闭的, 并且 $1 \in M$.

现在简单考虑一下 vN 代数中的拓扑问题. 设 M 是 $\mathscr{H}$ 中的 vN 代数. 在 $B(\mathscr{H})$ 中, 我们曾引入许多线性拓扑, 它们相应可以在 M 中产生诱导拓扑. 除此之外, 由命题 1.3.3,

$$M = (M_*)^*, \ M_* = T(\mathscr{H})/M_\perp.$$

---

1) 算子矩阵作用于 $\tilde{\eta} = (\eta_1, \cdots, \eta_n)$, 应把 $\tilde{\eta}$ 理解作列矢.

因此，在M中，利用M_*，还可以引入拓扑：

1) $\sigma(M, M_*)$ 即M中（对于M_*）的弱*拓扑；

2) $s(M, M_*)$ 网 $a_l \to 0$，指 $\{a_l^* a_l\}$ 依 $\sigma(M, M_*)$ 收敛于 0；

3) $s^*(M, M_*)$ 网 $a_l \to 0$，指 $\{a_l^* a_l\}$ 与 $\{a_l a_l^*\}$ 都依 $\sigma(M, M_*)$ 收敛于 0；

4) $\tau(M, M_*)$ 即M中（对于M_*）的 Mackey 拓扑. 显然，在M中，我们有下列的关系：

$$\sigma(M, M_*) \sim \sigma(B(\mathscr{H}), T(\mathscr{H}))|M \sim \sigma\text{-弱算子拓扑}|M,$$
$$s(M, M_*) \sim s(B(\mathscr{H}), T(\mathscr{H}))|M \sim \sigma\text{-强算子拓扑}|M,$$
$$s^*(M, M_*) \sim s^*(B(\mathscr{H}), T(\mathscr{H}))|M,$$
$$\tau(M, M_*) \prec \tau(B(\mathscr{H}), T(\mathscr{H}))|M,$$

这里 $\mathscr{T}|M$ 表示 $B(\mathscr{H})$ 中的拓扑 $\mathscr{T}$ 在M中的限制. 此外，关于M的凸子集的闭性，M上线性泛函的连续性，可以把本章 § 2 中相应的结果移植过来，这里不再赘述.

注 本节见参考文献[13]，[78].

§ 4. vN 代数的张量积

首先讨论 Hilbert 空间的张量积.

设 $\mathscr{H}_1$，$\mathscr{H}_2$ 是 Hilbert 空间，令

$$\mathscr{H}_1 \odot \mathscr{H}_2 = \left\{ u = \sum_{j=1}^n \xi_j^{(1)} \otimes \xi_j^{(2)} \,\middle|\, \begin{array}{l} n = 1, 2, \cdots, \\ \xi_j^{(i)} \in \mathscr{H}_i,\ 1 \leqslant j \leqslant n,\ i = 1, 2 \end{array} \right\}.$$

如果在这个集合中定义了零元（亦即引入一种等价关系），则它将成为线性空间. 我们说 $u = \sum_{j=1}^n \xi_j^{(1)} \otimes \xi_j^{(2)}$ 是零元，记作 $u = 0$，指

$$\langle u, \eta_1 \otimes \eta_2 \rangle = \sum_{j=1}^n \langle \xi_j^{(1)}, \eta_1 \rangle \cdot \langle \xi_j^{(2)}, \eta_2 \rangle = 0,$$

$\forall \eta_1 \in \mathscr{H}_1$，$\eta_2 \in \mathscr{H}_2$. 不难证明，这个定义等价于如下的作法. 如

果取 $\mathscr{H}_2$ 的线性子空间 $[\xi_1^{(2)},\cdots,\xi_n^{(2)}]$ 的基 $\{\zeta_1,\cdots,\zeta_m\}$，并设 $\xi_j^{(2)}=\sum_{k=1}^{m}\lambda_{jk}\zeta_k$，$1\leqslant j\leqslant n$，则 $u=\sum_{j=1}^{n}\xi_j^{(1)}\otimes\left(\sum_{k=1}^{m}\lambda_{jk}\zeta_k\right)=\sum_{k=1}^{m}\cdot\left(\sum_{j=1}^{n}\lambda_{jk}\xi_j^{(1)}\right)\otimes\zeta_k$ 是 $\mathscr{H}_1\odot\mathscr{H}_2$ 的零元，等价于在 $\mathscr{H}_1$ 中，

$$\sum_{j=1}^{n}\lambda_{jk}\xi_j^{(1)}=0,\ 1\leqslant k\leqslant m.$$

同样的作法也可以对 $\{\xi_j^{(1)}\}$ 来进行.

现在在线性空间 $\mathscr{H}_1\odot\mathscr{H}_2$ 中引入双线性泛函

$$\langle u,v\rangle=\sum_{j,k}\langle\xi_j^{(1)},\eta_k^{(1)}\rangle\cdot\langle\xi_j^{(2)},\eta_k^{(2)}\rangle.$$

这里 $u=\sum_j\xi_j^{(1)}\otimes\xi_j^{(2)}$，$v=\sum_k\eta_k^{(1)}\otimes\eta_k^{(2)}$. 今指出，对任意的 $u=\sum_{j=1}^{n}\xi_j^{(1)}\otimes\xi_j^{(2)}\in\mathscr{H}_1\odot\mathscr{H}_2$，有 $\langle u,u\rangle\geqslant 0$. 事实上，对任意的复数 $\lambda_1,\cdots,\lambda_n$，

$$\sum_{i,j}\langle\xi_i^{(1)},\xi_j^{(1)}\rangle\lambda_i\bar{\lambda}_j=\left\|\sum_i\lambda_i\xi_i\right\|^2\geqslant 0.$$

因此，矩阵

$$(\langle\xi_i^{(1)},\xi_j^{(1)}\rangle)_{1\leqslant i,j\leqslant n}$$

是非负的. 从而有 n 阶酉矩阵 (u_{ij})，使得

$$(u_{ij})^*\cdot(\langle\xi_i^{(1)},\xi_j^{(1)}\rangle)\cdot(u_{ij})=\begin{pmatrix}\mu_1 & & 0\\ & \ddots & \\ 0 & & \mu_n\end{pmatrix},$$

其中 $\mu_i\geqslant 0$，$1\leqslant i\leqslant n$，于是

$$\langle\xi_i^{(1)},\xi_j^{(1)}\rangle=\sum_{k=1}^{n}u_{ik}\mu_k\overline{u_{jk}}=\sum_{k=1}^{n}\alpha_{ik}\overline{\alpha_{jk}}.$$

这里 $\alpha_{ik}=u_{ik}\sqrt{\mu_k}$，$\forall i,k,j$. 同样可写

$$\langle\xi_i^{(2)},\xi_j^{(2)}\rangle=\sum_{k=1}^{n}\beta_{ik}\overline{\beta_{jk}},\ \forall i,j.$$

从而

$$\langle u, u\rangle = \sum_{i,j}\langle \xi_i^{(1)}, \xi_j^{(1)}\rangle \cdot \langle \xi_i^{(2)}, \xi_j^{(2)}\rangle$$

$$= \sum_{k,l}\left(\sum_i \alpha_{ik}\beta_{il}\right)\overline{\left(\sum_j \alpha_{jk}\beta_{jl}\right)} \geqslant 0.$$

此外，如果 $\langle u, u\rangle = 0$，依 Schwartz 不等式

$$\langle u, \eta_1\otimes\eta_2\rangle \leqslant \langle u, u\rangle^{1/2}\|\eta_1\|\|\eta_2\|,\ \forall \eta_i \in \mathscr{H}_i,\ i = 1, 2.$$

说明 u 正是依前面意义的零元．所以，$<,>$是 $\mathscr{H}_1\odot\mathscr{H}_2$ 上的内积．

定义 1.4.1 $\mathscr{H}_1\odot\mathscr{H}_2$ 依$<,>$的完备化，所得的 Hilbert 空间称为 $\mathscr{H}_1$ 与 $\mathscr{H}_2$ 的张量积，记作 $\mathscr{H}_1\otimes\mathscr{H}_2$．

命题 1.4.2 设 $a_i \in B(\mathscr{H}_i)$，$i = 1, 2$，则在 $\mathscr{H}_1\otimes\mathscr{H}_2$ 中有唯一的有界线性算子，记作 $a_1\otimes a_2$，使得

$$(a_1\otimes a_2)(\xi_1\otimes\xi_2) = a_1\xi_1\otimes a_2\xi_2,\ \forall \xi_i \in \mathscr{H}_i,\ i = 1, 2$$

并且 $\|a_1\otimes a_2\| = \|a_1\|\cdot\|a_2\|$．

证．对任意的 $u = \sum_j \xi_j^{(1)}\otimes\xi_j^{(2)} \in \mathscr{H}_1\odot\mathscr{H}_2$，设其中 $\{\xi_j^{(2)}\}_j$ 是 $\mathscr{H}_2$ 的直交规范系，于是

$$\|(a_1\otimes 1_2)u\|^2 = \sum_j \|a_1\xi_j^{(1)}\|^2 \leqslant \|a_1\|^2 \sum_j \|\xi_j^{(1)}\|^2 = \|a_1\|^2\|u\|^2.$$

从而，$a_1\otimes 1_2$ 可唯一开拓为 $\mathscr{H}_1\otimes\mathscr{H}_2$ 中的有界线性算子．对于 $1_1\otimes a_2$ 相仿．从而，$a_1\otimes a_2 = (a_1\otimes 1_2)(1_1\otimes a_2)$ 可唯一定义为 $\mathscr{H}_1\otimes\mathscr{H}_2$ 中的有界线性算子，满足要求，并且 $\|a_1\otimes a_2\| \leqslant \|a_1\|\cdot\|a_2\|$．另一方面，

$$\|a_1\otimes a_2\| \geqslant \sup\{\|a_1\xi_1\|\cdot\|a_2\xi_2\| \mid \xi_i \in \mathscr{H}_i, \|\xi_i\| \leqslant 1, i = 1, 2\}$$
$$= \|a_1\|\cdot\|a_2\|.$$

证毕．

对于 $\mathscr{H}_1\otimes\mathscr{H}_2$，还可以用 Hilbert 直和的方法来描述．取 $\{e_l \mid e \in \mathrm{I}\}$ 为 $\mathscr{H}_2$ 的直交规范基，这里 $^{\#}\mathrm{I}$[1] $= \dim\mathscr{H}_2$，令

$$\mathscr{H}^{(l)} = \{\xi\otimes e_l \mid \xi \in \mathscr{H}_1\},\ \forall l \in \mathrm{I},$$

---

1) 对任意集合 I，$^{\#}\mathrm{I}$ 表示它的势．

易见 $\mathscr{H}^{(l)}$(与 $\mathscr{H}_1$ 同构)是 $\mathscr{H}_1\otimes\mathscr{H}_2$ 的闭子空间,且

$$\mathscr{H}_1\otimes\mathscr{H}_2=\sum_{l\in\mathbb{I}}\oplus\mathscr{H}^{(l)}.$$

今命 $u_l\xi=\xi\otimes e_l$, $\forall\xi\in\mathscr{H}_1$, 则 u_l 是 $\mathscr{H}_1$ 到 $\mathscr{H}_1\otimes\mathscr{H}_2$ 中的等距线性映象，其值域为 $\mathscr{H}^{(l)}$. 于是，u_l^* 是 $\mathscr{H}_1\otimes\mathscr{H}_2$ 到 $\mathscr{H}_1$ 的连续线性映象,使得 $u_l^*\mathscr{H}^{(l')}=\{0\}$, $\forall l'\neq l$ 及 u_l^* 等距地映 $\mathscr{H}^{(l)}$ 为 $\mathscr{H}_1$. 此外，显然 $u_l^*u_l$ 是 $\mathscr{H}_1$ 中的恒等映象，而 $p_l=u_lu_l^*$ 是 $\mathscr{H}_1\otimes\mathscr{H}_2$ 到 $\mathscr{H}^{(l)}$ 上的投影以及 $\sum\limits_{l\in\mathbb{I}}p_l=1$.

设 $a\in B(\mathscr{H}_1\otimes\mathscr{H}_2)$, 令 $a_{ll'}=u_l^*au_{l'}\in B(\mathscr{H}_1)$, 则 a 将由算子阵 $(a_{ll'})_{l,l'\in\mathbb{I}}$ 完全决定. 事实上，对任意的 $\xi\in\mathscr{H}_1\otimes\mathscr{H}_2$,

$$a\xi=\sum_l(u_l^*a\xi)\otimes e_l=\sum_l\left(\sum_{l'}a_{ll'}\xi_{l'}\right)\otimes e_l,$$

其中 $\xi_{l'}=u_{l'}\xi\in\mathscr{H}_1$. 由此,如果把 $\mathscr{H}^{(l)}$ 与 $\mathscr{H}_1$ 等同起来，就可写

$$a=(a_{ll'})_{l,l'\in\mathbb{I}}.$$

引理 1.4.3 如果 $a_{ll'}\in B(\mathscr{H}_1)$, $\forall l, l'$, 则欲 $a=(a_{ll'})\in B(\mathscr{H}_1\otimes\mathscr{H}_2)$, 当且仅当，存在常数 K, 使得对 $\mathbb{I}$ 的任意有限子集 E, F 及 $\{\xi_l|l\in F\}\subset\mathscr{H}_1$, 有

$$\sum_{l\in E}\left\|\sum_{l'\in F}a_{ll'}\xi_{l'}\right\|^2\leqslant K^2\sum_{l'\in F}\|\xi_{l'}\|^2.$$

证. 必要性显然. 今设 $\xi=\sum\limits_{l\in\mathbb{I}}\xi_l\otimes e_l\in\mathscr{H}_1\otimes\mathscr{H}_2$, 则 $\sum\limits_{l\in\mathbb{I}}\cdot\|\xi_l\|^2<\infty$.于是,对任意的 $\varepsilon>0$,存在 $\mathbb{I}$ 的有限子集 F_ε,使得 $\sum\limits_{l\notin F_\varepsilon}\|\xi_l\|^2<\varepsilon$. 从而对任意的 $l\in\mathbb{I}$, 以及 $\mathbb{I}$ 的有限子集 $F_i\supset F_\varepsilon$, $i=1, 2$, 依充分性条件,

$$\left\|\sum_{l'\in F_1}a_{ll'}\xi_{l'}-\sum_{l'\in F_2}a_{ll'}\xi_{l'}\right\|^2\leqslant K^2\sum_{l'\notin F_\varepsilon}\|\xi_{l'}\|^2<K^2\varepsilon.$$

因此,对每个 $l\in\mathbb{I}$, 级数 $\sum\limits_{l'}a_{ll'}\xi_{l'}$ 在 $\mathscr{H}_1$ 中收敛. 今由

$$\sum_{l\in E}\left\|\sum_{l'\in F}a_{ll'}\xi_{l'}\right\|^2\leqslant K^2\sum_{l'\in F}\|\xi_{l'}\|^2,$$

先对 F 取极限，再对 E 取极限，即见 $(a_{ll'})$ 决定 $\mathscr{H}_1\otimes\mathscr{H}_2$ 中的连续线性算子．证毕．

引理 1.4.4 设 $a=(a_{ll'})$，$b=(b_{ll'})\in B(\mathscr{H}_1\otimes\mathscr{H}_2)$，则

$$ab=\left(\sum_{l''}a_{ll''}b_{l''l'}\right),$$

其中对每个 l，l'，级数 $\sum_{l''}a_{ll''}b_{l''l'}$ 依 $\mathscr{H}_1$ 中的强算子拓扑收敛．

证．由于 $\sum_l p_l=\sum_l u_lu_l^*=1$ 在 $\mathscr{H}_1\otimes\mathscr{H}_2$ 中依强算子拓扑收敛，从而依强算子拓扑有

$$u_l^*abu_{l'}=u_l^*a\left(\sum_{l''}u_{l''}u_{l''}^*\right)bu_{l'}=\sum_{l''}a_{ll''}b_{l''l'}.\quad \text{证毕.}$$

引理 1.4.5 设 $a_i\in B(\mathscr{H}_i)$，$i=1,2$，并且 a_2 在基 $\{e_l\}_{l\in\mathbf{I}}$ 中有矩阵表示 $(\lambda_{ll'})$，则

$$a_1\otimes a_2=(\lambda_{ll'}a_1).$$

特别，$a_1\otimes 1_2=(\delta_{ll'}a_1)$．

证．对任意的 $\xi\in\mathscr{H}_1$，

$$\begin{aligned}u_l^*(a_1\otimes a_2)u_{l'}\xi&=u_l^*(a_1\otimes a_2)\xi\otimes e_{l'}=u_l^*(a_1\xi\otimes a_2e_{l'})\\&=u_l^*\left(a_1\xi\otimes\sum_{l''}\lambda_{l''l'}e_{l''}\right)\\&=\sum_{l''}u_l^*(a_1\xi\otimes\lambda_{l''l'}e_{l''})=\lambda_{ll'}a_1\xi,\end{aligned}$$

即 $u_l^*(a_1\otimes a_2)u_{l'}=\lambda_{ll'}a_1$，$\forall l,l'$．证毕．

引理 1.4.6 在 $\mathscr{H}_1\otimes\mathscr{H}_2$ 中，

$$\{u_lu_{l'}^*\,|\,l,l'\in\mathbf{I}\}'=\{a_1\otimes 1_2\,|\,a_1\in B(\mathscr{H}_1)\}.$$

证．对任意的 s，$t\in\mathbf{I}$，依引理 1.4.5，

$$\begin{aligned}u_s^*(a_1\otimes 1_2)(u_lu_{l'}^*)u_t&=\sum_{l''}(u_s^*(a_1\otimes 1_2)u_{l''})\cdot(u_{l''}^*u_lu_{l'}^*u_t)\\&=\delta_{sl}\delta_{l't}a_1\\&=\sum_{l''}(u_s^*u_l)(u_{l'}^*u_{l''})\delta_{l''t}a_1\end{aligned}$$

$$= u_l^*(u_l u_{l'}^*)(a_1 \otimes 1_2) u_l.$$

因此，$a_1 \otimes 1_2 \in \{u_l u_{l'}^* | l, l' \in \mathbf{I}\}'$，$\forall a_1 \in B(\mathscr{H}_1)$.

反之，设 $a \in \{u_l u_{l'}^* | l, l' \in \mathbf{I}\}'$. 如果 $l \neq l'$，则

$$u_l^* a u_{l'} = u_l^* a (u_{l'} u_{l'}^*) u_{l'} = (u_l^* u_{l'}) u_{l'}^* a u_{l'} = 0,$$

$$u_l^* a u_l = u_{l'}^* (u_{l'} u_l^*) a u_l = u_{l'}^* a u_{l'} u_l^* u_l = u_{l'}^* a u_{l'}$$

今命 $a_1 = u_l^* a u_l \in B(\mathscr{H}_1)$，依上可见它不依赖于 l 的选择，并且依引理 1.4.5，

$$a = (\delta_{ll'} a_1) = a_1 \otimes 1_2.$$ 证毕.

现在讨论 vN 代数的张量积.

定义 1.4.7 设 M_i 是 Hilbert 空间 $\mathscr{H}_i$ 中的 vN 代数，$i=1, 2$. 在 $\mathscr{H}_1 \otimes \mathscr{H}_2$ 中，由集合 $\{a_1 \otimes a_2 | a_i \in M_i, i = 1, 2\}$ 生成的 vN 代数，称为 M_1 与 M_2 的 (vN 代数的) 张量积，记作 $M_1 \overline{\otimes} M_2$，即

$$M_1 \overline{\otimes} M_2 = \{a_1 \otimes a_2 | a_i \in M_i, i = 1, 2\}''.$$

例如，依引理 1.4.6，我们有

$$B(\mathscr{H}_1) \overline{\otimes} \mathbf{C} 1_2 = \{a_1 \otimes 1_2 | a_1 \in B(\mathscr{H}_1)\}.$$

命题 1.4.8 设 M_1 是 $\mathscr{H}_1$ 中的 vN 代数，则

$$M_1 \overline{\otimes} B(\mathscr{H}_2) = \{a \in B(\mathscr{H}_1 \otimes \mathscr{H}_2) | a = (a_{ll'}), a_{ll'} \in M_1, \forall l, l'\}.$$

证. 显然右边集合是 $\mathscr{H}_1 \otimes \mathscr{H}_2$ 中的 vN 代数(引理 1.4.4)，从而由引理 1.4.5，

$$M_1 \overline{\otimes} B(\mathscr{H}_2) \subset \text{右边集合}.$$

今设 $a = (a_{ll'}) \in B(\mathscr{H}_1 \otimes \mathscr{H}_2)$，并且 $a_{ll'} \in M_1$，$\forall l, l'$. 如果 E, F 是 $\mathbf{I}$ 的有限子集，令

$$a_{ll'}^{(E,F)} = \begin{cases} a_{ll'}, & \text{如 } l \in E, l' \in F; \\ 0, & \text{其它}, \end{cases} \qquad a_{ll'}^{(E)} = \begin{cases} a_{ll'}, & \text{如} l \in E; \\ 0, & \text{其它} \end{cases}$$

及 $a_{E,F} = (a_{ll'}^{(E,F)})$，$a_E = (a_{ll'}^{(E)})$. 由引理 1.4.3，可见 $a_{E,F}$ 及 $a_E \in B(\mathscr{H}_1 \otimes \mathscr{H}_2)$. 此外，对任意的 $s, t \in \mathbf{I}$，依引理 1.4.5，$a_{st} \otimes (\delta_{sl} \cdot \delta_{tl'}) = (a_{st} \delta_{sl} \delta_{tl'}) \in M_1 \overline{\otimes} B(\mathscr{H}_2)$. 从而 $a_{E,F} = \sum_{s \in E, t \in F} (a_{st} \delta_{sl}$

$\cdot \delta_{ll'}) \in M_1 \overline{\otimes} B(\mathscr{H}_2)$. 也不难证明，依 $\mathscr{H}_1 \otimes \mathscr{H}_2$ 中的弱算子拓扑，

$$a_{E,F} \to a_E,\quad a_E \to a.$$

所以，$a \in M_1 \overline{\otimes} B(\mathscr{H}_2)$. 证毕.

我们已经定义了 $M_1 \overline{\otimes} M_2$，自然要猜想

$$(M_1 \overline{\otimes} M_2)' = M_1' \overline{\otimes} M_2',$$

为此，需要作仔细的考虑.

设 $\mathscr{H}$ 是复 Hilbert 空间，其内积是 $<,>$. 如果把 $\mathscr{H}$ 看作实线性空间，并定义 $\langle,\rangle_r = \mathrm{Re}\langle,\rangle$，则 $(\mathscr{H}, \langle,\rangle_r)$ 成为实 Hilbert 空间. 本节的以下部分，提到的"直交余"，"$\perp$"等概念，均依 $\langle,\rangle_r$ 而言.

引理 1.4.9 设 M, N 是 $B(\mathscr{H})$ 的 $*$ 子代数，且都包含 1. 又设 $M \subset N'$，并且 M 在 $\mathscr{H}$ 中有循环矢 ξ（指 $\overline{M\xi} = \mathscr{H}$），则下列条件相互等价：

1) $M' = N''$;

2) $(M_h\xi + iN_h\xi)$ 在 $\mathscr{H}$ 中稠;

3) $(M_h\xi)^\perp = i\,\overline{N_h\xi}$,

其中 M_h, N_h 分别是 M, N 的自伴元全体.

证. 设 $t' \in (M')_h$, $a \in M_h$, 于是 $t'a = at'$ 仍然是自伴的，所以，$\mathrm{Im}\langle a\xi, t'\xi\rangle = 0$. 进而，$\langle a\xi, i't\xi\rangle_r = 0$. 因此，$i(M')_h \xi \subset (M_h\xi)^\perp$. 又 $M \subset N'$, $N \subset N'' \subset M'$, 从而，$iN_h\xi \subset (M_h\xi)^\perp$.

设 3) 成立. 于是

$$\overline{(M_h\xi + iN_h\xi)} \supset M_h\xi + i\overline{N_h\xi} = M_h\xi + (M_h\xi)^\perp.$$

因此，由 3) 可以得到 2).

设 2) 成立. 由于 $iN_h\xi \subset (M_h\xi)^\perp$, 依 2), $iN_h\xi$ 在 $(M_h\xi)^\perp$ 中稠，即由 2) 可以得到 3).

设 2), 3) 成立. 已经指出 $(M')_h\xi \subset i(M_h\xi)^\perp$, 由 3), $(M')_h\xi \subset \overline{N_h\xi}$. 于是如果 $t' \in (M')_h$, 则有 $b_n \in N_h$, 使得 $\|t'\xi - b_n\xi\| \to 0$. 设 $s' \in N'$, $a, c \in M$, 由于 $M \subset N'$,

$$\langle s't'a\xi, c\xi\rangle = \lim_n \langle s'ab_n\xi, c\xi\rangle = \lim_n \langle s'a\xi, cb_n\xi\rangle$$
$$= \langle s'a\xi, ct'\xi\rangle = \langle t's'a\xi, c\xi\rangle,$$
但 ξ 是M的循环矢，因此，$s't' = t's'$，$\forall s' \in N'$. 从而 $t' \in N''$，即 $M' \subset N''$. 但 $M \subset N'$，所以，$M' = N''$.

今设 1) 成立. 如果 $\eta \in (M_h\xi + iN_h\xi)^{\perp}$，我们必须证明 $\eta = 0$.

在复 Hilbert 空间 $\mathscr{H} \oplus \mathscr{H}$ 中，令
$$M_2 = \left\{\begin{pmatrix} a & 0 \\ 0 & a \end{pmatrix} \middle| a \in M\right\}.$$
由于 $M' = N''$，易见
$$M_2' = \left\{\begin{pmatrix} b_1 & b_2 \\ b_3 & b_4 \end{pmatrix} \middle| b_i \in N'', 1 \leqslant i \leqslant 4\right\},$$
又命 P 是 $\mathscr{H} \oplus \mathscr{H}$ 到 $\overline{M_2(\xi, \eta)}$ 上的投影，则 $P \in M_2'$，从而可写
$$P = \begin{pmatrix} p & r \\ r^* & q \end{pmatrix},$$
其中 $p = p^*$，$q = q^*$ 及 r 都 $\in N''$. 由于 $P(\xi, \eta) = (\xi, \eta)$[1]，所以有
$$p\xi + r\eta = \xi. \tag{1}$$
由于 $\eta \perp M_h\xi$，即 $\mathrm{Re}\langle \eta, a\xi\rangle = 0$，$\forall a \in M_h$，因此
$$\langle \eta, a\xi\rangle = -\langle a\xi, \eta\rangle = -\langle \xi, a\eta\rangle, \ \forall a \in M_h.$$
进而 $\langle \eta, a\xi\rangle = -\langle \xi, a\eta\rangle$，$\forall a \in M$，即
$$\left\langle \begin{pmatrix} \eta \\ \xi \end{pmatrix}, \begin{pmatrix} a & 0 \\ 0 & a \end{pmatrix}\begin{pmatrix} \xi \\ \eta \end{pmatrix} \right\rangle = 0, \ \forall a \in M.$$
所以，$P(\eta, \xi) = 0$，从而
$$p\eta + r\xi = 0. \tag{2}$$
又由于 $\eta \perp iN_h\xi$，即 $\mathrm{Re}\langle \eta, ib\xi\rangle = \mathrm{Im}\langle \eta, b\xi\rangle = 0$，$\forall b \in N_h$，所以 $\langle \eta, b\xi\rangle = \langle b\xi, \eta\rangle = \langle \xi, b\eta\rangle$，$\forall b \in N_h$. 进而

1) P 作用于 (ξ, η)，应把 (ξ, η) 理解为列矢.

$$\langle \eta, b\xi \rangle = \langle \xi, b\eta \rangle, \ \forall b \in N'' = M'. \tag{3}$$

由(1),(2),(3),

$$\langle \eta, p\eta \rangle = -\langle \eta, r\xi \rangle = -\langle \xi, r\eta \rangle$$
$$= -\langle \xi, (1-p)\xi \rangle. \tag{4}$$

由于 $P, (1-P)$ 都是投影,从而,$p = p^2 + rr^*$,$(1-p) = (1-p)^2 + rr^*$. 将这两个关系式代入(4),得到

$$0 \leqslant \|p\eta\|^2 + \|r^*\eta\|^2 = -(\|(1-p)\xi\|^2 + \|r^*\xi\|^2) \leqslant 0.$$

所以,$p\eta = (1-p)\xi = 0$. 由于 $(1-p) \in N'' = M'$,及 ξ 是 M 的循环矢,于是,$(1-p) = 0$,$p = 1$. 进而,$\eta = 0$. 证毕.

引理 1.4.10 设 $\mathscr{H}_j$ 是复 Hilbert 空间,H_j 是 $\mathscr{H}_j$ 的实线性闭子空间,并且 $(H_j + iH_j)$ 在 $\mathscr{H}_j$ 中稠,$j = 1, 2$,则

$$H_1 \otimes H_2 + i(H_1^\perp \otimes H_2^\perp) = \mathscr{H}_1 \otimes \mathscr{H}_2,$$

这里 $H_1 \otimes H_2$ 是集合 $\{\xi_1 \otimes \xi_2 | \xi_1 \in H_1, \ \xi_2 \in H_2\}$ 在 $\mathscr{H}_1 \otimes \mathscr{H}_2$ 中张成的实线性子空间的闭包,$H_1^\perp \otimes H_2^\perp$ 作同样理解.

证. 如果 $\xi_j \in H_j$,$\eta_j \in H_j^\perp$,$j = 1, 2$,则 $\xi_1 \otimes \xi_2 \perp i\eta_1 \otimes \eta_2$. 从而,$(H_1 \otimes H_2) \perp i(H_1^\perp \otimes H_2^\perp)$. 现在只须对 $\xi \in \mathscr{H}_1 \otimes \mathscr{H}_2$,并且 $\xi \perp (H_1 \otimes H_2 + i(H_1^\perp \otimes H_2^\perp))$,证明 $\xi = 0$.

定义 $\mathscr{H}_1$ 到 $\mathscr{H}_2$ 中的映象 t,使得

$$\langle t\xi_1, \xi_2 \rangle_r = \langle \xi, \xi_1 \otimes \xi_2 \rangle_r, \ \forall \xi_1 \in \mathscr{H}_1, \ \xi_2 \in \mathscr{H}_2,$$

易见 t 是有界实线性的. 注意

$$\langle t(i\xi_1), \xi_2 \rangle_r = \langle \xi, i\xi_1 \otimes \xi_2 \rangle_r = \langle \xi, \xi_1 \otimes i\xi_2 \rangle_r$$
$$= \langle t\xi_1, i\xi_2 \rangle_r = \langle -it\xi_1, \xi_2 \rangle_r.$$

因此

$$t(i\xi_1) = -it\xi_1, \ t^*(i\xi_2) = -it^*\xi_2, \ \forall \xi_1 \in \mathscr{H}_1, \ \xi_2 \in \mathscr{H}_2. \tag{1}$$

如果 $\xi_j \in H_j$,$j = 1, 2$,由于 $\xi \perp H_1 \otimes H_2$,因此,$\langle t\xi_1, \xi_2 \rangle_r = \langle \xi, \xi_1 \otimes \xi_2 \rangle_r = 0$. 所以,

$$tH_1 \subset H_2^\perp, \ t^*H_2 \subset H_1^\perp. \tag{2}$$

如果 $\eta_j \in H_j^\perp$,由于 $\xi \perp iH_1^\perp \otimes H_2^\perp$,因此,$\langle t(i\eta_1), \eta_2 \rangle_r = \langle \xi, i\eta_1 \otimes \eta_2 \rangle_r = 0$. 所以,

$$t(iH_1^{\perp})\subset H_2,\quad t^*H_2^{\perp}\subset iH_1. \tag{3}$$

今依(1), (2), (3),

$$t^*tH_1^{\perp}\subset iH_1^{\perp}, \tag{4}$$

进而, $(t^*t)^2H_1^{\perp}\subset H_1^{\perp}$. 但 t^*t 是 $(\mathscr{H}_1, \langle , \rangle_r)$ 中的正算子, 可以用 $(t^*t)^2$ 的多项式依一致拓扑逼近, 从而 $t^*tH_1^{\perp}\subset H_1^{\perp}$. 再依(4), 便有

$$t^*tH_1^{\perp}\subset H_1^{\perp}\cap iH_1^{\perp},$$

由于 (H_1+iH_1) 在 $\mathscr{H}_1$ 中稠, 易见 $H_1\cap iH_1^{\perp}=\{0\}$. 因此

$$tH_1^{\perp}=\{0\}. \tag{5}$$

由此, $\langle t^*H_2, H_1^{\perp}\rangle_r=\{0\}$, 即 $t^*H_2\subset H_1$. 再依(2),

$$t^*H_2=\{0\}. \tag{6}$$

由(1)及(6), $\langle itH_1, H_2\rangle_r=0$, 因此

$$tH_1\subset iH_2^{\perp}, \tag{7}$$

又依(5), (2), (7), $t\mathscr{H}_1=tH_1\subset H_2^{\perp}\cap iH_2^{\perp}$. 同样由于 (H_2+iH_2) 在 $\mathscr{H}_2$ 中稠, 可见 $H_2^{\perp}\cap iH_2^{\perp}=\{0\}$, 所以, $t=0$. 从而, $\langle\xi, \xi_1\otimes\xi_2\rangle_r=0$, $\forall\xi_1\in\mathscr{H}_1$, $\xi_2\in\mathscr{H}_2$, 即见 $\xi=0$. 证毕.

引理 1.4.11 设 M_j 是 $\mathscr{H}_j$ 中有循环矢 ξ_j 的 vN 代数, $j=1, 2$, 则 $(M_1\overline{\otimes}M_2)'=M_1'\overline{\otimes}M_2'$.

证. 记 $M=M_1\overline{\otimes}M_2$, $N=M_1'\overline{\otimes}M_2'$, 显然有 $M\subset N'$. 由于 $\xi=\xi_1\otimes\xi_2$ 是M的循环矢, 依引理 1.4.9, 只须证明

$$\overline{M_h\xi}+i\,\overline{N_h\xi}=\mathscr{H}_1\otimes\mathscr{H}_2.$$

记 $H_j=\overline{(M_j)_h\xi_j}$, $j=1, 2$. 显然 $H_1\otimes H_2\subset\overline{M_h\xi}$. 把引理 1.4.9 用于 M_j 及 $N_j=M_j'$, 则在 $\mathscr{H}_j$ 中, $((M_j)_h\xi_j)^{\perp}=i\,\overline{(M_j')_h\xi_j}$, $j=1, 2$. 于是

$$H_1^{\perp}\otimes H_2^{\perp}=\overline{(M_1')_h\xi_1}\otimes\overline{(M_2')_h\xi_2}\subset\overline{N_h\xi}.$$

从而只须证明

$$H_1\otimes H_2+iH_1^{\perp}\otimes H_2^{\perp}=\mathscr{H}_1\otimes\mathscr{H}_2.$$

依引理 1.4.10, 只要证明 (H_j+iH_j) 在 $\mathscr{H}_j$ 中稠, $j=1, 2$. 注意 $(H_j+iH_j)=\overline{(M_j)_h\xi_j}+i\overline{(M_j)_h\xi_j}\supset M_j\xi_j$, 但 ξ_j 是 M_j 的循

环矢，因此，$(H_j + iH_j)$ 在 $\mathscr{H}_j$ 中稠，$j = 1, 2$. 证毕.

定理 1.4.12 设 M_i 是 $\mathscr{H}_i$ 中的 vN 代数，$i = 1, 2$，则 $(M_1 \overline{\otimes} M_2)' = M_1' \overline{\otimes} M_2'$.

证. 对任意固定的 $\xi_i \in \mathscr{H}_i$，命 p_i' 为 $\mathscr{H}_i$ 到 $\overline{M_i \xi_i}$ 上的投影，$\mathscr{K}_i = p_i' \mathscr{H}_i$，$N_i = M_i p_i'$，则 N_i 是 $\mathscr{K}_i$ 中有循环矢 ξ_i 的 vN 代数，$i = 1, 2$. 依引理 1.4.11，

$$(N_1 \overline{\otimes} N_2)' = N_1' \overline{\otimes} N_2'.$$

记 $p' = p_1' \otimes p_2'$，它是 $\mathscr{H}_1 \otimes \mathscr{H}_2$ 到 $\mathscr{K}_1 \otimes \mathscr{K}_2$ 上的投影，并且 $p' \in M_1' \overline{\otimes} M_2'$，及

$$(M_1 \overline{\otimes} M_2) p' = N_1 \overline{\otimes} N_2, \quad p'(M_1' \overline{\otimes} M_2') p' = N_1' \overline{\otimes} N_2'.$$

设 $a \in (M_1 \overline{\otimes} M_2)'$，$b \in (M_1' \overline{\otimes} M_2')'$. 由于 $p' \in M_1' \overline{\otimes} M_2'$，所以

$$\begin{aligned} p'bp' = bp' &\in (M_1' \overline{\otimes} M_2')' p' = (p'(M_1' \overline{\otimes} M_2') p')' \\ &= (N_1' \overline{\otimes} N_2')' = N_1 \overline{\otimes} N_2, \end{aligned}$$

又由于 $p' \in M_1' \overline{\otimes} M_2' \subset (M_1 \overline{\otimes} M_2)'$，所以

$$p'ap' \in p'(M_1 \overline{\otimes} M_2)' p' = ((M_1 \overline{\otimes} M_2) p')' = (N_1 \overline{\otimes} N_2)'.$$

从而 $p'ap'$ 与 $p'bp'$ 交换. 记 $\xi = \xi_1 \otimes \xi_2$，于是

$$\begin{aligned} \langle ab\xi, \xi \rangle &= \langle p'ap' \cdot p'bp'\xi, \xi \rangle \\ &= \langle p'bp' \cdot p'ap'\xi, \xi \rangle = \langle ba\xi, \xi \rangle, \end{aligned}$$

即

$$\langle ab\xi_1 \otimes \xi_2, \xi_1 \otimes \xi_2 \rangle = \langle ba\xi_1 \otimes \xi_2, \xi_1 \otimes \xi_2 \rangle, \quad \forall \xi_1 \in \mathscr{H}_1, \xi_2 \in \mathscr{H}_2.$$

从而，$ab = ba$，$\forall a \in (M_1 \overline{\otimes} M_2)'$，$b \in (M_1' \overline{\otimes} M_2')'$. 由此，$(M_1 \overline{\otimes} M_2)' \subset M_1' \overline{\otimes} M_2'$. 但反包含关系是显然的，所以，$(M_1 \overline{\otimes} M_2)' = M_1' \overline{\otimes} M_2'$. 证毕.

命题 1.4.13 设 M_i 是 $\mathscr{H}_i$ 中的 vN 代数，Z_i 是 M_i 的中心，$i = 1, 2$，则 $Z = Z_1 \overline{\otimes} Z_2$，这里 Z 是 $M = M_1 \overline{\otimes} M_2$ 的中心. 特别地，因子的张量积仍然是因子.

证. 显然 $Z_1\overline{\otimes}Z_2\subset Z$. 另一方面, $Z\subset\overline{M_1}\otimes M_2\subset\overline{M_1}\otimes B(\mathscr{H}_2)$, 同样 $Z\subset M_2'\overline{\otimes}B(\mathscr{H}_2)$. 今依命题 1.4.8, $Z\subset Z_1\overline{\otimes}B(\mathscr{H}_2)$. 再由定理 1.4.12, $Z'\subset Z_1'\overline{\otimes}\mathbb{C}1_2$. 同样证明 $Z'\supset\mathbb{C}1_1\overline{\otimes}Z_2'$. 因此, $Z'\supset Z_1'\overline{\otimes}Z_2'$, $Z=Z''\subset Z_1\overline{\otimes}Z_2$. 所以, $Z=Z_1\overline{\otimes}Z_2$. 证毕.

命题 1.4.14 设 M_i, N_i 是 $\mathscr{H}_i$ 中的 vN 代数, $i=1,2$, 则

$$((M_1\overline{\otimes}M_2)\cup(N_1\overline{\otimes}N_2))''=(M_1\cup N_1)''\overline{\otimes}(M_2\cup N_2)'',$$

$$(M_1\overline{\otimes}M_2)\cap(N_1\overline{\otimes}N_2)=(M_1\cap N_1)\overline{\otimes}(M_2\cap N_2).$$

证. 第一个等式由 vN 代数张量积的定义立见. 同样有

$$((M_1'\overline{\otimes}M_2')\cup(N_1'\overline{\otimes}N_2'))''=(M_1'\cup N_1')''\overline{\otimes}(M_2'\cup N_2')''.$$

再用定理 1.4.12, 即得到第二个等式. 证毕.

注 本节见参考文献 [10], [72], [74], [88], [96], [97], [118], [122].

§5. 投影的比较与中心覆盖

定义 1.5.1 设 M 是 $\mathscr{H}$ 中的 vN 代数, p, q 是 M 的投影, 如果存在 M 的部分等距元 v, 使得 $p=v^*v$, $q=vv^*$, 则称 p 与 q (在 M 中)是等价的, 记作 $p\sim q$. 如果有 M 的投影 $q_1\leqslant q$, 使得 $p\sim q_1$, 则记以 $p\lesssim q$.

设 M, N 是 $\mathscr{H}$, $\mathscr{K}$ 中的 vN 代数, M 与 N 称为 * 同构的, 指存在 M 到 N 上的一一线性映象, 它并保持 * 运算与乘法; M 与 N 称为空间 * 同构的, 指存在 $\mathscr{H}$ 到 $\mathscr{K}$ 上的酉算子 u, 使得

$$uMu^*=N.$$

命题 1.5.2 设 M 是 $\mathscr{H}$ 中的 vN 代数.

1) 设 p, q 是 M 的投影, 并且 $p\sim q$, 则 $p\mathscr{H}$ 中的 vN 代数 M_p, M_p' 分别空间 * 同构于 $q\mathscr{H}$ 中的 vN 代数 M_q, M_q';

2) 设 $\{p_l\}$, $\{q_l\}$ 是 M 的两族相互直交的投影, 且 $p_l\sim q_l$,

$\forall l$，则 $p=\sum_l p_l \sim q=\sum_l q_l$；

3）设 $a\in M$，p 是 $\mathscr{H}$ 到 $\overline{a\mathscr{H}}$ 上的投影，q 是 $\mathscr{H}$ 到 $\overline{a^*\mathscr{H}}$ 上的投影，则 $p\sim q$；

4）设 p,q 是M的投影，则

$$(p-\inf\{p,1-q\})\sim(q-\inf\{q,1-p\}),$$
$$(\sup\{p,q\}-q)\sim(p-\inf\{p,q\}).$$

证. 1）设 $p=v^*v$，$q=vv^*$，则 v 是 $p\mathscr{H}$ 到 $q\mathscr{H}$ 上的酉算子，并且

$$vpapv^*=qaq,\ va'pv^*=a'q,\ \forall a\in M,\ a'\in M';$$

2）设 $p_l=v_l^*v_l$，$q_l=v_lv_l^*$，$\forall l$，令 $v=\sum_l v_l$，则 $p=v^*v$，$q=vv^*$；

3）由命题 1.3.4 立见；

4）由于

$$\overline{qp\mathscr{H}}=\overline{(q-\inf\{q,1-p\})\mathscr{H}},$$
$$\overline{pq\mathscr{H}}=\overline{(p-\inf\{p,1-q\})\mathscr{H}}$$

及 $(pq)^*=qp$，因此，$(q-\inf\{q,1-p\})\sim(p-\inf\{p,1-q\})$. 如果记 $q_1=1-q$，于是

$$\begin{aligned}\sup\{p,q\}-q&=\sup\{1-q_1,p\}-(1-q_1)\\&=q_1-\inf\{q_1,1-p\}\sim p-\inf\{p,1-q_1\}\\&=p-\inf\{p,q\}.\end{aligned}$$

证毕.

命题1.5.3 设 p,q 是 vN 代数M的投影，并且 $p\precsim q$，$q\precsim p$，则 $p\sim q$.

证. 设 $p\sim q_1\leqslant q$，$q\sim p_1\leqslant p$. 将后一式限于 q_1，则得到 $q_1\sim p_2\leqslant p_1$. 从而

$$p\geqslant p_1\geqslant p_2,\ p\sim p_2.$$

再将关系 $p\sim p_2$ 限于 p_1，则有

$$p\geqslant p_1\geqslant p_2\geqslant p_3,\ p\sim p_2,\ p_1\sim p_3,$$

把关系 $p_1\sim p_3$ 限于 p_2，又有 $p_2\sim p_4\leqslant p_3$. 如此继续，可以得

到 $p \geqslant p_1 \geqslant p_2 \geqslant \cdots$，并且

$$p = p_0 \sim p_2 \sim \cdots \sim p_{2n} \sim \cdots,\ p_1 \sim p_3 \sim \cdots \sim p_{2n+1} \sim \cdots.$$

如果命 $p_n = u_n^* u_n$，$p_{n+2} = u_n u_n^*$，$n = 0, 1, 2, \cdots$，依上面的作法，将有

$$p_{n+1} = (u_n p_{n+1})^*(u_n p_{n+1}),\ p_{n+3} = (u_n p_{n+1})(u_n p_{n+1})^*,\ \forall n.$$

于是，$p_n - p_{n+1} = (u_n(p_n - p_{n+1}))^*(u_n(p_n - p_{n+1}))$ 以及

$$\begin{aligned}(u_n(p_n - p_{n+1}))(u_n(p_n - p_{n+1}))^* &= u_n(p_n - p_{n+1})u_n^* \\ &= p_{n+2} - p_{n+3},\end{aligned}$$

即

$$(p_n - p_{n+1}) \sim (p_{n+2} - p_{n+3}),\ \forall n.$$

今注意

$$\begin{aligned}p &= \boxed{(p_0 - p_1) \oplus (p_1 - p_2)} \oplus \cdots \oplus \inf\{p_n | n = 0, 1, \cdots\}, \\ p_1 &= \boxed{(p_1 - p_2) \oplus (p_2 - p_3)} \oplus \cdots \oplus \inf\{p_n | n = 1, 2, \cdots\},\end{aligned}$$

依命题 1.5.2 可见 $p \sim p_1$. 但 $p_1 \sim q$，因此，$p \sim q$. 证毕.

定理 1.5.4 设M是 $\mathscr{H}$ 中的 vN 代数，p, q 是M的投影，则存在M的中心投影 z，使得

$$pz \gtrsim qz,\ p(1-z) \lesssim q(1-z).$$

特别地，因子的任意两个投影是可以比较的.

证. 设 $c(p)$，$c(q)$ 分别是 $\mathscr{H}$ 到 $[\overline{Mp\mathscr{H}}]$，$[\overline{Mq\mathscr{H}}]$ 上的投影，显然 $c(p)$，$c(q) \in M \cap M'$，$c(p) \geqslant p$，$c(q) \geqslant q$.

如果 $c(p)c(q)=0$，取 $z=c(p)$即可，所以可设 $c(p)c(q) \neq 0$. 由于 M 是其酉元全体的线性包，因此必有M的酉元 u，v，使得 $PQ \neq 0$，这里 P，Q 分别是 $\mathscr{H}$ 到 $\overline{up\mathscr{H}}$，$\overline{vq\mathscr{H}}$ 上的投影. 显然，通过 up，$p \sim P$；通过 vq，$q \sim Q$. 今命 g'，h' 分别是 $\mathscr{H}$ 到 $\overline{PQ\mathscr{H}}$，$\overline{QP\mathscr{H}}$ 上的投影，则 $0 \neq g' \leqslant P$，$0 \neq h' \leqslant Q$，并且 $g' \sim h'$. 再由 $p \sim P$，$q \sim Q$，可见有 $0 \neq g \leqslant p$，$0 \neq h \leqslant q$，使得 $g \sim h$.

依 Zorn 辅理，将有两族相互直交的非零投影极大族 $\{g_l\}$，

$\{h_l\}$，使得

$$g_l \leqslant p,\ h_l \leqslant q,\ g_l \sim h_l,\ \forall l.$$

令 $g = \sum\limits_l g_l$，$h = \sum\limits_l h_l$，则 $g \leqslant p$，$h \leqslant q$，$g \sim h$. 记 $p_1 = p - g$，$q_1 = q - h$，由于族 $\{g_l\}$，$\{h_l\}$ 的极大性，$c(p_1)c(q_1) = 0$，这里 $c(p_1)$，$c(q_1)$ 分别是 $\mathscr{H}$ 到 $\overline{[Mp_1\mathscr{H}]}$，$\overline{[Mq_1\mathscr{H}]}$ 上的投影.

最后取 $z = c(p_1)$，则

$$qz = q_1c(q_1)z + hz = hz \sim gz \leqslant pz,$$

$$\begin{aligned} p(1-z) &= p_1c(p_1)(1-z) + g(1-z) \\ &= g(1-z) \sim h(1-z) \leqslant q(1-z). \end{aligned}$$

证毕.

注. 本定理称为投影比较定理，以后我们将经常使用它.

命题 1.5.5 设 M 是 vN 代数，p，q 是 M 的投影.

1）存在 M 的中心投影 z，使得

$$pz \precsim qz,\ (1-p)(1-z) \precsim (1-q)(1-z);$$

2）存在 M 的中心投影 z_1，z_2，z_3，它们相互直交，和为 1，使得：① 如果 M 的中心投影 $z \leqslant z_1$，则 $pz \sim qz$；② 如果 M 的非零中心投影 $z \leqslant z_2$，则 $pz \precsim qz$，并且 $pz \nsim qz$；③ 如果 M 的非零中心投影 $z \leqslant z_3$，则 $qz \precsim pz$，并且 $qz \nsim pz$.

证. 1）依定理 1.5.4，有 M 的中心投影 z，使得

$$z\inf\{p, 1-q\} \precsim z\inf\{1-p, q\}, \tag{1}$$

$$(1-z)\inf\{1-p, q\} \precsim (1-z)\inf\{p, 1-q\}, \tag{2}$$

由命题 1.5.2，我们也有

$$(zp - z\inf\{p, 1-q\}) \sim (zq - z\inf\{q, 1-p\}), \tag{3}$$

$$\begin{aligned} ((1-z)(1-p) - (1-z)\inf\{1-p, q\}) \sim ((1-z) \\ \cdot (1-q) - (1-z)\inf\{1-q, p\}). \end{aligned} \tag{4}$$

考虑 (1) + (3)，(2) + (4)，即有

$$zp \precsim zq,\ (1-z)(1-p) \precsim (1-z)(1-q);$$

2）由 Zorn 辅理，存在 M 的相互直交的中心投影极大族 $\{z_l\}$，

使得 $pz_l \sim qz_l$, $\forall l$. 命 $z_1 = \sum_l z_l$, 自然地, $pz_1 \sim qz_1$. 今若M的中心投影 z, 使得 $pz \sim qz$. 自然地, 也有 $pz(1-z_1) \sim qz(1-z_1)$. 但是, $z(1-z_1)z_l = 0$, $\forall l$, 从而依 $\{z_l\}$ 的极大性, $z \leqslant z_1$, 即 z_1 是使得 $pz \sim qz$ 的最大中心投影.

今在 vN 代数 $M(1-z_1)$ 中,对投影 $p(1-z_1)$ 与 $q(1-z_1)$ 使用定理 1.5.4, 即得所证.

定理 1.5.6 设 $\{p_l\}_{l\in\mathbb{I}}$ 是 vN 代数 M 的相互直交的投影族, 并且

$$\sum_{l\in\mathbb{I}} p_l = 1, \quad p_l \sim p_{l'}, \quad \forall l, l',$$

则M空间 * 同构于 $M_p \overline{\otimes} B(\mathscr{K})$, 这里 $\dim\mathscr{K} = {}^{\#}\mathbb{I}$, 而 $p \sim p_l$, $\forall l$.

证. 设M的作用空间是 $\mathscr{H}$, $\mathscr{L} = p\mathscr{H}$, $p = v_l^* v_l$, $p_l = v_l v_l^*$, $\forall l$. 于是, 用 $\{v_l\}$ 可以定义一个由 $\mathscr{H} = \sum_{l\in\mathbb{I}} \otimes \mathscr{H}_l$ 到 $\mathscr{L} \otimes \mathscr{K}$ 上的酉同构, 这里 $\mathscr{H}_l = p_l\mathscr{H}$, $\forall l$. 在这个同构下, 把 $\mathscr{H}$ 与 $\mathscr{L} \otimes \mathscr{K}$ 等同起来.

对任意的 $a \in M$, $a' \in M'$, $l, l' \in \mathbb{I}$,

$$a_{ll'} = v_l^* a v_{l'} \in M_p,$$

$$a'_{ll'} = v_l^* a' v_{l'} = v_l^* v_{l'} a' = \delta_{ll'} a' p,$$

依引理 1.4.5 与命题 1.4.8 可见

$$M \subset M_p \overline{\otimes} B(\mathscr{K}), \quad M' \subset M'_p \overline{\otimes} \mathbb{C}1_{\mathscr{K}}$$

再由定理 1.4.12, $M = M_p \overline{\otimes} B(\mathscr{K})$. 证毕.

定义 1.5.7 设M是 $\mathscr{H}$ 中的 vN 代数, p 是M的投影, 记 $\mathscr{H}$ 到 $\overline{[Mp\mathscr{H}]}$ 上的投影为 $c(p)$. 显然 $c(p) \in M \cap M'$, 称它为 p 的(在M中的)中心覆盖.

命题 1.5.8 设M是 $\mathscr{H}$ 中的 vN 代数.

1) 如果 p 是M的投影,则 $c(p)$ 是M的包含 p 的最小中心投影,并且

$$c(p)=\sup\{q\mid q\text{ 是}M\text{的投影,且}\sim p\};$$

2) 如果 p，q 是M的投影，$p\precsim q$，则 $c(p)\leqslant c(q)$. 特别地,如果 $p\sim q$，则 $c(p)=c(q)$;

3) 设 $\{p_l\}$ 是M的投影族，$p=\sup\limits_l p_l$，则 $c(p)=\sup\limits_l c(p_l)$;

4) 如果 p 是M的投影，z 是M的中心投影，则 $zc(p)=c\cdot(pz)$;

5) 如果 p, q 是M的投影,并且，$p\geqslant q$，则 q 在 vN 代数 M_p 中的中心覆盖是 $pc(q)$.

证. 2) 设 $p=v^*v$，$vv^*\leqslant q$，于是

$$c(p)\mathscr{H}=\overline{[Mv^*v\mathscr{H}]}\subset\overline{[Mv\mathscr{H}]}\subset\overline{[Mq\mathscr{H}]}=c(q)\mathscr{H}$$

即见 $c(p)\leqslant c(q)$.

1) 设 z 是M的中心投影，且 $z\geqslant p$，显然，$zap\xi=ap\xi$，$\forall a\in M$，$\xi\in\mathscr{H}$，因此，$z\geqslant c(p)$，即 $c(p)$ 是M的包含 p 的最小中心投影.

今依 2)，$c(p)\geqslant\sup\{q\mid q\sim p\}$. 为证两者相同，只须证明 $\sup\{q\mid q\sim p\}$ 是M的中心投影. 但不难见，它与M的任何酉元交换，因此它是M的中心投影;

3) 易见 $c(p)\geqslant\sup\limits_l c(p_l)\geqslant p$，但 $\sup\limits_l c(p_l)$ 也是M的中心投影，依1)，$c(p)=\sup\limits_l c(p_l)$;

4) 由 $zc(p)\mathscr{H}=\overline{[zMp\mathscr{H}]}=\overline{[Mzp\mathscr{H}]}=c(zp)\mathscr{H}$ 立见;

5) 由 $\overline{[M_pqp\mathscr{H}]}=\overline{[pMq\mathscr{H}]}=p\overline{[Mq\mathscr{H}]}=pc(q)\mathscr{H}$ 立见. 证毕.

命题 1.5.9 设 p, q 是 vN 代数M的投影，则下列条件是相互等价的: 1) $c(p)c(q)\neq 0$; 2) $pMq\neq\{0\}$; 3) 存在 $0\neq p_1\leqslant p$，$0\neq q_1\leqslant q$，而 $p_1\sim q_1$.

证. 如果 $pMq=\{0\}$，则 $\overline{[Mp\mathscr{H}]}\perp\overline{[Mq\mathscr{H}]}$，即 $c(p)\cdot c(q)=0$. 反之,如果 $c(p)c(q)=0$，则

$$paq = pc(p)aqc(q) = paqc(p)c(q) = 0, \ \forall a \in M.$$

因此，1) 与 2) 是等价的.

在定理 1.5.4 的证明中，我们实际上已指出由 1) 可以推导 3).

今设 3) 成立，于是 $z = c(p_1) = c(q_1) \neq 0$，并且 $z \leqslant c(p)$，$z \leqslant c(q)$，从而 $c(p)c(q) \neq 0$. 证毕.

命题 1.5.10 设 p 是 vN 代数 M 的投影，则欲 $a' \to a'p$ 是 M' 到 $M'p$ 上的 $*$ 同构，当且仅当，$c(p) = 1$.

证. 必要性. $1 - c(p) \in M'$，并且 $(1 - c(p))p = 0$. 由于是同构，因此 $c(p) = 1$.

充分性. 设 $a' \in M$，并且 $a'p = 0$，从而 $a'Mp = \{0\}$，即 $a'c(p) = a' = 0$. 证毕.

注. 如果 p 是 M 的任意非零投影，依上面命题可见，$a'p \to a'c(p)$ 是 $M'p$ 到 $M'c(p)$ 上的 $*$ 同构. 特别地，当 M 是因子时，$M'p$ 与 M' $*$ 同构.

注 本节见参考文献 [21]，[55]，[74].

§ 6. Kaplansky 稠密性定理

定理 1.6.1 设 M, N 都是 $B(\mathscr{H})$ 的 $*$ 子代数，$N \subset M$，并且 N 在 M 中是弱算子稠的，则 $(N)_1$ 在 $(M)_1$ 中是 $\tau(B(\mathscr{H}), T(\mathscr{H}))$ 稠的，这里 $(N)_1$，$(M)_1$ 分别是 N，M 的单位球（依范数而言）.

证. 由于 $*$ 运算是弱算子连续的，从而，N_h 在 M_h 中也是弱算子稠的，这里 N_h, M_h 分别是 N, M 的自伴元全体. 依命题 1.2.9，N_h 在 M_h 中是强算子稠的.

我们无妨假定 M，N 都是依一致拓扑闭的. 对任意的 $a = a^* \in (M)_1$，令 $a' = a(1 + (1 - a^2)^{1/2})^{-1}$，于是 $a' \in M$，并且 $a = 2a'(1 + a'^2)^{-1}$. 今取 N_h 中的网 $b'_l \xrightarrow{\text{强算子}} a'$. 令 $b_l = 2b'_l(1 + b'^2_l)^{-1}$，则 $b_l = b_l^* \in (N)_1$，$\forall l$. 我们来证明

$$b_l \xrightarrow{\text{强算子}} a.$$

事实上，

$$\begin{aligned}\frac{1}{2}(b_l - a) &= (1 + b_l'^2)^{-1}[b_l'(1 + a'^2) \\ &\quad - (1 + b_l'^2)a'](1 + a'^2)^{-1} \\ &= (1 + b_l'^2)^{-1}(b_l' - a')(1 + a'^2)^{-1} \\ &\quad + (1 + b_l'^2)^{-1}b_l'(a' - b_l')a'(1 + a'^2)^{-1} \\ &= (1 + b_l'^2)^{-1}(b_l' - a')(1 + a'^2)^{-1} \\ &\quad + \frac{1}{4}b_l(a' - b_l')a,\end{aligned}$$

由于 $b_l' \xrightarrow{\text{强算子}} a'$，$\|b_l\| \leqslant 1$，$\|(1 + b_l'^2)^{-1}\| \leqslant 1$，$\forall l$，因此，$b_l \xrightarrow{\text{强算子}} a$。这说明 $(N_h)_1$ 在 $(M_h)_1$ 中是强算子稠的.

如果在 $\mathscr{H} \oplus \mathscr{H}$ 中，命

$$M^{(2)} = \left\{\begin{pmatrix} a_1 & a_2 \\ a_3 & a_4 \end{pmatrix} \middle| a_i \in M,\ 1 \leqslant i \leqslant 4\right\},$$

$$N^{(2)} = \left\{\begin{pmatrix} b_1 & b_2 \\ b_3 & b_4 \end{pmatrix} \middle| b_i \in N,\ 1 \leqslant i \leqslant 4\right\},$$

则同样有 $(N_h^{(2)})_1$ 在 $(M_h^{(2)})_1$ 中是强算子稠的. 今对于任意的 $a \in (M)_1$，

$$\begin{pmatrix} 0 & a \\ a^* & 0 \end{pmatrix} \in (M_h^{(2)})_1.$$

于是有 $(N_h^{(2)})_1$ 中的网

$$\begin{pmatrix} b_1^{(l)} & b_2^{(l)} \\ b_3^{(l)} & b_4^{(l)} \end{pmatrix} \xrightarrow{\text{强算子}} \begin{pmatrix} 0 & a \\ a^* & 0 \end{pmatrix}.$$

特别地，$\{b_2^{(l)}\}_l \subset (N_1)$ 及 $b_2^{(l)} \xrightarrow{\text{强算子}} a$. 因此，$(N)_1$ 在 $(M)_1$ 中是强算子稠的. 再依命题 1.2.8，$(N)_1$ 在 $(M)_1$ 中也是 $\tau(B(\mathscr{H}), T(\mathscr{H}))$ 稠的. 证毕.

系 1.6.2 设M是 $B(\mathscr{H})$ 的$*$子代数，则M的弱算子闭包与其 $\tau(B(\mathscr{H}), T(\mathscr{H}))$ 闭包相同.

证. 设 $\overline{M}^w$ 是M的弱算子闭包，依定理1.3.9，$\overline{M}^w$ 也是 $B(\mathscr{H})$

的$*$子代数. 再依定理 1.6.1，M 在 $\overline{M}^w$ 中也是 $\tau(B(\mathscr{H}), T(\mathscr{H}))$ 稠的. 证毕.

系 1.6.3 设M是 $B(\mathscr{H})$ 的$*$子代数,并且 $1\in M$，则下列条件相互等价：1) M是 vN 代数；2) M是 $\sigma(B(\mathscr{H}), T(\mathscr{H}))$ 闭的；3) $(M)_1$ 是弱算子闭的.

证. 由命题 1.2.8，条件 2) 等价于"M是 $\tau(B(\mathscr{H}), T(\mathscr{H}))$ 闭的"，于是依系 1.6.2 及定理 1.3.10，可见条件 1) 与 2) 是等价的. 由定理 1.2.4，条件 3) 等价于"$(M)_1$ 是 $\sigma(B(\mathscr{H}), T(\mathscr{H}))$ 闭的". 从而由 Krein-Šmulian 定理，条件 3) 可以推导 2). 当然由 1) 可以得到 3). 证毕.

命题 1.6.4 设 M, N 是 $B(\mathscr{H})$ 的$*$子代数,并且依一致拓扑是闭的，$N\subset M$以及N在M中是弱算子稠的,则 $(N_h)_1$ 在 $(M_h)_1$ 中是强算子稠的，以及 $(N_+)_1$ 在 $(M_+)_1$ 中是强算子稠的，这里 N_+, M_+ 分别是 N, M的正元全体.

证. 已在定理 1.6.1 中指出：$(N_h)_1$ 在 $(M_h)_1$ 中是强算子稠的.

今设 $a\in(M_+)_1$，于是存在网 $\{b_l\}\subset(N_h)_1$，使得 $b_l\xrightarrow{\text{强算子}}a$. 命

$$f(t)=\begin{cases}t, & 0\leqslant t\leqslant 1;\\ 0, & -1\leqslant t\leqslant 0.\end{cases}$$

于是 $f(a)=a$，$f(b_l)\in(N_+)_1$，$\forall l$. 今取 $[-1, 1]$ 上的多项式列 $\{p_n(t)\}$，使得

$$p_n(0)=0,\ \forall n,\quad \max_{-1\leqslant t\leqslant 1}|f(t)-p_n(t)|\to 0.$$

于是对任意的 $\xi\in\mathscr{H}$，有

$$\begin{aligned}\|f(b_l)\xi-a\xi\|&=\|f(b_l)\xi-f(a)\xi\|\\&\leqslant\|f(b_l)-p_n(b_l)\|\|\xi\|+\|f(a)-p_n(a)\|\|\xi\|\\&\quad+\|(p_n(b_l)-p_n(a))\xi\|.\end{aligned}$$

由此可见 $f(b_l)\xrightarrow{\text{强算子}}a$. 证毕.

命题 1.6.5 设 M_l 是 $\mathscr{H}_l$ 中的 vN 代数，$\forall l\in\Lambda$，则

$\sum\limits_{l\in\Lambda}\oplus M_l=\{(a_l)_{l\in\Lambda}|a_l\in M_l,\forall l\in\Lambda$,且 $\sup\limits_l\|a_l\|<\infty\}$ 是 $\mathscr{H}=\sum\limits_{l\in\Lambda}\oplus\mathscr{H}_l$ 中的 vN 代数.

这由系 1.6.3 立见.

注 本节见参考文献 [56].

§7. 理　想

命题 1.7.1 设M是 $\mathscr{H}$ 中的 vN 代数，ϑ是M的 $\sigma(B(\mathscr{H}),T(\mathscr{H}))$[1] 闭的左(右)理想，则存在 M 的唯一投影 p，使得 $\vartheta=Mp(=pM)$. 特别地 ϑ 也是弱算子闭的. 此外，如果 ϑ 是M的 $\sigma(B(\mathscr{H}),T(\mathscr{H}))$ 闭的双侧理想，则有M的唯一中心投影 z，使得 $\vartheta=Mz$，从而 ϑ 对 $*$ 运算也是封闭的.

证. 设 ϑ 是M的σ-闭左理想，于是 $\mathfrak{M}=\vartheta\cap\vartheta^*$ 是M的σ-闭 $*$子代数. 依系 1.6.2，$\mathfrak{M}$ 也是弱算子闭的. 依定理 1.3.9，$\mathfrak{M}$ 有单位元 p. 显然，$Mp\subset\vartheta$. 反之，设 $a\in\vartheta$，极分解 $a=wh$，易见 $h=(a^*a)^{1/2}\in\mathfrak{M}$，从而 $hp=h$. 由此，$a=whp=ap\in Mp$. 所以，$\vartheta=Mp$.

今设另有M的投影 q，使得 $\vartheta=Mp=Mq$. 于是，$p=pq$，$p^*=p=qp$，$p=qpq\leqslant q$. 同样证明 $q\leqslant p$，所以，$p=q$.

最后设 ϑ 还是双侧的. 依前面的讨论，有M的投影 p,q，使得

$$\vartheta=Mp=qM.$$

于是有 $a,b\in M$，使得 $q=ap$，$p=qb$. 从而，$q=qp=p$. 记 $z=p=q$，则 $\vartheta=Mz=zM$. 今对于任意的 $c\in M$，存在 $d,e\in M$，使得 $cz=zd$，$zc=ez$. 于是，$cz=zcz=zc$. 即 $z\in M$ 的中心. 证毕.

注. 如果M是因子，可见M的任意非零双侧理想必在M中σ-稠.

---

1) 以后有时简记 vN 代数中的 $\sigma(B(\mathscr{H}),T(\mathscr{H}))$ 拓扑为σ-拓扑

命题 1.7.2 如果 ϑ 是 vN 代数 M 的双侧理想，则 ϑ 对 $*$ 运算封闭；ϑ 是其正元全体的线性包；又若 $0\leqslant a\in\bar{\vartheta}^w$，则有网 $\{a_l\}_{l\in\Lambda}\subset\vartheta_+$，使得

$$a=\lim_F\sum_{l\in F}a_l=\sum_{l\in\Lambda}a_l.$$

这里 $\bar{\vartheta}^w$ 是 ϑ 的弱算子闭包，$\vartheta_+=\vartheta$ 的正元全体，F 是 Λ 的有限子集，依包含关系成为定向指标.

证. 设 $b\in\vartheta$，极分解 $b=wh$，从而，$h=w^*b\in\vartheta$. 进而，$b^*=hw^*\in\vartheta$，即 ϑ 对于 $*$ 运算是封闭的.

设 $h=h^*\in\vartheta$，这时必有投影 $p,q\in M$，使得 $ph\geqslant 0$，$qh\leqslant 0$ 及 $p+q=1$. 因此，ϑ 是其正元全体的线性包.

今设 $0\leqslant a\in\bar{\vartheta}^w$，命 $\{a_l\}_{l\in\Lambda}$ 是 ϑ_+ 的极大族，使得对 Λ 的任意有限子集 F，有 $\sum\limits_{l\in F}a_l\leqslant a$. 依命题 1.2.10，

$$\sup_F\sum_{l\in F}a_l=(\text{强算子})-\lim_F\sum_{l\in F}a_l\in\bar{\vartheta}^w,$$

记此元为 a_1，及 $b=a-a_1$.

依命题 1.7.1，$\bar{\vartheta}^w=Mz$，这里 z 是 M 的中心投影. 依定理 1.6.1，有网 $\{b_t\}\subset\vartheta$，使得

$$\|b_t\|\leqslant 1,\ \forall t,\ b_t\xrightarrow{\text{弱算子}}z,$$

从而 $b^{1/2}b_tb^{1/2}\xrightarrow{\text{弱算子}}b$.

如果 $b\neq 0$，则存在指标 t，使得 $b^{1/2}b_tb^{1/2}\neq 0$. 因此 $0\leqslant b^{1/2}cb^{1/2}\neq 0$，这里 $c=b_tbb_t^*$. 无妨设 $0\leqslant c\leqslant 1$，所以，$b^{1/2}cb^{1/2}\leqslant b$. 并且显然 $b^{1/2}cb^{1/2}\in\vartheta$，这将与 $\{a_l\}_{l\in\Lambda}$ 的极大性相矛盾. 所以，$b=0$，即 $a=\sum\limits_{l\in\Lambda}a_l$. 证毕.

命题 1.7.3 设 M 是 $\mathscr{H}$ 中的 vN 代数，Z 是其中心，$\{t_{ij}\mid 1\leqslant i,j\leqslant n\}\subset M$，$\{t'_{ij}\mid 1\leqslant i,j\leqslant n\}\subset M'$，则下列条件相互等价：

1）$\sum\limits_{k=1}^n t_{ik}t'_{kj}=0$，$1\leqslant i,j\leqslant n$；

2）存在 $\{z_{ij}\mid 1\leqslant i,j\leqslant n\}\subset Z$，使得

$$\sum_{k=1}^{n} t_{ik} z_{kj} = 0, \quad \sum_{k=1}^{n} z_{ik} t'_{kj} = t'_{ij}, \quad 1 \leqslant i, j \leqslant n.$$

证. 由 2) 推导 1) 是显然的.

今设 1) 成立. 命 $\mathscr{K}$ 是 n 维的 Hilbert 空间，于是

$$t = (t_{ij})_{1 \leqslant i,j \leqslant n} \in M \overline{\otimes} B(\mathscr{K}),$$

$$t' = (t'_{ij})_{1 \leqslant i,j \leqslant n} \in M' \overline{\otimes} B(\mathscr{K}).$$

令

$$\vartheta' = \{x' \mid x' \in M' \overline{\otimes} B(\mathscr{K}), \ tx' = 0\},$$

显然 ϑ' 是 $M' \overline{\otimes} B(\mathscr{K})$ 的 σ-闭右理想. 依命题 1.7.1，有 $M' \overline{\otimes} B(\mathscr{K})$ 的投影 $z' = (z_{ij})_{1 \leqslant i,j \leqslant n}$，这里 $z_{ij} \in M'$，$\forall i, j$，使得 $\vartheta' = z'(M' \overline{\otimes} B(\mathscr{K}))$.

对任意的 $a' \in M'$，$x' \in \vartheta$，

$$t(a' \otimes 1)x' = (a' \otimes 1)tx' = 0.$$

因此，$(a' \otimes 1)\vartheta' \subset \vartheta'$. 特别地，$(a' \otimes 1)z' \in \vartheta'$，因此，$z'(a' \otimes 1) z' = (a' \otimes 1)z'$. 进而 $(a' \otimes 1)z' = z'(a' \otimes 1)$，所以，$z_{ij}a' = a'z_{ij}$，$\forall a' \in M'$，即 $z_{ij} \in Z$，$\forall i, j$.

由于 $z' \in \vartheta'$，因此，$tz' = 0$，即

$$\sum_{k=1}^{n} t_{ik} z_{kj} = 0, \quad 1 \leqslant i, j \leqslant n.$$

由条件 1)，$tt' = 0$，所以，$t' \in \vartheta'$，$z't' = t'$，即

$$\sum_{k=1}^{n} z_{ik} t'_{kj} = t'_{ij}, \quad 1 \leqslant i, j \leqslant n.$$

证毕 .

注 本节见参考文献 [21]，[103].

§8. 正规的正泛函

定义 1.8.1 设 M 是 $\mathscr{H}$ 中的 vN 代数，φ 是 M 上的线性泛函，φ 称为正的，记作 $\varphi \geqslant 0$，指对任意的 $a \in M_+$（$= M$ 的正元全

体)，有 $\varphi(a)\geqslant 0$.

M 上的线性泛函 $\psi\leqslant\varphi$，指 $(\varphi-\psi)\geqslant 0$. 此外，$M$ 上的正泛函 φ 称为忠实的，指若 $a\in M_+$，使得 $\varphi(a)=0$，则 $a=0$.

显然，如果 $\varphi\geqslant 0$，则 $\varphi(a^*)=\overline{\varphi(a)}$，$\forall a\in M$，并且有 Schwartz 不等式

$$|\varphi(b^*a)|^2\leqslant\varphi(a^*a)\varphi(b^*b),\ \forall a,b\in M,$$

由此可证 $\|\varphi\|=\varphi(1)$.

定义 1.8.2 vN 代数 M 上的正泛函 φ 称为正规的，指对于 M_+ 的任意有界递增网 $\{a_l\}$ 有

$$\sup_l\varphi(a_l)=\varphi(\sup_l a_l),$$

φ 称为正规态，指它是正规正泛函，且 $\varphi(1)=1$.

定义 1.8.3 vN 代数 M 上的正泛函 φ 称为全可加的，指对于 M 的任意相互直交的投影族 $\{p_l\}$ 有 $\varphi\left(\sum_l p_l\right)=\sum_l\varphi(p_l)$.

引理 1.8.4 设 φ,ψ 是 M 上的全可加正泛函，p 是 M 的非零投影，使得 $\varphi(p)\leqslant\psi(p)$，则存在 M 的非零投影 $q\leqslant p$，满足

$$\varphi(a)\leqslant\psi(a),\ \forall a\in M_+,\ 并且\ a\leqslant q.$$

证. 令

$$\mathscr{L}=\left\{(q_l)\ \middle|\ \begin{array}{l}(q_l)\text{ 是 }M\text{ 的相互直交投影族，}0\neq q_l\leqslant p,\forall l,\\ \text{并且 }\varphi(q_l)>\psi(q_l),\forall l.\end{array}\right\}$$

及 $\mathscr{L}$ 以包含关系为偏序. 如果 $\mathscr{L}$ 非空，依 Zorn 辅理，$\mathscr{L}$ 有极大元 $(q_l)_{l\in\Lambda}$. 令 $q_0=\sum_{l\in\Lambda}q_l$，自然 $0\neq q_0\leqslant p$. 由于 φ,ψ 全可加，因而 $\varphi(q_0)>\psi(q_0)$. 另一方面，$\varphi(p)\leqslant\psi(p)$，因此，$0\neq q=p-q_0\lneqq p$. 今设 r 是 M 的任意投影，并且 $r\leqslant q$，依 $(q_l)_{l\in\Lambda}$ 的极大性，必有 $\varphi(r)\leqslant\psi(r)$. 进而，如果 $a\in M_+$，并且 $a\leqslant q$，易见 $a\in qMq$，从而可写 $a=\int_0^1\lambda de_\lambda$，其中 $e_\lambda\in qMq$，$\forall\lambda$. 令

$$a_n=\sum_{k=0}^{n-1}\frac{k}{n}(e_{(k+1)/n}-e_{k/n}),$$

则 $\varphi(a_n)\leqslant\psi(a_n)$，$0\leqslant a-a_n\leqslant\frac{1}{n}q$，$\forall n$. 由此，

$$\varphi(a_n)\to\varphi(a),\ \psi(a_n)\to\psi(a).$$

进而 $\varphi(a)\leqslant\psi(a)$，即 q 为所求.

如果 $\mathscr{L}$ 是空的，即对M的任意投影 $r\leqslant p$，有 $\varphi(r)\leqslant\psi(r)$. 仿照上面的讨论 $q=p$ 即为所求. 证毕.

命题 1.8.5 如果 φ 是 vN 代数M上的正泛函，则 φ 是 $\sigma(M,M_*)$ 连续的，当且仅当，φ 是全可加的.

证. 必要性显然. 今设 φ 是全可加的，及 $\{q_l\}_{l\in\Lambda}$ 是M的相互直交的投影极大族，使得

$$\varphi(\cdot q_l)\in M_*,\ \forall l.$$

令 $q=\sum\limits_{l\in\Lambda}q_l$，我们说 $\varphi(\cdot q)\in M_*$. 事实上，对任意的 $a\in M$，$\|a\|\leqslant 1$ 及 Λ 的有限子集 F，

$$\left|\varphi(aq)-\varphi\left(a\sum_{l\in F}q_l\right)\right|^2\leqslant\varphi\left(q-\sum_{l\in F}q_l\right)\cdot\varphi\left(a\left(q-\sum_{l\in F}q_l\right)a^*\right).$$

由于 $0\leqslant a\left(q-\sum\limits_{l\in F}q_l\right)a^*\leqslant aa^*\leqslant 1$ 及 φ 是全可加的，因此对 $\|a\|\leqslant 1$，一致地有

$$\varphi(aq)=\lim_F\varphi\left(a\sum_{l\in F}q_l\right)=\sum_{l\in\Lambda}\varphi(aq_l).$$

由此，$\varphi(\cdot q)$ 在M的任意有界球中是 $\sigma(M,M_*)$ 连续的. 再依命题 1.2.6，$\varphi(\cdot q)\in M_*$.

今只须证明 $q=1$. 不然，令 $p=1-q\neq 0$. 于是可以取 $\xi\in\mathscr{H}$（M的作用空间），使得 $\varphi(p)\leqslant\psi(p)$，这里 $\psi(\cdot)=\langle\cdot\xi,\xi\rangle\in M_*$. 依引理 1.8.4，存在$M$的非零投影 $q_0\leqslant p$，使得

$$\varphi(a)\leqslant\psi(a),\ \forall a\in M_+,\ \text{并且}\ a\leqslant q_0.$$

如果 $a\in M$，$\|a\|\leqslant 1$，则 $q_0a^*aq_0\leqslant q_0$，因此

$$|\varphi(aq_0)|^2\leqslant\varphi(1)\varphi(q_0a^*aq_0)\leqslant\varphi(1)\psi(q_0a^*aq_0)=\varphi(1)\|aq_0\xi\|^2.$$

这表明 $\varphi(\cdot q_0)$ 在M的单位球中是强算子连续的，因此，$\varphi(\cdot q_0)\in$

M_*. 这便与族 $\{q_l\}_{l\in\Lambda}$ 的极大性相矛盾. 所以, $q=1$. 证毕.

定理 1.8.6 设 φ 是 vN 代数 M 上的正泛函, 则下列条件是相互等价的: 1) φ 是 $\sigma(M, M_*)$ 连续的; 2) φ 是正规的; 3) φ 是全可加的.

证. 命题 1.8.5 已指出 1) 与 3) 是等价的; 显然由 2) 可以得到 3), 及由 1) 可以得到 2). 证毕.

系 1.8.7 设 φ, ψ 是 M 上的正泛函, 并且 $\varphi \geqslant \psi$. 又若 $\varphi \in M_*$, 则 $\psi \in M_*$.

事实上, 设 $\{a_l\}$ 是 M_+ 的任意有界递增网, $a=\sup_l a_l$, 于是 $0 \leqslant \psi(a-a_l) \leqslant \varphi(a-a_l) \to 0$. 所以, $\psi(a)=\lim_l \psi(a_l)=\sup_l \psi(a_l)$, 即 ψ 是正规的. 证毕.

命题 1.8.8 设 φ 是 vN 代数 M 上的正规正泛函, $p_\varphi=\sup\cdot\{p \mid p$ 是 M 的投影, 并且 $\varphi(p)=0\}$, 则

$$Mp_\varphi=\{a\in M \mid \varphi(a^*a)=0\},\ \varphi(p_\varphi a)=\varphi(ap_\varphi)=0,\ \forall a\in M.$$

证. 记 $\vartheta=\{a\in M \mid \varphi(a^*a)=0\}$, 易见 ϑ 是 M 的 $s(M, M_*)$ 闭左理想, 从而 ϑ 也是 $\sigma(M, M_*)$ 闭的. 依命题 1.7.1, 有 M 的投影 p_0, 使得 $\vartheta=Mp_0$. 如果 M 的投影 p, 使得 $\varphi(p)=0$, 于是, $p\in\vartheta$, 所以, $p\leqslant p_0$. 这说明 $p_0=p_\varphi$. 再由 Schwartz 不等式, 可见 $\varphi(p_\varphi a)=\varphi(ap_\varphi)=0$, $\forall a\in M$. 证毕.

定义 1.8.9 记 $s(\varphi)=1-p_\varphi$, 称为 φ 的支持. 显然, 它有性质

$$\varphi(s(\varphi)a)=\varphi(as(\varphi))=\varphi(s(\varphi)as(\varphi))=\varphi(a),\ \forall a\in M.$$

命题 1.8.10 设 φ 是 vN 代数 M 上的正规正泛函, $a\in M_+$, 使得 $\varphi(a)=0$, 则 $s(\varphi)as(\varphi)=0$. 特别地, φ 是忠实的, 当且仅当, $s(\varphi)=1$.

证. 如果 $s(\varphi)as(\varphi)\neq 0$, 由它的谱分解, 可见有 $\lambda>0$ 及 M 的非零投影 $p\leqslant s(\varphi)$, 使得 $\lambda p\leqslant s(\varphi)as(\varphi)$. 于是, $\varphi(p)=0$, $p\leqslant p_\varphi=1-s(\varphi)$, 产生矛盾. 因此, $s(\varphi)as(\varphi)=0$. 特别地, 如果 $s(\varphi)=1$, 可见 φ 是忠实的. 反之, 如果 φ 是忠实的, 则

并无非零投影 $p\in M$，使得 $\varphi(p)=0$，因此，$s(\varphi)=1$. 证毕.

命题 1.8.11 设 $\xi\in\mathscr{H}$，M 是 $\mathscr{H}$ 中的 vN 代数，$\varphi(\cdot)=\langle\cdot\xi,\xi\rangle$（是 M 上的正规正泛函），则 $s(\varphi)\mathscr{H}=\overline{M'\xi}$.

证. 设 p 是 M 的投影，则 $\varphi(p)=0$ 等价于 $p\xi=0$，亦即等价于 $pM'\xi=\{0\}$. 由此即得证.

今设 M 是 $\mathscr{H}$ 中的 vN 代数，φ 是 M 上的正泛函，令

$$\vartheta_\varphi=\{a\in M\,|\,\varphi(a^*a)=0\},$$

易见它是 M 的左理想. 又命

$$a\to a_\varphi=a+\vartheta_\varphi,\ \forall a\in M$$

是作为线性空间的 M 到其商线性空间 M/ϑ_φ 上的正则映象，并在 M/ϑ_φ 上定义

$$\langle a_\varphi,b_\varphi\rangle=\varphi(b^*a),\ \forall a,b\in M.$$

显然，它将是内积. M/ϑ_φ 依此完备化，得到的 Hilbert 空间记作 $\mathscr{H}_\varphi$. 对任意的 $a\in M$，令

$$\pi_\varphi(a)b_\varphi=(ab)_\varphi,\ \forall b\in M,$$

易见 $\pi_\varphi(a)$ 是 M/ϑ_φ 到 M/ϑ_φ 的线性映象，并且

$$\|\pi_\varphi(a)b_\varphi\|^2=\varphi(b^*a^*ab)\leqslant\|a\|^2\varphi(b^*b)=\|a\|^2\|b_\varphi\|^2.$$

因此，$\pi_\varphi(a)$ 可唯一开拓为 $\mathscr{H}_\varphi$ 中范数 $\leqslant\|a\|$ 的有界线性算子，仍然记以 $\pi_\varphi(a)$. 于是，我们得到

$$\pi_\varphi:M\to B(\mathscr{H}_\varphi),$$

并且它是 *（代数）同态，即

$$\pi_\varphi(\lambda a+\mu b)=\lambda\pi_\varphi(a)+\mu\pi_\varphi(b),$$
$$\pi_\varphi(ab)=\pi_\varphi(a)\pi_\varphi(b),\ \pi_\varphi(a^*)=\pi_\varphi(a)^*,$$

$\forall a,b\in M,\ \lambda,\mu\in\mathbf{C}$. 此外，

$$\varphi(a)=\langle\pi_\varphi(a)1_\varphi,1_\varphi\rangle,\ \forall a\in M.$$

这里 1_φ 是 M 的单位元 1 在 M/ϑ_φ 中的正则映象.

定义 1.8.12 设 M 是 vN 代数，如果 π 是 M 到 $B(\mathscr{K})$ 中的 *（代数）同态，这里 $\mathscr{K}$ 是某个 Hilbert 空间，则称 $\{\pi,\mathscr{K}\}$ 为 M 的一个 * 表示.

如上面所见，对于 M 上任意的正泛函 φ，我们可以得到 M 的

$*$ 表示 $\{\pi_\varphi, \mathscr{H}_\varphi\}$，并且这个 $*$ 表示有循环矢 1_φ（即 $\pi_\varphi(M)1_\varphi$ 在 $\mathscr{H}_\varphi$ 中稠），以及 φ 可以通过 π_φ 及 1_φ 表达出来（即 $\varphi(a)=\langle\pi_\varphi(a)1_\varphi, 1_\varphi\rangle, \forall a\in M$）。我们称这样的构造为 φ 所产生的 GNS 构造，在第二章中，还将进一步讨论它.

命题 1.8.13 设 M 是 $\mathscr{H}$ 中的 vN 代数，φ 是 M 上的正规正泛函，$\{\pi_\varphi, \mathscr{H}_\varphi\}$ 是 φ 产生的 $*$ 表示，则 $\pi_\varphi(M)$ 是 $\mathscr{H}_\varphi$ 中的 vN 代数，并且 π_φ 是 $\sigma(B(\mathscr{H}), T(\mathscr{H}))-\sigma(B(\mathscr{H}_\varphi), T(\mathscr{H}_\varphi))$ 连续的. 此外，如果 φ 还是忠实的，则 1_φ 也是 $\pi_\varphi(M)'$ 的循环矢，并且 π_φ 是忠实(即一一)等距的.

证. 令 $\vartheta=\{a\in M \mid \pi_\varphi(a)=0\}$，显然，它是 M 的双侧理想. 进而，它的单位球是强 $*$ 算子闭的. 事实上，如果网 $\{a_l\}\subset\vartheta$，$\|a_l\|\leqslant 1, \forall l$，并且 $a_l \xrightarrow{\text{强}*\text{算子}} a$，则 $a_l^*a_l \xrightarrow{\text{强算子}} a^*a$，$a_l^*a_l \xrightarrow{\sigma(M, M_*)} a^*a$. 于是

$$\begin{aligned}\|\pi_\varphi(a)b_\varphi\|^2 &= \varphi(b^*a^*ab)=\lim_l \varphi(b^*a_l^*a_lb)\\ &= \lim_l \|\pi_\varphi(a_l)b_\varphi\|^2=0,\end{aligned}$$

$\forall b\in M$，所以，$a\in\vartheta$.

今依命题 1.2.8 及 1.7.1，存在 M 的中心投影 z，使得

$$\vartheta=M(1-z).$$

从而，π_φ 是 Mz 到 $\pi_\varphi(M)$ 上的 $*$(代数)同构.

我们说 π_φ 在 Mz 上是反保序的，即若 $a\in Mz$，使得 $\pi_\varphi(a)\geqslant 0$，则 $a\geqslant 0$. 事实上，由于 π_φ 在 Mz 上是一一的，因此，$a^*=a$. 进而，可写 $a=a_+-a_-$，这里 $0\leqslant a_\pm\in Mz$，且 $a_+\cdot a_-=0$. 如果 $a_-\neq 0$，则 $B=\pi_\varphi(a_-)$ 是 $\mathscr{H}_\varphi$ 中的非零正算子，因此有 $\xi\in\mathscr{H}_\varphi$，使得 $\eta=B^{3/2}\xi\neq 0$. 于是

$$0\leqslant\langle\pi_\varphi(a)B\xi, B\xi\rangle=-\|\eta\|^2<0$$

矛盾，所以，$a\geqslant 0$.

π_φ 在 Mz 上也是等距的. 设 $h=h^*\in Mz$，由

$$-\|\pi_\varphi(h)\|\leqslant\pi_\varphi(h)\leqslant\|\pi_\varphi(h)\|$$

$\pi_\varphi(z)=1$ 及 π_φ 是反保序的，可见 $-\|\pi_\varphi(h)\|\leqslant h\leqslant\|\pi_\varphi(h)\|$，

即 $\|h\| \leqslant \|\pi_\varphi(h)\|$. 因此，$\|h\| = \|\pi_\varphi(h)\|$，$\forall h = h^* \in Mz$. 进而，由 $\|\pi_\varphi(a)\|^2 = \|\pi_\varphi(a^*a)\|$ 及 $\|a^*a\| = \|a\|^2$，可见对任意的 $a \in Mz$，有 $\|a\| = \|\pi_\varphi(a)\|$.

为了证明 $\pi_\varphi(M)$ 是 $\mathscr{H}_\varphi$ 中的 vN 代数，依系 1.6.3，只须证明 $\pi_\varphi(M)$ 的单位球在 $\mathscr{H}_\varphi$ 中是弱算子闭的. 设 $\{A_l\} \subset \pi_\varphi(M)$，$\|A_l\| \leqslant 1$，$\forall l$，且 $A_l \xrightarrow{\text{弱算子}} A$，依上一段的讨论，有 $a_l \in Mz, \pi_\varphi(a_l) = A_l, \|a_l\| = \|A_l\| \leqslant 1, \forall l$. 但 Mz 的单位球是弱算子紧的，必要时代以子网，可设 $a_l \xrightarrow{\text{弱算子}} a \in Mz$. 于是，

$$\begin{aligned}\langle Ab_\varphi, c_\varphi\rangle &= \lim_l \langle \pi_\varphi(a_l)b_\varphi, c_\varphi\rangle = \lim_l \varphi(c^* a_l b) \\ &= \langle \pi_\varphi(a)b_\varphi, c_\varphi\rangle,\end{aligned}$$

$\forall b, c \in M$，所以，$A = \pi_\varphi(a) \in \pi_\varphi(M)$.

关于 π_φ 的 σ-σ 连续性，依命题 1.2.6，只须验证 π_φ 在 M 的单位球上是弱算子-弱算子连续的，而这是容易的.

最后设 φ 是忠实的，易见 π_φ 是忠实的，从而是等距的. 令 P 是 $\mathscr{H}_\varphi$ 到 $\overline{\pi_\varphi(M)'1_\varphi}$ 上的投影，则 $P \in \pi_\varphi(M)'' = \pi_\varphi(M)$. 于是有 M 的唯一投影 p，使得 $P = \pi_\varphi(p)$. 令 $\varphi(1-p) = \|\pi_\varphi(1-p)1_\varphi\|^2 = \|(1-P)1_\varphi\|^2 = 0$，所以，$P = 1$. 证毕.

注 本节见参考文献 [16]，[21]，[97].

§9. 泛函的极分解与直交分解

设 M 是 $\mathscr{H}$ 中的 vN 代数，$\varphi \in M_*$，$a \in M$，令

$$(R_a\varphi)(b) = \varphi(ba), \quad (L_a\varphi)(b) = \varphi(ab), \quad \forall b \in M.$$

显然，$R_a\varphi$ 与 $L_a\varphi$ 仍然 $\in M_*$.

引理 1.9.1 设 $\varphi \in M_*$，p 是 M 的投影，使得 $\|R_p\varphi\| = \|\varphi\|$，则 $\varphi = R_p\varphi$.

证. 无妨设 $\|\varphi\| = 1$. 如果 $R_{1-p}\varphi \neq 0$，必存在 $a \in M$，$\|a\| \leqslant 1$，使得 $(R_{1-p}\varphi)(a) = \delta > 0$.

由于 $M = (M_*)^*$，因此有 $b \in M$，$\|b\| = 1$，使得 $(R_p\varphi)\cdot$

$(b) = \|R_p\varphi\| = 1$. 注意

$$\|bp + \delta a(1-p)\|^2 = \|bpb^* + \delta^2 a(1-p)a^*\| \leqslant 1 + \delta^2.$$

所以，$\|bp + \delta a(1-p)\| < 1 + \delta^2$. 另一方面，

$$\varphi(bp + \delta a(1-p)) = (R_p\varphi)(b) + \delta(R_{1-p}\varphi)(a) = 1 + \delta^2,$$

这与 $\|\varphi\| = 1$ 相矛盾. 证毕.

引理 1.9.2 设 $f \in M^*$，如果有 $a \in M_+$，$\|a\| \leqslant 1$，使得 $f(a) = \|f\|$，则 $f \geqslant 0$.

证. 取 $\theta \in \mathbf{R}$，使得 $e^{i\theta}f(1-a) \geqslant 0$. 由于 $1 \geqslant \|a + e^{i\theta}\cdot(1-a)\|$，于是

$$\|f\| \leqslant f(a) + e^{i\theta}f(1-a) = f(a + e^{i\theta}(1-a)) \leqslant \|f\|,$$

所以，$f(1-a) = 0$，即 $f(1) = f(a) = \|f\|$.

今设 $b \in M_+$，我们要证明 $f(b) \geqslant 0$. 无妨设 $\|b\| \leqslant 1$ 及 $\|f\| = 1$. 如果 $f(b) = \lambda + i\mu$，这里 $\lambda, \mu \in \mathbf{R}$，则

$$1 \geqslant \|1 - b\| \geqslant |f(1-b)| = ((1-\lambda)^2 + \mu^2)^{1/2}.$$

因此,必有 $\lambda \geqslant 0$. 另一方面,对任意的 $r \in \mathbf{R}$,

$$\|b\|^2 + r^2 = \|b + ir\|^2 \geqslant |f(b + ir)|^2 \geqslant \mu^2 + 2r\mu + r^2.$$

因此,必有 $\mu = 0$. 证毕.

定理 1.9.3 设 $\varphi \in M_*$，则存在唯一的 $\omega \in M_*$，$\omega \geqslant 0$ 及 M 的部分等距元 v，使得

$$\varphi = R_v\omega,\quad v^*v = s(\omega),$$

这时也有 $\omega = R_{v^*}\varphi$，$\|\varphi\| = \|\omega\|$.

证. 由于 $M = (M_*)^*$，存在 $a \in M$，$\|a\| \leqslant 1$，使得 $\varphi(a) = \|\varphi\|$. 极分解 $a^* = uh$，并命 $\omega = R_{u^*}\varphi$. 由于 $\|\omega\| \leqslant \|\varphi\| = \omega(h) \leqslant \|\omega\|$，因此，$\|\varphi\| = \|\omega\|$，并由引理 1.9.2，$\omega \geqslant 0$. 今记 $p = uu^*$，由于 $a = ap$，

$$\|R_p\varphi\| \leqslant \|\varphi\| = \varphi(ap) = (R_p\varphi)(a) \leqslant \|R_p\varphi\|.$$

依引理 1.9.1，$\varphi = R_p\varphi$. 由此，$\varphi = R_u\omega$. 由于 $R_{u^*u}\omega = R_{u^*}\varphi = \omega$，所以，$u^*u \geqslant s(\omega)$. 今命 $v = us(\omega)$，依定义 1.8.9，即见

$$\varphi = R_v\omega,\quad v^*v = s(\omega),\quad \omega = R_{v^*}\varphi.$$

今设另有 $0 \leqslant \omega' \in M_*$ 及 $v' \in M$，使得 $\varphi = R_{v'}\omega'$，及

$v'^*v'=s(\omega')$. 易见也有 $\omega'=R_{v'^*}\varphi$ 及 $\|\omega'\|=\|\varphi\|$. 无妨设 $\|\varphi\|=1$. 于是, $1=\omega'(1)=\varphi(v'^*)=\omega(v'^*v)$, 进而也有 $\omega(v^*v')=1$. 另一方面, 由 Schwartz 不等式,

$$1=\omega(v'^*v)^2\leqslant\omega(v^*v'v'^*v)\leqslant 1.$$

从而, $\omega((v'^*v-1)^*(v'^*v-1))=0$. 再由 Schwartz 不等式, 可见 $\omega(b(v'^*v-1))=0$, $\forall b\in M$, 即

$$\omega(b)=\varphi(bv'^*)=\omega'(b),\ \forall b\in M.$$

命 $p=v'^*v$, 则由于 $\omega=\omega'$,

$$s(\omega)ps(\omega)=s(\omega')ps(\omega)=p.$$

前面已指出 $\omega((1-p^*)(1-p))=0$, 从而依命题 1.8.10,

$$s(\omega)(1-p^*)(1-p)s(\omega)=0.$$

因此, $s(\omega)=ps(\omega)=p$. 今由 $v'^*v'=s(\omega')=s(\omega)=p$, 可见

$$v'^*(v'-v)=0, \tag{1}$$

再由 $v^*v=s(\omega)=p^*=v^*v'$, 可见

$$v^*(v'-v)=0. \tag{2}$$

由 (1)—(2), 即得 $v'=v$. 证毕.

定义 1.9.4 定理 1.9.3 中的唯一分解 $\varphi=R_v\omega$, 称为 $\varphi(\in M_*)$ 的极分解,其中 ω 称为 φ 的绝对值,有时记以 $\omega=|\varphi|$.

注. 如果 $M=B(\mathscr{H})$, $\varphi(\cdot)=\mathrm{tr}(\cdot t)\in M_*=T(\mathscr{H})$, 其中 $t\in T(\mathscr{H})$. 极分解 $t=vh$, 则 φ 的极分解是 $R_v\omega$, 而 $\omega(\cdot)=\mathrm{tr}(\cdot h)$.

命题 1.9.5 设 $\varphi\in M_*$, 定义 $\varphi^*(a)=\overline{\varphi(a^*)}$, $\forall a\in M$, 则 φ^* 仍 $\in M_*$. 如果 $\varphi=R_v\omega$ 是极分解,则 φ^* 的极分解是 $\varphi^*=R_{v^*}\psi$, 这里 $\psi=L_{v^*}\varphi$.

证. 易见 $\psi\geqslant 0$, $\varphi^*=R_{v^*}\psi$, 及 $\|\psi\|=\|\omega\|=\|\varphi\|=\|\varphi^*\|$, 于是只要证明 $s(\psi)=vv^*$. 设 p 是M的投影,易见下列条件是相互等价的: ① $\psi(p)=0$; ② $\omega(v^*pv)=0$; ③ $s(\omega)v^*pvs(\omega)=0$; ④ $v^*pv=0$; ⑤ $pv=0$; ⑥ $pvv^*=0$. 因此, $s(\psi)=vv^*$. 证毕.

定义 1.9.6 $s(|\varphi|)$，$s(|\varphi^*|)$ 分别称为 $\varphi(\in M_*)$ 的左、右支持，也记为 $s_l(\varphi)$，$s_r(\varphi)$.

显然，当 φ 厄米（即 $\varphi=\varphi^*$）时，$s_l(\varphi)=s_r(\varphi)$；当 $\varphi\geqslant 0$ 时，$s_l(\varphi)=s_r(\varphi)=s(\varphi)$.

命题 1.9.7 设 $\varphi\in M_*$，则

$$s_l(\varphi)=v^*v=\inf\{p\in M\mid p \text{ 是投影,且 } L_p\varphi=\varphi\},$$

$$s_r(\varphi)=vv^*=\inf\{p\in M\mid p \text{ 是投影,且 } R_p\varphi=\varphi\}.$$

这里 $\varphi=R_v\omega$ 是极分解.

事实上，下列等价：① $L_p\varphi=\varphi$；② $L_p\omega=\omega$；③ $p\geqslant s(\omega)=s_l(\varphi)$. 由此得到 $s_l(\varphi)$ 的表达式. 另者同证之.

在定义 1.9.6 中已提到，vN 代数 M 上的泛函 φ 称为厄米的，指 $\varphi=\varphi^*$. 显然，φ 是厄米的，当且仅当，$\varphi(h)\in\mathbb{R}$，$\forall h=h^*\in M$.

定理 1.9.8 设 M 是 vN 代数，$\varphi=\varphi^*\in M_*$，则存在唯一的 φ_+，$\varphi_-\in M_*$，$\varphi_+,\varphi_-\geqslant 0$，使得

$$\varphi=\varphi_+-\varphi_-,\quad \|\varphi\|=\|\varphi_+\|+\|\varphi_-\|.$$

如果记 $q_+=s(\varphi_+)$，$q_-=s(\varphi_-)$，则还有

$$|\varphi|=\varphi_++\varphi_-,\quad q_+\cdot q_-=0,\quad s(|\varphi|)=q_++q_-$$

以及 $\varphi=R_{(q_+-q_-)}|\varphi|$ 是极分解.

证. 设 $\varphi=R_v|\varphi|$，$\varphi^*=R_{v^*}|\varphi^*|$ 是极分解. 由于 $\varphi=\varphi^*$ 及极分解的唯一性，可见 $v=v^*$. 于是可写

$$v=q_+-q_-.$$

这里 q_+，q_- 是 M 的投影，并且 $q_+\cdot q_-=0$.

由于 $s(|\varphi|)=v^*v=q_++q_-$，所以

$$|\varphi|=L_{q_+}R_{q_+}|\varphi|+L_{q_-}R_{q_-}|\varphi|$$
$$+L_{q_+}R_{q_-}|\varphi|+L_{q_-}R_{q_+}|\varphi|;$$

另一方面，依命题 1.9.5，$|\varphi^*|=L_vR_v|\varphi|=|\varphi|$，因此

$$L_{q_+}R_{q_-}|\varphi|=L_{q_+}R_{q_-}L_vR_v|\varphi|=-L_{q_+}R_{q_-}|\varphi|,$$

即 $L_{q_+}R_{q_-}|\varphi|=0$. 同样，$L_{q_-}R_{q_+}|\varphi|=0$. 从而

$$|\varphi|=L_{q_+}R_{q_+}|\varphi|+L_{q_-}R_{q_-}|\varphi|$$

以及

$$\varphi = R_v|\varphi| = L_{q_+}R_{q_+}|\varphi| - L_{q_-}R_{q_-}|\varphi|.$$

如果记 $\varphi_+ = L_{q_+}R_{q_+}|\varphi|$，$\varphi_- = L_{q_-}R_{q_-}|\varphi|$，则 $\varphi_+, \varphi_- \in M_*$，并且 $\varphi_+, \varphi_- \geqslant 0$ 以及

$$\varphi = \varphi_+ - \varphi_-, \quad |\varphi| = \varphi_+ + \varphi_-.$$

依定理 1.9.3，$\|\varphi\| = \||\varphi|\| = |\varphi|(1) = \|\varphi_+\| + \|\varphi_-\|$. 此外，显然，$\varphi_+(1-q_+) = 0$；另一方面，如果$M$的投影 p 使得 $\varphi_+(p) = 0$，则 $|\varphi|(q_+pq_+) = 0$，$s(|\varphi|)q_+pq_+s(|\varphi|) = 0$，$q_+pq_+ = 0$，$pq_+ = 0$，即 $p \leqslant 1 - q_+$. 因此，$s(\varphi_+) = q_+$. 同证 $s(\varphi_-) = q_-$.

今设 $\varphi_1, \varphi_2 \in M_*$，$\varphi_1, \varphi_2 \geqslant 0$，也使得

$$\varphi = \varphi_1 - \varphi_2, \quad \|\varphi\| = \|\varphi_1\| + \|\varphi_2\|.$$

于是，$\|\varphi_+\| = \varphi(q_+) \leqslant \varphi_1(q_+) \leqslant \|\varphi_1\|$，同样，$\|\varphi_-\| = -\varphi(q_-) \leqslant \varphi_2(q_-) \leqslant \|\varphi_2\|$. 因此

$$\|\varphi_+\| = \varphi_1(q_+) = \|\varphi_1\| = \varphi_1(1),$$
$$\|\varphi_-\| = \varphi_2(q_-) = \|\varphi_2\| = \varphi_2(1).$$

从而

$$s(\varphi_1) \leqslant q_+, \quad s(\varphi_2) \leqslant q_-, \quad s(\varphi_1) \cdot s(\varphi_2) = 0.$$

现在我们也有

$$\varphi = R_{(s(\varphi_1) - s(\varphi_2))}(\varphi_1 + \varphi_2),$$

依极分解的唯一性，便有

$$s(\varphi_1) - s(\varphi_2) = q_+ - q_-, \quad \varphi_1 + \varphi_2 = \varphi_+ + \varphi_-,$$

但 $q_+ \cdot q_- = s(\varphi_1) \cdot s(\varphi_2) = 0$，因此，$q_+ = s(\varphi_1)$，$q_- = s(\varphi_2)$. 进而，

$$\varphi_1 = L_{s(\varphi_1)}(\varphi_1 + \varphi_2) = L_{q_+}(\varphi_+ + \varphi_-) = \varphi_+, \quad \varphi_2 = \varphi_-.$$

证毕.

系 1.9.9 M上任何的σ-连续线性泛函必为正规的正泛函的线性和.

定义 1.9.10 如果 $\varphi = \varphi^* \in M_*$，我们把定理 1.9.8 中所说的唯一分解：$\varphi = \varphi_+ - \varphi_-$，$\|\varphi\| = \|\varphi_+\| + \|\varphi_-\|$，$\varphi_+, \varphi_- \in M_*$，

$\varphi_+, \varphi_- \geqslant 0$，称为(厄米泛函)$\varphi$的直交分解。

注 本节见参考文献[45]，[92]，[97]，[121]。

§10. Radon-Nikodym 定理

引理 1.10.1 设N是 Hilbert 空间$\mathscr{H}$中的 vN 代数，并且有循环矢ξ(即$N\xi$在$\mathscr{H}$中稠)，令

$$\varphi(a) = \langle a\xi, \xi\rangle, \ \forall a \in N.$$

如果ϕ是N上的正泛函，并且$\phi \leqslant \varphi$，则存在唯一的$t' \in N'$，$0 \leqslant t' \leqslant 1$，使得

$$\phi(a) = \langle at'\xi, \xi\rangle, \ \forall a \in N.$$

证. 在$\mathscr{H}$的稠子空间$N\xi$上定义

$$[a\xi, b\xi] = \phi(b^*a), \ \forall a, b \in N.$$

由于$\phi \leqslant \varphi$，易见$|[a\xi, b\xi]| \leqslant \|a\xi\|\|b\xi\|$，$\forall a, b \in N$，因此，存在唯一的$t' \in B(\mathscr{H})$，使得

$$[a\xi, b\xi] = \phi(b^*a) = \langle t'a\xi, b\xi\rangle, \ \forall a, b \in N$$

由于$0 \leqslant \phi \leqslant \varphi$，因此，$0 \leqslant t' \leqslant 1$。又由于

$$\langle t'ab\xi, c\xi\rangle = \phi(c^*ab) = \phi((a^*c)^*b) = \langle at'b\xi, c\xi\rangle,$$

$\forall a, b, c \in N$，可见$t' \in N'$。证毕。

引理 1.10.2 设φ_0，φ_1是 vN 代数N上的正泛函，并且有$a \in N$，使得$\varphi_1 = R_a\varphi_0$，则$\varphi_1 \leqslant \|a\|\varphi_0$。

证. 记$\varphi_{n+1} = R_{a^{2^n}}\varphi_0$，$n = 0, 1, \cdots$。对任意的$b \in N_+$，

$$0 \leqslant \varphi_1(b) = \varphi_0(b^{1/2} \cdot b^{1/2}a) \leqslant \varphi_0(b)^{1/2}\varphi_0(a^*ba)^{1/2},$$

但$\varphi_2(b) = \varphi_1(ba) = \overline{\varphi_1(a^*b)} = \overline{\varphi_0(a^*ba)} \geqslant 0$，因此，$\varphi_2 \geqslant 0$及$0 \leqslant \varphi_1(b) \leqslant \varphi_0(b)^{1/2}\varphi_2(b)^{1/2}$。再对$\varphi_2$施用前面的方法，…，一般可见

$$0 \leqslant \varphi_1(b) \leqslant \varphi_0(b)^{\frac{1}{2}+\cdots+\frac{1}{2^n}} \quad \varphi_0(ba^{2^n})^{\frac{1}{2^n}} \leqslant \varphi_0(b)^{\frac{1}{2}+\cdots+\frac{1}{2^n}}$$

$$\cdot \|a\|(\|\varphi_0\|\|b\|)^{\frac{1}{2^n}},$$

$\forall b \in N_+$及n。令$n \to +\infty$，即见$\varphi_1 \leqslant \|a\|\varphi_0$。证毕。

定理 1.10.3 设 M 是 $\mathscr{H}$ 中的 vN 代数，φ，$\psi \in M_*$，并且 $\varphi \geqslant \psi \geqslant 0$，则存在 $t_0 \in M$，$0 \leqslant t_0 \leqslant 1$，使得

$$\psi(a) = \varphi(t_0 a t_0), \quad \forall a \in M.$$

证. 先设 $s(\varphi) = 1$. 用 φ 产生 M 的 $*$ 表示 $\{\pi_\varphi, \mathscr{H}_\varphi\}$. 依命题 1.8.13，$N = \pi_\varphi(M)$ 是 $\mathscr{H}_\varphi$ 中与 M $*$ 同构的 vN 代数.

由于 M 与 N $*$ 同构，用引理 1.10.1 于 N，可见有 $t' \in N'$，$0 \leqslant t' \leqslant 1$，使得

$$\psi(a) = \langle \pi_\varphi(a) t' 1_\varphi, t' 1_\varphi \rangle, \quad \forall a \in M.$$

今定义 N' 上的泛函：$\varphi'(a') = \langle a' 1_\varphi, 1_\varphi \rangle$，$\forall a' \in N'$ 及 $\psi' = R_{t'}\varphi'$. 依定理 1.9.3，极分解 $\psi' = R_{v'}\omega'$，于是 $\omega' = R_{v'^* t'}\varphi'$. 依引理 1.10.2

$$\omega' \leqslant \|v'^* t'\| \varphi' \leqslant \varphi'.$$

再依引理 1.10.1，有 $t_0 \in M$，使得

$$0 \leqslant t_0 \leqslant 1, \quad \omega'(a') = \langle \pi_\varphi(t_0) a' 1_\varphi, 1_\varphi \rangle, \quad \forall a' \in N',$$

于是由 $\omega' = R_{v'^* t'}\varphi'$，

$$\langle a' \pi_\varphi(t_0) 1_\varphi, 1_\varphi \rangle = \langle a' v'^* t' 1_\varphi, 1_\varphi \rangle, \quad \forall a' \in N'.$$

依命题 1.8.13，1_φ 也是 N' 的循环矢，因此，

$$\pi_\varphi(t_0) 1_\varphi = v'^* t' 1_\varphi. \tag{1}$$

由 (1)，

$$\begin{aligned}\langle a' t' 1_\varphi, 1_\varphi \rangle &= \psi'(a') = (R_{v'}\omega')(a') = (R_{v' v'^* t'}\varphi')(a') \\ &= \langle a' v' v'^* t' 1_\varphi, 1_\varphi \rangle = \langle a' v' \pi_\varphi(t_0) 1_\varphi, 1_\varphi \rangle,\end{aligned}$$

$\forall a' \in N'$，因此，

$$t' 1_\varphi = v' \pi_\varphi(t_0) 1_\varphi. \tag{2}$$

由 (1)，(2)，对任意的 $a \in M$，

$$\begin{aligned}\psi(a) &= \langle \pi_\varphi(a) t' 1_\varphi, t' 1_\varphi \rangle \\ &= \langle \pi_\varphi(a) v' \pi_\varphi(t_0) 1_\varphi, t' 1_\varphi \rangle \\ &= \langle \pi_\varphi(a) \pi_\varphi(t_0) 1_\varphi, v'^* t' 1_\varphi \rangle \\ &= \langle \pi_\varphi(a) \pi_\varphi(t_0) 1_\varphi, \pi_\varphi(t_0) 1_\varphi \rangle \\ &= \varphi(t_0 a t_0).\end{aligned}$$

因此，当 $s(\varphi) = 1$ 时，定理得到证明.

今考虑一般的 φ. 记 $p=s(\varphi)$, $N=pMp$. 限于 vN 代数 N, φ 是忠实的，并且也有 $\varphi\geqslant\psi$. 依前段的讨论，存在 $t_0\in M$, $0\leqslant t_0\leqslant p$, 使得

$$\psi(a)=\varphi(t_0at_0),\ \forall a\in N.$$

显然 $p=s(\varphi)\geqslant s(\psi)$, 于是对任意的 $a\in M$,

$$\psi(a)=\psi(pap)=\varphi(t_0papt_0)=\varphi(t_0at_0).$$

证毕.

定理 1.10.4 设M是 vN 代数，$\varphi,\psi\in M_*$, 并且 $\varphi\geqslant\psi\geqslant 0$. 又 λ 是复数，且 $\mathrm{Re}\lambda\geqslant\frac{1}{2}$, 则存在 $h\in M$, $0\leqslant h\leqslant 1$, 使得

$$\psi(a)=\lambda\varphi(ha)+\bar{\lambda}\varphi(ah),\ \forall a\in M.$$

此外，如果 φ 是忠实的，则 h 是唯一的.

证. 由于 $\{h\in M\,|\,0\leqslant h\leqslant 1\}$ 是M的 $\sigma(M,M_*)$ 紧凸子集，因此，

$$\mathscr{L}=\{\lambda\varphi(h\cdot)+\bar{\lambda}\varphi(\cdot h)\,|\,h\in M,\ 0\leqslant h\leqslant 1\}$$

是 M_* 的 $\sigma(M_*,M)$ 紧凸子集. 如果 $\psi\notin\mathscr{L}$, 依分离定理，存在 $a=a^*\in M$ 及 $\mu\in\mathbb{R}$, 使得

$$\psi(a)>\mu\geqslant f(a),\ \forall f\in\mathscr{L}.$$

写 $a=a_+-a_-$, 这里 $a_+,a_-\in M_+$, $a_+\cdot a_-=0$, 并取M的投影 p, 使得 $pa_+=a_+$, $pa_-=0$. 于是

$$\psi(a_+)>\mu\geqslant\lambda\varphi(pa)+\bar{\lambda}\varphi(ap)=2\mathrm{Re}\lambda\cdot\varphi(a_+)\geqslant\varphi(a_+),$$

这与 $\varphi\geqslant\psi$ 相矛盾. 因此，$\psi\in\mathscr{L}$.

如果 φ 还是忠实的，h 与 k 同时满足要求，由于

$$(\lambda+\bar{\lambda})(h-k)^2=[\lambda h(h-k)+\lambda(h-k)h]-[\lambda k(h-k)+\bar{\lambda}(h-k)k],$$

可见 $\varphi((h-k)^2)=0$, 由此，$h=k$. 证毕.

命题 1.10.5 设M是 $\mathscr{H}$ 中的 vN 代数，φ 是M上 $\sigma(M,M_*)$ (或者弱算子，或者强算子) 连续的线性泛函，则 φ 可开拓成 $B(\mathscr{H})$ 上 $\sigma(B(\mathscr{H}),T(\mathscr{H}))$ (或者弱算子，或者强算子) 连续的线性泛函 ψ, 并且 $\|\psi\|=\|\varphi\|$. 此外，如果 $\varphi\geqslant 0$, 则也可

取 $\psi \geqslant 0$。

证。首先设 $0 \leqslant \varphi \in M_*$. 由于 $M_* = T(\mathscr{H})/M_\perp$，于是有 $t = t^* \in T(\mathscr{H})$，使得

$$\varphi(a) = \mathrm{tr}(ta), \ \forall a \in M,$$

分解 $t = t_+ - t_-$，这里 t_+, t_- 是迹类正算子，并且 $t_+ \cdot t_- = 0$. 于是

$$\mathrm{tr}(t_+ a) \geqslant \varphi(a), \ \forall a \in M_+,$$

依定理 1.10.3，有 $t_0 \in M$，$0 \leqslant t_0 \leqslant 1$，使得

$$\varphi(a) = \mathrm{tr}(t_+ t_0 a t_0) = \mathrm{tr}(t_0 t_+ t_0 a), \ \forall a \in M,$$

命 $\psi(\cdot) = \mathrm{tr}(t_0 t_+ t_0 \cdot)$，它是 $B(\mathscr{H})$ 上的 $\sigma(B(\mathscr{H}), T(\mathscr{H}))$ 连续泛函，显然 ψ 是 φ 的开拓，且 $\psi \geqslant 0$. 此外，$\|\varphi\| = \varphi(1) = \psi(1) = \|\psi\|$.

对于一般的 $\varphi \in M_*$，极分解 $\varphi = R_v\omega$，依上一段的讨论，有 $B(\mathscr{H})$ 上的 $\sigma(B(\mathscr{H}), T(\mathscr{H}))$ 连续正泛函 g，使得 $g|_M = \omega$，$\|g\| = \|\omega\| = \|\varphi\|$. 今命 $\psi = R_v g$，则它是 φ 的开拓，因此，$\|\psi\| \geqslant \|\varphi\|$. 另一方面，$\|\psi\| \leqslant \|v\|\|g\| \leqslant \|\varphi\|$，因此，$\|\psi\| = \|\varphi\|$.

当 φ 是弱(或强)算子连续时，仿照上面同样来进行，我们只须证明，存在 $v \in F(\mathscr{H})$，使得 $\varphi(a) = \mathrm{tr}(va)$，$\forall a \in M$.

如果 φ 是弱算子连续的，于是有 0 点的弱算子邻域 $U = U(0, \xi_1, \cdots \xi_n, \eta_1, \cdots, \eta_n, 1) = \{a \in M \mid |\langle a\xi_i, \eta_i\rangle| \leqslant 1, 1 \leqslant i \leqslant n\}$，使得 $|\varphi(a)| \leqslant 1$，$\forall a \in U$. 定义 $B(\mathscr{H})$ 上的拟范数

$$p(b) = \sum_{i=1}^{n} |\langle b\xi_i, \eta_i\rangle|, \forall b \in B(\mathscr{H}),$$

则 $|\varphi(a)| \leqslant p(a)$，$\forall a \in M$. 依 Hahn-Banach 定理，$\varphi$ 可开拓为 $B(\mathscr{H})$ 上的线性泛函 ψ，并且 $|\psi(b)| \leqslant p(b), \forall b \in B(\mathscr{H})$. 于是，$\psi$ 也是弱算子连续的. 依命题 1.2.7，有 $v \in F(\mathscr{H})$，使得 $\psi(b) = \mathrm{tr}(bv)$，$\forall b \in B(\mathscr{H})$. 特别地，$\varphi(a) = \mathrm{tr}(va)$，$\forall a \in M$.

当 φ 强算子连续时，代替上面的 U 以 $U(0, \xi_1, \cdots, \xi_n, 1) =$

$\{a \in M \mid \|a\xi_i\| \leqslant 1,\ 1 \leqslant i \leqslant n\}$ 及 $p(b) = \sum_{i=1}^{n} \|b\xi_i\| \quad (\forall b \in B(\mathscr{H}))$，可同样证明有 $v \in F(\mathscr{H})$，使得 $\varphi(a) = \mathrm{tr}(va)$，$\forall a \in M$. 证毕.

注 本节见参考文献〔23〕，〔86〕，〔94〕，〔106〕.

§11. 有界球中拓扑 s^* 与 τ 的等价性

在本章的§2，§3中，我们已提到：在 vN 代数 M 的有界球中，$s^*(M, M_*) \sim \tau(M, M_*)$. 本节将证明这个结论.

设 M 是 $\mathscr{H}$ 中的 vN 代数，$(M)_1 = \{a \in M \mid \|a\| \leqslant 1\}$ 是M的单位球.

引理 1.11.1 设 $a_n = a_n^* \in (M)_1$，并且 $a_n \xrightarrow{s(M, M_*)} 0$，则对任意的 $\delta > 0$，有M的投影列 $\{p_n\}$，使得

$$p_n \xrightarrow{s(M, M_*)} 1,\ \|a_n p_n\| \leqslant \delta,\ \forall n.$$

证. 谱分解 $a_n = \int_{-1}^{1} \lambda de_\lambda^{(n)}$，命

$$p_n = \int_{-\delta}^{\delta} de_\lambda^{(n)},\ q_n = 1 - p_n.$$

于是，

$$\delta^{-2} a_n^2 \geqslant \left(\int_{-1}^{-\delta} + \int_{\delta}^{1}\right) \frac{\lambda^2}{\delta^2} de_\lambda^{(n)} \geqslant q_n,$$

由于 $a_n^2 \xrightarrow{\sigma(M, M_*)} 0$，因此，$q_n \xrightarrow{s(M, M_*)} 0$，即 $p_n \xrightarrow{s(M, M_*)} 0$. 此外，$\|a_n p_n\| = \left\|\int_{-\delta}^{\delta} \lambda de_\lambda^{(n)}\right\| \leqslant \delta,\ \forall n$. 证毕.

引理 1.11.2 设φ是M上忠实的正规正泛函，令

$$d(a, b) = \varphi((a-b)^*(a-b))^{1/2},\ \forall a, b \in (M)_1,$$

则$(M)_1$依 d 是完备的距离空间，且 d 产生的拓扑等价于 $s(M, M_*)$.

证. 依命题 1.10.5 及 1.2.2，有 $\{\xi_n\} \subset \mathscr{H}$，使得

$$\sum_n \|\xi_n\|^2 < \infty, \quad \varphi(a) = \sum_n \langle a\xi_n, \xi_n \rangle, \ \forall a \in M.$$

因此，$d(a, b) = \left(\sum_n \|(a-b)\xi_n\|^2\right)^{1/2}$ 是 $(M)_1$ 上的距离.

注意 $[M'\xi_n|n]$ 在 $\mathscr{H}$ 中是稠的. 事实上，令 p 是 $\mathscr{H}$ 到 $\overline{[M'\xi_n|n]}$ 上的投影，则 $p \in M$, $p\xi_n = \xi_n$, $\forall n$. 于是，$\varphi(1-p) = 0$，由于 φ 是忠实的，因此，$p = 1$. 由这个事实，引理不难得证.

引理 1.11.3 设 M_* 的列 $\{\varphi_k\}$ 依 $\sigma(M_*, M)$ 收敛于 $\varphi_0 \in M_*$，又 $(M)_1$ 的列 $\{a_n\}$ 依 $s^*(M, M_*)$ 收敛于 0，则对 k 一致地有 $\lim\limits_n \varphi_k(a_n) = 0$.

证. 显然 $\{\|\varphi_k\| | k\}$ 是有界的，无妨假定：$\|\varphi_k\| \leqslant 1/2$, $\forall k$. 今依定理 1.9.8，可写

$$\varphi_k = (\varphi_k^{(1)} - \varphi_k^{(2)}) + i(\varphi_k^{(3)} - \varphi_k^{(4)}),$$

其中 $0 \leqslant \varphi_k^{(j)} \in M_*$, $\forall j$，并且

$$\|\varphi_k^{(1)}\| + \|\varphi_k^{(2)}\| = \|\varphi_k^{(1)} - \varphi_k^{(2)}\| \leqslant 1/2,$$

$$\varphi_k^{(1)} - \varphi_k^{(2)} = \frac{1}{2}(\varphi_k + \varphi_k^*).$$

$$\|\varphi_k^{(3)}\| + \|\varphi_k^{(4)}\| = \|\varphi_k^{(3)} - \varphi_k^{(4)}\| \leqslant 1/2,$$

$$\varphi_k^{(3)} - \varphi_k^{(4)} = \frac{1}{2i}(\varphi_k - \varphi_k^*).$$

因此，$\|[\varphi_k]\| \leqslant 1$，这里 $[\varphi_k] = \sum_{j=1}^4 \varphi_k^{(j)}$, $\forall k$. 进而

$$0 \leqslant \sum_{k=1}^\infty \frac{1}{2^k}[\varphi_k] = \varphi \in M_*,$$

记 $p = s(\varphi)$，则 $\varphi_k^{(j)}(1-p) = 0$, $\forall k, j$. 所以，$\varphi_k^{(j)}(a) = \varphi_k^{(j)}(pap)$, $\forall k, j$ 及 $a \in M$. 进而

$$\varphi_k(a) = \varphi_k(pap), \ \forall k \text{ 及 } a \in M.$$

显然，$pa_np \xrightarrow{s^*(M, M_*)} 0$，从而可限于 pMp 来考虑问题，即可设 $p = 1$ 或者 φ 是忠实的.

用 φ 于 $(M)_1$，如引理 1.11.2 构造距离 d. 对任意给定的 $\varepsilon>0$ 及正整数 m，定义

$$H_m=\{a\in(M)_1\,|\,|\varphi_k(a)-\varphi_0(a)|\leqslant\varepsilon,\ \forall k\geqslant m\}.$$

显然 H_m 是 $((M)_1,d)$ 的闭子集. 由于 $\varphi_k\xrightarrow{\sigma(M_*,M)}\varphi_0$，所以，

$$(M)_1=\bigcup_{m=1}^{\infty}H_m.$$

$((M)_1,d)$ 是完备的，依 Baire 纲定理，有 $a_0\in(M)_1$，$\mu>0$ 及 m_0，使得

$$\{b\in(M)_1\,|\,d(a_0,b)\leqslant\mu\}\subset H_{m_0}.$$

由于 $\left\{\frac{1}{2}(a_n+a_n^*)\right\}$ 及 $\left\{\frac{1}{2i}(a_n-a_n^*)\right\}\subset(M)_1$ 且都依 $s(M,M_*)$ 收敛于 0，因此无妨设 $a_n=a_n^*$，$\forall n$. 今取 $\delta=\frac{1}{3}\varepsilon$，依引理 1.11.1，有 M 的投影列 $\{p_n\}$，使得

$$p_n\xrightarrow{s(M,M_*)}1,\ \|a_np_n\|\leqslant\delta,\ \forall n.$$

记 $\psi_k=\varphi_k-\varphi_0$，则

$$\begin{aligned}|\psi_k(a_n)|&\leqslant|\psi_k(p_na_np_n)|+|\psi_k((1-p_n)a_np_n)|\\&\quad+|\psi_k(p_na_n(1-p_n))|\\&\quad+|\psi_k((1-p_n)a_n(1-p_n))|\\&\leqslant3\delta+|\psi_k((1-p_n)a_n(1-p_n))|.\end{aligned}\tag{1}$$

令 $b_n=p_na_0p_n+(1-p_n)a_n(1-p_n)$，则 $b_n\in(M)_1$，并且易见 $b_n\xrightarrow{s(M,M_*)}a_0$. 所以存在 n_1，使得 $b_n\in H_{m_0}$，$\forall n\geqslant n_1$. 从而依 H_{m_0} 的定义，

$$|\psi_k(b_n)|\leqslant\varepsilon,\ \forall k\geqslant m_0,\ n\geqslant n_1.\tag{2}$$

由于 $p_na_0p_n\xrightarrow{s(M,M_*)}a_0$，所以有 n_2，使得 $p_na_0p_n\in H_{m_0}$，$\forall n\geqslant n_2$. 从而

$$|\psi_k(p_na_0p_n)|\leqslant\varepsilon,\ \forall k\geqslant m_0,\ n\geqslant n_2.\tag{3}$$

今若 $n\geqslant n_1,n_2$，$k\geqslant m_0$，由 (1)，(2)，(3)

$$|\varphi_k(a_n)-\varphi_0(a_n)|=|\psi_k(a_n)|$$

$$\leqslant 3\delta + |\psi_k((1-p_n)a_n(1-p_n))|$$
$$\leqslant 3\delta + |\psi_k(b_n)| + |\psi_k(p_n a_0 p_n)| \leqslant 3\varepsilon,$$
这正表明对 k 一致地有 $\lim\limits_n \varphi_k(a_n) = 0$。 证毕。

引理 1.11.4 设 A 是 M_* 的 $\sigma(M_*, M)$ 紧子集，则对任意的 $\varepsilon > 0$，存在 $\delta > 0$ 及 A 的有限子集 F，使得只要 $a \in (M)_1$，并且

$$[\varphi](a^*a + aa^*) < \delta, \ \forall \varphi \in F,$$

这里 $[\varphi] = \varphi_1 + \varphi_2 + \varphi_3 + \varphi_4$，而 $(\varphi_1 - \varphi_2)$ 是 $\frac{1}{2}(\varphi + \varphi^*)$ 的直交分解（定义 1.9.10），$(\varphi_3 - \varphi_4)$ 是 $\frac{1}{2i}(\varphi - \varphi^*)$ 的直交分解，那么就有

$$|\varphi(a)| < \varepsilon, \ \forall \varphi \in A.$$

证. 设存在某个 $\varepsilon > 0$，使得引理不成立。 于是对 $\frac{1}{2}$ 及任意取定的 $\varphi_0 \in A$，有 $a_1 \in (M)_1$，及 $\varphi_1 \in A$，使得

$$[\varphi_0](a_1^*a_1 + a_1a_1^*) < \frac{1}{2}, \ |\varphi_1(a_1)| \geqslant \varepsilon$$

对 $\frac{1}{2^2}$ 及 $\{\varphi_0, \varphi_1\}$，又有 $a_2 \in (M)_1$，及 $\varphi_2 \in A$，使得

$$[\varphi_i](a_2^*a_2 + a_2a_2^*) < \frac{1}{2^2}, \ i = 0, 1, \ |\varphi_2(a_2)| \geqslant \varepsilon$$

$\cdots$，一般得到 $\{\varphi_n | n = 0, 1, \cdots\} \subset A$，及 $\{a_n | n = 1, 2, \cdots\} \subset (M)_1$，使得

$$[\varphi_i](a_j^*a_j + a_ja_j^*) < \frac{1}{2^j}, \ 0 \leqslant i \leqslant j-1,$$
$$|\varphi_j(a_j)| \geqslant \varepsilon, \ j = 1, 2, \cdots.$$

由于 A 是 $\sigma(M_*, M)$ 紧集，依 Eberlein-Šmulian 定理（见 [22]），有子列 $\{n_k\} \subset \{0, 1, \cdots\}$ 及 $\psi \in A$，使得

$$\varphi_{n_k} \xrightarrow{\sigma(M_*, M)} \psi.$$

A 自然是有界的，从而 $\varphi = \sum\limits_{k=1}^{\infty} 2^{-k}[\varphi_{n_k}] \in M_*$。 又

$$|\varphi(a_j^*a_j + a_ja_j^*)| \leqslant \sum_{k=1}^{m} 2^{-k}|[\varphi_{n_k}](a_j^*a_j + a_ja_j^*)| + \sum_{k>m} 2^{-k+1}\|[\varphi_{n_k}]\| < 2^{-j} + 2^{-m+2}\sup_n \|\varphi_n\|,$$

这里m使得 $n_1, \cdots, n_m \leqslant j-1$，而 $n_{m+1} > j-1$. 自然当 $j \to +\infty$ 时，$m \to \infty$，从而

$$\varphi(a_j^*a_j + a_ja_j^*) \to 0,$$

记 $p = s(\varphi)$，由 Schwartz 不等式，易见

$$\varphi((pa_jp)^*(pa_jp)) \to 0,\ \varphi((pa_jp)\cdot(pa_jp)^*) \to 0$$

φ 在 pMp 上是忠实的，依引理 1.11.2，

$$pa_jp \xrightarrow{s^*(M, M_*)} 0.$$

依引理 1.11.3 及 $p \geqslant s([\varphi_{n_k}])$ $(\forall k)$，可见对 k 一致有

$$\lim_j \varphi_{n_k}(pa_jp) = \lim_j \varphi_{n_k}(a_j) = 0.$$

这与

$$|\varphi_{n_k}(a_{n_k})| \geqslant \varepsilon,\ \forall k$$

相矛盾. 证毕.

引理 1.11.5 设A是M_*的 $\sigma(M_*, M)$ 紧子集，则有 $\psi \in M_*$，$\psi \geqslant 0$，使得对于任意的 $\varepsilon > 0$，存在 $\delta > 0$，只要 $a \in (M)_1$，$\psi(a^*a + aa^*) < \delta$，就有

$$|\varphi(a)| < \varepsilon,\ \forall \varphi \in A.$$

证. 对 $\frac{1}{n}$，依引理 1.11.4，有A的有限子集 F_n 及 $\delta_n > 0$，使得只要 $a \in (M)_1$，$[\varphi](a^*a + aa^*) < \delta_n$，$\forall \varphi \in F_n$，就有 $|\varphi(a)| < 1/n$，$\forall \varphi \in A$.

令

$$\psi = \sum_{n=1}^{\infty} 2^{-(n+m_n)} \sum_{\varphi \in F_n} [\varphi].$$

这里 $m_n = {}^{\#}F_n$，$[\varphi]$ 的定义如引理 1.11.4 所述. 对任意的 $\varepsilon >$

0，取 $\frac{1}{n_0}<\varepsilon$，并令 $\delta=\delta_{n_0}/2^{n_0+m_{n_0}}$. 于是，如果 $a\in(M)_1$，并且 $\psi(a^*a+aa^*)<\delta$，则

$$[\varphi](a^*a+aa^*)<\delta_{n_0},\ \forall\varphi\in F_{n_0}.$$

因此，$|\varphi(a)|<\frac{1}{n_0}<\varepsilon$，$\forall\varphi\in A$. 证毕.

定理 1.11.6 设 M 是 vN 代数，则在 M 的有界球中，$s^*(M,M_*)\sim\tau(M,M_*)$.

证．设网 $\{a_l\}\subset(M)_1$，且 $a_l\xrightarrow{s^*(M,M_*)}0$，及 A 是 M_* 的 $\sigma\cdot(M_*,M)$ 紧子集，我们需要证明

$$\varphi(a_l)\to 0,\ 对\ \varphi\in A\ 一致$$

取引理 1.11.5 中的 $0\leqslant\psi\in M_*$，及对任意 $\varepsilon>0$ 的相应的 $\delta>0$. 对此 $\delta>0$，有指标 l_0，当 $l\geqslant l_0$ 时，

$$\psi(a_l^*a_l+a_la_l^*)<\delta.$$

从而，依引理 1.11.5，$|\varphi(a_l)|<\varepsilon$，$\forall l\geqslant l_0$ 及 $\varphi\in A$. 这正表明 $\varphi(a_l)\to 0$，对 $\varphi\in A$ 一致. 证毕.

命题 1.11.7 设 M 是无限维的 vN 代数，则在整个 M 中，$s^*\cdot(M,M_*)$ 与 $\tau(M,M_*)$ 并不等价；在 $(M)_1$ 中，$\tau(M,M_*)$ 与一致拓扑也不等价. 特别，如果 M 作为 Banach 空间是自反的，则 $\dim M<\infty$.

证．$s^*(M,M_*)\sim\tau(M,M_*)$，完全可仿命题 1.2.5 来证. 今若 $\dim M=\infty$，取 M 的相互直交的非零投影无穷列 $\{p_n\}$，令 $p=\sum_n p_n$，依命题 1.2.10 及定理 1.11.6，$\sum_{n=1}^m p_n\xrightarrow{\tau(M,M_*)}p$. 另一方面却有

$$\left\|p-\sum_{n=1}^m p_n\right\|=1,\ \forall m.$$

因此，在 $(M)_1$ 中，$\tau(M,M_*)$ 并不等价于一致拓扑.

如 M 自反，则 $\tau\sim$ 一致拓扑，因此，$\dim M<\infty$. 证毕.

注 本节见参考文献〔1〕，〔93〕.

§12. 正规 * 同态

定义 1.12.1 vN 代数M到 vN 代数N中的*(代数)同态Φ称为正规的，指对M_+的任意有界递增网$\{a_l\}$有

$$\sup_l \Phi(a_l) = \Phi(\sup_l a_l).$$

请注意，如果Φ是M到N的*同态，首先Φ是保序的，即$\Phi(M_+)\subset N_+$，这是因为M_+的元必有形式 $a^*a\ (a\in M)$；其次$\|\Phi\|\leqslant 1$，事实上，$\Phi(1)=p$ 是N的投影，对于任意的 $h=h^*\in M$，由于 $-\|h\|\leqslant h\leqslant\|h\|$，因此，$-\|h\|p\leqslant\Phi(h)\leqslant\|h\|p$，从而，$\|\Phi(h)\|\leqslant\|h\|$. 进而，$\|\Phi(a)\|^2=\|\Phi(a^*a)\|\leqslant\|a^*a\|=\|a\|^2$，$\forall\, a\in M$，可见 $\|\Phi\|\leqslant 1$. 由此，如果$\{a_l\}$是M_+的有界递增网，则$\{\Phi(a_l)\}$也是N_+的有界递增网.

命题 1.12.2 设Φ是 vN 代数M到 vN 代数N中的*同态，则下列是相互等价的: 1) Φ是 $\sigma(M, M_*)$-$\sigma(N, N_*)$ 连续的；2) Φ是正规的；3) Φ是全可加的，即若$\{p_l\}$是M的相互直交的投影族，则有 $\Phi\left(\sum\limits_l p_l\right)=\sum\limits_l \Phi(p_l)$. 这时 $\Phi(M)$ 还是N的$\sigma(N, N_*)$ 闭*子代数.

证. 依命题 1.2.10，可见由 1) 可以推导2). 2) 推导 3) 是显然的. 今设Φ是全可加的，于是对任意的 $0\leqslant\varphi\in N_*$，$\phi\circ\Phi$ 是M上全可加的正泛函，依定理 1.8.6，$\phi\circ\Phi\in M_*$. 再依系 1.9.9，可见Φ是 $\sigma-\sigma$ 连续的.

今设Φ是正规的及 $N\subset B(\mathscr{K})$. 令 $\vartheta=\{a\in M\,|\,\Phi(a)=0\}$，它是$M$的$\sigma$-闭双侧理想，所以有$M$的中心投影$z$，使得 $\vartheta=M(1-z)$. 于是Φ是Mz到 $B(\mathscr{K})$ 中的*同构. 现在完全可仿照命题 1.8.13 的证明，指出 $\Phi(M)$ 的单位球是弱算子闭的，因此，$\Phi(M)$ 是 $\sigma(N, N_*)$ 闭的. 证毕.

命题 1.12.3 设Φ是 vN 代数M到 vN 代数N上的*(代数)同构，则Φ必然是正规的，并且等距.

证．设$\{a_l\}$是M_+的有界递增网，$a=\sup\limits_l a_l$，于是，$\sup\limits_l \Phi(a_l)=b\leqslant\Phi(a)$．同样，$\Phi^{-1}$是$N$到$M$上的$*$同构，因此，

$$\sup_l \Phi^{-1}(\Phi(a_l))=a\leqslant\Phi^{-1}(b).$$

所以，$b=\Phi(a)$，即Φ是正规的．证毕．

定理 1.12.4 M，N分别是 Hilbert 空间 $\mathscr{H}$，$\mathscr{K}$ 中的 vN 代数，Φ是M到N上的正规$*$同态，则

$$\Phi=\Phi_3\circ\Phi_2\circ\Phi_1.$$

这里Φ_1是M的增补，即存在 Hilbert 空间$\mathscr{L}$，使得

$$\Phi_1(a)=a\otimes 1_{\mathscr{L}},\ \forall a\in M,$$

Φ_2是诱导，即有$(M\overline{\otimes}\mathbb{C}1_{\mathscr{L}})'$的投影$p'$，使得

$$\Phi_2(a\otimes 1_{\mathscr{L}})=(a\otimes 1_{\mathscr{L}})p',\ \forall a\in M.$$

而Φ_3是$(M\overline{\otimes}\mathbb{C}1_{\mathscr{L}})\,p'(p'(\mathscr{H}\otimes\mathscr{L})$中的 vN 代数）到$N$上的空间$*$同构．

证．首先假定N有循环矢η，并令

$$\varphi(a)=\langle\Phi(a)\eta,\eta\rangle,\ \forall a\in M,$$

则φ是M上的正规正泛函．依命题 1.10.5，可见有$\{\xi_n\}\subset\mathscr{H}$，$\sum\limits_n\|\xi_n\|^2<\infty$，使得

$$\varphi(a)=\sum_n\langle a\xi_n,\xi_n\rangle,\ \forall a\in M.$$

设$\mathscr{L}=l^2$，$\xi=(\xi_n)\in\mathscr{H}\otimes\mathscr{L}$，$\Phi_1(a)=a\otimes 1_{\mathscr{L}}$，$\forall a\in M$，则

$$\varphi(a)=\langle\Phi_1(a)\xi,\xi\rangle,\ \forall a\in M,$$

记p'是$\mathscr{H}\otimes\mathscr{L}$到$\overline{\Phi_1(M)\xi}$上的投影，则

$$p'\in\Phi_1(M)'=(M\overline{\otimes}\mathbb{C}1_{\mathscr{L}})'.$$

令$\Phi_2(a\otimes 1_{\mathscr{L}})=(a\otimes 1_{\mathscr{L}})p'$，$\forall a\in M$，显然

$$\varphi(a)=\langle(\Phi_2\circ\Phi_1)(a)\xi,\xi\rangle,\ \forall a\in M.$$

定义$\mathscr{K}$到$p'(\mathscr{H}\otimes\mathscr{L})$的映象$u$：

$$u\Phi(a)\eta=(\Phi_2\circ\Phi_1)(a)\xi=p'(a\xi_n)=(a\xi_n)$$

$\forall a\in M$．由于$\langle\Phi(a)\eta,\eta\rangle=\varphi(a)=\langle(\Phi_2\circ\Phi_1)(a)\xi,\xi\rangle$，可见

u 是等距的. 此外，$\Phi(M)\eta = N\eta$ 在 $\mathscr{K}$ 中稠及 $(\Phi_2\circ\Phi_1)(M)\xi = \Phi_1(M)\xi$ 在 $p'(\mathscr{H}\otimes\mathscr{L})$ 中稠，因此，u 可唯一扩张为 $\mathscr{K}$ 到 $p'(\mathscr{H}\otimes\mathscr{L})$ 上的酉算子,并且

$$u\Phi(a)u^{-1} = (\Phi_2\circ\Phi_1)(a), \ \forall a\in M.$$

如果用 $u^{-1}\cdot u$ 来决定 $(\Phi_2\circ\Phi_1)(M)$ 到 N 上的空间 $*$ 同构 Φ_3，则 $\Phi = \Phi_3\circ\Phi_2\circ\Phi_1$.

对于一般情形，分解

$$\mathscr{K} = \sum_l \oplus \mathscr{K}_l, \ \mathscr{K}_l = \overline{N\eta_l}, \forall l.$$

令 p'_l 是 $\mathscr{K}$ 到 $\mathscr{K}_l$ 上的投影，则 $p'_l\in N'$, $\forall l$. 于是，$\Phi_l = p'_l\Phi$ 是 M 到 $N_l = Np'_l$ 上的正规 $*$ 同态，$\forall l$. 依前一段的讨论，$\Phi_l = \Phi_3^{(l)}\circ\Phi_2^{(l)}\circ\Phi_1^{(l)}$, $\forall l$. 令

$$\Phi_i = \sum_l \oplus \Phi_i^{(l)}, \ i = 1, 2, 3,$$

即见有 $\Phi = \Phi_3\circ\Phi_2\circ\Phi_1$，且 Φ_1, Φ_2, Φ_3 满足要求. 证毕.

命题 1.12.5 设 Φ 是 vN 代数 M 到 vN 代数 N 上的 $*$ 同构，则存在某个 Hilbert 空间中的 vN 代数 V 及 V' 的中心覆盖为 1 的投影 p', q', 使得 M, N 分别空间 $*$ 同构于 Vq', Vp', 而 Φ 相应地变成: $vq'\to vp'$ $(\forall v\in V)$ 的 $*$ 同构.

证. 保持定理 1.12.4 的符号，取 $V = M\overline{\otimes}\mathbb{C}1_{\mathscr{L}}$. 由于 Φ 是 $*$ 同构，Φ_1, Φ_3 显然是 $*$ 同构，从而 Φ_2 也是 $*$ 同构，依命题 1.5.10，p' 在 V' 中的中心覆盖是 1，并且在定理 1.12.4 的证明中已指出: N 空间 $*$ 同构于 Vp'.

注意

$$\mathscr{H}\otimes\mathscr{L} = \sum_{\dim\mathscr{L}} \oplus\mathscr{H}, \ V = \left\{\begin{pmatrix} a & & 0 \\ & a & \\ 0 & & \ddots \end{pmatrix} \middle| a\in M\right\}.$$

取

$$q' = \begin{pmatrix} 1 & & 0 \\ & \ddots & \\ 0 & & \ddots \end{pmatrix},$$

则 $q'\in V'$，且 q' 在 V' 中的中心覆盖为 1 以及 M 空间 $*$ 同构于

Vq'. 余皆显然. 证毕.

定理 1.12.6 设 M_i, N_i 分别是 Hilbert 空间 $\mathscr{H}_i$, $\mathscr{K}_i$ 中的 vN 代数, Φ_i 是 M_i 到 N_i 上的正规 * 同态, $i=1,2$, 则存在唯一的由 $M_1\overline{\otimes}M_2$ 到 $N_1\overline{\otimes}N_2$ 上的正规 * 同态 Φ, 使得

$$\Phi(a_1\otimes a_2)=\Phi_1(a_1)\otimes\Phi_2(a_2),\ \forall a_1\in M_1,\ a_2\in M_2.$$

此外, 如果 Φ_i 还是 * 同构 (或者空间 * 同构), $i=1,2$, 则 Φ 亦然.

证. 依定理 1.12.4, 可写

$$\Phi_i(a_i)=u_i(a_i\otimes 1_i)p_i'u_i^{-1},\ \forall a_i\in M_i,\ i=1,2.$$

这里 1_i 是 Hilbert 空间 $\mathscr{L}_i$ 中的恒等算子, $p_i'\in(M_i\overline{\otimes}\mathbb{C}1_i)'$, u_i 是 $p_i'(\mathscr{H}_i\otimes\mathscr{L}_i)$ 到 $\mathscr{K}_i$ 上的酉算子, $i=1,2$. 记 $\mathscr{L}=\mathscr{L}_1\otimes\mathscr{L}_2$, 于是

$$\begin{aligned}p'=p_1'\otimes p_2'&\in(M_1\overline{\otimes}\mathbb{C}1_1)'\overline{\otimes}(M_2\overline{\otimes}\mathbb{C}1_2)'\\&=(M_1\overline{\otimes}M_2\overline{\otimes}\mathbb{C}1_{\mathscr{L}})'\end{aligned}$$

及 $u=u_1\otimes u_2$ 为 $p_1'(\mathscr{H}_1\otimes\mathscr{L}_1)\otimes p_2'(\mathscr{H}_2\otimes\mathscr{L}_2)=p'(\mathscr{H}_1\otimes\mathscr{H}_2\otimes\mathscr{L})$ 到 $\mathscr{K}_1\otimes\mathscr{K}_2$ 上的酉算子. 今命

$$\Phi(a)=u(a\otimes 1_{\mathscr{L}})p'u^{-1},\quad \forall a\in M_1\overline{\otimes}M_2.$$

显然 Φ 是 $M_1\overline{\otimes}M_2$ 到 $u(M_1\overline{\otimes}M_2\overline{\otimes}\mathbb{C}1_{\mathscr{L}})p'u^{-1}$ 上的正规 * 同态, 使得

$$\Phi(a_1\otimes a_2)=\Phi_1(a_1)\otimes\Phi_2(a_2),\ \forall a_1\in M_1,\ a_2\in M_2.$$

既然 Φ 是正规的, $\{a_1\otimes a_2\mid a_1\in M_1,\ a_2\in M_2\}$ 又生成 $M_1\overline{\otimes}M_2$, 从而 $\{\Phi(a_1\otimes a_2)=\Phi_1(a_1)\otimes\Phi_2(a_2)\mid a_1\in M_1,\ a_2\in M_2\}$ 生成 $u(M_1\overline{\otimes}M_2\overline{\otimes}\mathbb{C}1_{\mathscr{L}})p'u^{-1}$, 所以

$$N_1\overline{\otimes}N_2=u(M_1\overline{\otimes}M_2\overline{\otimes}\mathbb{C}1_{\mathscr{L}})p'u^{-1}.$$

即 Φ 是 $M_1\overline{\otimes}M_2$ 到 $N_1\overline{\otimes}N_2$ 上满足要求的正规 * 同态. 至于 Φ 的唯一性, 由它的正规性立见.

今若 Φ_i 还是 * 同构, $i=1,2$. 在命题 1.12.5 中已指出: p_i' 在 $(M_i\overline{\otimes}\mathbb{C}1_i)'$ 中的中心覆盖为 1, $i=1,2$, 从而 p' 在 $(M_1\overline{\otimes}$

$M_2\overline{\otimes}C1_{\mathscr{K}})'$ 中的中心覆盖也为1. 再依命题1.5.10, 可见Φ也是$*$同构.

当Φ_i是空间$*$同构时, $i=1,2$, 可以直接证明结论. 证毕.

注 本节见参考文献〔21〕,〔72〕,〔76〕,〔126〕.

§13. 循环投影的比较与空间*同构定理

定义 1.13.1 设M是$\mathscr{H}$中的vN代数,$\xi\in\mathscr{H}$,记p_ξ为$\mathscr{H}$到$\overline{M'\xi}$上的投影(显然$p_\xi\in M$),并称它为M的相应于矢ξ的循环投影;记p'_ξ为$\mathscr{H}$到$\overline{M\xi}$上的投影(显然$p'_\xi\in M'$),并称它为M'的相应于矢ξ的循环投影.

定理 1.13.2 设M是$\mathscr{H}$中的vN代数, $\xi,\eta\in\mathscr{H}$, 则在M中, $p_\xi\gtrsim p_\eta$, 必须且只须, 在M'中, $p'_\xi\gtrsim p'_\eta$.

证. 设有$u'\in M'$, 使得

$$u'^*u'=p'_\eta,\ u'u'^*\leqslant p'_\xi.$$

显然$u'u'^*=p'_{u'\eta}$, $p_\eta=p_{u'\eta}$, 因此, 我们可以用$u'\eta$替代η来证明,即可设$\eta\in\overline{M\xi}$.

考虑M上的泛函$\varphi(a)=\langle a\eta,\xi\rangle$ ($\forall a\in M$). 极分解$\varphi=R_v\omega$, $\omega=R_{v^*}\varphi$, 于是, $\varphi=R_{vv^*}\varphi$. 从而$(\eta-vv^*\eta)\in(M\xi)^\perp$. 另一方面, $\eta\in\overline{M\xi}$, 因此

$$\eta=vv^*\eta. \tag{1}$$

由于$p_\xi\xi=\xi$及$\omega=R_{v^*}\varphi$, 可见$\omega=L_{p_\xi}\omega$. 但$\omega\geqslant0$, 从而, $\omega=R_{p_\xi}\omega$, 即

$$\langle v^*\eta,a\xi\rangle=\langle p_\xi v^*\eta,a\xi\rangle,\ \forall a\in M.$$

因此,$(v^*\eta-p_\xi v^*\eta)\in(M\xi)^\perp$. 另一方面,$\eta\in\overline{M\xi}$, 因此,$v^*\eta=p_\xi v^*\eta$, 即

$$v^*\eta\in p_\xi\mathscr{H}=\overline{M'\xi}, \tag{2}$$

依(2), $v^*\overline{M'\eta}=\overline{M'v^*\eta}\subset\overline{M'\xi}$; 依(1), $vv^*\overline{M'\eta}=\overline{M'\eta}$. 因

此，v^*p_η 是M的部分等距元，它以$\overline{M'\eta}$为始域，以 $v^*p_\eta\mathscr{H}=v^*\overline{M'\eta}(\subset\overline{M'\xi})$ 为终域. 这就说明在M中，$p_\eta\precsim p_\xi$. 证毕.

定义 1.13.3 设M是 $\mathscr{H}$ 中的 vN 代数，我们已经定义过：$\mathscr{H}$ 的矢 ξ 是M的循环矢，指 $M\xi$ 在 $\mathscr{H}$ 中稠. 今我们说 $\mathscr{H}$ 的矢 η 是M的分离矢(或矢 η 对M是分离的)，指若 $a\in M$，使得 $a\eta=0$，则 $a=0$. 这相当于说 η 是 M' 的循环矢.

命题 1.13.4 设M是 $\mathscr{H}$ 中的 vN 代数，并且有循环矢 ξ 及分离矢 η，则存在 $\zeta\in\mathscr{H}$，它同时是M的循环矢及分离矢.

证. 由 $p'_\xi=1\geqslant p'_\eta$，依定理 1.13.2，$p_\xi\gtrsim p_\eta=1$，因此，$p_\xi\sim p_\eta$，即有 $v\in M$，使得 $v^*v=p_\xi$，$vv^*=p_\eta=1$. 令 $\zeta=v\xi$，则 $\overline{M'\zeta}=v\overline{M'\xi}=\mathscr{H}$，$\overline{M\zeta}\supset\overline{Mv^*v\xi}=\overline{M\xi}=\mathscr{H}$，即 ζ 满足要求. 证毕.

定理 1.13.5 设 M_i 是 $\mathscr{H}_i$ 中的 vN 代数，既有循环矢也有分离矢，$i=1,2$，又若Φ是 M_1 到 M_2 上的 $*$ 同构，则Φ是空间 $*$ 同构.

证. 依命题 1.12.3，Φ是正规的，所以

$$M=\{a\oplus\Phi(a)\mid a\in M_1\}$$

是 $(\mathscr{H}_1\oplus\mathscr{H}_2)$ 中的 vN 代数. 命 p'_i 为 $(\mathscr{H}_1\oplus\mathscr{H}_2)$ 到 $\mathscr{H}_i$ 上的投影，$i=1,2$，显然

$$p'_1,\ p'_2\in M',\quad M_{p'_1}=M_1,\quad M_{p'_2}=\Phi(M_1)=M_2,$$

依命题 1.5.2，只须证明，p'_1 与 p'_2 在 M' 中是等价的. 设 ξ_i 是 M_i 的循环且分离的矢(命题 1.13.4)，注意 $p'_i(\mathscr{H}_1\oplus\mathscr{H}_2)=\mathscr{H}_i=\overline{M_i\xi_i}=\overline{M\xi_i}$，$i=1,2$，从而依定理 1.13.2，只须证明 p_1 与 p_2 在M中是等价的，这里 p_i 是 $(\mathscr{H}_1\oplus\mathscr{H}_2)$ 到 $\overline{M'\xi_i}$ 上的投影，$i=1,2$. 实际上我们可以证明 $p_1=p_2=1$. 事实上，由于

$$\{a'_1\oplus a'_2\mid a'_1\in M'_1,\ a'_2\in M'_2\}\subset M',\quad \overline{M'_1\xi_1}=\mathscr{H}_1,\quad \overline{M'_2\xi_2}=\mathscr{H}_2.$$

因此，$p_i\geqslant p'_i$，$(1-p_i)p'_i=0$，$i=1,2$. 又由于 $(1-p_i)\in M$，所以有 $a,b\in M_1$，使得

$$a\oplus\Phi(a)=1-p_1,\quad b\oplus\Phi(b)=1-p_2,$$

但 $(1-p_i)p_i'=0$，从而 $a=\Phi(b)=0$，$a=b=0$，即 $p_1=p_2=1$. 证毕.

命题 1.13.6 设M是 $\mathscr{H}$ 中的 vN 代数，ξ 是M的分离矢，φ 是 M 上的正规正泛函，则存在 $\eta\in\overline{M\xi}$，使得 $\varphi(a)=\langle a\eta,\eta\rangle$，$\forall a\in M$.

证. 设 $\{\Pi_\varphi,\mathscr{H}_\varphi\}$ 是 φ 产生的 M 的 $*$ 表示，$\widetilde{\mathscr{H}}=\mathscr{H}_\varphi\oplus\mathscr{H}$，$\widetilde{M}=\{\tilde{a}=\Pi_\varphi(a)\oplus a\,|\,a\in M\}$. 依命题 1.8.13，$\widetilde{M}$ 是 $\widetilde{\mathscr{H}}$ 中的 vN 代数. 定义

$$\tilde{\varphi}(\tilde{a})=\langle\tilde{a}\tilde{1}_\varphi,\tilde{1}_\varphi\rangle=\langle\Pi_\varphi(a)1_\varphi,1_\varphi\rangle=\varphi(a),\ \forall a\in M$$

这里 $\tilde{a}=\pi_\varphi(a)\oplus a$，$\tilde{1}_\varphi=(1_\varphi,0)$. 记 $\tilde{\xi}=(0,\xi)$，它是 $\widetilde{M}$ 的分离矢，从而 $\overline{\widetilde{M}'\tilde{\xi}}=\widetilde{\mathscr{H}}\supset\overline{\widetilde{M}'\tilde{1}_\varphi}$. 依定理 1.13.2，在 $\widetilde{M}'$ 中，$p'_{\tilde{\xi}}\gtrsim p'_{\tilde{1}\varphi}$. 注意 $p'_{\tilde{1}\varphi}\widetilde{\mathscr{H}}=\overline{\widetilde{M}\tilde{1}_\varphi}=\overline{\Pi_\varphi(M)1_\varphi}=\mathscr{H}_\varphi$，因此，$p'_{\tilde{1}\varphi}=p'_\varphi$ 即为 $\widetilde{\mathscr{H}}$ 到 $\mathscr{H}_\varphi$ 上的投影. 于是存在 $v'\in\widetilde{M}'$，使得 $v'^*v'=p'_\varphi$，$v'v'^*\leqslant p'_{\tilde{\xi}}$. 注意 $p'_{\tilde{\xi}}\widetilde{\mathscr{H}}=\overline{\widetilde{M}\tilde{\xi}}=(0,\overline{M\xi})$，因此可写

$$v'\tilde{1}_\varphi=(0,\eta)=\tilde{\eta},$$

其中 $\eta\in\overline{M\xi}$. 于是对任意的 $a\in M$，

$$\begin{aligned}\varphi(a)&=\langle\tilde{a}\tilde{1}_\varphi,\tilde{1}_\varphi\rangle=\langle\tilde{a}\tilde{1}_\varphi,v'^*v'\tilde{1}_\varphi\rangle\\&=\langle\tilde{a}v'\tilde{1}_\varphi,v'\tilde{1}_\varphi\rangle=\langle\tilde{a}\tilde{\eta},\tilde{\eta}\rangle=\langle a\eta,\eta\rangle.\end{aligned}$$

证毕.

系 1.13.7 设 M 是 $\mathscr{H}$ 中的 vN 代数，并有分离矢，又 $\varphi\in M_*$，则存在 $\xi,\eta\in\mathscr{H}$，使得

$$\varphi(a)=\langle a\xi,\eta\rangle,\ \forall a\in M.$$

事实上，把 φ 极分解，并依命题 1.13.6 立见。

注 本节见参考文献[49]，[74]，[119]，[131].

§14. σ-有限的 vN 代数

定义 1.14.1 vN 代数M称为σ-有限的[1)]，指如果 $\{p_l\}$ 是M的

1) 也有的作者把这类 vN 代数称作可数分解的.

相互直交的投影族，则除去可数多个 l 外，其余的 p_l 都为零.

命题 1.14.2 设M是 $\mathscr{H}$ 中的 vN 代数，则下列条件是相互等价的：1) M是 σ-有限的；2) M有分离矢列 $\{\xi_n\}$，即若 $a\in M$，使得 $a\xi_n=0,\forall n$，则 $a=0$；3) M'有循环矢列 $\{\eta_n\}$，即 $[a'\eta_n|n,a'\in M']$ 在 $\mathscr{H}$ 中稠；4) M上有忠实的正规正泛函.

证. 列 $\{\xi_n\}$ 对M是分离的，当且仅当，$\{\xi_n\}$ 对 M' 是循环的，因此，2) 与 3) 等价.

今设 $\{\xi_n\}$ 是M的分离矢列，$\{p_l\}$ 是M的相互直交的投影族，由于 $\sum\limits_l\|p_l\xi_n\|^2\leqslant\|\xi_n\|^2,\forall n$，因此，除去可数多个 l 外，其余的 p_l 满足：$p_l\xi_n=0,\forall n$，即 $p_l=0$. 从而，M是 σ-有限的.

如果M是 σ-有限的，写

$$\mathscr{H}=\sum_l\oplus\mathscr{H}_l,\ \mathscr{H}_l=\overline{M'\eta_l}=p_l\mathscr{H},\ \forall l.$$

于是 $\{p_l\}$ 中仅可数个非零，换言之，可写

$$\mathscr{H}=\sum_n\oplus\overline{M'\eta_n}$$

易见 $\{\eta_n\}$ 是 M' 的循环矢列. 以上说明 1), 2), 3) 相互等价.

今设 φ 是M上的忠实的正规正泛函，$\{p_l\}$ 是M的相互直交投影族，于是

$$\sum_l\varphi(p_l)=\varphi\left(\sum_l p_l\right)<\infty.$$

所以除去可数多个 l 外，其余的 p_l 都满足：$\varphi(p_l)=0$，即 $p_l=0$. 从而，M是 σ-有限的. 反之，若M是 σ-有限的，于是M有分离矢列 $\{\xi_n\}$. 无妨设 $\sum\limits_n\|\xi_n\|^2<\infty$，令

$$\varphi(a)=\sum_n\langle a\xi_n,\xi_n\rangle,\ \forall a\in M,$$

即见 φ 是M上忠实的正规正泛函. 证毕.

命题 1.14.3 如果 M_* 是可分的，则M是 σ-有限的。

证. 设 $\{\varphi_n\}$ 是 $\{\psi\in M_*|\psi\geqslant 0,\|\psi\|\leqslant 1\}$ 的可数稠子集，并令 $\varphi=\sum\limits_n 2^{-n}\varphi_n$，自然 $0\leqslant\varphi\in M_*$. 如果 $a\in M_+$，使得

$\varphi(a)=0$，于是 $\varphi_n(a)=0$，$\forall n$. 进而 $\psi(a)=0$，$\forall 0\leqslant\psi\in M_*$. 再依系 1.9.9，$a=0$，即$\varphi$是忠实的，从而$M$是 σ-有限的. 证毕.

注. 如果M的作用空间 $\mathscr{H}$ 是可分的，则 M_* 可分. 事实上，设 $\{\xi_n\}$ 是 $\mathscr{H}$ 的可数稠集，令 $\omega_{nm}(a)=\langle a\xi_n,\xi_m\rangle$，$\forall a\in M$. 如果 $[\omega_{nm}|n,m]$ 不在 M_* 中稠，则有 $0\neq a\in M$，使得 $\omega_{nm}(a)=0$，$\forall n,m$. 这便与 $\{\xi_n\}$ 为 $\mathscr{H}$ 的稠子集相矛盾. 因此，M_* 可分.

命题 1.14.4 设 M 是 σ-有限的 vN 代数，$(M)_1$ 是 M 的单位球，则

$$((M)_1,s(M,M_*)),\ ((M)_1,\tau(M,M_*))$$

都可以赋予等价于拓扑的距离，使之成为完备的距离空间.

证. 在 $(M)_1$ 中，$s(M,M_*)\sim$ 强算子拓扑，以及 $\tau(M,M_*)\sim s^*(M,M_*)\sim$ 强$*$算子拓扑，如果 $\{\xi_n\}$ 是 M 的分离矢列，并且 $\sum\limits_n\|\xi_n\|^2<\infty$，分别命

$$d_\tau(a,b)=\left\{\sum_n(\|(a-b)\xi_n\|^2+\|(a-b)^*\xi_n\|^2)\right\}^{1/2},$$

$$d_s(a,b)=\left(\sum_n\|(a-b)\xi_n\|^2\right)^{1/2},$$

$\forall a,b\in(M)_1$，即为所求.

命题 1.14.5 如果M是 $\mathscr{H}$ 中 σ-有限的交换 vN 代数，则 M 有分离矢.

证. 依命题 1.14.2 的证明，可写

$$\mathscr{H}=\sum_n\oplus\mathscr{H}_n,\quad \mathscr{H}_n=p_n\mathscr{H}=\overline{M'\eta_n},\ \forall n.$$

无妨设 $\sum\limits_n\|\eta_n\|<\infty$，并令 $\eta=\sum\limits_n\eta_n$，我们说 η 即为 M 的分离矢. 事实上，如果 $a\in M$，而 $a\eta=0$，由于M是交换的，从而

$$0=p_na\eta=ap_n\eta=a\eta_n,\ \forall n,$$

但 $\{\eta_n\}$ 对M是分离的，因此，$a=0$. 证毕.

定义 1.14.6 设 M 是 $\mathscr{H}$ 中的 vN 代数，M 的投影 p 称为 σ-有限的，指 $p\mathscr{H}$ 中的 vN 代数 $M_p = pMp$ 是 σ-有限的.

命题 1.14.7 设 M 是 $\mathscr{H}$ 中的 vN 代数.

1) 如果 φ 是 M 上的正规正泛函，则其支持 $s(\varphi)$ 是 M 的 σ-有限投影；

2) p, q 是 M 的投影，并且 $p \sim q$，如果 p 是 σ-有限的，则 q 也是 σ-有限的；

3) 如果 $\{p_n\}$ 是 M 的 σ-有限投影列，则 $\sup\limits_n p_n$ 也是 σ-有限的.

证. 1) 由于 φ 是 $s(\varphi)Ms(\varphi)$ 上忠实的正规正泛函立见. 2) 由于 M_p 与 M_q *同构立见.

3) 设 $p = \sup\limits_n p_n$. 对每个 n，设 $\{\xi_k^{(n)}\}_k$ 是 $M'p_n$ 在 $p_n\mathscr{H}$ 中的循环矢列，于是 $\{\xi_k^{(n)} | n, k\}$ 将是 $M'p$ 在 $p\mathscr{H} = \left[\bigcup\limits_n p_n\mathscr{H}\right]$ 中的循环矢列，因此，p 也是 σ-有限的. 证毕.

命题 1.14.8 设 p, q 分别是 vN 代数 M, N 的 σ-有限投影，则 $p\otimes q$ 是 $M\overline{\otimes}N$ 的 σ-有限投影.

证. 由于 $p\otimes q(M\overline{\otimes}N)p\otimes q = pMp\overline{\otimes}qNq$，因此只须证明 σ-有限 vN 代数的张量积仍然是 σ-有限的.

设 N_i 是 $\mathscr{K}_i$ 中的 σ-有限 vN 代数，于是 N_i' 在 $\mathscr{K}_i$ 中有循环矢列 $\{\xi_n^{(i)}\}_n$, $i = 1, 2$. 由此

$$(N_1\overline{\otimes}N_2)' = N_1'\overline{\otimes}N_2'$$

在 $\mathscr{K}_1\otimes\mathscr{K}_2$ 中将有循环矢列 $\{\xi_n^{(1)}\otimes\xi_m^{(2)}\}_{n,m}$，即见 $N_1\overline{\otimes}N_2$ 也是 σ-有限的. 证毕.

定理 1.14.9 设 M 是 $\mathscr{H}$ 中的 vN 代数，则可写

$$M = \sum_l \oplus M_l,$$

其中每个 M_l 或者是 σ-有限的，或者空间 * 同构于 $N_l\overline{\otimes}B(\mathscr{K}_l)$，这里 N_l 是 σ-有限的 vN 代数，$\mathscr{K}_l$ 是某个 Hilbert 空间.

证. 设φ是M上非零的正规正泛函，$s(\varphi)$ 是其支持，于是 $s(\varphi)$ 是M的 σ-有限投影.

令 $\{p_l\}_{l\in\Lambda}$ 是M的相互直交的投影极大族，使得 $p_l\sim s(\varphi)$，$\forall l$. 记 $q=1-\sum\limits_{l\in\Lambda}p_l$，对$q$与 $s(\varphi)$ 使用定理 1.5.4，有M的中心投影 z，使得

$$qz\lesssim s(\varphi)z,\quad s(\varphi)(1-z)\lesssim q(1-z),$$

由族 $\{p_l\}$ 的极大性，$s(\varphi)z\neq 0$.

令设 $v_l\in M$，使得 $v_l^*v_l=s(\varphi)z$，$v_lv_l^*=p_lz$，$\forall l\in\Lambda$. 又令 $v_0\in M$，使得 $v_0v_0^*=qz$，$v_0^*v_0\leqslant s(\varphi)z$.

当 $\Lambda=\{1,2,\cdots\}$ 可数时，令

$$\phi(a)=\sum_{n=0}^{\infty}2^{-n}\varphi(v_n^*av_n),\quad \forall a\in Mz,$$

则 $0\leqslant\phi\in M_*$. 如果 $a\in Mz$，使得 $\phi(a^*a)=0$，则

$$\varphi(v_n^*a^*av_n)=0,\quad \forall n\geqslant 0.$$

依 v_n 的定义，$v_n^*a^*av_n\in s(\varphi)Ms(\varphi)$，因此，$av_n=0$，$\forall n\geqslant 0$. 于是，$ap_lz=aqz=0$，$\forall l\in\Lambda$. 由此，$a=az=a\left(qz+\sum\limits_{l\in\Lambda}p_lz\right)=0$，即$\phi$在 Mz 上是忠实的，从而 Mz 是σ-有限的.

如果Λ不是可数的，可写

$$\Lambda=\bigcup_{\beta\in\mathbb{I}}\Lambda_\beta,\quad \Lambda_\beta\cap\Lambda_{\beta'}=\phi,\quad \forall\beta\neq\beta'\in\mathbb{I},$$

使得每个 Λ_β 都是可数无穷的. 固定$\mathbb{I}$的一个指标 β_0，并令

$$\gamma_{\beta_0}=q+\sum_{l\in\Lambda_{\beta_0}}p_l,\qquad \gamma_\beta=\sum_{l\in\Lambda_\beta}p_l,\ \forall\beta\neq\beta_0,$$

易见 $\{\gamma_\beta z\mid\beta\in\mathbb{I}\}$ 是相互直交且等价的投影族，以及 $\sum\limits_{\beta\in\mathbb{I}}\gamma_\beta z=z$. 依定理 1.5.6，$Mz$ 将空间$*$同构于 $N\overline{\otimes}B(\mathscr{K})$，其中 $\dim\mathscr{K}=\#\mathbb{I}$，$N=\gamma_{\beta_0}Mz\gamma_{\beta_0}$. 由于 Λ_{β_0} 是可数的，仿前段可证，N是σ-有限的.

总之，M 有非零中心投影 z，使得 Mz 或者σ-有限，或者空间

* 同构于 $N\overline{\otimes}B(\mathscr{K})$ 且N是σ-有限的. 再对 $M(1-z)$ 作同样处理及用 Zorn 辅理,即可得证.

命题 1.14.10 设M是 vN 代数，则存在M的相互直交的σ-有限投影族 $\{p_l\}$，使得 $\sum_l p_l=1$.

证. 设 $\{p_l\}$ 是M的相互直交的σ-有限投影的极大族,令 $p=\sum_l p_l$. 如果 $1-p\neq 0$，依定理 1.14.9，$(1-p)M(1-p)$ 必包含非零的σ-有限投影 q. 当然 q 也是M的σ-有限投影，这便与 $\{p_l\}$ 的极大性相矛盾. 证毕.

注 本节见参考文献 [12]，[21]，[55]，[97].

第二章　c^*-代数的基础

本章开始介绍另一类算子代数——c^*-代数.在第一章 §2 中,对于 $B(\mathscr{H})$,引入许多线性拓扑. 除去一致拓扑外,$B(\mathscr{H})$ 的 $*$ 子代数依其它拓扑的闭包都是一样的(即为 von Neumann 代数);而依一致拓扑的闭包,正是本章要介绍的 c^*-代数.

§1 引入 c^*-代数的抽象定义,即为 Banach 代数,其中定义 $*$ 运算,并且满足 $\|x^*x\| = \|x\|^2$. 依照 Gelfand 理论,半单纯的交换 Banach 代数可表示为 $C(\Omega)$ 的一个子代数(Ω 是它的谱空间). 然而交换 c^*-代数有更强的性质,I. M. Gelfand 指出它同构于 $C(\Omega)$ (2.1.4). §2 指出 c^*-代数正元的全体是一个锥,这为 §3 的研究打下基础. 在 §3 中,首先引入 c^*-代数上的态的概念(在正元上取非负实值且范数为 1 的线性泛函),这是一个十分重要的概念.如果 c^*-代数相应于量子系统的观察量代数,那么 c^*-代数上的态相应于量子系统的状态。通过 c^*-代数上的态,可以构造该 c^*-代数的一个循环 $*$ 表示 (2.3.18),这就是极为重要而又著名的 GNS (Gelfand-Naimark-Segal) 构造. 通过这个构造,c^*-代数将与由 Hilbert 空间中有界线性算子所组成的一致闭 $*$ 代数等距同构 (2.3.20). 这个构造首先出现在 I. M. Gelfand 与 M. A. Naimark 的关于 c^*-代数理论的奠基性工作 (1943) 中,而完全的形式属于 I. E. Segal. §4 指出 c^*-代数虽然可以没有单位元,但必有起到类似于单位元作用的逼近单位元. 由此证明,c^*-代数模以它的闭双侧理想仍将是 c^*-代数. §5 给出 c^*-代数单位球端点的特征 (2.5.1),这结果属于 R. V. Kadison. §6 证明 Kadison 的迁移定理 (2.6.5),由此指出对于 c^*-代数,拓扑不可约 $*$ 表示与代数不可约 $*$ 表示是等价的. §7, §8 是 c^*-代数的理想、纯态、不可约 $*$ 表示的进一步研究. §10 提出 $*$ 表示的比较、分离性

与拟等价性的概念，这对于进一步研究 c^*-代数的表示理论是重要的. §11 指出 c^*-代数的包络 UN 代数（即在泛表示空间中的弱算子闭包）与 c^*-代数的二次共轭空间等距同构（2.11.2）. §12 c^*-代数公理的研究起源于 Gelfand-Naimark 猜测. 1943 年，他们猜测：c^*-代数的假设 $\|x^*x\|=\|x\|^2$，可以减弱为 $\|x^*x\|=\|x^*\|\cdot\|x\|$. 这引起了许多研究. 1960 年，J. G. Glimm 与 R. V. Kadison 研究了 c^*-代数的酉元性质（2.12.1），给予这个猜测以肯定的回答. 后来又有进一步的推广（2.12.26）. 与公理问题相联系的，有 c^*-等价的问题，这方面有 R. Arens 等的结果（2.12.22, 2.12.23, 2.12.24）.

§1. c^*-代数的定义及其简单的性质

定义 2.1.1 设 A 是复数域 $\mathbf{C}$ 上的 Banach 代数，并在其中定义 * 运算，满足

$$(\lambda x+\mu y)^*=\bar{\lambda}x^*+\bar{\mu}y^*,\ (xy)^*=y^*x^*,$$
$$(x^*)^*=x,\ \|x^*x\|=\|x\|^2,$$

$\forall x, y\in A$, $\lambda, \mu\in\mathbf{C}$，则称 A 是 c^*-代数.

如果 A 是 c^*-代数，易见 $\|x^*\|=\|x\|$, $\forall x\in A$，因此，* 运算在 A 中是连续的. 如果 A 有单位元，记以 1_A，不混淆时，简写为 1，显然 $\|1\|=1$[1]. 如果 $m\subset A$, B 称为由 m 生成的（A 的）c^*-子代数，指 B 是包含 m 的（A 的）最小 c^*-子代数.

命题 2.1.2 如果 A 是 c^*-代数，并且无单位元，在 $A\dotplus\mathbf{C}$ 上定义

$\|x+\lambda\|=\sup\{\|xy+\lambda y\|\,|\,y\in A, \|y\|\leqslant 1\}$, $\forall x\in A$, $\lambda\in\mathbf{C}$,
则 $A\dotplus\mathbf{C}$ 是有单位元的 c^*-代数，并保持 A 上的范数不变.

证. 只须对任意的 $x\in A$, $\lambda\in\mathbf{C}$，证明

$$\|(x+\lambda)^*(x+\lambda)\|=\|x+\lambda\|^2.$$

1) 请读者注意识别代数单位元 1 与数值 1.

设 $0<\mu<1$，于是有 $y\in A$，$\|y\|\leqslant 1$，使得

$$\mu^2\|x+\lambda\|^2\leqslant\|xy+\lambda y\|^2=\|y^*(x+\lambda)^*(x+\lambda)y\|$$
$$\leqslant\|(x+\lambda)^*(x+\lambda)\|.$$

令 $\mu\to 1^-$，则

$$\|x+\lambda\|^2\leqslant\|(x+\lambda)^*(x+\lambda)\|$$
$$\leqslant\|(x+\lambda)^*\|\cdot\|x+\lambda\|. \tag{1}$$

所以，$\|x+\lambda\|\leqslant\|(x+\lambda)^*\|$. 进而，$\|x+\lambda\|=\|(x+\lambda)^*\|$. 用此代回 (1)，即见 $\|x+\lambda\|^2=\|(x+\lambda)^*(x+\lambda)\|$. 证毕.

注. 如果 A 有单位元 e，在 $A\dot{+}\mathbf{C}$ 上定义

$$\|x+\lambda\|=\max\{\|x+\lambda e\|, |\lambda|\},\ \forall x\in A,\ \lambda\in\mathbf{C},$$

则 $A\dot{+}\mathbf{C}$ 成为有新单位元 1 的 c^*-代数，并以 A 为它的 c^*-子代数. 当然，这时 A 的任意元 x 考虑为 $A\dot{+}\mathbf{C}$ 的元时，它的谱多了零点.

命题 2.1.3 设 A 是 c^*-代数，h 是 A 的自伴元，即 $h=h^*$，则 $\sigma(h)$ 由实数构成，且 $\|h\|=\nu(h)$[1].

证. 无妨设 A 有单位元. 由于 $*$ 运算的连续性，

$$(e^{ith})^*=e^{-ith},\ \forall t\in\mathbf{R}.$$

于是，如果 $\lambda\in\sigma(h)$，

$$|e^{it\lambda}|^2\leqslant\|e^{ith}\|^2=\|(e^{ith})^*e^{ith}\|=1,\ \forall t\in\mathbf{R}.$$

因此，$\lambda=\bar{\lambda}$. 此外

$$\|h\|=\|h^*h\|^{1/2}=\|h^2\|^{1/2}=\cdots=\|h^{2^n}\|^{\frac{1}{2^n}}\to\nu(h)$$

所以，$\|h\|=\nu(h)$. 证毕.

定理 2.1.4 设 A 是交换的 c^*-代数，则 A 等距 $*$ 同构于 $C_0^\infty(\Omega)$，这里 Ω 是某个局部紧 Hausdorff 空间，$C_0^\infty(\Omega)$ 是 Ω 上在 ∞ 处为 0 的复值连续函数的全体. 此外，当 A 有单位元时，Ω 可以是紧的.

证. 考虑 $A\dot{+}\mathbf{C}$，设其谱空间为 Ω'，依弱 $*$ 拓扑，Ω' 是紧

1) 这里对任意的 $a\in A$，$\sigma(a)$ 表示 a 的谱集，$\nu(a)$ 表示 a 的谱半径，即 $\nu(a)=\max\{|\lambda|\mid\lambda\in\sigma(a)\}$.

Hausdorff 空间. 对任意的 $x \in A \dot{+} \mathbf{C}$，依命题 2.1.3，$x^*(t) = \overline{x(t)}$，$\forall t \in \Omega'$（这里 $x(\cdot) \in C(\Omega')$ 是 x 的 Gelfand 变换），进而由命题 2.1.3，

$$\|x\|^2 = \|x^*x\| = \nu(x^*x) = \max_{t \in \Omega'} |x^*x(t)| = \max_{t \in \Omega'} |x(t)|^2.$$

因此，$A \dot{+} \mathbf{C}$ 等距 * 同构于 $C(\Omega')$ 的一个包含常数函数的 * 子代数. 若 $t_1 \neq t_2 \in \Omega'$，它们对应的 $A \dot{+} \mathbf{C}$ 的极大理想是不同的，因此有 $x \in A \dot{+} \mathbf{C}$，使得 $x(t_1) \neq x(t_2)$. 今依 Stone-Weierstrass 定理（例见 [22]），

$$A \dot{+} \mathbf{C} \cong C(\Omega').$$

A 是 $A \dot{+} \mathbf{C}$ 的极大理想，对应 Ω' 的点 t_0，令 $\Omega = \Omega' \backslash \{t_0\}$，则 Ω 是局部紧 Hausdorff 空间，并且 $A \cong C_0^\infty(\Omega)$. 证毕.

引理 2.1.5 设 A 是有单位元的 c^*-代数，$h = h^* \in A$，且 $0 \notin \sigma(h)$，则存在常数项为 0 的多项式列 $\{p_n(\cdot)\}$，使得 $\|p_n(h) - h^{-1}\| \to 0$.

证. 用 $\{(h - \lambda), (h - \lambda)^{-1} | \lambda \notin \sigma(h)\}$ 生成 A 的 c^*-子代数 B，则 B 交换且包含 A 的单位元. 依定理 2.1.4，$B \cong C(\Omega)$. 显然，h 作为 A 或 B 的元时，谱集是相同的，即 $\sigma_B(h) = \sigma(h) = \{h(t) | t \in \Omega\}$. 又依命题 2.1.3，$h(t) = \overline{h(t)}$，$\forall t \in \Omega$. 此外，因 $0 \notin \sigma(h)$，$\min_{t \in \Omega} |h(t)| = \varepsilon > 0$. 作 $[-\|h\|, \|h\|]$ 上的连续函数 $f(\lambda)$，使得

$$f(0) = 0,\ f(\lambda) = \lambda^{-1},\ \forall \lambda \in [-\|h\|, \|h\|] \backslash (-\varepsilon, \varepsilon),$$

并取常数项为 0 的多项式列 $\{p_n(\cdot)\}$，使得

$$\max\{|p_n(\lambda) - f(\lambda)| \mid -\|h\| \leqslant \lambda \leqslant \|h\|\} \to 0.$$

于是

$$\begin{aligned}\|p_n(h) - h^{-1}\| &= \max_{t \in \Omega} |p_n(h(t)) - h(t)^{-1}| \\ &\leqslant \max_{-\|h\| \leqslant \lambda \leqslant \|h\|} |p_n(\lambda) - f(\lambda)| \to 0.\end{aligned}$$

证毕.

命题 2.1.6 设 A 是有单位元的 c^*-代数，B 是 A 的包含单位元的 c^*-子代数，则对任意的 $b \in B$，$\sigma_B(b) = \sigma_A(b)$.

证. 依引理 2.1.5，$\sigma_B(b^*b)=\sigma_A(b^*b)$，$\sigma_B(bb^*)=\sigma_A(bb^*)$. 于是如果 b 在 A 中有逆，则 b^*b，bb^* 分别在 B 中有逆，即 b 在 B 中分别有左逆与右逆，从而 b 在 B 中有逆. 证毕.

命题 2.1.7 设 A 是有单位元的 c^*-代数，u 是 A 的酉元，即 $u^*u=uu^*=1$，则 $\sigma(u)$ 由绝对值为 1 的复数组成. 此外，A 是其酉元全体的线性包.

易证，从略（参照命题 1.3.4 的 3).

命题 2.1.8 设 A 是有单位元的 c^*-代数，a 是 A 的正规元，即 $a^*a=aa^*$，B 是由 $\{a, 1\}$ 生成的 c^*-子代数，则 $B\cong C(\sigma(a))$，且 a 对应的 $C(\sigma(a))$ 的函数 $a(\lambda)=\lambda\,(\forall\lambda\in\sigma(a))$. 特别，$\|a\|=\nu(a)$.

证. 依定理 2.1.4，$B\cong C(\Omega)$. 显然 $t\to a(t)$ 是 Ω 到 $\sigma(a)$ 上的一一连续映象，又 Ω 与 $\sigma(a)$ 均紧，因此，Ω 与 $\sigma(a)$ 同胚. 证毕.

命题 2.1.9 设 A 是交换 c^*-代数，$\|\cdot\|_1$ 是 A 上另一个范数，使得

$$\|ab\|_1\leqslant\|a\|_1\cdot\|b\|_1,\ \forall a,\ b\in A,\ \text{则}\ \|\cdot\|\leqslant\|\cdot\|_1.$$

证. 无妨设 A 有单位元，于是 $A\cong C(\Omega)$. 令 $\Omega_1=\{t\in\Omega|$ 如果 $\{x_n\}\subset A$，且 $\|x_n\|_1\to 0$，则 $x_n(t)\to 0\}$. 如果 Ω_1 不在 Ω 中稠，则有 Ω 的非空开集 U，使得 $\bar{\Omega}\cap\bar{U}=\varnothing$. 于是有 $a\in A$，使得 $a(\Omega_1)=1$，$a(U)=0$. 记 A_1 是 A 依照 $\|\cdot\|_1$ 完备化的 Banach 代数，如果 a 在 A_1 中无逆，则有 A_1 上非零乘法泛函 ρ，使得 $\rho(a)=0$. 记 $\rho|_A=t$，则 $t\in\Omega_1$，这便与 $a(\Omega_1)=1$ 相矛盾，因此，a 在 A_1 中有逆. 另一方面，显然可取 $0\neq b\in A$，使得 $\operatorname{supp} b(\cdot)\subset U$，于是 $ab=0$. 这又将与 a 在 A_1 中有逆相矛盾. 因此，Ω_1 必在 Ω 中稠. 由此，对任意的 $a\in A$，$\|a\|_1\geqslant\max\{\rho(a)|\rho$ 是 A_1 上的非零乘法泛函$\}=\max\limits_{t\in\Omega_1}|a(t)|=\|a\|$. 证毕.

命题 2.1.10 设 A 是 c^*-代数，$\|\cdot\|_1$ 是 A 上另一个范数，使得 $\|ab\|_1\leqslant\|a\|_1\cdot\|b\|_1$，$\|a^*a\|_1=\|a\|_1^2$，$\forall a, b\in A$，则 $\|\cdot\|=\|\cdot\|_1$.

证. 依命题 2.1.2，无妨设 A 有单位元. 设 $h=h^*\in A$，B 是

由 $\{1, h\}$ 生成的 A 的交换 c^*-子代数. B_1 是 B 依 $\|\cdot\|_1$ 完备化所得的交换 c^*-子代数. 如果 Ω 是 B 的谱空间, 依命题 2.1.9 的证明, $\{\rho$ 限于 $B \mid \rho$ 是 B_1 上的非零乘法泛函$\}$ 在 Ω 中是稠的. 从而, $\|h\|_1 = \max\{|\rho(h)| \mid \rho$ 是 B_1 上的非零乘法泛函$\} = \|h\|$. 由此, 对任意的 $a \in A$, $\|a\| = \|a^*a\|^{1/2} = \|a^*a\|_1^{1/2} = \|a\|_1$. 证毕.

注 本节见参考文献 [38], [54].

§2. c^*-代数的正元

定义 2.2.1 设 A 是 c^*-代数, $a \in A$ 称为正的, 记作 $a \geqslant 0$, 指 $a = a^*$, 并且 $\sigma(a)$ 由非负实数组成. A 的正元全体记以 A_+.

命题 2.2.2 设 A 是 c^*-代数, $h = h^* \in A$, 则有唯一的 h_+, $h_- \in A_+$, 使得

$$h = h_+ - h_-, \ h_+ \cdot h_- = 0.$$

证. 在 $A \dotplus \mathbb{C}$ 中考虑时, 由于要求 $h = h_+ - h_-$ 及 $h_+ \cdot h_- = 0$, 可见 h_+, h_- 仍然 $\in A$, 因此无妨设 A 有单位元. 用 $\{1, h\}$ 生成 A 的交换 c^*-子代数 B, 依定理 2.1.4, 可见这样的 h_+, h_- 在 B 中存在. 又依命题 2.1.6, $h_+, h_- \in A_+$. 如果又有 A 的正元 h'_+, h'_- 满足要求, 用 $\{1, h, h'_+, h'_-\}$ 生成 A 的交换 c^*-子代数 $C(\supset B)$, 再依定理 2.1.4, 即见 $h'_+ = h_+$, $h'_- = h_-$. 证毕.

命题 2.2.3 设 A 是有单位元的 c^*-代数, $h = h^* \in A$, $\|h\| \leqslant 1$, 则 $h \geqslant 0$, 当且仅当, $\|1 - h\| \leqslant 1$.
用 $\{1, h\}$ 生成交换 c^*-子代数 $B \cong C(\Omega)$ 立见.

命题 2.2.4 A_+ 是锥, 即若 $a, b \in A_+$, 则 $a + b \in A_+$. 此外, $A_+ \cap (-A_+) = \{0\}$.

证. 无妨设 A 有单位元, 依命题 2.2.3,

$$\|1 - a/\|a\|\| \leqslant 1, \ \|1 - b/\|b\|\| \leqslant 1.$$

于是,

$$\left\|1-\frac{a+b}{\|a\|+\|b\|}\right\| \leqslant \frac{\|a\| \cdot \left\|1-\frac{a}{\|a\|}\right\|+\|b\| \cdot \left\|1-\frac{b}{\|b\|}\right\|}{\|a\|+\|b\|} \leqslant 1.$$

再由命题 2.2.3，$a+b \in A_+$. 此外，如 $h \in A_+ \cap (-A_+)$，则 $\sigma(h)=\{0\}$. 再由命题 2.1.3，$h=0$. 证毕.

注. 以后我们在 $A_h=\{a \in A \mid a=a^*\}$ 中引入偏序，$a \geqslant b$，指 $(a-b) \in A_+$.

命题 2.2.5 设 $a \in A_+$，则有唯一的 $a^{1/2} \in A_+$，使得 $a^{1/2}$ 与 a 交换，并且 $(a^{1/2})^2=a$. 此外，这 $a^{1/2}$ 还是 a 的常数项为 0 的多项式列的极限.

证明与命题 2.2.2 相似.

引理 2.2.6 设 B 是有单位元的复域 $\mathbf{C}$ 上的代数，$a, b \in B$，则 $\sigma(ab) \cup \{0\}=\sigma(ba) \cup \{0\}$.

证. 如果 $\lambda \neq 0$，使得 $(ab-\lambda)$ 在 B 中有逆 u，则 $(bua-1) \cdot (ba-\lambda)=(ba-\lambda)(bua-1)=\lambda$，因此，$(ba-\lambda)$ 在 B 中也有逆. 证毕.

命题 2.2.7 设 A 是 c^*-代数，$a \in A$，则 $a \in A_+$，当且仅当，存在 $b \in A$，使得 $a=b^*b$.

证. 必要性由命题 2.2.5 立见. 反之设 $a=b^*b$，自然 $a^*=a$，于是依命题 2.2.2 及 2.2.5，可写 $a=u^2-v^2$，这里 $u, v \in A_+$，并且 $uv=0$. 于是

$$(bv)^*(bv)=vav=-v^4 \leqslant 0.$$

如果写 $bv=h+ik$，这里 $h^*=h$，$k^*=k$，则

$$(bv)^*(bv)+(bv)(bv)^*=2(h^2+k^2) \geqslant 0.$$

所以，$(bv)(bv)^*=-(bv)^*(bv)+2(h^2+k^2)=v^4+2(h^2+k^2) \geqslant 0$. 但依引理 2.2.6，$\sigma((bv)^*(bv)) \cup \{0\}=\sigma((bv)(bv)^*) \cup \{0\}$，所以，$\sigma((bv)^*(bv))=\{0\}$，即 $v^4=0$. 由命题 2.2.5，$v=0$. 从而，$a=u^2 \in A_+$. 证毕.

命题 2.2.8 设 A 是 Hilbert 空间 $\mathscr{H}$ 中的 c^*-代数（即为 $B(\mathscr{H})$ 的一致闭 $*$ 子代数），$a \in A$，则 $a \in A_+$，当且仅当，a 是

$\mathscr{H}$ 中的正算子.

证. 必要性由命题 2.2.7 立见. 反之，设 a 是 $\mathscr{H}$ 中的正算子,于是至少 a 是 A 的自伴元. 依命题 2.2.2，可写 $a = a_+ - a_-$, $a_+, a_- \in A_+$，且 $a_+a_- = 0$. 对任意的 $\xi \in \mathscr{H}$，

$$0 \leqslant \langle aa_-\xi, a_-\xi\rangle = -\langle a_-^3\xi, \xi\rangle \leqslant 0.$$

所以，$a_-^3 = 0$，$a_- = 0$，及 $a = a_+ \in A_+$. 证毕.

命题 2.2.9 设 A 是 c^*-代数.

1) 如果 $a, b \in A_+$，$a \leqslant b$，则 $\|a\| \leqslant \|b\|$，及 $cac^* \leqslant c^*bc$，$\forall c \in A$;

2) A_+ 是 A 的闭子集;

3) 如果 A 有单位元，$a, b \in A_+$，$a \leqslant b$，并且 a，b 在 A 中都有逆,则 $b^{-1} \leqslant a^{-1}$.

证. 1) 易见,从略.

2) 设 $a_n \in A_+$，且 $a_n \to a$. 显然 $a = a^*$，于是可写 $a = a_+ - a_-$，这里 $a_+, a_- \in A_+, a_+ \cdot a_- = 0$. 令 $b_n = a_-a_na_- \in A_+$，则 $b_n \to b = a_-aa_- = -a_-^3$. 于是

$$0 \leqslant -b \leqslant b_n - b \leqslant \|b_n - b\| \to 0.$$

即 $b = 0$，$a_- = 0$，及 $a = a_+ \in A_+$.

3) 由于 $(a^{-1})^{1/2}(b-a)(a^{-1})^{1/2} \geqslant 0$，因此，$(a^{-1})^{1/2}b(a^{-1})^{1/2} \geqslant 1$. 由函数表示立见，$a^{1/2}b^{-1}b^{1/2} \leqslant 1 = a^{1/2}a^{-1}a^{1/2}$. 所以，$b^{-1} \leqslant a^{-1}$. 证毕.

命题 2.2.10 设 A 是 c^*-代数，$a, b \in A_+$，并且 $a \leqslant b$，则对任意的数 $\lambda \in [0, 1]$，$a^\lambda \leqslant b^\lambda$，这里 a^λ, b^λ 可以由命题 2.1.8 来理解.

证. 无妨设 A 有单位元. 首先考虑 a，b 有逆的情况. 令 $E = \{\lambda \in \mathbf{R} | a^\lambda \leqslant b^\lambda\}$，由于 A_+ 是闭的，因此，E 是 $\mathbf{R}$ 的闭子集. 显然，$0, 1 \in E$,所以只须对任意的 $\lambda, \mu \in E$，证明 $\dfrac{\lambda+\mu}{2}$ 也 $\in E$. 由

$$b^{-\frac{\lambda}{2}}a^\lambda b^{-\frac{\lambda}{2}} \leqslant 1,\ b^{-\frac{\mu}{2}}a^\mu b^{-\frac{\mu}{2}} \leqslant 1.$$

因此，$\|b^{-\frac{\lambda}{2}}a^{\lambda}b^{-\frac{\lambda}{2}}\| \leqslant 1$，$\|b^{-\frac{\mu}{2}}a^{\mu}b^{-\frac{\mu}{2}}\| \leqslant 1$，进而，$\|a^{\frac{\lambda}{2}}b^{-\frac{\lambda}{2}}\| \leqslant 1$，$\|b^{-\frac{\mu}{2}}a^{\frac{\mu}{2}}\| \leqslant 1$. 依引理 2.2.6，

$$1 \geqslant \|b^{-\frac{\mu}{2}}a^{\frac{\lambda+\mu}{2}}b^{-\frac{\lambda}{2}}\| \geqslant \nu(b^{-\frac{\mu}{2}}a^{\frac{\lambda+\mu}{2}}b^{-\frac{\lambda}{2}})$$

$$= \nu(b^{-\frac{\lambda+\mu}{4}}a^{\frac{\lambda+\mu}{2}}b^{-\frac{\lambda+\mu}{4}}) = \|b^{-\frac{\lambda+\mu}{4}}a^{\frac{\lambda+\mu}{2}}b^{-\frac{\lambda+\mu}{4}}\|$$

即 $\frac{\lambda+\mu}{2} \in E$.

对一般情况，设 $\varepsilon > 0$，依前段，$(a+\varepsilon)^{\lambda} \leqslant (b+\varepsilon)^{\lambda}$，再命 $\varepsilon \to 0+$，即得证.

命题 2.2.11 设 A 是 c^*-代数，$S = \{a \in A \mid \|a\| \leqslant 1\}$ 是 A 的单位球，则 $\mathring{S} \cap A_+ = \{a \in A_+ \mid \|a\| < 1\}$ 依正元的序是定向的，即若 $x, y \in \mathring{S} \cap A_+$，则有 $z \in \mathring{S} \cap A_+$，使得 $z \geqslant x$，$z \geqslant y$.

证. 在 $A \dotplus \mathbf{C}$ 中考虑问题. 令

$$a = x(1-x)^{-1},\ b = y(1-y)^{-1},$$

$$z = (a+b)\left(\frac{1}{2}+a+b\right)^{-1},$$

则 $a, b, z \in A$，且 $z \in A_+ \cap \mathring{S}$.

证明 $z \geqslant x$，等价于要证明 $1 - \frac{1}{2}\left(\frac{1}{2}+a+b\right)^{-1} \geqslant x$ 或 $(1-x) \geqslant \frac{1}{2}\left(\frac{1}{2}+a+b\right)^{-1}$. 依命题 2.2.9，这等价于证 $(1-x)^{-1} \leqslant (1+2a+2b)$. 但依 a 的定义，显然有 $(1+2a) \geqslant (1-x)^{-1}$. 因此，$z \geqslant x$. 类似证明 $z \geqslant y$. 证毕.

注 本节见参考文献 [37]，[54]，[61]，[119].

§3. 态与 GNS 构造

定义 2.3.1 设 A 是 c^*-代数，A 上的线性泛函 ρ 称为正的，记作 $\rho \geqslant 0$，指 $\rho(a) \geqslant 0$，$\forall a \in A_+$. 正泛函 ρ 称为态，指 $\|\rho\| = 1$. A 上态的全体记为 $\mathscr{S}(A)$，在不致混淆时，简写为 $\mathscr{S}$.

显然，如果 $\rho \geqslant 0$，则 $\rho(a^*) = \overline{\rho(a)}$，$\forall a \in A$，以及有

Schwartz 不等式

$$|\rho(b^*a)| \leqslant \rho(b^*b)^{1/2}\rho(a^*a)^{1/2}, \ \forall a, b \in A.$$

命题 2.3.2 如果 ρ 是 c^*-代数 A 上的正泛函，则 ρ 是连续的. 此外，如果 A 有单位元，则 $\|\rho\| = \rho(1)$.

证. 首先，我们说 ρ 在 $S \cap A_+ = \{a \in A_+ | \|a\| \leqslant 1\}$ 上是有界的. 若否，则有 $x_n \in S \cap A_+$，使得

$$\rho(x_n) \geqslant n^2, \ \forall n.$$

依命题 2.2.9，A_+ 是闭的，所以，$x = \sum_n \frac{1}{n^2} x_n \in A_+$. 于是对任意的正整数 N，

$$N \leqslant \sum_{n=1}^{N} \frac{1}{n^2}\rho(x_n) = \rho\left(\sum_{n=1}^{N} \frac{1}{n^2} x_n\right) \leqslant \rho(x),$$

这不可能. 因此，存在正常数 K，使得

$$\rho(a) \leqslant K, \ \forall a \in S \cap A_+.$$

再依命题 2.2.2，可见 $\|\rho\| \leqslant 4K$，即 ρ 是连续的.

如果 A 有单位元，依 Schwartz 不等式

$$\begin{aligned} |\rho(a)| &\leqslant \rho(1)^{1/2}\rho(a^*a)^{1/2} \leqslant \|a^*a\|^{1/2}\rho(1) \\ &= \|a\|\rho(1), \ \forall a \in A \end{aligned}$$

即见 $\|\rho\| = \rho(1)$. 证毕.

命题 2.3.3 设 A 是 c^*-代数，$\rho \in A^*$.

1) 如果有 $a \in A_+$，$\|a\| \leqslant 1$，使得 $\rho(a) = \|\rho\|$，则 $\rho \geqslant 0$;

2) 如果 $\|\rho\| \leqslant 1$，并且有 $0 \neq a \in A_+$，使得 $\rho(a) = \|a\|$，则 $\rho \in \mathscr{S}$.

证. 1) 必要时把 ρ 保范开拓到 $A \dotplus \mathbb{C}$ 上，因此可设 A 有单位元. 现在完全可以仿照引理 1.9.2 (并注意定理 2.1.4) 来证明 $\rho \geqslant 0$.

2) 依条件，显然 $\|\rho\| = 1$，及 $\rho\left(\frac{a}{\|a\|}\right) = \|\rho\|$. 再由 1)，$\rho \in \mathscr{S}$. 证毕.

命题 2.3.4 设 ρ 是 c^*-代数 A 上的正泛函，$a \in A_+$，并且

$\|a\| < 1$，则

$$\|\rho\| = \sup\{\rho(b) \mid b \in A_+, \|b\| \leqslant 1\}$$
$$= \sup\{\rho(b) \mid b \in A_+, \|b\| \leqslant 1, b \geqslant a\}.$$

证. 由于 $\rho(x^*) = \overline{\rho(x)}$, $\forall x \in A$, 因此有 $h_n = h_n^*$, $\|h_n\| \leqslant 1$，使得 $\rho(h_n) \to \|\rho\|$. 依命题 2.2.2，可写 $h_n = h_n^+ - h_n^-$，这里 h_n^+, $h_n^- \in A_+$，且 $\|h_n^+\|$ 及 $\|h_n^-\|$ 都 $\leqslant \|h_n\| \leqslant 1$. 必要时代以子列，可设 $\lim\limits_n \rho(h_n^+)$ 与 $\lim\limits_n \rho(h_n^-)$ 都存在. 于是易见

$$\lim_n \rho(h_n^+) = \|\rho\|, \quad \lim_n \rho(h_n^-) = 0.$$

因此，$\|\rho\| = \sup\{\rho(b) \mid b \in A_+, \|b\| \leqslant 1\}$.

对任意 $\varepsilon > 0$，依上面，可取 $c \in A_+$，$\|c\| < 1$，使得 $\rho(c) \geqslant \|\rho\| - \varepsilon$. 再由命题 2.2.11，有 $b \in A_+$，$\|b\| < 1$，使得 $b \geqslant c$，$b \geqslant a$. 于是，$\rho(b) \geqslant \rho(c) \geqslant \|\rho\| - \varepsilon$. 证毕.

命题 2.3.5 设 A 是 c^*-代数，ρ 是 A 上的正泛函，在 $A \dot{+} \mathbf{C}$ 上，如果命

$$\tilde{\rho}(a + \lambda) = \rho(a) + \lambda\mu_0, \quad \forall a \in A, \lambda \in \mathbf{C}$$

这里数 $\mu_0 \geqslant \|\rho\|$，则 $\tilde{\rho}$ 是 $A \dot{+} \mathbf{C}$ 上的正泛函.

证. 只须对 $A \dot{+} \mathbf{C}$ 的任意正元 $(a + \lambda)$，这里 $a \in A$，$\lambda \in \mathbf{C}$，证明 $\rho(a) + \lambda\mu_0 \geqslant 0$.

显然，$a^* = a, \lambda = \bar{\lambda}$. 用 $\{1, a\}$ 生成 $A \dot{+} \mathbf{C}$ 的交换 c^*-子代数 $B \cong C(\Omega)$，于是 $\lambda + a(t) \geqslant 0$, $\forall t \in \Omega$. 注意 a 作为 $A \dot{+} \mathbf{C}$ 的元是没有逆的，因此有 $t_0 \in \Omega$，使得 $a(t_0) = 0$. 从而 $\lambda \geqslant 0$.

如果 $a \geqslant 0$ 或者 $\|\rho\| = 0$，立见 $\rho(a) + \lambda\mu_0 \geqslant 0$. 今设 $\rho \neq 0$，$a = a_+ - a_-$，这里 a_+, $a_- \in A_+$，$a_+ \cdot a_- = 0$，并且 $a_- \neq 0$，于是 $\inf\{a(t) \mid t \in \Omega\} = -\|a_-\|$. 从而

$$0 \leqslant \lambda + \inf\{a(t) \mid t \in \Omega\} = \lambda - \|a_-\|$$
$$\leqslant \lambda - \|\rho\|^{-1}\rho(a_-) \leqslant \|\rho\|^{-1}\{\lambda\mu_0 + \rho(a_+) - \rho(a_-)\},$$

即见 $\rho(a) + \lambda\mu_0 \geqslant 0$. 证毕.

系 2.3.6 如果 ρ 是 c^*-代数 A 上的态，令

$$\tilde{\rho}(a + \lambda) = \rho(a) + \lambda, \quad \forall a \in A, \lambda \in \mathbf{C},$$

则 $\tilde{\rho}$ 是 $A \dotplus \mathbf{C}$ 上的态，且是 ρ 的扩张.

命题 2.3.7 设 A 是 c^*-代数，则其态空间 $\mathscr{S}$ 是 A^* 的凸子集.

证. 对任意的 $\varphi_1, \varphi_2 \in \mathscr{S}$，及数 $\lambda \in (0, 1)$，要证明 $\lambda\varphi_1 + (1-\lambda)\varphi_2 \in \mathscr{S}$. 对任意的 $\varepsilon > 0$，取 $a \in A_+$, $\|a\| < 1$，使得 $\varphi_1(a) \geqslant \|\varphi_1\| - \varepsilon = 1 - \varepsilon$. 今依命题 2.3.4,

$$
\begin{aligned}
1 &\geqslant \|\lambda\varphi_1 + (1-\lambda)\varphi_2\| \\
&= \sup\{\lambda\varphi_1(b) + (1-\lambda)\varphi_2(b) \mid b \in A_+, \|b\| \leqslant 1, b \geqslant a\} \\
&\geqslant \lambda\varphi_1(a) + (1-\lambda)\sup\{\varphi_2(b) \mid b \in A_+, \|b\| \leqslant 1, b \geqslant a\} \\
&\geqslant \lambda(1-\varepsilon) + (1-\lambda)
\end{aligned}
$$

$\varepsilon > 0$ 是任意的，因此 $\lambda\varphi_1 + (1-\lambda)\varphi_2 \in \mathscr{S}$. 证毕.

定义 2.3.8 设 A 是 c^*-代数，$\mathscr{S}$ 是它的态空间，称 $\mathscr{S}$ 的端点为 A 的纯态，纯态全体记为 $\mathscr{P} = \mathscr{P}(A)$.

命题 2.3.9 设 A 是有单位元的交换 c^*-代数，则 ρ 是 A 的纯态，当且仅当，ρ 是 A 的非零乘法泛函.

证. 设 ρ 是纯态，由于 A 是 A_+ 的线性包，只须对任意固定的 $a, b \in A_+$，证明 $\rho(ab) = \rho(a)\rho(b)$. 如果 $\rho(a) = 0$，由 Schwartz 不等式

$$|\rho(ab)|^2 = |\rho(a^{1/2} \cdot a^{1/2}b)|^2 \leqslant \rho(a)\rho(bab) = 0,$$

因此，$\rho(ab) = 0 = \rho(a)\rho(b)$. 所以可以假定

$$1 > \rho(a) > 0, \quad 1 \geqslant a \geqslant 0.$$

令 $\rho_1(\cdot) = \rho(a)^{-1}\rho(a\cdot)$, $\rho_2(\cdot) = \rho(1-a)^{-1}\rho((1-a)\cdot)$，易见 $\rho_1, \rho_2 \in \mathscr{S}$，以及 $\rho = \rho(a)\rho_1 + (1-\rho(a))\rho_2$. 但 ρ 是纯态，因此，$\rho = \rho_1 = \rho_2$，即有 $\rho(ab) = \rho(a)\rho(b)$.

反之，设 ρ 是 A 上的非零乘法泛函，自然 $\rho \in \mathscr{S}$. 如果有 $\rho_1, \rho_2 \in \mathscr{S}$ 及数 $\lambda \in (0, 1)$，使得

$$\rho = \lambda\rho_1 + (1-\lambda)\rho_2,$$

对任意的 $h = h^* \in A$，有

$$
\begin{aligned}
\lambda\rho_1(h^2) + (1-\lambda)\rho_2(h^2) &= \rho(h^2) = \rho(h)^2 \\
&= [\lambda\rho_1(h) + (1-\lambda)\rho_2(h)]^2.
\end{aligned}
$$

由 Schwartz 不等式，$\rho_i(h)^2 \leqslant \rho_i(h^2)$, $i = 1, 2$，于是

$$
\begin{aligned}
0 &= -[\lambda\rho_1(h)+(1-\lambda)\rho_2(h)]^2 \\
&\quad +\lambda\rho_1(h^2)+(1-\lambda)\rho_2(h^2) \\
&\geqslant -[\lambda^2\rho_1(h)^2+(1-\lambda)^2\rho_2(h)^2 \\
&\quad +2\lambda(1-\lambda)\rho_1(h)\rho_2(h)] \\
&\quad +\lambda\rho_1(h)^2+(1-\lambda)\rho_2(h)^2 \\
&= \lambda(1-\lambda)[\rho_1(h)-\rho_2(h)]^2.
\end{aligned}
$$

所以，$\rho_1(h)=\rho_2(h)$. 进而，$\rho=\rho_1=\rho_2$，即 ρ 是纯态. 证毕.

命题 2.3.10 设 A 是 c^*-代数. 1) 如果 ρ 是 A 上的纯态，则 ρ 可自然地扩张为 $A\dot{+}\mathbf{C}$ 上的纯态 $\tilde{\rho}$，即令 $\tilde{\rho}(1)=1$；2) 如果 $\tilde{\rho}$ 是 $A\dot{+}\mathbf{C}$ 上的纯态，$\rho=\tilde{\rho}|A$，则 $\rho=0$ 或者为 A 上的纯态.

证. 1) 设有 $A\dot{+}\mathbf{C}$ 上的态 $\tilde{\rho}_1$, $\tilde{\rho}_2$ 及数 $\lambda\in(0,1)$，使得 $\tilde{\rho}=\lambda\tilde{\rho}_1+(1-\lambda)\tilde{\rho}_2$. 注意

$$1=\|\rho\|\leqslant\lambda\|\tilde{\rho}_1|A\|+(1-\lambda)\|\tilde{\rho}_2|A\|\leqslant 1,$$

因此，$\tilde{\rho}_i$ 限于 A 仍为态，$i=1,2$. 但 ρ 是纯的，从而 $\rho=\tilde{\rho}_i|A$，$i=1,2$. 又 $\tilde{\rho}(1)=\tilde{\rho}_1(1)=\tilde{\rho}_2(1)=1$，所以，$\tilde{\rho}=\tilde{\rho}_1=\tilde{\rho}_2$，即 $\tilde{\rho}$ 为 $A\dot{+}\mathbf{C}$ 上的纯态.

2) 易见 $\rho=0$ 的情形是可能的. 今设 $\rho\neq 0$. 如果 $\lambda=\|\rho\|<1$，依命题 2.3.5，

$$\bar{\rho}(a+\mu)=\lambda^{-1}\rho(a)+\mu,\ \forall a\in A,\ \mu\in\mathbf{C}$$

是 $A\dot{+}\mathbf{C}$ 上的态，并且 $\tilde{\rho}=\lambda\bar{\rho}+(1-\lambda)\tilde{\rho}_0$，这里 $\tilde{\rho}_0$ 是 $A\dot{+}\mathbf{C}$ 上的(纯)态，使得 $\tilde{\rho}_0|A=0$. 这便与 $\tilde{\rho}$ 是 $A\dot{+}\mathbf{C}$ 上纯态并且 $\rho\neq 0$ 相矛盾. 所以 ρ 是 A 上的态.

进而如果有 A 上的态 ρ_1, ρ_2 及数 $\lambda\in(0,1)$，使得 $\rho=\lambda\rho_1+(1-\lambda)\rho_2$. 把 ρ_1, ρ_2 自然地扩张为 $A\dot{+}\mathbf{C}$ 上的态，又 $\tilde{\rho}$ 是纯的，可见 $\rho=\rho_1=\rho_2$，即 ρ 是 A 上纯态. 证毕.

命题 2.3.11 设 A 是有单位元的 c^*-代数，E 是 A 的包含单位元的 $*$ 线性子空间(即若 $a\in E$，也有 $a^*\in E$)，记

$$\mathscr{F}=\left\{f\ \middle|\ \begin{array}{l} f\text{ 是 }E\text{ 上的态,即 }f\text{ 是 }E\text{ 上的线性泛函；}f(1)=1;\\ f(a^*)=\overline{f(a)},\ \forall a\in E;\ \text{以及 }f(a)\geqslant 0,\ \forall a\in E\cap A_+\end{array}\right\}$$

则 1) $\mathscr{F}$ 的任意元可以扩张为 A 上的态；

2) $\mathscr{F}$ 的任意端点(显然 $\mathscr{F}$ 是凸集)可以扩张为 A 上的纯态.

证. 1) 设 $f\in\mathscr{F}$. 对任意的 $h=h^*\notin E$, 由于 E 中存在大于或小于 h 的元 (例 $-\|h\|\leqslant h\leqslant\|h\|$), 以及 A_+ 是锥 (命题 2.2.4), 我们可以这样地把 f 从 E 开拓到 $E\dotplus[h]$ 上去,即取 $f(h)$ 满足

$$\sup\{f(b)\,|\,b=b^*\in E,\,b\leqslant h\}\leqslant f(h)\leqslant\inf\{f(c)\,|\,c=c^*\in E,\,c\geqslant h\}.$$

我们说 f 仍将为 $E\dotplus[h]$ 上的态, 即若 $(a+\lambda h)\in A_+$, 这里 $a\in E$, 要证明 $f(a+\lambda h)\geqslant 0$. 当 $\lambda=0$, 这不待言, 因此可设 $\lambda\neq 0$. 显然 $a^*=a$, $\lambda=\bar\lambda$. 如果 $\lambda>0$, $h\geqslant-\lambda^{-1}a$, 依 $f(h)$ 的定义, $f(h)\geqslant-\lambda^{-1}f(a)$, 即 $f(a+\lambda h)\geqslant 0$; 如果 $\lambda<0$, $h\leqslant-\lambda^{-1}a$, 又依 $f(h)$ 的定义, $f(h)\leqslant-\lambda^{-1}f(a)$, 即 $f(a+\lambda h)\geqslant 0$. 因此, f 是 $E\dotplus[h]$ 上的态. 如此手续继续下去,由 Zorn 辅理, f 便可扩张为 A 上的态.

2) 设 f 是 $\mathscr{F}$ 的端点,令

$$\mathscr{L}=\{\rho\in\mathscr{S}\,|\,\rho\text{ 限于 }E=f\},$$

依 1) $\mathscr{L}$ 是非空的,也易见 $\mathscr{L}$ 是 A^*的弱$*$紧凸集,依 Krein Milmann 定理, $\mathscr{L}$ 至少有一个端点 ρ. 现在只要证明 ρ 是 A 的纯态. 设有 $\rho_1,\rho_2\in\mathscr{S}$, 及数 $\lambda\in(0,1)$, 使得 $\rho=\lambda\rho_1+(1-\lambda)\rho_2$. 显然 $f_i=\rho_i|E\in\mathscr{F}$, $i=1,2$. 又 $\lambda f_1+(1-\lambda)f_2=\rho|E=f$, 但 f 是 $\mathscr{F}$ 的端点,因此, $f=f_1=f_2$. 由此, $\rho_1,\rho_2\in\mathscr{L}$. 又 ρ 是 $\mathscr{L}$ 的端点, 从而 $\rho=\rho_1=\rho_2$, 即 ρ 是 A 的纯态. 证毕.

系 2.3.12 设 A 是 c^*-代数, B 是 A 的 c^*-子代数, 则 B 上的每个态或纯态都可以扩张为 A 上的态或纯态.

事实上, B 上的态或纯态可扩张为 $B\dotplus\mathbb{C}$ 上的态或纯态 (2.3.6 及 2.3.10), 继而又可扩张为 $A\dotplus\mathbb{C}$ 上的态或纯态(2.3.11). 再依命题 2.3.10, 限制到 A 上即为所求.

注. 如果 A 有单位元, B 包含 A 的单位元,依命题 2.3.3, B 上每个态在 A 上的保范扩张必为 A 的态.

命题 2.3.13 设 A 是 c^*-代数，$h=h^*\in A$，如果 $\lambda\in\sigma(h)$，并且 $\lambda\neq 0$，则有 A 上的纯态 ρ，使得 $\rho(h)=\lambda$.

证．考虑 $A\dotplus\mathbb{C}$，λ 仍然是 h 作为 $A\dotplus\mathbb{C}$ 元的谱点．用 $\{1, h\}$ 生成 $A\dotplus\mathbb{C}$ 的交换 c^*-子代数 $B\cong C(\Omega)$．于是有 $t\in\Omega$，使得 $h(t)=\lambda$． 定义 $f(b)=b(t)\ (\forall b\in B)$，则 f 是 B 上的纯态（命题 2.3.9）．由系 2.3.12，f 可扩张为 $A\dotplus\mathbb{C}$ 上的纯态 $\tilde{\rho}$．再由命题 2.3.10 及 $\tilde{\rho}(h)=f(h)=\lambda\neq 0$，可见 $\rho=\tilde{\rho}|A$ 即满足要求．证毕．

注．如假定 A 有单位元，不必要求 $\lambda\neq 0$.

系 2.3.14 设 $h=h^*\in A$，则有 A 上的纯态 ρ，使得 $|\rho(h)|=\|h\|$，特别，$\|h\|=\sup\{|\rho(h)|\,|\,\rho\in\mathscr{P}\}$.

系 2.3.15 设 $a\in A$，使得 $\rho(a)\geqslant 0$，$\forall\rho\in\mathscr{P}$，则 $a\in A_+$.

在第一章 § 8，我们讨论过 VN 代数上的正泛函产生的 GNS 构造，同样的做法，可以对 c^*-代数进行．由于这个构造的重要性，我们再详细地叙述一下.

定义 2.3.16 设 A 是 c^*-代数，$\{\pi, \mathscr{H}\}$ 称为 A 的一个 $*$ 表示，指 $\mathscr{H}$ 是 Hilbert 空间，而 π 是 A 到 $B(\mathscr{H})$ 中的 $*$ 同态，即

$$\pi(\lambda a+\mu b)=\lambda\pi(a)+\mu\pi(b),\quad \pi(ab)=\pi(a)\pi(b),$$
$$\pi(a^*)=\pi(a)^*$$

$\forall a, b\in A$，$\lambda, \mu\in\mathbb{C}$.

如果有 $\xi\in\mathscr{H}$，使得 $\pi(A)\xi$ 在 $\mathscr{H}$ 中稠，则称 ξ 为这 $*$ 表示的循环矢及称这 $*$ 表示是循环的.

$*$ 表示 $\{\pi, \mathscr{H}\}$ 称为忠实的，指 π 是一一的.

两个 $*$ 表示 $\{\pi_i, \mathscr{H}_i\}$，$i=1, 2$，称为酉等价的[1)]，指有 $\mathscr{H}_1$ 到 $\mathscr{H}_2$ 上的酉算子 u，使得

$$u\pi_1(a)u^{-1}=\pi_2(a),\ \forall a\in A.$$

命题 2.3.17 设 $\{\pi, \mathscr{H}\}$ 是 c^*-代数 A 的 $*$ 表示，则 $\|\pi\|\leqslant 1$，并且 π 是保序的，即 $\pi(a)$ 是 $\mathscr{H}$ 中的正算子，$\forall a\in A_+$．此

---

1) 今后也记以 $\{\pi_1, \mathscr{H}_1\}\cong\{\pi_2, \mathscr{H}_2\}$.

外，如果 π 还是忠实的，则 π 是等距的，并且 π 也是反保序的，即若 $\pi(a)$ 是 $\mathscr{H}$ 中的正算子，那么 $a\in A_+$.

证. 考虑 $A\dot{+}\mathbf{C}$，并令 $\pi(1)=1_{\mathscr{H}}$，因此，可设 A 有单位元 1，并且 $\pi(1)=1_{\mathscr{H}}$. 于是 $\sigma(\pi(a))\subset\sigma(a)$，$\forall a\in A$. 进而对任意的 $h=h^*\in A$，

$\|\pi(h)\|=\sup\{|\lambda|\,|\,\lambda\in\sigma(\pi(h))\}\leqslant\sup\{|\lambda|\,|\,\lambda\in\sigma(h)\}=\|h\|$.

从而，$\|\pi(a)\|^2=\|\pi(a^*a)\|\leqslant\|a^*a\|=\|a\|^2$，$\forall a\in A$，即 $\|\pi\|\leqslant 1$. 至于 π 保序是显然的.

今设 π 是忠实的. 如果 $1_{\mathscr{H}}\in\pi(A)$，即有 $e\in A$，使得 $\pi(e)=1_{\mathscr{H}}$，这时易见 e 是 A 的单位元. 如果 $1_{\mathscr{H}}\notin\pi(A)$，考虑 $A\dot{+}\mathbf{C}$，并令 $\pi(1)=1_{\mathscr{H}}$. 总之可设 A 有单位元 1，并且 $\pi(1)=1_{\mathscr{H}}$. 现在仿照命题 1.8.13 的证明，即见 π 是反保序并且等距的. 证毕.

今设 A 是 c^*-代数，$\rho\in\mathscr{S}$，令

$$\vartheta_\rho=\{a\in A\,|\,\rho(a^*a)=0\},$$

它称为 ρ 的左核. 由 Schwartz 不等式，易见 ϑ_ρ 是 A 的闭左理想. 设

$$a\to a_\rho=a+\vartheta_\rho,\ \forall a\in A$$

是作为线性空间的 A 到其商线性空间 A/ϑ_ρ 上的正则映象，并在 A/ϑ_ρ 上定义

$$\langle a_\rho,b_\rho\rangle=\rho(b^*a),\ \forall a,b\in A.$$

易见这是可以定义的，并且为内积，依此完备化，得到 Hilbert 空间 $\mathscr{H}_\rho$. 对任意的 $a\in A$，令

$$\pi_\rho(a)b_\rho=(ab)_\rho,\ \forall b\in A$$

由于在 A 中，$b^*a^*ab\leqslant\|a\|^2b^*b$，于是

$$\|\pi_\rho(a)b_\rho\|^2=\rho(b^*a^*ab)\leqslant\|a\|^2\|b_\rho\|^2,\ \forall b\in A.$$

因此，$\pi_\rho(a)$ 可以由 A/ϑ_ρ 唯一地扩张为 $\mathscr{H}_\rho$ 中的有界线性算子，仍然记以 $\pi_\rho(a)$. 容易证明，$\{\pi_\rho,\mathscr{H}_\rho\}$ 是 A 的 $*$ 表示.

命题 2.3.18 设 A 是 c^*-代数，$\rho\in\mathscr{S}$.

1) ρ 产生的 $*$ 表示是循环的，即有 $\xi_\rho\in\mathscr{H}_\rho$，使得 $\pi_\rho(A)\xi_\rho$

在 $\mathscr{H}_\rho$ 中稠，并且 ξ_ρ 还可以这样地选取，使得

$$\pi_\rho(a)\xi_\rho = a_\rho,\ \rho(a) = \langle\pi_\rho(a)\xi_\rho, \xi_\rho\rangle,\ \forall a \in A;$$

2) 设 $\tilde{\rho}$ 是 ρ 在 $A \dotplus \mathbf{C}$ 上自然开拓的态，$\{\pi_{\tilde{\rho}}, \mathscr{H}_{\tilde{\rho}}\}$ 是 $\tilde{\rho}$ 产生的 $A \dotplus \mathbf{C}$ 的 * 表示，则有 $\mathscr{H}_\rho$ 到 $\mathscr{H}_{\tilde{\rho}}$ 上的酉算子 u，使得 $u\pi_\rho(a)u^{-1} = \pi_{\tilde{\rho}}(a)$，$\forall a \in A$.

证．定义 $ua_\rho = a_{\tilde{\rho}}\ (\forall a \in A)$，易见 u 可扩张为 $\mathscr{H}_\rho$ 到 $\mathscr{H}_{\tilde{\rho}}$ 中的等距算子.

依命题 2.3.4，可取 $a_n \in A_+$，$\|a_n\| \leqslant 1$，使得 $\rho(a_n) \to 1$. 又依 Schwartz 不等式，$\rho(a_n) = \tilde{\rho}(a_n) \leqslant \rho(a_n^2)^{1/2} \leqslant 1$，因此，$\rho(a_n^2) \to 1$. 从而 $\tilde{\rho}((1-a_n)^2) \to 0$. 即在 $\mathscr{H}_{\tilde{\rho}}$ 中，$u(a_n)_\rho \to 1_{\tilde{\rho}}$，因此 u 是 $\mathscr{H}_\rho$ 到 $\mathscr{H}_{\tilde{\rho}}$ 上的酉算子. 由于 $u\pi_\rho(a)b_\rho = (ab)_{\tilde{\rho}} = \pi_{\tilde{\rho}}(a)b_{\tilde{\rho}} = \pi_{\tilde{\rho}}(a)ub_\rho$，$\forall a, b \in A$，可见 $u\pi_\rho(a)u^{-1} = \pi_{\tilde{\rho}}(a), \forall a \in A$. 再取 $\xi_\rho = u^{-1}1_{\tilde{\rho}}$，即得证.

命题 2.3.19 设 A 是 c^*-代数，$\Delta \subset \mathscr{S}$，使得

$$\sup\{\rho(a) | \rho \in \Delta\} = \|a\|,\ \forall a \in A_+,$$

则

$$\left\{\pi_\Delta = \sum_{\rho\in\Delta} \oplus \pi_\rho,\ \mathscr{H}_\Delta = \sum_{\rho\in\Delta} \oplus \mathscr{H}_\rho\right\}$$

是 A 的忠实的 * 表示.

证．对任意的 $a \in A$，依命题 2.3.17 及 2.3.18

$$\begin{aligned}\|a\|^2 \geqslant \|\pi_\Delta(a)\|^2 &= \sup\{\|\pi_\rho(a^*a)\| \,|\, \rho \in \Delta\} \\ &\geqslant \sup\{\langle\pi_\rho(a^*a)\xi_\rho, \xi_\rho\rangle | \rho \in \Delta\} \\ &= \sup\{\rho(a^*a) | \rho \in \Delta\} = \|a\|^2,\end{aligned}$$

因此，$\|a\| = \|\pi_\Delta(a)\|$. 证毕.

注．由系 2.3.14，Δ 可以是 $\mathscr{P}$，$\mathscr{S}$，或者 $\mathscr{S}$ 的任意 $\sigma(A^*, A)$ 稠集等.

定理 2.3.20 任意的 c^*-代数必可等距 * 同构于某个 Hilbert 空间 $\mathscr{H}$ 中的 c^*-代数(即为 $B(\mathscr{H})$ 的一致闭 * 子代数).

命题 2.3.21 设 A 是 c^*-代数，$\{\pi, \mathscr{H}\}$ 是 * 表示.

1) 如果 π 有循环矢 ξ，令 $\rho(a) = \langle\pi(a)\xi, \xi\rangle\ (\forall a \in A)$，则

$\{\pi, \mathscr{H}\}$ 酉等价于 ρ 产生的 * 表示 $(\pi_\rho, \mathscr{H}_\rho)$；

2) 存在 $\Delta \subset \mathscr{S}$，使得 $\{\pi, \mathscr{H}\}$ 酉等价于 $\{\pi_\rho, \mathscr{H}_\rho\}$，$\rho \in \Delta$，与零表示的直和.

证. 1) 令 $u\pi(a)\xi = a_\rho$，则 u 可扩张为 $\mathscr{H}$ 到 $\mathscr{H}_\rho$ 上的酉算子，并易见 $u\pi(a)u^{-1} = \pi_\rho(a)$，$\forall a \in A$.

2) 由 Zorn 辅理，可写

$$\mathscr{H} = \sum_{l \in \Lambda} \oplus \mathscr{H}_l \oplus \mathscr{H}_0.$$

这里 $\mathscr{H}_l = \overline{\pi(A)\xi_l}$，$\forall l \in \Lambda$，及 $\pi(a)\xi = 0, \forall a \in A, \xi \in \mathscr{H}_0$. 对每个 $l \in \Lambda$，令 $\rho_l(a) = \langle \pi(a)\xi_l, \xi_l \rangle$，$\forall a \in A$，适当调整 ξ_l 的范数，可以认为 $\rho_l \in \mathscr{S}$. 由此，$\Delta = \{\rho_l | l \in \Lambda\}$ 满足要求. 证毕.

下面的命题可以看作 Radon-Nikodym 定理的一种说法.

命题 2.3.22 设 φ, ψ 是 c^*-代数 A 上的正泛函，并且 $\varphi \leqslant \psi$，即 $\varphi(a) \leqslant \psi(a)$，$\forall a \in A_+$，则存在唯一的 $t' \in \pi_\psi(A)'$，$0 \leqslant t' \leqslant 1$，使得

$$\varphi(a) = \langle \pi_\psi(a) t' \xi_\psi, \xi_\psi \rangle, \ \forall a \in A.$$

这里 $\{\pi_\psi, \mathscr{H}_\psi, \xi_\psi\}$ 是 ψ 产生的循环 * 表示(如命题 2.3.18).

证. 在 $\mathscr{H}_\psi$ 的稠子空间 A/ϑ_ψ 上定义

$$[a_\psi, b_\psi] = [\pi_\psi(a)\xi_\psi, \pi_\psi(b)\xi_\psi] = \varphi(b^*a), \ \forall a, b \in A.$$

由于 $\varphi \leqslant \psi$，$|[a_\psi, b_\psi]| \leqslant \|a_\psi\| \cdot \|b_\psi\|$，$\forall a, b \in A$. 因此有唯一的 $t' \in B(\mathscr{H}_\psi)$，使得

$$\varphi(b^*a) = \langle t'\pi_\psi(a)\xi_\psi, \pi_\psi(b)\xi_\psi \rangle, \ \forall a, b \in A.$$

其余证明与引理 1.10.1 相仿. 证毕.

现在讨论厄米泛函的直交分解，特别可见 A^* 是 $\mathscr{S}$ 的线性包.

设 A 是 c^*-代数，$X = \{\rho \in A^* | \rho \geqslant 0 \text{ 且 } \|\rho\| \leqslant 1\}$，依弱 * 拓扑 $\sigma(A^*, A)$，显然 X 是紧 Hausdorff 空间. 记 $R(X)$ 是 X 上实值连续函数的全体，当 $a \in A_h$（$= A$ 的自伴元全体）时，定义 $a(\rho) = \rho(a)$，$\forall \rho \in X$，则 $a(\cdot) \in R(X)$. 依系 2.3.14，2.3.15，

$a \to a(\cdot)$ 是 A_h 到 $R(X)$ 中的等距(即 $\|a\| = \sup_{\rho \in X} |a(\rho)|$)、保序(即如 $a \in A_+$，则 $a(\rho) \geq 0, \forall \rho \in X$)且反保序(即如 $a(\rho) \geq 0, \forall \rho \in X$，则 $a \in A_+$)的映象.

今若 f 是 A 上的厄米连续线性泛函，即 $f \in A^*$，并且 $f = f^*$，这里 f^* 定义为：$f^*(a) = \overline{f(a^*)}, \forall a \in A$. 于是，$\|f\| = \|f|A_h\|$. $f|A_h$ 也可以看为 $R(X)$ 的子空间 $\{a(\cdot)|a \in A_h\}$ 上的连续泛函，保范扩张为 $R(X)$ 上的连续泛函 F. 依照 Riesz 表示定理，可写

$$F = F_+ - F_-, \|F\| = \|F_+\| + \|F_-\|.$$

这里 $F_\pm$ 是 $R(X)$ 上的正泛函. 当把 $F_\pm$ 限于 $\{a(\cdot)|a \in A_h\}$ 时，便得到 A_h 上的正泛函 $f_\pm$. 当然 $f_\pm$ 可自然地开拓为 A 上的正泛函，仍记为 $f_\pm$. 于是，$f = f_+ - f_-$. 此外，$\|f\| = \|f|A_h\| = \|F\| = \|F_+\| + \|F_-\|$，以及 $\|F_\pm\| \geq \|f_\pm\|$，从而 $\|f\| = \|f_+\| + \|f_-\|$.

上面的这种分解，称为厄米泛函 f 的直交分解. 今证明这分解是唯一的.

依命题 2.3.18，对每个 $\rho \in X$，可以产生 A 的循环 * 表示 $\{\pi_\rho, \mathscr{H}_\rho, \xi_\rho\}$，并且 $\rho(a) = \langle \pi_\rho(a)\xi_\rho, \xi_\rho \rangle, \forall a \in A$. 令

$$\pi = \sum_{\rho \in X} \oplus \pi_\rho, \quad \mathscr{H} = \sum_{\rho \in X} \oplus \mathscr{H}_\rho,$$

则 $\{\pi, \mathscr{H}\}$ 是 A 的忠实的 * 表示. 命 $M = \pi(A)''$，它是 $\mathscr{H}$ 中的 vN 代数. 无妨设 $\|f\| \leq 1$，于是 $f_\pm \in X$. 如果记 $\xi_\pm = \xi_{f_\pm}$，则 $f_\pm(a) = \langle \pi(a)\xi_\pm, \xi_\pm \rangle, \forall a \in A$. 自然地把 $f, f_\pm$ 扩张到 M 之上，即

$$f_\pm(b) = \langle b\,\xi_\pm, \xi_\pm \rangle, f(b) = f_+(b) - f_-(b), \forall b \in M$$

(这里把 A 与 $\pi(A)$ 等同起来). 依 Kaplansky 稠密性定理，$f_\pm$ 扩张到 M 上后范数是不变的. 另一方面，$\|f\| \leq \|f\|_M \leq \|f_+\|_M + \|f_-\|_M = \|f_+\| + \|f_-\| = \|f\|$，因此

$$\|f\|_M = \|f_+\|_M + \|f_-\|_M.$$

这里 $\|f\|_M$，$\|f_\pm\|_M$ 表示 $f, f_\pm$ 扩张到 M 上的范数. 今依定理 1.9.8，便得到

定理 2.3.23 设 A 是 c^*- 代数，f 是 A 上的厄米连续线性泛函,即 $f\in A^*$，并且 $f(a^*)=\overline{f(a)}$，$\forall a\in A$，则存在 A 上唯一的正泛函 f_+，f_-，使得

$$f=f_+-f_-,\ \|f\|=\|f_+\|+\|f_-\|.$$

系 2.3.24 A^*是 $\mathscr{S}$ 的线性包.

注 本节见参考文献 [39]，[102].

§4. 逼近单位元与商 c^*-代数

命题 2.4.1 设 ϑ 是 c^*-代数 A 的左理想，则有网 $\{d_l\}\subset\vartheta$，使得

$$d_l\in A_+,\ \|d_l\|\leqslant 1,\ d_l\leqslant d_{l'},\ \forall l\leqslant l'$$
$$\|x d_l-x\|\to 0,\ \forall x\in\vartheta.$$

证. 令 Λ 是 ϑ 的有限子集全体，依包含关系，Λ 是定向指标集. 对任意的 $l=\{x_1,\cdots,x_n\}\in\Lambda$，令

$$h_l=\sum_{i=1}^n x_i^*x_i,\ d_l=nh_l(1+nh_l)^{-1}.$$

显然，$h_l, d_l\in\vartheta\cap A_+$，$\|d_l\|\leqslant 1$.

如果 $l'\geqslant l$，即可写 $l=\{x_1,\cdots,x_n\}$，$l'=\{x_1,\cdots,x_m\}$，这里 $m\geqslant n$，$x_i\in\vartheta$，$1\leqslant i\leqslant m$. 因此，$\left(\frac{1}{n}+h_l\right)\leqslant\left(\frac{1}{n}+h_{l'}\right)$. 依命题 2.2.9，$\left(\frac{1}{n}+h_l\right)^{-1}\geqslant\left(\frac{1}{n}+h_{l'}\right)^{-1}$. 又 $\frac{1}{n}\left(\frac{1}{n}+h_{l'}\right)^{-1}\geqslant\frac{1}{m}\left(\frac{1}{m}+h_{l'}\right)^{-1}$，所以，$\frac{1}{n}\left(\frac{1}{n}+h_l\right)^{-1}\geqslant\frac{1}{m}\left(\frac{1}{m}+h_{l'}\right)^{-1}$. 从而

$$d_l=1-\frac{1}{n}\left(\frac{1}{n}+h_l\right)^{-1}\leqslant 1-\frac{1}{m}\left(\frac{1}{m}+h_{l'}\right)^{-1}=d_{l'}.$$

今设 $l=\{x_1,\cdots,x_n\}\in\Lambda$，由函数表示易见

$$\|(1-d_l)h_l(1-d_l)\|=\|h_l(1+nh_l)^{-2}\|\leqslant\frac{1}{4n}.$$

另一方面，$(1-d_l)h_l(1-d_l)=\sum_{i=1}^{n}(x_i(1-d_l))^*(x_i(1-d_l))$，因此，$\|x_i-x_id_l\|\leqslant(2\sqrt{n})^{-1}$，$1\leqslant i\leqslant n$.

对任意的 $x\in\vartheta$ 及 $\varepsilon>0$，取 $l_\varepsilon\in\Lambda$，使得 $x\in l_\varepsilon$，及 $^{\#}l_\varepsilon>(4\varepsilon^2)^{-1}$，即见 $\|x-xd_l\|<\varepsilon$，$\forall l\geqslant l_\varepsilon$. 证毕.

定义 2.4.2 设 A 是 c^*-代数，网 $\{d_l\}\subset A$ 如果满足

$$d_l\in A_+,\ \|d_l\|\leqslant 1,\ d_l\leqslant d_{l'},\ \forall l\leqslant l',$$

$$\|ad_l-a\|\to 0,\ \|d_la-a\|\to 0,\ \forall a\in A,$$

则称 $\{d_l\}$ 为 A 的一个逼近单位元.

在命题 2.4.1 中，如果令 $\vartheta=A$，即见

定理 2.4.3 任何的 c^*-代数至少有一个逼近单位元.

命题 2.4.4 设 A 是 c^*-代数，$\{d_l\}$ 是 A 的逼近单位元. 1) 对每个 $\rho\in\mathscr{S}$，有 $\lim\limits_{l}\rho(d_l)=\lim\limits_{l}\rho(d_l^2)=1$；2) 如果 A 无单位元，则 $A\dotplus\mathbb{C}$ 上的 c^*-范（见命题 2.1.2）可以这样表达：$\|x+\lambda\|=\lim\limits_{l}\|xd_l+\lambda d_l\|=\lim\limits_{l}\|d_lx+\lambda d_l\|$，$\forall x\in A$，$\lambda\in\mathbb{C}$.

证. 1) 当 $a\in A$，$\|a\|\leqslant 1$ 时，由 Schwartz 不等式

$$1\geqslant\rho(d_l)\geqslant\rho(d_l^2)\geqslant\rho(d_l^2)\rho(a^*a)\geqslant|\rho(d_la)|^2\to|\rho(a)|^2.$$

继而取 a，$\|a\|\leqslant 1$，使得 $|\rho(a)|$ 任意接近 $\|\rho\|=1$，即有

$$\lim_{l}\rho(d_l)=\lim_{l}\rho(d_l^2)=1;$$

2) 对任意 $\varepsilon>0$，可取 $y\in A$，$\|y\|\leqslant 1$，使得

$$\|x+\lambda\|\geqslant\|xy+\lambda y\|>\|x+\lambda\|-\varepsilon.$$

由于 $d_ly\to y$，因此 l 充分大，

$$\|x+\lambda\|\geqslant\|(x+\lambda)d_l\|\geqslant\|(x+\lambda)d_ly\|\geqslant\|x+\lambda\|-\varepsilon,$$

即有 $\|x+\lambda\|=\lim\limits_{l}\|xd_l+\lambda d_l\|$. 证毕.

定义 2.4.5 设 $\{\pi,\mathscr{H}\}$ 是 c^*-代数 A 的 $*$ 表示，$\{\pi(a)\xi\mid a\in A,\xi\in\mathscr{H}\}$ 张成的闭子空间 $(\subset\mathscr{H})$，称为该表示的本质子空间. 如果本质子空间就是 $\mathscr{H}$，则称该表示是非退化的.

显然，本质子空间的直交余是表示的零空间，即$\{\pi(a)\xi\mid a\in A$，

$\xi\in\mathscr{H}\}^{\perp}=\{\eta\in\mathscr{H}\mid\pi(a)\eta=0,\forall a\in A\}$. 因此，非退化表示的零空间是平凡的，这时 $\pi(A)$ 的弱算子闭包是 $\mathscr{H}$ 中的 vN 代数.

命题 2.4.6 设 A 是 c^*-代数，$\{d_l\}$是 A 的逼近单位元，$\{\pi,\mathscr{H}\}$ 是 A 的 * 表示，则依强算子拓扑，$\pi(d_l)\to p$，这里 p 是 $\mathscr{H}$ 到 π 的本质子空间上的投影. 特别，当 $\{\pi,\mathscr{H}\}$ 非退化时，$\pi(d_l)\xrightarrow{\text{强算子}}1$.

证. 依命题 1.2.10，$\pi(d_l)\xrightarrow{\text{强算子}}p=\sup\limits_l\pi(d_l)$. 设 $\mathscr{K}$ 是表示的本质子空间，当 $\eta\in\mathscr{K}^{\perp}$ 时，$\pi(d_l)\eta=0,\forall l$，因此，$p\eta=0$. 另一方面，对任意的 $a\in A$，$\xi\in\mathscr{H}$，$\|\pi(d_la)\xi-\pi(a)\xi\|\leqslant\|\xi\|\cdot\|d_la-a\|\to 0$，因此，$p\pi(a)\xi=\pi(a)\xi$. 从而，$p\mathscr{H}=\mathscr{K}$. 证毕.

注. 如果 $\{\pi,\mathscr{H},\xi\}$ 是 A 的循环表示，$\|\xi\|=1$，依命题 2.4.4 及 2.4.6，$\rho(\cdot)=\langle\pi(\cdot)\xi,\xi\rangle\in\mathscr{S}$.

命题 2.4.7 如果 ϑ 是 c^*-代数 A 的闭双侧理想，则 ϑ 对 * 运算是封闭的，即 $\vartheta^*=\vartheta$.

证. 依命题 2.4.1，有网 $\{d_l\}\subset\vartheta$，使得对任意的 $a\in\vartheta$，$ad_l\to a$. 于是

$$\|d_la^*-a^*\|=\|(ad_l-a)^*\|=\|ad_l-a\|\to 0,$$

由于 $d_la^*\in\vartheta$ 及 ϑ 是闭的，因此，$a^*\in\vartheta$，$\forall a\in\vartheta$. 证毕.

今设 A 是 c^*-代数，ϑ 是 A 的闭双侧理想，依命题 2.4.7 及商范数，易见 A/ϑ 是 Banach * 代数. 设 $\{d_l\}$ 是 ϑ 的逼近单位，$a\to\tilde{a}$ 是 A 到 A/ϑ 上的正则映象，我们说对任意的 $a\in A$，有

$$\|\tilde{a}\|=\lim_l\|ad_l-a\|.$$

事实上，对任意的 $b\in\vartheta$，由于 $bd_l\to b$，

$$\begin{aligned}\overline{\lim_l}\|ad_l-a\|&=\overline{\lim_l}\|ad_l-a+bd_l-b\|\\&=\overline{\lim_l}\|(a+b)(1-d_l)\|\leqslant\|a+b\|,\end{aligned}$$

因此，$\overline{\lim\limits_l}\|ad_l-a\|\leqslant\|\tilde{a}\|$. 又由于 $ad_l\in\vartheta$，

$$\|\tilde{a}\| \geqslant \overline{\lim_{l}}\|ad_l - a\| \geqslant \underline{\lim_{l}}\|ad_l - a\| \geqslant \|\tilde{a}\|,$$

因此，$\|\tilde{a}\| = \lim\limits_{l}\|ad_l - a\|$，$\forall a \in A$.

今对任意的 $a \in A$，$b \in \vartheta$，由于 $bd_l \to b$，

$$\begin{aligned}\|\tilde{a}\|^2 &= \lim_{l}\|ad_l - a\|^2 = \lim_{l}\|(a - ad_l)^*(a - ad_l)\| \\ &= \lim_{l}\|(1 - d_l)a^*a(1 - d_l)\| \\ &= \lim_{l}\|(1 - d_l)(a^*a + b)(1 - d_l)\| \\ &\leqslant \|a^*a + b\|,\end{aligned}$$

因此，$\|\tilde{a}\|^2 \leqslant \|\widetilde{a^*a}\| \leqslant \|(\tilde{a})^*\| \cdot \|\tilde{a}\|$. 进而可见，$\|\tilde{a}\|^2 = \|(\tilde{a})^* \cdot \tilde{a}\|$，$\forall a \in A$. 从而我们有

定理 2.4.8 设 A 是 c^*-代数，ϑ 是 A 的闭双侧理想（ϑ 必对 $*$ 运算封闭），则 A/ϑ 也是 c^*-代数（其中范数、乘法及 $*$ 运算作自然的理解）.

命题 2.4.9 设 Φ 是 c^*-代数 A 到 c^*-代数 B 中的 $*$ 同态，则 $\Phi(A)$ 是 B 的 c^*-子代数. 特别，如果 $\{\pi, \mathscr{H}\}$ 是 A 的 $*$ 表示，则 $\pi(A)$ 是 $\mathscr{H}$ 中的 c^*-代数.

证. 由定理 2.3.20，只须证后一情形. $\vartheta = \{a \in A \mid \pi(a) = 0\}$ 是 A 的闭双侧理想. 如果命 $\tilde{\pi}(\tilde{a}) = \pi(a)$，$\forall \tilde{a} \in A/\vartheta$，$a \in \tilde{a}$，则 $\{\tilde{\pi}, \mathscr{H}\}$ 是 c^*-代数 A/ϑ 的忠实的 $*$ 表示. 依命题 2.3.17，$\pi(A) = \tilde{\pi}(A/\vartheta)$ 是 $\mathscr{H}$ 中的 c^*-代数. 证毕.

命题 2.4.10 设 A 是 c^*-代数，B 是 A 的 c^*-子代数，ϑ 是 A 的闭双侧理想，则 $(B + \vartheta)$ 也是 A 的 c^*-子代数.

证. 设 $a \to \tilde{a}$ 是 A 到 A/ϑ 上的正则映象，它也是 $*$ 同态. 于是依命题 2.4.9，$\tilde{B} = \{\tilde{b} \mid b \in B\}$ 是 A/ϑ 的 c^*-子代数.

我们只须证明 $(B + \vartheta)$ 是 A 的闭子集. 设 $x_n \to x$，这里 $x_n \in (B + \vartheta)$，$\forall n$，于是 $\tilde{x}_n \to \tilde{x}$. 但已指出 $\tilde{B} = \widetilde{(B + \vartheta)}$ 是 A/ϑ 的 c^*-子代数，因此，$\tilde{x} \in \tilde{B}$，即 $x \in (B + \vartheta)$. 证毕.

命题 2.4.11 设 A 是 c^*-代数，ϑ 是 A 的闭双侧理想. 如果 ρ 是 A 上的态（或纯态），并且，$\rho(\vartheta) = \{0\}$，命 $\tilde{\rho}(\tilde{a}) = \rho(a)$，

$\forall\,\tilde{a}\in A/\vartheta$，$a\in\tilde{a}$，则 $\tilde{\rho}$ 是 A/ϑ 上的态(或纯态)．反之，如果 $\tilde{\rho}$ 是 A/ϑ 上的态(或纯态)，则有 A 上唯一的态(或纯态) ρ，使得 $\rho(\vartheta)=\{0\}$，$\rho(a)=\tilde{\rho}(\tilde{a})$，$\forall\,a\in A$．

证．设 ρ 是 A 上的态，且 $\rho(\vartheta)=\{0\}$，于是可以定义 $\tilde{\rho}(\tilde{a})=\rho(a)$，$\forall\,\tilde{a}\in A/\vartheta$，$a\in\tilde{a}$．易见 $\tilde{\rho}$ 是 A/ϑ 上的正泛函，且由 $|\tilde{\rho}\cdot(\tilde{a})|=|\rho(a)|\leqslant\|a\|$，$\forall\,a\in\tilde{a}$，$\|\tilde{\rho}\|\leqslant 1$．另一方面，当 $a\in A$，$\|a\|\leqslant 1$ 时，$|\rho(a)|=|\tilde{\rho}(\tilde{a})|\leqslant\|\tilde{\rho}\|$，令 $|\rho(a)|$ 任意逼近 $\|\rho\|=1$，即见 $\|\tilde{\rho}\|=1$，从而 $\tilde{\rho}$ 是 A/ϑ 上的态．

反之，设 $\tilde{\rho}$ 是 A/ϑ 上的态，定义 $\rho(a)=\tilde{\rho}(\tilde{a})$，$\forall\,a\in A$，易见 ρ 是 A 上的正泛函，且 $\rho(\vartheta)=\{0\}$．依前段所证，$\tilde{\rho}\|\rho\|^{-1}$ 是 A/ϑ 上的态．但 $\|\tilde{\rho}\|=1$，因此，$\|\rho\|=1$，即 ρ 是 A 上的态．至于 ρ 的唯一性是显然的．

今设 ρ 是 A 上的纯态，并且 $\rho(\vartheta)=\{0\}$．依前面，$\tilde{\rho}$ 是 A/ϑ 上的态．如果有 A/ϑ 上的态 $\tilde{\rho}_1$，$\tilde{\rho}_2$ 及数 $\lambda\in(0,1)$，使得 $\tilde{\rho}=\lambda\tilde{\rho}_1+(1-\lambda)\tilde{\rho}_2$．前面已证，对 $\tilde{\rho}_i$，有 A 上唯一的态 ρ_i，使得

$$\rho_i(\vartheta)=\{0\},\ \rho_i(a)=\tilde{\rho}_i(\tilde{a}),\ \forall\,a\in A,$$

$i=1,2$．易见 $\rho=\lambda\rho_1+(1-\lambda)\rho_2$，但 ρ 是纯态，因此，$\rho=\rho_1=\rho_2$．进而 $\tilde{\rho}=\tilde{\rho}_1=\tilde{\rho}_2$，即 $\tilde{\rho}$ 是 A/ϑ 上的纯态．

最后设 $\tilde{\rho}$ 是 A/ϑ 上的纯态，于是有 A 上唯一的态 ρ，使得 $\rho(\vartheta)=\{0\}$，$\rho(a)=\tilde{\rho}(\tilde{a})$，$\forall\,a\in A$．如果有 A 上的态 ρ_1，ρ_2 及数 $\lambda\in(0,1)$，使得 $\rho=\lambda\rho_1+(1-\lambda)\rho_2$．对任意的 $a\in\vartheta\cap A_+$，由 $\rho(a)=0$，可见 $\rho_1(a)=\rho_2(a)=0$．进而 $\rho_1(\vartheta)=\rho_2(\vartheta)=\{0\}$．由此，$\tilde{\rho}=\lambda\tilde{\rho}_1+(1-\lambda)\tilde{\rho}_2$．但 $\tilde{\rho}$ 是纯态，因此，$\tilde{\rho}=\tilde{\rho}_1=\tilde{\rho}_2$．进而 $\rho=\rho_1=\rho_2$，即 ρ 是 A 上的纯态．证毕．

注 本节见参考文献 [18]，[39]，[54]，[102]，[103]．

§5. 单位球的端点与单位元的存在性

定理 2.5.1 设 A 是 c^*-代数，$S=\{a\in A\,|\,\|a\|\leqslant 1\}$ 是它的单位球，$x\in S$，则 x 是 S 的端点(注意 S 自然是 A 的凸子集)，必

须且只须，

$$(1-x^*x)A(1-xx^*)=\{0\}.$$

这时，x 并且是 A 的部分等距元，即 x^*x 与 xx^* 均为投影.

证. 设 x 是 S 的端点. 首先证明 x^*x 是投影. 若不然，用 x^*x 生成 A 的交换 c^*-子代数 $B=C_0^\infty(\Omega)$，则有 $t_0\in\Omega$，使得 $x^*x(t_0)\in(0,1)$. 依连续性，有 t_0 的开邻域 $U(\subset\Omega)$ 及 $\varepsilon\in(0,1)$，使得

$$0<x^*x(t)<1-\varepsilon,\ \forall t\in U$$

取 $d(t)\in C_0^\infty(\Omega)$，使得

$$0\leqslant d(t)\leqslant 1,\ \forall t\in\Omega,\ d(t_0)=1,\ d(\Omega\backslash U)=\{0\},$$

又设 $0<\eta<1$，使得 $2\eta+\eta^2\leqslant\varepsilon$，于是

$$0\leqslant(1\pm\eta d(t))^2x^*x(t)=\begin{cases}x^*x(t)(\leqslant 1),\ \forall t\notin U,\\ \leqslant(1+\eta)^2(1-\varepsilon)(<1),\ \forall t\in U,\end{cases}$$

所以，如果取 $c\in B$，使得 $c(t)=\eta d(t)$，$\forall t\in\Omega$，则由于 x^*x 与 c 是交换的，$\|x\pm xc\|=\|(x(1\pm c))^*(x(1\pm c))\|^{1/2}=\|(1\pm c)^2\cdot x^*x\|^{1/2}\leqslant 1$. 今 $x=\frac{1}{2}(x+xc)+\frac{1}{2}(x-xc)$，而 x 是 S 的端点，因此，$xc=0$，$x^*xc=0$. 这便与 $x^*x(t_0)\cdot c(t_0)=\eta x^*x\cdot(t_0)>0$ 相矛盾. 所以，x^*x 是投影，同证 xx^*是投影.

记 $x^*x=p$，$xx^*=q$. 如果 $y\in(1-q)A(1-p)$，$\|y\|\leqslant 1$，则 $qy=0$. 于是 $0=y^*qy=(x^*y)^*\cdot(x^*y)$，所以，$x^*y=0$. 从而由定理 2.3.20，

$$\begin{aligned}\|x\pm y\|^2&=\|(x\pm y)^*(x\pm y)\|=\|x^*x+y^*y\|\\&=\|px^*xp+(1-p)y^*y(1-p)\|\\&=\max\{\|x^*x\|,\|y^*y\|\}\leqslant 1,\end{aligned}$$

但 $x=\frac{1}{2}(x+y)+\frac{1}{2}(x-y)$，及 x 是 S 的端点，所以，$y=0$，即 $(1-xx^*)A(1-x^*x)=\{0\}$.

反之，设 x 满足 $(1-x^*x)A(1-xx^*)=\{0\}$. 于是

$$0=x^*(1-xx^*)x(1-x^*x)=x^*x(1-x^*x)^2,$$

因此，$\sigma(x^*x)\subset\{0,1\}$，即 x^*x 是投影．同证 xx^* 是投影．记 $p=x^*x$，$q=xx^*$．由于 $(xp-x)^*(xp-x)=px^*xp-px^*x-x^*xp+x^*x=0$，因此

$$xp=x,\ px^*=x^*. \tag{1}$$

如果有 $a,b\in S$，数 $\lambda\in(0,1)$，使得 $x=\lambda a+(1-\lambda)b$，于是，$p=x^*xp=\lambda x^*ap+(1-\lambda)x^*bp$．由(1)，$p\cdot x^*ap=x^*ap\cdot p$，因此，$\{p,x^*ap,x^*bp\}$ 可生成有单位元 p 的交换 c^*-子代数．再由函数表示可见

$$p=x^*ap=x^*bp, \tag{2}$$

左乘 x 于(2)，并依(1)，有

$$x=qap=qbp, \tag{3}$$

由(2)，(3)，$pa^*qap=pa^*x=(x^*ap)^*=p$，所以

$$\begin{aligned}1\geqslant\|pa^*ap\|&=\|pa^*qap+pa^*(1-q)ap\|\\&=\|p+pa^*(1-q)ap\|,\end{aligned}$$

但 $pa^*(1-q)ap$ 是有单位元 p 的 c^*-代数 pAp 的正元，因此，$pa^*(1-q)ap=0$，即 $(1-q)ap=0$，$ap=qap$．依(3)，

$$x=ap. \tag{4}$$

由 $x=\lambda a+(1-\lambda)b$，有 $y=\lambda c+(1-\lambda)d$，这里 $y=x^*$，$c=a^*$，$d=b^*$．由于 $y^*y=q$，$yy^*=p$，用 $\{y,c,d,q,p\}$ 代替 $\{x,a,b,p,q\}$，重复(1)—(4)的过程，可见 $y=cq$，即

$$x=qa. \tag{5}$$

由 $(1-q)a(1-p)\in(1-q)A(1-p)=\{0\}$，因此依(3)，(4)，(5)

$$a=ap+qa-qap=x.$$

进而，$x=a=b$，即 x 为 S 的端点．证毕．

系 2.5.2 如果 c^*-代数 A 有单位元，则其单位元必为其单位球 S 的端点．

定理 2.5.3 设 A 是 c^*-代数，S 是其单位球，则 A 有单位元，必须且只须，S 至少有一个端点．

证．必要性由系 2.5.2 立见．反之设 S 有端点 x．令 $x^*x=$

p，$xx^* = q$ 及 $\{d_l\}$ 是 A 的逼近单位元．依定理 2.5.1，$(1-q)\cdot d_l(1-p) = 0$，$\forall l$．因此，

$$d_l \to p + q - qp,$$

易见 $e = p + q - qp$ 将是 A 的单位元．证毕．

命题 2.5.4 设 A 是 c^*-代数，$\mathscr{S}$ 是它的态空间，则 A 有单位元，当且仅当，$\mathscr{S}$ 依照弱 $*$ 拓扑 $\sigma(A^*, A)$ 是紧的．

证．必要性不待言．反之设 A 无单位元，我们来证明 $\mathscr{S}$ 不是 $\sigma(A^*, A)$ 紧的，只须证明 $0 \in \bar{\mathscr{S}}^\sigma$（$\mathscr{S}$ 的 $\sigma(A^*, A)$ 闭包）．于是要对 0 的任意 $\sigma(A^*, A)$ 邻域 $U = U(0, a_1, \cdots, a_n, \varepsilon)$，证明 $U \cap \mathscr{S} \neq \varnothing$．由于 A 是 A_+ 的线性包，无妨设 $a_i \in A_+$，$1 \leqslant i \leqslant n$．令 $a = a_1 + \cdots + a_n$，只要证明 $U(0, a, \varepsilon) \cap \mathscr{S} \neq \varnothing$．依定理 2.3.20，可设 $A \subset B(\mathscr{H})$（某 Hilbert 空间），并且 A 在 $\mathscr{H}$ 中是非退化的．既然 A 无单位元，$a \in A$，从而 a 在 $A \dotplus \mathbb{C}$（这里 $1 = 1_{\mathscr{H}}$）中是无逆的．由此，存在 $\xi \in \mathscr{H}$，$\|\xi\| = 1$，使得 $\langle a\xi, \xi\rangle < \varepsilon$．令 $\rho(\cdot) = \langle \cdot\xi, \xi\rangle$，依命题 2.4.6，$\rho \in \mathscr{S}$．因此，$\rho \in U(0, a, \varepsilon) \cap \mathscr{S}$．证毕．

命题 2.5.5 如果 A 是无单位元的 c^*-代数，$\mathscr{S}$ 是它的态空间，则

$$\bar{\mathscr{S}}^\sigma = \overline{Co\{0, \mathscr{P}\}}^\sigma = \{\rho \in A^* | \rho \geqslant 0,\ 且\ \|\rho\| \leqslant 1\}.$$

这里 $\bar{\mathscr{S}}^\sigma$ 是 $\mathscr{S}$ 在 A^* 中的 $\sigma(A^*, A)$ 闭包，$\overline{Co\{\cdots\}}^\sigma$ 是 $\{\cdots\}$ 在 A^* 中的 $\sigma(A^*, A)$ 凸闭包．

证．设 $\tilde{\mathscr{S}}$，及 $\tilde{\mathscr{P}}$ 分别是 $A \dotplus \mathbb{C}$ 上态及纯态的全体．依命题 2.3.5，$\tilde{\mathscr{S}}|A = \{\rho \in A^* | \rho \geqslant 0,\ 且\ \|\rho\| \leqslant 1\}$．依命题 2.3.10，$\tilde{\mathscr{P}}|A = \{0, \mathscr{P}\}$．因此，由 Krein-Milmann 定理，$\overline{Co\{0, \mathscr{P}\}}^\sigma = \{\rho \in A^* | \rho \geqslant 0,\ 且\ \|\rho\| \leqslant 1\}$．在命题 2.5.4 中，已证 $0 \in \bar{\mathscr{S}}^\sigma$，因此，$\overline{Co\{0, \mathscr{P}\}}^\sigma \subset \bar{\mathscr{S}}^\sigma$．又显然，$\bar{\mathscr{S}}^\sigma \subset \{\rho \in A^* | \rho \geqslant 0,\ 且\ \|\rho\| \leqslant 1\}$．从而得证．

注 本节见参考文献 [51]，[103]．

§6. 迁移定理与不可约$*$表示

定义 2.6.1 设A是c^*-代数，$\{\pi, \mathscr{H}\}$是A的$*$表示. $\{\pi, \mathscr{H}\}$称为代数不可约的，指如果$\mathscr{K}$是$\mathscr{H}$的线性子空间，使得$\pi(a)\xi \in \mathscr{K}$，$\forall a \in A$，$\xi \in \mathscr{K}$，则$\mathscr{K} = \{0\}$或$\mathscr{H}$. $\{\pi, \mathscr{H}\}$称为拓扑不可约的，指要求前面的$\mathscr{K}$是闭的.

显然，代数不可约必然是拓扑不可约的. 但本节中，将指出两者是等价的.

命题 2.6.2 c^*-代数A的$*$表示$\{\pi, \mathscr{H}\}$是拓扑不可约的，当且仅当，$\pi(A)$在$B(\mathscr{H})$中是弱算子稠的.

证. 设$\{\pi, \mathscr{H}\}$是拓扑不可约的，则$\pi(A)'$不包含异于0，1的投影，所以，$\pi(A)' = \mathbb{C}$，$\pi(A)'' = B(\mathscr{H})$. 当然$\pi$是非退化的，因此，$\pi(A)$在$B(\mathscr{H})$中弱算子稠（定理 1.3.10）. 反之，如果$\pi(A)$在$B(\mathscr{H})$中弱算子稠，自然$\pi(A)' = \mathbb{C}$，因此，$\{\pi, \mathscr{H}\}$是拓扑不可约的. 证毕.

引理 2.6.3 设$\mathscr{H}$是 Hilbert 空间，$\xi_i, \eta_i \in \mathscr{H}$，$1 \leqslant i \leqslant n$，并且$\langle \xi_i, \xi_j \rangle = \delta_{ij}$，$\forall i, j$，则存在$b \in B(\mathscr{H})$，使得

$$b\xi_i = \eta_i, \quad 1 \leqslant i \leqslant n, \quad \|b\|^2 \leqslant 2\sum_{i=1}^{n} \|\eta_i\|^2.$$

此外，如果已有$h = h^* \in B(\mathscr{H})$，使得$h\xi_i = \eta_i$，$1 \leqslant i \leqslant n$，则上面的$b$也可满足$b^* = b$.

证. 令$\mathscr{K}$是由$\{\xi_1, \cdots, \xi_n, \eta_1, \cdots, \eta_n\}$张成的线性子空间，且$\{\xi_1, \cdots, \xi_m\}$是$\mathscr{K}$的直交规范基，这里$m \geqslant n$. 于是可写

$$\eta_i = \sum_{j=1}^{m} \alpha_{ji}\xi_j, \quad 1 \leqslant i \leqslant n.$$

今取$b \in B(\mathscr{H})$，使得$b\mathscr{K}^{\perp} = \{0\}$，$b\mathscr{K} \subset \mathscr{K}$，且在$\mathscr{K}$的基$\{\xi_j\}_{1 \leqslant j \leqslant m}$中，$b$有阵表示为

$$\begin{pmatrix} \alpha_{11}, & \cdots, & \alpha_{1n} & \\ \cdots & \cdots & \cdots & \triangle \\ \alpha_{n1}, & \cdots, & \alpha_{nn} & \\ \hline \alpha_{n+1,1}, & \cdots & \alpha_{n+1,n} & \\ \cdots & \cdots & \cdots & 0 \\ \alpha_{m1} & \cdots & \alpha_{mn} & \end{pmatrix}$$

对于引理前一部分，取 $\triangle=(0)$，即见 b 满足要求；对于后一部分，令

$$(\triangle)=\begin{pmatrix} \overline{\alpha_{n+1,1}}, & \cdots, & \overline{\alpha_{m1}} \\ \cdots & \cdots & \cdots \\ \overline{\alpha_{n+1,n}} & \cdots & \overline{\alpha_{mn}} \end{pmatrix}$$

由于 $\alpha_{ji}=\langle\eta_i,\ \xi_j\rangle=\langle h\xi_i,\ \xi_j\rangle=\langle\xi_i,\ h\xi_j\rangle=\langle\xi_i,\ \eta_j\rangle=\overline{\alpha_{ij}}$，$\forall\, 1\leqslant i,\ j\leqslant n$，因此，$b^*=b$. 同时

$$\begin{aligned}\|b\|^2&=\|b^*b\|=\max\{|\lambda|\,|\,\lambda\in\sigma(b^*b)\}\leqslant t_r(b^*b)\\&=\sum_{i=1}^m\|b\,\xi_i\|^2\\&=\sum_{i=1}^n\|\eta_i\|^2+\sum_{i=n+1}^m\sum_{j=1}^n|\alpha_{ij}|^2\leqslant 2\sum_{i=1}^n\|\eta_i\|^2.\end{aligned}$$

证毕.

引理 2.6.4 设 $\mathscr{H}_1,\cdots,\mathscr{H}_n$ 是 Hilbert 空间，$\mathscr{H}=\sum\limits_{j=1}^n\oplus\mathscr{H}_j$，$M=\sum\limits_{j=1}^n\oplus B(\mathscr{H}_j)$（它是 $\mathscr{H}$ 中的 vN 代数）. 又设 A 是 $\mathscr{H}$ 中的 c^*-代数，$A\subset M$，并且 A 在 M 中是弱算子稠的. 设 $t_j\in B(\mathscr{H}_j)$，e_j 是 $\mathscr{H}_j$ 中的有限秩投影，p_j 是 $\mathscr{H}_j$ 到 $[e_j\mathscr{H}_j,\ t_je_j\mathscr{H}]$ 上的投影，$1\leqslant j\leqslant n$，则对任意的 $\varepsilon>0$，有 $b\in A$，使得

$$be_j=t_je_j,\ 1\leqslant j\leqslant n,\ \|b\|\leqslant\varepsilon+\max_{1\leqslant j\leqslant n}\|p_jt_jp_j\|.$$

此外，如果 $t_j^*=t_j$，$1\leqslant j\leqslant n$，则上面的 b 还可满足 $b^*=b$，

$\|b\| \leqslant \max\limits_{1\leqslant j\leqslant n}\|p_j t_j p_j\|$.

证. 令 $t=\sum\limits_{j=1}^{n}\oplus t_j$, $p=\sum\limits_{j=1}^{n}\oplus p_j$, 则 $t, p\in M$. 取 $p\mathscr{H}=\sum\limits_{j=1}^{n}\oplus p_j\mathscr{H}_j$ 的直交规范基 $\{\xi_1, \cdots, \xi_m\}$, 使得 ξ_i 属于某个 $p_j\mathscr{H}_j$, $\forall i$.

对 $\varepsilon_1>0$, 依定理 1.6.1, 有 $b_0\in A$, 使得

$$\|b_0\xi_i-ptp\xi_i\|<\varepsilon_1,\ 1\leqslant i\leqslant m,\ \|b_0\|\leqslant\|ptp\|.$$

由于M的定义, $b_0\xi_i$, $ptp\xi_i$ 及 ξ_i 将同属于某个 $\mathscr{H}_j$, $\forall_i$, 于是依引理 2.6.3, 有 $a_1\in M$, 使得

$$a_1\xi_i=ptp\xi_i-b_0\xi_i,\ 1\leqslant i\leqslant m,$$

$$\|a_1\|^2\leqslant 2\sum_{i=1}^{m}\|ptp\xi_i-b_0\xi_i\|^2<2m\varepsilon_1^2.$$

同样对 $\varepsilon_2>0$, 有 $b_1\in A$, 使得

$$\|b_1\xi_i-a_1\xi_i\|<\varepsilon_2,\ 1\leqslant i\leqslant m,\ \|b_1\|\leqslant\|a_1\|<\sqrt{2m}\varepsilon_1$$

$\cdots$, 一般有 $\{a_0=ptp, a_1, \cdots\}\subset M$, $\{b_0, b_1, \cdots\}\subset A$, 使得

$$\|a_k\xi_i-b_k\xi_i\|<\varepsilon_{k+1},\ 1\leqslant i\leqslant m,\ k=0, 1, \cdots,$$

$$a_{k+1}\xi_i=a_k\xi_i-b_k\xi_i,\ 1\leqslant i\leqslant m,\ k=0, 1, \cdots,$$

$$\|b_k\|\leqslant\|a_k\|<\sqrt{2m}\varepsilon_k,\ k=1, 2, \cdots,\ \|b_0\|\leqslant\|a_0\|.$$

此外, 如果 $t_j^*=t_j$, $1\leqslant j\leqslant n$, 依引理 2.6.3 及命题 1.6.4, 可取 $a_k=a_k^*$, $b_k=b_k^*$, $k=0, 1, \cdots$.

如果设 $\varepsilon_k=(2m)^{-\frac{1}{2}}2^{-k}\varepsilon$, 则 $\|a_k\|<2^{-k}\varepsilon, k=1, 2, \cdots$, 并命 $b=\sum\limits_{k=0}^{\infty}b_k$, 则 $b\in A$, 及

$$\|b\|<\varepsilon+\|ptp\|=\varepsilon+\max_{1\leqslant j\leqslant n}\|p_j t_j p_j\|,$$

并且, $b\xi_i=\lim\limits_{N}\sum\limits_{k=0}^{N}b_k\xi_i=\lim\limits_{N}(a_0\xi_i-a_{N+1}\xi_i)=ptp\xi_i$, $1\leqslant i\leqslant m$. 特别, $be_j=ptpe_j=t_je_j$, $1\leqslant j\leqslant n$.

最后, 如果 $t_j^*=t_j$, $1\leqslant j\leqslant n$, 可取 $p\mathscr{H}$ 的直交规范基

$\{\eta_1, \cdots, \eta_m\}$ 及实数 $\{\lambda_1, \cdots, \lambda_m\}$，使得

$$ptp\eta_i = \lambda_i\eta_i,\ 1 \leqslant i \leqslant m.$$

对于前面得到的 $b^* = b$，也将有 $b\eta_i = \lambda_i\eta_i$，$1 \leqslant i \leqslant m$. 作实值连续函数 f 如下

$$f(\lambda) = \begin{cases} \lambda & \text{如果 } |\lambda| \leqslant \|ptp\|, \\ -\|ptp\| & \text{如果 } \lambda \leqslant -\|ptp\|, \\ \|ptp\| & \text{如果 } \lambda \geqslant \|ptp\|, \end{cases}$$

由于 $|\lambda_i| \leqslant \|ptp\|$，因此，$f(b)\eta_i = \lambda_i\eta_i$，$1 \leqslant i \leqslant m$. 从而 $f(b)^* = f(b) \in A$，$\|f(b)\| \leqslant \|ptp\| = \max\limits_{1 \leqslant j \leqslant n} \|p_j t_j p_j\|$，以及 $f(b)e_j = ptpe_j = t_j e_j$，$1 \leqslant j \leqslant n$. 证毕.

定理 2.6.5 设 A 是 c^*-代数，$\{\pi_j, \mathscr{H}_j\}$，$1 \leqslant j \leqslant n$，是 A 的 n 个相互并非酉等价的拓扑不可约 * 表示. 又设 $t_j \in B(\mathscr{H}_j)$，e_j 是 $\mathscr{H}_j$ 中的有限秩投影，$1 \leqslant j \leqslant n$.

1) 对于任意的 $\varepsilon > 0$，有 $a \in A$，使得

$\pi_j(a)e_j = t_j e_j$，$1 \leqslant j \leqslant n$，$\|a\| \leqslant \varepsilon + \max\limits_{1 \leqslant j \leqslant n} \|p_j t_j p_j\|$.

这里 p_j 是 $\mathscr{H}_j$ 到 $[e_j\mathscr{H}_j, t_j e_j \mathscr{H}_j]$ 上的投影，$1 \leqslant j \leqslant n$；此外，如果 $t_j^* = t_j$，$1 \leqslant j \leqslant n$，则 a 也可是自伴的；

2) 如果 t_j 是 $\mathscr{H}_j$ 中的酉表示，$1 \leqslant j \leqslant n$，则可取 $A \dotplus \mathbb{C}$ 的酉元 $u = e^{ih}$，这里 $h^* = h \in A$，使得

$$\pi_j(u)e_j = t_j e_j,\ 1 \leqslant j \leqslant n.$$

这里表示 π_j 由 A 扩张到 $A \dotplus \mathbb{C}$ 作自然的理解. 此外，如果 A 本身有单位元，可取 $u \in A$.

证. 命 $\mathscr{H} = \sum\limits_{j=1}^{n} \oplus \mathscr{H}_j$，$\pi = \sum\limits_{j=1}^{n} \oplus \pi_j$. 依命题 2.4.9，$\pi(A)$ 是 $\mathscr{H}$ 中的 c^*-代数，并且 $\pi(A) \subset M = \sum\limits_{j=1}^{n} \oplus B(\mathscr{H}_j)$.

设 p_j' 是 $\mathscr{H}$ 到 $\mathscr{H}_j$ 上的投影，显然 $p_j' \in \pi(A)'$，$1 \leqslant j \leqslant n$. 令 z_j 是 p_j' 在 $\pi(A)'$ 中的中心覆盖，我们说 $\{z_1, \cdots, z_n\}$ 是两两直交的. 事实上，设 z_j 与 z_k 并非直交，依命题 1.5.9，有 $\pi(A)'$

的非零投影 p_j''，p_k''，使得 $p_j''\leqslant p_j'$，$p_k''\leqslant p_k'$，$p_j''\sim p_k''$. 但表示 π_j，π_k 都是拓扑不可约的，因此，$p_j''=p_j'$，$p_k''=p_k'$. 于是 p_j' 与 p_k' 在 $\pi(A)'$ 中相互等价，这又将与 π_j，π_k 相互并非酉等价相矛盾. 因此，$\{z_1,\cdots,z_n\}$ 两两直交. 又 $\sum_{j=1}^{n}p_j'=1$，$z_j\geqslant p_j'$，$\forall j$，所以，$z_j=p_j'$，$1\leqslant j\leqslant n$. 从而

$$\left\{\sum_{j=1}^{n}\oplus\pi_j(a_j)\,\middle|\,a_j\in A,\ 1\leqslant j\leqslant n\right\}\subset\pi(A)''\subset M.$$

依命题 2.6.2，$\pi_j(A)$ 在 $B(\mathscr{H}_j)$ 中是弱算子稠的，$1\leqslant j\leqslant n$，因此，$\pi(A)$ 在M中弱算子稠. 今依引理 2.6.4，1) 即得证.

今设 t_j 是 $\mathscr{H}_j$ 中的酉算子，$1\leqslant j\leqslant n$. 于是，$\dim e_j\mathscr{H}_j=\dim t_je_j\mathscr{H}_j$，因此可构作 $p_j\mathscr{H}_j$ 中的酉算子 u_j，使得 $u_je_j=t_je_j$，$1\leqslant j\leqslant n$. 取 $p_j\mathscr{H}_j$ 的直交规范基 $\{\xi_k^{(j)}\}$，使得 $u_j\,\xi_k^{(j)}=\exp(i\lambda_k^{(j)})\xi_k^{(j)}$，这里 $\lambda_k^{(j)}$ 是实数，$\forall j,k$. 再作 $\mathscr{H}_j$ 中的有界自伴算子 h_j，使得 $h_j\xi_k^{(j)}=\lambda_k^{(j)}\xi_k^{(j)}$，$h_j(1-p_j)=0$，$\forall j,k$. 依 1)，有 A 的自伴元 h，使得 $\pi_j(h)p_j=h_jp_j$，从而由 $h_jp_j=p_jh_j$，

$$\pi_j(e^{ih})e_j=\pi_j(e^{ih})p_je_j=e^{ih_j}p_je_j=u_je_j=t_je_j,$$

$1\leqslant j\leqslant n$. 证毕.

定理 2.6.6 c^*-代数的拓扑不可约$*$表示也必是代数不可约的.

证. 设 $\{\pi,\mathscr{H}\}$ 是 c^*-代数 A 的拓扑不可约$*$表示，$\mathscr{K}$ 是 $\mathscr{H}$ 的真非零线性子空间，使得 $\pi(a)\mathscr{K}\subset\mathscr{K}$，$\forall a\in A$. 于是有 $0\neq\xi\in\mathscr{K}$，$\eta\in\mathscr{H}\backslash\mathscr{K}$. 依定理 2.6.5，必有 $a\in A$，使得 $\pi(a)\xi=\eta$，这与 $\pi(a)\xi\in\mathscr{K}$ 相矛盾. 证毕.

注. 以后称 c^*-代数的不可约$*$表示，即是指上面相互等价的意义.

注 本节见参考文献 [53].

§7. 纯态与正则极大左理想

定理 2.7.1 设 A 是 c^*-代数，ρ 是 A 上的态，则 ρ 是纯态，必须且只须，ρ 所产生的 $*$ 表示 $\{\pi_\rho, \mathscr{H}_\rho\}$ 是不可约的．这时并且有 $\mathscr{H}_\rho = A/\vartheta_\rho$，这里 $\vartheta_\rho = \{a \in A | \rho(a^*a) = 0\}$ 是 ρ 的左核．

证．设 $\xi_\rho \in \mathscr{H}_\rho$ 如命题 2.3.18 所述．

如果 π_ρ 是不可约的，又设 $\rho_1, \rho_2 \in \mathscr{S}$ 及数 $\lambda \in (0, 1)$，使得 $\rho = \lambda\rho_1 + (1-\lambda)\rho_2$．在 A/ϑ_ρ 上定义

$$[a_\rho, b_\rho] = \rho_1(b^*a), \ \forall a, b \in A.$$

这里 $a \to a_\rho$ 是 A 到 A/ϑ_ρ 上的正则映象．由于

$$|[a_\rho, b_\rho]|^2 \leqslant \rho_1(b^*b)\rho_1(a^*a) \leqslant \lambda^{-2}\|a_\rho\|^2\|b_\rho\|^2,$$

因此有 $h = h^* \in B(\mathscr{H}_\rho)$，使得

$$\rho_1(b^*a) = \langle ha_\rho, b_\rho\rangle, \ \forall a, b \in A.$$

易证 $h \in \pi_\rho(A)'$．但 π_ρ 是不可约的，因此有 $\mu \in \mathbf{R}$，使得 $h = \mu$，即 $\rho_1(b^*a) = \mu\rho(b^*a)$，$\forall a, b \in A$．由于 $\rho_1, \rho \in \mathscr{S}$，依命题 2.4.4，可见 $\mu = 1$，即有 $\rho = \rho_1 = \rho_2$，所以，ρ 是纯态．

反之设 ρ 是纯态．如果 $\pi_\rho(A)'$ 包含异于 0, 1 的投影 p'．我们说 $p'\xi_\rho \neq 0$．事实上，若否，则

$$\{\pi_\rho(a)\xi_\rho | a \in A\} = \{\pi_\rho(a)(1-p')\xi_\rho | a \in A\} \subset (1-p')\mathscr{H}_\rho.$$

这与 ξ_ρ 为循环矢相矛盾．因此，$p'\xi_\rho \neq 0$．同样 $(1-p')\xi_\rho \neq 0$．于是 $\lambda = \|p'\xi_\rho\|^2 \in (0, 1)$．令

$$\rho_1(a) = \lambda^{-1}\langle\pi_\rho(a)p'\xi_\rho, p'\xi_\rho\rangle,$$

$$\rho_2(a) = (1-\lambda)^{-1}\langle\pi_\rho(a)(1-p')\xi_\rho, (1-p')\xi_\rho\rangle,$$

$\forall a \in A$，由命题 2.4.6，可见 $\rho_1, \rho_2 \in \mathscr{S}$．显然，$\rho = \lambda\rho_1 + (1-\lambda)\rho_2$，但 ρ 是纯态，因此，$\rho = \rho_1 = \rho_2$．于是

$$\|\lambda^{-\frac{1}{2}}p'\pi_\rho(a)\xi_\rho\|^2 = \rho_1(a^*a) = \rho(a^*a) = \|\pi_\rho(a)\xi_\rho\|^2, \ \forall a \in A,$$

即 $\lambda^{-\frac{1}{2}}p'$ 是 $\mathscr{H}_\rho$ 中的等距算子．这与 p' 是异于 0, 1 的投影相矛盾．所以，$\pi_\rho(A)' = \mathbf{C}$，即 π_ρ 是不可约的．

最后，A/ϑ_ρ 是 $\mathscr{H}_\rho$ 的稠线性子空间，且对 $\pi_\rho(A)$ 不变．

因此，如果 π_ρ 是不可约的，依定理 2.6.6，$\mathscr{H}_\rho = A/\vartheta_\rho$. 证毕.

定义 2.7.2 c^*-代数 A 的左理想 ϑ 称为正则的，指有 A 的元 x_0，使得 $(bx_0 - b) \in \vartheta$，$\forall b \in A$.

自然，当 A 有单位元时，任何左理想都是正则的. 如果 A 无单位元，ρ 是 A 上的态，$\tilde{\rho}$ 是 ρ 在 $A \dotplus \mathbb{C}$ 上的自然开拓，ϑ，$\tilde{\vartheta}$ 分别是 ρ，$\tilde{\rho}$ 的左核. 当然 $\vartheta \subset \tilde{\vartheta}$，也易见 $\tilde{\vartheta}$ 至多比 ϑ 多一维. 如果 $\tilde{\vartheta} \neq \vartheta$，则 ϑ 就是 A 的正则左理想；如果 $\tilde{\vartheta} = \vartheta$，则 ϑ 是非正则的. 这两种情况都可能发生.

定理 2.7.3 设 ρ 是 c^*-代数 A 的纯态，则其左核是 A 的正则极大左理想[1)]，并且

$$\mathfrak{N}(\rho) = \{a \in A \,|\, \rho(a) = 0\} = \vartheta_\rho + \vartheta_\rho^*.$$

证. 设 ϑ 是 A 的包含 ϑ_ρ 的左理想，$\{\pi_\rho, \mathscr{H}_\rho\}$ 是 ρ 产生的不可约 $*$ 表示. 由于 ϑ/ϑ_ρ 是 $\pi_\rho(A)$ 的不变子空间，因此 $\vartheta = \vartheta_\rho$，即 ϑ_ρ 是极大左理想.

设 ξ_ρ 如命题 2.3.18 所述. 若 $b = b^* \in \mathfrak{N}(\rho)$，则 $\langle b_\rho, \xi_\rho \rangle = \rho(b) = 0$. 于是可作 $\mathscr{H}_\rho$ 中的有界自伴算子，它把 ξ_ρ 变成 0，并保持 b_ρ 不变. 依定理 2.6.5，有 $h = h^* \in A$，使得

$$\pi_\rho(h)\xi_\rho = 0,\quad \pi_\rho(h)b_\rho = b_\rho,$$

因此，$0 = \|\pi_\rho(h)b_\rho - b_\rho\|^2 = \rho((b - hb)^*(b - hb))$，即

$$c = b - hb \in \vartheta_\rho$$

于是，$b = hb + c$，$b = b^* = bh + c^*$，$c^* \in \vartheta_\rho^*$. 注意

$$\rho((bh)^* \cdot (bh)) \leqslant \|b\|^2 \rho(h^2) = \|b\|^2 \cdot \|\pi_\rho(h)\xi_\rho\|^2 = 0,$$

因此，$bh \in \vartheta_\rho$，即 $b = bh + c^* \in \vartheta_\rho + \vartheta_\rho^*$. 又 $\mathfrak{N}(\rho) = \mathfrak{N}(\rho)^*$，因此，$\mathfrak{N}(\rho) \subset \vartheta_\rho + \vartheta_\rho^*$. 反向的包含关系是显然的(Schwartz 不等式)，所以 $\mathfrak{N}(\rho) = \vartheta_\rho + \vartheta_\rho^*$.

依定理 2.7.1，$\mathscr{H}_\rho = A/\vartheta_\rho$，所以有 $a \in A$，使得 $\xi_\rho = a_\rho$. 于是 $\pi_\rho(b)a_\rho = \pi_\rho(b)\xi_\rho = b_\rho$，$\forall b \in A$，即

$$\rho((ba - b)^*(ba - b)) = \|\pi_\rho(b)a_\rho - b_\rho\|^2 = 0,\quad \forall b \in A,$$

---

1) 指极大左理想同时是正则的.

$(ba-b)\in \vartheta_\rho$, $\forall b\in A$. 所以，ϑ_ρ 是正则的. 证毕.

引理 2.7.4 设 A 是有单位元的 c^*-代数，ϑ 是 A 的闭左理想，$a\in A_+$. 如果对任意的 $\varepsilon>0$，有 $a_\varepsilon\in\vartheta\cap A_+$，使得 $a\leqslant a_\varepsilon+\varepsilon$，则 $a\in\vartheta$.

证. 依命题 2.2.5，$a_\varepsilon^{1/2}\in\vartheta$. 注意

$$\begin{aligned}\|a^{1/2}(a_\varepsilon^{1/2}+\varepsilon^{1/2})^{-1}a_\varepsilon^{1/2}-a^{1/2}\|^2&=\|\varepsilon^{1/2}a^{1/2}(a_\varepsilon^{1/2}+\varepsilon^{1/2})^{-1}\|^2\\&=\varepsilon\|(a_\varepsilon^{1/2}+\varepsilon^{1/2})^{-1}a(a_\varepsilon^{1/2}+\varepsilon^{1/2})^{-1}\|,\end{aligned}$$

由于 $0\leqslant a\leqslant a_\varepsilon+\varepsilon$，因此

$$\begin{aligned}0&\leqslant(a_\varepsilon^{1/2}+\varepsilon^{1/2})^{-1}a(a_\varepsilon^{1/2}+\varepsilon^{1/2})^{-1}\\&\leqslant(a_\varepsilon^{1/2}+\varepsilon^{1/2})^{-1}(a_\varepsilon+\varepsilon)(a_\varepsilon^{1/2}+\varepsilon^{1/2})^{-1}\\&=(a_\varepsilon+\varepsilon)(a_\varepsilon+2\varepsilon^{1/2}a_\varepsilon^{1/2}+\varepsilon)^{-1}\leqslant 1.\end{aligned}$$

从而 $\|a^{1/2}(a_\varepsilon^{1/2}+\varepsilon^{1/2})^{-1}a_\varepsilon^{1/2}-a^{1/2}\|\leqslant\varepsilon$，即当 $\varepsilon\to 0+$，有

$$a^{1/2}(a_\varepsilon^{1/2}+\varepsilon^{1/2})^{-1}a_\varepsilon^{1/2}\to a^{1/2},$$

但 $a^{1/2}(a_\varepsilon^{1/2}+\varepsilon^{1/2})^{-1}a_\varepsilon^{1/2}\in\vartheta$，因此，$a^{1/2}\in\vartheta$，$a\in\vartheta$. 证毕.

引理 2.7.5 设 ϑ_1，ϑ_2 是 c^*-代数 A 的闭左理想，并且 $\vartheta_1\subset\vartheta_2$. 如果 A 上消灭 ϑ_1 的任意正泛函也必消灭 ϑ_2，则 $\vartheta_1=\vartheta_2$.

证. 无妨设 A 有单位元. 设 $a\in\vartheta_2\cap A_+$，$\varepsilon>0$，并命 $\Omega_\varepsilon=\{\rho\in\mathscr{S}\mid\rho(a)\geqslant\varepsilon\}$，则 Ω_ε 是 A^* 的 $\sigma(A^*,A)$ 紧子集. 对任意的 $\rho\in\Omega_\varepsilon$，自然 $\rho(\vartheta_2)\neq\{0\}$，依假定，亦必有 $\rho(\vartheta_1)\neq\{0\}$，从而有 $a^{(\rho)}\in\vartheta_1$，使得 $|\rho(a^{(\rho)})|>1$. 依连续性，有 ρ 的 $\sigma(A^*,A)$ 邻域 V_ρ，使得 $|f(a^{(\rho)})|>1$，$\forall f\in V_\rho$. 自然 $\bigcup\limits_{\rho\in\Omega_\varepsilon}V_\rho\supset\Omega_\varepsilon$，依 Ω_ε 的 $\sigma(A^*,A)$ 紧性，便有 $\rho_1,\cdots,\rho_n\in\Omega_\varepsilon$，使得 $\Omega_\varepsilon\subset\bigcup\limits_{i=1}^n V_i$，这里 $V_i=V_{\rho_i}$，并记 $a_i=a^{(\rho_i)}$，$1\leqslant i\leqslant n$. 于是，$1<|f(a_i)|\leqslant f(a_i^*a_i)$，$\forall f\in V_i\cap\Omega_\varepsilon$，$1\leqslant i\leqslant n$. 特别，$\rho\left(\sum\limits_{i=1}^n a_i^*a_i\right)>1$，$\forall\rho\in\Omega_\varepsilon$. 代 a_i 以它的适当倍数，可以认为

$$\rho\left(\sum_{i=1}^n a_i^*a_i\right)\geqslant\rho(a)\geqslant\varepsilon,\ \forall\rho\in\Omega_\varepsilon,$$

因此，$\rho\left(\sum_{i=1}^{n} a_i^* a_i + \varepsilon - a\right) \geqslant 0$，$\forall \rho \in \mathscr{S}$。依系 2.3.15，$\sum_{i=1}^{n} a_i^* a + \varepsilon \geqslant a$。由于 $\sum_{i=1}^{n} a_i^* a_i \in \vartheta_1$ 及 $\varepsilon > 0$ 是任意的，依引理 2.7.4，$a \in \vartheta_1$，即有

$$\vartheta_2 \cap A_+ \subset \vartheta_1 \cap A_+.$$

依命题 2.4.1，有网 $\{d_l\} \subset \vartheta_2 \cap A_+$，使得 $ad_l \to a$，$\forall a \in \vartheta_2$。前已证，$\{d_l\}$ 也 $\subset \vartheta_1$，又 ϑ_1 是闭左理想，因此，$\vartheta_2 \subset \vartheta_1$。进而依所设，$\vartheta_1 = \vartheta_2$。证毕。

定理 2.7.6 设 ϑ 是 c^*-代数 A 的闭左理想，则 $\vartheta = \cap\{\mathscr{L} \mid \mathscr{L}$ 是 A 的正则极大左理想，且 $\supset \vartheta\}$.

证. 令 $\Omega = \{\rho \in A^* \mid \rho \geqslant 0,\ \|\rho\| \leqslant 1, \rho(\vartheta) = 0\}$，对每个 $\rho \in \Omega$，设 ϑ_ρ 是 ρ 的左核，显然，

$$\cap\{\vartheta_\rho \mid \rho \in \Omega\} \supset \vartheta.$$

依引理 2.7.5，$\vartheta = \cap\{\vartheta_\rho \mid \rho \in \Omega\}$。显然 Ω 是 A^* 的非空 $\sigma(A^*, A)$ 紧凸集，设 $\mathrm{ex}\,\Omega$ 是 Ω 的端点集，则 $\vartheta = \cap\{\vartheta_\rho \mid \rho \in \mathrm{ex}\,\Omega\}$。今依定理 2.7.3，只须证明：如果 $\rho \in \mathrm{ex}\,\Omega$，并且 $\rho \neq 0$，则 ρ 是 A 上的纯态(注意 $\mathrm{ex}\,\Omega \neq \{0\}$，否则 $\Omega = \{0\}$，依引理 2.7.5，将有 $\vartheta = A$，矛盾)。由于 $0 \in \Omega$ 及 $\rho \in \mathrm{ex}\,\Omega$，因此，$\|\rho\| = 1$，即 ρ 是 A 上的态。今设有 $\rho_1, \rho_2 \in \mathscr{S}$ 及数 $\lambda \in (0, 1)$，使得 $\rho = \lambda\rho_1 + (1-\lambda)\rho_2$。对任意的 $a \in \vartheta$，$a^*a \in \vartheta \subset \vartheta_\rho$，因此，$0 \leqslant \rho_i(a^*a) \leqslant \max\{\lambda^{-1}, (1-\lambda)^{-1}\}\rho(a^*a) = 0$。可见 $\rho_i(\vartheta) = \{0\}$，即 $\rho_i \in \Omega$，$i = 1, 2$。但 $\rho \in \mathrm{ex}\,\Omega$，因此，$\rho = \rho_1 = \rho_2$，即 ρ 是 A 上的纯态。证毕。

定理 2.7.7 设 ϑ 是 c^*-代数 A 的极大左理想，则 ϑ 是正则的，当且仅当，ϑ 是闭的.

证. 充分性由定理 2.7.6 立见。今设 ϑ 是 A 的正则极大左理想，于是有 $x_0 \in A$，使得 $(bx_0 - b) \in \vartheta$，$\forall b \in A$。令 $\tilde{\vartheta} = \vartheta \dotplus \mathbf{C}(1 - x_0)$，它是 $A \dotplus \mathbf{C}$ 的左理想。如果 $\mathscr{L}$ 是 $A \dotplus \mathbf{C}$ 的包含 $\tilde{\vartheta}$ 的左理想，依 ϑ 的极大性，$\mathscr{L} \cap A = \vartheta$。今若 $y = a + \lambda \in \mathscr{L}$，

这里 $a\in A$，$\lambda\in \mathbf{C}$，由于 $(1-x_0)\in\tilde{\mathfrak{J}}\subset\mathscr{L}$，因此，$\lambda x_0+a=y-\lambda(1-x_0)\in\mathscr{L}\cap A=\vartheta$. 从而，$\mathscr{L}=\tilde{\mathfrak{J}}$，即 $\tilde{\mathfrak{J}}$ 是 $A\dot{+}\mathbf{C}$ 的极大左理想. 但 $A\dot{+}\mathbf{C}$ 有单位元，因此，$\tilde{\mathfrak{J}}$ 是闭的. 进而，$\vartheta=\tilde{\mathfrak{J}}\cap A$ 也是闭的. 证毕.

注. c^*-代数的非闭极大左理想是可能存在的.

定理 2.7.8 设 ϑ 是 c^*-代数 A 的正则极大左理想，则有 A 上的唯一态 ρ，使得 $\mathfrak{N}(\rho)=\{a\in A\,|\,\rho(a)=0\}\supset\vartheta$，并且这个 ρ 必是纯态及其左核为 ϑ，$\mathfrak{N}(\rho)=\vartheta+\vartheta^*$.

证. 依定理 2.7.7 及定理 2.7.6 的证明，有 A 上的纯态 ρ，使得 $\rho(\vartheta)=\{0\}$，及 $\vartheta_\rho\supset\vartheta$. 但 ϑ 是极大左理想，因此，$\vartheta_\rho=\vartheta$. 再依定理 2.7.3，$\mathfrak{N}(\rho)=\vartheta+\vartheta^*$.

今设 φ 是 A 上的态，$\varphi(\vartheta)=\{0\}$，于是 $\varphi(\mathfrak{N}(\rho))=\{0\}$. 如果 $\{d_l\}$ 是 A 的逼近单位元，$x_0\in A$ 使得 $(bx_0-b)\in\vartheta,\forall b\in A$，可见

$$\rho(x_0)=\lim_l\rho(d_l),\quad \varphi(x_0)=\lim_l\varphi(d_l).$$

依命题 2.4.4，$\rho(x_0)=\varphi(x_0)=1$. 又显然 $A=\mathfrak{N}(\rho)\dot{+}\mathbf{C}x_0$，因此，$\varphi=\rho$. 证毕.

系 2.7.9 c^*-代数上的纯态与其正则极大左理想一一对应.

定理 2.7.10 设 A 是 c^*-代数，$\rho\in\mathscr{S}$，ϑ 是 ρ 的左核并且是 A 的正则左理想，则下列条件是相互等价的：1) ρ 是纯态；2) ϑ 是 A 的极大左理想；3) $\mathfrak{N}(\rho)=\{a\in A\,|\,\rho(a)=0\}=\vartheta+\vartheta^*$.

证. 依定理 2.7.3 及 2.7.8，立见 1) 与 2) 是等价的，并由 1) 可导出 3).

今设 $\mathfrak{N}(\rho)=\vartheta+\vartheta^*$，及 $x_0\in A$ 使得 $(bx_0-b)\in\vartheta$，$\forall b\in A$. 如果有 $\rho_1,\rho_2\in\mathscr{S}$ 及数 $\lambda\in(0,1)$，使得 $\rho=\lambda\rho_1+(1-\lambda)\rho_2$. 当 $x\in\vartheta$ 时，$x^*x\in\mathfrak{N}(\rho)$，从而 $\rho_i(x^*x)=0$，$\rho_i(x)=0$，因此，$\rho_i(\mathfrak{N}(\rho))=\{0\}$，$i=1,2$. 再仿定理 2.7.8 的证明，有 $\rho(x_0)=\rho_1(x_0)=\rho_2(x_0)=1$. 又 $A=\mathfrak{N}(\rho)\dot{+}\mathbf{C}x_0$，因此，$\rho=\rho_1=\rho_2$，即 ρ 是纯态. 证毕.

注 本节见参考文献 [53], [54], [102], [103].

§8. 理想与商 c^*-代数

定义 2.8.1 设 A 是 c^*-代数，$\mathscr{P}(A)$ 是它的纯态全体(见定义 2.3.8)，记 $\hat{A}$ 为 A 的不可约 $*$ 表示酉等价类的全体，$\mathrm{Prim}(A)$ 为 A 的素理想全体，这里 ϑ 是 A 的一个素理想，指有 A 的不可约 $*$ 表示 $\{\pi, \mathscr{H}\}$，使得 $\vartheta = \ker\pi = \{a \in A \mid \pi(a) = 0\}$，即素理想是不可约 $*$ 表示的核.

显然，素理想是闭双侧 $*$ 理想，并且酉等价的不可约 $*$ 表示有相同的核，即可以自然地建立 $\hat{A}$ 到 $\mathrm{Prim}(A)$ 上的映象. 此外，如果 $\rho \in \mathscr{P}(A)$，依定理 2.7.1，ρ 产生的 $*$ 表示是不可约的；反之，如果 $\{\pi, \mathscr{H}\}$ 是 A 的不可约 $*$ 表示，对任意的 $\xi \in \mathscr{H}$，$\|\xi\| = 1$，令 $\rho(\cdot) = \langle\pi(\cdot)\xi, \xi\rangle$，依命题 2.3.21，$\rho$ 产生的 $*$ 表示将酉等价于 $\{\pi, \mathscr{H}\}$，再由定理 2.7.1，$\rho \in \mathscr{P}(A)$. 因此，可自然地建立 $\mathscr{P}(A)$ 到 $\hat{A}$ 上的映象.

命题 2.8.2 设 ϑ 是 c^*-代数 A 的闭双侧理想，则 $\vartheta = \cap\{J \in \mathrm{Prim}(A) \mid J \supset \vartheta\} = \cap\{\ker\pi_\rho \mid \rho \in \mathscr{P}(A), \rho(\vartheta) = 0\}$，这里 $\ker\pi_\rho = \{a \in A \mid \pi_\rho(a) = 0\}$ 是表示 π_ρ 的核.

证. ϑ 当然也是 A 的闭左理想，依定理 2.7.6 的证明可见

$$\begin{aligned}\vartheta &= \cap\{\vartheta_\rho \mid \rho \in \mathscr{P}(A), \rho(\vartheta) = 0\}\\ &\supset \cap\{\ker\pi_\rho \mid \rho \in \mathscr{P}(A), \rho(\vartheta) = 0\}.\end{aligned}$$

这里 ϑ_ρ 是 ρ 的左核. 另一方面，如 $\rho \in \mathscr{P}(A)$，$\rho(\vartheta) = \{0\}$，当 $a \in \vartheta$ 时，由于 ϑ 是双侧理想，从而 $b^*a^*ab \in \vartheta$，即 $\|\pi_\rho(a)b_\rho\|^2 = \rho(b^*a^*ab) = 0$，$\forall b \in A$，因此，$a \in \ker\pi_\rho$. 所以，$\vartheta = \cap\{\ker\pi_\rho \mid \rho \in \mathscr{P}(A), \rho(\vartheta) = 0\}$. 又显然

$$\vartheta \subset \{J \in \mathrm{Prim}(A) \mid J \supset \vartheta\} \subset \cap\{\ker\pi_\rho \mid \rho \in \mathscr{P}(A), \rho(\vartheta) = 0\}$$

由此得证.

系 2.8.3 设 Ω 是紧 Hausdorff 空间，ϑ 是 $C(\Omega)$ 的闭理想，则存在 Ω 的闭子集 Ω_0，使得

$$\vartheta=\{f\in C(\Omega)\mid f(t)=0,\ \forall t\in\Omega_0\}$$

这由命题 2.8.2 及 2.3.9 立见.

定义 2.8.4 设 A 是 c^*-代数, ϑ 是 A 的闭双侧理想, 记

$$\mathscr{P}_\vartheta(A)=\{\rho\in\mathscr{P}(A)\mid\rho(\vartheta)=0\},$$
$$\mathscr{P}^\vartheta(A)=\mathscr{P}(A)\backslash\mathscr{P}_\vartheta(A),$$
$$\hat{A}_\vartheta=\{\pi\in\hat{A}\mid\ker\pi\supset\vartheta\},\ \hat{A}^\vartheta=\hat{A}\backslash\hat{A}_\vartheta,$$
$$\mathrm{Prim}_\vartheta(A)=\{J\in\mathrm{Prim}(A)\mid J\supset\vartheta\},$$
$$\mathrm{Prim}^\vartheta(A)=\mathrm{Prim}(A)\backslash\mathrm{Prim}_\vartheta(A).$$

定理 2.8.5 设 ϑ 是 c^*-代数 A 的闭双侧理想.

1) 对任意的 $\pi\in\hat{A}_\vartheta$, 令 $\tilde{\pi}(\tilde{a})=\pi(a)$, 这里 $a\in\tilde{a}$, $a\to\tilde{a}$ 是 A 到 A/ϑ 上的正则映象, 则 $\pi\to\tilde{\pi}$ 是 $\hat{A}_\vartheta$ 到 $(A/\vartheta)^\wedge$ 上的一一映象;

2) $\pi\to\pi|\vartheta$ 是 $\hat{A}^\vartheta$ 到 $\hat{\vartheta}$ 上的一一映象.

证. 1) 显然. 今证 2). 设 $\{\pi,\mathscr{H}\}$ 是 A 的不可约 * 表示, 并且 $\pi|\vartheta\neq0$. 由于 ϑ 是 A 的双侧理想, $\{\pi(a)\xi\mid a\in\vartheta,\ \xi\in\mathscr{H}\}$ 张成的闭子空间 $\mathscr{K}$ 对 $\pi(A)$ 是不变的, 但 π 是不可约的, 因此 $\mathscr{K}=\mathscr{H}$, 即 $\{\pi|\vartheta,\mathscr{H}\}$ 是 ϑ 的非退化表示. 如果 $\{d_l\}$ 是 ϑ (作为 c^*-代数)的逼近单位元, 依命题 2.4.6, $\pi(d_l)\xrightarrow{\text{强算子}}1$. 从而 $\pi(ad_l)\xrightarrow{\text{强算子}}\pi(a)$, $\forall a\in A$, 即 $\pi(\vartheta)$ 在 $\pi(A)$ 中强算子稠. 再依命题 2.6.2, $\{\pi|\vartheta,\mathscr{H}\}$ 是 ϑ 的不可约 * 表示.

反之设 $\{\pi,\mathscr{H}\}$ 是 ϑ 的不可约 * 表示, 对任意的 $a\in A$, 定义 $\pi'(a)\pi(b)\xi=\pi(ab)\xi$, $\forall b\in\vartheta$, $\xi\in\mathscr{H}$. 易见 $\{\pi',\mathscr{H}\}$ 是 A 的不可约 * 表示, 且为 π 的唯一扩张. 此外, ϑ 的两个酉等价的不可约 * 表示作相应的扩张后, 易见仍然是酉等价的. 因此, $\pi\to\pi|\vartheta$ 是 $\hat{A}^\vartheta$ 到 $\hat{\vartheta}$ 上的一一映象. 证毕.

引理 2.8.6 设 $\vartheta\in\mathrm{Prim}(A)$, ϑ_1, ϑ_2 是 A 的双侧理想, 并且 $\vartheta\supset\vartheta_1\vartheta_2$, 则 $\vartheta\supset\bar{\vartheta}_1$ 或 $\vartheta\supset\bar{\vartheta}_2$.

证. 无妨设 ϑ_1, ϑ_2 是闭的. 如果 $\vartheta\not\supset\vartheta_1$, 并且 $\vartheta\not\supset\vartheta_2$, 取 A 的不可约 * 表示 $\{\pi,\mathscr{H}\}$, 使得 $\ker\pi=\vartheta$, 依定理 2.8.5, $\{\pi|$

$\vartheta_1, \mathscr{H}\}$ 是 ϑ_1 的不可约 $*$ 表示. 我们也可取 $a \in \vartheta_2 \backslash \vartheta$ 及 $\xi \in \mathscr{H}$，使得 $\pi(a)\xi \neq 0$. 于是 $\pi(\vartheta_1)\pi(a)\xi$ 在 $\mathscr{H}$ 中稠. 但 $\vartheta_1 a \subset \vartheta_1\vartheta_2 \subset \vartheta$，从而 $\pi(\vartheta_1)\pi(a)\xi = \{0\}$. 矛盾. 证毕.

定理 2.8.7 设 ϑ 是 c^*-代数 A 的闭双侧理想.

1) $J \to J/\vartheta$ 是 $\mathrm{Prim}_\vartheta(A)$ 到 $\mathrm{Prim}(A/\vartheta)$ 上的一一映象；

2) $J \to J \cap \vartheta$ 是 $\mathrm{Prim}^\vartheta(A)$ 到 $\mathrm{Prim}(\vartheta)$ 上的一一映象.

证. 1) 设 $J \in \mathrm{Prim}_\vartheta(A)$，取 A 的不可约 $*$ 表示 $\{\pi, \mathscr{H}\}$，使得 $\ker \pi = J \supset \vartheta$. 对任意的 $\tilde{a} \in A/\vartheta$，定义 $\tilde{\pi}(\tilde{a}) = \pi(a)(a \in \tilde{a})$，于是，$\{\tilde{\pi}, \mathscr{H}\}$ 是 A/ϑ 的不可约 $*$ 表示，并且 $\ker \tilde{\pi} = J/\vartheta$，所以，$J/\vartheta \in \mathrm{Prim}(A/\vartheta)$. 反之，设 $\{\tilde{\pi}, \mathscr{H}\}$ 是 A/ϑ 的不可约 $*$ 表示，定义 $\pi(a) = \tilde{\pi}(\tilde{a})$，$\forall a \in A$，则 $\{\pi, \mathscr{H}\}$ 是 A 的不可约 $*$ 表示，并且 $\ker \pi = J \supset \vartheta$ 以及 $\ker \tilde{\pi} = J/\vartheta$. 这说明 A/ϑ 的素理想必有 J/ϑ 的形式，即 $J \to J/\vartheta$ 是 $\mathrm{Prim}_\vartheta(A)$ 到 $\mathrm{Prim}(A/\vartheta)$ 上的映象.

今若 $J_1/\vartheta = J_2/\vartheta$，这里 $J_1, J_2 \in \mathrm{Prim}_\vartheta(A)$. 对任意的 $a \in \vartheta_1$，则 $\tilde{a} \in J_1/\vartheta = J_2/\vartheta$. 因此有 $b \in J_2$，使得 $(a-b) \in \vartheta \subset J_2$，从而 $a \in J_2$，即 $J_1 \subset J_2$. 同证 $J_2 \subset J_1$，所以，$J_1 = J_2$.

2) 设 $J \in \mathrm{Prim}^\vartheta(A)$，$\{\pi, \mathscr{H}\}$ 是 A 的不可约 $*$ 表示，使得 $\ker \pi = J \not\supset \vartheta$. 依定理 2.8.5，$\{\pi|\vartheta, \mathscr{H}\}$ 也是 ϑ 的不可约 $*$ 表示，所以，$\ker(\pi|\vartheta) = J \cap \vartheta \in \mathrm{Prim}(\vartheta)$. 反之，如果 $\{\pi, \mathscr{H}\}$ 是 ϑ 的不可约 $*$ 表示，依定理 2.8.5，它可以唯一扩张为 A 的不可约 $*$ 表示. 因此，$J \to J \cap \vartheta$ 是 $\mathrm{Prim}^\vartheta(A)$ 到 $\mathrm{Prim}(\vartheta)$ 上的映象.

今若有 $J_1, J_2 \in \mathrm{Prim}^\vartheta(A)$，使得 $J_1 \cap \vartheta = J_2 \cap \vartheta$. 于是，$J_2 \supset J_1 \cap \vartheta \supset J_1\vartheta$. 但 $J_2 \not\supset \vartheta$，依引理 2.8.6，$J_2 \supset J_1$. 同证 $J_1 \supset J_2$，因此，$J_1 = J_2$. 证毕.

定理 2.8.8 设 ϑ 是 c^*-代数 A 的闭双侧理想.

1) $\rho \to \tilde{\rho}$ 是 $\mathscr{P}_\vartheta(A)$ 到 $\mathscr{P}(A/\vartheta)$ 上的一一映象，这里 $\tilde{\rho}(\tilde{a}) = \rho(a)$，$\forall \tilde{a} \in A/\vartheta$，$a \in \tilde{a}$；

2) $\rho \to \rho|\vartheta$ 是 $\mathscr{P}^\vartheta(A)$ 到 $\mathscr{P}(\vartheta)$ 上的一一映象.

证. 1) 即命题 2.4.11. 今证 2). 设 $\rho\in\mathscr{P}^{\vartheta}(A)$, $\{\pi, \mathscr{H}, \xi\}$ 是 ρ 产生的不可约循环 $*$ 表示. 如果 $\vartheta\subset\ker\pi$, 特别, $\rho(a)=\langle\pi(a)\xi, \xi\rangle=0$, $\forall a\in\vartheta$, 这与 $\rho\notin\mathscr{P}_{\vartheta}(A)$ 相矛盾. 因此, 依定理 2.8.5, $\{\pi|\vartheta, \mathscr{H}\}$ 是 ϑ 的不可约 $*$ 表示. 再依命题 2.3.21, $\{\pi|\vartheta, \mathscr{H}\}$ 将与 $(\rho|\vartheta)(\cdot)=\langle(\pi|\vartheta)(\cdot)\xi, \xi\rangle$ 产生的 ϑ 的 $*$ 表示酉等价, 所以, $\rho|\vartheta\in\mathscr{P}(\vartheta)$. 此外, 如果取 $\{d_l\}$ 是 ϑ (作为 c^*-代数) 的逼近单位元, 则 $\pi(d_l)\xrightarrow{\text{强算子}}1$. 于是, $\rho(a)=\langle\pi(a)\xi, \xi\rangle=\lim\limits_{l}\langle\pi(ad_l)\xi, \xi\rangle=\lim\limits_{l}\rho(ad_l)$, $\forall a\in A$. 即 ρ 在 A 上的行为完全由 $\rho|\vartheta$ 所决定. 因此, 如果 $\rho_1, \rho_2\in\mathscr{P}^{\vartheta}(A)$, 并且 $\rho_1|\vartheta=\rho_2|\vartheta$, 则 $\rho_1=\rho_2$. 反之, 如果 $\rho\in\mathscr{P}(\vartheta)$, $\{\pi, \mathscr{H}, \xi\}$ 是 ρ 产生的 ϑ 的不可约循环 $*$ 表示. 由定理 2.8.5, 它可以唯一地扩张成 A 的 $*$ 表示 $\{\pi', \mathscr{H}\}$. 于是, $\rho'(\cdot)=\langle\pi'(\cdot)\xi, \xi\rangle$ 是 ρ 的扩张, 它产生的 A 的 $*$ 表示将酉等价于 $\{\pi', \mathscr{H}\}$. 从而, $\rho'\in\mathscr{P}^{\vartheta}(A)$. 证毕.

综合定理 2.8.5, 2.8.7 及 2.8.8, 我们有下图:

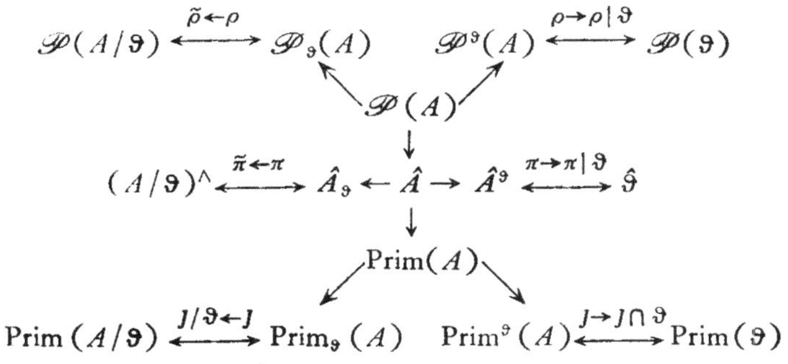

注 本节见参考文献[21], [24], [103].

§9. 可传的 c^*-子代数

引理 2.9.1 设 A 是 c^*-代数, $a, x, y\in A$, 并且 $a\geqslant 0$. 又设有数 $\lambda, \mu>0$, $\lambda+\mu>1$, 使得

$$x^*x \leqslant a^{\lambda},\quad yy^* \leqslant a^{\mu}.$$

令 $u_n = x\left(\frac{1}{n}+a\right)^{-\frac{1}{2}}y$，则有 $u \in A$，使得 $\|u_n - u\| \to 0$，并且 $\|u\| \leqslant \|a^{\frac{\lambda+\mu-1}{2}}\|$.

证. 令 $d_{nm} = \left(\frac{1}{n}+a\right)^{-\frac{1}{2}} - \left(\frac{1}{m}+a\right)^{-\frac{1}{2}}$，于是

$$\begin{aligned}\|u_n - u_m\|^2 &= \|xd_{nm}y\|^2 = \|y^*d_{nm}x^*xd_{nm}y\|\\ &\leqslant \|y^*d_{nm}a^{\lambda}d_{nm}y\| = \|a^{\frac{\lambda}{2}}d_{nm}y\|^2\\ &= \|a^{\frac{\lambda}{2}}d_{nm}yy^*d_{nm}a^{\frac{\lambda}{2}}\| \leqslant \|a^{\frac{\lambda}{2}}d_{nm}a^{\mu}d_{nm}a^{\frac{\lambda}{2}}\|\\ &= \|d_{nm}a^{\frac{\lambda+\mu}{2}}\|^2.\end{aligned}$$

无妨设 A 有单位元，用 $\{1, a\}$ 生成交换 c^*-子代数 $B \cong C(\Omega)$. 对每个 $t \in \Omega$，$\left(\left(\frac{1}{n}+a\right)^{-\frac{1}{2}}a^{\frac{\lambda+\mu}{2}}\right)(t) \nearrow a^{\frac{\lambda+\mu-1}{2}}(t)$. 由 Dini 定理，这个收敛在 Ω 上一致，从而 $\|d_{nm}a^{\frac{\lambda+\mu}{2}}\| \to 0$，$\|u_n - u_m\| \to 0$，即有 $u \in A$，使得 $\|u_n - u\| \to 0$. 另一方面，同样可证 $\|u_n\| \leqslant \left\|\left(\frac{1}{n}+a\right)^{-\frac{1}{2}}a^{\frac{\lambda+\mu}{2}}\right\| \leqslant \|a^{\frac{\lambda+\mu-1}{2}}\|$，$\forall n$，因此，$\|u\| \leqslant \|a^{\frac{\lambda+\mu-1}{2}}\|$. 证毕.

命题 2.9.2 设 A 是 c^*-代数，$x, a \in A$，并且 $a \geqslant 0$，$x^*x \leqslant a$. 又设 $0 < \lambda < 1/2$，则存在 $u \in A$，使得

$$x = ua^{\lambda},\quad \|u\| \leqslant \|a^{\frac{1}{2}-\lambda}\|.$$

证. 令 $u_n = x\left(\frac{1}{n}+a\right)^{-\frac{1}{2}}a^{\frac{1}{2}-\lambda}$，依引理 1.9.1，$u_n \to u$，且 $\|u\| \leqslant \|a^{\frac{1}{2}-\lambda}\|$. 此外，由 $x^*x \leqslant a$，$\|x - u_na^{\lambda}\| \leqslant \left\|a^{\frac{1}{2}}\left[1-\left(\frac{1}{n}+a\right)^{-\frac{1}{2}}a^{\frac{1}{2}}\right]\right\| \to 0$，所以，$x = ua^{\lambda}$. 证毕.

系 2.9.3 设 A 是 c^*-代数，$x \in A$，$0 < \lambda < 1$，则有 $u \in A$，使得 $x = u(x^*x)^{\frac{\lambda}{2}}$，$\|u\| \leqslant \|(x^*x)^{\frac{1-\lambda}{2}}\|$.

定义 2.9.4 设 A 是 c^*-代数，锥 $M(\subset A_+)$ 称为可传的，指

如果 $a\in A_+$，且有 $b\in M$，使得 $a\leqslant b$，则 $a\in M$。

对于可传锥M，我们定义

$$\mathscr{L}(M)=\{x\in A\,|\,x^*x\in M\}.$$

容易证明，$\mathscr{L}(M)$ 是A的左理想.

A的 c^*-子代数 B称为可传的，指 B_+是可传锥.

定理 2.9.5 设A是 c^*-代数.

1) $B\to B_+$ 是A的可传 c^*-子代数全体到A的闭可传锥全体上的一一映象;其逆映象为 $M\to\mathscr{L}(M)\cap\mathscr{L}(M)^*$;

2) $M\to\mathscr{L}(M)$ 是A的闭可传锥全体到A的闭左理想全体上的一一映象，并且 $M=\mathscr{L}(M)_+$；其逆映象为 $L\to L_+$;

3) $L\to L\cap L^*$ 是A的闭左理想全体到A的可传 c^*-子代数全体上的一一映象，并且 $L_+=(L\cap L^*)_+$；其逆映象为 $B\to\mathscr{L}(B_+)$.

证. 若B是可传 c^*-子代数，B_+ 自然是闭可传锥，并且由于B是 B_+ 的线性包，$B\to B_+$ 是一一的.

如果M是闭可传锥，$\mathscr{L}(M)$ 当然是闭左理想. 设 $x\in A$，使得 $x^*x\in\mathscr{L}(M)$，于是 $(x^*x)^{\frac{1}{3}}\in\mathscr{L}(M)$. 依系 2.9.3，可写 $x=u(x^*x)^{\frac{1}{3}}$，因此，$x\in\mathscr{L}(M)$. 从而，$\mathscr{L}(M)_+=\{x^*x\,|\,x\in\mathscr{L}(M)\}$. 再由 $\mathscr{L}(M)$的定义，$M=\mathscr{L}(M)_+$. 因此，映象 $M\to\mathscr{L}(M)$ 是一一的.

今设L是闭左理想，自然 $(L\cap L^*)$ 是A的 c^*-子代数. 由于 $L_+\subset L\cap L^*\subset L$，可见 $L_+=(L\cap L^*)_+$. 因此要证 $L\cap L^*$ 是可传的，只须证 L_+ 是可传锥. 设 $a\in A_+, b\in L_+$，并且 $a\leqslant b$. 依命题 2.9.2，可写 $a^{\frac{1}{2}}=ub^{\frac{1}{3}}$，因此，$a^{\frac{1}{2}}\in L_+$，$a\in L_+$，即 L_+ 是可传的.

如果L是闭左理想，已证 L_+ 是可传锥. 又若 $x\in A$，使得 $x^*x\in L_+$，依系 2.9.3，可写 $x=u(x^*x)^{1/3}$，因此，$x\in L$. 这说明 $L=\mathscr{L}(L_+)$，2) 得证.

如果M是闭可传锥，$\mathscr{L}(M)$ 是闭左理想，于是 $\mathscr{L}(M)\cap\mathscr{L}(M)^*$是可传的 c^*-子代数，并且 $M=\mathscr{L}(M)_+=(\mathscr{L}(M)\cap$

$\mathscr{L}(M)^*)_+$,因此 1) 得证.

如果 B 是可传的 c^*-子代数，B_+ 是闭可传锥，$\mathscr{L}(B_+)$ 是闭左理想，$\mathscr{L}(B_+)\cap\mathscr{L}(B_+)^*$ 是可传 c^*-子代数. 又 $(\mathscr{L}(B_+)\cap\mathscr{L}(B_+)^*)_+=\mathscr{L}(B_+)_+=B_+$，因此，$\mathscr{L}(B_+)\cap\mathscr{L}(B_+)^*=B$，即 $L\to L\cap L^*$ 是闭左理想全体到可传 c^*-子代数全体上的映象. 此外，如果有闭左理想 L，使得 $B=L\cap L^*$，则 $B_+=(L\cap L^*)_+=L_+$，于是，$L=\mathscr{L}(L_+)=\mathscr{L}(B_+)$，即 3) 的映象也是一一的,且逆映象为 $B\to\mathscr{L}(B_+)$. 证毕.

引理 2.9.6 设 Φ 是 c^*-代数 A 到 c^*-代数 B 上的 $*$ 同态，$a\in A_+$，$b\in B$，$b^*b\leqslant\Phi(a)$，则有 $x\in A$，使得 $b=\Phi(x)$，$x^*x\leqslant a$。

证. 取 $y\in A$，使得 $b=\Phi(y)$. 分解 $y^*y-a=h-k$，这里 $h,k\in A_+$，且 $hk=0$. 由于 $b^*b\leqslant\Phi(a)$，因此，$0\leqslant\Phi(h)\leqslant\Phi(k)$. 但 $\Phi(h)^{\frac{1}{2}}\Phi(k)\Phi(h)^{\frac{1}{2}}=0$，因此，$\Phi(h)=0$.

显然 $y^*y\leqslant a+h$，令 $x_n=y\left(\frac{1}{n}+a+h\right)^{-\frac{1}{2}}a^{\frac{1}{2}}$，依引理 2.9.1，有 $x\in A$，使得 $x_n\to x$. 又由于 $\Phi(h)=0$，及 $b^*b\leqslant\Phi(a)$，因此，

$$\Phi(x)=\lim_n\Phi(x_n)=\lim_n b\left(\frac{1}{n}+\Phi(a)\right)^{-\frac{1}{2}}\Phi(a)^{\frac{1}{2}}=b.$$

此外，由于 $y^*y\leqslant a+h$，对任意的 n，

$$x_n^*x_n\leqslant a^{\frac{1}{2}}\left(\frac{1}{n}+a+h\right)^{-\frac{1}{2}}(a+h)\left(\frac{1}{n}+a+h\right)^{-\frac{1}{2}}a^{\frac{1}{2}}\leqslant a,$$

所以，$x^*x\leqslant a$. 证毕.

命题 2.9.7 设 Φ 是 c^*-代数 A 到 c^*-代数 B 上的 $*$ 同态，则 Φ 把 A 的可传 c^*-子代数变成 B 的可传 c^*-子代数.

由引理 2.9.6 立见.

命题 2.9.8 设 A 是 c^*-代数，B 是 A 的可传 c^*-子代数，φ 是 B 上的态,则 φ 扩张为 A 上的态是唯一的.

证. 设 ψ 是 A 上的态，且 $\psi|B=\varphi$. 又若 $\{d_l\}$ 是 B 的逼近

单位元，于是，$\|\psi\| = \|\varphi\| = 1 = \lim_l \varphi(d_l)$. 从而，依 Schwartz 不等式可见

$$\psi(a(1-d_l)) \to 0, \ \psi((1-d_l)a) \to 0, \ \forall a \in A.$$

进而，$\psi(a) = \lim_l \psi(d_l a d_l)$, $\forall a \in A$. 如果 $a \in A_+$，则 $0 \leqslant d_l \cdot a d_l \leqslant \|a\| d_l^2 \in B_+$，$B$ 是可传的，从而 $d_l a d_l \in B$，即 $d_l A d_l \subset B$，$\forall l$. 于是

$$\psi(a) = \lim_l \varphi(d_l a d_l), \ \forall a \in A$$

因此，ψ 为 φ 唯一决定．证毕.

注 本节见参考文献[24]，[86].

§10. *表示的比较、分离性与拟等价性

定义 2.10.1 设 A 是 c^*-代数，$\{\pi, \mathscr{H}\}$ 是 A 的 * 表示，如果 $\mathscr{K}$ 是 $\mathscr{H}$ 的闭子空间，且对 π 不变(即 $\pi(a)\mathscr{K} \subset \mathscr{K}$，$\forall a \in A$)，则 $\{\pi, \mathscr{K}\}$ 也是 A 的 * 表示，称为 $\{\pi, \mathscr{H}\}$ 的一个子 * 表示.

今设 $\{\pi_i, \mathscr{H}_i\}$ 是 A 的 * 表示，$i = 1, 2$，如果 $\{\pi_1, \mathscr{H}_1\}$ 酉等价于 $\{\pi_2, \mathscr{H}_2\}$ 的一个子 * 表示，则记以 $\pi_1 \lesssim \pi_2$.

命题 2.10.2 设 $\{\pi_i, \mathscr{H}_i\}$ 是 c^*-代数 A 的 * 表示，$i = 1, 2$. 1) 令 $\pi = \pi_1 \oplus \pi_2$，$\mathscr{H} = \mathscr{H}_1 \oplus \mathscr{H}_2$，$p_i'$ 是 $\mathscr{H}$ 到 $\mathscr{H}_i$ 上的投影，自然 $p_i' \in \pi(A)'$，$i = 1, 2$. 则 $\pi_1 \lesssim \pi_2$，当且仅当，在 $\pi(A)'$ 中有 $p_1' \lesssim p_2'$；2) 如果 $\pi_1 \lesssim \pi_2$，又 $\pi_2 \lesssim \pi_1$，则它们酉等价，即 $\{\pi_1, \mathscr{H}_1\} \cong \{\pi_2, \mathscr{H}_2\}$.

证. 1) 显然. 2) 由 1) 及命题 1.5.3 立见.

定义 2.10.3 设 $\{\pi_i, \mathscr{H}_i\}$ 是 c^*-代数 A 的 * 表示，$i = 1, 2$，π_1 与 π_2 称为分离的，记作 $\pi_1 \between \pi_2$，指 π_1 的任何非零子 * 表示不能与 π_2 的任何非零子 * 表示酉等价.

命题 2.10.4 设 $\{\pi_i, \mathscr{H}_i\}$ 是 c^*-代数 A 的 * 表示，$i = 1, 2$，令 $\pi = \pi_1 \oplus \pi_2$，$\mathscr{H} = \mathscr{H}_1 \oplus \mathscr{H}_2$，$p_i'$ 是 $\mathscr{H}$ 到 $\mathscr{H}_i$ 上的投

影，于是 $p_i' \in \pi(A')$，$i=1,2$. 则下列是相互等价的：1) $\pi_1 \,\delta\, \pi_2$；2) $c(p_1') \cdot c(p_2')=0$，这里 $c(p_i')$ 是 p_i 在 $\pi(A)'$ 中的中心覆盖，$i=1,2$；3) p_i' 是 $\pi(A)'$ 的中心投影，$i=1,2$.

证. 由于 $p_1' \oplus p_2'=1$，因此，2) 与 3) 等价. 又显然 $\pi_1 \,\delta\, \pi_2$，当且仅当，不存在 $\pi(A)'$ 的非零投影 q_1', q_2'，使得 $q_1' \sim q_2'$，$q_1' \leqslant p_1'$，$q_2' \leqslant p_2'$. 依命题 1.5.9，后者等价于 $c(p_1') \cdot c(p_2')=0$. 证毕.

定义 2.10.5 c^*-代数 A 的非退化 $*$ 表示 $\{\pi, \mathscr{H}\}$ 称为因子的，指 $\pi(A)$ 生成的（$\mathscr{H}$ 中的）vN 代数(即 $\pi(A)''$) 是因子.

命题 2.10.6 设 $\{\pi_i, \mathscr{H}_i\}$ 是 c^*-代数 A 的因子 $*$ 表示，$i=1,2$，则必有下列三者之一成立：

$$\pi_1 \,\delta\, \pi_2, \quad \pi_1 \lesssim \pi_2, \quad \pi_2 \lesssim \pi_1.$$

证. 令 $\pi=\pi_1 \oplus \pi_2$，$\mathscr{H}=\mathscr{H}_1 \oplus \mathscr{H}_2$，$M=\pi(A)''$，$p_i'$ 是 $\mathscr{H}$ 到 $\mathscr{H}_i$ 上的投影，则 $p_i' \in M'$，$i=1,2$. 依所设，Mp_i' 是 $\mathscr{H}_i$ 中的因子，$i=1,2$. 如果 $c(p_i')$ 是 p_i' 在 M' 中的中心覆盖，依命题 1.5.10，Mp_i' 与 $Mc(p_i')$ $*$ 同构，因此，$Mc(p_i')$ 也是 ($c(p_i')\mathscr{H}$ 中的)因子，从而，$c(p_i')$ 是 $Z=M \cap M'$ 的极小投影 (即若 Z 的投影 $z \leqslant c(p_i')$，则 $z=0$ 或者 $c(p_i')$)，$i=1,2$. 由此，$c(p_1') \cdot c(p_2')=0$，或者 $c(p_1')=c(p_2')$.

当 $c(p_1') \cdot c(p_2')=0$，依命题 2.10.4，$\pi_1 \,\delta\, \pi_2$.

当 $c(p_1')=c(p_2')$ 时，已经指出 $Mc(p_1')$ 是因子，依命题 1.3.8，$M'c(p_1')$ 也是因子，于是，由 p_1', p_2' 都 $\in M'c(p_1')$，必将有 $p_1' \lesssim p_2'$，或者 $p_2' \lesssim p_1'$ (定理 1.5.4). 依命题 2.10.2，相应有 $\pi_1 \lesssim \pi_2$，或者 $\pi_2 \lesssim \pi_1$. 证毕.

命题 2.10.7 设 $\{\pi_i, \mathscr{H}_i\}$ 是 c^*-代数 A 的不可约 $*$ 表示，$i=1,2$，则 $\pi_1 \,\delta\, \pi_2$，当且仅当，π_1 与 π_2 不是酉等价的.

证. 由于 π_i 的非零子 $*$ 表示只能是它本身，$i=1,2$，依定义 2.10.3，立即得证.

命题 2.10.8 如果 $\pi \,\delta\, \pi_l$，$\forall l$，则 $\pi \,\delta\, \sum\limits_l \oplus \pi_l$.

证. 分别设 π, π_l 的作用空间是 $\mathscr{H}$, $\mathscr{H}_l$, 并令 $\Phi=\pi\oplus\bigoplus_l\pi_l$, $\mathscr{K}=\mathscr{H}\oplus\sum_l\oplus\mathscr{H}_l$, p', p'_l 是 $\mathscr{K}$ 到 $\mathscr{H}$, $\mathscr{H}_l$ 上的投影,于是 $p', p'_l\in\Phi(A)', \forall l$. 依命题 2.10.4 的证明, $c(p')\cdot c(p'_l)=0$, $\forall l$. 依命题 1.5.8,

$$c(p')\perp\sup_l c(p'_l)=c(\sup_l p'_l)=c\left(\sum_l p'_l\right)$$

再由命题 2.10.4, $\pi\,\delta\,\sum_l\oplus\pi_l$. 证毕.

定义 2.10.9 设 $\{\pi_i, \mathscr{H}_i\}$ 是 c^*-代数 A 的非退化 $*$ 表示, $M_i=\pi_i(A)''$, $i=1, 2$. π_1 与 π_2 称为拟等价的, 记作 $\pi_1\approx\pi_2$, 指存在 M_1 到 M_2 上的 $*$ 同构 Φ, 使得 $\Phi(\pi_1(a))=\pi_2(a)$, $\forall a\in A$.

命题 2.10.10 设 $\{\pi_i, \mathscr{H}_i\}$ 是 c^*-代数 A 的非退化 $*$ 表示, $i=1, 2$, 则下列是等价的:

1) $\pi_1\approx\pi_2$;

2) π_i 的任何非零子 $*$ 表示不能与 π_j 相分离, $i\neq j$;

3) 令 $\pi=\pi_1\oplus\pi_2$, $\mathscr{H}=\mathscr{H}_1\oplus\mathscr{H}_2$, p'_i 是 $\mathscr{H}$ 到 $\mathscr{H}_i$ 上的投影 ($\in\pi(A)'$), $i=1, 2$, 则 $c(p'_1)=c(p'_2)$;

4) 存在 π_1 的增补 π (即有 Hilbert 空间 $\mathscr{L}$, 使得 $\pi(a)=\pi_1(a)\otimes 1_{\mathscr{L}}$, $\forall a\in A$) 及 $\pi(A)'$ 的投影 p', p' 在 $\pi(A)'$ 中的中心覆盖是 $1_{\mathscr{H}_1\otimes\mathscr{L}}$, 并且 $\pi p'\cong\pi_2$;

5) 分别存在 π_1, π_2 的增补,而它们酉等价.

证. 1) 推导 4): 由定理 1.12.4 及命题 1.12.5 立见.

4) 推导1): 用 4) 来定义 Φ_3, Φ_2, Φ_1 如定理 1.12.4,再令 $\Phi=\Phi_3\circ\Phi_2\circ\Phi_1$, 即见 $\pi_1\approx\pi_2$.

4) 推导 5): 由条件 4), π_2 将酉等价于 $\pi_1\otimes 1_{\mathscr{L}}$ 的一个子 $*$ 表示. 1) 与 4) 等价,因此, π_1 也酉等价于 $\pi_2\otimes 1_{\mathscr{K}}$ 的一个子 $*$ 表示($\mathscr{K}$ 为某 Hilbert 空间). 命 R 是无穷维的 Hilbert 空间,并且 $\dim R\geqslant\dim\mathscr{L}$, $\dim\mathscr{K}$, 于是

$\pi_2\otimes 1_R\lesssim\pi_1\otimes 1_{\mathscr{L}}\otimes 1_R\cong\pi_1\otimes 1_R\lesssim\pi_2\otimes 1_{\mathscr{K}}\otimes 1_R\cong\pi_2\otimes 1_R$ 再依

命题 2.10.2，$\pi_1\otimes 1_R \cong \pi_2\otimes 1_R$.

5) 推导 2)：设 $\pi_1\otimes 1_R \cong \pi_2\otimes 1_R$，这里 R 是某个 Hilbert 空间．如果 τ_i 是 π_i 的非零子 * 表示，它也是 $\pi_i\otimes 1_R$ 的子 * 表示，于是 τ_i 不能与 $\pi_j\otimes 1_R$ 相分离．再依命题 2.10.8，τ_i 不能与 π_j 相分离．

2) 推导 3)：如果 $c(p'_1)\neq c(p'_2)$，无妨设 $c(p'_1)\not\geqslant c(p'_2)$，于是 $z=c(p'_2)-c(p'_1)\cdot c(p'_2)$ 是 $\pi(A)'$ 的非零中心投影，$z\leqslant c(p'_2)$，并且 $z\perp c(p'_1)$．依命题 1.5.8 的 4)，$zp'_2\neq 0$．当然也有 $c(zp'_2)\perp c(p'_1)$．依命题 2.10.4，$\{\pi_2, \mathscr{H}_2\}$ 的非零子 * 表示 $\{\pi_2, z\mathscr{H}_2\}$ 与 $\{\pi_1, \mathscr{H}_1\}$ 相分离．这与条件 2) 相矛盾．

3) 推导 1)：设 $z=c(p'_1)=c(p'_2)$，$M=\pi(A)''$，依命题 1.5.10，Mp'_i 与 Mz * 同构，$i=1,2$．于是存在 $M_1=Mp'_1$ 到 $M_2=Mp'_2$ 上的 * 同构 Φ，使得 $\Phi(bp'_1)=bp'_2$，$\forall b\in M$．特别对任意的 $a\in A$，由于 $\pi_i(a)=\pi(a)p'_i$，因此，$\Phi(\pi_1(a))=\pi_2(a)$，即 $\pi_1\approx\pi_2$．　证毕．

命题 2.10.11　设 $\{\pi_i, \mathscr{H}_i\}$ 是 c^*-代数 A 的非退化 * 表示，$i=1,2$．

1) 如果 $\pi_1\cong\pi_2$，则 $\pi_1\approx\pi_2$；

2) 如果 π_1，π_2 都是不可约的，并且 $\pi_1\approx\pi_2$，则 $\pi_1\cong\pi_2$．

证．1) 是显然的．今证 2)．依命题 2.10.10 的 2)，π_1 与 π_2 不是分离的．再由 π_1，π_2 的不可约性及定义 2.10.3，即见 $\pi_1\cong\pi_2$．证毕．

命题 2.10.12　如果 $\{\pi_i, \mathscr{H}_i\}$ 是 c^*-代数 A 的因子 * 表示，$i=1,2$，则 $\pi_1 \mathrel{\delta} \pi_2$ 或者 $\pi_1\approx\pi_2$．特别当 $\{\pi_i, \mathscr{H}_i\}$ 还是不可约的，$i=1,2$，则 $\pi_1 \mathrel{\delta} \pi_2$，或者 $\pi_1\cong\pi_2$．

证．依命题 2.10.6，可设 $\pi_1\lesssim\pi_2$，于是有投影 $p'\in\pi_2(A)'$，使得 $\pi_1\cong\pi_2p'$．但 $\pi_2(A)'$ 是因子，p' 在 $\pi_2(A)'$ 中的中心复盖只能是 1，依命题 1.5.10，$\pi_2\approx\pi_2p'$，因此，$\pi_1\approx\pi_2$．当 π_1，π_2 还是不可约的，由命题 2.10.11 立见．证毕．

注　本节见参考文献 [21]，[69]，[70]．

§11. c^*-代数的包络 vN 代数

定义 2.11.1 设 A 是 c^*-代数，$\mathscr{S}$ 是其态空间，对每个 $\rho\in\mathscr{S}$，有 A 的循环 $*$ 表示 $\{\pi_\rho, \mathscr{H}_\rho, \xi_\rho\}$（如命题 2.3.18）. 令

$$\pi=\sum_{\rho\in\mathscr{S}}\oplus\pi_\rho,\quad \mathscr{H}=\sum_{\rho\in\mathscr{S}}\oplus\mathscr{H}_\rho$$

称它为 A 的泛表示，并记 $\bar{A}=\pi(A)''$，称为 A 的包络 vN 代数.

如果 φ 是 $\bar{A}$ 上的正规正泛函，由于 A 与 $\pi(A)*$ 同构，φ 可诱导 A 上一个正泛函. 依 $\{\pi, \mathscr{H}\}$ 的构造，有 $\xi\in\mathscr{H}$，使得 $\varphi(\pi(a))=\langle\pi(a)\xi,\xi\rangle$，$\forall a\in A$. 但 φ 是正规的，从而

$$\varphi(b)=\langle b\xi,\xi\rangle,\ \forall b\in\bar{A}.$$

由此易见，在 vN 代数 $\bar{A}$ 中，弱算子拓扑与 σ-弱算子拓扑等价，强算子拓扑与 σ-强算子拓扑等价.

现在讨论 $\bar{A}$ 与 A^{**} 间的关系. 依命题 1.33，$\bar{A}$ 是 Banach 空间 $\bar{A}_*=T(\mathscr{H})/\bar{A}_\perp$ 的共轭空间，这里

$$\bar{A}_\perp=\{t\in T(\mathscr{H})\,|\,\mathrm{tr}(tb)=0,\ \forall b\in\bar{A}\}.$$

$\bar{A}_*$ 与 A^* 可以通过下面的方式实现等距同构：对任意的 $f\in\bar{A}_*$，令

$$F(a)=\pi(a)(f),\ \forall a\in A,$$

则 $F\in A^*$，并且 $\|F\|=\|f\|$；反之 A^* 的任意元 F 必有上述的形式. 事实上，当 $f\in\bar{A}_*$ 时，依稠密性定理 1.6.1，$\|f\|=\sup\{|\pi(a)(f)|\,|\,a\in A,\ \|a\|\leq 1\}=\|F\|$. 反之，设 $\rho\in\mathscr{S}$，于是 $\rho(a)=\langle\pi(a)\xi_\rho,\xi_\rho\rangle$，$\forall a\in A$. 命 p_ρ 是 $\mathscr{H}$ 到 $[\xi_\rho]$ 上的一秩投影，并记 f 是 p_ρ 在 $T(\mathscr{H})/\bar{A}_*$ 中的正则映象，则

$$\pi(a)(f)=\mathrm{tr}(\pi(a)p_\rho)=\langle\pi(a)\xi_\rho,\xi_\rho\rangle=\rho(a),\ \forall a\in A.$$

因此，对 $\rho\in\mathscr{S}$ 有上述的形式. 此外，A^* 是 $\mathscr{S}$ 的线性包，从而对 A^* 的任意元有所述的形式.

记前面所说的 $\bar{A}_*$ 到 A^* 上的等距同构为 π_*，即

$$\pi_*(f)(a)=\pi(a)(f),\ \forall a\in A,\ f\in\bar{A}_*,$$

于是 $(\pi_*)^*$ 是 A^{**} 到 $\overline{A}$ 上的等距同构. 如果把 A 正则地嵌入 A^{**} 之中，则对任意的 $a\in A$,

$$(\pi_*)^*(a)(f)=\pi_*(f)(a)=\pi(a)(f),\ \forall f\in \overline{A}_*.$$

所以，$(\pi_*)^*(a)=\pi(a)$，即 $(\pi_*)^*$ 正是 A 到 $\pi(A)$ 上 $*$ 同构 π 的扩张. 由此，我们将简单地写 $(\pi_*)^*=\pi$. 通过上面的讨论，我们有

定理 2.11.2 设 A 是 c^*-代数，则 A 的二次共轭空间 A^{**} 与 A 的包络 vN 代数 $\overline{A}$ 等距同构. 从而可以在 A^{**} 中引入乘法与 $*$ 运算，使得 A^{**} 也成为 c^*-代数，并且以 A 为它的 c^*-子代数. 此外，如果 A 有单位元，则它也是 A^{**} 的单位元.

在上面讨论中，A^{**} 中的乘法与 $*$ 运算是通过 $\overline{A}$ 转嫁而来的. 现在我们设法直接借助于 A^* 与 A 表达出来.

定理 2.11.3 设 A 是 c^*-代数，在 A^{**} 中定义 $*$ 运算

$$X^*(F)=\overline{X(F^*)},\quad F^*(a)=\overline{F(a^*)}$$

及乘法 (Arens 乘积)

$$XY(F)=X([Y,F]),\ [Y,F](a)=Y(L_aF),$$
$$(L_aF)(b)=F(ab)$$

$\forall X,\ Y\in A^{**},\ F\in A^*,\ a,b\in A$，则 A^{**} 中的这个 $*$ 运算与乘法正是由 $\overline{A}$ 转嫁而来的.

证. 设 $\overline{A}, \overline{A}_*, \overline{A}_\perp$ 意义均如前面，π_* 是 $\overline{A}_*$ 到 A^* 上的等距同构，$(\pi_*)^*=\pi$ 是 A^{**} 到 $\overline{A}$ 上的等距同构.

对任意的 $X\in A^{**}$，可取网 $\{x_l\}\subset A$，使得 $x_l\xrightarrow{\sigma(A^{**},A^*)}X$. 依 A^{**} 中 $*$ 的定义，易见 $x_l^*\xrightarrow{\sigma(A^{**},A^*)}X^*$. 但 $\pi=(\pi_*)^*$ 是 $\sigma(A^{**},A)-\sigma(\overline{A},\overline{A}_*)$ 连续的，因此，

$$\pi(X^*)=\pi(X)^*,\ \forall X\in A^{**}.$$

设 $f(\in\overline{A}_*)$ 是 $t(\in T(\mathscr{H}))$ 在 $T(\mathscr{H})/\overline{A}_\perp$ 中的正则映象，$a\in A$，令 L_af 是 $t\pi(a)(\in T(\mathscr{H}))$ 在 $T(\mathscr{H})/\overline{A}_\perp$ 中的正则映象. 于是

$$(L_a\pi_*(f))(b)=\pi_*(f)(ab)=\pi(ab)(f)$$

$$= \mathrm{tr}(tab) = \pi(b)(L_a f),$$

$\forall b \in A$，所以，$L_a \pi_*(f) = \pi_*(L_a f)$. 如果 $Y \in A^{**}$，由于

$$\begin{aligned}[Y, \pi_*(f)](a) &= Y(L_a \pi_*(f)) = Y(\pi_*(L_a f)) \\ &= \pi(Y)(L_a f) = \mathrm{tr}(\pi(Y) t \pi(a)) \\ &= \pi(a)(g) = \pi_*(g)(a),\end{aligned}$$

$\forall a \in A$，这里 g 是 $\pi(Y)t(\in T(\mathscr{H}))$ 在 $T(\mathscr{H})/\overline{A}_\perp$ 中的正则映象，因此，$[Y, \pi_*(f)] = \pi_*(g)$. 又若 $X \in A^{**}$，则

$$\begin{aligned}\pi(XY)(f) &= XY(\pi_*(f)) = X([Y, \pi_*(f)]) \\ &= X(\pi_*(g)) = \pi(X)(g) \\ &= \mathrm{tr}(\pi(X)\pi(Y)t) = (\pi(X)\pi(Y))(f),\end{aligned}$$

$\forall f \in \overline{A}_*$，所以，$\pi(X)\pi(Y) = \pi(XY)$，$\forall X, Y \in A^{**}$. 证毕.

命题 2.11.4 设 A 是 c^*-代数，B 是 A 的 c^*-子代数，则 B^{**}（作为 c^*-代数）$*$ 同构于 B 在 A^{**} 中的 $\sigma(A^{**}, A^*)$ 闭包 $\overline{B}^\sigma$.

证. 对任意的 $X \in B^{**}$，令 $\Phi(X)(F) = X(F|B)$，$\forall F \in A^*$，于是，Φ 是 B^{**} 到 $\overline{B}^\sigma$ 上的等距线性同构，再依定理 2.11.3，容易验证 Φ 将保持 $*$ 与乘法运算. 证毕.

注 本节见参考文献 [45]，[108]，[112].

§ 12. c^*-代数的公理

§ 12.1 c^*-代数的单位球

命题 2.12.1 设 A 是有单位元的 c^*-代数，$S = \{a \in A \mid \|a\| \leqslant 1\}$ 是 A 的单位球，$A_u = \{v \in A \mid v^*v = vv^* = 1\}$ 是 A 的酉元全体，则 $S = \overline{CoA_u}$，即 S 是 A_u 的凸闭包.

证. 设 $a \in A$，$\|a\| < 1$，于是

$$f(a, \lambda) = (1 - aa^*)^{-\frac{1}{2}}(1 + \lambda a),$$

对每个 $|\lambda| = 1$ 在 A 中是可逆的. 由于

$$a^*(1 - aa^*)^{-1} = a^* \sum_{n=0}^{\infty} (aa^*)^n$$

$$= \sum_{n=0}^{\infty} (a^*a)^n a^* = (1 - a^*a)^{-1}a^*,$$

于是

$$\begin{aligned} f(a, \lambda)^* f(a, \lambda) + 1 &= (1 + \bar{\lambda} a^*)(1 - aa^*)^{-1}(1 + \lambda a) + 1 \\ &= (1 - aa^*)^{-1} + \bar{\lambda} a^*(1 - aa^*)^{-1} \\ &\quad + \lambda(1 - aa^*)^{-1}a \\ &\quad + [a^*(1 - aa^*)^{-1}a + 1] \\ &= (1 - aa^*)^{-1} + \bar{\lambda}(1 - a^*a)^{-1}a^* \\ &\quad + \lambda(1 - aa^*)^{-1}a \\ &\quad + (1 - a^*a)^{-1}, \ \forall |\lambda| = 1. \end{aligned}$$

当 a 代以 a^*, λ 代以 $\bar{\lambda}$ 时，此式不变，因此，

$$f(a, \lambda)^* f(a, \lambda) = f(a^*, \bar{\lambda})^* f(a^*, \bar{\lambda}), \ \forall |\lambda| = 1.$$

从而，

$$u_\lambda = f(a, \lambda) f(a^*, \bar{\lambda})^{-1} \in A_u, \ \forall |\lambda| = 1.$$

今命

$$u(\lambda) = (1 - aa^*)^{-\frac{1}{2}}(\lambda + a)(1 + \lambda a^*)^{-1}(1 - a^*a)^{\frac{1}{2}},$$

它是取值于 A 的在 $|\lambda| \leqslant 1$ 中解析的函数，并且，$u(\lambda) = \lambda u_{\bar{\lambda}} \in A_u$, $\forall |\lambda| = 1$. 此外，$u(0) = a$，于是

$$\begin{aligned} a &= \frac{1}{2\pi i} \int_{|\lambda|=1} \frac{u(\lambda)}{\lambda} d\lambda \\ &= \frac{1}{2\pi} \int_0^{2\pi} u(e^{i\theta}) d\theta \\ &= \lim_n \frac{1}{n} \sum_{k=1}^{n} u(e^{2\pi k i/n}), \end{aligned}$$

已经指出 $u(\lambda) \in A_u$, $\forall |\lambda| = 1$，因此，$a \in \overline{CoA_u}$. 证毕.

定理 2.12.2 设 A 是有单位元的 c^*-代数，S 是它的单位球，则 $Co\{e^{ih} | h^* = h \in A\}$ 在 S 中稠.

证. 设 $\{\pi, \mathscr{H}\}$ 是 A 的泛表示，$\bar{A}$ 是 A 的包络 vN 代数.

若 u 是 $\bar{A}$ 的酉元，依谱分解

$$u=\int_0^{2\pi} e^{i\theta}dp(\theta)=\lim_n\sum_{k=1}^n e^{2\pi ki/n}$$
$$\cdot\left[p\left(\frac{2\pi k}{n}\right)-p\left(\frac{2\pi(k-1)}{n}\right)\right]$$
$$=\lim_n \exp\left(i\sum_{k=1}^n\frac{2\pi k}{n}p_k^{(n)}\right),$$

这里 $p_k^{(n)}=p\left(\frac{2\pi k}{n}\right)-p\left(\frac{2\pi(k-1)}{n}\right)$ 是 $\overline{A}$ 的投影，因此，依命题 2.12.1，$Co\{e^{ih}|h=h^*\in\overline{A}\}$ 在 $\overline{A}$ 的单位球中依一致拓扑是稠的。

又依稠密性定理 1.6.1，$Co\{\pi(e^{ih})|h=h^*\in A\}$ 在 $\overline{A}$ 的单位球中是强算子稠的，当然更在 $\pi(S)$ 中强算子稠.

今若 $Co\{e^{ih}|h=h^*\in A\}$ 不在 S 中稠，于是有 $a\in S$ 及 $f\in A^*$，使得

$$\sup\{\mathrm{Re}\,f(e^{ih})|h^*=h\in A\}<\mathrm{Re}\,f(a)$$

另一方面，依上面所证，有网 $\{a_l\}\subset Co\{e^{ih}|h^*=h\in A\}$，使得 $\pi(a_l)\xrightarrow{\text{强算子}}\pi(a)$. 对任意的 $\rho\in\mathscr{S}$，则

$$\rho(a_l)=\langle\pi(a_l)\xi_\rho,\xi_\rho\rangle\to\langle\pi(a)\xi_\rho,\xi_\rho\rangle=\rho(a)$$

但 A^* 是 $\mathscr{S}$ 的线性包，因此，$f(a_l)\to f(a)$. 这便与 $\sup\{\mathrm{Re}\,f(e^{ih})|h^*=h\in A\}<\mathrm{Re}\,f(a)$ 相矛盾. 证毕.

定理 2.12.3 设 A 是有单位元的 c^*-代数，则

$$\|a\|=\inf\left\{\sum_j|\lambda_j|\,\middle|\,a=\sum_j\lambda_je^{ih_j},\ \text{这里}\ h_j^*=h_j,\ \forall j\right\},\ \forall a\in A.$$

证. 记右端的数为 $\|a\|_1$，显然，$\|a\|_1\geqslant\|a\|$.

对任意的 $a^*=a\in A$，$\|a\|\leqslant 1$，$v_\pm=a\pm i(1-a^2)^{1/2}\in A_u$. 由于 $\sigma(a)\subset[-1,1]$，因此 $\sigma(v_\pm)\subseteq\{\lambda||\lambda|=1\}$. 从而，存在 $h_\pm^*=h_\pm\in A$，使得 $v_\pm=\exp(ih_\pm)$. 所以，

$$a=\frac{1}{2}v_++\frac{1}{2}v_-\in Co\{e^{ih}|h^*=h\in A\}.$$

今若 $x\in A$，$\|x\|\leqslant\frac{1}{2}$，依上面的讨论，$(x+x^*)$ 及 $i(x-x^*)$

均$\in Co\{e^{ih}|h^*=h\in A\}$．但可写 $x-x^*=e^{-\frac{\pi}{2}i}\cdot i(x-x^*)$，因此，$(x-x^*)\in Co\{e^{ih}|h^*=h\in A\}$．于是可知

$$\frac{1}{2}S\subset Co\{e^{ih}|h^*=h\in A\}.$$

这里 S 是 A 的单位球．由此

$$\|a\|\leqslant\|a\|_1\leqslant 2\|a\|,\ \forall a\in A,$$

对 A 的任意非零元 a，依定理 2.12.2，有列 $\{a_n\}\subset Co\{e^{ih}|h^*=h\in A\}$，使得 $\|a_n-\|a\|^{-1}a\|\to 0$．于是，$\|a_n-\|a\|^{-1}a\|_1\to 0$，但显然有 $\|a_n\|_1\leqslant 1$，从而，$\|\|a\|^{-1}a\|_1\leqslant 1$，即 $\|a\|_1\leqslant\|a\|$．所以，$\|a\|=\|a\|_1$，$\forall a\in A$． 证毕．

命题 2.12.4 设 A 是有单位元的 c^*-代数，S 是 A 的单位球，$\mathring{S}=\{a\in A\,|\,\|a\|<1\}$，则

$$\mathring{S}\subset Co\{e^{ih}|h^*=h\in A\}\subset S.$$

证．设 $a\in\mathring{S}$，依定理 2.12.3，可写 $a=\sum_j\lambda_j e^{ih_j}$，这里 $h_j^*=h_j$，$\lambda_j>0$，$\forall j$，并且 $\sum_j\lambda_j<1$．于是

$$a=\left(\sum_j\lambda_j e^{ih_j}+\frac{1-\sum_j\lambda_j}{2}e^{i\cdot 0}+\frac{1-\sum_j\lambda_j}{2}e^{i\cdot\pi}\right)$$
$$\in Co\{e^{ih}|h^*=h\in A\}.$$

证毕．

定理 2.12.5 设 A 是有单位元的 c^*-代数，B 是赋范线性空间，Φ 是 A 到 B 中的有界线性算子，则 $\|\Phi\|=\sup\{\|\Phi(e^{ih})\|\,|\,h^*=h\in A\}$．

证．依命题 2.12.4，

$$\|\Phi\|=\sup_{\|a\|<1}\|\Phi(a)\|$$
$$=\sup\left\{\left\|\sum_j\lambda_j\Phi(e^{ih_j})\right\|\,\middle|\,\begin{array}{l}h_j^*=h_j,\ \lambda_j>0,\ \forall j,\\ \sum_j\lambda_j=1\end{array}\right\}$$
$$\leqslant\sup\{\|\Phi(e^{ih})\|\,|\,h^*=h\in A\}\leqslant\|\Phi\|.$$

证毕.

§12.2 严格正元

定义 2.12.6 设 A 是 c^*-代数，$\mathscr{S}$ 是它的态空间，$a\in A_+$ 称为严格正的，指 $\rho(a)>0$, $\forall\rho\in\mathscr{S}$.

如果 A 有单位元，依命题 2.3.13，$a\in A_+$ 是严格正的，当且仅当，a 在 A 中有逆.

引理 2.12.7 设 a 是 A 的严格正元，$\{\pi,\mathscr{H}\}$ 是 A 的非退化 $*$ 表示，则 $\pi(a)\mathscr{H}$ 在 $\mathscr{H}$ 中稠.

证. 若有 $\xi\in\mathscr{H}$, $\|\xi\|=1$, 使得 $\langle\pi(a)\eta,\xi\rangle=0$, $\forall\eta\in\mathscr{H}$. 令 $\rho(\cdot)=\langle\pi(\cdot)\xi,\xi\rangle$, 则 $\rho\in\mathscr{S}$. 但 $\rho(a)=0$, 与 a 严格正相矛盾. 因此 $\pi(a)\mathscr{H}$ 在 $\mathscr{H}$ 中稠. 证毕.

定理 2.12.8 设 A 是 c^*-代数，则 A 至少有一个严格正元，当且仅当，A 有逼近单位元 $\{d_n\}_{n=1}^\infty$, 并且 $d_nd_m=d_md_n$, $\forall n,m$.

证. 若满足要求的 $\{d_n\}$ 存在，令 $a=\sum\limits_n 2^{-n}d_n$. 对任意的 $\rho\in\mathscr{S}$, 依命题 2.4.4，$\rho(d_n)\to 1$, 因此，$\rho(a)>0$, 即 a 是严格正元.

反之设 A 有严格正元 a, 无妨设 $\|a\|=1$. 令 $d_n=a^{\frac{1}{n}}$,自然 $d_nd_m=d_md_n$, $d_m\geqslant d_n$, $\|d_n\|=1$, $\forall m\geqslant n$. 今只须对任意的 $x\in A_+$, 证明

$$\|xd_n-x\|\to 0.$$

令 $z_n=x-x^{\frac{1}{2}}d_nx^{\frac{1}{2}}$, 易见 $z_n\geqslant z_m\geqslant 0$, $\forall m\geqslant n$. 记

$$\Omega=\{\rho\in A^*|\rho\geqslant 0,\ \|\rho\|\leqslant 1\}$$

它是 A^* 的 $\sigma(A^*,A)$ 紧子集. 令 $z_n(\rho)=\rho(z_n)$, 则 $z_n(\cdot)\in C(\Omega)$, 并且 $z_1(\cdot)\geqslant\cdots\geqslant z_n(\cdot)\geqslant\cdots$. 我们说

$$\lim_n z_n(\rho)=0,\ \forall\rho\in\Omega$$

事实上，$\rho\in\Omega$ 可以产生 A 的循环 $*$ 表示 $\{\pi_\rho,\mathscr{H}_\rho,\xi_\rho\}$, 于是，$z_n(\rho)=\langle\pi_\rho(z_n)\xi_\rho,\xi_\rho\rangle=\langle\pi_\rho(x)\xi_\rho,\xi_\rho\rangle-\langle\pi_\rho(x^{\frac{1}{2}}d_nx^{\frac{1}{2}})\xi_\rho,\xi_\rho\rangle$.

依引理 2.12.7，$\pi_\rho(a)\mathscr{H}_\rho$ 在 $\mathscr{H}_\rho$ 中稠. 又 $a^{1+\frac{1}{n}}\to a$，从而 $\pi_\rho(d_n)\xrightarrow{\text{强算子}}1$. 进而 $z_n(\rho)\to 0$，$\forall\rho\in\Omega$. 再由 Dini 定理，$\max\{z_n(\rho)\mid\rho\in\Omega\}\to 0$. 再由系 2.3.14，$\|z_n\|\to 0$，即 $x^{\frac{1}{2}}d_nx^{\frac{1}{2}}\to x$. 从而

$$\begin{aligned}\|xd_n-x\|^2&=\|(1-d_n)x\|^2\leqslant 4\|x\|\cdot\|(1-d_n)^{1/2}x^{1/2}\|^2\\&=4\|x\|\cdot\|x^{1/2}(1-d_n)x^{1/2}\|\to 0.\end{aligned}$$

证毕.

定理 2.12.9 若 A 是可分的 c^*-代数，则 A 至少有一个严格正元.

证. 设 $\{x_n\}$ 是 $A_+\cap S$ 中的可数稠集，这里 S 是 A 的单位球，并令 $a=\sum\limits_n 2^{-n}x_n$. 对任意的 $\rho\in\mathscr{S}$，至少有一个 n，使得 $\rho(x_n)>0$，因此，$\rho(a)>0$，即 a 是 A 的严格正元. 证毕.

命题 2.12.10 若 A 有一个严格正元，则严格正元全体在 A_+ 中是稠的.

证. 设 a 是 A 的严格正元，对任意的 $b\in A_+$，则 $\left(b+\frac{1}{n}a\right)$ 也是严格正元，并且 $\left(b+\frac{1}{n}a\right)\to b$. 证毕.

§ 12.3 Banach * 代数

定义 2.12.11 A 称为 Banach * 代数，指 A 是复 Banach 代数，并且其中定义 * 运算，满足

$$(\lambda x+\mu y)^*=\bar{\lambda}x^*+\bar{\mu}y^*,\ (xy)^*=y^*x^*,\ (x^*)^*=x,$$

$\forall x,y\in A$，$\lambda,\mu\in\mathbf{C}$.

A 中的 * 运算称为厄米的，指对任意的 $h^*=h\in A$，$\sigma(h)\subset\mathbf{R}$.

A 的元 a 称为正的，记作 $a\geqslant 0$，指 $a^*=a$，并且 $\sigma(a)$ 由非负实数组成. 此外，$a\geqslant b$，指 $(a-b)\geqslant 0$.

引理 2.12.12 设 A 是有单位元的 Banach * 代数，B 是 A 的极大交换的 * 子代数，则 B 是闭的，并且 $\sigma_B(b)=\sigma_A(b)$，$\forall b\in B$.

证. 设 $x_n\in B$，并且 $x_n\to x$. 由于 $x_ny=yx_n$，$\forall n$ 及

$y \in B$，因此，$xy = yx$，$\forall y \in B$． B是$*$子代数，于是 $x^*y = yx^*$，$\forall y \in B$．此外，由于 $x_n x^* = x^* x_n$，$\forall n$，所以，$x^*x = xx^*$．今B是极大交换的$*$子代数，所以，$x \in B$，即B是闭的．

若 $b \in B$，$\lambda \in \mathbb{C}$，使得 $(b-\lambda)^{-1}$ 在A中存在．易见 $\{(x-\lambda)^{-1}, (x^*-\bar{\lambda})^{-1}, B\}$ 又可生成交换$*$子代数，但B是极大交换的$*$子代数，所以，$(x-\lambda)^{-1} \in B$．这说明 $\sigma_A(b) = \sigma_B(b)$，$\forall b \in B$．证毕．

引理 2.12.13 设A是交换的 Banach$*$代数，有单位元且半单纯，则$*$运算是连续的．

证．设Ω是A的谱空间，对任意的$\rho \in \Omega$，定义 $\bar{\rho}(a) = \overline{\rho(a^*)}$，$\forall a \in A$，易见 $\bar{\rho}$ 仍然是A上的非零乘法泛函，即 $\bar{\rho} \in \Omega$．

今设 $\|x_n - x\| \to 0$，$\|x_n^* - y\| \to 0$，于是

$$\begin{aligned}|\rho(x - y^*)| &\leqslant |\rho(x_n - x)| + |\rho(x_n - y^*)| \\ &= |\rho(x_n - x)| + |\bar{\rho}(x_n^* - y)| \\ &\leqslant \|x_n - x\| + \|x_n^* - y\| \to 0,\end{aligned}$$

$\forall \rho \in \Omega$．由于A是半单纯的，所以，$x = y^*$．这说明$*$运算在实 Banach 空间A中是闭线性算子，因此，$*$运算是连续的．证毕．

定理 2.12.14 设A是有单位元的 Banach$*$代数，$a \in A$，$a \geqslant 0$，并且a在A中有逆，则存在 $u \in A$，$u \geqslant 0$，u在A中有逆，使得 $u^2 = a$，并且u属于A的任何包含a的极大交换$*$子代数．

证．设B是A的包含a的任意极大交换$*$子代数．

无妨设 $\|a\| < 1$，于是 $\nu(1-a) < 1$．注意复函数 $(1+z)^{\frac{1}{2}} = \sum_{n=0}^{\infty} \lambda_n z^n$ 在 $|z| < 1$ 中解析，以及存在n_0，$\varepsilon \in (0, 1)$，使得 $\|(a-1)^n\|^{\frac{1}{n}} \leqslant 1 - \varepsilon$，$\forall n \geqslant n_0$，因此，

$$a_k = \sum_{n=0}^{k} \lambda_n (a-1)^n \to u + iv.$$

这里 $u^* = u$，$v^* = v$． 自然 $a_k \in B$，$\forall k$，依引理 2.12.12，$u + iv \in B$．B是$*$子代数，于是 $u, v \in B$，特别，$uv = vu$．此外，由

于 $(u+iv)^2=a$ 及 $a^*=a$，从而

$$a=u^2-v^2,\ uv=0.$$

如果 R 是 B 的根基(即 B 的所有极大理想的交)，由于 B 的极大理想的 $*$ 映象仍然是 B 的极大理想，所以，$R^*=R$. 从而，B/R 是有单位元的、半单纯的交换 Banach $*$ 代数. 依引理 2.12.13，$*$ 运算在 B/R 中是连续的. 如果 $b\to\tilde{b}$ 是 B 到 B/R 上的正则映象，则

$$(\widetilde{a_k-u})^*=(\widetilde{a_k-u})\to i\tilde{v}=(i\tilde{v})^*,$$

因此，$\tilde{v}=0$，即 $v\in R$.

若 $0\in\sigma(u)$，依引理 2.12.12，有 B 上的非零乘法泛函 ρ，使得 $\rho(u)=0$. 于是由 $v\in R$，$\rho(a)=0$. 这与 a 在 A 中有逆(依引理 2.12.12，a 在 B 中也有逆)相矛盾. 因此，u 在 A 中有逆，且 $u^{-1}\in B$. 进而，$v=u^{-1}uv=0$，$a=u^2$.

对于 B 上任意的非零乘法泛函 ρ，$\lambda=\rho(a)\in(0,1)$，于是

$$\rho(a_k)=\sum_{n=0}^{k}\lambda_n(\lambda-1)^n\to(1+(\lambda-1))^{1/2}=\lambda^{1/2}\geqslant 0.$$

所以，$\rho(u)=\lim\limits_k\rho(a_k)\geqslant 0$. 再依引理 2.12.12，可见 $\sigma(u)$ 由非负实数组成，因此，$u\geqslant 0$. 证毕.

定理 2.12.15 设 A 是 Banach $*$ 代数，并且 $*$ 运算是厄米的，如果 $a,b\in A$，$a\geqslant 0$，$b\geqslant 0$，则 $(a+b)\geqslant 0$.

证. 无妨设 A 有单位元.

第一步建立不等式

$$\nu(x)\leqslant\nu(x^*x)^{\frac{1}{2}},\ \forall x\in A.$$

事实上，对 $x\in A$ 及任意的 $\varepsilon>0$，令 $y=(\nu(x^*x)+\varepsilon)^{-\frac{1}{2}}x$，则 $\nu(y^*y)<1$. 由于 $*$ 运算厄米，$1-y^*y\geqslant 0$，并且 $(1-y^*y)$ 在 A 中有逆. 依定理 2.12.14，有 $w\geqslant 0$，并且 w^{-1} 存在，使得 $w^2=1-y^*y$. 注意等式

$$(1+y^*)(1-y)=w[1+w^{-1}(y^*-y)w^{-1}]w,$$

由于 $w^{-1}(y^*-y)w^{-1}$ 的谱为纯虚数所组成，因此等式右端的元

有逆，即 $(1-y)$ 有左逆.

今设 $\lambda\in\sigma(y)$，并且 $|\lambda|=\nu(y)>1$. 由于 $\nu(y^*y)<1$，因此，$1-|\lambda|^{-2}y^*y\geqslant 0$，并且有逆. 仿照上面可证 $(1-\lambda^{-1}y)$ 有左逆(代替 y 以 $\lambda^{-1}y$ 来考虑). 设 z 是 $(y-\lambda)$ 的左逆. 由于 λ 是 $\sigma(y)$ 的边界点，可取 y 的正则点列 $\lambda_n\to\lambda$，于是 $\|(y-\lambda_n)^{-1}\|\to+\infty$. 从而

$$\begin{aligned}1&=\|z(y-\lambda)(y-\lambda_n)^{-1}\|\cdot\|(y-\lambda_n)^{-1}\|^{-1}\\&=\|z+(\lambda_n-\lambda)z(y-\lambda_n)^{-1}\|\cdot\|(y-\lambda_n)^{-1}\|^{-1}\\&\leqslant\|z\|\cdot\|(y-\lambda_n)^{-1}\|^{-1}+|\lambda_n-\lambda|\cdot\|z\|\to 0,\end{aligned}$$

这不可能. 因此，$\nu(y)\leqslant 1$，即 $\nu(x)\leqslant(\nu(x^*x)+\varepsilon)^{1/2}$. $\varepsilon>0$ 是任意的，所以，$\nu(x)\leqslant\nu(x^*x)^{\frac{1}{2}}$，$\forall x\in A$.

第二步证明对任意的 $h^*=h$，$k^*=k\in A$，有

$$\nu(hk)\leqslant\nu(h)\nu(k).$$

事实上，由第一步

$$\begin{aligned}\nu(hk)^2&\leqslant\nu(kh^2k)=\lim_n\|(kh^2k)^n\|^{\frac{1}{n}}\\&=\lim_n\|k(h^2k^2)^{n-1}h^2k\|^{\frac{1}{n}}\leqslant\nu(h^2k^2).\end{aligned}$$

一般有

$$\nu(hk)\leqslant\nu(h^{2^n}k^{2^n})^{1/2^n}\leqslant\|h^{2^n}\|^{1/2^n}\cdot\|k^{2^n}\|^{1/2^n}.$$

令 $n\to+\infty$，即见 $\nu(hk)\leqslant\nu(h)\nu(k)$.

最后证明定理. 设 $a,b\in A$，$a\geqslant 0$，$b\geqslant 0$. 注意

$$\begin{aligned}1+a+b&=(1+a)(1+b)-ab\\&=(1+a)(1-uv)(1+b).\end{aligned}$$

这里 $u=(1+a)^{-1}a$，$v=b(1+b)^{-1}$. 显然，$\nu(u)<1$，$\nu(v)<1$，于是依第二步，$\nu(uv)<1$，所以，$(1+a+b)$ 有逆，即 $-1\notin\sigma(a+b)$. 如果 $\lambda>0$，同样 $-1\notin\sigma\left(\frac{a}{\lambda}+\frac{b}{\lambda}\right)$，即 $-\lambda\notin\sigma(a+b)$. 又 $*$ 运算是厄米的，因此，$\sigma(a+b)$ 由非负实数构成，即 $(a+b)\geqslant 0$. 证毕.

定理 2.12.16 设 A 是 Banach $*$ 代数，则 $*$ 运算是厄米的，必

须且只须，$a^*a \geqslant 0$，$\forall a \in A$.

证. 充分性. 若 $h^* = h$ 有非实数的谱，则 $h^2 = h^*h$ 将有非实数或负实数的谱，这与 $h^*h \geqslant 0$ 相矛盾. 因此，* 运算是厄米的.

反之，设 * 运算是厄米的，这时也无妨设 A 有单位元. 对任意的 $a \in A$ 及 $\varepsilon > 0$，显然 $(a^*a)^2 + \varepsilon \geqslant 0$，并且有逆. 于是依定理 2.12.14，有 $u \geqslant 0$，使得

$$u^2 = (a^*a)^2 + \varepsilon, \tag{1}$$

设 B 是 A 的包含 a^*a 的极大交换 * 子代数，由定理 2.12.14，$u \in B$. 记

$$h = \frac{1}{2}(u + a^*a),\ k = \frac{1}{2}(u - a^*a). \tag{2}$$

显然，$h - k = a^*a$，$hk = kh = \frac{1}{4}\varepsilon$. 如果 Ω 是 B 的谱空间，由于 $\rho(u) = (\rho(a^*a)^2 + \varepsilon)^{\frac{1}{2}} > |\rho(a^*a)|$，$\forall \rho \in \Omega$，因此

$$h \geqslant 0,\ k \geqslant 0. \tag{3}$$

如果有 $\rho_0 \in \Omega$，使得 $\rho_0(a^*a) = -1$，由 (1)，(2)

$$\rho_0((ak)^*(ak)) = -\rho_0(k)^2 = \frac{-1}{4}(1 + \sqrt{1+\varepsilon})^2 < -1, \tag{4}$$

取 $0 < \varepsilon < 2\nu(a^*a)^{-1}$，由 (1)，(2)，(3)

$$(ak)^*(ak) = k(h-k)k \leqslant khk = \frac{\varepsilon}{4}k \leqslant \frac{\varepsilon}{4}\nu(k)$$

$$\leqslant \frac{\varepsilon}{8}(\nu(u) + \nu(a^*a)) < \frac{3}{4}. \tag{5}$$

另一方面，由定理 2.12.15，$(ak)^*(ak) + (ak)(ak)^* = 2(h_1^2 + h_2^2) \geqslant 0$，这里 $h_1^* = h_1$，$h_2^* = h_2$，使得 $ak = h_1 + ih_2$. 于是

$$\begin{aligned}(ak)^*(ak) &+ \max\{\lambda \mid \lambda \in \sigma((ak)(ak)^*)\} \\ &= [(ak)^*(ak) + (ak)(ak)^*] \\ &\quad + [\max\{\lambda \mid \lambda \in \sigma((ak)(ak)^*)\} \\ &\quad - (ak)(ak)^*] \geqslant 0.\end{aligned}$$

从而

$$\min\{\lambda|\lambda\in\sigma((ak)^*(ak))\}\geqslant-\max\{\lambda|\lambda\in\sigma((ak)(ak)^*)\}$$

再由引理 2.2.6，可见

$$\min\{\lambda|\lambda\in\sigma((ak)^*(ak))\}$$
$$\geqslant-\max\{\lambda|\lambda\in\sigma((ak)^*(ak))\}. \qquad (6)$$

今由 (4), (5), (6)

$$-1>\rho_0((ak)^*(ak))\geqslant\min\{\lambda|\lambda\in\sigma((ak)^*(ak))\}$$
$$\geqslant-\max\{\lambda|\lambda\in\sigma((ak)^*(ak))\}>-\frac{3}{4}$$

矛盾. 所以，$-1\notin\sigma(a^*a)$. 如果$\lambda>0$，同样 $-1\notin\sigma((\lambda^{-\frac{1}{2}}a)^*\cdot(\lambda^{-\frac{1}{2}}a))$，即 $-\lambda\notin\sigma(a^*a)$. 因此，$a^*a\geqslant0$，$\forall a\in A$. 证毕.

§12.4 c^*-等价的代数

定义 2.12.17 设A是有单位元的 Banach $*$代数，A上的线性泛函ρ称为态，指

$$\rho(1)=1,\ \rho(a)\geqslant0,\ \forall a\in A \text{ 并且 } a\geqslant0.$$

如果还假定A中的$*$运算是厄米的，对于$h^*=h$，由于$\|h\|+h\geqslant0$，所以，$\rho(h)\in\mathbb{R}$. 由此，$\rho(a^*)=\overline{\rho(a)}$，$\forall a\in A$. 此外，由于定理 2.12.16，可见 Schwartz 不等式也是成立的，即

$$|\rho(b^*a)|^2\leqslant\rho(a^*a)\rho(b^*b),\ \forall a,b\in A.$$

引理 2.12.18 设A是有单位元的 Banach $*$代数，并且$*$运算是厄米的，$h^*=h\in A$，则对每个$\lambda\in[\lambda_1,\lambda_2]$，这里 $\lambda_1=\min\{\mu|\mu\in\sigma(h)\}$，$\lambda_2=\max\{\mu|\mu\in\sigma(h)\}$，存在$A$上的态$\rho$，使得 $\rho(h)=\lambda$.

证. 在A的线性子空间 $[1,h]$ 上定义

$$\rho(\alpha+\beta h)=\alpha+\beta\lambda,\ \forall\alpha,\beta\in\mathbb{C}.$$

如果 $\alpha+\beta h\geqslant0$，特别，$\alpha,\beta\in\mathbb{R}$，于是数 $(\alpha+\beta\lambda)$ 介于 $(\alpha+\beta\lambda_1)$ 与 $(\alpha+\beta\lambda_2)$ 之间. 但 $(\alpha+\beta\lambda_j)\in\sigma(\alpha+\beta h)$，因此 $(\alpha+\beta\lambda_j)\geqslant0$，$j=1,2$，从而 $(\alpha+\beta\lambda)\geqslant0$.

其余的证明，由于$*$运算是厄米的以及定理 2.12.15，完全与

命题 2.3.11 相似. 证毕.

引理 2.12.19 设Δ是复平面$\mathbf{C}$的包含0的紧子集,$\lambda\in\mathbf{C}$,则

$$\max\{|\mu+\lambda|\,|\,\mu\in\Delta\}\geqslant\frac{1}{3}[\max\{|\mu|\,|\,\mu\in\Delta\}+|\lambda|].$$

证. 由于 $|\mu+\lambda|\geqslant|\mu|-|\lambda|$, 于是

$$\max\{|\mu+\lambda|\,|\,\mu\in\Delta\}\geqslant\max\{|\mu|\,|\,\mu\in\Delta\}-|\lambda|.$$

又 $0\in\Delta$, $2\max\{|\mu+\lambda|\,|\,\mu\in\Delta\}\geqslant2|\lambda|$. 将这两个不等式相加,即得证.

引理 2.12.20 设A是 Banach * 代数,并且有正常数C,使得$C\|h\|\leqslant\nu(h)$, $\forall h^*=h\in A$, 则A中的*运算是连续的.

证. 设 $H=\{a\in A\,|\,a^*=a\}$, 对任意的 $h\in\overline{H}$, 有 $h_n\in H$, $\|h_n-h\|\to0$. 于是对任意的 $\varepsilon>0$, 当n充分大, $\nu(h)+\varepsilon\geqslant\nu(h_n)\geqslant C\|h_n\|$. 由此可见

$$\nu(h)\geqslant C\|h\|,\ \forall h\in\overline{H}. \tag{1}$$

今设 $h_n\in H$, $h_n\to k$, 且 $k^*=-k$. 由于 $(h_m+h_n)^2\in H$, $(h_m+h_n)^2\xrightarrow{m}(k+h_n)^2$, 依 (1),

$$\begin{aligned}C\|(k+h_n)^2\|&\leqslant\nu((k+h_n)^2)=\nu(k+h_n)^2\\&=\nu((k+h_n)^*)^2=\nu(-k+h_n)^2\\&\leqslant\|h_n-k\|^2\to0,\end{aligned}$$

由此

$$\begin{aligned}\|k^2+h_n^2\|&=\frac{1}{2}\|(k+h_n)^2+(k-h_n)^2\|\\&\leqslant\frac{1}{2}(\|(k+h_n)^2\|+\|k-h_n\|^2)\to0.\end{aligned}$$

进而, $2\|k^2\|\leqslant\|k^2+h_n^2\|+\|k^2-h_n^2\|\to0$. 再由 (1),

$$0=\|k^2\|\geqslant\nu(k^2)=\nu(k)^2\geqslant C^2\|k\|^2.$$

从而 $k=0$. 这说明 $H=\overline{H}$, 所以,A中的*运算是连续的. 证毕.

定义 2.12.21 Banach * 代数A称为c^*-等价的,指可以赋予A一个新范数$\|\cdot\|_1$,它与原来的范数$\|\cdot\|$等价,并且,$(A,\|\cdot$

$\|_1$)是 c^*-代数.

定理 2.12.22 设 A 是 Banach $*$ 代数，并且 $*$ 运算是厄米的，又设有正常数 C，使得

$$C\|h\| \leqslant \nu(h),\ \forall h^* = h \in A,$$

则 A 是 c^*-等价的.

证. 如果 A 无单位元，考虑 Banach $*$ 代数 $A \dotplus \mathbf{C}$，其 $*$ 运算自然也是厄米的. 如果 $(h+\lambda)^* = h+\lambda$，这里 $h \in A$，$\lambda \in \mathbf{C}$，于是 $h^* = h$，$\bar{\lambda} = \lambda$. 由于 A 无单位元，$0 \in \sigma(h)$. 于是由引理 2.12.19 及 $C \leqslant 1$，

$$\begin{aligned} \nu(h+\lambda) &= \max\{|\mu+\lambda| \mid \mu \in \sigma(h)\} \\ &\geqslant \frac{1}{3}(\nu(h) + |\lambda|) \\ &\geqslant \frac{C}{3}(\|h\| + |\lambda|) \\ &= \frac{C}{3}\|h+\lambda\| \end{aligned}$$

因此,无妨设 A 有单位元.

依引理 2.12.20，有正常数 K，使得

$$\|a^*\| \leqslant K^2\|a\|,\ \forall a \in A.$$

如果 ρ 是 A 上的态,令 $\vartheta_\rho = \{a \in A \mid \rho(a^*a) = 0\}$，由于 ρ 满足 Schwartz 不等式，ϑ_ρ 是 A 的左理想. 令 $a \to a_\rho$ 是 A 到 A/ϑ_ρ 上的正则映象，在 A/ϑ_ρ 上定义内积 $\langle a_\rho, b_\rho\rangle = \rho(b^*a)$ $(\forall a, b \in A)$，依此完备化，得到 Hilbert 空间 $\mathscr{H}_\rho$. 对任意的 $a \in A$，令

$$\pi_\rho(a)b_\rho = (ab)_\rho,\ \forall b \in A$$

对任意的 $\varepsilon > 0$，依定理 2.12.14，有 $u^* = u$，使得

$$\|a^*a\| + \varepsilon - a^*a = u^2,$$

于是由定理 2.12.16，$b^*(\|a^*a\| + \varepsilon - a^*a)b = (ub)^*(ub) \geqslant 0$，所以，$\|a^*a\|\rho(b^*b) + \varepsilon\rho(b^*b) \geqslant \rho(b^*a^*ab)$. 但 $\varepsilon > 0$ 是任意的,因此

$$\|\pi_\rho(a)b_\rho\|^2 = \rho(b^*a^*ab) \leqslant \|a^*a\|\rho(b^*b) \leqslant K^2\|a\|^2\|b_\rho\|^2,$$

$\forall b \in A$. 于是，$\pi_\rho(a)$ 可以唯一地扩张为 $\mathscr{H}_\rho$ 中范数 $\leqslant K\|a\|$ 的算子，仍记以 $\pi_\rho(a)$，$\forall a \in A$. 这样，由 ρ 得到 A 的 $*$ 表示 $\{\pi_\rho, \mathscr{H}_\rho\}$，并且

$$\rho(a) = \langle \pi_\rho(a)1_\rho, 1_\rho\rangle, \ \forall a \in A.$$

设 $\mathscr{S}$ 是 A 上态的全体，构作 A 的泛表示

$$\pi = \sum_{\rho \in \mathscr{S}} \oplus \pi_\rho, \quad \mathscr{H} = \sum_{\rho \in \mathscr{S}} \oplus \mathscr{H}_\rho,$$

并命 $\|a\|_1 = \|\pi(a)\|$，$\forall a \in A$. 显然，$\|a\|_1 \leqslant K\|a\|$，$\forall a \in A$. 如果有 $a \in A$，使得 $\|\pi(a)\| = 0$. 设 $a = a_1 + ia_2$，这里 $a_1^* = a_1$，$a_2^* = a_2$，于是 $\pi(a_1) = \pi(a_2) = 0$. 特别，$\rho(a_1) = \rho(a_2) = 0$，$\forall \rho \in \mathscr{S}$. 今依引理 2.12.18，$\nu(a_1) = \nu(a_2) = 0$. 但 $\nu(a_j) \geqslant C \cdot \|a_j\|$，因此，$a_1 = a_2 = 0$. 这说明 $\|\cdot\|_1$ 是 A 上的范数，当然满足 $\|a^*a\|_1 = \|a\|_1^2$，$\forall a \in A$.

已经指出 $\|\cdot\|_1 \leqslant K\|\cdot\|$，因此只须证明 $\|\cdot\|$ 关于 $\|\cdot\|_1$ 是连续的. 设 $\|a_n\|_1 \to 0$，我们要证明 $\|a_n\| \to 0$. 由于 $\|a_n^*\| = \|a_n\|_1$，无妨设 $a_n^* = a_n$，$\forall n$. 依引理 2.12.18，

$$\|a_n\|_1 = \sup_{\rho \in \mathscr{S}} \|\pi_\rho(a_n)\| \geqslant \nu(a_n) \geqslant C\|a_n\|, \ \forall n$$

因此，$\|a_n\| \to 0$. 证毕.

定理 2.12.23 设 A 是 Banach $*$ 代数，并且存在正常数 K，使得对 A 的任意正规元 a（指 $a^*a = aa^*$），有 $K\|a^*a\| \geqslant \|a^*\| \cdot \|a\|$，则 A 是 c^*-等价的.

证. 对任意的 $h^* = h \in A$，$K\|h^2\| \geqslant \|h\|^2$，一般

$$K^{2^n-1}\|h^{2^n}\| \geqslant \|h\|^{2^n}.$$

因此，$K\nu(h) \geqslant \|h\|$. 于是依定理 2.12.22，只须证明 A 中的 $*$ 运算是厄米的.

设 $h^* = h \in A$，依引理 2.12.20，A 中的 $*$ 运算是连续的，于是，$f(th) = e^{ith} - 1 = \sum_{n=1}^{\infty} \frac{(ith)^n}{n!}$ 是 A 的正规元，并且 $f(th)^* = f(-th)$，$\forall t \in \mathbb{R}$. 于是

$$\begin{aligned} K\nu(2 - e^{ith} - e^{-ith}) &= K\nu(f(th)^*f(th)) \\ &\geqslant \|f(th)^*f(th)\| \\ &\geqslant K^{-1}\|f(th)^*\| \cdot \|f(th)\| \\ &\geqslant K^{-1}\nu(f(th))^2, \ \forall t \in \mathbb{R}. \end{aligned}$$

设 $\beta = \max\{|I_m\lambda| \,|\, \lambda \in \sigma(h)\}$，由于 $\sigma(h) = \overline{\sigma(h)}$，因此有 $\alpha \in \mathbb{R}$，使得 $\alpha \pm i\beta \in \sigma(h)$. 从而对 $t > 0$,

$$\begin{aligned} 2(1 + e^{\beta t}) \geqslant \nu(2 - e^{ith} - e^{-ith}) &\geqslant K^{-2}\nu(f(th))^2 \\ &\geqslant K^{-2}|1 - e^{it(\alpha - i\beta)}| \\ &= K^{-2}(1 + e^{2\beta t} - 2e^{\beta t}\cos \alpha t) \end{aligned}$$

如果 $\beta > 0$，令 $t \to +\infty$ 将得到矛盾. 因此，$\sigma(h) \subset \mathbb{R}$，即$*$运算是厄米的. 证毕.

§ 12.5 c^*-代数的公理

定理 2.12.24 设 A 是有单位元的 Banach $*$ 代数，并且有正常数 C，使得 $\|e^{ih}\| \leqslant C$，$\forall h^* = h \in A$，则 A 是 c^*-等价的. 此外，如果 $C = 1$，则 A 是 c^*-代数.

证. 第一步指出 A 中的$*$运算是厄米的. 设 $h^* = h \in A$，$\alpha + i\beta \in \sigma(h)$，这里 $\alpha, \beta \in \mathbb{R}$. 由于 $\sigma(h) = \overline{\sigma(h)}$，可以设 $\beta \leqslant 0$. 于是对任意的 $t > 0$,

$$C \geqslant \|e^{ith}\| \geqslant |e^{it(\alpha + i\beta)}| = e^{-\beta t},$$

因此，$\beta = 0$，$\sigma(h) \subset \mathbb{R}$.

第二步证明 $\inf\{\|h^2\| \,|\, h^* = h \in A, \|h\| = 1\} = \varepsilon > 0$. 事实上，设 $h^* = h$，$\|h\| = 1$，$\|h^2\| = \eta$，自然 $0 \leqslant \eta \leqslant 1$，于是

$$\|h^{2n}\| \leqslant \|h^2\|^n = \eta^n, \quad \|h^{2n+1}\| \leqslant \|h^{2n}\| \leqslant \eta^n.$$

令 $\delta = \eta^{\frac{1}{3}}$，当 $n \geqslant 1$ 时,

$$\|h^{2n}\| \leqslant \delta^{3n} \leqslant \delta^{2n}, \quad \|h^{2n+1}\| \leqslant \delta^{3n} \leqslant \delta^{2n+1}.$$

总之，$\|h^n\| \leqslant \delta^n$，$\forall n \geqslant 2$. 今设 $t > 0$，则

$$C \geqslant \|e^{ith}\| \geqslant \|th\| - 1 - \sum_{n=2}^{\infty} t^n\|h^n\|/n!$$

$$\geqslant t-1-\sum_{n=2}^{\infty}\frac{1}{n!}t^n\delta^n\geqslant t-e^{t\delta},$$

即 $C+e^{t\delta}\geqslant t$. 令 $t=C+2$, 则 $e^{\delta(C+2)}\geqslant 2$. 因此

$$\varepsilon\geqslant[(C+2)^{-1}\ln 2]^3>0.$$

第三步证明 $\nu(h)\geqslant\varepsilon\|h\|$, $\forall h^*=h\in A$. 事实上，由第二步，对任意的 $h^*=h$, $\|h^2\|\geqslant\varepsilon\|h\|^2$, 一般 $\|h^{2^n}\|\geqslant\varepsilon^{2^n-1}\|h\|^{2^n}$, 因此，$\nu(h)\geqslant\varepsilon\|h\|$.

今依第一步，第三步及定理 2.12.22，即见 A 是 c^*-等价的.

现在设 $C=1$, 及 $\|\cdot\|_1$ 是 A 上与 $\|\cdot\|$ 等价的范数，使得 $(A,\|\cdot\|_1)$ 是 c^*-代数. 考虑恒等映射 $I:(A,\|\cdot\|_1)\to(A,\|\cdot\|)$, 依定理 2.12.5, $\|a\|\leqslant\|a\|_1$, $\forall a\in A$. 如果有 $a_0\in A$, 使得 $\|a_0\|_1>\|a_0\|$, 则由命题 2.1.8,

$$\nu(a_0^*a_0)\leqslant\|a_0^*\|\cdot\|a_0\|<\|a_0^*\|_1\cdot\|a_0\|_1=\|a_0^*a_0\|_1=\nu(a_0^*a_0)$$

矛盾. 所以，$\|a\|=\|a\|_1$, $\forall a\in A$. 证毕.

引理 2.12.25 设 A 是有单位元的 Banach $*$ 代数，并且对 A 的任意正规元 a, $\|a^*a\|=\|a^*\|\cdot\|a\|$, 则 A 是 c^*-代数.

证. 设 $h^*=h\in A$, 令 $\sigma_n(h)=\sum_{k=0}^{n}\frac{1}{k!}(ih)^k$, 它是 A 的正规元，并且 $\sigma_n(h)^*=\sigma_n(-h)$. 于是

$$\|\sigma_n(h)\cdot\sigma_n(-h)\|=\|\sigma_n(h)\|\cdot\|\sigma_n(-h)\|,\ \forall n,$$

令 $n\to+\infty$, $\|e^{ih}\|\cdot\|e^{-ih}\|=1$. 依定理 2.12.23, A 是 c^*-等价的，特别 $*$ 运算是厄米的，因此，$\sigma(h)\subset\mathbb{R}$. 于是，$\|e^{ih}\|\geqslant 1$, $\|e^{-ih}\|\geqslant 1$. 从而，$\|e^{ih}\|=1$, $\forall h^*=h\in A$. 再由定理 2.12.24, A 是 c^*-代数. 证毕.

定理 2.12.26 设 A 是 Banach $*$ 代数，如果对 A 的任意正规元 a (指 $a^*a=aa^*$), $\|a^*a\|=\|a^*\|\cdot\|a\|$, 则 A 是 c^*-代数.

证. 由引理 2.12.25，可以设 A 是无单位元的.

依定理 2.12.23, A 是 c^*-等价的，于是有 A 上的范数 $\|\cdot\|'$, 它与原来的范数 $\|\cdot\|$ 等价，并且 $(A,\|\cdot\|')$ 是 c^*-代数. 此外，由条件，易见 $\|h\|=\|h\|'=\nu(h)$, $\forall h^*=h\in A$. 特别，设 $\{d_l\}$

是 $(A, \|\cdot\|')$ 的逼近单位元，则 $\|d_l\| = \|d_l\|' \leqslant 1$，$\forall l$.

我们说对任意的 $a \in A$，有

$$\|a\| = \sup\{\|ab\| \mid b \in A, \|b\| \leqslant 1\}.$$

事实上，由于 $\|\cdot\|'$ 与 $\|\cdot\|$ 等价，$\|ad_l - a\| \to 0$，于是

$$\|a\| \geqslant \sup\{\|ab\| \mid b \in A, \|b\| \leqslant 1\} \geqslant \|ad_l\| \to \|a\|.$$

因此，$\|a\| = \sup\{\|ab\| \mid b \in A, \|b\| \leqslant 1\}$.

在 $A \dotplus \mathbb{C}$ 上定义

$$\|a + \lambda\| = \sup\{\|ab + \lambda b\| \mid b \in A, \|b\| \leqslant 1\},$$

$\forall a \in A$，$\lambda \in \mathbb{C}$. 如果 $ab + \lambda b = 0$，$\forall b \in A$，由于 A 无单位元，$(A, \|\cdot\|')$ 是 c^*-代数及依命题 2.1.2，可见 $a = 0$，$\lambda = 0$. 因此，$(A \dotplus \mathbb{C}, \|\cdot\|)$ 将是有单位元的 Banach $*$ 代数，并保持 A 上的范数不变.

我们需要证明 $(A \dotplus \mathbb{C}, \|\cdot\|)$ 是 c^*-代数，依定理 2.12.24，只须对任意的 $h^* = h \in A$，证明

$$\|e^{ih}\| \leqslant 1,$$

依 $A \dotplus \mathbb{C}$ 中范数的定义，可取 $b_n \in A$，$\|b_n\| \leqslant 1$，使得 $\|e^{ih}\| = \lim\limits_n \|e^{ih} b_n\|$.

用 $\{h, b_n, b_n^* \mid n\}$ 生成 A 的闭 $*$ 子代数 B，于是 $(B, \|\cdot\|')$ 将是 $(A, \|\cdot\|')$ 的可分 c^*-子代数.

如果 B 有单位元 p，依引理 2.12.25，$(B, \|\cdot\|)$ 是 c^*-代数. 从而

$$\|e^{ih}\| = \lim_n \|e^{ih} b_n\| = \lim_n \left\| \left(p + \sum_{j=1}^{\infty} \frac{(ih)^j}{j!}\right) b_n \right\|$$

$$\leqslant \left\| p + \sum_{j=1}^{\infty} \frac{(ih)^j}{j!} \right\| \leqslant 1.$$

于是可以假定 B 没有单位元，在 $B \dotplus \mathbb{C}$ 上定义 $\|b + \lambda\|_1 = \sup\{\|bc + \lambda c\| \mid c \in B, \|c\| \leqslant 1\}$，$\forall b \in B$，$\lambda \in \mathbb{C}$. 相似于前面的证明，$(B \dotplus \mathbb{C}, \|\cdot\|_1)$ 将是有单位元的 Banach $*$ 代数，并且 $\|b\| = \|b\|_1$，$\forall b \in B$.

设 a 是 $(B,\|\cdot\|')$ 的严格正元（见定义 2.12.6），依定理 2.12.8 的证明，$\left\{d_n=\left(\frac{a}{\|a\|'}\right)^{\frac{1}{n}}\right\}$ 将是 $(B,\|\cdot\|')$ 的逼近单位元. 由于

$$\|b+\lambda\|_1\geqslant\|(b+\lambda)d_n\|\geqslant\|(b+\lambda)d_nc\|\to\|(b+\lambda)c\|,$$

$\forall c\in B$，$\|c\|\leqslant 1$，因此

$$\|b+\lambda\|_1=\lim_n\|(b+\lambda)d_n\|,\ \forall b\in B,\ \lambda\in\mathbf{C}.$$

由此，

$$\begin{aligned}1=\|d_n^2\|'=\|d_n^2\|&=\|d_n(e^{ia})^*e^{ia}d_n\|\\&=\|e^{-ia}d_n\|\cdot\|e^{ia}d_n\|\to\|e^{-ia}\|_1\cdot\|e^{ia}\|_1,\end{aligned}$$

但 $\sigma(a)$ 由非负实数组成，$\|e^{\pm ia}\|_1\geqslant\nu(e^{\pm ia})=1$，因此，$\|e^{\pm ia}\|_1=1$. 依定理 2.12.9 及命题 2.12.10，严格正元全体在 $(B,\|\cdot\|')_+$ 中是稠的. 注意

$$\|e^{ib_1}-e^{ib_2}\|_1\leqslant\sum_{k=1}^{\infty}\frac{1}{k!}\|b_1^k-b_2^k\|,\ \forall b_1,b_2\in B$$

以及 $\|\cdot\|$ 与 $\|\cdot\|'$ 是等价的，从而

$$\|e^{\pm ib}\|_1=1,\ \forall b\in(B,\|\cdot\|')_+.$$

今回到 h. 可写 $h=h_+-h_-$，这里 $h_\pm\in(B,\|\cdot\|')_+$，并且 $h_+\cdot h_-=0$. 由于

$$1=\|e^{ih_+}\|_1=\|e^{ih}\cdot e^{ih_-}\|_1\leqslant\|e^{ih}\|_1\leqslant\|e^{ih_+}\|_1\cdot\|e^{-ih_-}\|_1=1$$

所以，$\|e^{ih}\|_1=1$. 从而

$$\begin{aligned}\|e^{ih}\|=\lim_n\|e^{ih}b_n\|&\leqslant\sup\{\|e^{ih}b\|\,|\,b\in B,\|b\|\leqslant 1\}\\&=\|e^{ih}\|_1=1.\end{aligned}$$

证毕.

注 本节见参考文献 [3]，[4]，[31]，[37]，[39]，[40]，[42]，[50]，[58]，[61]，[67]，[68]，[85]，[130]，[136]，[137].

第三章　c^*-代数的张量积

在第一章，我们讨论过 vN 代数的张量积，本章将讨论 c^*-代数的张量积，这是从已给的 c^*-代数来构造新的 c^*-代数的一种方法．

§1 引入 Banach 空间的张量积与交叉范的概念，这是 R. Schatten 与 J. von Neumann 早先的结果．§2 讨论 c^*-代数张量积与空间的 c^*-范，这首先为 T. Turumaru 所研究．通过空间 c^*-范的张量积与 vN 代数的张量积相类似(3.2.5 与 3.2.9)，区别在于按照不同的拓扑(一致拓扑，弱算子拓扑)取闭包．M. Takesaki 发现：构造 c^*-代数张量积的 c^*-范一般并非仅有空间 c^*-范，因此在 §3，我们讨论一下最大的 c^*-范，虽然至今对它的认识仍然不够深刻．这里值得提出的是核 c^*-代数的重要理论．核 c^*-代数指它与任何 c^*-代数的张量积只能依照一种方式来构造．但是限于本书的篇幅，将不予介绍．有兴趣的读者，可以参看 C. Lance 等的工作．§5 指出空间 c^*-范是最小的及任意 c^*-范都是交叉范(3.5.10)，这结果属于 M. Takesaki．§6 研究 c^*-代数间的全正映象，它在张量积理论中的重要性为 C. Lance 与 E. Effros 所认识．定理 3.6.7 属于 W. Stinespring．§7 c^*-代数的诱导极限首先为 Z. Takeda 所研究．§8 把前面 c^*-代数的有限张量积推广到任意张量积，其中特别提到了 (UHF) (一致超有限) 代数(3.8.2)，这为 J. Glimm 所提出并给予深刻研究的，我们还将在第十二章中讨论它．

§1. Banach 空间的张量积与交叉范

设 $X_1,\cdots,X_n$ 是(复) Banach 空间，令

$$\bigotimes_{i=1}^{n} X_i = \left\{ \sum_j \bigotimes_{i=1}^{n} x_j^{(i)} \mid x_j^{(i)} \in X_i, \forall i, j \right\},$$

在这个集合中定义零元(即引入一种等价关系)，$u = \sum_j \bigotimes_{i=1}^{n} x_j^{(i)} = 0$，指

$$\bigotimes_{i=1}^{n} f_i(u) = \sum_j \prod_{i=1}^{n} f_i(x_j^{(i)}) = 0, \forall f_i \in X_i^*, 1 \leqslant i \leqslant n,$$

于是，$\bigotimes_{i=1}^{n} X_i$ 便成为线性空间，称为 Banach 空间 $X_1, \cdots, X_n$ 的代数张量积.

自然，这里的做法只不过是第一章 § 4 Hilbert 空间代数张量积的推广.

如果 $\alpha(\cdot)$ 是 $\bigotimes_{i=1}^{n} X_i$ 上的一个范数，依此完备化，得到的 Banach 空间，称为 $X_1, \cdots, X_n$ 依照 $\alpha(\cdot)$ 的张量积，记作 α-$\bigotimes_{i=1}^{n} X_i$.

定义 3.1.1 Banach 空间 $X_1, \cdots, X_n$ 的代数张量积 $\bigotimes_{i=1}^{n} X_i$ 上的范数 $\alpha(\cdot)$ 称为交叉的，指 $\alpha\left(\bigotimes_{i=1}^{n} x_i\right) = \|x_1\| \cdots \|x_n\|, \forall x_i \in X_i$，$1 \leqslant i \leqslant n$.

命题 3.1.2 设 $X_1, \cdots, X_n$ 是 Banach 空间，$\bigotimes_{i=1}^{n} X_i$ 是它们的代数张量积. 则

1) $\lambda(u) = \sup\left\{ \left| \bigotimes_{i=1}^{n} f_i(u) \right| \,\middle|\, f_i \in X_i^*, \|f_i\| \leqslant 1, 1 \leqslant i \leqslant n \right\}$

是 $\bigotimes_{i=1}^{n} X_i$ 上的交叉范;

2) $\gamma(u) = \inf\left\{ \sum_j \prod_{i=1}^{n} \|x_j^{(i)}\| \,\middle|\, u = \sum_j \bigotimes_{i=1}^{n} x_j^{(i)} \right\}$ 是 $\bigotimes_{i=1}^{n} X_i$ 上

最大的交叉范。

易证，从略。

设 $X_1, \cdots, X_n$ 是 Banach 空间，当然也可以考虑 Banach 空间 $X_1^*, \cdots, X_n^*$ 的代数张量积 $\bigotimes_{i=1}^n X_i^*$. 由于 X_i 在 X_i^{**} 中 $\sigma(X_i^{**}, X_i^*)$ 稠，$1 \leqslant i \leqslant n$，因此，$u^* \in \bigotimes_{i=1}^n X_i^*$，$u^* = 0$，当且仅当，$u^*\left(\bigotimes_{i=1}^n x_i\right) = 0$，$\forall x_i \in X_i$，$1 \leqslant i \leqslant n$. 于是，若 $\alpha(\cdot)$ 是 $\bigotimes_{i=1}^n X_i$ 上的范数，并且对任意的 $u^* \in \bigotimes_{i=1}^n X_i^*$，$\alpha^*(u^*) = \sup\left\{|u^*(u)| \,\middle|\, u \in \bigotimes_{i=1}^n X_i, \alpha(u) \leqslant 1\right\} < \infty$，那么，$\alpha^*(\cdot)$ 也是 $\bigotimes_{i=1}^n X_i^*$ 上的范数，称为 $\alpha(\cdot)$ 的对偶范数.

命题 3.1.3 设 $X_1, \cdots, X_n$ 是 Banach 空间.

1）$\bigotimes_{i=1}^n X_i$ 上的范数 $\gamma(\cdot)$ 的对偶范数是 $\bigotimes_{i=1}^n X_i^*$ 上的范数 $\lambda(\cdot)$，即 $\gamma^*(\cdot) = \lambda(\cdot)$（$\lambda(\cdot)$，$\gamma(\cdot)$ 的定义见命题 3.1.2）；

2）设 $\alpha(\cdot)$ 是 $\bigotimes_{i=1}^n X_i$ 上的交叉范，则 $\alpha^*(\cdot)$ 是 $\bigotimes_{i=1}^n X_i^*$ 上的交叉范，当且仅当，$\lambda(\cdot) \leqslant \alpha(\cdot) \leqslant \gamma(\cdot)$. 这时在 $\bigotimes_{i=1}^n X_i^*$ 上还有 $\gamma(\cdot) \geqslant \lambda^*(\cdot) \geqslant \alpha^*(\cdot) \geqslant \lambda(\cdot)$.

证. 1）对任意的 $u^* \in \bigotimes_{i=1}^n X_i^*$，由于 X_i 的单位球在 X_i^{**} 的单位球中 $\sigma(X_i^{**}, X_i^*)$ 稠（$1 \leqslant i \leqslant n$），因此，

$$\gamma^*(u^*) = \sup\left\{|u^*(u)| \,\middle|\, u \in \bigotimes_{i=1}^n X_i,\ \gamma(u) \leqslant 1\right\}$$

$$\geqslant \sup\left\{\left|u^*\left(\bigotimes_{i=1}^n x_i\right)\right| \,\middle|\, x_i \in X_i,\ \|x_i\| \leqslant 1,\ 1 \leqslant i \leqslant n\right\}$$

$$= \sup\left\{\left|\bigotimes_{i=1}^{n} x_i(u^*)\right| \,\middle|\, x_i \in X_i^{**},\ \|x_i\| \leqslant 1,\ 1 \leqslant i \leqslant n\right\}$$
$$= \lambda(u^*).$$

另一方面，对任意的 $u \in \bigotimes_{i=1}^{n} X_i$，$\gamma(u) \leqslant 1$ 及 $\varepsilon > 0$，可写 $u = \sum_j \bigotimes_{i=1}^{n} x_j^{(i)}$，使得 $\sum_j \prod_{i=1}^{n} \|x_j^{(i)}\| - \gamma(u) \leqslant \varepsilon$，于是

$$\begin{aligned}
|u^*(u)| &\leqslant \sum_j \left|u^*\left(\bigotimes_{i=1}^{n} x_j^{(i)}\right)\right| \\
&\leqslant \lambda(u^*) \sum_j \prod_{i=1}^{n} \|x_j^{(i)}\| \\
&\leqslant (\gamma(u) + \varepsilon)\lambda(u^*) \\
&\leqslant (1 + \varepsilon)\lambda(u^*),
\end{aligned}$$

从而，$\gamma^*(u^*) \leqslant (1 + \varepsilon)\lambda(u^*)$. $\varepsilon > 0$ 是任意的，所以，$\gamma^*(u^*) = \lambda(u^*)$.

2) 对任意的 $u \in \bigotimes_{i=1}^{n} X_i$，依 $\lambda(u)$ 的定义，易见

$$\lambda(u) \leqslant \alpha(u) \sup\left\{\alpha^*\left(\bigotimes_{i=1}^{n} f_i\right) \,\middle|\, f_i \in X_i^*,\ \|f_i\| \leqslant 1,\ 1 \leqslant i \leqslant n\right\}.$$

当 $\alpha^*(\cdot)$ 是交叉范时，由于 $\gamma(\cdot)$ 是最大的交叉范，立见 $\lambda(\cdot) \leqslant \alpha(\cdot) \leqslant \gamma(\cdot)$.

反之，设在 $\bigotimes_{i=1}^{n} X_i$ 上，$\lambda(\cdot) \leqslant \alpha(\cdot) \leqslant \gamma(\cdot)$. 对任意的 $u^* \in \bigotimes_{i=1}^{n} X_i^*$，依 1)，

$$\begin{aligned}
\lambda(u^*) &= \sup\left\{|u^*(u)| \,\middle|\, u \in \bigotimes_{i=1}^{n} X_i,\ \gamma(u) \leqslant 1\right\} \\
&\leqslant \sup\{|u^*(u)| \mid \alpha(u) \leqslant 1\} = \alpha^*(u^*) \\
&\leqslant \sup\{|u^*(u)| \mid \lambda(u) \leqslant 1\} = \lambda^*(u^*) \\
&\leqslant \sup\left\{\sum_j \left|\bigotimes_{i=1}^{n} f_j^{(i)}(u)\right| \,\middle|\, \lambda(u) \leqslant 1\right\}
\end{aligned}$$

$$\leqslant \sum_j \prod_{i=1}^n \|f_j^{(i)}\|,$$

这里 $u^* = \sum_j \bigotimes_{i=1}^n f_j^{(i)}$，$f_j^{(i)} \in X_i^*$，$\forall i, j$. 因此在 $\bigotimes_{i=1}^n X_i^*$ 上，

$$\gamma(\cdot) \geqslant \lambda^*(\cdot) \geqslant \alpha^*(\cdot) \geqslant \lambda(\cdot),$$

又 $\gamma(\cdot)$，$\lambda(\cdot)$ 是交叉范，因此 $\alpha^*(\cdot)$ 也是交叉范. 证毕.

注 本节见参考文献[44]，[98].

§2. c^*-代数的张量积与空间的 c^*-范

设 $A_1, \cdots, A_n$ 是 c^*-代数，把它们当作 Banach 空间，依 §1 有代数张量积 $\bigotimes_{i=1}^n A_i$，自然地引入

$$\left(\bigotimes_{i=1}^n a_i\right) \cdot \left(\bigotimes_{i=1}^n b_i\right) = \bigotimes_{i=1}^n a_i b_i, \quad \left(\bigotimes_{i=1}^n a_i\right)^* = \bigotimes_{i=1}^n a_i^*,$$

于是，$\bigotimes_{i=1}^n A_i$ 成为 * 代数.

定义 3.2.1 设 $A_1, \cdots, A_n$ 是 c^*-代数，$\bigotimes_{i=1}^n A_i$ 上的范数 $\alpha(\cdot)$ 称为 c^*-范，指

$$\alpha(uv) \leqslant \alpha(u)\alpha(v), \quad \alpha(u^*u) = \alpha(u)^2,$$

$\forall u, v \in \bigotimes_{i=1}^n A_i$. $\bigotimes_{i=1}^n A_i$ 依照 c^*-范 $\alpha(\cdot)$ 完备化得到的 c^*-代数，记作 $\alpha\text{-}\bigotimes_{i=1}^n A_i$，称为 c^*-代数 $A_1, \cdots, A_n$ 依照 c^*-范 $\alpha(\cdot)$ 的张量积.

命题 3.2.2 设 $\alpha(\cdot)$ 是 $\bigotimes_{i=1}^n A_i$ 上的 c^*-范，则 $\alpha(\cdot) \leqslant \gamma(\cdot)$，这里 $\gamma(\cdot)$ 定义如命题 3.1.2.

证. 首先注意这样的事实：在任意的 c^*-代数 A 中，$a \in A_+$，则 $\|a\| \leqslant 1$，当且仅当，$a^2 \leqslant a$.

若 $b_i\in A_i$，$b_i\geqslant 0$，$\|b_i\|\leqslant 1$，$1\leqslant i\leqslant n$，由于在 $\alpha\text{-}\bigotimes_{i=1}^n A_i$ 中，

$$\bigotimes_{i=1}^n b_i^2\leqslant b_1\otimes\bigotimes_{i=2}^n b_i^2\leqslant\cdots\leqslant\bigotimes_{i=1}^n b_i,$$

因此，$\alpha\left(\bigotimes_{i=1}^n b_i\right)\leqslant 1$.

由此对任意的 $a_i\in A_i$，$1\leqslant i\leqslant n$，

$$\begin{aligned}\alpha\left(\bigotimes_{i=1}^n a_i\right)^2&=\alpha\left(\bigotimes_{i=1}^n a_i^*a_i\right)\\&\leqslant\|a_1^*a_1\|\cdots\|a_n^*a_n\|=(\|a_1\|\cdots\|a_n\|)^2,\end{aligned}$$

因此，$\alpha(\cdot)\leqslant\gamma(\cdot)$. 证毕.

定义 3.2.3 设 $A_1,\cdots,A_n$ 是 c^*-代数，$\bigotimes_{i=1}^n A_i$ 的形如 $u=\sum_j u_j^*u_j$ $\left(这里\ u_j\in\bigotimes_{i=1}^n A_i,\ \forall j\right)$ 的元称为正的，记作 $u\geqslant 0$. $\bigotimes_{i=1}^n A_i$ 的正元全体记为 $\left(\bigotimes_{i=1}^n A_i\right)_+$.

$\bigotimes_{i=1}^n A_i$ 上的线性泛函 φ 称为正的，记作 $\varphi\geqslant 0$，指 $\varphi(u)\geqslant 0$，$\forall u\in\left(\bigotimes_{i=1}^n A_i\right)_+$.

显然，$\left(\bigotimes_{i=1}^n A_i\right)_+$ 是锥，并且 $\bigotimes_{i=1}^n A_i$ 是 $\left(\bigotimes_{i=1}^n A_i\right)_+$ 的线性包，以及对于 $\bigotimes_{i=1}^n A_i$ 上任意的 c^*-范 $\alpha(\cdot)$，有

$$\left(\bigotimes_{i=1}^n A_i\right)_+\subset\left(\alpha\text{-}\bigotimes_{i=1}^n A_i\right)_+.$$

此外，如果 φ 是 $\bigotimes_{i=1}^n A_i$ 上的正泛函，易见 $\varphi(u^*)=\overline{\varphi(u)}$，及

有 Schwartz 不等式 $|\varphi(v^*u)|^2 \leqslant \varphi(u^*u)\varphi(v^*v)$，$\forall u, v \in \bigotimes_{i=1}^{n} A_i$。

命题 3.2.4 设 φ_i 是 c^*-代数 A_i 上的正泛函，$1 \leqslant i \leqslant n$，则 $\bigotimes_{i=1}^{n} \varphi_i$ 是 $\bigotimes_{i=1}^{n} A_i$ 上的正泛函，这里 $\bigotimes_{i=1}^{n} \varphi_i$ 自然地定义为 $\bigotimes_{i=1}^{n} \varphi_i\left(\bigotimes_{i=1}^{n} a_i\right) = \prod_{i=1}^{n} \varphi_i(a_i)$，$\forall a_i \in A_i$，$1 \leqslant i \leqslant n$。

证明与第一章 § 4 相似。

定理 3.2.5 设 A_i 是 c^*-代数，$\mathscr{S}_i$ 是 A_i 的态空间，$1 \leqslant i \leqslant n$，对任意的 $u \in \bigotimes_{i=1}^{n} A_i$，定义

$$\alpha_0(u)^2 = \sup\left\{ \frac{\bigotimes_{i=1}^{n} \varphi_i(v^*u^*uv)}{\bigotimes_{i=1}^{n} \varphi_i(v^*v)} \,\middle|\, \begin{array}{l} \varphi_i \in \mathscr{S}_i, 1 \leqslant i \leqslant n, \\ v \in \bigotimes_{i=1}^{n} A_i, \text{并且} \bigotimes_{i=1}^{n} \varphi_i(v^*v) > 0 \end{array} \right\}$$

则 $\alpha_0(\cdot)$ 是 $\bigotimes_{i=1}^{n} A_i$ 上的 c^*-范，并且 $\lambda(\cdot) \leqslant \alpha_0(\cdot) \leqslant \gamma(\cdot)$。特别，$\alpha_0(\cdot)$ 是交叉范。

证. 设 $\varphi_i \in \mathscr{S}_i$，产生 A_i 的循环 * 表示 $\{\pi_{\varphi_i}, \mathscr{H}_{\varphi_i}, \xi_{\varphi_i}\}$，$1 \leqslant i \leqslant n$，于是可以自然地定义 $\bigotimes_{i=1}^{n} A_i$ 的 * 表示 $\left\{\bigotimes_{i=1}^{n} \pi_{\varphi_i}, \bigotimes_{i=1}^{n} \mathscr{H}_{\varphi_i}\right\}$. 由于 $A_i/\vartheta_{\varphi_i}$ 在 $\mathscr{H}_{\varphi_i}$ 中稠，这里 ϑ_{φ_i} 是 φ_i 的左核，$1 \leqslant i \leqslant n$，因此，对任意的 $u \in \bigotimes_{i=1}^{n} A_i$，

$$\left\|\bigotimes_{i=1}^{n} \pi_{\varphi_i}(u)\right\|^2 =$$

$$\sup\left\{\frac{\bigotimes_{i=1}^{n}\varphi_i(v^*u^*uv)}{\bigotimes_{i=1}^{n}\varphi_i(v^*v)}\,\middle|\, v\in\bigotimes_{i=1}^{n}A_i,\ 并且\ \bigotimes_{i=1}^{n}\varphi_i(v^*v)>0\right\},$$

进而，

$$\alpha_0(u)=\sup\left\{\left\|\bigotimes_{i=1}^{n}\pi_{\varphi_i}(u)\right\|\,\middle|\,\varphi_i\in\mathscr{S}_i,\ 1\leqslant i\leqslant n\right\}.$$

如果 $u\in\bigotimes_{i=1}^{n}A_i$，使得 $\alpha_0(u)=0$. 于是

$$\begin{aligned}0&=\left\langle\bigotimes_{i=1}^{n}\pi_{\varphi_i}(u)\bigotimes_{i=1}^{n}\xi_{\varphi_i},\ \bigotimes_{i=1}^{n}\xi_{\varphi_i}\right\rangle\\&=\bigotimes_{i=1}^{n}\varphi_i(u),\ \forall\,\varphi_i\in\mathscr{S}_i,\ 1\leqslant i\leqslant n,\end{aligned}$$

但 A_i^* 是 φ_i 的线性包，$1\leqslant i\leqslant n$，因此，$u=0$. 从而，$\alpha_0(\cdot)$ 是 $\bigotimes_{i=1}^{n}A_i$ 上的 c^*-范. 依命题 3.2.2，$\alpha_0(\cdot)\leqslant\gamma(\cdot)$.

我们注意这样的事实；如果 A 是 c^*-代数，$f\in A^*$，$\|f\|=1$，依定理 2.11.2，A^{**} 可以看作 A 的泛表示空间中的 vN 代数. 于是依定理 1.9.3，有极分解 $f=R_u\varphi$，这里 φ 是 A 上的态，u 是 A^{**} 的部分等距元. 但 A 的单位球在 A^{**} 的单位球中 $\sigma(A^{**},A^*)$ 稠，因此有网 $\{a_l\}\subset A$，$\|a_l\|\leqslant 1$，$\forall\, l$，且 $a_l\xrightarrow{\sigma(A^{**},A^*)}u$. 易见将有 $R_{a_l}\varphi\xrightarrow{\sigma(A^*,A^{**})}f$.

于是可见，对任意的 $u\in\bigotimes_{i=1}^{n}A_i$，依 Schwartz 不等式，

$$\begin{aligned}\lambda(u)&=\sup\left\{\left|\bigotimes_{i=1}^{n}f_i(u)\right|\,\middle|\,f_i\in A_i^*,\ \|f_i\|=1,\ 1\leqslant i\leqslant n\right\}\\&=\sup\left\{\left|\bigotimes_{i=1}^{n}R_{a_i}\varphi_i(u)\right|\,\middle|\,\varphi_i\in\mathscr{S}_i,\right.\\&\qquad\left.a_i\in A_i,\ \|a_i\|\leqslant 1,\ 1\leqslant i\leqslant n\right\}\end{aligned}$$

$$\leqslant \sup\left\{\left(\bigotimes_{i=1}^{n}\varphi_i(uu^*)\cdot\bigotimes_{i=1}^{n}\varphi_i\left(\bigotimes_{i=1}^{n}a_i^*a_i\right)\right)^{1/2}\middle|\varphi_i,\ a_i\text{ 如上}\right\}$$

$$=\sup\left\{\left\langle\bigotimes_{i=1}^{n}\pi_{\varphi_i}(uu^*)\bigotimes_{i=1}^{n}\xi_{\varphi_i},\ \bigotimes_{i=1}^{n}\xi_{\varphi_i}\right\rangle^{1/2}\right|$$

$$\left.\cdot\ \varphi_i\in\mathscr{S}_i,\ 1\leqslant i\leqslant n\right\}\leqslant\alpha_0(u),$$

证毕.

系 3.2.6 设 $f_i\in A_i^*$, $1\leqslant i\leqslant n$, 则 $\bigotimes_{i=1}^{n}A_i$ 上的线性泛函 $\bigotimes_{i=1}^{n}f_i$ 可以唯一扩充为 α_0-$\bigotimes_{i=1}^{n}A_i$ 上范数为 $\prod_{i=1}^{n}\|f_i\|$ 的线性泛函.

事实上，对任意的 $u\in\bigotimes_{i=1}^{n}A_i$, 依 $\lambda(\cdot)$ 的定义及 $\lambda(\cdot)\leqslant\alpha_0(\cdot)$,

$$\left|\bigotimes_{i=1}^{n}f_i(u)\right|\leqslant\prod_{i=1}^{n}\|f_i\|\,\lambda(u)\leqslant\prod_{i=1}^{n}\|f_i\|\alpha_0(u),$$

由此得证.

命题 3.2.7 上面的 c^*-范 $\alpha_0(\cdot)$ 还可这样表达

$$\alpha_0(u)=\sup\left\{\left\|\bigotimes_{i=1}^{n}\pi_i(u)\right\|\ \middle|\ \pi_i\text{ 是 }A_i\text{ 的}*\text{表示},\ 1\leqslant i\leqslant n\right\}$$

$$=\sup\left\{\left\|\bigotimes_{i=1}^{n}\pi_{\rho_i}(u)\right\|\ \middle|\ \rho_i\in\Delta_i,\ 1\leqslant i\leqslant n\right\},$$

$$\forall u\in\bigotimes_{i=1}^{n}A_i.$$

这里 Δ_i 是 A_i 上正泛函的集合，使得 $\left\{\sum_j\lambda_j\rho_j^{(i)}\middle|\lambda_j\geqslant0,\ \rho_j^{(i)}\in\Delta_i,\ \forall j\right\}$ 在 A_i^* 中的 $\sigma(A_i^*, A_i)$ 闭包 $\supset\varphi_i$, 及当 $\rho_i\in\Delta_i$, π_{ρ_i} 是 ρ_i 产生的 A_i 的 $*$ 表示, $1\leqslant i\leqslant n$.

证. c^*-代数的任意 $*$ 表示是循环 $*$ 表示族与零表示的直和，而循环 $*$ 表示必酉等价于某个态产生的 $*$ 表示，因此，依定理

3.2.5，

$$\alpha_0(u) = \sup\left\{\left\|\bigotimes_{i=1}^n \pi_{\varphi_i}(u)\right\| \middle| \varphi_i \in \mathscr{S}_i,\ 1 \leqslant i \leqslant n\right\}$$
$$= \sup\left\{\left\|\bigotimes_{i=1}^n \pi_i(u)\right\| \middle| \pi_i \text{ 是 } A_i \text{ 的}*\text{表示},\ 1 \leqslant i \leqslant n\right\} \geqslant \alpha(u),$$

这里 $\alpha(u) = \sup\left\{\left\|\bigotimes_{i=1}^n \pi_{\rho_i}(u)\right\| \middle| \rho_i \in \Delta_i,\ 1 \leqslant i \leqslant n\right\}$，$\forall u \in \bigotimes_{i=1}^n A_i$. 我们说 $\alpha(\cdot)$ 也是 $\bigotimes_{i=1}^n A_i$ 上的 c^*-范，事实上，如果 $\alpha(u)=0$，则 $\bigotimes_{i=1}^n \rho_i(u) = 0$，$\forall \rho_i \in \Delta_i$，$1 \leqslant i \leqslant n$，依 Δ_i 的性质，即见 $u = 0$.

对任意的 $\rho_i \in \Delta_i$，$1 \leqslant i \leqslant n$，$\left|\bigotimes_{i=1}^n \rho_i(u)\right| \leqslant \left\|\bigotimes_{i=1}^n \pi_{\rho_i}(u)\right\| \leqslant \alpha(u)$，$\forall u \in \bigotimes_{i=1}^n A_i$. 因此，$\bigotimes_{i=1}^n \rho_i$ 可扩充为 α-$\bigotimes_{i=1}^n A_i$ 上的正泛函. 对任意的 $u, v \in \bigotimes_{i=1}^n A_i$，$v^*(\alpha(u^*u) - u^*u)v$ 是 α-$\bigotimes_{i=1}^n A_i$ 的正元，因此，$\bigotimes_{i=1}^n \rho_i(v^*(\alpha(u^*u) - u^*u)v) \geqslant 0$，$\forall \rho_i \in \Delta_i$，$1 \leqslant i \leqslant n$. 进而依 Δ_i 的假定，可见 $\bigotimes_{i=1}^n \varphi_i(v^*(\alpha(u^*u)-u^*u)v) \geqslant 0$，$\forall \varphi_i \in \mathscr{S}_i$，$1 \leqslant i \leqslant n$. 从而，$\alpha(\cdot) \geqslant \alpha_0(\cdot)$. 证毕.

引理 3.2.8 设 A 是 Hilbert 空间 $\mathscr{H}$ 中的 c^*-代数，令 $\triangle = \{\omega_\xi(\cdot) = \langle \cdot\xi, \xi\rangle \mid \xi \in \mathscr{H}, \|\xi\|=1\}$，则$\triangle$在 A^* 中的 $\sigma(A^*, A)$ 凸闭包$\supset A$ 的态空间 $\mathscr{S}$.

证. 设 $\varphi \in \mathscr{S}$，依系 2.3.12，φ 可以扩张为 $B(\mathscr{H})$ 上的态，仍记以 φ. $T(\mathscr{H})$ 的单位球在 $B(\mathscr{H})^*$ 的单位球中是弱$*$稠的，于是有网 $\{t_l\} \subset T(\mathscr{H})$，$\|t_l\|_1 \leqslant 1$，$\forall l$，使得 $\mathrm{tr}(t_l b) \to$

$\varphi(b)$, $\forall b\in B(\mathscr{H})$. 由于 $\varphi=\varphi^*$，无妨设 $t_l=t_l^*$, $\forall l$. 于是可写 $t_l=t_l^+-t_l^-$，这里 $t_l^\pm$ 是正迹类算子，$t_l^+\cdot t_l^-=0$，自然也有 $\|t_l^\pm\|_1\leqslant\|t_l\|_1\leqslant 1,\forall l$. $B(\mathscr{H})^*$ 的单位球是弱 * 紧的，因此可设 $\{t_l^\pm\}$ 是 $B(\mathscr{H})^*$ 的弱 * 收敛网. 令 $|t_l|=t_l^++t_l^-$，则有 $\psi\in B(\mathscr{H})^*$，使得 $\mathrm{tr}(|t_l|b)\to\psi(b),\forall b\in B(\mathscr{H})$. 自然 ψ 是 $B(\mathscr{H})$ 上的正泛函，并且由于 $\varphi(1)=1=\lim\limits_l\mathrm{tr}(t_l)\leqslant\lim\limits_l\mathrm{tr}(|t_l|)=\psi(1)$ 及 $\||t_l|\|_1=\|t_l\|_1\leqslant 1,\forall l$，因此 ψ 是 $B(\mathscr{H})$ 上的态，并且 $\lim\limits_l\mathrm{tr}(t_l^-)=0$. 对任意的 $a\in B(\mathscr{H})$, $a\geqslant 0$，由于 $0\leqslant\mathrm{tr}(t_l^-a)\leqslant\|a\|\mathrm{tr}(t_l^-)\to 0$，因此，$\mathrm{tr}(t_l^+b)\to\varphi(b)$, $\forall b\in B(\mathscr{H})$，即我们可以假定 $t_l\geqslant 0,\forall l$. 从而可写

$$\mathrm{tr}(t_lb)=\sum_n\lambda_n^{(l)}\langle b\xi_n^{(l)},\xi_n^{(l)}\rangle,\forall l\ 及\ b\in B(\mathscr{H}).$$

这里 $\|\xi_n^{(l)}\|=1$, $\lambda_n^{(l)}\geqslant 0$, $\forall n, l$. 由于 $\sum\limits_n\lambda_n^{(l)}=\mathrm{tr}(t_l)\to 1$，于是 N, l 充分大时，

$$\omega_{N,l}(\cdot)=\sum_{n=1}^N\left(\sum_{k=1}^N\lambda_k^{(l)}\right)^{-1}\lambda_n^{(l)}\langle\cdot\xi_n^{(l)},\xi_n^{(l)}\rangle\in Co\Delta,$$

并且 $\omega_{N,l}(a)\xrightarrow{(N,l)}\varphi(a)$, $\forall a\in A$. 证毕.

定理 3.2.9 如果 $\{\pi_i,\mathscr{H}_i\}$ 是 c^*-代数 A_i 忠实的 * 表示，则 $\alpha_0(u)=\left\|\bigotimes\limits_{i=1}^n\pi_i(u)\right\|$, $\forall u\in\bigotimes\limits_{i=1}^n A_i$.

证. 依命题 3.2.7，对任意的 $u\in\bigotimes\limits_{i=1}^n A_i$,

$$\alpha_0(u)\geqslant\left\|\bigotimes_{i=1}^n\pi_i(u)\right\|\geqslant$$

$$\sup\left\{\frac{\left\|\bigotimes\limits_{i=1}^n\pi_i(uv)\bigotimes\limits_{i=1}^n\xi_i\right\|}{\left\|\bigotimes\limits_{i=1}^n\pi_i(v)\bigotimes\limits_{i=1}^n\xi_i\right\|}\middle|\begin{array}{l}\xi_i\in\mathscr{H}_i,\ \|\xi_i\|=1,1\leqslant i\leqslant n,\\ v\in\bigotimes\limits_{i=1}^n A_i,\ 且\ \left\|\bigotimes\limits_{i=1}^n\pi_i(v)\bigotimes\limits_{i=1}^n\xi_i\right\|>0\end{array}\right\}$$

$$= \sup$$

$$\cdot\left\{\frac{\left(\bigotimes_{i=1}^{n}\rho_i(v^*u^*uv)\right)^{1/2}}{\left(\bigotimes_{i=1}^{n}\rho_i(v^*v)\right)^{1/2}}\ \middle|\ \begin{array}{l}\rho_i\in\Delta_i,\ 1\leqslant i\leqslant n\\ v\in\bigotimes_{i=1}^{n}A_i,\text{且 }\bigotimes_{i=1}^{n}\rho_i(v^*v)>0\end{array}\right\}$$

$$= \sup\left\{\left\|\bigotimes_{i=1}^{n}\pi_{\rho_i}(u)\right\|\ \middle|\ \rho_i\in\Delta_i,\ 1\leqslant i\leqslant n\right\},$$

这里 $\Delta_i=\{\langle\pi_i(\cdot)\xi_i,\xi_i\rangle\,|\,\xi_i\in\mathscr{H}_i,\|\xi_i\|=1\}$，及当 $\rho_i\in\Delta_i$，π_{ρ_i} 是 ρ_i 产生的 A_i 的 $*$ 表示，$1\leqslant i\leqslant n$. 依命题 3.2.7，引理 3.2.8，及 π_i 是 A_i 忠实的 $*$ 表示 ($1\leqslant i\leqslant n$)，可见 $\sup\left\{\left\|\bigotimes_{i=1}^{n}\pi_{\rho_i}(u)\right\|\ \middle|\ \rho_i\in\Delta_i,1\leqslant i\leqslant n\right\}=\alpha_0(u)$. 由此得证.

本定理说明了 $\alpha_0(\cdot)$ 的几何意义，因此，称 $\alpha_0(\cdot)$ 为 $\bigotimes_{i=1}^{n}A_i$ 上空间的 c^*-范. 以后，我们将看到 $\alpha_0(\cdot)$ 实际上是 $\bigotimes_{i=1}^{n}A_i$ 上最小的 c^*-范.

命题 3.2.10 $\bigotimes_{i=1}^{n}A_i^*$ 在 $\left(\alpha_0\text{-}\bigotimes_{i=1}^{n}A_i\right)^*$ 中是弱 $*$ 稠的.

证. 由系 3.2.6，$\bigotimes_{i=1}^{n}A_i^*\subset\left(\alpha_0\text{-}\bigotimes_{i=1}^{n}A_i\right)^*$. 无妨设 A_i 是 $\mathscr{H}_i$ 中的 c^*-代数，$1\leqslant i\leqslant n$，依定理 3.2.9，$\alpha_0\text{-}\bigotimes_{i=1}^{n}A_i$ 实际上是 $\bigotimes_{i=1}^{n}A_i$ 在 $B\left(\bigotimes_{i=1}^{n}\mathscr{H}_i\right)$ 中的一致闭包，依引理 3.2.8，$\left\{\langle\cdot\xi,\xi\rangle\,\middle|\,\xi\in\bigotimes_{i=1}^{n}\mathscr{H}_i\right\}$ 的弱 $*$ 凸闭包包含 $\alpha_0\text{-}\bigotimes_{i=1}^{n}A_i$ 的态空间. 进而，$\bigotimes_{i=1}^{n}A_i^*$ 的子集

$$\left\{\bigotimes_{i=1}^{n}\langle\cdot\xi_i,\xi_i\rangle\,\middle|\,\xi_i\in\mathscr{H}_i,\ 1\leqslant i\leqslant n\right\}$$

的弱*凸闭包将包含 α_0-$\bigotimes_{i=1}^{n} A_i$ 的态空间. 证毕.

注 本节见参考文献[64], [115], [126], [132], [134]

§3. 最大的 c^*-范

设 $A_1,\cdots,A_n$ 是 c^*-代数,依定理 3.2.5, $\bigotimes_{i=1}^{n} A_i$ 上至少有一个 c^*-范 $\alpha_0(\cdot)$, 又依命题 3.2.2, $\bigotimes_{i=1}^{n} A_i$ 上任意的 c^*-范 $\alpha\cdot(\cdot)\leqslant\gamma(\cdot)$, 因此, 可以定义 $\bigotimes_{i=1}^{n} A_i$ 上的最大的 c^*-范

$$\alpha_1(u)=\sup\left\{\alpha(u)\,|\,\alpha(\cdot)\text{ 是 }\bigotimes_{i=1}^{n} A_i\text{ 上的 }c^*\text{-范}\right\},$$

$$\forall u\in\bigotimes_{i=1}^{n} A_i.$$

与定义 2.4.5 一样,我们称*代数 $\bigotimes_{i=1}^{n} A_i$ 的*表示 $\{\pi,\mathscr{H}\}$ 是非退化的, 指 $\left\{\pi(u)\xi\,|\,u\in\bigotimes_{i=1}^{n} A_i,\xi\in\mathscr{H}\right\}$ 张成的闭子空间就是 $\mathscr{H}$.

引理 3.3.1 设 $\{\pi,\mathscr{H}\}$ 是 $\bigotimes_{i=1}^{n} A_i$ 的非退化*表示, 则存在 A_i 的唯一的非退化*表示 $\{\pi_i,\mathscr{H}\}$, $1\leqslant i\leqslant n$, 使得

$$\pi_i(a_i)\pi_j(a_j)=\pi_j(a_j)\pi_i(a_i),$$

$$\pi\left(\bigotimes_{i=1}^{n} a_i\right)=\pi_1(a_1)\cdots\pi_n(a_n),$$

$\forall a_i\in A_i$, $1\leqslant i\neq j\leqslant n$. 特别, $\|\pi(u)\|\leqslant\gamma(u)$, $\forall u\in\bigotimes_{i=1}^{n} A_i$.

此外，如果 π 是忠实的，则 π_i 也是忠实的，$1\leqslant i\leqslant n$.

证. 记 $A_i^{(1)}=A_i\dotplus \mathbf{C}1_i$ 是 A_i 添加单位元 1_i 的 c^*-代数，并对 $\xi=\sum_{j,k}\pi\left(\bigotimes_{s=1}^n a_{jk}^{(s)}\right)\xi_k$，令

$$\varphi_i(b_i)=\sum_{j,k,l,m}\left\langle\pi\left(\bigotimes_{s\neq i}1_s\otimes b_i\cdot\bigotimes_s a_{jk}^{(s)}\right)\xi_k,\ \pi\left(\bigotimes_s a_{lm}^{(s)}\right)\xi_m\right\rangle$$

$\forall b_i\in A_i^{(1)}$，易见 φ_i 是 $A_i^{(1)}$ 上的正泛函，于是

$$\begin{aligned}\left\|\sum_{j,k}\pi\left(\bigotimes_{s\neq i}1_s\otimes b_i\cdot\bigotimes_s a_{jk}^{(s)}\right)\xi_k\right\|&=\varphi_i(b_i^*b_i)^{\frac12}\\&\leqslant\|b_i\|\varphi_i(1_i)^{1/2}=\|b_i\|\cdot\|\xi\|,\end{aligned}$$

但 π 是非退化的，因此可以唯一决定 $\pi_i(b_i)\in B(\mathscr{H})$，使得

$$\pi_i(b_i)\xi=\sum_{j,k}\pi\left(\bigotimes_{s\neq i}1_s\otimes b_i\cdot\bigotimes_s a_{jk}^{(s)}\right)\xi_k,$$

易见 $\{\pi_i,\mathscr{H}\}$ 是 $A_i^{(1)}$ 的 * 表示，并且

$$\pi_1(b_1)\cdots\pi_n(b_n)\xi=\sum_{j,k}\pi\left(\bigotimes_s b_s\cdot\bigotimes_s a_{jk}^{(s)}\right)\xi_k,$$

$\forall b_s\in A_s^{(1)}$，$a_{jk}^{(s)}\in A_s$，$\xi_k\in\mathscr{H}$ 及 $\xi=\sum_{j,k}\pi\left(\bigotimes_s a_{jk}^{(s)}\right)\xi_k$. 因此，

$$\pi\left(\bigotimes_i a_i\right)=\pi_1(a_1)\cdots\pi_n(a_n),$$

$$\pi_i(a_i)\pi_j(a_j)=\pi_j(a_j)\pi_i(a_i),$$

$\forall a_i\in A_i$，$1\leqslant i\neq j\leqslant n$.

如果 $\xi\in\mathscr{H}$，使对某 i 有 $\pi_i(a_i)\xi=0$，$\forall a_i\in A_i$，则也有 $\pi\left(\bigotimes_s a_s\right)\xi=0$，$\forall a_s\in A_s$，$1\leqslant s\leqslant n$. 但 π 是非退化的，因此，$\xi=0$. 即 $\{\pi_i,\mathscr{H}\}$ 是 A_i 非退化的 * 表示，$1\leqslant i\leqslant n$.

又若 π 是忠实的，由 $\pi\left(\bigotimes_i a_i\right)=\pi_1(a_1)\cdots\pi_n(a_n)$，$\forall a_i\in A_i$，$1\leqslant i\leqslant n$，可见 $\{\pi_i,\mathscr{H}\}$ 也是 A_i 忠实的 * 表示，$1\leqslant i\leqslant n$.

最后，如果 $\{d_{l_j}^{(j)}\}$ 是 A_j 的逼近单位元，依命题 2.4.6，

$$\pi_i(a_i)=(\text{强算子})\text{-}\lim_{j\neq i,l_j}\pi\left(\bigotimes_{j\neq i}d_{l_j}^{(j)}\otimes a_i\right),\ \forall a_i\in A_i,$$

因此，π_i 为 π 唯一决定，$1\leqslant i\leqslant n$. 证毕.

注. 如果不假定 π 是非退化的,限于 π 的本质子空间来讨论，可见仍有分解 $\pi=\pi_1\cdots\pi_n$，但不必唯一.

命题 3.3.2 对任意的 $u\in\bigotimes_{i=1}^{n}A_i$，我们有

$$\alpha_1(u)=\sup\left\{\|\pi(u)\|\,|\,\pi \text{ 是 } \bigotimes_{i=1}^{n}A_i \text{ 的}*\text{表示}\right\}.$$

证. 设 π_0 是 α_1-$\bigotimes_{i=1}^{n}A_i$ 忠实的 * 表示，则 $\alpha_1(u)=\|\pi_0(u)\|$. 当然 π_0 限于 $\bigotimes_{i=1}^{n}A_i$ 也是 $\bigotimes_{i=1}^{n}A_i$ 的 * 表示，因此，$\alpha_1(u)\leqslant\sup\left\{\|\pi(u)\|\,|\,\pi \text{ 是 } \bigotimes_{i=1}^{n}A_i \text{ 的}*\text{表示}\right\}$. 又依引理 3.3.1，$\|\pi(\cdot)\|\leqslant\gamma(\cdot)$，因此，

$$\sup\left\{\|\pi(\cdot)\|\,|\,\pi \text{ 是 } \bigotimes_{i=1}^{n}A_i \text{ 的}*\text{表示}\right\},$$

也是 $\bigotimes_{i=1}^{n}A_i$ 上的 c^*-范，但 $\alpha_1(\cdot)$ 是 $\bigotimes_{i=1}^{n}A_i$ 上最大的 c^*-范，所以，$\alpha_1(u)=\sup\left\{\|\pi(u)\|\,|\,\pi \text{ 是 } \bigotimes_{i=1}^{n}A_i \text{ 的}*\text{表示}\right\}$. 证毕.

命题 3.3.3 对任意的 $u\in\bigotimes_{i=1}^{n}A_i$，我们有

$$\alpha_1(u)=\sup\left\{\alpha(u)\,\middle|\,\alpha(\cdot) \text{ 是 } \bigotimes_{i=1}^{n}A_i \text{ 上的 } c^*\text{-拟范}\right\},$$

这里 $\alpha(\cdot)$ 是 c^*-拟范，只与 c^*-范差一个条件，即若 $\alpha(v)=0$，未必有 $v=0$.

证. 显然右端 $\geqslant$ 左端. 今设 $\alpha(\cdot)$ 是 $\bigotimes_{i=1}^{n}A_i$ 上的 c^*-拟范，则 $\vartheta=\left\{v\in\bigotimes_{i=1}^{n}A_i\,\middle|\,\alpha(v)=0\right\}$ 是 $\bigotimes_{i=1}^{n}A_i$ 的 * 双侧理想. 令

$v \to \tilde{v}$ 是 $\bigotimes_{i=1}^{n} A_i$ 到 $\bigotimes_{i=1}^{n} A_i/\vartheta$ 上的正则映象，并命 $\tilde{\alpha}(\tilde{v})=\alpha(v)$，则 $\tilde{\alpha}(\cdot)$ 是 $\bigotimes_{i=1}^{n} A_i/\vartheta$ 上的 c^*-范. 设 $\tilde{\pi}$ 是 $\tilde{\alpha}$-$\left(\bigotimes_{i=1}^{n} A_i/\vartheta\right)$ 忠实的＊表示，及命 $\pi(v)=\tilde{\pi}(\tilde{v})$，则 π 是 $\bigotimes_{i=1}^{n} A_i$ 的＊表示. 依命题 3.3.2，

$$\alpha_1(u) \geqslant \|\pi(u)\| = \|\tilde{\pi}(\tilde{u})\| = \tilde{\alpha}(\tilde{u}) = \alpha(u),$$

证毕.

命题 3.3.4 集合 $\left\{\alpha(\cdot) | \alpha(\cdot) \text{ 是 } \bigotimes_{i=1}^{n} A_i \text{ 上的 } c^*\text{-范}\right\}$ 与 $\left\{\vartheta | \vartheta \text{ 是 } \alpha_1\text{-}\bigotimes_{i=1}^{n} A_i \text{ 的闭双侧理想，并且 } \vartheta \cap \bigotimes_{i=1}^{n} A_i = 0\right\}$ 通过下面的方式一一对应:

设 $\alpha(\cdot)$ 是 $\bigotimes_{i=1}^{n} A_i$ 上的 c^*-范，则有 α_1-$\bigotimes_{i=1}^{n} A_i$ 唯一的闭双侧理想 ϑ_α，使得 $u \to \tilde{u}$ $\left(\forall u \in \bigotimes_{i=1}^{n} A_i\right)$ 可以扩充为 α-$\bigotimes_{i=1}^{n} A_i$ 到 $\left(\alpha_1\text{-}\bigotimes_{i=1}^{n} A_i\right)\Big/\vartheta_\alpha$ 上的＊同构，这里 $a \to \tilde{a}$ 是 α_1-$\bigotimes_{i=1}^{n} A_i$ 到 $\left(\alpha_1\text{-}\bigotimes_{i=1}^{n} A_i\right)\Big//\vartheta_\alpha$ 上的正则映象. 此外，这个 ϑ_α 必然满足 $\vartheta_\alpha \cap \bigotimes_{i=1}^{n} A_i = \{0\}$. 反之，对 α_1-$\bigotimes_{i=1}^{n} A_i$ 的每个闭双侧理想 ϑ，并且 $\vartheta \cap \bigotimes_{i=1}^{n} A_i = \{0\}$，必有 $\bigotimes_{i=1}^{n} A_i$ 上唯一的 c^*-范 $\alpha(\cdot)$，使得 $\vartheta = \vartheta_\alpha$.

特别，对 $\bigotimes_{i=1}^{n} A_i$ 上每个 c^*-范 $\alpha(\cdot)$，有

$$\alpha(u) = \inf\{\alpha_1(u+v) | v \in \vartheta_\alpha\}, \ \forall u \in \bigotimes_{i=1}^{n} A_i.$$

证. 设 $\alpha(\cdot)$ 是 $\bigotimes_{i=1}^{n} A_i$ 上的 c^*-范,于是 $\alpha(\cdot)\leqslant\alpha_1(\cdot)$. 从而 $\bigotimes_{i=1}^{n} A_i$ 上的恒等映象 I 可以扩充为 α_1-$\bigotimes_{i=1}^{n} A_i$ 到 α-$\bigotimes_{i=1}^{n} A_i$ 的 $*$ 同态. 但 $I\left(\alpha_1\text{-}\bigotimes_{i=1}^{n} A_i\right)$ 是 α-$\bigotimes_{i=1}^{n} A_i$ 的包含 $\bigotimes_{i=1}^{n} A_i$ 的 c^*-子代数,因此, $I\left(\alpha_1\text{-}\bigotimes_{i=1}^{n} A_i\right)=\alpha\text{-}\bigotimes_{i=1}^{n} A_i$. 记这个 $*$ 同态的核为 ϑ_α, 它是 α_1-$\bigotimes_{i=1}^{n} A_i$ 的闭双侧理想, 并且由于 $\mathscr{I}u=u$, $\forall u\in\bigotimes_{i=1}^{n} A_i$, 因此, $\vartheta_\alpha\cap\bigotimes_{i=1}^{n} A_i=\{0\}$. 于是我们自然地得到 α-$\bigotimes_{i=1}^{n} A_i$ 到 $\left(\alpha_1\text{-}\bigotimes_{i=1}^{n} A_i\right)\Big/\vartheta_\alpha$ 上的 $*$ 同构,使得 $u\to\tilde{u}$, $\forall u\in\bigotimes_{i=1}^{n} A_i$.

今若 ϑ 是 α_1-$\bigotimes_{i=1}^{n} A_i$ 的闭双侧理想, Φ 是 α-$\bigotimes_{i=1}^{n} A_i$ 到 $\left(\alpha_1\text{-}\bigotimes_{i=1}^{n} A_i\right)\Big/\vartheta$ 上的 $*$ 同构, 使得 $\Phi(u)=\tilde{u}$, $\forall u\in\bigotimes_{i=1}^{n} A_i$. 于是 $a\to\tilde{a}\to\Phi^{-1}(\tilde{a})$ 是 α_1-$\bigotimes_{i=1}^{n} A_i$ 到 α-$\bigotimes_{i=1}^{n} A_i$ 上的 $*$ 同态,记这个 $*$ 同态为 Ψ. 显然, Ψ 的核是 ϑ, 并且 $\Psi(u)=u$, $\forall u\in\bigotimes_{i=1}^{n} A_i$. 因此, Ψ 是 $\bigotimes_{i=1}^{n} A_i$ 上恒等映象的扩充,从而 $\vartheta=\vartheta_\alpha$.

反之,设 ϑ 是 α_1-$\bigotimes_{i=1}^{n} A_i$ 的闭双侧理想, 并且 $\vartheta\cap\bigotimes_{i=1}^{n} A_i=\{0\}$, 于是, $\bigotimes_{i=1}^{n} A_i$ 一一地嵌入 $\left(\alpha_1\text{-}\bigotimes_{i=1}^{n} A_i\right)\Big/\vartheta$ 之中. 这样 $\left(\alpha_1\text{-}\bigotimes_{i=1}^{n} A_i\right)\Big/\vartheta$ 的范数便决定 $\bigotimes_{i=1}^{n} A_i$ 上一个 c^*-范 $\alpha(\cdot)$. 于

是 $\alpha\text{-}\bigotimes_{i=1}^{n} A_i$ 与 $\left(\alpha_1\text{-}\bigotimes_{i=1}^{n} A_i\right)\Big/\vartheta *$ 同构，并且 $u \to \tilde{u}, \forall u \in \bigotimes_{i=1}^{n} A_i$，从而 $\vartheta = \vartheta_\alpha$. 证毕.

注 本节见参考文献[46]，[64]，[115].

§4. 代数张量积上的态

设 $A_1, \cdots, A_n$ 是 c^*-代数，$\bigotimes_{i=1}^{n} A_i$ 是代数张量积.

命题 3.4.1 设 φ 是 $\bigotimes_{i=1}^{n} A_i$ 上的正泛函，则有正常数 K，使得

$$\left|\varphi\left(\bigotimes_{i=1}^{n} a_i\right)\right| \leqslant K\|a_1\|\cdots\|a_n\|, \ \forall a_i \in A_i, \ 1 \leqslant i \leqslant n.$$

证. 固定 $a_i \in (A_i)_+$，$2 \leqslant i \leqslant n$，则 $\varphi\left(\cdot \otimes \bigotimes_{i=2}^{n} a_i\right)$ 是 A_1 上的正泛函，从而连续（命题 2.3.2）. 进而，$\varphi\left(\bigotimes_{i=1}^{n} a_i\right)$ 对每个变量 a_i 分别是连续的. 再依一致有界定理，即得证.

命题 3.4.2 设 $A_i^{(1)} = A_i \dotplus C1_i$ 是 A_i 添加单位元 1_i 的 c^*-代数，$1 \leqslant i \leqslant n$，$\varphi$ 是 $\bigotimes_{i=1}^{n} A_i$ 上的正泛函，则 φ 可开拓为 $\bigotimes_{i=1}^{n} A_i^{(1)}$ 上的正泛函 $\tilde{\varphi}$，使得对 $\{1, \cdots, n\}$ 的任意子集 II 及 $a_j \in A_j$，$\forall j \notin \mathrm{II}$，有

$$\tilde{\varphi}\left(\bigotimes_{i\in \mathrm{II}} 1_i \otimes \bigotimes_{j\notin \mathrm{II}} a_j\right) = \lim_{i\in \mathrm{II}, l_i} \varphi\left(\bigotimes_{i\in \mathrm{II}} d_{l_i}^{(i)} \otimes \bigotimes_{j\notin \mathrm{II}} a_j\right),$$

这里 $\{d_{l_i}^{(i)}\}$ 是 A_i 的逼近单位元，$1 \leqslant i \leqslant n$.

证. 对任意的 $a_i \in A_i$，$2 \leqslant i \leqslant n$，依命题 2.4.4，下面的极限存在并且相等：

$$\lim_{l_1} \varphi\left(d_{l_1}^{(1)} \otimes \bigotimes_{i=2}^{n} a_i\right) = \lim_{l_1} \varphi\left(d_{l_1}^{(1)2} \otimes \bigotimes_{i=2}^{n} a_i\right)$$

今把 φ 扩张为 $A_1^{(1)}\otimes\bigotimes_{i=2}^{n}A_i$ 上的线性泛函 $\tilde{\varphi}$，使得

$$\tilde{\varphi}\left(1_1\otimes\bigotimes_{i=2}^{n}a_i\right)=\lim_{l_1}\varphi\left(d_{l_1}^{(1)}\otimes\bigotimes_{i=2}^{n}a_i\right),\ \forall\, a_i\in A_i,\ 2\leqslant i\leqslant n,$$

对任意的 $x=\sum_j(\lambda_j1_1+a_j^{(1)})\otimes\bigotimes_{i=2}^{n}a_j^{(i)}$，这里 $a_j^{(i)}\in A_i$，$\lambda_j\in$ $\mathbb{C}$，$\forall\, i,j$，

$$\begin{aligned}\tilde{\varphi}(x^*x)&=\varphi\left(\sum_{j,k}(a_j^{(1)*}a_k^{(1)}+\bar{\lambda}_ja_k^{(1)}+\lambda_ka_j^{(1)*})\otimes\bigotimes_{i=2}^{n}a_j^{(i)*}a_k^{(i)}\right)\\&\quad+\lim_{l_1}\sum_{j,k}\varphi\left(d_{l_1}^{(1)2}\otimes\bigotimes_{i=2}^{n}a_j^{(i)*}a_k^{(i)}\right)\bar{\lambda}_j\lambda_k\\&=\lim_{l_1}\varphi\left(\left(\sum_j(\lambda_jd_{l_1}^{(1)}+a_j^{(1)})\otimes\bigotimes_{i=2}^{n}a_j^{(i)}\right)^*\right.\\&\quad\left.\cdot\left(\sum_j(\lambda_jd_{l_1}^{(1)}+a_j^{(1)})\otimes\bigotimes_{i=2}^{n}a_j^{(i)}\right)\right)\end{aligned}$$

从而 $\tilde{\varphi}$ 也是 $A_1^{(1)}\otimes\bigotimes_{i=2}^{n}A_i$ 上的正泛函. 如此手续，可以逐步进行到 $\bigotimes_{i=1}^{n}A_i^{(1)}$ 之上. 证毕.

命题 3.4.3 设 φ 是 $\bigotimes_{i=1}^{n}A_i$ 上的正泛函，及 $\{d_{l_i}^{(i)}\}$ 是 A_i 的逼近单位元，$1\leqslant i\leqslant n$，则

$$\begin{aligned}\lim_{l_1,\cdots,l_n}\varphi\left(\bigotimes_{i=1}^{n}d_{l_i}^{(i)}\right)&=\sup\left\{\varphi\left(\bigotimes_{i=1}^{n}a_i\right)\right|\\&\qquad\left.\cdot\ a_i\in(A_i)_+,\ \|a_i\|\leqslant1,\ 1\leqslant i\leqslant n\right\}\\&=\sup\left\{\left|\varphi\left(\bigotimes_{i=1}^{n}a_i\right)\right|\right|\\&\qquad\left.\cdot\ a_i\in A_i,\ \|a_i\|\leqslant1,\ 1\leqslant i\leqslant n\right\}.\end{aligned}$$

证. 设 $\tilde{\varphi}$ 是 φ 如命题 3.4.2 的扩张，于是，

$$\lim_{l_1,\cdots,l_n} \varphi\left(\bigotimes_{i=1}^n d_{l_i}^{(i)}\right) = \tilde{\varphi}\left(\bigotimes_{i=1}^n 1_i\right),$$

如果 $a_i \in (A_i)_+$，$\|a_i\| \leqslant 1$，$1 \leqslant i \leqslant n$，则在 $\bigotimes\limits_{i=1}^n A_i^{(1)}$ 中，

$$\bigotimes_{i=1}^n 1_i \geqslant a_1 \otimes \bigotimes_{i=2}^n 1_i \geqslant \cdots \geqslant \bigotimes_{i=1}^n a_i.$$

因此，$\tilde{\varphi}\left(\bigotimes\limits_{i=1}^n 1_i\right) \geqslant \tilde{\varphi}\left(\bigotimes\limits_{i=1}^n a_i\right) = \varphi\left(\bigotimes\limits_{i=1}^n a_i\right)$. 又 $d_{l_i}^{(i)} \in (A_i)_+$，且 $\|d_{l_i}^{(i)}\| \leqslant 1$，$\forall l_i$，$1 \leqslant i \leqslant n$，所以

$$\lim_{l_1,\cdots,l_n} \varphi\left(\bigotimes_{i=1}^n d_{l_i}^{(i)}\right) = \sup\left\{\varphi\left(\bigotimes_{i=1}^n a_i\right) \Big| \cdot a_i \in (A_i)_+,\ \|a_i\| \leqslant 1,\ 1 \leqslant i \leqslant n\right\},$$

此外，对任意的 $a_i \in A_i$，$\|a_i\| \leqslant 1$，$1 \leqslant i \leqslant n$，由 Schwartz 不等式

$$\begin{aligned}\left|\varphi\left(\bigotimes_{i=1}^n a_i\right)\right|^2 &= \left|\tilde{\varphi}\left(\bigotimes_{i=1}^n a_i\right)\right|^2 \\ &\leqslant \tilde{\varphi}\left(\bigotimes_{i=1}^n 1_i\right)\varphi\left(\bigotimes_{i=1}^n a_i^* a_i\right) \\ &\leqslant \sup\left\{\varphi\left(\bigotimes_{i=1}^n b_i\right)^2 \Big| \cdot b_i \in (A_i)_+,\ \|b_i\| \leqslant 1,\ 1 \leqslant i \leqslant n\right\}.\end{aligned}$$

所以，

$$\begin{aligned}&\sup\left\{\left|\varphi\left(\bigotimes_{i=1}^n a_i\right)\right| \Big| a_i \in A_i,\ \|a_i\| \leqslant 1,\ 1 \leqslant i \leqslant n\right\} \\ &= \sup\left\{\varphi\left(\bigotimes_{i=1}^n a_i\right) \Big| a_i \in (A_i)_+,\ \|a_i\| \leqslant 1,\ 1 \leqslant i \leqslant n\right\},\end{aligned}$$

证毕.

定义 3.4.4 $\bigotimes\limits_{i=1}^n A_i$ 上的正泛函 φ 称为态，指

$$\sup\left\{\varphi\left(\bigotimes_{i=1}^{n}a_i\right)\Big|\, a_i\in(A_i)_+,\ \|a_i\|\leqslant 1,\ 1\leqslant i\leqslant n\right\}=1,$$

记 $\bigotimes_{i=1}^{n}A_i$ 上态的全体为 $\mathscr{S}\left(\bigotimes_{i=1}^{n}A_i\right)$.

命题 3.4.5 设 $\varphi\in\mathscr{S}\left(\bigotimes_{i=1}^{n}A_i\right)$, 则存在唯一的 $\tilde{\varphi}\in\mathscr{S}\left(\bigotimes_{i=1}^{n}A_i^{(1)}\right)$, 这里 $A_i^{(1)}=A_i\dot{+}\mathbf{C}1_i$, $1\leqslant i\leqslant n$, 使得 $\tilde{\varphi}$ 是 φ 的扩张.

证. 命题 3.4.2 已指出 $\tilde{\varphi}$ 的存在性.

今设 $\psi\in\mathscr{S}\left(\bigotimes_{i=1}^{n}A_i^{(1)}\right)$ 也是 φ 的扩张. 对任意的 $a_i\in(A_i)_+$, $2\leqslant i\leqslant n$, 则

$$\psi\left(1_1\otimes\bigotimes_{i=2}^{n}a_i\right)\geqslant\psi\left(d_l\otimes\bigotimes_{i=2}^{n}a_i\right)=\varphi\left(d_l\otimes\bigotimes_{i=2}^{n}a_i\right),$$

这里 $\{d_l\}$ 是 A_1 的逼近单位元. 于是依命题 3.4.2,

$$\psi\left(1_1\otimes\bigotimes_{i=2}^{n}a_i\right)\geqslant\tilde{\varphi}\left(1_1\otimes\bigotimes_{i=2}^{n}a_i\right).$$

如果存在 $a_i\in(A_i)_+$, $\|a_i\|<1$, $2\leqslant i\leqslant n$, 使得

$$\psi\left(1_1\otimes\bigotimes_{i=2}^{n}a_i\right)-\tilde{\varphi}\left(1_1\otimes\bigotimes_{i=2}^{n}a_i\right)=\delta>0,$$

当 $b_i\in(A_i)_+$, $\|b_i\|<1$, $b_i\geqslant a_i$, $2\leqslant i\leqslant n$ 时,

$$\begin{aligned}&\psi\left(1_1\otimes\bigotimes_{i=2}^{n}b_i\right)-\tilde{\varphi}\left(1_1\otimes\bigotimes_{i=2}^{n}b_i\right)\\&=\left[\psi\left(1_1\otimes(b_2-a_2)\otimes\bigotimes_{i=3}^{n}b_i\right)\right.\\&\qquad\left.-\tilde{\varphi}\left(1_1\otimes(b_2-a_2)\otimes\bigotimes_{i=3}^{n}b_i\right)\right]\\&\qquad+\left[\psi\left(1_1\otimes a_2\otimes(b_3-a_3)\otimes\bigotimes_{i=3}^{n}b_i\right)\right.\\&\qquad\left.-\tilde{\varphi}\left(1_1\otimes a_2\otimes(b_3-a_3)\otimes\bigotimes_{i=3}^{n}b_i\right)\right]+\cdots\end{aligned}$$

$$+\left[\phi\left(1_1\otimes\bigotimes_{i=2}^{n}a_i\right)-\tilde{\varphi}\left(1_1\otimes\bigotimes_{i=2}^{n}a_i\right)\right]\geqslant\delta,$$

从而，$1\geqslant\phi\left(1_1\otimes\bigotimes_{i=2}^{n}b_i\right)\geqslant\tilde{\varphi}\left(1_1\otimes\bigotimes_{i=2}^{n}b_i\right)+\delta$，进而

$$1\geqslant\sup\left\{\tilde{\varphi}\left(1_1\otimes\bigotimes_{i=2}^{n}b_i\right)\middle|\, b_i\geqslant a_i,\ \|b_i\|<1,\ 2\leqslant i\leqslant n\right\}+\delta,$$

但依命题 2.2.11 及态的定义，

$$\sup\left\{\tilde{\varphi}\left(1_1\otimes\bigotimes_{i=2}^{n}b_i\right)\middle|\, b_i\geqslant a_i,\ \|b_i\|<1,\ 2\leqslant i\leqslant n\right\}=1,$$

矛盾．因此，ϕ 与 $\tilde{\varphi}$ 在 $A_1^{(1)}\otimes\bigotimes_{i=2}^{n}A_i$ 上相同．继续递推，可见 $\phi=\tilde{\varphi}$．证毕．

命题 3.4.6 设 $\varphi\in\mathscr{S}\left(\bigotimes_{i=1}^{n}A_i\right)$，则 φ 可唯一扩张成 α_1-$\bigotimes_{i=1}^{n}A_i$ 上的态．特别

$$\alpha_1(u)^2=\sup\left\{\varphi(u^*u)\,|\,\varphi\in\mathscr{S}\left(\bigotimes_{i=1}^{n}A_i\right)\right\},\quad\forall u\in\bigotimes_{i=1}^{n}A_i.$$

证．依命题 3.4.5，φ 可唯一扩张成 $\tilde{\varphi}\in\mathscr{S}\left(\bigotimes_{i=1}^{n}A_i^{(1)}\right)$，这里 $A_i^{(1)}=A_i\dotplus\mathbb{C}1_i$，$1\leqslant i\leqslant n$．令

$$\vartheta=\left\{x\in\bigotimes_{i=1}^{n}A_i^{(1)}\middle|\,\tilde{\varphi}(x^*x)=0\right\},$$

它是 $\bigotimes_{i=1}^{n}A_i^{(1)}$ 的左理想．设 $x\to\tilde{x}$ 是 $\bigotimes_{i=1}^{n}A_i^{(1)}$ 到 $\left(\bigotimes_{i=1}^{n}A_i^{(1)}\right)\Big/\vartheta$ 上的正则映象，并定义 $\left(\bigotimes_{i=1}^{n}A_i^{(1)}\right)\Big/\vartheta$ 上的内积

$$\langle\tilde{x},\tilde{y}\rangle=\tilde{\varphi}(y^*x),\quad\forall x,\ y\in\bigotimes_{i=1}^{n}A_i^{(1)},$$

依此完备化，得到 Hilbert 空间 $\mathscr{H}$．对任意的 $x\in\bigotimes_{i=1}^{n}A_i^{(1)}$，令

$$\pi(x)\tilde{y}=\widetilde{xy},\quad \forall\, y\in\bigotimes_{i=1}^{n}A_i^{(1)}.$$

如果 $x_i\in A_i^{(1)}$，$\|x_i\|\leqslant 1$，$1\leqslant i\leqslant n$，由于在 $\bigotimes_{i=1}^{n}A_i^{(1)}$ 中，$\bigotimes_{i=1}^{n}x_i^*x_i\leqslant\bigotimes_{i=1}^{n}1_i$，因此，$\left\|\pi\left(\bigotimes_{i=1}^{n}x_i\right)\tilde{y}\right\|^2=\tilde{\varphi}\left(y^*\cdot\bigotimes_{i=1}^{n}x_i^*x_i\cdot y\right)\leqslant\tilde{\varphi}(y^*y)=\|\tilde{y}\|^2$. 从而，$\pi\left(\bigotimes_{i=1}^{n}x_i\right)$ 可扩张为 $\mathscr{H}$ 中的有界线性算子. 一般,我们便有 $\bigotimes_{i=1}^{n}A_i^{(1)}$ 的 * 表示 $\{\pi,\mathscr{H}\}$，并且

$$\tilde{\varphi}(x)=\left\langle\pi(x)\,\widetilde{\bigotimes_{i=1}^{n}1_i},\ \widetilde{\bigotimes_{i=1}^{n}1_i}\right\rangle,\quad\forall\, x\in\bigotimes_{i=1}^{n}A_i^{(1)},$$

进而，依命题 3.3.2，

$$|\varphi(u)|=|\tilde{\varphi}(u)|\leqslant\|\pi(u)\|\leqslant\alpha_1(u),\quad\forall\, u\in\bigotimes_{i=1}^{n}A_i.$$

因此，φ 可唯一扩张为 α_1-$\bigotimes_{i=1}^{n}A_i$ 上的态.

当然，α_1-$\bigotimes_{i=1}^{n}A_i$ 上的态限于 $\bigotimes_{i=1}^{n}A_i$ 仍然是 $\bigotimes_{i=1}^{n}A_i$ 上的态，所以，$\alpha_1(u)^2=\left\{\varphi(u^*u)\,|\,\varphi\text{ 是 }\alpha_1\text{-}\bigotimes_{i=1}^{n}A_i\text{ 上的态}\right\}=\left\{\varphi(u^*u)\,|\,\varphi\in\mathscr{S}\left(\bigotimes_{i=1}^{n}A_i\right)\right\}$，$\forall\, u\in\bigotimes_{i=1}^{n}A_i$. 证毕.

命题 3.4.7 设 $\varphi\in\mathscr{S}\left(\bigotimes_{i=1}^{n}A_i\right)$，则通过 GNS 构造，可以得到 $\bigotimes_{i=1}^{n}A_i$ 的循环 * 表示 $\{\pi,\mathscr{H},\xi\}$，使得

$$\varphi(u)=\langle\pi(u)\xi,\xi\rangle,\quad\forall\, u\in\bigotimes_{i=1}^{n}A_i,$$

这里 $\xi\in\mathscr{H}$，并且 $\|\xi\|=1$.

证. 依命题 3.4.6，φ 可唯一开拓为 $\alpha_1\text{-}\bigotimes_{i=1}^{n} A_i$ 上的态，仍记为 φ. 令

$$\vartheta = \left\{ u \in \bigotimes_{i=1}^{n} A_i \,\middle|\, \varphi(u^*u) = 0 \right\},$$

$$\vartheta_\varphi = \left\{ a \in \alpha_1\text{-}\bigotimes_{i=1}^{n} A_i \,\middle|\, \varphi(a^*a) = 0 \right\}$$

自然 $\vartheta \subset \vartheta_\varphi$. 设 $u \to \tilde{u}$，$a \to a_\varphi$ 分别是 $\bigotimes_{i=1}^{n} A_i$ 到 $\left(\bigotimes_{i=1}^{n} A_i\right) \Big/ \vartheta$ 上及 $\alpha_1\text{-}\bigotimes_{i=1}^{n} A_i$ 到 $\left(\alpha_1\text{-}\bigotimes_{i=1}^{n} A_i\right) \Big/ \vartheta_\varphi$ 上的正则映象，我们有图

$$\begin{array}{ccccc} & \nearrow & \tilde{u} \in \left(\bigotimes_{i=1}^{n} A_i\right) \Big/ \vartheta & \longrightarrow & \mathscr{H} \\ u \in \bigotimes A_i & & & & \downarrow U \\ & \searrow & u_\varphi \in \left(\alpha_1\text{-}\bigotimes_{i=1}^{n} A_i\right) \Big/ \vartheta_\varphi & \longrightarrow & \mathscr{H}_\varphi \end{array}$$

这里 $\{\pi, \mathscr{H}\}$ 是 φ 产生的 $\bigotimes_{i=1}^{n} A_i$ 的 * 表示(算子 $\pi(u)$ 的有界性可仿命题 3.4.6 的证明)，$\{\pi_\varphi, \mathscr{H}_\varphi, \xi_\varphi\}$ 是 φ 产生的 $\left(\alpha_1\text{-}\bigotimes_{i=1}^{n} A_i\right)$ 的循环 * 表示. 易见 U 可以扩张为 $\mathscr{H}$ 到 $\mathscr{H}_\varphi$ 上的酉算子，并且 $\pi(u) = U^{-1}\pi_\varphi(u)U$，$\forall u \in \bigotimes_{i=1}^{n} A_i$. 再令 $\xi = U^{-1}\xi_\varphi$，即得证.

命题 3.4.8 设 $\alpha(\cdot)$ 是 $\bigotimes_{i=1}^{n} A_i$ 上的 c^*-范，$\Gamma = \left\{ \varphi \in \mathscr{S}\left(\bigotimes_{i=1}^{n} A_i\right) \,\middle|\, \varphi \text{ 依 } \alpha(\cdot) \text{ 连续} \right\}$，则对任意的 $u \in \bigotimes_{i=1}^{n} A_i$，

$$\alpha(u) = \sup\{\varphi(u^*u)^{\frac{1}{2}} \mid \varphi \in \Gamma\} = \sup\{\|\pi_\varphi(u)\| \mid \varphi \in \Gamma\},$$

这里 $\{\pi_\varphi, \mathscr{H}_\varphi, \xi_\varphi\}$ 是 φ 产生的 $\bigotimes_{i=1}^{n} A_i$ 的循环 * 表示，

$\forall \varphi \in \Gamma$.

证. 由于 $\Gamma = \left\{\rho \text{ 限于 } \bigotimes_{i=1}^{n} A_i \,\middle|\, \rho \in \mathscr{S}\left(\alpha\text{-}\bigotimes_{i=1}^{n} A_i\right)\right\}$, 所以有第一个等式. 当 $\varphi \in \Gamma$ 时, 仿命题 3.4.7 的证明 (但那里的 $\alpha_1(\cdot)$ 代以 $\alpha(\cdot)$), $\|\pi_\varphi(u)\| \leqslant \alpha(u)$. 另一方面, $\varphi(u^*u) = \langle \pi_\varphi(u^*u)\xi_\varphi, \xi_\varphi\rangle \leqslant \|\pi_\varphi(u)\|^2$, 由此即得证.

注 本节见参考文献 [29], [64], [65]

§5. 不等式 $\lambda(\cdot) \leqslant \alpha_0(\cdot) \leqslant \alpha(\cdot) \leqslant \gamma(\cdot)$

引理 3.5.1 设 $A_1, \cdots, A_n$ 是 c^*-代数, 并且 A_n 无单位元. 如果 $x \in \bigotimes_{i=1}^{n-1} A_i \otimes A_n^{(1)}$, 这里 $A_n^{(1)} = A_n \dot{+} \mathbf{C}1_n$, 使得 $xv = 0$, $\forall v \in \bigotimes_{i=1}^{n} A_i$, 则 $x = 0$.

证. 无妨认为 $A_i \subset B(\mathscr{H}_i)$, 并且 A_i 在 $\mathscr{H}_i$ 中是非退化的, $1 \leqslant i \leqslant n$. 由于 A_n 无单位元, 也可认为 1_n 即 $\mathscr{H}_n$ 中的恒等算子. 若 $\xi_i, \eta_i \in \mathscr{H}_i$, $\langle \cdot\xi_i, \eta_i\rangle \in A_i^*$, $1 \leqslant i \leqslant n$, 于是

$$\left\langle xv \bigotimes_{i=1}^{n} \xi_i, \bigotimes_{i=1}^{n} \eta_i \right\rangle = 0, \quad \forall v \in \bigotimes_{i=1}^{n} A_i, \quad \xi_i, \eta_i \in \mathscr{H}_i, \quad 1 \leqslant$$

$i \leqslant n$. 因此, x 是 $\bigotimes_{i=1}^{n} \mathscr{H}_i$ 中的零算子. 依定理 3.2.9, $\|x\| = \alpha_0(x) = 0$, 所以, $x = 0$. 证毕.

命题 3.5.2 设 $A_1, \cdots, A_n$ 是 c^*-代数, 并且 A_n 无单位元. 如果 $\alpha(\cdot)$ 是 $\bigotimes_{i=1}^{n} A_i$ 上的 c^*-范, 令

$$\tilde{\alpha}(x) = \sup\left\{\alpha(xu) \,\middle|\, u \in \bigotimes_{i=1}^{n} A_i, \ \alpha(u) \leqslant 1\right\},$$

$\forall x \in \bigotimes_{i=1}^{n-1} A_i \otimes A_n^{(1)}$, 这里 $A_n^{(1)} = A_n \dot{+} \mathbf{C}1_n$, 则 $\tilde{\alpha}(\cdot)$ 是 $\bigotimes_{i=1}^{n-1} A_i \otimes A_n^{(1)}$

上的 c^*-范，并且是 $\alpha(\cdot)$ 的扩张。此外，如果 $\{d_{l_i}^{(i)}\}$ 是 A_i 的逼近单位元，$1\leqslant i\leqslant n$，则

$$\tilde{\alpha}(x)=\lim_{l_1,\cdots,l_n}\alpha\left(x\cdot\bigotimes_{i=1}^{n}d_{l_i}^{(i)}\right),\quad \forall x\in\bigotimes_{i=1}^{n-1}A_i\otimes A_n^{(1)}.$$

证. 依命题 3.2.2，$\alpha\left(\bigotimes_{i=1}^{n}a_i\right)$ 对每个变量 a_i 依 A_i 中的范数是连续的，于是对 $x\in\bigotimes_{i=1}^{n-1}A_i\otimes A_n^{(1)}$ 及 $v\in\bigotimes_{i=1}^{n}A_i$，$\alpha(v)\leqslant 1$，$\alpha\ (xv)=\lim_{l_1,\cdots,l_n}\alpha\left(x\cdot\bigotimes_{i=1}^{n}d_{l_i}^{(i)}\cdot v\right)$. 由此对任意的 $\varepsilon>0$，当$(l_1,\cdots,l_n)$ 充分大时，

$$\begin{aligned}\alpha(xv)&\leqslant\alpha\left(x\cdot\bigotimes_{i=1}^{n}d_{l_i}^{(i)}\cdot v\right)+\varepsilon\leqslant\alpha\left(x\cdot\bigotimes_{i=1}^{n}d_{l_i}^{(i)}\right)+\varepsilon\\&\leqslant\sup\left\{\alpha(xu)\,\middle|\,u\in\bigotimes_{i=1}^{n}A_i,\alpha(u)\leqslant 1\right\}+\varepsilon,\end{aligned}$$

这就说明对任意的 $x\in\bigotimes_{i=1}^{n-1}A_i\otimes A_n^{(1)}$，有

$$\begin{aligned}\tilde{\alpha}(x)&=\sup\left\{\alpha(xu)\,\middle|\,u\in\bigotimes_{i=1}^{n}A_i,\alpha(u)\leqslant 1\right\}\\&=\lim_{l_1,\cdots,l_n}\alpha\left(x\cdot\bigotimes_{i=1}^{n}d_{l_i}^{(i)}\right).\end{aligned}$$

特别地，$\tilde{\alpha}(\cdot)$ 是 $\alpha(\cdot)$ 的扩张。

由引理 3.5.1，$\tilde{\alpha}(\cdot)$ 是 $\bigotimes_{i=1}^{n-1}A_i\otimes A_n^{(1)}$ 上的范数。此外，

$$\alpha(xyu)=\lim_{l_1,\cdots,l_n}\alpha\left(x\cdot\bigotimes_{i=1}^{n}d_{l_i}^{(i)}\cdot yu\right)\leqslant\tilde{\alpha}(x)\tilde{\alpha}(y),$$

$\forall u\in\bigotimes_{i=1}^{n}A_i$，$\alpha(u)\leqslant 1$，所以，$\tilde{\alpha}(xy)\leqslant\tilde{\alpha}(x)\tilde{\alpha}(y)$，$\forall x,y\in\bigotimes_{i=1}^{n-1}A_i\otimes A_n^{(1)}$. 同时由

$$\tilde{\alpha}(x^*)\tilde{\alpha}(x) \geqslant \tilde{\alpha}(x^*x) \geqslant \sup\left\{\alpha(u^*x^*xu) \mid u \in \bigotimes_{i=1}^{n} A_i,\right.$$

$$\left.\alpha(u) \leqslant 1\right\} = \tilde{\alpha}(x)^2$$

可见 $\tilde{\alpha}(x^*x) = \tilde{\alpha}(x)^2$，即 $\tilde{\alpha}(\cdot)$ 是 c^*-范. 证毕.

命题 3.5.3 设 $A_i \cong C(\Omega_i)$，这里 Ω_i 是紧 Hausdorff 空间，$1 \leqslant i \leqslant n$，则 $\bigotimes_{i=1}^{n} A_i$ 上仅有一个 c^*-范 $\alpha_0(\cdot)$，并且 $\alpha_0(\cdot) = \lambda(\cdot)$ 以及 $\lambda\text{-}\bigotimes_{i=1}^{n} A_i \cong C(\Omega_1 \times \cdots \times \Omega_n)$.

证. 设 $\alpha(\cdot)$ 是 $\bigotimes_{i=1}^{n} A_i$ 上任意的 c^*-范，于是，$\alpha\text{-}\bigotimes_{i=1}^{n} A_i$ 是有单位元的 c^*-代数，设其谱空间是 Ω. 如果 $\varphi \in \Omega$，由于 $\varphi\left(\bigotimes_{j \neq i} 1_j \otimes \cdot\right)$ 也是 A_i 上的非零乘法泛函，$1 \leqslant i \leqslant n$（这里 1_j 是 A_j 的单位元），于是可唯一地写 $\varphi(u) = \bigotimes_{i=1}^{n} \varphi_i(u)$，$\forall u \in \bigotimes_{i=1}^{n} A_i$，这里 $\varphi_i \in \Omega_i$，$1 \leqslant i \leqslant n$. 因此，$\Omega$ 可嵌入 $\Omega_1 \times \cdots \times \Omega_n$ 之中，易见这个嵌入也是拓扑的. Ω 又是紧的，所以可把 Ω 看为 $\Omega_1 \times \cdots \times \Omega_n$ 的闭子集. 若 $\Omega \neq \Omega_1 \times \cdots \times \Omega_n$，则有 Ω_i 的非空开子集 U_i，$1 \leqslant i \leqslant n$，使得 $(U_1 \times \cdots \times U_n) \cap \Omega = \varnothing$. 取 $a_i \in A_i$，$a_i \neq 0$，使得 $\operatorname{supp} a_i(\cdot) \subset U_i$，$1 \leqslant i \leqslant n$. 于是 $\varphi\left(\bigotimes_{i=1}^{n} a_i\right) = 0$，$\forall \varphi \in \Omega$. 这将与 $\bigotimes_{i=1}^{n} a_i \neq 0$ 相矛盾. 所以，$\Omega = \Omega_1 \times \cdots \times \Omega_n$，即

$$\alpha\text{-}\bigotimes_{i=1}^{n} A_i \cong C(\Omega_1 \times \cdots \times \Omega_n),$$

从而 $\alpha(\cdot) = \alpha_0(\cdot)$. 此外，对任意的 $u \in \bigotimes_{i=1}^{n} A_i$，

$$\alpha_0(u) = \sup\left\{\left|\bigotimes_{i=1}^{n}\varphi_i(u)\right| \middle| \varphi_i \in \Omega_i,\ 1 \leqslant i \leqslant n\right\}$$

$$\leqslant \sup\left\{\left|\bigotimes_{i=1}^{n} f_i(u)\right| \middle| f_i \in A_i^*,\ \|f_i\| \leqslant 1,\ 1 \leqslant i \leqslant n\right\}$$

$$= \lambda(u)$$

再依定理 3.2.5，$\alpha_0(u) = \lambda(u)$. 证毕.

命题 3.5.4 设 A_i 是有单位元 1_i 的 c^*-代数，$1 \leqslant i \leqslant n$，$\alpha(\cdot)$ 是 $\bigotimes_{i=1}^{n} A_i$ 上的 c^*-范，令 $\beta(\cdot)$ 是 $\alpha(\cdot)$ 限于 $1_1 \otimes \bigotimes_{i=2}^{n} A_i$ 所诱导的 $\bigotimes_{i=2}^{n} A_i$ 上的 c^*-范. 如果 φ 是 α-$\bigotimes_{i=1}^{n} A_i$ 上的态，并且 $\chi(\cdot) = \varphi\left(\cdot \otimes \bigotimes_{i=2}^{n} 1_i\right)$ 是 A_1 上的纯态，则可唯一地写 $\varphi = \chi \otimes \psi$，其中 ψ 是 β-$\bigotimes_{i=2}^{n} A_i$ 上的态.

证. 令 $\psi(v) = \varphi(1_1 \otimes v)$，$\forall v \in \bigotimes_{i=2}^{n} A_i$，显然 ψ 可扩张为 β-$\bigotimes_{i=2}^{n} A_i$ 上的态. 今只须证明

$$\varphi\left(\bigotimes_{i=1}^{n} a_i\right) = \chi(a_1)\psi\left(\bigotimes_{i=2}^{n} a_i\right),\ \forall 0 \neq a_i \in (A_i)_+,\ 1 \leqslant i \leqslant n.$$

如果 $\psi\left(\bigotimes_{i=2}^{n} a_i\right) = 0$，依 Schwartz 不等式

$$0 \leqslant \varphi\left(\bigotimes_{i=1}^{n} a_i\right) = \varphi\left(a_1 \otimes \bigotimes_{i=2}^{n} a_i^{\frac{1}{2}} \cdot 1_1 \otimes \bigotimes_{i=2}^{n} a_i^{\frac{1}{2}}\right)$$

$$\leqslant \varphi\left(a_1^2 \otimes \bigotimes_{i=2}^{n} a_i\right)^{\frac{1}{2}} \cdot \psi\left(\bigotimes_{i=2}^{n} a_i\right)^{\frac{1}{2}} = 0$$

所以，$\varphi\left(\bigotimes_{i=1}^{n} a_i\right) = \chi(a_1)\psi\left(\bigotimes_{i=2}^{n} a_i\right) = 0$.

如果 $\psi\left(\bigotimes_{i=2}^{n} a_i\right)=\prod_{i=2}^{n}\|a_i\|$，由于 $v=\prod_{i=2}^{n}\|a_i\|\bigotimes_{i=2}^{n}1_i-\bigotimes_{i=2}^{n}a_i\in\left(\bigotimes_{i=2}^{n}A_i\right)_+$ 及 $0=\|a_1\|\varphi(1_1\otimes v)\geqslant\varphi(a_1\otimes v)\geqslant 0$，所以，$\varphi(a_1\otimes v)=0$，即 $\varphi\left(\bigotimes_{i=1}^{n}a_1\right)=\chi(a_1)\psi\left(\bigotimes_{i=2}^{n}a_i\right)$.

今设 $0<\lambda=\psi\left(\bigotimes_{i=2}^{n}a_i\right)<\prod_{i=2}^{n}\|a_i\|$，$\mu=\prod_{i=2}^{n}\|a_i\|-\lambda$ 及 $\rho_1(\cdot)=\lambda^{-1}\varphi\left(\cdot\otimes\bigotimes_{i=2}^{n}a_i\right)$，$\rho_2(\cdot)=\mu^{-1}\left[\prod_{i=2}^{n}\|a_i\|\varphi\left(\cdot\otimes\bigotimes_{i=2}^{n}1_i\right)-\varphi\left(\cdot\otimes\bigotimes_{i=2}^{n}a_i\right)\right]$，则 ρ_1，ρ_2 是 A_1 上的态，并且

$$\chi(\cdot)=\left(\prod_{i=2}^{n}\|a_i\|\right)^{-1}\lambda\rho_1(\cdot)+\left(\prod_{i=2}^{n}\|a_i\|\right)^{-1}\mu\rho_2(\cdot)$$

但 χ 是 A_1 上的纯态，因此，$\chi=\rho_1=\rho_2$，即

$$\varphi\left(\bigotimes_{i=1}^{n}a_i\right)=\lambda\rho_1(a_1)=\lambda\chi(a_1)=\chi(a_1)\psi\left(\bigotimes_{i=2}^{n}a_i\right),$$

证毕.

系 3.5.5 设 A_i 是有单位元 1_i 的 c^*-代数，$1\leqslant i\leqslant n$，$\varphi\in\mathscr{S}\left(\bigotimes_{i=1}^{n}A_i\right)$，并且对 $1\leqslant i\leqslant k$ $(k\leqslant n)$，$\chi_i(\cdot)=\varphi\left(\cdot\otimes\bigotimes_{j\neq i}1_j\right)$ 是 A_i 上的纯态，则

$$\varphi=\chi_1\otimes\cdots\otimes\chi_k\otimes\psi,$$

这里 $\psi\in\mathscr{S}\left(\bigotimes_{i=k+1}^{n}A_i\right)$. 此外，如果 φ 依 $\otimes A_i$ 上的 c^*-范 $\alpha(\cdot)$ 是连续的，则 ψ 也依 $\beta(\cdot)$ 连续，这里 $\beta(\cdot)$ 是 $\alpha(\cdot)$ 限于 $\bigotimes_{i=1}^{k}\Big|_1\otimes\bigotimes_{i=k+1}^{n}A_i$ 所诱导的 $\bigotimes_{i=k+1}^{n}A_i$ 上的 c^*-范.

命题 3.5.6 设 A_i 是有单位元 1_i 的 c^*-代数，$1\leqslant i\leqslant n$，并

且 $A_1, \cdots, A_k$ 是交换的 $(k \leqslant n)$. 如果 $\alpha(\cdot)$ 是 $\bigotimes_{i=1}^{n} A_i$ 上的 c^*-范, 及 φ 是 $\alpha - \bigotimes_{i=1}^{n} A_i$ 上的纯态, 则

$$\varphi = \chi_1 \otimes \cdots \otimes \chi_k \otimes \psi$$

这里 $\chi_i(\cdot) = \varphi\left(\cdot \otimes \bigotimes_{j \neq i} \Big|_j\right)$ 是 A_i 上的纯态, $1 \leqslant i \leqslant k$, $\psi(v) = \varphi\left(\bigotimes_{i=1}^{k} \Big|_i \otimes v\right)\left(\forall v \in \bigotimes_{i=k+1}^{n} A_i\right)$ 可开拓为 $\beta - \bigotimes_{i=k+1}^{n} A_i$ 上的纯态, $\beta(\cdot)$ 是 $\alpha(\cdot)$ 限于 $\bigotimes_{i=1}^{k} |_i \otimes \bigotimes_{i=k+1}^{n} A_i$ 所诱导的 $\bigotimes_{i=k+1}^{n} A_i$ 上的 c^*-范.

证. φ 产生 $A = \alpha - \bigotimes_{i=1}^{n} A_i$ 的不可约循环 * 表示 $\{\pi, \mathscr{H}, \xi\}$, 所以, $\pi(A)' = \mathbf{C}|_{\mathscr{H}}$. 由于 A_i 是交换的, 因此有 A_i 上的线性泛函 χ_i, 使得 $\pi\left(\cdot \otimes \bigotimes_{j \neq i} \Big|_j\right) = \chi_i(\cdot)|_{\mathscr{H}}$, 易见 χ_i 是 A_i 上的非零乘法泛函, 即为 A_i 上的纯态, $1 \leqslant i \leqslant k$. 依系 3.5.5, $\varphi = \chi_1 \otimes \cdots \otimes \chi_k \otimes \psi$.

还须证明 ψ 是 $\beta - \bigotimes_{i=k+1}^{n} A_i$ 上的纯态, 设有 $\beta - \bigotimes_{i=k+1}^{n} A_i$ 上的态 ψ_1, ψ_2 及数 $\lambda \in (0, 1)$, 使得 $\psi = \lambda\psi_1 + (1-\lambda)\psi_2$. 于是对任意的 $u \in \bigotimes_{i=1}^{n} A_i$,

$$\begin{aligned} |\chi_1 \otimes \cdots \otimes \chi_k \otimes \psi_j(u)|^2 &\leqslant \chi_1 \otimes \cdots \otimes \psi_j(u^*u) \\ &\leqslant \left(\frac{1}{\lambda} + \frac{1}{1-\lambda}\right) \varphi(u^*u) \leqslant \left(\frac{1}{\lambda} - \frac{1}{1-\lambda}\right) \alpha(u)^2. \end{aligned}$$

因此, $\chi_1 \otimes \cdots \otimes \chi_k \otimes \psi_j$ 可唯一扩张为 $\alpha - \bigotimes_{i=1}^{n} A_i$ 上的态 φ_j, $j = 1, 2$. 显然, $\varphi = \lambda\varphi_1 + (1-\lambda)\varphi_2$. 但 φ 是 $\alpha - \bigotimes_{i=1}^{n} A_i$ 上

的纯态，所以，$\varphi=\varphi_1=\varphi_2$. 进而，$\psi=\psi_1=\psi_2$. 证毕.

引理 3.5.7 设 A 是有单位元的 c^*-代数，ε 是 $(\mathscr{S},\sigma(A^*,A))$ 的紧凸子集，这里 $\mathscr{S}$ 是 A 的态空间，如果对任意的 $h^*=h\in A$，有 $\varphi\in\varepsilon$，使得

$$\varphi(h)=\max\{\lambda|\lambda\in\sigma(h)\},$$

则 $\varepsilon=\mathscr{S}$.

证. 若有 $\rho\in\mathscr{S}\backslash\varepsilon$，依分离性定理，有 $h^*=h\in A$，使得 $\rho(h)>\sup\{\varphi(h)|\varphi\in\varepsilon\}$. 但 $\rho(h)\leqslant\max\{\lambda|\lambda\in\sigma(h)\}$，这便与假设相矛盾，证毕.

引理 3.5.8 设 $A_1,\cdots,A_n$ 是 c^*-代数，$\alpha(\cdot)$ 是 $\bigotimes_{i=1}^{n}A_i$ 上的 c^*-范，则 $\alpha(\cdot)\geqslant\alpha_0(\cdot)$，当且仅当，$\bigotimes_{i=1}^{n}\varphi_i$ 依 $\alpha(\cdot)$ 是连续的，$\forall\varphi_i\in\mathscr{S}_i$，这里 $\mathscr{S}_i$ 是 A_i 的态空间，$1\leqslant i\leqslant n$.

证. 必要性由之见系 3.2.6. 反之，当 $\varphi_i\in\mathscr{S}_i$，$1\leqslant i\leqslant n$，$\bigotimes_{i=1}^{n}\varphi_i$ 是 $\bigotimes_{i=1}^{n}A_i$ 上的态时，且依 $\alpha(\cdot)$ 连续，于是

$$\bigotimes_{i=1}^{n}\varphi_i(v^*(\alpha(u^*u)-u^*u)v)\geqslant0,\ \forall u,v\in\bigotimes_{i=1}^{n}A_i,$$

再依定理 3.2.5，即见 $\alpha(\cdot)\geqslant\alpha_0(\cdot)$. 证毕.

命题 3.5.9 设 $A_i\cong C(\Omega_i)$，这里 Ω_i 是紧 Hausdorff 空间，$1\leqslant i\leqslant n-1$，$A_n$ 是有单位元 1_n 的 c^*-代数，则在 $\bigotimes_{i=1}^{n}A_i$ 上仅有一个 c^*-范 $\alpha_0(\cdot)$，并且 $\alpha_0(\cdot)=\lambda(\cdot)$，及

$$\lambda-\bigotimes_{i=1}^{n}A_i\cong C(\Omega_1\times\cdots\times\Omega_{n-1},A_n).$$

证. 设 $\alpha(\cdot)$ 是 $\bigotimes_{i=1}^{n}A_i$ 上的 c^*-范，并任意取定 $\chi_i\in\Omega_i$（即为 A_i 上的纯态），$1\leqslant i\leqslant n-1$，令

$$\varepsilon=\left\{\chi_n|\chi_n\text{ 是 }A_n\text{ 上的态，并且 }\bigotimes_{i=1}^{n}\chi_i\text{ 依 }\alpha(\cdot)\text{ 连续}\right\}.$$

显然 ε 是 $(\varphi_n, \sigma(A_n^*, A_n))$ 的紧凸子集，这里 $\mathscr{S}_n$ 是 A_n 的态空间. 对任意的 $h^* = h \in A_n$，设 B 是 $\{1_n, h\}$ 生成的 A_n 的交换 c^*-子代数，自然有 B 上的态 ψ_B，使得 $\psi_B(h) = \max\{\lambda \mid \lambda \in \sigma(h)\}$. 依命题 3.5.3，在 $\bigotimes\limits_{i=1}^{n-1} A_i \otimes B$ 上只有一个 c^*-范，再依系 3.2.6，可见 $\bigotimes\limits_{i=1}^{n-1} \chi_i \otimes \psi_B$ 在 $\bigotimes\limits_{i=1}^{n-1} A_i \otimes B$ 上依 $\alpha(\cdot)$ 是连续的，从而 $\bigotimes\limits_{i=1}^{n-1} \chi_i \otimes \psi_B$ 可扩充为 $\alpha - \bigotimes\limits_{i=1}^{n} A_i$ 上的态 φ（系 2.3.12）. 显然，$\varphi\left(\cdot \otimes \bigotimes\limits_{j \neq i}\Big|_i\right) = \chi_i(\cdot)$，$1 \leqslant i \leqslant n-1$，于是依系 3.5.5，$\varphi = \bigotimes\limits_{i=1}^{n} \chi_i$，这里 χ_n 是 A_n 上的态，且为 ψ_B 的开拓，特别，$\chi_n(h) = \psi_B(h)$. 今依引理 3.5.7，$\varepsilon = \mathscr{S}_n$. 这就说明 $\left\{\bigotimes\limits_{i=1}^{n} \chi_i \mid \chi_i \in \Omega_i,\ 1 \leqslant i \leqslant n-1,\ \chi_n \in \mathscr{S}_n\right\}$ 都是 $\alpha(\cdot)$ 连续的，进而 $\bigotimes\limits_{i=1}^{n} \varphi_i$ 都是 $\alpha(\cdot)$ 连续的，$\forall \varphi_i \in \mathscr{S}_i$，$1 \leqslant i \leqslant n$. 依引理 3.5.8，$\alpha(\cdot) \geqslant \alpha_0(\cdot)$.

另一方面，如果 φ 是 $\alpha - \otimes A_i$ 上的纯态，依命题 3.5.6，$\varphi = \bigotimes\limits_{i=1}^{n} \chi_i$，这里 χ_i 是 A_i 上的纯态，$1 \leqslant i \leqslant n$，所以，

$$
\begin{aligned}
\alpha(u^*u) &= \alpha(u)^2 \\
&= \sup\left\{\varphi(u^*u) \mid \varphi \text{ 是 } \alpha - \bigotimes_{i=1}^{n} A_i \text{ 上的纯态}\right\} \\
&= \sup\left\{\bigotimes_{i=1}^{n} \chi_i(u^*u) \mid \chi_i \text{ 是 } A_i \text{ 上的纯态 } 1 \leqslant i \leqslant n\right\} \\
&\leqslant \lambda(u^*u) \leqslant \alpha_0(u^*u) = \alpha_0(u)^2, \quad \forall u \in \bigotimes_{i=1}^{n} A_i,
\end{aligned}
$$

即 $\bigotimes\limits_{i=1}^{n} A_i$ 上仅有一个 c^*-范 $\alpha_0(\cdot)$.

对每个 $u \in \bigotimes_{i=1}^{n} A_i$，可唯一地写 $u = u(t_1, \cdots, t_{n-1})$，这里 $u(t_1, \cdots, t_{n-1})$ 是 $\Omega_1 \times \cdots \times \Omega_{n-1}$ 到 A_n 中的连续映象. 显然，$\|u\| = \max \{\|u(t_1, \cdots, t_{n-1})\| \mid t_i \in \Omega_i, 1 \leqslant i \leqslant n-1\}$ 将是 $\bigotimes_{i=1}^{n} A_i$ 上的 c^*-范，因此，$\|u\| = \alpha_0(u)$，即

$$\alpha_0 - \bigotimes_{i=1}^{n} A_i \cong C(\Omega_1 \times \cdots \times \Omega_{n-1}, A_n).$$

最后，对任意的 $u \in \bigotimes_{i=1}^{n} A_i$，由于

$$\begin{aligned}\alpha_0(u) &= \sup\{|f_n(u(t_1, \cdots, t_{n-1}))| \mid f_n \in A_n^*,\\ &\qquad \|f_n\| \leqslant 1, t_i \in \Omega_i, 1 \leqslant i \leqslant n-1\}\\ &\leqslant \sup\left\{\left|\bigotimes_{i=1}^{n} f_i(u)\right| \middle| f_i \in A_i^*, \|f_i\| \leqslant 1, 1 \leqslant i \leqslant n\right\}\\ &= \lambda(u),\end{aligned}$$

因此，$\alpha_0(\cdot) = \lambda(\cdot)$. 证毕.

定理 3.5.10 设 A_i 是 c^*-代数，$1 \leqslant i \leqslant n$，$\alpha(\cdot)$ 是 $\bigotimes_{i=1}^{n} A_i$ 上的 c^*-范，则 $\lambda(\cdot) \leqslant \alpha_0(\cdot) \leqslant \alpha(\cdot) \leqslant \gamma(\cdot)$. 特别，$\alpha(\cdot)$ 必是交叉范.

证. 只须证明 $\alpha(\cdot) \geqslant \alpha_0(\cdot)$. 依命题 3.5.2，$\alpha(\cdot)$ 可以开拓为 $\bigotimes_{i=1}^{n} A_i'$ 上的 c^*-范，这里 $A_i' = A_i$（如果 A_i 有单位元）或者 $A_i \dotplus \mathbb{C} 1_i$（如果 A_i 无单位元）. 又依定理 3.2.9，$\bigotimes_{i=1}^{n} A_i$ 上的 $\alpha_0(\cdot)$ 可以开拓为 $\bigotimes_{i=1}^{n} A_i'$ 上的 $\alpha_0(\cdot)$，因此，无妨假定 A_i 有单位元 1_i，$1 \leqslant i \leqslant n$.

如果 $A_1, \cdots, A_n$ 中有 $(n-1)$ 个是交换的，依命题 3.5.9 即得证. 现在归纳假定：如果 $A_1, \cdots, A_n$ 中有 k 个是交换的，则 $\alpha(\cdot) \geqslant \alpha_0(\cdot)$，这里 $k \leqslant n-1$.

今设 $A_1, \cdots, A_{k-1}$ 是交换的，χ_i 是 A_i 上的纯态，$1 \leqslant i \leqslant n-1$，并令 $\varepsilon = \left\{x_n \in \mathscr{S}_n \mid \bigotimes_{i=1}^{n} \chi_i \text{ 依 } \alpha(\cdot) \text{ 连续}\right\}$. 于是 ε 是 $(\mathscr{S}_n, \sigma(A_n^*, A_n))$ 的紧凸子集，这里 $\mathscr{S}_n$ 是 A_n 的态空间. 对任意的 $h^* = h \in A_n$，令 B 是由 $\{1_n, h\}$ 生成的 A_n 的交换 c^*-子代数，并取 B 上的态 ψ_B，使得 $\psi_B(h) = \max\{\lambda \mid \lambda \in \sigma(h)\}$. 由于 $\{A_1, \cdots, A_{n-1}, B\}$ 中有 k 个是交换的，在 $\bigotimes_{i=1}^{n-1} A_i \otimes B$ 上，$\alpha(\cdot) \geqslant \alpha_0(\cdot)$. 再依系 3.2.6，$\bigotimes_{i=1}^{n-1} \chi_i \otimes \psi_B$ 在 $\bigotimes_{i=1}^{n-1} A_i \otimes B$ 上依 $\alpha(\cdot)$ 是连续的，从而 $\bigotimes_{i=1}^{n-1} \chi_i \otimes \psi_B$ 可扩充为 $\alpha - \bigotimes_{i=1}^{n} A_i$ 上的态 φ. 依系 3.5.5，$\varphi = \bigotimes_{i=1}^{n} \chi_i$，其中 χ_n 是 A_n 上的态，且为 ψ_B 的开拓，特别，$\chi_n(h) = \psi_B(h)$. 从而由引理 3.5.7，$\varepsilon = \mathscr{S}_n$. 进而可见，$\bigotimes_{i=1}^{n} \varphi_i$ 依 $\alpha(\cdot)$ 连续，$\forall \varphi_i \in \mathscr{S}_i$，$1 \leqslant i \leqslant n$. 再由引理 3.5.8，$\alpha(\cdot) \geqslant \alpha_0(\cdot)$. 证毕.

引理 3.5.11 设 Φ 是 c^*-代数 A 到 c^*-代数 B 上的 $*$ 同态，则 Φ^* 是 B^* 到 A^* 的等距映象.

证. 设 $\vartheta = \{a \in A \mid \Phi(a) = 0\}$，它是 A 的闭双侧理想，于是 A/ϑ 与 $B*$ 同构. 因此，对任意的 $b \in B$，$\|b\| = \inf\{\|a\| \mid a \in A, \Phi(a) = b\}$. 特别

$$\{b \in B \mid \|b\| < 1\} \subset \Phi(\{a \in A \mid \|a\| < 1\}),$$

于是对任意的 $g \in B^*$，

$$\begin{aligned} \|\Phi^*(g)\| &= \sup\{|g(\Phi(a))| \mid a \in A, \|a\| \leqslant 1\} \\ &\geqslant \sup\{|g(b)| \mid b \in B, \|b\| < 1\} = \|g\|. \end{aligned}$$

又显然 $\|\Phi^*\| = \|\Phi\| \leqslant 1$，因此，$\Phi^*$ 是等距的. 证毕.

命题 3.5.12 设 $\alpha(\cdot)$ 是 $\bigotimes_{i=1}^{n} A_i$ 上的 c^*-范，则 $\alpha^*(\cdot)$ 是

$\bigotimes_{i=1}^{n} A_i^*$ 上不随 $\alpha(\cdot)$ 而异的交叉范.

证. 依定理 3.5.10 及命题 3.1.3, $\alpha^*(\cdot)$ 是 $\bigotimes_{i=1}^{n} A_i^*$ 上的交叉范. 由于 $\alpha_0^*(\cdot) \geqslant \alpha^*(\cdot) \geqslant \alpha_1^*(\cdot)$, 因此只须在 $\bigotimes_{i=1}^{n} A_i^*$ 上证明 $\alpha_0^*(\cdot) = \alpha_1^*(\cdot)$. 自然地定义 $\alpha_1 - \bigotimes_{i=1}^{n} A_i$ 到 $\alpha_0 - \bigotimes_{i=1}^{n} A_i$ 上的 * 同态 Φ, 使得 $\Phi(u) = u$, $\forall u \in \bigotimes_{i=1}^{n} A_i$. 对任意的 $\omega \in \bigotimes_{i=1}^{n} A_i^*$, 易见 $\alpha_0^*(\omega)$ 正是 ω 作为 $\left(\alpha_0 - \bigotimes_{i=1}^{n} A_i\right)^*$ 元的范数. 从而由 Φ^*: $\left(\alpha_0 - \bigotimes_{i=1}^{n} A_i\right)^* \to \left(\alpha_1 - \bigotimes_{i=1}^{n} A_i\right)^*$ 及引理 3.5.11,

$$\begin{aligned}
\alpha_1^n(\omega) &= \sup\left\{ |\omega(u)| \,\middle|\, u \in \bigotimes_{i=1}^{n} A_i,\ \alpha_1(u) \leqslant 1 \right\} \\
&= \sup\left\{ |\omega(\Phi(u))| \,\middle|\, u \in \bigotimes_{i=1}^{n} A_i,\ \alpha_1(u) \leqslant 1 \right\} \\
&= \sup\left\{ |\Phi^*(\omega)(u)| \,\middle|\, u \in \bigotimes_{i=1}^{n} A_i,\ \alpha_1(u) \leqslant 1 \right\} \\
&= \|\Phi^*(\omega)\| = \alpha_0^*(\omega)
\end{aligned}$$

证毕.

注 本节见参考文献 [65], [97], [115], [132].

§6. 全 正 映 象

设 n 是正整数, 记 $\mathscr{H}_n$ 为 n 维的 Hilbert 空间, $M_n = B(\mathscr{H}_n)$ 即 $n \times n$ 阶的矩阵代数.

引理 3.6.1 设 n 是正整数, A 是任意的 c^*-代数, 则 $M_n \otimes A$ 上仅有一个 c^*-范 $\alpha_0(\cdot)$, 并且 $M_n \otimes A$ 依 $\alpha_0(\cdot)$ 就是 c^*-代

数. 此外，如果A是$\mathscr{H}$中的c^*-代数，则$M_n\otimes A^*$同构于$\mathscr{H}\oplus\cdots\oplus\mathscr{H}$（$n$个）中的$c^*$-代数

$$M_n(A)=\{(a_{ij})_{1\le i,j\le n}\,|\,a_{ij}\in A,\ \forall i,j\},$$

并且

$$M_n(A)^*=M_n(A^*)=\{(f_{ij})_{1\le i,j\le n}\,|\,f_{ij}\in A^*,\ \forall i,j\},$$

这里$\langle(f_{ij}),(a_{ij})\rangle=\sum\limits_{i,j}f_{ij}(a_{ij})$.

证. 设$\{e_{ij}|1\leqslant i,j\leqslant n\}$是$M_n$的矩阵单位,即

$$e_{ij}^*=e_{ji},\quad e_{ij}e_{kl}=\delta_{jk}e_{il},\quad\forall i,j,k,l,$$

于是,每个$u\in M_n\otimes A$可唯一地写成$u=\sum\limits_{i,j}a_{ij}\otimes e_{ij}$，从而可自然地建立$M_n\otimes A$到$M_n(A)$上的$*$同构$\Phi$: $\Phi(u)=(a_{ij})$. 显然，$M_n(A)$是$\mathscr{H}\oplus\cdots\oplus\mathscr{H}$（$n$个）中的$c^*$-代数，如果把$M_n(A)$的范数通过$\Phi$转嫁到$M_n\otimes A$，那么，$M_n\otimes A$依此范数成为$c^*$-代数. 今依命题2.1.10，可见$M_n\otimes A$上仅有一个$c^*$-范$\alpha_0(\cdot)$，而且$\alpha_0(\cdot)$可以通过$M_n(A)$上范数转嫁得到. 余皆显然. 证毕.

注. 今后把$M_n\otimes A$与$M_n(A)$等同起来.

命题 3.6.2 设n是正整数，A是c^*-代数，$a=(a_{ij})\in M_n(A)$，则下列条件是相互等价的：1）a是$M_n(A)$的正元；2）a是形如$(a_i^*a_j)$元的和,这里$a_1,\cdots,a_n\in A$；3）对任意的$x_1,\cdots,x_n\in A$，$\sum\limits_{i,j}x_i^*a_{ij}x_j$是$A$的正元.

证. 1）推导2）：设$(a_{ij})=(b_{ij})^*(b_{ij})$，于是

$$a_{ij}=\sum_k b_{ki}^*b_{kj},\quad\forall i,j.$$

如果命$c_k=(b_{ki}^*b_{kj})$，则$a=c_1+\cdots+c_n$.

2）推导3）：显然.

3）推导1）：如果$\{\pi,\mathscr{K},\xi\}$是A的任意的循环$*$表示,定义$M_n(A)$的$*$表示$\{\tilde\pi,\mathscr{K}\oplus\cdots\oplus\mathscr{K}$（$n$个）$\}$：

$$\tilde\pi((b_{ij}))=(\pi(b_{ij})),\quad\forall(b_{ij})\in M_n(A),$$

对任意的 $\xi_1, \cdots, \xi_n \in \mathscr{H}$，取 $x_i^{(m)} \in A$，使得 $\pi(x_i^{(m)})\xi \to \xi_i$，$1 \leqslant i \leqslant n$. 于是依条件 3)

$$\langle \tilde{\pi}(a)(\xi_i), (\xi_i) \rangle = \lim_m \left\langle \pi\left(\sum_{i,j} x_i^{(m)*} a_{ij} x_j^{(m)}\right)\xi, \xi \right\rangle \geqslant 0,$$

所以，$\tilde{\pi}(a)$ 是 $\mathscr{H} \oplus \cdots \oplus \mathscr{H}$ (n 个) 中的正算子.

今若 $\{\pi_l\}$ 是 A 的循环 $*$ 表示族，使得 $\pi = \sum_l \oplus \pi_l$ 是忠实的，则 $\tilde{\pi} = \sum_l \oplus \tilde{\pi}_l$ 也将是 $M_n(A)$ 的忠实 $*$ 表示. 依前段所证，$\tilde{\pi}(a) \geqslant 0$，因此，$a$ 是 $M_n(A)$ 的正元. 证毕.

定义 3.6.3 设 Φ 是 c^*-代数 A 到 c^*-代数 B 中的线性映象，n 是正整数，自然地定义 $M_n(A)$ 到 $M_n(B)$ 中的线性映象 Φ_n:

$$\Phi_n((a_{ij})) = (\Phi(a_{ij})), \ \forall (a_{ij}) \in M_n(A).$$

Φ 称为 n-正的，指 Φ_n 把 $M_n(A)$ 的任意正元变为 $M_n(B)$ 的正元. Φ 称为全正的，指对任意的正整数 n，Φ 是 n-正的.

命题 3.6.4 1) 如果 Φ 是 A 到 B 中的 $*$ 同态，则 Φ 是全正的;

2) 全正映象的复合也是全正的;

3) 设 $\{\pi, \mathscr{H}\}$ 是 A 的 $*$ 表示，v 是 Hilbert 空间 $\mathscr{K}$ 到 $\mathscr{H}$ 中的有界线性映象，则 $\Phi(\cdot) = v^*\pi(\cdot)v$ 是 A 到 $B(\mathscr{K})$ 中的全正映象.

证. 1) 只须注意，对任何的 n，Φ_n 也是 $M_n(A)$ 到 $M_n(B)$ 中的 $*$ 同态. 2) 是显然的.

3) 对任何的 n，$a_1, \cdots, a_n \in A$，$b_1, \cdots, b_n \in B(\mathscr{K})$，

$$\sum_{i,j} b_i^* \Phi(a_i^* a_j) b_j = \left(\sum_i \pi(a_i) v b_i\right)^* \left(\sum_i \pi(a_i) v b_i\right)$$

是 $B(\mathscr{K})$ 的正元. 再依命题 3.6.2，Φ 是全正的. 证毕.

引理 3.6.5 如果 Φ 是 A 到 B 中的正(即 1-正)线性映象，则 Φ 是连续的.

证. 只须证明 Φ 是闭算子. 设 $a_n \to 0$，且 $\Phi(a_n) \to b$. 对 B 上任意的正泛函 f，$f \circ \Phi$ 是 A 上的正泛函，从而连续（命题 2.3.2）. 由此，$f \circ \Phi(a_n) \to 0$，$f(b) = 0$，$b = 0$. 证毕.

命题 3.6.6 设Φ是A到B中的正线性映象，并且A或者B是交换的，则Φ是全正的.

证. 设 $B \cong C_0^\infty(\Omega)$，这里$\Omega$是局部紧 Hausdorff 空间，对任意的 $a_1, \cdots, a_n \in A$，$b_1, \cdots, b_n \in B$，$t \in \Omega$，

$$\left(\sum_{i,j} b_i^* \Phi(a_i^* a_j) b_j\right)(t) = \sum_{i,j} \overline{b_i(t)}\, \Phi(a_i^* a_j)(t) b_j(t)$$

$$= \Phi\left(\left(\sum_i b_i(t) a_i\right)^* \cdot \left(\sum_i b_i(t) a_i\right)\right)(t) \geqslant 0$$

因此，Φ是全正的.

今设 $A \cong C_0^\infty(\Omega)$，$B \subset B(\mathscr{H})$，要证明

$$\sum_{i,j} \langle \Phi(a_i^* a_j)\xi_j, \xi_i \rangle \geqslant 0, \ \forall a_i \in A, \ \xi_i \in \mathscr{H}, \ 1 \leqslant i \leqslant n.$$

依引理 3.6.5，存在Ω上有限的 Radon 测度μ_{ij}，使得$\langle \Phi(a)\xi_j, \xi_i \rangle = \int_\Omega a(t) d\mu_{ij}(t)$，$\forall a \in A, i, j$. 令 $\mu = \sum_{i,j} |\mu_{ij}|$，则有 $f_{ij} \in L^1(\Omega, \mu)$，使得 $\mu_{ij} = f_{ij} \cdot \mu, \forall i, j$[1]. 对任意固定的复数 $\lambda_1, \cdots, \lambda_n$，由于$\Phi$是正的，

$$\int_\Omega |a(t)|^2 d\left(\sum_{i,j} \bar{\lambda}_i \lambda_j \mu_{ij}(t)\right)$$

$$= \left\langle \Phi(a^* a)\left(\sum_i \lambda_i \xi_i\right), \left(\sum_i \lambda_i \xi_i\right)\right\rangle \geqslant 0,$$

$\forall a \in A$，因此，$\sum_{i,j} \bar{\lambda}_i \lambda_j \mu_{ij}$ 是Ω上的正测度. 从而对 p, p, μ 的 t，$\sum_{i,j} \bar{\lambda}_i \lambda_j f_{ij}(t) \geqslant 0$. 进而存在$\Omega$的 Borel 子集 Ω_0，$\mu(\Omega_0) = 0$，使得对于任何的复有理数 $\lambda_1, \cdots, \lambda_n$ 及 $t \notin \Omega_0$，$\sum_{i,j} \bar{\lambda}_i \lambda_j f_{ij}(t) \geqslant 0$. 任何复数可为复有理数逼近，因此，

$$\sum_{i,j} \bar{\lambda}_i \lambda_j f_{ij}(t) \geqslant 0, \ \forall t \notin \Omega_0, \ \lambda_i \in \mathbb{C}, \ 1 \leqslant i \leqslant n.$$

于是，

$$\sum_{i,j} \langle \Phi(a_i^* a_j)\xi_j, \xi_i \rangle = \sum_{i,j} \int_\Omega (a_i^* a_j)(t) f_{ij}(t) d\mu(t)$$

1）例见后面的定理 5.1.4.

$$= \int_{\Omega} \left(\sum_{i,j} \overline{a_i(t)}\, a_j(t) f_{ij}(t) \right) d\mu(t) \geq 0,$$

证毕.

定理 3.6.7 设 A 是 c^*-代数，$\mathscr{K}$ 是 Hilbert 空间，Φ 是 A 到 $B(\mathscr{K})$ 中的全正映象，则存在 A 的 * 表示 $\{\pi, \mathscr{H}\}$，vN 代数 $B = \Phi(A)'$ 到 $B(\mathscr{H})$ 中的正规 * 同态 Ψ，以及 $\mathscr{K}$ 到 $\mathscr{H}$ 中的有界线性算子 v，使得

$$\Phi(a) = v^*\pi(a)v,\ \forall a \in A,\ \Psi(b)v = vb,\ \forall b \in B.$$

以及 $\Psi(B) \subset \pi(A)'$，$\mathscr{H} = \overline{[\pi(A)v\mathscr{K}]}$，$\|v\| = \|\Phi\|^{1/2}$.

此外，如果 A 有单位元 1，并且 $\Phi(1) = 1_{\mathscr{K}}$，则 v 可以是等距的.

证. 设 $A \otimes \mathscr{K}$ 是 A，$\mathscr{K}$ 作为 Banach 空间的代数张量积，定义

$$\left\langle \sum_i a_i \otimes \xi_i,\ \sum_j b_j \otimes \eta_j \right\rangle = \sum_{i,j} \langle \Phi(b_j^* a_i)\xi_i,\ \eta_j \rangle$$

$\forall a_i, b_j \in A$，$\xi_i, \eta_j \in \mathscr{K}$. 由于 Φ 是全正的，它是非负内积. 记 $N = \{x \in A \otimes \mathscr{K} \mid \langle x, x \rangle = 0\}$，$x \to \tilde{x}$ 是 $A \otimes \mathscr{K}$ 到 $(A \otimes \mathscr{K})/N$ 上的正则映象，于是上面的非负内积诱导 $(A \otimes \mathscr{K})/N$ 上一个内积，依此完备化，得到 Hilbert 空间 $\mathscr{H}$. 对任意的 $a \in A$，$b \in B$，令

$$\pi(a) \widetilde{\sum_i a_i \otimes \xi_i} = \widetilde{\sum_i a a_i \otimes \xi_i},$$

$$\Psi(b) \widetilde{\sum_i a_i \otimes \xi_i} = \widetilde{\sum_i a_i \otimes b\xi_i},$$

$\forall a_i \in A$，$\xi_i \in \mathscr{K}$. 由于 Φ 是全正的，

$$\left\| \pi(a) \widetilde{\sum_{i=1}^n a_i \otimes \xi_i} \right\|^2 = \sum_{i,j=1}^n \langle \Phi(a_j^* a^* a a_i)\xi_i,\ \xi_j \rangle$$

$$= \left\langle \Phi_n \left(\begin{pmatrix} a_1 & \cdots & a_n \\ & 0 & \end{pmatrix}^* \begin{pmatrix} a & & 0 \\ & \ddots & \\ 0 & & a \end{pmatrix}^* \begin{pmatrix} a & & 0 \\ & \ddots & \\ 0 & & a \end{pmatrix} \right. \right.$$

$$\cdot\begin{pmatrix} a_1 \cdots a_n \\ 0 \end{pmatrix}\Big)\Big)\begin{pmatrix}\xi_1\\ \vdots \\ \xi_n\end{pmatrix}, \begin{pmatrix}\xi_1\\ \vdots \\ \xi_n\end{pmatrix}\Big\rangle$$

$$\leqslant \left\|\begin{pmatrix} a & & 0 \\ & \ddots & \\ 0 & & a\end{pmatrix}\right\|^2 \Big\langle \Phi_n\Big(\begin{pmatrix} a_1 \cdots a_n \\ 0 \end{pmatrix}^*$$

$$\cdot\begin{pmatrix} a_1 \cdots a_n \\ 0 \end{pmatrix}\Big)\begin{pmatrix}\xi_1\\ \vdots \\ \xi_n\end{pmatrix}\begin{pmatrix}\xi_1\\ \vdots \\ \xi_n\end{pmatrix}\Big\rangle$$

$$= \|a\|^2 \left\| \widetilde{\sum_{i=1}^n a_i \otimes \xi_i} \right\|^2.$$

于是 $\pi(a)$ 可唯一扩充为 $\mathscr{H}$ 中的有界算子,仍记以 $\pi(a)$. 不难见 $\{\pi, \mathscr{H}\}$ 是 A 的 $*$ 表示. 由 $B = \Phi(A)'$,

$$\left\|\Psi(b)\widetilde{\sum_{i=1}^n a_i \otimes \xi_i}\right\|^2 = \sum_{i,j=1}^n \langle b^* b\Phi(a_i^* a_j)\xi_j, \xi_i\rangle,$$

但 Φ 是全正的, 因此 $(\Phi(a_i^* a_j))$ 是 $M_n(B')$ 的正元, 从而可写 $(\Phi(a_i^* a_j)) = (b'_{ij})^* \cdot (b'_{ij})$, 这里 $b'_{ij} \in B'$, $\forall i, j$. 由此,

$$\left\|\Psi(b)\widetilde{\sum_{i=1}^n a_i \otimes \xi_i}\right\|^2$$

$$= \Big\langle\begin{pmatrix} b^*b & & 0 \\ & \ddots & \\ 0 & & b^*b\end{pmatrix}(b'_{ij})\begin{pmatrix}\xi_1\\ \vdots \\ \xi_n\end{pmatrix}, (b'_{ij})\begin{pmatrix}\xi_1\\ \vdots \\ \xi_n\end{pmatrix}\Big\rangle$$

$$\leqslant \|b\|^2 \Big\langle (b'_{ij})\begin{pmatrix}\xi_1\\ \vdots \\ \xi_n\end{pmatrix}, (b'_{ij})\begin{pmatrix}\xi_1\\ \vdots \\ \xi_n\end{pmatrix}\Big\rangle$$

$$= \|b\|^2 \cdot \left\|\widetilde{\sum_{i=1}^n a_i \otimes \xi_i}\right\|^2,$$

于是 $\Psi(b)$ 可唯一扩充为 $\mathscr{H}$ 中的有界算子, 仍记以 $\Psi(b)$. 不难见 Ψ 是 B 到 $B(\mathscr{H})$ 中的 $*$ 同态,并且 $\Psi(B) \subset \pi(A)'$.

如果 $\{b_l\}$ 是 B_+ 的任意有界递增网, 于是 $\{\Psi(b_l)\}$ 是 $B\cdot(\mathscr{H})_+$ 的有界递增网,由于对任意的 $a_i \in A$, $\xi_i \in \mathscr{K}$,

$$\left\langle \Psi(b_l)\widetilde{\sum_i a_i\otimes\xi_i},\ \widetilde{\sum_j a_j\otimes\xi_j}\right\rangle=\sum_{i,j}\langle\Phi(a_j^*a_i)b_l\xi_i,\ \xi_j\rangle,$$

对 l 取极限，即见 $\sup_l\Psi(b_l)=\Psi(\sup_l b_l)$，因此，$\Psi$ 是正规的.

今设 $\{d_l\}$ 是 A 的逼近单位元，于是依引理 3.6.5，$\{\Phi(d_l)\}$ 是 $B(\mathscr{K})_+$ 的有界递增网，因此，$\sup_l\Phi(d_l)=$（强算子）-$\lim_l\Phi(d_l)$。令 v_l: $\mathscr{K}\to\mathscr{H}$，

$$v_l\xi=\widetilde{d_l\otimes\xi},\ \forall\xi\in\mathscr{K},$$

由于 $\|v_l\xi\|^2=\langle\Phi(d_l^2)\xi,\xi\rangle\leqslant\|\Phi\|\|\xi\|^2$，因此，$\|v_l\|\leqslant\|\Phi\|^{\frac{1}{2}}$，$\forall l$. 当 $l'\geqslant l$ 时，$(d_{l'}-d_l)^2\leqslant(d_{l'}-d_l)$，于是

$$\|(v_{l'}-v_l)\xi\|^2\leqslant\langle(\Phi(d_{l'})-\Phi(d_l))\xi,\xi\rangle\xrightarrow{l',l}0,\ \forall\xi\in\mathscr{K}.$$

因此依强算子拓扑，$v_l\to v$，自然 $\|v\|\leqslant\|\Phi\|^{1/2}$. 由于 $\langle v_l^*\widetilde{a\otimes\xi},\eta\rangle=\langle\widetilde{a\otimes\xi},\widetilde{d_l\otimes\eta}\rangle=\langle\Phi(d_la)\xi,\eta\rangle$，$\forall\eta\in\mathscr{K}$，$l$，因此，$v^*\cdot\widetilde{a\otimes\xi}=\Phi(a)\xi$，$\forall a\in A$，$\xi\in\mathscr{K}$. 由此，$v^*\pi(a)v_l\xi=v^*\widetilde{ad_l\otimes\xi}=\Phi(ad_l)\xi$，所以，

$$\Phi(a)=v^*\pi(a)v,\ \forall a\in A.$$

特别地，$\|\Phi\|\leqslant\|v\|^2$，所以，$\|\Phi\|^{\frac{1}{2}}=\|v\|$. 又若 a，$b\in A$，ξ，$\eta\in\mathscr{K}$，

$$\begin{aligned}\langle\pi(a)v\xi,\ \widetilde{b\otimes\eta}\rangle&=\lim_l\langle\widetilde{ad_l\otimes\xi},\ \widetilde{b\otimes\eta}\rangle\\&=\langle\Phi(b^*a)\xi,\eta\rangle\\&=\langle\widetilde{a\otimes\xi},\ \widetilde{b\otimes\eta}\rangle.\end{aligned}$$

因此，$\pi(a)v\xi=\widetilde{a\otimes\xi}$，特别地，$\overline{[\pi(A)v\mathscr{K}]}=\mathscr{H}$，及 A 的 * 表示 $\{\pi,\mathscr{H}\}$ 是非退化的，所以 $\pi(d_l)\xrightarrow{\text{强算子}}1_{\mathscr{H}}$. 注意当 $b\in B$，$\xi\in\mathscr{K}$，

$$\pi(d_l)\Psi(b)v\xi=\Psi(b)\pi(d_l)v\xi=\widetilde{d_l\otimes b\xi}=\pi(d_l)vb\xi.$$

因此，$\Psi(b)v=vb$，$\forall b\in B$.

最后，如果 A 有单位元 1，并且 $\Phi(1)=1_{\mathscr{K}}$. 取上面的 $d_l=1$，$\forall l$，则 $v\xi=\widetilde{1\otimes\xi}$，$\forall\xi\in\mathscr{K}$. 由此，$\|v\xi\|^2=\langle\Phi(1)\xi,\xi\rangle=\|\xi\|^2$，$\forall\xi\in\mathscr{K}$，即 v 是等距的. 证毕.

命题 3.6.8 设 Φ 是 A 到 B 中的全正映象，则 $\Phi(a)^*\Phi(a)\leqslant\|\Phi\|\Phi(a^*a)$，$\forall a\in A$.

证. 无妨设 $B\subset B(\mathscr{K})$，依定理 3.6.7，

$$\begin{aligned}\Phi(a)^*\Phi(a)&=v^*\pi(a^*)vv^*\pi(a)v\\&\leqslant\|v\|^2v^*\pi(a^*a)v=\|\Phi\|\Phi(a^*a),\end{aligned}$$

证毕.

引理 3.6.9 设 A 是 c^*-代数，B 是 A 的 c^*-子代数，$\{\pi,\mathscr{H}\}$ 是 B 的 $*$ 表示，则有 A 的 $*$ 表示 $\{\pi_1,\mathscr{H}_1\}$，使得 $\mathscr{H}_1\supset\mathscr{H}$，并且 $\pi_1(b)\xi=\pi(b)\xi$，$\forall b\in B$，$\xi\in\mathscr{H}$.

证. 依命题 2.3.21，可设 $\{\pi,\mathscr{H}\}$ 为 B 上的态 φ 产生. φ 可开拓为 A 上的态，仍记以 φ. 再用 φ 产生 A 的 $*$ 表示，即满足要求. 证毕.

命题 3.6.10 设 A 是 c^*-代数，B 是 A 的 c^*-子代数，Φ 是 B 到 $B(\mathscr{K})$ 中的全正映象，则 Φ 可开拓为 A 到 $B(\mathscr{K})$ 中的全正映象.

证. 依定理 3.6.7，有 B 的 $*$ 表示 $\{\pi,\mathscr{H}\}$，及 v: $\mathscr{K}\to\mathscr{H}$，使得 $\Phi(b)=v^*\pi(b)v$，$\forall b\in B$. 设 $\{\pi_1,\mathscr{H}_1\}$ 是 A 的 $*$ 表示，并满足引理 3.6.9，令 P 是 $\mathscr{H}_1$ 到 $\mathscr{H}$ 上的投影，再命

$$\Psi(a)=v^*P\pi_1(a)Pv,\ \forall a\in A,$$

依命题 3.6.4，Ψ 是 A 到 $B(\mathscr{K})$ 中的全正映象. 显然，Ψ 也是 Φ 的开拓. 证毕.

命题 3.6.11 设 Φ_i 是 A_i 到 B_i 中的全正映象，$1\leqslant i\leqslant n$，则 $\bigotimes\limits_{i=1}^n\Phi_i$ 可扩充为 $\alpha_0-\bigotimes\limits_{i=1}^n A_i$ 到 $\alpha_0-\bigotimes\limits_{i=1}^n B_i$ 的全正映象.

证. 设 $B_i\subset B(\mathscr{K}_i)$，依定理 3.6.7，有 A_i 的 $*$ 表示 $\{\pi_i,\mathscr{H}_i\}$，v_i: $\mathscr{K}_i\to\mathscr{H}_i$，使得

$$\Phi_i(a_i)=v_i^*\pi_i(a_i)v_i,\ \forall a_i\in A_i,\ 1\leqslant i\leqslant n.$$

依命题 3.2.6，$\bigotimes_{i=1}^n \pi_i$ 可扩充为 $\alpha_0-\bigotimes_{i=1}^n A_i$ 的 * 表示. 令

$$\Phi(a)=\left(\bigotimes_{i=1}^n v_i\right)^*\cdot\bigotimes_{i=1}^n \pi_i(a)\cdot\left(\bigotimes_{i=1}^n v_i\right),\ \forall a\in\alpha_0-\bigotimes_{i=1}^n A_i,$$

则 Φ 是 $\alpha_0-\bigotimes_{i=1}^n A_i$ 到 $B\left(\bigotimes_{i=1}^n \mathscr{K}_i\right)$ 中的全正映象. 此外，由于 $\Phi\left(\bigotimes_{i=1}^n A_i\right)\subset\bigotimes_{i=1}^n B_i$，及 $\alpha_0-\bigotimes_{i=1}^n B_i$ 是 $\bigotimes_{i=1}^n B_i$ 在 $B\left(\bigotimes_{i=1}^n \mathscr{K}_i\right)$ 中的一致闭包，因此，$\Phi\left(\alpha_0-\bigotimes_{i=1}^n A_i\right)\subset\alpha_0-\bigotimes_{i=1}^n B_i$. 证毕.

引理 3.6.12 设 $a_s=(a_{ij}^{(s)})\in M_n(A)_+$，$1\leqslant s\leqslant m$，并且 $a_{ij}^{(s)}a_{kl}^{(s')}=a_{kl}^{(s')}a_{ij}^{(s)}$，$\forall s\neq s', i, j, k, l$，则

$$a=(a_{ij}^{(1)}\cdots a_{ij}^{(m)})\in M_n(A)_+.$$

证. 只须对 $m=2$ 来证明，即若 $x=(x_{ij})$ 及 $y=(y_{ij})\in M_n(A)_+$，并且 $x_{ij}y_{kl}=y_{kl}x_{ij}$，$\forall i,j,k,l$，要证明 $(x_{ij}y_{ij})\in M_n(A)_+$.

用 $\{x_{ij}|i,j\}$，$\{y_{ij}|i,j\}$ 分别生成 A 的 c^*-子代数 B，C，由于 $x_{ij}^*=x_{ji}$，$y_{kl}^*=y_{lk}$，$\forall i,j,k,l$，因此，$bc=cb$，$\forall b\in B$，$c\in C$ 显然，x，y 也分别是 $M_n(B)$，$M_n(C)$ 的正元，于是可写

$$x_{ij}=\sum_k b_{ki}^*b_{kj},\ y_{ij}=\sum_k c_{ki}^*c_{kj}.$$

这里 $b_{ij}\in B$，$c_{ij}\in C$，$\forall i,j$. 从而

$$(x_{ij}y_{ij})=\sum_{k,l}((b_{ki}c_{li})^*\cdot(b_{kj}c_{lj})).$$

依命题 3.6.2，这是 $M_n(A)$ 的正元. 证毕.

命题 3.6.13 设 Φ_i 是 A_i 到 B 中的全正映象，并且 $\Phi_i(a_i)\Phi_j(a_j)=\Phi_j(a_j)\Phi_i(a_i)$，$\forall a_i\in A_i$，$1\leqslant i\neq j\leqslant n$，则 $\Phi\left(\bigotimes_{i=1}^n a_i\right)=$

$\prod_{i=1}^{n} \Phi_i(a_i)$ ($\forall a_i \in A_i$，$1 \leqslant i \leqslant n$) 可扩张成 $\alpha_1 - \bigotimes_{i=1}^{n} A_i$ 到 B 的全正映象.

证. 令 B_i 是由 $\Phi(A_i)$ 生成的 B 的 c^*-子代数，于是 $b_i b_j = b_j b_i$，$\forall b_i \in B_i$，$1 \leqslant i \neq j \leqslant n$.

首先指出 Φ 是 $\bigotimes_{i=1}^{n} A_i$ 到 B 的正线性映象. 设 $u = \sum_j \bigotimes_{i=1}^{n} a_j^{(i)}$，这里 $a_j^{(i)} \in A_i$，$\forall i, j$，于是

$$\Phi(u^*u) = \sum_{j,k} \Phi_1(a_j^{(1)*} a_k^{(1)}) \cdots \Phi_n(a_j^{(n)*} a_k^{(n)}).$$

如果记 $b_{jk} = \Phi_1(a_j^{(1)*} a_k^{(1)}) \cdots \Phi_n(a_j^{(n)*} a_k^{(n)})$，依引理 3.6.12，$(b_{jk})$ 是 $M_n(B)$ 的正元. 依命题 3.6.2，$\sum_{j,k} d_l b_{jk} d_l \in B_+$，$\forall l$，这里 $\{d_l\}$ 是 B 的逼近单位元. 因此，$\Phi(u^*u) = \sum_{j,k} b_{jk} \in B_+$.

对 B 上任意的正泛函 ρ，$\rho \circ \Phi$ 将是 $\bigotimes_{i=1}^{n} A_i$ 上的正泛函，从而可唯一扩张为 $\alpha_1 - \bigotimes_{i=1}^{n} A_i$ 上的正泛函. 一般对任意的 $f \in B^*$，$f \circ \Phi$ 可唯一扩张为 $\alpha_1 - \bigotimes_{i=1}^{n} A_i$ 上的有界线性泛函，仍然记以 $f \circ \Phi$，于是可定义 Φ'：$B^* \to \left(\alpha_1 - \bigotimes_{i=1}^{n} A_i\right)^*$，$\Phi'(f) = f \circ \Phi$，$\forall f \in B^*$.

我们说 Φ' 是连续的，只须证明 Φ' 是闭的. 设 $f_k (\in B^*) \to 0$，$\Phi'(f_k) = f_k \circ \Phi \to F \left(\in \left(\alpha_1 - \bigotimes_{i=1}^{n} A_i\right)^* \right)$，由于对任意的 $a_i \in A_i$，$1 \leqslant i \leqslant n$，

$$F\left(\bigotimes_{i=1}^{n} a_i\right) = \lim_k f_k\left(\prod_{i=1}^{n} \Phi_i(a_i)\right) = 0.$$

因此，$F = 0$，即 Φ' 是闭的.

今对任意的 $u \in \bigotimes_{i=1}^{n} A_i$，

$$\|\Phi(u)\| = \sup\{|f\circ\Phi(u)| \mid f\in B^*, \|f\|\leqslant 1\}$$
$$= \sup\{|\Phi'(f)(u)| \mid f\in B^*, \|f\|\leqslant 1\} \leqslant \|\Phi'\|\alpha_1(u).$$

因此，Φ 可唯一扩张为 $\alpha_1-\otimes A_i$ 到 B 的有界线性映象，仍记为 Φ.

最后，证明 Φ 是 $\alpha_1-\bigotimes\limits_{i=1}^{n} A_i$ 到 B 的全正映象. 由于 Φ 是连续的，依命题 3.6.2，只须对任意的正整数 m，$u_1,\cdots,u_m\in\bigotimes\limits_{i=1}^{n} A_i$，$b_1,\cdots,b_m\in B$，证明

$$\sum_{i,j=1}^{m} b_i^*\Phi(u_i^*u_j)b_j\in B_+.$$

设 $u_i=\sum\limits_{k=1}^{p}\bigotimes\limits_{s=1}^{n} a_{ik}^{(s)}$，$1\leqslant i\leqslant m$，这里 $a_{ik}^{(s)}\in A_s$，$\forall i, k, s$，由于 Φ_s 是全正的，因此，$(\Phi_s(a_{ik}^{(s)*}a_{jl}^{(s)}))_{\substack{1\leqslant i,j\leqslant m\\ 1\leqslant k,l\leqslant p}}$ 是 $M_{pm}(B)$ 的正元，$1\leqslant s\leqslant n$. 依引理 3.6.12，

$$\left(\prod_{s=1}^{n}\Phi_s(a_{ik}^{(s)*}a_{jl}^{(s)})\right)_{\substack{1\leqslant i,j\leqslant m\\ 1\leqslant k,l\leqslant p}}\in M_{pm}(B)_+.$$

如果令 $b_{ik}=b_i$，$1\leqslant i\leqslant m$，$1\leqslant k\leqslant p$，则

$$\sum_{i,j=1}^{m} b_i^*\Phi(u_i^*u_j)b_j=\sum_{i,j=1}^{m}\sum_{k,l=1}^{p} b_{ik}^*\prod_{s=1}^{n}\Phi_s(a_{ik}^{(s)*}a_{jl}^{(s)})b_{jl}.$$

依命题 3.6.2，可见它是 B 的正元. 证毕.

注 本节见参考文献 [29]，[64]，[109].

§7. c^*-代数的诱导极限

设 $\mathbb{I}$ 是定向指标集，对每个指标 $\alpha\in\mathbb{I}$，A_α 是 c^*-代数. 又设对任意的 $\alpha\leqslant\beta$ $(\alpha,\beta\in\mathbb{I})$，有 A_α 到 A_β 中的 $*$ 同构 $\Phi_{\beta\alpha}$，使得

$$\Phi_{\gamma\beta}\Phi_{\beta\alpha}=\Phi_{\gamma\alpha},\ \forall\alpha,\beta,\gamma\in\mathbb{I},\ 且\ \alpha\leqslant\beta\leqslant\gamma.$$

设

$$\mathscr{T}=\mathop{\times}_{\alpha\in\mathbb{I}} A_\alpha=\{(a_\alpha)_{\alpha\in\mathbb{I}}\mid a_\alpha\in A_\alpha,\ \forall\alpha\in\mathbb{I}\}$$

以相应的分量相加、相乘、$*$运算等，$\mathscr{T}$ 自然地成为$*$代数．令

$$\mathscr{L}=\{a=(a_l)\mid a\in\mathscr{T}，且有\ \alpha\in\mathbf{I},\ 使得\ a_\beta=\Phi_{\beta\alpha}(a_\alpha),\ \forall\beta\geqslant\alpha\},$$

易见 $\mathscr{L}$ 是 $\mathscr{T}$ 的$*$子代数．如果 $a=(a_\alpha)\in\mathscr{L}$，令 $\|a\|=\lim\limits_{\alpha}\|a_\alpha\|$，则 $\|\cdot\|$ 是 $\mathscr{L}$ 上的 c^*-拟范．再令

$$\vartheta=\{a\in\mathscr{L}\mid\|a\|=0\}=\{(a_l)\in\mathscr{T}\mid 有\ \alpha\in\mathbf{I},\ 使得\ a_\beta=0,\ \forall\beta\geqslant\alpha\}.$$

显然 ϑ 是 $\mathscr{L}$ 的$*$双侧理想．如果 $a\to\tilde{a}$ 是 $\mathscr{L}$ 到 $\mathscr{L}/\vartheta$ 上的正则映象，显然 $\|\tilde{a}\|=\|a\|$ 将是 $\mathscr{L}/\vartheta$ 上的 c^*-范，依此完备化，得到 c^*-代数 A．

定义 3.7.1 记上面得到的 c^*-代数 A 为

$$\varinjlim_{\alpha}\{A_\alpha,\Phi_{\beta\alpha}\mid(\alpha,\beta)\in\mathbf{I}\times\mathbf{I},\ \alpha\leqslant\beta\},$$

称它为用$*$同构族 $\{\Phi_{\beta\alpha}\mid(\alpha,\beta)\in\mathbf{I}\times\mathbf{I},\ \alpha\leqslant\beta\}$ 定义的 c^*-代数族 $\{A_\alpha\mid\alpha\in\mathbf{I}\}$ 的诱导极限．

现在，对任意的 $\alpha\in\mathbf{I}$，令

$$\mathscr{L}_\alpha=\{(a_l)\in\mathscr{T}\mid a_\beta=\Phi_{\beta\alpha}(a_\alpha),\ \forall\beta\geqslant\alpha\}.$$

显然 $\mathscr{L}_\alpha$ 是 $\mathscr{L}$ 的$*$子代数，并且

$$\tilde{A}_\alpha=\mathscr{L}_\alpha/\vartheta=\left\{\tilde{a}\in\mathscr{L}/\vartheta\ \middle|\ 存在\ (a_l)\in\tilde{a},\ 使得\ a_l=\begin{cases}\Phi_{l\alpha}(a_\alpha), & \forall l\geqslant\alpha\\ 0, & \forall l\ngeqslant\alpha\end{cases}\right\}.$$

对任意的 $a_\alpha\in A_\alpha$，定义

$$a_l=\begin{cases}\Phi_{l\alpha}(a_\alpha), & \forall l\geqslant\alpha;\\ 0, & \forall l\ngeqslant\alpha.\end{cases}$$

于是，$\Phi_\alpha(a_\alpha)=(\tilde{a}_l)$ 定义一个由 A_α 到 $\tilde{A}_\alpha$ 上的$*$同构．特别地，$\tilde{A}_\alpha$ 也是 A 的 c^*-子代数．今指出

$$\Phi_\alpha=\Phi_\beta\Phi_{\beta\alpha},\ \forall\beta\geqslant\alpha.$$

事实上，对任意的 $a_\alpha\in A_\alpha$，$\beta\geqslant\alpha$，

$$\Phi_\alpha(a_\alpha)=\left(a_l=\begin{cases}\Phi_{l\alpha}(a_\alpha), & \forall l\geqslant\alpha\\ 0, & \forall l\ngeqslant\alpha\end{cases}\right)+\vartheta,$$

$$\Phi_\beta\Phi_{\beta\alpha}(a_\alpha) = \left(b_l = \begin{cases} \Phi_{l\beta}\Phi_{\beta\alpha}(a_\alpha) = \Phi_{l\alpha}(a_\alpha), & \forall l \geq \beta \\ 0 & , \forall l \not\geq \beta \end{cases} \right) + \vartheta.$$

因此，$\Phi_\beta\Phi_{\beta\alpha} = \Phi_\alpha$，$\forall \beta \geq \alpha$. 特别地，

$$\widetilde{A}_\alpha = \Phi_\alpha(A_\alpha) = \Phi_\beta\Phi_{\beta\alpha}(A_\alpha) \subset \Phi_\beta(A_\beta) = \widetilde{A}_\beta, \ \forall \beta \geq \alpha.$$

这一点也可以$\mathscr{L}_\alpha \subset \mathscr{L}_\beta$ ($\forall \beta \geq \alpha$)看出．此外，由于$\mathscr{L} = \bigcup\limits_{\alpha \in \mathbb{I}} \mathscr{L}_\alpha$，因此，$\mathscr{L}/\vartheta = \bigcup\limits_{\alpha \in \mathbb{I}} \widetilde{A}_\alpha$. 从而我们有

定理 3.7.2 设 $A = \lim\limits_{\alpha} \{A_\alpha, \Phi_{\beta\alpha} | (\alpha, \beta) \in \mathbf{I} \times \mathbf{I}, \alpha \leq \beta\}$，则存在$A$的 c^*-子代数族 $\{\widetilde{A}_\alpha | \alpha \in \mathbf{I}\}$ 及对每个 $\alpha \in \mathbf{I}$，有 A_α 到 $\widetilde{A}_\alpha$ 上的 * 同构 Φ_α，使得：1) $\widetilde{A}_\alpha \subset \widetilde{A}_\beta$，$\forall \alpha \leq \beta$；2) $\Phi_\alpha = \Phi_\beta\Phi_{\beta\alpha}$，$\forall \alpha \leq \beta$；3) $\bigcup\limits_{\alpha \in \mathbb{I}} \widetilde{A}_\alpha$ 在A中是稠的.

反过来，我们也有

定理 3.7.3 设B是 c^*-代数，$\{B_\alpha | \alpha \in \mathbf{I}\}$ 是B的 c^*-子代数族，且对每个 $\alpha \in \mathbf{I}$，有 A_α 到 B_α 上的 * 同构 Ψ_α，使得：1) $B_\alpha \subset B_\beta$，$\forall \alpha \leq \beta$；2) $\Psi_\alpha = \Psi_\beta\Phi_{\beta\alpha}$，$\forall \alpha \leq \beta$；3) $\bigcup\limits_{\alpha \in \mathbb{I}} B_\alpha$ 在B中稠，则存在 $A = \varinjlim\limits_{\alpha} \{A_\alpha, \Phi_{\beta\alpha} | (\alpha, \beta) \in \mathbf{I} \times \mathbf{I}, \alpha \leq \beta\}$ 到B上的 * 同构 Ψ，使得 $\Psi(\widetilde{A}_\alpha) = B_\alpha$，$\Psi\Phi_\alpha = \Psi_\alpha$，$\forall \alpha \in \mathbf{I}$，这里 $\{\widetilde{A}_\alpha, \Phi_\alpha | \alpha \in \mathbf{I}\}$ 如定理 3.7.2 所构作.

证．对任意的 $\alpha \in \mathbf{I}$，$\Psi_\alpha\Phi_\alpha^{-1}$ 是 $\widetilde{A}_\alpha$ 到 B_α 上的 * 同构，今指出

$$\Psi_\beta\Phi_\beta^{-1} | \widetilde{A}_\alpha = \Psi_\alpha\Phi_\alpha^{-1}, \ \forall \alpha \leq \beta.$$

事实上，对任意的 $a \in \widetilde{A}_\alpha$，$\Psi_\beta\Phi_\beta^{-1}(a) = \Psi_\beta\Phi_\beta^{-1}\Phi_\alpha\Phi_\alpha^{-1}(a) = \Psi_\beta\Phi_\beta^{-1} \cdot \Phi_\beta\Phi_{\beta\alpha}\Phi_\alpha^{-1}(a) = (\Psi_\beta\Phi_{\beta\alpha})\Phi_\alpha^{-1}(a) = \Psi_\alpha\Phi_\alpha^{-1}(a)$. 于是，我们可以定义 $\bigcup\limits_{\alpha \in \mathbb{I}} \widetilde{A}_\alpha$ 到 $\bigcup\limits_{\alpha \in \mathbb{I}} B_\alpha$ 上的 * 同构 Ψ，使得

$$\Psi | \widetilde{A}_\alpha = \Psi_\alpha\Phi_\alpha^{-1}, \ \forall \alpha \in \mathbf{I},$$

自然Ψ是等距的，从而Ψ可唯一扩张为A到B上的 * 同构，仍记以Ψ，即满足要求．证毕.

系 3.7.4 设A是 c^*-代数族，$\{A_\alpha | \alpha \in \mathbf{I}\}$ 是A的 c^*-子代数

族，使得 $A_\alpha \subset A_\beta$，$\forall \alpha \leqslant \beta$，并且 $\bigcup_{\alpha \in \mathbb{I}} A_\alpha$ 在 A 中稠. 对 $\alpha \leqslant \beta$，令 $\Phi_{\beta\alpha}$ 是 A_α 到 A_β 中的嵌入映象，则 A * 同构于 $\varinjlim_{\alpha}\{A_\alpha, \Phi_{\beta\alpha} | (\alpha, \beta) \in \mathbf{I} \times \mathbf{I},\ \alpha \leqslant \beta\}$.

事实上，取定理 3.7.3 中的 $B = A$，$B_\alpha = A_\alpha$，及 $\Psi_\alpha = I_\alpha$（A_α 上的恒等映象），$\forall \alpha \in \mathbf{I}$，即得证.

定理 3.7.5 设 $A = \varinjlim_{2} \{A_\alpha,\ \Phi_{\beta\alpha} | (\alpha, \beta) \in \mathbf{I} \times \mathbf{I},\ \alpha \leqslant \beta\}$，$B = \varinjlim_{\alpha}\{B_\alpha, \Psi_{\beta\alpha} | (\alpha, \beta) \in \mathbf{I} \times \mathbf{I},\ \alpha \leqslant \beta\}$，并且对任意的 $\alpha \in \mathbf{I}$，有 A_α 到 B_α 上的 * 同构 Λ_α，使得 $\Lambda_\beta \Phi_{\beta\alpha} = \Psi_{\beta\alpha} \Lambda_\alpha$，$\forall \alpha \leqslant \beta$，则 A * 同构于 B.

证. 由定理 3.7.2，$A = \overline{\bigcup_{\alpha \in \mathbb{I}} \widetilde{A}_\alpha}$，$B = \overline{\bigcup_{\alpha \in \mathbb{I}} \widetilde{B}_\alpha}$，并且有 A_α 到 $\widetilde{A}_\alpha$ 上的 * 同构 Φ_α，B_α 到 $\widetilde{B}_\alpha$ 上的 * 同构 Ψ_α，使得

$$\Phi_\alpha = \Phi_\beta \Phi_{\beta\alpha},\ \Psi_\alpha = \Psi_\beta \Psi_{\beta\alpha},\ \forall \alpha, \beta \in \mathbf{I},\ \alpha \leqslant \beta,$$

于是 $\Psi_\alpha \Lambda_\alpha$ 是 A_α 到 $\widetilde{B}_\alpha$ 上的 * 同构，并且

$$(\Psi_\beta \Lambda_\beta)\Phi_{\beta\alpha} = (\Psi_\beta \Psi_{\beta\alpha})\Lambda_\alpha = \Psi_\alpha \Lambda_\alpha,\ \forall \alpha \leqslant \beta.$$

今依定理 3.7.3，A * 同构于 B. 证毕.

命题 3.7.6 设 $A = \varinjlim_{n}\{A_n, \Phi_{mn} | m, n = 1, 2, \cdots, m \geqslant n\}$，$B = \varinjlim_{n}\{B_n, \Psi_{mn} | m, n = 1, 2, \cdots, m \geqslant n\}$，如果对每个 n，A_n 与 B_n 都 * 同构于 M_{p_n}，这里 M_{p_n} 是 $p_n \times p_n$ 阶的矩阵代数，且 $p_n < \infty$. 又若 Φ_{mn}，Ψ_{mn} 分别把 A_n，B_n 的单位元变成 A_m，B_m 的单位元，$\forall m \geqslant n$，则 A * 同构于 B.

证. 依定理 3.7.2，$A = \overline{\bigcup_{n} \widetilde{A}_n}$，$B = \overline{\bigcup_{n} \widetilde{B}_n}$，这里 $\widetilde{A}_n$，$\widetilde{B}_n$ 都 * 同构于 M_{p_n}，$\forall n$，并且

$$1_A \in \widetilde{A}_1 \subset \cdots \subset \widetilde{A}_n \subset \cdots,\ 1_B \in \widetilde{B}_1 \subset \cdots \subset \widetilde{B}_n \subset \cdots.$$

我们只须对每个 n，构作 $\widetilde{A}_n$ 到 $\widetilde{B}_n$ 上的 * 同构 Λ_n，使得

$$\Lambda_{n+1} | \widetilde{A}_n = \Lambda_n,\ \forall n.$$

设已有 $\Lambda_1, \cdots, \Lambda_n$ 满足要求，我们来构造 $\widetilde{A}_{n+1}$ 到 $\widetilde{B}_{n+1}$ 上的 *

同构 Λ_{n+1}，使得 $\Lambda_{n+1}|\tilde{A}_n = \Lambda_n$.

设 $\{e_{ij}|1 \leqslant i, j \leqslant p_n\}$ 是 $\tilde{A}_n$ 的矩阵单位，即

$$e_{ij}^* = e_{ji}, \quad e_{ij}e_{kl} = \delta_{jk}e_{il}, \quad \forall i, j, k, l$$

如果把 $\tilde{A}_{n+1}$ 与 $M_{p_{n+1}} = B(\mathscr{H})$ 等同起来，这里 $\mathscr{H}$ 是 p_{n+1} 维的 Hilbert 空间，$\tilde{A}_n \subset \tilde{A}_{n+1}$，于是 $\{e_{ii}|1 \leqslant i \leqslant p_n\}$ 应当是 $\mathscr{H}$ 中相互直交、(关于 vN 代数 $B(\mathscr{H})$) 等价且和为 $1_{\mathscr{H}}$ 的投影族. 因此，如果命 $\mathscr{H}_i = e_{ii}\mathscr{H}$，则 $\dim \mathscr{H}_i = \dim \mathscr{H}_j$，$1 \leqslant i, j \leqslant p_n$. 这说明 $m = p_n^{-1}p_{n+1}$ 是正整数，并且 $\dim \mathscr{H}_i = m, \forall i$. 今可取 $\{v_{1i,1j}|1 \leqslant i, j \leqslant m\} \subset \tilde{A}_{n+1}$，使得

$$v_{1i,1j}^* = v_{1j,1i}, \quad v_{1i,1j}v_{1k,1l} = \delta_{jk}v_{1i,1l} \quad \forall i, j, k, l,$$

并且 $\sum_{i=1}^{m} v_{1i,1i} = e_{11}$. 进而令

$$v_{ij,kl} = e_{i1}v_{1j,1l}e_{1k}, \quad 1 \leqslant i, k \leqslant p_n, \quad 1 \leqslant j, l \leqslant m,$$

易证它是 $\tilde{A}_{n+1}$ 的矩阵单位.

记 $f_{ij} = \Lambda_n(e_{ij})$，自然 $\{f_{ij}|1 \leqslant i, j \leqslant p_n\}$ 是 B_n 的矩阵单位. 同样的手续施于 $\tilde{B}_{n+1}$，可找到 $\{u_{1i,1j}|1 \leqslant i, j \leqslant m\}$，使得

$$u_{1i,1j}^* = u_{1j,1i}, \quad u_{1i,1j}u_{1k,1l} = \delta_{jk}u_{1i,1l}, \quad \forall i, j, k, l,$$

并且 $\sum_{i=1}^{m} u_{1i,1i} = f_{11}$. 于是

$$u_{ij,kl} = f_{i1}u_{1j,1l}f_{1k}, \quad 1 \leqslant i, k \leqslant p_n, \quad 1 \leqslant j, l \leqslant m$$

是 $\tilde{B}_{n+1}$ 的矩阵单位. 今命

$$\Lambda_{n+1}v_{ij,kl} = u_{ij,kl}, \quad 1 \leqslant i, k \leqslant p_n, \quad 1 \leqslant j, l \leqslant m,$$

即见 Λ_{n+1} 满足要求. 证毕.

现在考虑 $A = \varinjlim_{\alpha}\{A_\alpha, \Phi_{\beta\alpha}|(\alpha, \beta) \in \mathbf{I} \times \mathbf{I}, \alpha \leqslant \beta\}$，并设 φ_α 是 A_α 上的态，$\forall \alpha \in \mathbf{I}$，使得

$$\varphi_\beta(\Phi_{\beta\alpha}(a_\alpha)) = \varphi_\alpha(a_\alpha), \quad \forall a_\alpha \in A_\alpha, \quad \alpha \leqslant \beta \tag{1}$$

用 φ_α 定义 $\tilde{A}_\alpha$ 上的态 $\tilde{\varphi}_\alpha$:

$$\tilde{\varphi}_\alpha(a_\alpha) = \varphi_\alpha(\Phi_\alpha^{-1}(a_\alpha)), \quad \forall a_\alpha \in \tilde{A}_\alpha, \quad \alpha \in \mathbf{I}.$$

这里 Φ_α 见定理 3.7.2，于是依 (1) 及定理 3.7.2,

$$\tilde{\varphi}_\beta(a_\alpha) = \varphi_\beta(\Phi_\beta^{-1}(a_\alpha)) = \varphi_\beta(\Phi_\beta^{-1}\Phi_\alpha\Phi_\alpha^{-1}(a_\alpha))$$
$$= \varphi_\beta(\Phi_\beta^{-1}\Phi_\beta\Phi_{\beta\alpha}\Phi_\alpha^{-1}(a_\alpha)) = \varphi_\alpha(\Phi_\alpha^{-1}(a_\alpha)) = \tilde{\varphi}_\alpha(a_\alpha),$$

$\forall a_\alpha \in \widetilde{A}_\alpha$, $\alpha \leqslant \beta$. 因此，$\{\tilde{\varphi}_\alpha | \alpha \in \mathbf{I}\}$ 定义 $\bigcup\limits_\alpha \widetilde{A}_\alpha$ 上一个线性泛函 φ，使得 $\varphi|\widetilde{A}_\alpha = \tilde{\varphi}_\alpha$, $\forall \alpha \in \mathbf{I}$. 当然 φ 可以唯一地扩张为 A 上的态，仍记以 φ.

定义 3.7.7 上面得到的 $A = \varinjlim\limits_{\alpha}\{A_\alpha, \Phi_{\beta\alpha} | (\alpha, \beta) \in \mathbf{I} \times \mathbf{I}, \alpha \leqslant \beta\}$ 上的态 φ，称为 $\{\varphi_\alpha, \Phi_{\beta\alpha} | (\alpha, \beta) \in \mathbf{I} \times \mathbf{I}, \alpha \leqslant \beta\}$ 的诱导极限，记以

$$\varphi = \varinjlim_{\alpha}\{\varphi_\alpha, \Phi_{\beta\alpha} | (\alpha, \beta) \in \mathbf{I} \times \mathbf{I}, \alpha \leqslant \beta\}.$$

注 本节见参考文献 [97]，[111].

§8. c^*-代数的任意张量积

设 Λ 是任意的指标集，对每个 $l \in \Lambda$，A_l 是有单位元 1_l 的 c^*-代数，命

$$\bigotimes_{l \in \Lambda} A_l = \left\{u = u_F \otimes \bigotimes_{l \notin F} 1_l \,\middle|\, F \text{ 是 } \Lambda \text{ 的有限子集，} u_F \in \bigotimes_{l \in F} A_l\right\}$$

定义 $u = u_F \otimes \bigotimes\limits_{l \notin F} 1_l = 0$，指 $\bigotimes\limits_{l \in \Lambda} \varphi_l(u) = \bigotimes\limits_{l \in F} \varphi_l(u_F) = 0$, $\forall \varphi_l \in \mathscr{S}_l$，这里 $\mathscr{S}_l$ 是 A_l 的态空间，$l \in \Lambda$. 显然，$\bigotimes\limits_{l \in \Lambda} A_l$ 将自然地成为 * 代数，称为 $\{A_l | l \in \Lambda\}$ 的代数张量积.

$\bigotimes\limits_{l \in \Lambda} A_l$ 上的范数 $\|\cdot\|$ 称为交叉范，指对 Λ 的任意有限子集 F，$a_l \in A_l$，$l \in F$，有

$$\left\|\bigotimes_{l \in F} a_l \otimes \bigotimes_{l \notin F} 1_l\right\| = \prod_{l \in F} \|a_l\|.$$

例如

$$\lambda(u) = \sup\left\{\left|\bigotimes_{l \in F} f_l \otimes \bigotimes_{l \notin F} \varphi_l(u)\right|\right.$$

$$F\text{ 是 }\Lambda\text{ 的有限子集，}\left.\begin{array}{l} f_l\in A_l^*,\ \|f_l\|\leqslant 1,\ l\in F,\\ \varphi_l\in\mathscr{S}_l,\ l\notin F\end{array}\right\},$$

$$\gamma(u)=\inf\left\{\sum_j\prod_{l\in F}\|a_j^{(l)}\|\,\Big|\,u=\sum_j\bigotimes_{l\in F}a_j^{(l)}\otimes\bigotimes_{l\notin F}1_l,\ \text{这里 } a_j^{(l)}\in A_l,\ \forall l\in F\right\}$$

都是交叉范，并且 $\gamma(\cdot)$ 是最大的交叉范.

$\bigotimes\limits_{l\in\Lambda}A_l$ 上的范数 $\alpha(\cdot)$ 称为 c^*-范，指

$$\alpha(uv)\leqslant\alpha(u)\alpha(v),\ \alpha(u^*u)=\alpha(u)^2,\ \forall u,v\in\bigotimes_{l\in\Lambda}A_l$$

依此完备化的 c^*-代数记作 $\alpha-\bigotimes\limits_{l\in\Lambda}A_l$，称为 c^*-代数族 $\{A_l|l\in\Lambda\}$ 依 c^*-范 $\alpha(\cdot)$ 的张量积.

在 $\bigotimes\limits_{l\in\Lambda}A_l$ 上，同样有空间的 c^*-范 $\alpha_0(\cdot)$ 及其几何意义，最大的 c^*-范 $\alpha_1(\cdot)$，任意的 c^*-范 $\alpha(\cdot)$ 必满足 $\lambda(\cdot)\leqslant\alpha_0(\cdot)\leqslant\alpha(\cdot)\leqslant\gamma(\cdot)$，特别 $\alpha(\cdot)$ 是交叉范. 凡此种种，可仿照本章 §1--§5 作相应讨论.

命 $\mathbf{I}=\{F|F$ 是 Λ 的有限子集$\}$，依包含关系，$\mathbf{I}$ 是定向指标集. 如果 $\alpha(\cdot)$ 是 $\bigotimes\limits_{l\in\Lambda}A_l$ 上的 c^*-范对任意的 $F\in\mathbf{I}$，令 $\alpha_F(\cdot)$ 是 $\alpha(\cdot)$ 限于 $\bigotimes\limits_{l\in F}A_l\otimes\bigotimes\limits_{l\notin F}1_l$ 所诱导的 $\bigotimes\limits_{l\in F}A_l$ 上的 c^*-范，并记 $B_F=\alpha_F-\bigotimes\limits_{l\in F}A_l$. 如果 $F,F'\in\mathbf{I}$，并且 $F'\supset F$，命

$$\Phi_{F',F}(u_F)=u_F\otimes\bigotimes_{l\in F'\backslash F}1_l,\quad\forall u_F\in\bigotimes_{l\in F}A_l$$

显然，$\Phi_{F',F}$ 可扩张为 B_F 到 $B_{F'}$ 中的 $*$ 同构，并映 B_F 的单位元为 $B_{F'}$ 的单位元，也易见

$$\Phi_{F'',F'}\Phi_{F',F}=\Phi_{F'',F},\quad\forall F''\supset F'\supset F.$$

依定理 3.7.3，容易证明

命题 3.8.1 c^*-代数 $\alpha-\bigotimes\limits_{l\in\Lambda}A_l$ $*$同构于

$$\lim_{F} \{B_F, \Phi_{F'F} | (F, F') \in \mathbb{I} \times \mathbb{I}, F \subset F'\},$$

作为例子,我们考虑

定义 3.8.2 c^*-代数A称为(UHF)(一致超有限)的,指A有单位元1,及 $1 \in A_1 \subset \cdots \subset A_n \subset \cdots \subset A$, 使得 $A = \overline{\bigcup_n A_n}$, 这里每个 A_n $*$同构于有限阶的矩阵代数.

如果 A_n $*$同构于 p_n 阶矩阵代数, $\forall n$, 也称A是 $\{p_n\}$ 型的 (UHF) 代数.

这时, 命 Φ_{mn} 是 A_n 到 A_m 中的嵌入映象, $\forall m \geqslant n$, 依系 3.7.4, A $*$同构于诱导极限

$$\lim_{n} \{A_n, \Phi_{mn} | m, n = 1, 2, \cdots, m \geqslant n\}.$$

此外,依命题 3.7.6, 同型的 (UHF) 代数必然是$*$同构的.

命题 3.8.3 $\{p_n\}$ 型 (UHF) 代数存在的充要条件是: $p_n | p_{n+1}$, $n = 1, 2, \cdots$. 这时, 它$*$同构于 c^*-代数 $\alpha_0 - \bigotimes_{n=1}^{\infty} M_{m_n}$, 这里 M_{m_n} 是 m_n 阶矩阵代数,以及 $m_1 = p_1$, $m_n = p_{n-1}^{-1} p_n$, $\forall n \geqslant 2$.

证. 必要性已为命题 3.7.6 的证明所包含. 反之,设 $p_n | p_{n+1}$, $\forall n$. 由于 $\alpha_0 - \bigotimes_{i=1}^{n} M_{m_i} = M_{p_n}$, $\forall n$, 因此, $\alpha_0 - \bigotimes_{n=1}^{\infty} M_{m_n}$ 就是 $\{p_n\}$ 型的 (UHF) 代数.

已经指出同型的 (UHF) 代数必然是$*$同构的,因此, $\{p_n\}$ 型 (UHF) 代数必$*$同构于 $\alpha_0 - \bigotimes_{n=1}^{\infty} M_{m_n}$. 证毕.

注. 可仿引理 3.6.1 证明, $\bigotimes_{n=1}^{\infty} M_{m_n}$ 上仅有一个空间的 c^*-范 $\alpha_0(\cdot)$.

现在回到 c^*-代数任意张量积的讨论.

定义 3.8.4 设Λ是任意指标集, 对每个 $l \in \Lambda$, $\mathscr{H}_l$ 是 Hilbert 空间. 取定 $\xi = (\xi_l)_{l \in \Lambda}$, 这里 $\xi_l \in \mathscr{H}_l$, $\|\xi_l\| = 1$, $\forall l$.

Hilbert 空间族 $\{\mathscr{H}_l | l\in\Lambda\}$ 关于参考矢 $\xi=(\xi_l)_{l\in\Lambda}$ 的张量积，记作 $\overset{\xi}{\bigotimes\limits_{l\in\Lambda}}\mathscr{H}_l$，指它是由线性空间

$$\overset{\xi}{\bigodot_{l\in\Lambda}}\mathscr{H}_l=\bigcup\left\{\bigodot_{l\in F}\mathscr{H}_l\otimes\bigotimes_{l\notin F}\xi_l\,\middle|\,F\text{是}\Lambda\text{的有限子集}\right\}$$

$\left(\text{这里}\bigodot\limits_{l\in F}\mathscr{H}_l\right.$ 是第一章 § 4 $\#F=2$ 情形的自然推广$\left.\right)$依照内积

$$\left\langle\bigotimes_{l\in F}\eta_l\otimes\bigotimes_{l\notin F}\xi_l,\ \bigotimes_{l\in F}\zeta_l\otimes\bigotimes_{l\notin F}\xi_l\right\rangle=\prod_{l\in F}\langle\eta_l,\zeta_l\rangle$$

$(\forall\eta_l,\ \zeta_l\in\mathscr{H}_l,\ l\in F,\ F$ 是 Λ 的有限子集)的完备化.

引理 3.8.5 设 M,N 分别是 Hilbert 空间 $\mathscr{H}$，$\mathscr{K}$ 中的 vN 代数，$f\in M_*$，$g\in N_*$，则 $(f\otimes g)\in(M\overline{\otimes}N)_*$，并且 $\|f\otimes g\|=\|f\|\cdot\|g\|$，这里 $f\otimes g\in(M\overline{\otimes}N)_*$，指有 $\varphi\in(M\overline{\otimes}N)_*$，使得 $\varphi(x\otimes y)=f(x)g(y)$，$\forall x\in M,\ y\in N$. 自然这 φ 是唯一的，记以 $\varphi=f\otimes g$.

证. 设 $s\in T(\mathscr{H})$，$t\in T(\mathscr{K})$，使得

$$f(x)=\operatorname{tr}(sx),\ \forall x\in M,\quad g(y)=\operatorname{tr}(ty),\ \forall y\in N,$$

易见 $s\otimes t\in T(\mathscr{H}\otimes\mathscr{K})$，$\|s\otimes t\|_1=\|s\|_1\cdot\|t\|_1$，及

$$\operatorname{tr}((s\otimes t)(x\otimes y))=f(x)g(y),\ \forall x\in M,\ y\in N.$$

因此，$f\otimes g(\cdot)=\operatorname{tr}((s\otimes t)\cdot)\in(M\overline{\otimes}N)_*$，且 $\|f\otimes g\|\leqslant\|s\|_1\cdot\|t\|_1$. 可以取 s,t，使得 $\|s\|_1$，$\|t\|_1$ 分别任意接近 $\|f\|$，$\|g\|$，所以，$\|f\otimes g\|\leqslant\|f\|\cdot\|g\|$. 反向不等式是显然的，因此，$\|f\otimes g\|=\|f\|\cdot\|g\|$. 证毕.

命题 3.8.6 设 $\mathscr{H}=\overset{\xi}{\bigotimes\limits_{l\in\Lambda}}\mathscr{H}_l$，对每个 $l\in\Lambda$，M_l 是 $\mathscr{H}_l$ 中的 vN 代数. 又设 M 是由 $\left\{M_l\otimes\bigotimes\limits_{l'\neq l}1_{l'}\,\middle|\,l\in\Lambda\right\}$ 生成的 $\mathscr{H}$ 中的 vN 代数. 则

1) M' 由 $\left\{M_l'\otimes\bigotimes\limits_{l'\neq l}1_{l'}\,\middle|\,l\in\Lambda\right\}$ 生成；

2) $M=B(\mathscr{H})$，当且仅当，$M_l=B(\mathscr{H}_l)$，$\forall l\in\Lambda$；

3) M 是 $\mathscr{H}$ 中的因子，当且仅当，M_l 是 $\mathscr{H}_l$ 中的因子，$\forall l\in\Lambda$。

证. 1) 设 F 是 Λ 的任意有限子集，显然

$$\mathscr{H}=\left(\bigotimes_{l\in F}\mathscr{H}_l\right)\otimes\left(\bigotimes_{l\notin F}^{\xi}\mathscr{H}_l\right),\quad M=M_F\overline{\otimes}M_{\Lambda\backslash F}$$

这里 M_F 是 $\{M_l|l\in F\}$ 的 vN 代数张量积，即 $M_F=\overline{\bigotimes_{l\in F}}M_l$，$M_{\Lambda\backslash F}$ 由 $\left\{B_l\otimes\bigotimes_{l'\notin F,l'\neq l}1_{l'}\middle| l\notin F\right\}$ 生成. 依定理 1.4.12，

$$M'=M'_F\overline{\otimes}M'_{\Lambda\backslash F}.$$

令 $g_F(\cdot)=\left\langle\cdot\bigotimes_{l\notin F}\xi_l,\ \bigotimes_{l\notin F}\xi_l\right\rangle\in(M'_{\Lambda\backslash F})_*$，依引理 3.8.5，有 M' 到 M'_F 中的线性映象 Φ_F，使得

$$\Phi_F(x)(f_F)=(f_F\otimes g_F)(x),\quad\forall x\in M',\ f_F\in(M'_F)_*.$$

设 t 是 $\mathscr{H}$ 中如下形式的一秩算子

$$t\eta=\left\langle\eta,\ \xi_F\otimes\bigotimes_{l\notin F}\xi_l\right\rangle\left(\zeta_F\otimes\bigotimes_{l\notin F}\xi_l\right),\quad\forall\eta\in\mathscr{H},$$

这里 $\xi_F,\zeta_F\in\bigodot_{l\in F}\mathscr{H}_l$. 于是可写 $t=t_F\otimes t_{\Lambda\backslash F}$，这里 t_F 是 $\bigotimes_{l\in F}\mathscr{H}_l$ 中的一秩算子，$t_F\eta_F=\langle\eta_F,\ \xi_F\rangle\zeta_F$，$\forall\eta_F\in\bigotimes_{l\in F}\mathscr{H}_l$，$t_{\Lambda\backslash F}$ 是 $\bigotimes_{l\notin F}^{\xi}\mathscr{H}_l$ 中的一秩算子，$t_{\Lambda\backslash F}\eta=\left\langle\eta,\bigotimes_{l\notin F}\xi_l\right\rangle\bigotimes_{l\notin F}\xi_l$，$\forall\eta\in\bigotimes_{l\notin F}^{\xi}\mathscr{H}_l$. 设 $f_F(\cdot)=\mathrm{tr}(t_F\cdot)\in(M'_F)_*$，又显然 $\mathrm{tr}(t_{\Lambda\backslash F}\cdot)=g_F(\cdot)\in(M'_{\Lambda\backslash F})_*$，于是对任意的 $x\in M'$，

$$\begin{aligned}\mathrm{tr}(t(\Phi_F(x)\otimes p_F))&=(f_F\otimes g_F)(\Phi_F(x)\otimes p_F)\\&=\Phi_F(x)(f_F)=(f_F\otimes g_F)(x)=\mathrm{tr}(tx),\end{aligned}\tag{1}$$

这里 $p_F=\bigotimes_{l\notin F}1_l$. 由于 $\|\Phi_F\|\leqslant 1$，$\forall F$，$B(\mathscr{H})$ 的有界球是 $\sigma(B(\mathscr{H}),T(\mathscr{H}))$ 紧的，因此 $\{\Phi_F(x)\otimes p_F|F\}$ 有聚点 y. 依 (1)，对任何用 $\bigodot_{l\in\Lambda}^{\xi}\mathscr{H}_l$ 元构成的一秩算子 t，有 $\mathrm{tr}(t(x-$

$y))=0$. 但这样的 t 的线性和在 $T(\mathscr{H})$ 中是稠的，因此，$x=y$，即

$$\Phi_F(x)\otimes p_F \xrightarrow{\sigma(B(\mathscr{H}),T(\mathscr{H}))} x,\ \forall x\in M'.$$

依定理 1.4.12，$\Phi_F(x)\in M'_F=\overline{\bigotimes_{l\in F}} M'_l$，$\forall x\in M'$. 因此

$$M'\subset\left\{M'_l\otimes\bigotimes_{l'\neq l}1_{l'}\middle|\, l\in\Lambda\right\}''$$

反包含关系是显然的，因此，M' 由 $\left\{M'_l\otimes\bigotimes_{l'\neq l}1_{l'}\middle|\, l\in\Lambda\right\}$ 生成.

2) $M=B(\mathscr{H})$，当且仅当，$M'=\mathbf{C}1_{\mathscr{H}}$. 由 1)，这等价于 $M'_l=\mathbf{C}1_l, \forall l$，即 $M_l=B(\mathscr{H}_l), \forall l$.

3) M 是 $\mathscr{H}$ 中的因子，当且仅当，$M\cup M'$ 生成 $B(\mathscr{H})$. 依 1)，这等价于 $\left\{(M_l\cup M'_l)\otimes\bigotimes_{l'\neq l}1_{l'}\middle|\, l\in\Lambda\right\}$ 生成 $B(\mathscr{H})$. 依 2)，即 $(M_l\cup M'_l)$ 生成 $B(\mathscr{H}_l)$，或 M_l 是 $\mathscr{H}_l$ 中的因子，$\forall l$. 证毕.

命题 3.8.7 设 Λ 是任意的指标集，A_l 是有单位元 1_l 的 c^*-代数，φ_l 是 A_l 上的态，$\forall l\in\Lambda$. 又若 $\alpha(\cdot)$ 是 $\bigotimes_{l\in\Lambda}A_l$ 上的 c^*-范，$A=\alpha-\bigotimes_{l\in\Lambda}A_l$，则 $\bigotimes_{l\in\Lambda}\varphi_l$ 可以唯一扩张为 A 上的态 φ，并且 φ 是 A 上的纯态(或因子态[1])，当且仅当，φ_l 是 A_l 上的纯态(或因子态)，$\forall l\in\Lambda$.

证. 用 φ_l 产生 A_l 的循环＊表示 $\{\pi_l, \mathscr{H}_l, \xi_l\}$，$\forall l\in\Lambda$. 命 $\mathscr{H}$ 是 $\{\mathscr{H}_l|l\in\Lambda\}$ 关于参考矢 $\xi=(\xi_l)_{l\in\Lambda}$ 的张量积，$\pi=\bigotimes_{l\in\Lambda}\pi_l$，于是，$\{\pi, \mathscr{H}, \xi\}$ 是 A 的循环＊表示.

依系 3.2.6，$\bigotimes_{l\in\Lambda}\varphi_l$ 可唯一扩张为 A 上的态 φ. 用 φ 产生 A 的循环＊表示 $\{\pi_\varphi, \mathscr{H}_\varphi, \xi_\varphi\}$. 由于

---

1) c^*-代数的态称为因子的，指它产生的＊表示是因子的 (定义 2.10.5).

$$\langle \pi(u)\xi, \xi\rangle = \bigotimes_{l\in\Lambda} \varphi_l(u) = \varphi(u) = \langle \pi_\varphi(u)1_\varphi, 1_\varphi\rangle,$$

$\forall\, u \in \bigotimes_{l\in\Lambda} A_l$，因此，$\{\pi, \mathscr{H}\} \cong \{\pi_\varphi, \mathscr{H}_\varphi\}$。今依命题 3.8.6，立即得证。

注．依命题 3.8.1，$A = \alpha - \bigotimes_{l\in\Lambda} A_l$ *同构于

$$\lim_F \{B_F, \Phi_{F'F} | (F, F') \in \mathbf{I}\times\mathbf{I}, F\subset F'\}.$$

显然 $\bigotimes_{l\in F} \varphi_l$ 可唯一扩张为 $B_F = \alpha_F - \bigotimes_{l\in F} A_l$ 上的态 φ_F，$\forall F\in\mathbf{I}$. 依定义 3.7.7 易见 A 上的态 $\varphi = \bigotimes_{l\in\Lambda} \varphi_l$ 即相应于 $\lim_F\{B_F, \Phi_{F'F} | (F, F') \in \mathbf{I}\times\mathbf{I}, F\subset F'\}$ 上的诱导极限态 $\lim_F \{\varphi_F, \Phi_{F'F} | (F, F') \in \mathbf{I}\times\mathbf{I}, F\subset F'\}$.

注 本节见参考文献 [41]，[80]，[97]，[111]．

第四章 w^*- 代数

w^*-代数就是抽象的 vN 代数，它不依赖于 Hilbert 空间而定义，然而可以通过 vN 代数的理论来研究它. 因此，本章是第一章的继续.

§1 指出范数为 1 的投影映象就是条件期望 (4.1.5)，它属于 H. Umegahi 与 J. Tomiyama. §2 证明重要的 S. Sakai 定理(4.2.6)，指出 w^*-代数与 vN 代数 * 同构，因此，w^*-代数是 vN 代数的抽象定义. 这个定理与 c^*-代数表示定理 (2.3.20)，可以说整个算子代数的理论是基于它们而发展起来的. 此外，§2 中的证明利用 §1 的结果 (不同于 Sakai 原来的证明). §3 用抽象的方式定义 w^*-代数的张量积，实质与 vN 代数张量积相同. §4 指出 w^*-代数上任意有界线性泛函可分解为正规部分与奇异部分，并给出了奇异泛函的特征 (4.4.2，属于 M. Takesaki) 与正规泛函的全可加的特征 (4.4.5). 此外，又证明了 w^*-代数的准对偶是弱列备的 (4.4.7，属于 C. A. Akemann). §5 讨论 w^*-代数准对偶的弱紧子集的特征 (4.5.1)，可以说是第一章 §11 的继续.

§1. 范数为 1 的投影映象

定义 4.1.1 设 A 是有单位元 1 的 C^*-代数，B 是 A 的 c^*-子代数，且 $1\in B$，P 是 A 到 B 上范数为 1 的投影映象，指 P 是线性的，$PA=B$，$Pb=b$，$\forall b\in B$，及 $\|Pa\|\leqslant\|a\|$，$\forall a\in A$.

引理 4.1.2 设 Φ 是 c^*-代数 A 到 c^*-代数 B 中的正线性映象，并且 A 有单位元 1，则 $\|\Phi\|=\|\Phi(1)\|$.

证. 依定理 2.12.5，只须证明

$$\|\Phi(e^{ih})\|\leqslant\|\Phi(1)\|,\ \forall h^*=h\in A,$$

因此可以假定 A 是交换的. 依命题 3.6.6, Φ 将是全正的. 无妨设 $B\subset B(\mathscr{K})$. 依定理 3.6.7, 有 A 的非退化 * 表示 $\{\pi, \mathscr{H}\}$, 及 $\mathscr{K}$ 到 $\mathscr{H}$ 中的算子 v, 使得

$$\Phi(a)=v^*\pi(a)v,\ \forall a\in A,\ \|v\|=\|\Phi\|^{\frac{1}{2}},$$

于是 $\|\Phi(1)\|=\|v^*v\|=\|v\|^2=\|\Phi\|$. 证毕.

命题 4.1.3 设 A 是有单位元 1 的 c^*-代数, P 是 A 中的正线性映象,并且 $P1=1$ 及

$$P(Pb_1\cdot a\cdot Pb_2)=Pb_1\cdot Pa\cdot Pb_2,\ \forall a, b_1, b_2\in A,$$

则 $PA=B$ 是 A 的 c^*-子代数, $1\in B$, 及 P 是 A 到 B 上范数为 1 的投影映象.

证. 依引理 4.1.2, $\|P\|=1$. 对于任意的 $a\in A$, $P^2a=P(P1\cdot 1\cdot Pa)=Pa$, 因此 P 是 A 中的投影映象. 今只须证明 $PA=B$ 是 A 的 c^*-子代数. 由于 P 是正的,因此, $B^*=B$. 又

$$Pa\cdot Pb=Pa\cdot P1\cdot Pb=P(Pa\cdot 1\cdot Pb),\ \forall a, b\in A,$$

因此, B 对于乘法运算封闭. 此外,如果 a_n, $a\in A$, $Pa_n\to a$, 则 $P^2a_n=Pa_n\to Pa=a$, 即 B 是闭的. 证毕.

引理 4.1.4 设 P 是 A 到 B 上的范数为 1 的投影映象,则 P 可扩张为 A^{**} 到 B^{**} 上范数为 1 的投影映象,并且将是 $\sigma(A^{**}, A^*)$-$\sigma(B^{**}, B^*)$ 连续的.

注. 依定理 2.11.2, A^{**} 是 c^*-代数,并以 A 为它的 c^*-子代数,同时 A 的单位元亦将是 A^{**} 的单位元. 此外,依命题 2.11.4, B^{**} 可看作为 B 在 A^{**} 中的 $\sigma(A^{**}, A^*)$ 闭包,因此, B^{**} 也是 A^{**} 的 c^*-子代数.

证. 显然, P^{**} 是 A^{**} 到 B^{**} 上范数为 1 的、且 $\sigma(A^{**}, A^*)$-$\sigma(B^{**}, B^*)$ 连续的线性映象. 此外, $P^{**}|A=P$, 因此, P^{**} 也是投影映象. 证毕.

定理 4.1.5 设 A 是有单位元 1 的 c^*-子代数, B 是 A 的 c^*-子代数,且 $1\in B$, P 是 A 到 B 上范数为 1 的投影映象,则

1) P 是全正的;

2) $P(Pa\cdot b)=Pa\cdot Pb=P(a\cdot Pb)$, $\forall a, b\in A$;

3) $(Px)^* \cdot (Px) \leqslant P(x^*x)$, $\forall x \in A$.

证. 首先指出 P 是正的. 无妨设 $B \subset B(\mathscr{K})$, 及 $1 = 1_{\mathscr{K}}$, 对任意的 $\xi \in \mathscr{K}$, 令

$$\omega_\xi(a) = \langle P(a)\xi, \xi\rangle, \ \forall a \in A.$$

由于 $P1 = 1$, $\|P\| = 1$, 因此, $\omega_\xi(1) = \|\xi\|^2 = \|\omega_\xi\|$. 依命题 2.3.3, $\omega_\xi(\cdot)$ 是 A 上的正泛函. 因此, P 是 A 到 B 的正线性映象.

必要时,把 P 作如同引理 4.1.3 的扩张,于是依定理 2.11.2, 可以假定 B 为其投影元全体的线性闭包. 因此, 2) 可以归结为证明

$$P(pa) = p \cdot Pa, \ P(ap) = Pa \cdot p,$$

但由于 P 是正的,将保持 * 运算,从而 2) 又归结为证明:

$$P(pa) = p \cdot Pa, \ \forall a \in A,$$

p 为 B 的投影元.

今取定 B 的投影元 p. 如果 $y \in A_+$, $\|y\| \leqslant 1$, 于是 $p \geqslant pyp$, $Pp = p \geqslant P(pyp)$. 所以, $pP(pyp)p = P(pyp)$. 进而

$$P(pxp) = pP(pxp)p, \ \forall x \in A \tag{1}$$

代 p 以 $(1-p)$, 则又有

$$\begin{aligned} &P((1-p)x(1-p)) \\ &= (1-p)P((1-p)x(1-p))(1-p), \ \forall x \in A. \end{aligned} \tag{1'}$$

取定 $a \in A$, $\|a\| \leqslant 1$, 则

$$\begin{aligned} \|pa(1-p) \pm np\| &= \|(pa(1-p) \pm np) \cdot (pa(1-p) \pm np)^*\|^{\frac{1}{2}} \\ &= \|pa(1-p)a^*p + n^2p\|^{\frac{1}{2}} \leqslant (1+n^2)^{\frac{1}{2}}. \end{aligned}$$

令 $a' = P(pa(1-p))$. 如果 $\frac{1}{2}(pa'p + pa'^*p) \neq 0$, 无妨设它有正的谱点 λ (若只有负谱,下面的 n 代以 $-n$, 同证之),于是

$$\begin{aligned} \|a' + np\| &\geqslant \|pa'p + np\| \\ &\geqslant \left\|\frac{1}{2}(pa'p + pa'^*p) + np\right\| \geqslant \lambda + n \end{aligned}$$

从而 $(1+n^2)^{\frac{1}{2}} \geqslant \|pa(1-p) + np\| \geqslant \|P(pa(1-p) + np)\| = \|a' + np\| \geqslant \lambda + n$, 这当 n 充分大时是不可能的. 因此,

$$\frac{1}{2}(pa'p + pa'^*p) = 0.$$

同样,如果 $\frac{1}{2}(pa'p - pa'^*p) \neq 0$, 代上面的 n 以 in, 也得到矛盾. 所以

$$pa'p = 0. \tag{2}$$

由于 $a'^* = P((1-p)a^*p)$, 同上证明(但代 p 以 $(1-p)$), 应有 $(1-p)a'^*(1-p) = 0$, 因此

$$(1-p)a'(1-p) = 0. \tag{3}$$

今设 $(1-p)a'p \neq 0$, 由 (2), (3), 当 n 充分大时,

$$\|a' + n(1-p)a'p\| = \|pa'(1-p) + (n+1)(1-p)a'p\|$$
$$= \max\{\|pa'(1-p)\|, (n+1)\|(1-p)a'p\|\}$$
$$= (n+1)\|(1-p)a'p\|;$$

另一方面, n 充分大时,由于 $(1-p)a'p \in B$,

$$\|a' + n(1-p)a'p\| = \|P(pa(1-p) + n(1-p)a'p)\|$$
$$\leqslant \|pa(1-p) + n(1-p)a'p\| = n\|(1-p)a'p\|$$

这就产生矛盾. 因此,

$$(1-p)a'p = 0. \tag{4}$$

由 (2), (3), (4), $a' = pa'(1-p)$, 即

$$P(pa(1-p)) = pP(pa(1-p))(1-p) \tag{5}$$

代 p 以 $(1-p)$, 同样有

$$P((1-p)ap) = (1-p)P((1-p)ap)p \tag{6}$$

由 $Pa = P(pap) + P(pa(1-p)) + P((1-p)ap) + P((1-p)a(1-p))$, 并利用 (1), (1'), (5), (6), 可见

$$p \cdot Pa \cdot (1-p) = P(pa(1-p)),$$
$$p \cdot Pa \cdot p = P(pap).$$

所以, $p \cdot Pa = P(pa)$. 于是 2) 得证.

对任意的 n, $b_1, \cdots, b_n \in B$, $a_1, \cdots, a_n \in A$, 依 2) 及 P 是正的,于是

$$\sum_{i,j} b_i^* P(a_i^* a_j) b_j = \sum_{i,j} P(b_i^* a_i a_j b_j)$$

$$= P\left(\left(\sum_i a_i b_i\right)^* \cdot \left(\sum_i a_i b_i\right)\right)$$

是 B 的正元，因此，P 是全正的.

最后，由于

$$\begin{aligned} & P(x^*x) - (Px)^* \cdot (Px) \\ = & P(x^*x) - P(Px^* \cdot x) - P(x^* \cdot Px) + P(Px^* \cdot 1 \cdot Px) \\ = & P((x - Px)^* \cdot (x - Px)) \geqslant 0. \end{aligned}$$

所以，$(Px)^* \cdot (Px) \leqslant P(x^*x)$，$\forall x \in A$. 证毕.

命题 4.1.6 设 M，N 分别是 $\mathscr{H}$，$\mathscr{K}$ 中的 vN 代数，则存在 $M \bar{\otimes} N$ 到 N 上的范数为 1 的投影映象 Φ，并且 Φ 是 $\sigma - \sigma$ 连续的.

注. 这里把 N 与 $1_{\mathscr{H}} \otimes N$ 等同起来，从而 N 可看成 $M \bar{\otimes} N$ 的 c^*-子代数，且包含 $M \bar{\otimes} N$ 的单位元.

证. 设 φ 是 M 上的正规态，定义

$$\Phi(x)(f) = x(\varphi \bar{\otimes} f), \quad \forall x \in M \bar{\otimes} N, \ f \in N_*.$$

依引理 3.8.5，即可见 Φ 满足要求. 证毕.

注 本节见参考文献 [124]，[125]，[127].

§2. w^*-代数及其 * 表示

定义 4.2.1 c^*-代数 M 称为 w^*-代数，指存在 Banach 空间 M_*，使得 $M = (M_*)^*$.

依命题 1.3.3，所有的 vN 代数是 w^*-代数. 依定理 2.11.2，如果 A 是 c^*-代数，则 A^{**} 是 w^*-代数.

引理 4.2.2 w^*-代数必有单位元.

事实上，它的单位球是弱 * 紧凸的，必有端点. 再依定理 2.5.3，可见必有单位元.

今设 M 是 w^*-代数，其单位元是 1. 依定理 2.11.2，M^{**} 也是 w^*-代数 以 M 为它的 c^*-子代数，且 1 也是 M^{**} 的单位元. 设 $M = (M_*)^*$，把 M_* 看作 M^* 的闭子空间，令 $P: M^{**} \to M$，

$$P(X) = X|M_*, \quad \forall X \in M^{**}.$$

显然，P 将是 M^{**} 到 M 上范数为 1 的投影映象，并且是 $\sigma(M^{**}, M^*)$-$\sigma(M, M_*)$ 连续的. 令

$$\vartheta = \{X \in M^{**} | PX = 0\} = M_*^{\perp},$$

即是 M_* 作为 M^* 的闭子空间在 M^{**} 中的直交余，因此，ϑ 是 $\sigma(M^{**}, M^*)$ 闭的. 依定理 4.1.5,

$$P(aXb) = a \cdot P(X) \cdot b, \ \forall X \in M^{**}, \ a, b \in M.$$

依第二章 § 11 的讨论，M^{**} 可以看作为 vN 代数，因此，M^{**} 中的乘法对单个变量是 $\sigma(M^{**}, M^*)$ 连续的. 又 M 在 M^{**} 中是 $\sigma(M^{**}, M^*)$ 稠的，从而，ϑ 是 M^{**} 的 $*$ 双侧理想. 依命题 1.7.1，有 M^{**} 唯一的中心投影 z，使得

$$\vartheta = M_*^{\perp} = M^{**}(1 - z).$$

P 是投影映象及 ϑ 是双侧理想，因此，

$$(P(X) - X) \in \vartheta, \ (P(X) - X)Y \in \vartheta.$$

依定理 4.1.5,

$$P(XY) = P(X) \cdot P(Y), \ \forall X, Y \in M^{**},$$

所以，P 是 $M^{**}z$ 到 M 上的 $*$ 同构.

显然，$P(xz) = x, \forall x \in M$，因此，如果 Q 是 $P: M^{**}z \to M$ 的逆映象，则

$$Q(x) = xz, \ \forall x \in M.$$

任意的 $X \in M^{**}$，可写为 $X = P(X) + (X - PX)$. 又若 $x \in M \cap \vartheta$，则 $x = Px = 0$，因此，

$$M^{**} = M \dotplus M_*^{\perp}.$$

M^{**} 中的乘法对单个变量是 $\sigma(M^{**}, M^*)$ 连续的，因此如果 $F \in M^*$，则 R_zF 与 $R_{(1-z)}F$（其意义见第一章 § 9）也 $\in M^*$，从而，$M^* = R_zM^* \dotplus R_{(1-z)}M^*$. 今证明

$$M_* = R_zM^*.$$

事实上，M_* 是 M^* 的闭子空间，因此，$M_* = (M_*^{\perp})_{\perp} = (M^{**}(1 - z))_{\perp}$. 由此，$M_* \supset R_zM^*$. 反之，如果 $f \in M_*$，则 $f(X(1 - z)) = 0$，$f(X) = f(Xz) = (R_zf)(X)$，$\forall X \in M^{**}$，因此，$f = R_zf$. 所以，$M_* = R_zM^*$.

今指出 M 到 $M^{**}z$ 上的 $*$ 同构 Q 也是 $\sigma(M, M_*)$-$\sigma(M^{**}, M^*)$ 连续的. 设网 $\{x_l\}\subset M$, $x_l \xrightarrow{\sigma(M, M_*)} 0$, 对任意的 $F\in M^*$, 由于 $f = R_zF\in M_*$, 因此,

$$F(Q(x_l)) = F(x_lz) = f(x_l)\to 0.$$

综上所述,我们有

命题 4.2.3 设 M 是 w^*-代数, $M = (M_*)^*$, 把 M, M_* 分别正则地嵌入 M^{**}, M^* 之中,则存在 M^{**} 的中心投影 z 及 M^{**} 到 M 上范数为 1 的投影映象 P, 使得:

1) P 也是 M^{**} 到 M 上的 $*$ 同态, 并且是 $\sigma(M^{**}, M^*)$-$\sigma(M, M_*)$ 连续的;

2) P 是 $M^{**}z$ 到 M 上的 $*$ 同构, 设其逆映象为 Q, 则 $Q(x) = xz$, $\forall x\in M$, 并且 Q 也是 $\sigma(M, M_*)$-$\sigma(M^{**}, M^*)$ 连续的;

3) $M_*^\perp = M^{**}(1-z)$, $M_* = R_zM^*$, 以及

$$M^{**} = M\dotplus M_*^\perp,\ M^* = M_*\dotplus R_{(1-z)}M^*.$$

定义 4.2.4 设 M 是 w^*-代数, $M = (M_*)^*$, $\{\pi, \mathscr{H}\}$ 称为 M 的 w^*-表示,指 π 是 M 到 $B(\mathscr{H})$ 中的 $*$ 同态,并且是 $\sigma(M, M_*)$-$\sigma(B(\mathscr{H}), T(\mathscr{H}))$ 连续的.

如果 $\{\pi, \mathscr{H}\}$ 是 M 的 w^*-表示,仿照命题 1.8.13 的证明,易见 $\pi(M)$ 是 $\mathscr{H}$ 中弱算子闭的 $*$ 代数. 如果 π 还是非退化的,则 $\pi(1) = 1_{\mathscr{H}}$, 及 $\pi(M)$ 是 $\mathscr{H}$ 中的 vN 代数. 此外,如果 π 是忠实的, 依命题 1.2.6 及 M 单位球的 $\sigma(M, M_*)$ 紧性, 易见 $\pi(M)$ 到 M 上的 $*$ 同构 π^{-1} 也是 $\sigma(B(\mathscr{H}), T(\mathscr{H}))$-$\sigma(M, M_*)$ 连续的.

定理 4.2.5 设 M 是 w^*-代数, 则 M 有忠实的非退化 w^*-表示. 特别, w^*-代数必可 $*$ 同构于 vN 代数,且这 $*$ 同构是 σ-σ 连续的.

证. 设 $\{\pi, \mathscr{H}\}$ 是 M 作为 c^*-代数的泛表示,依第二章 § 11 的讨论, $\{\pi, \mathscr{H}\}$ 可开拓为 w^*-代数 M^{**} 忠实的非退化 w^*-表示, 仍记以 $\{\pi, \mathscr{H}\}$. 依命题 4.2.3, 有 M 到 $M^{**}z$ 上 σ-σ 连续的 $*$

同构 Q，于是，$\{\pi\circ Q, \pi(z)\mathscr{H}\}$ 即为 M 忠实的非退化 w^*-表示。证毕.

注. 依此定理，我们可以把 w^*-代数当作 vN 代数来对待(只要不涉及到 vN 代数的交换子). 特别，我们有

命题 4.2.6 设M是 w^*-代数，$M=(M_*)^*$，则 M 中的$*$运算是 $\sigma(M, M_*)$ 连续的；乘法对单个变量也是 $\sigma(M, M_*)$ 连续的；M_* 是 M 上正规正泛函全体的线性包，特别，M_* 是唯一的[1]；对 M 上任意的正规正泛函 φ，通过 GNS 构造，可以产生 M 的循环 w^*-表示 $\{\pi_\varphi, \mathscr{H}_\varphi, 1_\varphi\}$. 如果记 $\mathscr{S}_n$ 为 M 上正规态的全体，则 $\left\{\pi=\sum\limits_{\varphi\in\mathscr{S}_n}\oplus\pi_\varphi,\ \mathscr{H}=\sum\limits_{\varphi\in\mathscr{S}_n}\oplus\mathscr{H}_\varphi\right\}$ 是M忠实的非退化 w^*-表示，将称它为 w^*-代数 M 的正规泛表示.

现在讨论 w^*-表示的几个性质.

定理 4.2.7 设A是 c^*-代数，$\{\pi, \mathscr{H}\}$是A的$*$表示，则存在 w^*-代数 A^{**} 唯一的 w^*-表示 $\{\tilde{\pi}, \mathscr{H}\}$ 是π 的扩张，并且 $\tilde{\pi}(A^{**})$ 是 $\pi(A)$ 的弱算子闭包. 反之，如果 $\{\pi^w, \mathscr{H}\}$ 是 A^{**} 的 w^*-表示，$\{\pi=\pi^w|A, \mathscr{H}\}$ 是A的$*$表示，当将π 作上述的扩张时，$\tilde{\pi}=\pi^w$. 因此，A的$*$表示与A^{**} 的 w^*-表示一一对应.

证. 注意 π: $A\to B(\mathscr{H})$，π^*: $B(\mathscr{H})^*\to A^*$. 令 $\pi_*=\pi^*|T(\mathscr{H})$，及 $\tilde{\pi}=(\pi_*)^*$，则$\tilde{\pi}$: $A^{**}\to B(\mathscr{H})$，我们来证明$\tilde{\pi}$即满足要求. 由于$\pi_*: T(\mathscr{H})\to A^*$，因此，$\tilde{\pi}$是$\sigma(A^{**}, A^*)$-$\sigma(B(\mathscr{H}), T(\mathscr{H}))$ 连续的. 注意

$$\tilde{\pi}(a)(t)=a(\pi_*(t))=a(\pi^*(t))=\pi(a)(t),$$
$$\forall a\in A,\ t\in T(\mathscr{H}).$$

所以，$\tilde{\pi}$是π 的扩张. 今A在 A^{**} 中是$\sigma(A^{**}, A^*)$ 稠的，又$\tilde{\pi}$ σ-σ连续，因此，$\{\tilde{\pi}, \mathscr{H}\}$ 是 A^{**} 的 w^*-表示，且为π 的唯一扩张. 定义 4.2.4 已指出 $\tilde{\pi}(A^{**})$ 是弱算子闭的，因此是 $\pi(A)$ 的弱算子闭包. 定理的其余部分是显然的. 证毕.

---

1) 因此，也称 M_* 为 M 的预对偶(predual).

命题 4.2.8 设 $\{\pi_i, \mathscr{H}_i\}$ 是 w^*-代数M的非退化 w^*-表示，$\ker\pi_i = \{a \in M \mid \pi_i(a) = 0\}$，$i = 1, 2$. 如果 $\ker\pi_1 \subset \ker\pi_2$，则 $\{\pi_2, \mathscr{H}_2\}$ 酉等价于 $\{\pi_1, \mathscr{H}_1\}$ 的某个增补的诱导，即存在 Hilbert 空间 $\mathscr{K}$，及 $(\pi_1(M)\bar{\otimes}\mathbb{C}1_{\mathscr{K}})'$ 的投影 p'，使得 $\{\pi_2, \mathscr{H}_2\}$ 酉等价于 $\{\pi, p'(\mathscr{H}_1 \otimes \mathscr{K})\}$，这里 $\pi(a) = (\pi_1(a) \otimes 1_{\mathscr{K}})p'$，$\forall a \in M$.

证. 令 $M_i = \pi_i(M)$，则 M_i 是 $\mathscr{H}_i$ 中的 vN 代数，$i = 1,2$. 由于 $\ker\pi_1 \subset \ker\pi_2$，因此可以建立 M_1 到 M_2 上的正规 $*$ 同态 Φ，使得 $\Phi \circ \pi_1 = \pi_2$. 今依定理 1.12.4，即得证.

命题 4.2.9 设 $\{\pi_i, \mathscr{H}_i\}$ 是 w^*-代数 M 的 w^*-表示，$\ker\pi_i = \{a \in M \mid \pi_i(a) = 0\}$，$i = 1, 2$. 如果 $\pi_i(M)$ 在 $\mathscr{H}_i$ 中既有循环矢，又有分离矢，$i = 1, 2$，并且 $\ker\pi_1 = \ker\pi_2$，则 $\{\pi_1, \mathscr{H}_1\} \cong \{\pi_2, \mathscr{H}_2\}$.

证. $M_i = \pi_i(M)$ 是 $\mathscr{H}_i$ 中的 vN 代数，$i = 1, 2$. 由于 $\ker\pi_1 = \ker\pi_2$，因此可以建立 M_1 到 M_2 上的 $*$ 同构 Φ，使得 $\Phi \circ \pi_1 = \pi_2$. 今依定理 1.13.5，即得证.

注 本节见参考文献 [13]，[90]，[124]，[125].

§ 3. w^*-代数的张量积

设 M，N 是 w^*-代数，我们要定义它们的张量积，使之仍然为 w^*-代数. 如果把它们与 vN 代数等同起来，可以通过 vN 代数的张量积来定义，而且这样的定义，并不依赖所 $*$ 同构的 vN 代数的选择（定理 1.12.6）. 本节将从 M，N 本身出发来定义，而且结果与上面的一致.

设 M，N 是 w^*-代数，$M = (M_*)^*$，$N = (N_*)^*$. 作为 c^*-代数，M 与N的代数张量积 $M \otimes N$上有空间 c^*-范 $\alpha_0(\cdot)$，依此完备化，得到的 c^*-代数记以 $M \otimes_{\alpha_0} N$，设 $\alpha_0^*(\cdot)$ 是 $\alpha_0(\cdot)$的对偶范数（见第三章 § 1），于是

$$(M \otimes_{\alpha_0} N)^* \supset M^* \otimes_{\alpha_0^*} N^* \supset M_* \otimes_{\alpha_0^*} N_*.$$

这里$M^* \otimes_{\alpha_0^*} N^*$ 是 $M^* \otimes N^*$ 依 $\alpha_0^*(\cdot)$ 的完备化；$M_* \otimes_{\alpha_0^*} N_*$ 是

$M_*\otimes N_*$ 依 $\alpha_0^*(\cdot)$ 的完备化，也可理解为 $M^*\otimes_{\alpha_0^*}N^*$ 的由 $M_*\otimes N_*$ 张成的闭子空间. 令

$$\vartheta=(M_*\otimes_{\alpha_0^*}N_*)^{\perp},$$

即 $(M_*\otimes_{\alpha_0^*}N_*)$ 作为 $(M\otimes_{\alpha_0}N)^*$ 的闭子空间在 $(M\otimes_{\alpha_0}N)^{**}$ 中的直交余. 设 $Y\in\vartheta$, $X\in(M\otimes_{\alpha_0}N)^{**}$, 自然可取网 $\{u_l\}\subset M\otimes N$, 使得依 $(M\otimes_{\alpha_0}N)^{**}$ 中的弱 * 拓扑, $u_l\to X$. 对任意的 $f\in M_*\otimes N_*$, 由于 $L_{u_l}f$, $R_{u_l}f$ 仍然属于 $M_*\otimes N_*$, 于是

$$f(u_lY)=(L_{u_l}f)(Y)=0,\ f(Yu_l)=(R_{u_l}f)(Y)=0,$$

对 l 取极取，可见 XY 与 $YX\in\vartheta$, 即 ϑ 是 w^*-代数 $(M\otimes_{\alpha_0}N)^{**}$ 的弱 * 闭的双侧理想. 由此，$(M\otimes_{\alpha_0}N)^{**}/\vartheta$ 也是 w^*-代数，并且它是 $(M_*\otimes_{\alpha_0^*}N_*)$ 的共轭空间.

定义 4.3.1 w^*-代数 $(M\otimes_{\alpha_0}N)^{**}/\vartheta$ 称为 w^*-代数 M, N 的张量积，记以 $M\bar{\otimes}N$.

依前面的讨论， $M\bar{\otimes}N=(M_*\otimes_{\alpha_0^*}N_*)^*$, $M_*\otimes_{\alpha_0^*}N_*=(M\bar{\otimes}N)_*$.

引理 4.3.2 $M_*\otimes N_*$ 在 $(M\otimes_{\alpha_0}N)^*$ 中是弱 * 稠的.

证. 依命题 3.2.10, $M^*\otimes N^*$ 在 $(M\otimes_{\alpha_0}N)^*$ 中是弱 * 稠的. 今注意 M_*, N_* 在 M^*, N^* 中分别是有界地弱 * 稠的，又 $\alpha_0^*(\cdot)$ 是 $M^*\otimes N^*$ 上的交叉范，于是易证 $M_*\otimes N_*$ 在 $M^*\otimes N^*$ 中将依 $(M\otimes_{\alpha_0}N)^*$ 中的弱 * 拓扑是稠的. 所以，$M_*\otimes N_*$ 在 $(M\otimes_{\alpha_0}N)^*$ 中是弱 * 稠的. 证毕.

命题 4.3.3 $(M\otimes_{\alpha_0}N)\cap\vartheta=\{0\}$, 于是 $M\otimes_{\alpha_0}N$ 可以嵌入 $M\bar{\otimes}N$ 之中，并且是弱 * 稠的.

证. 设 $x\in(M\otimes_{\alpha_0}N)\cap\vartheta$, 于是

$$(f\otimes g)(x)=0,\ \forall f\in M_*,\ g\in N_*,$$

再依引理 4.3.2, $x=0$. 今若 $\tilde{X}\in M\bar{\otimes}N=(M\otimes_{\alpha_0}N)^{**}/\vartheta$, $X\in\tilde{X}$, 于是有网 $\{x_l\}\subset M\otimes_{\alpha_0}N$, 依 $(M\otimes_{\alpha_0}N)^{**}$ 的弱 * 拓扑，$x_l\to X$. 从而对任意的 $F\in(M\bar{\otimes}N)_*=M_*\otimes_{\alpha_0^*}N_*\subset(M\otimes_{\alpha_0}N)^*$,

$$|(\tilde{x}_l-\tilde{X})(F)|=|(x_l-X)(F)|\to 0,$$

即 $M\otimes_{\alpha_0}N$ 在 $M\bar{\otimes}N$ 中是弱 * 稠的. 证毕.

定理 4.3.4 设 $\{\pi_i, \mathscr{H}_i\}$ 是 w^*-代数 M_i 的非退化 w^*-表示，$i=1,2$，则存在 $M_1\overline{\otimes}M_2$ 唯一的 w^*-表示 $\{\pi, \mathscr{H}\}$，这里 $\mathscr{H}=\mathscr{H}_1\otimes\mathscr{H}_2$，使得

$$\pi(a_1\otimes a_2)=\pi_1(a_1)\otimes\pi_2(a_2),\ \forall a_i\in M_i,\ i=1,2,$$

并且 $\pi(M_1\overline{\otimes}M_2)=\pi_1(M_1)\overline{\otimes}\pi_2(M_2)$ (vN 代数 $\pi_1(M_1)$ 与 $\pi_2(M_2)$ 的张量积). 此外,如果 π_i 是忠实的，$i=1,2$，则 π 也是忠实的.

证. 依命题 3.2.7，有 $M_1\otimes_{\alpha_0}M_2$ 唯一的 * 表示 $\{\pi_0, \mathscr{H}\}$，使得 $\pi_0(a_1\otimes a_2)=\pi_1(a_1)\otimes\pi_2(a_2)$，$\forall a_1\in M_1$，$a_2\in M_2$. 依定理 4.2.7，$\pi_0$ 可以唯一扩张为 $(M_1\otimes_{\alpha_0}M_2)^{**}$ 的 w^*-表示 $\{\tilde{\pi}_0, \mathscr{H}\}$. 对任意的 $\xi_i, \eta_i\in\mathscr{H}_i$，令 $f_i(\cdot)=\langle\pi_i(\cdot)\xi_i, \eta_i\rangle\in(M_i)_*$，$i=1,2$，于是 $f_1\otimes f_2\in(M_1)_*\otimes(M_2)_*\subset(M_1\otimes_{\alpha_0}M_2)^*$. 依 ϑ 的定义，

$$f_1\otimes f_2(\vartheta)=\{0\}.$$

又 $\mathscr{H}_1\odot\mathscr{H}_2$ 在 $\mathscr{H}_1\otimes\mathscr{H}_2$ 中稠,因此，$\tilde{\pi}_0(\vartheta)=\{0\}$. 从而，$\tilde{\pi}_0$ 可以诱导 $M_1\overline{\otimes}M_2=(M_1\otimes_{\alpha_0}M_2)^{**}/\vartheta$ 的 w^*-表示 $\{\pi, \mathscr{H}\}$. 易见 $\{\pi, \mathscr{H}\}$ 将满足要求. 其唯一性是显然的.

此外，如果 π_i 是忠实的，$i=1,2$. 由于 M_i 与 $\pi_i(M_i)$ * 同构，因此如果 $f_i\in(M_i)_*$，必有 $\sum\limits_n(\|\xi_n^{(i)}\|^2+\|\eta_n^{(i)}\|^2)<\infty$，这里 $\xi_n^{(i)}, \eta_n^{(i)}\in\mathscr{H}_i$，使得

$$f_i(\cdot)=\sum_n\langle\pi_i(\cdot)\xi_n^{(i)}, \eta_n^{(i)}\rangle,\ i=1,2,$$

从而对任意的 $x\in M_1\overline{\otimes}M_2$，有

$$f_1\otimes f_2(x)=\sum_{j,k}\langle\pi(x)\xi_j^{(1)}\otimes\xi_k^{(2)}, \eta_j^{(1)}\otimes\eta_k^{(2)}\rangle.$$

今若 $\pi(x)=0$，则 $f_1\otimes f_2(x)=0$，$\forall f_i\in(M_i)_*$，$i=1,2$. 但 $(M_1)_*\otimes(M_2)_*$ 在 $(M_1)_*\otimes_{\alpha_0^*}(M_2)_*=(M_1\overline{\otimes}M_2)_*$ 中是稠的,因此，$x=0$，即 π 也是忠实的. 证毕.

系 4.3.5 设 M_i 是 $\mathscr{H}_i$ 中的 vN 代数，$i=1,2$，则 M_1 与 M_2 的 w^*-代数张量积 * 同构于其 vN 代数张量积.

命题 4.3.6 设 φ_i 是 w^*-代数 M_i 上的正规正泛函，$i=1,2$，则有唯一的 $M_1\overline{\otimes}M_2$ 上的正规正泛函 φ，使得

$$\varphi(a_1\otimes a_2)=\varphi_1(a_1)\cdot\varphi_2(a_2),\ \forall a_i\in M_i,\ i=1,2,$$

并且 $s(\varphi)=s(\varphi_1)\otimes s(\varphi_2)$.

证. 设 $\{\pi_i, \mathscr{H}_i, \xi_i\}$ 是 φ_i 所产生的 M_i 的循环 w^*-表示，$i=1, 2$. 依定理 4.3.4，$\pi_1\otimes\pi_2$ 可唯一扩张为 $M_1\bar{\otimes}M_2$ 的 w^*-表示 $\{\pi, \mathscr{H}\}$，这里 $\mathscr{H}=\mathscr{H}_1\otimes\mathscr{H}_2$. 令

$$\varphi(x)=\langle\pi(x)\xi_1\otimes\xi_2,\ \xi_1\otimes\xi_2\rangle,\ \forall x\in M_1\bar{\otimes}M_2,$$

易见 φ 即满足要求. 此外，由命题 1.8.11 及定理 1.4.12，$s(\varphi)=s(\varphi_1)\otimes s(\varphi_2)$. 证毕.

命题 4.3.7 设 Φ_i 是 w^*-代数 M_i 到 w^*-代数 N_i 中的全正映象，并且是 σ-σ 连续的，$i=1,2$，则存在 $M_1\bar{\otimes}M_2$ 到 $N_1\bar{\otimes}N_2$ 中 σ-σ 连续的全正映象 Φ，使得

$$\Phi(a_1\otimes a_2)=\Phi_1(a_1)\otimes\Phi_2(a_2),\ \forall a_i\in M_i,\ i=1, 2.$$

证. 依命题 3.6.11，有 $M_1\otimes_{\alpha_0}M_2$ 到 $N_1\otimes_{\alpha_0}N_2$ 中的全正映象 Φ_0，使得

$$\Phi_0(a_1\otimes a_2)=\Phi_1(a_1)\otimes\Phi_2(a_2),\ \forall a_i\in M_i,\ i=1, 2,$$

对任意的 $f_i\in(N_i)_*$，$i=1,2$，由于 Φ_i 是 σ-σ 连续的，因此，

$$\Phi_0^*(f_1\otimes f_2)=\Phi_1^*(f_1)\otimes\Phi_2^*(f_2)\in(M_1)_*\otimes(M_2)_*.$$

进而，$\Phi_0^*((N_1)_*\otimes_{\alpha_0^*}(N_2)_*)\subset(M_1)_*\otimes_{\alpha_0^*}(M_2)_*$. 命

$$\Phi=(\Phi_0^*|(N_1)_*\otimes_{\alpha_0^*}(N_2)_*)^*,$$

则 Φ 是 $M_1\bar{\otimes}M_2$ 到 $N_1\bar{\otimes}N_2$ 中的 σ-σ 连续映象，并且 $\Phi(a_1\otimes a_2)=\Phi_1(a_1)\otimes\Phi_2(a_2)$，$\forall a_i\in M_i$，$i=1, 2$.

为了证明 Φ 是全正的，假定 $N_1\bar{\otimes}N_2\subset B(\mathscr{H})$，于是需要对任意的正整数 n，$x_1,\cdots,x_n\in M_1\bar{\otimes}M_2$，及 $\xi_1,\cdots,\xi_n\in\mathscr{H}$，证明

$$\sum_{ij}\langle\Phi(x_i^*x_j)\xi_j,\ \xi_i\rangle\geqslant 0.$$

这由 $\Phi|M_1\otimes M_2=\Phi_0$ 以及稠密性定理 1.6.1 即可得证.

注 本节见参考文献 [72].

§4. 全可加泛函与奇异泛函

定义 4.4.1 设 M 是 w^*-代数，$M=(M_*)^*$. 依命题 4.2.3，

有 M^{**} 的中心投影 z，使得

$$M^* = M_* \dot{+} R_{(1-z)}M^*,\ M_* = R_z M^*,$$

M_* 的元是 M 上 $\sigma(M, M_*)$ 连续泛函，我们也称它为 M 上的正规泛函．另一方面，我们称 $R_{(1-z)}M^*$ 中的元为 M 上的奇异泛函．

于是，对任意的 $F\in M^*$，有唯一的分解

$$F = F_n + F_s,\ F_n = R_z F \in M_*,\ F_s = R_{(1-z)}F,$$

F_n，F_s 分别是 M 上的正规泛函、奇异泛函．容易证明 $\|F\| = \|F_n\| + \|F_s\|$．

定理 4.4.2 设 F 是 w^*-代数 M 上的正泛函．则 F 是奇异的，当且仅当，对 M 的每个非零投影 p，有 M 的非零投影 $q\leqslant p$，使得 $F(q)=0$．

证．依命题 2.3.2，$F\in M^*$．设 $F=F_n+F_s$ 意义如上．

充分性．如果 $F_n\neq 0$，则 F_n 是 M 上非零正规正泛函，于是其支持 $s(F_n)=p$ 是 M 的非零投影．依假定有 M 的非零投影 q，使得 $q\leqslant p$，$F(q)=0$．但依定义 1.8.9，$F_n(q)>0$．当然 $F_s(q)\geqslant 0$，这就发生矛盾，所以，$F_n=0$，F 是奇异的．

今设 $F_n=0$，$F=F_s$ 及 p 是 M 的非零投影，无妨假定 $F(p)>0$．当然存在 M 上的正规正泛函 f，使得 $f(p)>F(p)$．令

$$\mathscr{L} = \{q | q \text{ 是 } M \text{ 的投影},\ q\leqslant p,\ f(q)\leqslant F(q)\}.$$

依投影的包含关系，$\mathscr{L}$ 是非空偏序集，如果 $\{q_l\}$ 是 $\mathscr{L}$ 的全序子集，$q=\sup\limits_l q_l$，则由于 f 是正规的，

$$F(q)\geqslant \sup_l F(q_l)\geqslant \sup_l f(q_l) = f(q),$$

所以，$q\in\mathscr{L}$．依 Zorn 辅理，$\mathscr{L}$ 至少有一个极大元 p_0．但 $p\notin\mathscr{L}$，因此，$q_0=p-p_0\neq 0$．依 p_0 的极大性质，对 M 的任意非零投影 q，并且 $q\leqslant q_0$，则

$$F(q)<f(q).$$

进而，$F(q_0Xq_0)\leqslant f(q_0Xq_0)$，$\forall x\in M_+$．依命题 1.6.4，$F(q_0Xq_0)\leqslant f(q_0Xq_0)$，$\forall X\in M^{**}_+$．特别，

$$F(q_0(1-z)) \leqslant f(q_0(1-z)),$$

但 $f\in M_*=R_zM^*$，因此，$f(q_0(1-z))=0$，$F(q_0(1-z))=0$. 又 F 是奇异的，所以，$F(q_0)=F(q_0(1-z))=0$，即 q_0 满足要求. 证毕.

系 4.4.3 如果 F 是 M 的奇异泛函，p 是 M 的投影，则存在 M 的相互直交的投影族 $\{p_l\}$，使得 $p=\sum_l p_l$，$F(p_l)=0$，$\forall l$.

定义 4.4.4 设 $f\in M^*$，f 称为全可加的，指对于 M 的任意相互直交的投影族 $\{p_l\}$，有 $f(p)=\sum_l f(p_l)$，这里 $p=\sum_l p_l$.

定理 4.4.5 设 $f\in M^*$，则 $f\in M_*$，当且仅当，f 是全可加的.

证. 必要性是显然的. 今设 f 是全可加的，$f=f_n+f_s$，我们要证明 $f_s=0$. 依定理 2.3.23，可写 $f=f^{(1)}-f^{(2)}+if^{(3)}-if^{(4)}$，这里 $f^{(j)}$ 是 M 上的正泛函，于是 $f_s=f_s^{(1)}-f_s^{(2)}+if_s^{(3)}-if_s^{(4)}$，其中 $f_s^{(j)}$ 是 M 上的奇异正泛函. 记 $g_s=\sum_{j=1}^4 f_s^{(j)}$，它也是 M 上的奇异正泛函. 设 p 是 M 的任意投影，依系 4.4.3，有 M 的相互直交的投影族 $\{p_l\}$，使得 $p=\sum_l p_l$，$g_s(p_l)=0$，$\forall l$. 于是，$f_s(p_l)=0$，$\forall l$. 但 f 是全可加的及 $f_n\in M_*$，从而

$$f_s(p)=f(p)-f_n(p)=\sum_l [f(p_l)-f_n(p_l)]$$

$$=\sum_l f_s(p_l)=0.$$

p 是任意的，所以，$f_s=0$. 证毕.

注. 本定理是命题 1.8.5 的推广.

现在设 Λ 是任意的集合，$\nu(\cdot)$ 是定义在 Λ 所有子集上的有界、可加复值函数，即

$$\nu(\Lambda_1\cup\Lambda_2)=\nu(\Lambda_1)+\nu(\Lambda_2),$$

$\forall \Lambda_1, \Lambda_2\subset\Lambda$，并且 $\Lambda_1\cap\Lambda_2=\phi$，以及 $\sup_{J\subset\Lambda}|\nu(J)|<\infty$. 记全体这样的 ν 为 $BV(\Lambda)$，显然是线性空间.

1）设 $\nu\in BV(\Lambda)$，对任意的 $J\subset\Lambda$，定义

$$v(\nu)(J)=\sup\left\{\sum_i|\nu(J_i)|\,|\,J_i\subset J,\ J_i\cap J_j\neq\phi,\ \forall i\neq j\right\},$$

则 $v(\nu)\in BV(\Lambda)$.

事实上，设 $J_1,\cdots,J_n\subset J$，且 $J_i\cap J_j=\phi,\forall i\neq j$，写 $\{1,\cdots,n\}=\mathbb{I}_1\cup\mathbb{I}_2=\mathbb{I}_3\cup\mathbb{I}_4$，这里 $\mathbb{I}_1\cap\mathbb{I}_2=\phi$，$\mathbb{I}_3\cap\mathbb{I}_4=\phi$，使得 i 属于 $\mathbb{I}_1,\mathbb{I}_2,\mathbb{I}_3,\mathbb{I}_4$ 时，分别有 $\mathrm{Re}\,\nu(J_i)\geqslant 0$，$\mathrm{Re}\,\nu(J_i)<0$，$\mathrm{Im}\,\nu(J_i)\geqslant 0$，$\mathrm{Im}\,\nu(J_i)<0$. 于是

$$\begin{aligned}\sum_{i=1}^n|\nu(J_i)|&\leqslant\sum_{i\in\mathbb{I}_1}\mathrm{Re}\,\nu(J_i)-\sum_{i\in\mathbb{I}_2}\mathrm{Re}\,\nu(J_i)\\&\quad+\sum_{i\in\mathbb{I}_3}\mathrm{Im}\,\nu(J_i)-\sum_{i\in\mathbb{I}_4}\mathrm{Im}\,\nu(J_i)\\&=\mathrm{Re}\,\nu\left(\bigcup_{i\in\mathbb{I}_1}J_i\right)-\mathrm{Re}\,\nu\left(\bigcup_{i\in\mathbb{I}_2}J_i\right)+\mathrm{Im}\,\nu\\&\quad\cdot\left(\bigcup_{i\in\mathbb{I}_3}J_i\right)-\mathrm{Im}\,\nu\left(\bigcup_{i\in\mathbb{I}_4}J_i\right)\\&\leqslant 4\sup_{J'\subset\Lambda}|\nu(J')|<\infty.\end{aligned}$$

余皆显然.

2）对任意的 $\nu\in BV(\Lambda)$，定义 $\|\nu\|=v(\nu)(\Lambda)$，则 $BV(\Lambda)$ 是 Banach 空间.

易证，从略.

3）记 Λ 上有界复值函数全体为 $l^\infty(\Lambda)$，赋以极大模的范数，则 $l^\infty(\Lambda)^*=BV(\Lambda)$.

首先，如果 $f\in l^\infty(\Lambda)$ 是简单的，指可写 $\Lambda=\bigcup\limits_{i=1}^n\Lambda_i$，$\Lambda_i\cap\Lambda_j=\phi$，$\forall i\neq j$，并且有复数 $\lambda_1,\cdots,\lambda_n$，使得 $f(l)=\lambda_i$，$\forall l\in\Lambda_i$，$1\leqslant i\leqslant n$. 这时对 $\nu\in BV(\Lambda)$，定义

$$\nu(f)=\int_\Lambda f(l)d\nu(l)=\sum_{i=1}^n\lambda_i\nu(\Lambda_i).$$

显然，$|\nu(f)|\leqslant\|\nu\|\cdot\|f\|$.

对任意的 $f\in l^\infty(\Lambda)$，显然有简单的 $f_n\in l^\infty(\Lambda)$，使得 $\|f_n-f\|\to 0$。由于 $|\nu(f_n-f_m)|\leqslant\|\nu\|\cdot\|f_n-f_m\|\to 0$，可以定义 $\nu(f)=\int_\Lambda f(l)d\nu(l)=\lim\limits_n\nu(f_n)$，易见这个定义将不依赖 $\{f_n\}$ 的选择，且有 $|\nu(f)|\leqslant\|\nu\|\cdot\|f\|$。也容易证明

$$\|\nu\|=\sup\{|\nu(f)|\,|\,f\in l^\infty(\Lambda),\ \|f\|\leqslant 1\}.$$

因此，$BV(\Lambda)$ 等距地嵌入 $l^\infty(\Lambda)^*$ 之中。

反之，如果 $F\in l^\infty(\Lambda)^*$，令 $\nu(J)=F(\chi_J)$，$\forall J\subset\Lambda$，易见 $\nu\in BV(\Lambda)$，并且 $\nu(f)=F(f)$，$\forall f\in l^\infty(\Lambda)$。

4）设 $\nu\in BV(\Lambda)$，则显然有

$$\sum_{l\in\Lambda}|\nu(\{l\})|\leqslant\|\nu\|.$$

5）设 $\{\nu_n\}\subset BV(\Lambda)$，并且 $\sup\limits_n\|\nu_n\|<\infty$，及

$$\lim_n\nu_n(J)=0,\ \forall J\subset\Lambda,$$

则 $\lim\limits_n\sum\limits_{l\in\Lambda}|\nu_n(\{l\})|=0$。

设不然，有 $\varepsilon>0$，使得(必要时代以子列)

$$\sum_{l\in\Lambda}|\nu_n(\{l\})|\geqslant\varepsilon,\ \forall n,\tag{1}$$

对 $n=1$，有 Λ 的有限子集 F_1，使得

$$\sum_{l\in F_1}|\nu_1(\{l\})|>\sum_{l\in\Lambda}|\nu(\{l\})|-\frac{\varepsilon}{10},$$

由于 $\nu_n(\{l\})\to 0$，$\forall l$，于是有 n_2，使得 $\sum\limits_{l\in F_1}|\nu_{n_2}(\{l\})|<\dfrac{\varepsilon}{20}$。从而可找到有限子集 $F_2\subset\Lambda\backslash F_1$，使得

$$\sum_{l\in F_2}|\nu_{n_2}(\{l\})|>\sum_{l\in\Lambda}|\nu_{n_2}(\{l\})|-\frac{\varepsilon}{10}$$

…，一般可找到 Λ 的互不相交的有限子集列 $\{F_k\}$，及 $\{n_k\}$，使得

$$\sum_{l\in F_k}|\nu_{n_k}(\{l\})|>\sum_{l\in\Lambda}|\nu_{n_k}(\{l\})|-\frac{\varepsilon}{10},\ \forall k.$$

取定 m，使得 $m>\dfrac{10}{\varepsilon}\sup\limits_n\|\nu_n\|$。

令 $E_1 = F_1$，$\mu_1 = \nu_{n_1}$，如果对于 $p = 1, \cdots, m$，都有

$$v(\mu_1)\left(\bigcup_{j=1}^{\infty} F_{mj+p}\right) \geqslant \frac{\varepsilon}{10},$$

则

$$\|\mu_1\| \geqslant v(\mu_1)\left(\bigcup_{p=1}^{m}\bigcup_{j=1}^{\infty} F_{mj+p}\right)$$

$$= \sum_{p=1}^{m} v(\mu_1)\left(\bigcup_{j=1}^{\infty} F_{mj+p}\right) \geqslant m \cdot \frac{\varepsilon}{10}$$

$$> \sup_n \|\nu_n\| \geqslant \|\mu_1\|,$$

产生矛盾. 因此，必有 p_1，$1 \leqslant p_1 \leqslant k$，使得

$$v(\mu_1)\left(\bigcup_{j=1}^{\infty} F_{mj+p_1}\right) < \frac{\varepsilon}{10}.$$

令 $E_2 = F_{m+p_1}$，$\mu_2 = \nu_{n_{m+p_1}}$. 记 $F'_j = F_{mj+p_1}$，则 $\{F'_j\}$ 仍然是 Λ 的互不相交的有限子集列，于是同样可证明，存在 p_2，$1 \leqslant p_2 \leqslant m$，使得

$$v(\mu_2)\left(\bigcup_{j=1}^{\infty} F'_{mj+p_2}\right) = v(\mu_2)\left(\bigcup_{j=1}^{\infty} F_{m(mj+p_2)+p_1}\right) < \frac{\varepsilon}{10}$$

$\cdots$，一般存在 $\{p_s | s = 1, 2, \cdots\}$，使得对每个 s. 有 $1 \leqslant p_s \leqslant m$ 及(注意 (1))

$$\sum_{l \in E_s} |\mu_s(\{l\})| > \sum_{l \in \Lambda} |\mu_s(\{l\})| - \frac{\varepsilon}{10},$$

$$v(\mu_s)\left(\bigcup_{j>s} E_j\right) < \frac{\varepsilon}{10}, \tag{2}$$

其中 $\mu_s = \nu_{n_{b_s}}$，$E_s = F_{b_s}$，而 $b_1 = 1$，$b_2 = mb_1 + p_1, \cdots, b_s = mb_{s-1} + p_s, \cdots$.

今定义 $f \in l^\infty(\Lambda)$ 如下:

$$f(l) = \begin{cases} 0, & \text{如 } l \notin \bigcup_{j=1}^{\infty} E_j; \\ \arg \overline{\mu_j(\{l\})}, & \text{如 } l \in E_j, \forall j. \end{cases}$$

于是由诸 E_j 的有限性及 (2)，对任意的 s，

$$
\begin{aligned}
&\Big| \mu_s(f) - \sum_{l \in E_s} |\mu_s(\{l\})| \Big| \\
&\qquad \leqslant \Big| \sum_{j<s} \int_{E_j} f d\mu_s \Big| + \Big| \int_{E_s} f d\mu_s - \sum_{l \in E_s} |\mu_s(\{l\})| \Big| \\
&\qquad\quad + \Big| \int_{\bigcup\limits_{j>s} E_j} f d\mu_s \Big| \leqslant \sum_{j<s} \sum_{l \in E_j} |\mu_s(\{l\})| \\
&\qquad\quad + v(\mu_s)\Big(\bigcup_{j>s} E_j\Big) < \frac{\varepsilon}{5}.
\end{aligned}
$$

因此，由 (2)，(1)，对任意的 s，

$$
\begin{aligned}
|\mu_s(f)| &\geqslant \sum_{l \in E_s} |\mu_s(\{l\})| - \frac{\varepsilon}{5} \\
&> \sum_{l \in \Lambda} |\mu_s(\{l\})| - \frac{3}{10}\varepsilon \geqslant \frac{7}{10}\varepsilon;
\end{aligned}
$$

另一方面，由于 $\sup\limits_n \|\nu_n\| < \infty$，$\nu_n(J) \to 0$，$\forall J \subset \Lambda$，应当有

$$\nu_n(f) \to 0,$$

从而 $\mu_s(f) \to 0$。这便发生矛盾。所以，

$$\lim_n \sum_{l \in \Lambda} |\nu_n(\{l\})| = 0.$$

命题 4.4.6 设 M 是 w^*-代数，列 $\{f_k\} \subset M^*$，且依 $\sigma(M^*, M)$，$f_k \to f (\in M^*)$，则依 $\sigma(M^*, M)$，$f_k^n \to f^n$，$f_k^s \to f^s$，这里 $f_k^{n,s}$，$f^{n,s}$ 分别是 f_k，f 的正规部份与奇异部份。

注. 依定理 2.3.23，对任意的 $g \in M^*$，可唯一地写 $g = g_1 - g_2 + ig_3 - ig_4$，其中 g_i 是M上的正泛函，$\forall i$。记 $[g] = g_1 + g_2 + g_3 + g_4$。

证. 无妨设 $f = 0$，只须证 $f_k^n \xrightarrow{\sigma(M^*, M)} 0$。由于 $\sup\limits_k \|f_k^n\| < \infty$，因此，只须对 M 的任意投影 p，证明 $f_k^n(p) \to 0$。

记 $g = \sum\limits_k \frac{1}{2^k}[f_k^s]$，它是 M 上的奇异正泛函。依系 4.4.3，有 M 的相互直交的投影族 $\{p_l | l \in \Lambda\}$，使得 $p = \sum\limits_{l \in \Lambda} p_l$，$g(p_l) = 0$，$\forall l \in \Lambda$。因此，$f_k^s(p_l) = 0$，$\forall k, l$。

定义 $\nu_k \in BV(\Lambda)$ 如下

$$\nu_k(J) = f_k\left(\sum_{l \in J} p_l\right), \quad \forall J \subset \Lambda$$

由于 $\sup_k \|f_k\| < \infty$，从而，$\sup\{|\nu_k(J)| \,\big|\, k,\ J\subset\Lambda\} < \infty$. 又显然 $\lim_k \nu_k(J) = 0, \forall J \subset \Lambda$. 于是依关于 $BV(\Lambda)$ 的讨论 5) 及 $f_k^s(p_l) = 0, \forall k, l$,

$$\lim_k \sum_{l \in \Lambda} |f_k^n(p_l)| = \lim_k \sum_{l \in \Lambda} |f_k(p_l)|$$
$$= \lim_k \sum_{l \in \Lambda} |\nu_k(\{l\})| = 0.$$

进而，由 $f_k^n \in M_*, \forall k$, $\lim_k f_k^n(p) = \lim_k \sum_{l \in \Lambda} f_k^n(p_l) = 0$. 证毕.

定理 4.4.7 设 M 是 w^*-代数，$M = (M_*)^*$，则 M_* 是弱列备的.

证. 设 $\{f_k\}$ 是 M_* 的依弱拓扑 $\sigma(M_*, M)$ 的 Cauchy 列，自然，$\sup_k \|f_k\| < \infty$，于是有 $f \in M^*$，使得 $f_k \xrightarrow{\sigma(M^*, M)} f$. 依命题 4.4.6，按 $\sigma(M^*, M)$,

$$f_k^n \to f^n, \quad f_k^s \to f^s,$$

但 $f_k^n = f_k$，$f_k^s = 0, \forall k$，所以，$f = f^n \in M_*$. 证毕.

注 本节见参考文献 [1]，[2]，[114].

§5. M_*的弱紧子集的特征

引理 1.11.5 实际上给出了 M_* 的弱紧子集的特征. 进一步我们有

定理 4.5.1 设 M 是 w^*-代数，$M = (M_*)^*$，$A \subset M_*$，则下列条件是相互等价的:

1) A 的 $\sigma(M_*, M)$ 闭包是 $\sigma(M_*, M)$ 紧的;

2) 存在 M 上的正规正泛函 ϕ，使得对于任意的 $\varepsilon > 0$，有 $\delta(\varepsilon) = \delta > 0$，只要 $a \in M$，$\|a\| \leqslant 1$，并且 $\phi(a^*a + aa^*) < \delta$,

就有$|\varphi(a)| < \varepsilon$，$\forall \varphi \in A$；

3）A 是有界集，并且对于任何的列 $\{a_n\} \subset M$，$a_n \xrightarrow{s^*(M, M_*)} 0$，对 $\varphi \in A$ 一致地有 $\varphi(a_n) \to 0$；

4）A 是有界集，并且对于 M 的任何递减于 0 的投影列 $\{p_n\}$，对 $\varphi \in A$ 一致地有 $\varphi(p_n) \to 0$；

5）A 是有界集，并且对于 M 的任何相互直交的投影列 $\{p_n\}$，对 $\varphi \in A$ 一致地有 $\varphi(p_n) \to 0$；

6）对于M的任何极大交换的 w^*-子代数 N，$\{(\varphi|N) \mid \varphi \in A\}$[1] 的 $\sigma(N_*, N)$ 闭包是 $\sigma(N_*, N)$ 紧的；

7）A 是有界集，并且对于 M 的任何投影递增网 $\{p_l\}$，对 $\varphi \in A$ 一致地有 $\varphi(p_l) \to \varphi(p)$，这里 $p = \sup\limits_l p_l$；

8）A 是有界集，并且对于 M 的任何递增于 1 的投影网 $\{p_l\}$，对 $\varphi \in A$ 一致地有

$$\|L_{(1-p_l)}R_{(1-p_l)}\varphi\| \to 0.$$

证. 1）推导 2)：即为引理 1.11.5.

2）推导 3)：取条件 2）的 ψ 及 $\varepsilon = 1$，对任意的 $a \in M$，取充分大的正整数 m，使得

$$\psi(b^*b + bb^*) < \delta = \delta(1),$$

这里 $b = \dfrac{a}{m}$，并且 $\|b\| \leqslant 1$. 于是依 2)

$$\sup\{|\varphi(a)| \mid \varphi \in A\} \leqslant m,$$

依一致有界定理，A 是有界集. 今设 M 的列 $a_n \xrightarrow{s^*(M, M_*)} 0$. 自然 $\sup\limits_n \|a_n\| < \infty$，于是有正整数 m，使得 $\|a_n\| \leqslant m$ $\forall n$ 对任意的 $\varepsilon > 0$，由于 $(a_n^*a_n + a_na_n^*) \xrightarrow{\sigma(M, M_*)} 0$，所以有 n_0，使得

$$\frac{1}{m^2}\varphi(a_n^*a_n + a_na_n^*) < \delta = \delta(\varepsilon), \ \forall n \geqslant n_0.$$

依 2)，$|\varphi(a_n)| \leqslant m\varepsilon$，$\forall \varphi \in A$，$n \geqslant n_0$，即说明对 $\varphi \in A$ 一致地

1）这里 $(\varphi|N)$ 表示泛函 φ 在 N 上的限制.

有 $\varphi(q_n)\to 0$。

3）推导 4)：显然.

4）推导 5)：设 $\{p_n\}$ 是 M 的相互直交投影列，则

$$\left\{q_n = \sum_{k\geqslant n} p_k\right\}$$

是 M 的递减于 0 的投影列. 依 4)，对 $\varphi\in A$ 一致地有$\varphi(q_n)\to 0$. 于是，$\varphi(p_n) = (\varphi(q_n) - \varphi(q_{n+1}))$ 也对 $\varphi\in A$一致地$\longrightarrow 0$.

5）推导 1)：将A嵌入 M^* 之中，并令 $\overline{A}$ 是A在 M^* 中的 $\sigma(M^*, M)$ 闭包. 由于A是有界的，因此 $\overline{A}$ 是 $\sigma(M^*, M)$ 紧的. 今只须证明 $\overline{A}\subset M_*$. 依定理 4.4.5，要对任意的 $f\in\overline{A}$，证明 f 是全可加的. 设 $\{p_l|l\in\Lambda\}$ 是 M 的相互直交投影族，又归结为要证明对 $\varphi\in A$ 一致地有

$$\sum_{l\in F}\varphi(p_l)\to\varphi(p),$$

这里 F 是Λ的有限子集，依包含关系成为定向指标集，

$$p = \sum_{l\in\Lambda} p_l.$$

事实上，设网 $\{\varphi_\iota\}\subset A$，并且 $\varphi_\iota\xrightarrow{\sigma(M^*, M)} f$. 对任意的 $\varepsilon>0$，于是有Λ的有限子集 F_0，只要 $F\supset F_0$，对任何 ι 都有

$$\left|\sum_{l\in F}\varphi_\iota(p_l) - \varphi_\iota(p_l)\right| < \varepsilon,$$

对 ι 取极限，即见 $\left|\sum_{l\in F} f(p_l) - f(p)\right| < \varepsilon$，$\forall F\supset F_0$，因此，$f$ 是全可加的.

今设有 $\varepsilon>0$，使得对Λ的任何有限子集 F，有 $\varphi_F\in A$，而

$$\left|\sum_{l\in F}\varphi_F(p_l)\right| > \varepsilon.$$

于是可以找到Λ的互不相交的有限子集列 $\{F_n\}$，及 $\{\varphi_n\}\subset A$，使得 $\left|\sum_{l\in F_n}\varphi_n(p_l)\right|\geqslant\varepsilon$，$\forall n$. 但 $\left\{q_n = \sum_{l\in F_n} p_l \,\middle|\, n\right\}$ 是 M 的相互直交投影列，依 5)，对 $\varphi\in A$ 一致地有 $\varphi(q_n)\to 0$. 这便产生矛盾.

因此，对 $\varphi\in A$ 一致地有 $\sum_{l\in F}\varphi(p_l)\to\varphi(p)$.

6) 推导 5)：设 $\{p_n\}$ 是 M 的相互直交的投影列，令 N 是包含 $\{p_n\}$ 的 M 的极大交换 w^*-子代数，于是依 6)，

$$A_N=\{(\varphi|N)|\varphi\in A\}$$

的 $\sigma(N_*,N)$ 闭包是 $\sigma(N_*,N)$ 紧的．由于 1) 可推导 5)，所以，对 $\varphi\in A$ 一致地有 $\varphi(p_n)=(\varphi|N)(p_n)\to 0$.

同样可证 $\sup\{|\varphi(h)|\,\big|\,\varphi\in A\}<\infty$, $\forall h^*=h\in A$，因此，A 是有界集.

1) 推导 6)：设 $\bar{A}$ 是 A 的 $\sigma(M_*,M)$ 闭包，于是 $\bar{A}$ 是 $\sigma(M_*,M)$ 紧的．如果 N 是 M 的极大交换 w^*-子代数，自然

$$\bar{A}_N=\{(\varphi|N)\,\big|\,\varphi\in\bar{A}\}$$

是 N_* 的 $\sigma(N_*,N)$ 紧子集，又 $\bar{A}_N\supset\{(\varphi|N)\,\big|\,\varphi\in A\}$，因此，6) 成立.

2) 推导 7)：设 $\{p_l\}$ 是 M 的投影递增网，$p=\sup_l p_l$．取条件 2) 的 ϕ，对任意的 $\varepsilon>0$，由于

$$\begin{aligned}&\phi((p-p_l)^*(p-p_l)+(p-p_l)(p-p_l)^*)\\&=2\phi(p-p_l)\to 0.\end{aligned}$$

所以，l 充分大时，$\phi(p-p_l)<\delta=\delta(\varepsilon)$．于是依 2)，对 $\varphi\in A$ 一致地有 $|\varphi(p-p_l)|<\varepsilon$，即 $\varphi(p_l)\to\varphi(p)$ 对 $\varphi\in A$ 是一致的．此外，在 2) 推导 3) 中已指出 A 是有界集.

7) 推导 4)：设 $\{p_n\}$ 是 M 的递减于 0 的投影列，于是 $\{1-p_n\}$ 是递增于 1 的投影列，依 7)，对 $\varphi\in A$ 一致地有 $\varphi(1-p_n)\to\varphi(1)$，即对 $\varphi\in A$ 一致地有 $\varphi(p_n)\to 0$.

8) 推导 7)：只须注意：如果 $\{p_l\}$ 是 M 的投影递增网，则 $\{p_l+(1-p)\}$ 是 M 的递增于 1 的投影网，这里 $p=\sup_l p_l$.

2) 推导 8)：设 $\{p_l\}$ 是 M 的投影递增网，并且 $\sup_l p_l=1$，ϕ 如 2) 所述．对任意的 $\varepsilon>0$，有 $l(\varepsilon)$，使得 $\phi(1-p_l)<\frac{1}{2}\delta(\varepsilon)$,

$\forall l \geqslant l(\varepsilon)$. 于是对任意的 $a \in M$, $\|a\| \leqslant 1$, 及 $l \geqslant l(\varepsilon)$,

$$\begin{aligned}\phi(&(1-p_l)a^*(1-p_l)a(1-p_l)\\&+(1-p_l)a(1-p_l)a^*(1-p_l))\\&\leqslant 2\phi(1-p_l)<\delta(\varepsilon),\end{aligned}$$

依 2), $|\varphi((1-p_l)a(1-p_l))| < \varepsilon$, $\forall \varphi \in A$, $l \geqslant l(\varepsilon)$, $\|a\| \leqslant 1$. 即对 $\varphi \in A$ 一致地有

$$\|L_{(1-p_l)}R_{(1-p_l)}\varphi\| \to 0,$$

证毕.

命题 4.5.2 设 A 是 M 上正规正泛函组成的集合，并且其 $\sigma(M_*, M)$ 闭包是 $\sigma(M_*, M)$ 紧的，则

$$E = \{R_a\varphi \mid a \in M, \|a\| \leqslant 1, \varphi \in A\}$$

的 $\sigma(M_*, M)$ 闭包也是 $\sigma(M_*, M)$ 紧的.

证. 显然 E 是有界的. 若 $\{p_n\}$ 是 M 的递减于 0 的投影列，依定理 4.5.1，对 $\varphi \in A$ 一致地有 $\varphi(p_n) \to 0$. 由 Schwartz 不等式

$$|R_a\varphi(p_n)| \leqslant \varphi(a^*a)^{1/2}\varphi(p_n)^{1/2} \leqslant \|\varphi\|^{1/2}\varphi(p_n)^{1/2}$$

可见对 $\rho \in E$ 也一致地有 $\rho(p_n) \to 0$. 再依定理 4.5.1 即得证.

注 本节见参考文献 [1], [43], [93], [113], [128].

第五章　交换的算子代数

我们已经知道，交换 c^*-代数同构于 $C(\Omega)$，这里 Ω 是它的谱空间．本章主要研究交换 w^*-代数及有关的测度理论．

§1 是局部紧空间上的测度与积分理论，这可以加强本书的自足性；另一方面，处理的方法与传统的 N. Bourbaki 的方法略为不同，而是沿袭 P. Halmos "测度论"一书的框架，特别测度不作完全化．§2 研究 Stonean 空间与超 Stonean 空间，这概念为 M. Stone 所引入，而本节则依据 J. Dixmier 的处理．§3 指出，若 Ω 是紧 Hausdorff 空间，则 $C(\Omega)$ 是 w^*-代数，当且仅当，Ω 是超 Stonean 空间（5.3.3 与 5.3.4）．此外，交换 w^*-代数必同构于 $L^\infty(\Gamma, \nu)$，这里 Γ 是局部紧空间，ν 是 Γ 上的测度（5.3.4）．本节也研究了可分 Hilbert 空间中的交换 vN 代数，指出它可以由一个元生成（5.3.7），相互不同构的仅可数个（5.3.9，这结果属于 P. R. Halmos 与 J. von Neumann）；以及极大交换的充要条件是具有循环矢（5.3.16）．§4讨论交换 c^*-代数在可分 Hilbert 空间中的 * 表示，指出它可以为谱空间上唯一的测度列所决定（5.4.11）．本节系依据 Kirillov 的处理，也可以运用（I）型 vN 代数的理论来处理（例见 [5]），两者的结果是相同的．

§1. 局部紧空间上的测度理论

设 Ω 是局部紧 Hausdorff 空间，S 是 Ω 的 Borel 子集全体（由 Ω 的紧子集全体生成的 σ-Bool 环）．命

$$S_{loc} = \{E \subset \Omega \mid E \cap K \in S,\ \forall K \text{ 是 } \Omega \text{ 的紧子集}\},$$

S_{loc} 是 σ-Bool 代数，S_{loc} 中的子集称为局部 Borel 子集．显然，$E \in S_{loc}$，当且仅当，$E \cap F \in S$，$\forall F \in S$．

以下简称，Ω上的复值函数 f 是可测的，指 f 是 S-可测的；f 是局部可测的，指 f 是 S_{loc} 可测的．显然，可测函数必是局部可测的；反之，局部可测函数 f 是可测的，当且仅当，$\{t\in\Omega|f(t)\neq 0\}\in S$.

设 ν 是 Ω 上的正则 Borel 测度，$F(\subset\Omega)$ 称为 ν-零的，指 $F\in S$，且 $\nu(F)=0$；$E(\subset\Omega)$ 称为局部 ν-零的，指 $E\in S_{loc}$，且 $\nu(E\cap K)=0$，$\forall K$ 是 Ω 的紧子集．Ω 上的命题 $P(t)$ 称为关于 ν 殆遍成立（$p.p.\nu$），指 $\{t\in\Omega|P(t)$ 不成立$\}$是某 ν-零集的子集；$P(t)$ 称为关于 ν 局部殆遍成立（$l.p.p.\nu$），指 $\{t\in\Omega|P(t)$ 不成立$\}$ 是某局部 ν-零集的子集．

设 ν 是 Ω 上的正则 Borel 测度，令

$$V_0=\cup\{V\subset\Omega|V\text{ 是局部 }\nu\text{-零的开集}\}$$

易证 V_0 是最大的局部 ν-零的开集．记

$$\mathrm{supp}\,\nu=\Omega\backslash V_0$$

称为 ν 的支集．它显然有这样的性质：如果 $U(\subset\Omega)$ 是 Borel 开集，则 $\nu(U)=0$，当且仅当，$U\cap\mathrm{supp}\,\nu=\phi$.

引理 5.1.1 设 ν 是 Ω 上非零的正则 Borel 测度，则存在 Ω 的非空紧子集 K，使得对于 Ω 的任何开子集 U，只要 $K\cap U\neq\varnothing$，就有 $\nu(K\cap U)>0$.

证．由于 $\mathrm{supp}\,\nu$ 是 Ω 的非空闭子集，我们能够取开集 V，使得 $\bar V$ 紧，并且 $K=\overline{V\cap\mathrm{supp}\,\nu}\neq\varnothing$．我们说这 K 即满足要求．事实上，如果有开集 U，$K\cap U\neq\varnothing$，但 $\nu(K\cap U)=0$．依 K 的定义，有 $\nu(U\cap V\cap\mathrm{supp}\,\nu)=0$．于是，

$$\nu(U\cap V)=\nu((U\cap V)\backslash\mathrm{supp}\,\nu),$$

但 $(U\cap V)\backslash\mathrm{supp}\,\nu$ 是与 $\mathrm{supp}\,\nu$ 无交的 Borel 开集，因此，

$$\nu(U\cap V)=\nu((U\cap V)\backslash\mathrm{supp}\nu)=0.$$

进而，$U\cap V\cap\mathrm{supp}\,\nu=\varnothing$．取 $t\in U\cap K$，U 是 t 的开邻域，

$$t\in K=\overline{V\cap\mathrm{supp}\,\nu},$$

于是，$U\cap V\cap\mathrm{supp}\nu\neq\varnothing$．矛盾．所以，$K$ 满足要求．证毕．

命题 5.1.2 设 ν 是 Ω 上非零的正则 Borel 测度，则存在 Ω 的

非空、相互无交的紧子集族 $\{K_l\}_{l\in\Lambda}$，使得 $N=\Omega\backslash\bigcup_{l\in\Lambda}K_l$ 是局部 ν-零集，并且对 Ω 的任意紧子集 K，$\{l\in\Lambda|K_l\cap K\neq\varnothing\}$ 是可数的（这个性质称为族 $\{K_l\}_{l\in\Lambda}$ 的局部可数的性质）.

证. 依引理 5.1.1 及 Zorn 辅理，存在 Ω 的非空、相互无交的紧子集的极大族 $\{K_l\}_{l\in\Lambda}$，使得对于任意的 $l\in\Lambda$ 及 Ω 的开子集 U，只要 $K_l\cap U\neq\varnothing$，就有 $\nu(K_l\cap U)>0$.

如果 V 是任意开子集，并且 $\bar{V}$ 紧，于是

$$\sum_{l\in\Lambda}\nu(K_l\cap V)\leqslant\nu(V)<\infty.$$

因此，$\{l\in\Lambda|\nu(K_l\cap V)>0\}$ 至多可数. 又若 $l\in\Lambda$ 使得

$$\nu(K_l\cap V)=0,$$

依 K_l 的性质，$K_l\cap V=\varnothing$，因此，$\{l\in\Lambda|K_l\cap V\neq\varnothing\}$ 是可数的. 这即说明族 $\{K_l\}_{l\in\Lambda}$ 是局部可数的. 特别地，$\bigcup_{l\in\Lambda}K_l\in S_{\text{loc}}$ 及 $N=\Omega\backslash\bigcup_{l\in\Lambda}K_l\in S_{\text{loc}}$.

尚须证明 N 是局部 ν-零的. 若有紧子集 $H\subset N$，而 $\nu(H)>0$. 对于 H 及 $\nu|H$ 使用引理 5.1.1，有 H 的非空紧子集 K（亦必是 Ω 的紧子集），使得对于 H 的任意开子集 U_H，只要 $U_H\cap K\neq\varnothing$，就有

$$\nu(U_H\cap K)>0,$$

因此也对于 Ω 的任意开子集 U，只要 $U\cap K\neq\varnothing$，就有

$$\nu(U\cap K)>0.$$

自然 $K\cap K_l=\varnothing$，$\forall l$，这便与族 $\{K_l\}$ 的极大性相矛盾. 因此，N 是局部 ν-零的. 证毕.

设 f 是 Ω 上局部可测函数，ν 是 Ω 上正则 Borel 测度，f 称为关于 ν 是局部本质有界的，指存在常数 C，使得

$$|f(t)|\leqslant C,\ l.p.p.\nu.$$

这样 C 的最小者称为 f 的局部本质上界. 记

$$L^\infty(\Omega,\nu)=\{f|f\ 是\ \Omega\ 上局部可测函数,$$

且关于 ν 局部本质有界}

以局部本质上界为范数，显然 $L^\infty(\Omega, \nu)$ 将是交换 c^*-代数. 下面的定理说明 $L^\infty(\Omega, \nu)$ 还是 w^*-代数.

定理 5.1.3 $(L^1(\Omega, \nu))^* = L^\infty(\Omega, \nu)$.

证. 首先，如果 $f \in L^\infty(\Omega, \nu)$，显然可决定 $F_f \in (L^1(\Omega, \nu))^*$: $F_f(g) = \int_\Omega f(t)g(t)d\nu(t)$, $\forall g \in L^1(\Omega, \nu)$，且 $\|F_f\| = \|f\|$.

今设 $F \in (L^1(\Omega, \nu))^*$，对 Ω 的任意紧子集 K，可把 $L^1(K, \nu|K)$ 看为 $L^1(\Omega, \nu)$ 的闭子空间，由于 $\nu(K) < \infty$，因此有唯一的 $f_K \in L^\infty(K, \nu|K)$[1]，使得

$$|f_K(t)| \leqslant \|F\|, \ \forall t \in K, \ F(g) = \int_K f_K(t)g(t)d\nu(t),$$
$$\forall g \in L^1(K, \nu|K),$$

于是可写 $f_K = F|L^1(K, \nu|K)$.

依命题 5.1.2，$\Omega = N \cup \bigcup\limits_{l \in \Lambda} K_l$，于是对每个 l，

$$F|L^1(K_l, \nu|K_l) = f_l \in L^\infty(K_l, \nu|K_l).$$

如果命

$$f(t) = \sum_{l \in \Lambda} \chi_{K_l}(t) f_l(t),$$

则 $|f(t)| \leqslant \|F\|$, $\forall t \in \Omega$，及 $f \in L^\infty(\Omega, \nu)$. 对任意的 $g \in L^1(\Omega, \nu)$，由于 $\operatorname{supp} g = \{t \in \Omega | g(t) \neq 0\} \in S$，因此

$$J = \{l \in \Lambda | K_l \cap \operatorname{supp} g \neq \varnothing\}$$

是可数的. 记 $g_l = \chi_{K_l} g$，则 $g = \sum\limits_{l \in J} g_l$. 再由 F 的连续性及控制收敛定理，即见 $F(g) = \int_\Omega f(t)g(t)d\nu(t)$. 所以，$(L^1(\Omega, \nu))^* = L^\infty(\Omega, \nu)$. 证毕.

设 ν 是 Ω 上的正则 Borel 测度，Ω 上的函数 f 称为非负局部 ν-可积的，指 f 是非负局部可测函数，并且对 Ω 的任意紧子集 K，$\chi_K f \in L^1(\Omega, \nu)$. 这时定义

$$\mu(E) = \int_E f d\nu = \int f \chi_E d\nu, \ \forall E \in S.$$

---

1) 例见 [120] Th. 7.4-A.

易见μ也是Ω上的正则 Borel 测度，将记以

$$\mu = f \cdot \nu.$$

可以证明，这时如果g是Ω上的可测函数，则 $g \in L^1(\Omega, \mu)$，当且仅当，$fg \in L^1(\Omega\nu)$. 同时

$$\int g d\mu = \int f g d\nu.$$

此外，μ关于ν是绝对连续的，即若$E \in S$，$\nu(E) = 0$，则$\mu(E) = 0$.

定理 5.1.4 设μ，ν是Ω上的正则 Borel 测度，则下列相互等价：

1) 有非负局部可积函数f，使得 $\mu = f \cdot \nu$;

2) 如果N为局部ν-零集，则也是局部μ-零的；

3) 如果K是紧子集，且$\nu(K) = 0$，则$\mu(K) = 0$，即μ关于ν是绝对连续的.

证. 2) 与 3) 的等价，及 1) 推导 2) 均为显然. 今只须证明 2) 推导 1). 依命题 5.1.2，$\Omega = N \cup \bigcup_l K_l$，其中$N$为局部$\nu$-零集，从而也是局部$\mu$-零的. 对每个$l$，由于$\nu(K_l) < \infty$，$\mu(K_l) < \infty$，依 Radon-Nikodym 定理，有 $0 \leqslant f_l \in L^1(K_l, \nu | K_l)$，使得

$$\mu(E) = \int_E f_l d\nu, \ \forall E \in S, \text{ 且 } E \subset K_l.$$

令$f = \sum_l \chi_{K_l} f_l$，由于 $\{K_l\}$ 局部可数，因此，f是非负局部可测的. 对任意的 $E \in S$，由于 $f | N = 0$，$\mu(E \cap N) = 0$，及 $J = \{l | K_l \cap E \neq \varnothing\}$ 可数，

$$\begin{aligned}\mu(E) &= \sum_{l \in J} \mu(K_l \cap E) \\ &= \sum_{l \in J} \int_{K_l \cap E} f d\nu = \int_E f d\nu\end{aligned}$$

即 $\mu = f \cdot \nu$. 证毕.

如果μ关于ν是绝对连续的，记以 $\mu \prec \nu$.

如果同时有$\mu \prec \nu$，及$\nu \prec \mu$，称μ与ν是等价的，记以$\mu \sim$

ν. 这时 $p.p.\mu = p.p.\nu$, $l.p.p.\mu = l.p.p\nu$, 并且有非负局部 ν-可积函数 f, 与非负局部 μ-可积函数 g, 使得

$$\mu = f \cdot \nu, \quad \nu = g \cdot \mu.$$

易证 $f(t)g(t) = 1$, $l.p.p.\mu$ 或者 $l.p.p.\nu$.

Ω 上的正则 Borel 测度 μ, ν 称为相互奇异的,记以 $\mu \perp \nu$, 指存在 $A \in S_{\text{loc}}$, 使得 A 为局部 μ-零集,同时 $(\Omega \backslash A)$ 为局部 ν-零集.

定理 5.1.5 设 μ, ν 是 Ω 上的正则 Borel 测度,则可以唯一地写 $\mu = f \cdot \nu + \mu_1$, 其中 f 是非负局部 ν-可积函数, $\mu_1 \perp \nu$.

证. 依定理 5.1.4, 必有局部 $(\mu + \nu)$-可积函数 g, 使得 $\mu = g \cdot (\mu + \nu)$, 且 $0 \leqslant g(t) \leqslant 1$, $\forall t \in \Omega$. 令

$$B = \{t \in \Omega | g(t) = 1\}, \quad A = \{t \in \Omega | 0 \leqslant g(t) < 1\},$$
$$\mu_1 = \mu | B, \quad \mu_0 = \mu | A.$$

显然 A 是局部 μ_1-零的. 又若紧集 $K \subset B$ 时,

$$\mu(K) = \int_K g d(\mu + \nu) = \mu(K) + \nu(K).$$

因此, $\nu(K) = 0$, 即 B 是局部 ν-零的. 因此, $\mu_1 \perp \nu$.

今设 K 是 ν-零的紧集,于是

$$\begin{aligned}\mu_0(K) &= \mu(K \cap A) \\ &= \int_{K \cap A} g d\mu + \int_{K \cap A} g d\nu = \int_{K \cap A} g d\mu\end{aligned}$$

即 $\int_{K \cap A} (1 - g) d\mu = 0$. 依 A 的定义, $\mu_0(K) = \mu(K \cap A) = 0$, 即 $\mu_0 \prec \nu$. 从而有非负局部 ν-可积函数 f, 使得 $\mu_0 = f \cdot \nu$, 由此, $\mu = f \cdot \nu + \mu_1$.

今设 $\mu = f_i \cdot \nu + \mu_i$, 其中 f_i 是非负局部 ν-可积的, $\mu_i \perp \nu$, 于是有 $A_i \in S_{\text{loc}}$, 使得 A_i 是局部 ν-零的, $\Omega \backslash A_i$ 是局部 μ_i-零的, $i = 1, 2$. 于是 $A_1 \cup A_2$ 是局部 ν-零的,而

$$\Omega \backslash (A_1 \cup A_2) = (\Omega \backslash A_1) \cap (\Omega \backslash A_2)$$

同时是局部 μ_1-与 μ_2-零的. 设紧集 $K \subset A_1 \cup A_2$, 则 $\nu(K) = 0$, 因此 $\mu(K) = \mu_1(K) = \mu_2(K)$, 即 $\mu_1 | A_1 \cup A_2 = \mu_2 | A_1 \cup A_2$. 从而

$\mu_1=\mu_2$. 进而 $f_1=f_2$ $l.p.p.v.$ 证毕.

注 本节见参考文献 [6], [47], [120].

§ 2. Stonean 空间

定义 5.2.1 一个 Hausdorff 空间称为极不连通的，指它的每个开子集的闭包仍然是开子集. 紧的极不连通空间又称为Stonean 空间.

命题 5.2.2 设 Ω 是 Stonean 空间,则 $C(\Omega)$ 的投影全体的线性包在 $C(\Omega)$ 中是稠的.

证. 设 $f\in C(\Omega)$, $f\geqslant 0$ 及 $\varepsilon>0$, 考虑分割

$$0=\lambda_0<\lambda_1<\cdots<\lambda_n=\|f\|+1$$

使得 $(\lambda_{i+1}-\lambda_i)<\varepsilon$, $0\leqslant i\leqslant n-1$. 显然

$$E_1=\{t\in\Omega\,|\,f(t)<\lambda_1\}$$

是 Ω 的开子集,于是 $G_1=\bar{E}_1$ 是 Ω 的既闭又开的子集. 归纳地定义

$$E_i=\left\{t\in\Omega\,|\,f(t)<\lambda_i,\ t\notin\bigcup_{j=1}^{i-1}G_j\right\}$$

及 $G_i=\bar{E}_i$, $2\leqslant i\leqslant n$. 显然, E_i 是 Ω 的开子集, G_i 是 Ω 的既闭又开的子集, $1\leqslant i\leqslant n$.

我们说 $\Omega=\bigcup_{i=1}^{n}G_i$. 事实上,若 $t\in\Omega\setminus\bigcup_{i=1}^{n}G_i$, 特别地, $t\notin G_n$, $t\notin\bigcup_{i=1}^{n-1}G_i$. 另一方面, 自然 $f(t)\leqslant\|f\|<\lambda_n$,依 E_n 的定义, $t\in E_n\subset G_n$, 矛盾.

我们也有 $G_i\cap G_j=\varnothing$, $\forall i\neq j$. 事实上,无妨设 $i>j$, 于是 $\bigcup_{k=1}^{i-1}G_k$ 是包含 G_j 的开集. 又显然 $\left(\Omega\setminus\bigcap_{k=1}^{i-1}G_k\right)$ 是包含 E_i 的闭集,因此, $G_i\subset\Omega\setminus\bigcup_{k=1}^{i-1}G_k$. 所以, $G_i\cap G_j=\varnothing$.

令命 χ_i 是 G_i 的特征函数，它是 $C(\Omega)$ 的投影，并且 $\lambda_{i-1} \leqslant f(t) \leqslant \lambda_i$，$\forall t \in G_i$，$1 \leqslant i \leqslant n$. 于是，$\left\| f - \sum_{i=1}^{n} \lambda_i \chi_i \right\| < \varepsilon$. 证毕.

定理 5.2.3 设 Ω 是紧 Hausdorff 空间，$C_r(\Omega)$ 表示 Ω 上实值连续函数的全体，则下列等价：

1）Ω 是 Stonean 空间；

2）$C_r(\Omega)$ 的任意有界非负递增网在 $C_r(\Omega)$ 中有上端；

3）$C_r(\Omega)$ 的任意有界子集在 $C_r(\Omega)$ 中有上端；

4）对 Ω 上任意有界的下半连续实值函数 g，有 $f \in C_r(\Omega)$ 及 Ω 的第一纲的 Borel 子集 E，使得 $f(t) = g(t)$，$\forall t \notin E$.

此外，4）中的 f 可以取为 $f(t) = \overline{\lim_{t' \to t}} g(t')$，$\forall t \in \Omega$.

证. 4）推导 3)：设 A 是 $C_r(\Omega)$ 的有界子集，于是

$$g(t) = \sup\{f'(t) \mid f' \in A\}$$

是 Ω 上有界的下半连续函数. 依 4)，有 $f \in C_r(\Omega)$ 及 Ω 的第一纲子集 E，使得 $f(t) = g(t)$，$\forall t \notin E$. 当然，$(g - f)$ 也是下半连续的，于是开子集 $G = \{t \in \Omega \mid g(t) > f(t)\} \subset E$，但 Ω 是 Baire 空间及 E 是第一纲的，所以，$G = \varnothing$，即 $f(t) \geqslant g(t)$，$\forall t \in \Omega$. 如果 $h \in C_r(\Omega)$，并且 $h \geqslant f'$，$\forall f' \in A$，自然 $h(t) \geqslant g(t)$，$\forall t \in \Omega$，所以，$h(t) \geqslant f(t)$，$\forall t \notin E$. 另一方面，$(\Omega \backslash E)$ 在 Ω 中是稠的，因此，$h \geqslant f$，即 f 是 A 在 $C_r(\Omega)$ 中的上端.

3）推导 2)：显然.

2）推导 1)：设 U 是 Ω 的任意开子集，令

$$A = \{f' \in C_r(\Omega) \mid 0 \leqslant f' \leqslant 1,\ \operatorname{supp} f' \subset U\}$$

依 $C_r(\Omega)$ 的偏序，显然 A 是 $C_r(\Omega)$ 的有界非负递增网，依 2)，A 在 $C_r(\Omega)$ 中有上端 f. 又令

$$g(t) = \sup\{f'(t) \mid f' \in A\},\ \forall t \in \Omega.$$

显然 $g(t) \leqslant f(t)$，$\forall t \in \Omega$. 对任意的 $t \in U$，显然有 $f' \in A$，使得 $f'(t) = 1$，因此，$g(t) = 1$. 又 $1 \geqslant f'$，$\forall f' \in A$，所以，$1 \geqslant f$，从而

$f(t)=1$，$\forall t\in\overline{U}$.

今若有 $t_0\bar{\in}\overline{U}$，使得 $f(t_0)>0$. 可以取 $h\in C_r(\Omega)$，使得 $h\geqslant 0$，$h(t_0)=0$，$h(t)=1$，$\forall t\in\overline{U}$. 于是，

$$f'\leqslant\inf\{h,f\}\lneqq f,\quad \forall f'\in A.$$

这将与 f 是 A 的上端相矛盾. 所以，$f(t)=0$，$\forall t\bar{\in}\overline{U}$. 从而，$\overline{U}$ 也是 Ω 的开子集.

1) 推导 4)：设 g 是 Ω 上有界的下半连续实值函数，无妨认为 $0\leqslant g(t)\leqslant 1$，$\forall t\in\Omega$. 对任意的实数 λ，$F(\lambda)=\{t\in\Omega\,|\,g(t)\leqslant\lambda\}$ 是 Ω 的闭子集. 记 $G(\lambda)=\mathring{F}(\lambda)$，注意

$$G(\lambda)=\Omega\backslash\overline{(\Omega\backslash F(\lambda))},$$

依 1)，$G(\lambda)$ 是 Ω 的既闭又开的子集，因此，$G(\lambda)$ 的特征函数 $\chi_\lambda\in C_r(\Omega)$. 令

$$\begin{aligned}f_n&=\sum_{k=1}^{2^n}\frac{k}{2^n}\left(\chi_{\frac{k}{2^n}}-\chi_{\frac{k-1}{2^n}}\right)\\&=1-\frac{1}{2^n}\sum_{k=0}^{2^n-1}\chi_{\frac{k}{2^n}}\end{aligned}$$

任意固定 n 及 $t\in\Omega$，设 k 是 $\{0,1,\cdots,2^n\}$ 中的最小数，使得 $\chi_{\frac{k}{2^n}}(t)=1$，于是 $\chi_{\frac{m}{2^n}}(t)=1$，$\forall m\geqslant k$. 所以，$f_n(t)=\dfrac{k}{2^n}$. 同时显然有 $\chi_{\frac{m}{2^{n+1}}}(t)=1$，$\forall m\geqslant 2k$；$\chi_{\frac{m}{2^{n+1}}}(t)=0$，$\forall m\leqslant 2(k-1)$，因此 $\dfrac{k}{2^n}-\dfrac{1}{2^{n+1}}\leqslant f_{n+1}(t)\leqslant\dfrac{k}{2^n}$. 所以，在 $C_r(\Omega)$ 中，$\|f_n-f_{n+1}\|\leqslant\dfrac{1}{2^{n+1}}$，$\forall n$. 从而有 $f\in C_r(\Omega)$，使得 $\|f_n-f\|\to 0$. 令

$$E=\bigcup_{n=1}^{\infty}\bigcup_{k=1}^{2^n}\left(F\left(\frac{k}{2^n}\right)\Big\backslash G\left(\frac{k}{2^n}\right)\right),$$

易见 E 是 Ω 的第一纲的 Borel 子集. 今只须证明

$$f(t)=g(t),\quad\forall t\bar{\in}E.$$

任意固定 n，记 $N=2^n$，$F_k=F\left(\dfrac{k}{N}\right)$，$G_k=G\left(\dfrac{k}{N}\right)=\mathring{F}_k$，

及 $E_k=\Omega\backslash F_k$. 于是,$F_1\subset F_2\subset\cdots\subset F_N=\Omega$, $G_1\subset G_2\subset\cdots\subset G_N=\Omega$, $E_1\supset E_2\supset\cdots\supset E_N=\varnothing$. 因此,$G_i\cap E_j=G_i\backslash F_j=\varnothing$, $\forall i\leqslant j$. 由此,运用集合论的公式

$$A\cap(B\cup C)=(A\cap B)\cup(A\cap C),$$

我们有:

$$(G_1\cup E_1)\cap(G_2\cup E_2)=G_1\cup E_2\cup(E_1\cap G_2)$$

$$[G_1\cup E_2\cup(E_1\cap G_2)]\cap(G_3\cup E_3)$$

$$=G_1\cup E_3\cup(G_2\cap E_1)\cup(G_3\cap E_2)\cdots,\text{可见}$$

$$\bigcap_{k=1}^{N}(G_k\cup E_k)=G_1\cup\bigcup_{k=1}^{N-1}(G_{k+1}\backslash F_k).$$

如果 $t\in G_1$, 则 $0\leqslant g(t)\leqslant\frac{1}{N}$; $\chi_{\frac{k}{N}}(t)=1$, $\forall k\geqslant1$, 从而,

$$f_n(t)=\frac{1}{N}-\frac{1}{N}\chi_0(t).$$

如果 $t\in G_{k+1}\backslash F_k(1\leqslant k\leqslant N-1)$, 则

$$\frac{k}{N}<g(t)\leqslant\frac{k+1}{N};\ \chi_{\frac{m}{N}}(t)=1,\ \forall m\geqslant k+1;$$

$$\chi_{\frac{m}{N}}(t)=0,\ \forall m\leqslant k,$$

从而, $f_n(t)=\frac{k+1}{N}$. 总之,

$$|g(t)-f_n(t)|\leqslant\frac{1}{2^n},\ \forall t\in\bigcap_{k=1}^{2^n}(G_k\cup E_k).$$

上面的 n 是任意的,又 $f_n\to f$, 所以, $g(t)=f(t)$, $\forall t\notin E$.

今只须证明上面构造的 f 满足

$$f(t)=\overline{\lim_{t'\to t}}\,g(t'),\ \forall t\in\Omega.$$

在前面证明 $\|f_n-f_{n+1}\|\leqslant\frac{1}{2^n}$ 中,已指出 $f_n(t)\searrow f(t)$, $\forall t\in\Omega$. 当 $t'\in E$ 时,有 n 及 $k(1\leqslant k\leqslant2^n)$, 使得 $t'\in F\left(\frac{k}{2^n}\right)\Big\backslash G\left(\frac{k}{2^n}\right)$. 由

于对任意的 p，$\chi_{\frac{2^p k}{2^{n+p}}}(t') = \chi_{\frac{k}{2^n}}(t') = 0$，因此

$$f_{n+p}(t') \geqslant 1 - \frac{1}{2^{n+p}} \sum_{j>2^p k}^{2^{n+p}-1} 1 > \frac{k}{2^n} \geqslant g(t'),$$

所以，$f(t) \geqslant g(t)$，$\forall t \in \Omega$. 从而

$$\overline{\lim_{t'\to t}}\, g(t') \leqslant \overline{\lim_{t'\to t}}\, f(t') = f(t),\ \forall t \in \Omega.$$

另一方面，对 $t \in \Omega$ 及任意的 $\varepsilon > 0$，有 t 的邻域 U，使得 $f(t'') > f(t) - \varepsilon$，$\forall t'' \in U$. 但 E 是第一纲的，因此有 $t' \in U\backslash E$，从而，$g(t') = f(t') > f(t) - \varepsilon$. 因此，$\overline{\lim\limits_{t'\to t}}\, g(t') \geqslant f(t) - \varepsilon$. $\varepsilon > 0$ 是任意的，所以，$\overline{\lim\limits_{t'\to t}}\, g(t') = f(t)$，$\forall t \in \Omega$. 证毕.

定义 5.2.4 设 Ω 是 Stonean 空间，μ 是 Ω 上的正则 Borel 测度(相当于 $C(\Omega)$ 上的一个正泛函). 我们称 μ 是正规的，指对于 $C_r(\Omega)$ 的任意有界非负递增网 $\{f_l\}$，有 $\mu(f) = \sup\limits_l \mu(f_l)$，这里 f 是 $\{f_l\}$ 在 $C_r(\Omega)$ 中的上端.

命题 5.2.5 设 Ω 是 Stonean 空间，μ 是 Ω 上正规的正则 Borel 测度，则对于 Ω 的任意稀疏闭子集 F 及第一纲 Borel 子集 E，有 $\mu(F) = \mu(E) = 0$.

证. $(\Omega\backslash F)$ 是 Ω 的开稠子集，于是

$$\Omega\backslash F = \{\text{supp} f \mid f \in C(\Omega),\ 0 \leqslant f \leqslant 1,\ \text{supp} f \subset \Omega\backslash F\}.$$

注意 $\text{supp} f = \overline{\{t \in \Omega \mid f(t) \neq 0\}}$，又 Ω 是 Stonean 空间，因此，

$$\Omega\backslash F = \cup\{G \mid G \text{ 是 } \Omega \text{ 的既闭又开子集，且 } \subset \Omega\backslash F\}.$$

于是，依 G 的包含关系，$\{\chi_G \mid G$ 如上$\}$是 $C_r(\Omega)$ 的有界非负递增网，并且它在 $C_r(\Omega)$ 中的上端是 1. 因此，

$$\mu(\Omega) = \sup\{\mu(G) \mid G \text{ 如上}\}.$$

自然 $\mu(G) \leqslant \mu(\Omega\backslash F)$，所以，$\mu(F) = 0$.

可以写 $E = \bigcup\limits_n F_n$，其中每个 F_n 是稀疏的. 于是 $\overline{F}_n$ 是稀疏闭子集，$\forall n$. 再依上面的讨论，可见 $\mu(E) = 0$. 证毕.

命题 5.2.6 设Ω是 Stonean 空间，μ是Ω上正规的正则 Borel 测度，则 $\mathrm{supp}\,\mu$ 是既闭又开的.

证. 记 $F=\mathrm{supp}\mu$，它是Ω的闭子集. 于是，$(F\backslash \mathring{F})$ 是稀疏闭子集，依命题 5.2.5，$\mu(F)=\mu(\mathring{F})$. 令E是$\mathring{F}$的闭包，则E是既闭又开的，并且$\mathring{F}\subset E\subset F$，从而$\mu(E)=\mu(F)$. 依 $\mathrm{supp}\,\mu$ 的定义，$F=E$. 证毕.

命题 5.2.7 设Ω是 Stonean 空间，h是Ω上的有界 Borel 可测函数，则存在$f\in C(\Omega)$，使得对于Ω上任意正规的正则 Borel 测度μ，有

$$f(t)=h(t),\ p.p.\mu.$$

证. 无妨设h是实值的，于是，$g(t)=\varliminf\limits_{t'\to t}h(t')$ 是Ω上有界的下半连续实值函数. 依定理 5.2.3，有$f\in C_r(\Omega)$及Ω的第一纲 Borel 子集E，使得

$$f(t)=g(t),\ \forall t\notin E.$$

对Ω上任意正规的正则 Borel 测度μ，依 Лузин 定理，有Ω的互不相交的紧子集列$\{K_n\}$，使得$h|K_n$是连续的，$\forall n$，并且

$$\mu\left(\Omega\Big\backslash\bigcup_n K_n\right)=0.$$

于是

$$h(t)=g(t),\ \forall t\in\bigcup_n\mathring{K}_n.$$

由于$(K_n\backslash\mathring{K}_n)$是闭稀疏集，依命题 5.2.5，$\mu(K_n\backslash\mathring{K}_n)=0,\forall n$. 因此，$\mu\left(\left(\Omega\Big\backslash\bigcup\limits_n\mathring{K}_n\right)\cup E\right)=0$，并对任意的$t\in\left(\bigcup\limits_n\mathring{K}_n\right)\cap(\Omega\backslash E)$，$f(t)=h(t)$. 证毕.

定义 5.2.8 Ω称为超 Stonean 空间，指它是 Stonean 空间，并且对于$C(\Omega)$的任意非零正元f，有Ω上正规的正则 Borel 测度μ，使得$\mu(f)>0$.

命题 5.2.9 设Ω是超 Stonean 空间，则存在Ω上正规的正则 Borel 测度族$\{\mu_l\}$，使得对任意的$l\neq l'$，$\mathrm{supp}\,\mu_l\cap\mathrm{supp}\,\mu_{l'}=\varnothing$，

并且 $\bigcup_l \operatorname{supp}\mu_l$ 在 Ω 中稠.

证. 设 $\{\mu_l\}$ 是 Ω 上正规的正则 Borel 测度极大族，使得 $\operatorname{supp}\mu_l \cap \operatorname{supp}\mu_{l'} = \varnothing$，$\forall l \neq l'$. 记 $\Gamma = \bigcup_l \operatorname{supp}\mu_l$，依命题 5.2.6，$\Gamma$ 是 Ω 的开子集，于是 $\bar{\Gamma}$ 是既闭又开的. 如果 $\bar{\Gamma} \neq \Omega$，则 $\chi_{\Omega\setminus\bar{\Gamma}}$ 是 $C(\Omega)$ 的非零正元，因此有 Ω 上正规的正则 Borel 测度 μ'，使得 $\mu'(\Omega\setminus\bar{\Gamma}) > 0$. 令

$$\mu(E) = \mu'(E\setminus\bar{\Gamma}), \ \forall E \text{ 是 } \Omega \text{ 的 Borel 子集.}$$

易见 μ 是 Ω 上正规的正则 Borel 测度，并且

$$\varnothing \neq \operatorname{supp}\mu \subset \Omega\setminus\bar{\Gamma},$$

这便与 $\{\mu_l\}$ 的极大性相矛盾. 因此，$\bar{\Gamma} = \Omega$. 证毕.

注 本节见参考文献 [14]，[110]，[119].

§3. 交换的 w^*-代数

定理 5.3.1 设 Z 是 σ-有限的交换 w^*-代数，Ω 是其谱空间，则 Ω 是超 Stonean 空间，并且在 Ω 上有正规的正则 Borel 测度 ν，使得

$$\operatorname{supp}\nu = \Omega, \ C(\Omega) = L^\infty(\Omega, \nu).$$

证. 无妨设 $Z \subset B(\mathscr{H})$，依命题1.14.5，Z 在 $\mathscr{H}$ 中有分离矢 ξ_0. 设 $f \to m_f$ 是 $C(\Omega)$ 到 Z 上的 $*$ 同构，依定理 5.2.3 的 2) 及命题 1.2.10，可见 Ω 是 Stonean 空间. 自然有 Ω 上的正则 Borel 测度 ν，使得 $\langle m_f\xi_0, \xi_0\rangle = \int_\Omega f(t)d\nu(t)$，$\forall f \in C(\Omega)$. 同样由命题 1.2.10，$\nu$ 是正规的. 如果有 Ω 的非空开子集 U，使得 $\nu(U) = 0$. 取 $f \in C(\Omega)$，$f \geqslant 0$，$f \neq 0$，$\operatorname{supp} f \subset U$，则 $\langle m_f\xi_0, \xi_0\rangle = 0$. 但 ξ_0 是 Z 的分离矢，因此，$f = 0$，矛盾. 所以，$\operatorname{supp}\nu = \Omega$. 特别，$\Omega$ 是超 Stonean 空间，并且 $C(\Omega)$ 一一地嵌入 $L^\infty(\Omega, \nu)$ 之中.

设网 $\{f_l\} \subset C(\Omega)$，且 $\|f_l\| \leqslant 1$，$\forall l$ 及依 $L^\infty(\Omega, \nu)$ 的弱 $*$ 拓扑，$f_l \to f \in L^\infty(\Omega, \nu)$. 记 $m_l = m_{f_l} \in Z$，于是 $\|m_l\| \leqslant 1$，必要时

代以子网，可设 $m_l \xrightarrow{\text{弱算子}} m_g$，这里 $g \in C(\Omega)$. 对任意的 $h \in C(\Omega)$，

$$\left|\int (f_l - g) h d\nu\right| = |\langle (m_l - m_g) m_h \xi_0, \xi_0 \rangle| \to 0,$$

又 $C(\Omega)$ 在 $L^1(\Omega, \nu)$ 中是稠的，因此，依 $L^\infty(\Omega, \nu)$ 的弱 * 拓扑，$f_l \to g$，从而 $f(t) = g(t)$，$p.p.\nu$. 这表明 $C(\Omega)$ 在 $L^\infty(\Omega, \nu)$ 中是弱 * 闭的. 易见 $C(\Omega)$ 在 $L^\infty(\Omega, \nu)$ 中是弱 * 稠的，所以，$C(\Omega) = L^\infty(\Omega, \nu)$. 证毕.

命题 5.3.2 设 Ω 是紧 Hausdorff 空间，ν 是 Ω 上的正则 Borel 测度，则 $Z = L^\infty(\Omega, \nu)$ 是 σ-有限的交换 w^*-代数.

证. 令 $\omega(f) = \int_\Omega f(t) d\nu(t)$，$\forall f \in L^\infty(\Omega, \nu)$. 由于 $1 \in L^1(\Omega, \nu)$，可见 φ 是 $L^\infty(\Omega, \nu)$ 上忠实的弱 * 连续的正泛函，依命题 1.14.2，Z 是 σ-有限的. 证毕.

定理 5.3.3 设 Ω 是超 Stonean 空间，则 $C(\Omega)$ 是交换的 w^*-代数. 此外，如果 Ω 上有正规的正则 Borel 测度 ν，而 $\operatorname{supp}\nu = \Omega$，则 $C(\Omega) = L^\infty(\Omega, \nu)$ 还是 σ-有限的.

证. 首先设 Ω 上有正规的正则 Borel 测度 ν，而 $\operatorname{supp}\nu = \Omega$. 于是 $C(\Omega)$ 一一嵌入 $L^\infty(\Omega, \nu)$ 之中，对任意的 $h \in L^\infty(\Omega, \nu)$，依命题 5.2.7，有 $f \in C(\Omega)$，使得 $f(t) = h(t)$，$p.p.\nu$. 所以，$C(\Omega) = L^\infty(\Omega, \nu)$. 依命题 5.3.2，$C(\Omega)$ 是 σ-有限的交换 w^*-代数.

一般，依命题 5.2.9，有 Ω 上正规的正则 Borel 测度族 $\{\nu_l\}$，使得 $\Omega_l \cap \Omega_{l'} = \varnothing$，这里 $\Omega_l = \operatorname{supp}\nu_l$，$\forall l \neq l'$，并且 $\Gamma = \bigcup_l \Omega_l$ 在 Ω 中稠. 依命题 5.2.6，Ω_l 是 Ω 的既闭又开子集，$\forall l$. 于是，Γ 依诱导拓扑是局部紧 Hausdorff 空间. 从而，$\nu = \sum_l \oplus \nu_l$ 将是 Γ 上的正则 Borel 测度，并且 $\operatorname{supp}\nu = \Gamma$. 由此，$f \to f|\Gamma$ 是 $C(\Omega)$ 到 $L^\infty(\Gamma, \nu)$ 中的一一映象. 反之，如果 $h \in L^\infty(\Gamma, \nu)$，令 $h(t) = 0$，$\forall t \in \Omega \backslash \Gamma$，依命题 5.2.7，有 $f \in C(\Omega)$，使得 $f(t) = h(t)$ $p.p.\nu_l$，$\forall l$. 因此在 Γ 上，$f(t) = h(t)$，$l.p.p.\nu$. 这说明 $C(\Omega)$ 与 $L^\infty(\Gamma, \nu)$ 是 * 同构的，因此，$C(\Omega)$ 是交换 w^*-代数. 证毕.

定理 5.3.4 设 Z 是交换的 w^*-代数，Ω 是它的谱空间，则 Ω 是超 Stonean 空间，并且存在局部紧 Hausdorff 空间 Γ，及 Γ 上的正则 Borel 测度 ν，$\mathrm{supp}\nu = \Gamma$，使得 Z *同构于 $L^\infty(\Gamma, \nu)$.

证. 设 $Z \subset B(\mathscr{H})$，$f \to m_f$ 是 $C(\Omega)$ 到 Z 上的 *同构，于是对每个 $\xi \in \mathscr{H}$，可决定 Ω 上的正则 Borel 测度 ν_ξ，使得

$$\langle m_f \xi, \xi \rangle = \int_\Omega f(t) d\nu_\xi(t), \quad \forall f \in C(\Omega).$$

依定理 5.2.3 的 2) 及命题 1.2.10，Ω 是 Stonean 空间，并且 ν_ξ 是正规的，$\forall \xi \in \mathscr{H}$. 如果 f 是 $C(\Omega)$ 的非零正元，自然有 $\xi \in \mathscr{H}$，使得 $\nu_\xi(f) > 0$，因此，Ω 是超 Stonean 空间. 其余部份，已包含于定理 5.3.3 的证明之中. 证毕.

定义 5.3.5 设 M 是 w^*-代数，$E(\subset M)$ 称为 M 的生成集，指 M 的包含 E 的最小 w^*-子代数就是 M. 此外，如果 M 有一个可数的生成集，则称 M 是可数生成的.

相仿地理解 c^*-代数的生成集.

引理 5.3.6 设 Ω 是紧 Hausdorff 空间，如果 c^*-代数 $C(\Omega)$ 由可数个投影生成，则 $C(\Omega)$ 可以由一个可逆的正元生成.

证. 设 $\{p_n\}$ 是 $C(\Omega)$ 的投影列，且生成 $C(\Omega)$. 令

$$h = \sum_{n=1}^{\infty} \frac{1}{3^n}\left(2p_n + \frac{1}{2}\right),$$

则 h 是 $C(\Omega)$ 的可逆正元. 对任意的 $t_1, t_2 \in \Omega$，$t_1 \neq t_2$，由于 $\{p_n\}$ 生成 $C(\Omega)$，有最小的正整数 k，使得 $p_k(t_1) \neq p_k(t_2)$. 于是，

$$|h(t_1) - h(t_2)| = 2\left|\sum_{n=k}^{\infty} \frac{1}{3^n}(p_n(t_1) - p_n(t_2))\right|$$

$$\geqslant \frac{2}{3^k} - 2\sum_{n=k+1}^{\infty} \frac{1}{3^n} = \frac{1}{3^k},$$

即函数 h 也是分离 Ω 的点的. 再由 Stone-Weierstrass 定理及引理 2.1.5，可见 h 生成 $C(\Omega)$. 证毕.

定理 5.3.7 设 Z 是可数生成的交换 w^*-代数，则 Z 可以由一个可逆的正元生成. 特别，可分 Hilbert 空间中的交换 vN 代数可

以由一个元生成.

证. 设 $\{a_n\}$ 生成Z,代 a_n 以 $\dfrac{a_n+a_n^*}{2}$, 可以认为 $a_n^*=a_n$, $\forall n$. 再由关于 a_n 的谱分解,可见Z能够由可数个投影生成. 把Z看作 c^*-代数,设这可数个投影所生成的Z的 c^*-子代数是A. 依引理 5.3.6, A将由一个可逆的正元a生成. 自然A也是 w^*-代数Z的生成集,因此,$\{a\}$生成Z.此外,可分 Hilbert 空间中任意 vN 代数都是可数生成的,由此得证.

定理 5.3.8 如果Z是可分 Hilbert 空间 $\mathscr{H}$ 中的交换 vN 代数, 并且无极小投影(Z的投影 p 称为极小的, 指如果Z的投影 $q\leqslant p$, 则 $q=0$ 或 p), 则 Z *同构于 $L^\infty([0,1])$, 这里 $[0,1]$ 使用的是 Lebesgue 测度.

证. 设Ω是Z的谱空间,依定理 5.3.1, Ω是超 Stonean 空间, 并且Ω上有正规的正则 Borel 测度ν, 使得 $\mathrm{supp}\,\nu=\Omega$, $C(\Omega)=L^\infty(\Omega,\nu)$. 又依定理 5.3.7, 存在$Z$的正元$a$, 它生成$Z$. 无妨设 $0\leqslant a\leqslant 1$. 记$I=[0,1]$,由于$a(\cdot)$是Ω到I的连续映象,可定义I上的 Borel 测度 μ:

$$\mu(E)=\nu(a^{-1}(E)),\ \forall E \text{ 是 } I \text{ 的 Borel 子集}$$

及 $L^\infty(I,\mu)$ 到 $L^\infty(\Omega,\nu)$ 的*同态Φ:

$$\Phi(f)(t)=f(a(t)),\ \forall t\in\Omega,\ f\in L^\infty(I,\mu),$$

如果f是I的多项式,显然, $\Phi(f)=f(a)$. 但$\{a\}$生成Z,因此, $\Phi(L^\infty(I,\mu))$ 包含 $L^\infty(\Omega,\nu)$ 的一个弱*稠集.

我们说$\Phi(L^\infty(I,\mu))$在 $L^1(\Omega,\nu)$ 中也是稠的. 事实上,如果 $g\in L^\infty(\Omega,\nu)$, 使得 $\int_\Omega g(t)\Phi(f)(t)d\nu(t)=0$, $\forall f\in L^\infty(I,\mu)$, 由于 $\Phi(L^\infty(I,\mu))$ 在 $L^\infty(\Omega,\nu)$ 是弱*稠的,因此有网 $\{f_l\}\subset L^\infty(I,\mu)$, 使得依 $L^\infty(\Omega,\nu)$ 的弱*拓扑, $\Phi(f_l)\to\bar{g}$. 自然 g 也 $\in L^1(\Omega,\nu)$, 因此

$$0=\int_\Omega g(t)\Phi(f_l)(t)d\nu(t)\to\int_\Omega|g(t)|^2d\nu(t)$$

即 $g=0$.

现在指出Φ是 σ-σ 连续的，这需要对任意的网 $\{f_l\}\subset L^\infty(I,\mu)$，$\|f_l\|\leqslant 1$，$\forall l$，且 $f_l\xrightarrow{\text{弱}*\text{拓扑}}0$，来证明 $\Phi(f_l)\xrightarrow{\text{弱}*\text{拓扑}}0$. 对任意的 $g\in L^1(\Omega,\nu)$ 及 $\varepsilon>0$，依前段，可取 $f\in L^\infty(I,\mu)$，使得

$$\int_\Omega |g(t)-\Phi(f)(t)|d\nu(t)<\varepsilon,$$

于是当 l 充分大，

$$\left|\int_\Omega g(t)\Phi(f_l)(t)d\nu(t)\right|\leqslant\left|\int_I f_l(\lambda)f(\lambda)d\mu(\lambda)\right|$$
$$+\int_\Omega|g(t)-\Phi(f)(t)|d\nu(t)<2\varepsilon,$$

即说明Φ是σ-σ 连续的. 于是，$\Phi(L^\infty(I,\mu))=L^\infty(\Omega,\nu)$.

如果 $f\in L^\infty(I,\mu)$，使得 $\Phi(f)=0$，于是，

$$\Phi(fg)=0,\ \forall g\in C(I).$$

因此，$\int_I f(\lambda)g(\lambda)d\mu(\lambda)=\int_\Omega \Phi(fg)(t)d\nu(t)=0$，$\forall g\in C(I)$，即 $f=0$. 所以，Φ是 $L^\infty(I,\mu)$ 到 $L^\infty(\Omega,\nu)$ 上的$*$同构.

现在指出 I 上的测度 μ 是非原子的，即对任意的 $\lambda\in I$，有 $\mu(\{\lambda\})=0$. 事实上，如果有 $\lambda\in I$，使得 $\mu(\{\lambda\})>0$. 记 $E=a^{-1}(\{\lambda\})$，则 $\nu(E)>0$. 从而 χ_E 是 $L^\infty(\Omega,\nu)$ 的非零投影. 由 $\Phi(\chi_{\{\lambda\}})=\chi_E$，$\chi_{\{\lambda\}}$ 也是 $L^\infty(I,\mu)$ 的非零投影，自然 $\chi_{\{\lambda\}}$ 是极小的，所以，χ_E 将是 $L^\infty(\Omega,\nu)$ $(\cong Z)$ 的极小投影，这与假设相矛盾.

令 $f(\lambda)=\mu([0,\lambda])$，$\forall\lambda\in I$，则 f 是 I 上的递增连续函数，并且 $f(0)=0$，$f(1)=1$（这里无妨设 $\nu(\Omega)=1$）. 又命 $g(\lambda)=\min\{\lambda'|f(\lambda')=\lambda\}$，$\forall\lambda\in I$，则 g 是 I 上左连续的严格增函数，并且至多有可数个跳跃点. 如果 $\{\lambda_1<\lambda_2<\cdots<\lambda_n<\cdots\}$ 是 g 的跳跃点，则有 $\{\lambda'_n\}$，$\lambda_1<\lambda'_1<\lambda_2<\lambda'_2<\cdots<\lambda_n<\lambda'_n<\cdots$，使对每个 n，

$$f(\lambda)=f(\lambda_n),\ \forall\lambda\in[\lambda_n,\lambda'_n],\ f(\lambda)>f(\lambda_n),\ \forall\lambda>\lambda'_n.$$

于是，$g\circ f(\lambda)=\lambda$，$\forall\lambda\in I\Big\backslash\bigcup\limits_n[\lambda_n,\lambda'_n]$. 另一方面，

$$\mu([\lambda_n,\lambda'_n])=\mu((\lambda_n,\lambda'_n])=f(\lambda'_n)-f(\lambda_n)=0,\ \forall n,$$

因此，$g\circ f(\lambda)=\lambda$，$p.p.\mu$.

注意，如果 m 是 I 上的 Lebesgue 测度，对于任意的 $0\leqslant\lambda_1\leqslant\lambda_2\leqslant 1$，

$$m((f(\lambda_1),f(\lambda_2)])=f(\lambda_2)-f(\lambda_1)=\mu((\lambda_1,\lambda_2]),$$

因此，$m=\mu\circ f^{-1}$. 进而，$\mu=m\circ g^{-1}$.

今可以定义 $L^\infty(I)=L^\infty(I,m)$ 到 $L^\infty(I,\mu)$ 的 * 同态 Ψ:

$$\Psi(h)=h\circ f,\ \forall h\in L^\infty(I).$$

如果 $k\in L^\infty(I,\mu)$，则 $k\circ g\in L^\infty(I)$，并且

$$\Psi(k\circ g)(\lambda)=(k\circ g\circ f)(\lambda)=k(\lambda)\quad p.p.\mu,$$

因此，$\Psi(L^\infty(I))=L^\infty(I,\mu)$. 此外，如果 $h\in L^\infty(I)$，使得 $\Psi(h)=0$. 由于 $\int\Psi(h\bar{h})(\lambda)d\mu(\lambda)=\int|h(\lambda)|^2dm(\lambda)$，所以，$h=0$. 即 Ψ 是 $L^\infty(I)$ 到 $L^\infty(I,\mu)$ 上的 * 同构. 进而，$\Phi\circ\Psi$ 是 $L^\infty([0,1])$ 到 $L^\infty(\Omega,\nu)$ 上的 * 同构. 证毕.

系 5.3.9 可分 Hilbert 空间中，相互不 * 同构的交换 vN 代数只有可数多个.

定义 5.3.10 Hilbert 空间 $\mathscr{H}$ 中的交换 vN 代数 Z 称为极大交换的，指在 $\mathscr{H}$ 中没有真的包含 Z 的交换 vN 代数.

显然，Z 是极大交换的，当且仅当，$Z=Z'$.

定义 5.3.11 设 Ω 是局部紧 Hausdorff 空间，ν 是 Ω 上的正则 Borel 测度，对任意的 $f\in L^\infty(\Omega,\nu)$，定义 $\hat{m}_fg=fg$，$\forall g\in L^2(\Omega,\nu)$，自然 $\hat{m}_f$ 是 $L^2(\Omega,\nu)$ 中的有界线性算子. 称 $\{\hat{m}_f|f\in L^\infty(\Omega,\nu)\}$ 为 $L^2(\Omega,\nu)$ 中的乘法代数.

引理 5.3.12 如果 Ω 是紧 Hausdorff 空间，ν 是 Ω 上的正则 Borel 测度，则 $L^2(\Omega,\nu)$ 中的乘法代数 Z 是极大交换的 vN 代数.

证. 设 $a'\in Z'$，于是对任意的 $f\in L^\infty(\Omega,\nu)$，$a'f=a'\hat{m}_f1=f\cdot a'1$，这里 1 是 Ω 上恒取值 1 的函数. 记 $a'1=g(\in L^2(\Omega,\nu))$，则 $a'f=gf$，$\forall f\in L^\infty(\Omega,\nu)$.

今指出 $|g(t)|\leqslant\|a'\|$，$p.p.\nu$. 若否，则有 $\varepsilon>0$ 及 Ω 的紧子集 K，使得

$$\nu(K)>0,\ |g(t)|\geqslant\|a'\|+\varepsilon,\ \forall t\in K.$$

于是，

$$\nu(K)(\|a'\|+\varepsilon)^2\leqslant\int|g(t)\chi_K(t)|^2d\nu(t)$$
$$=\|a'\chi_K\|^2\leqslant\|a'\|^2\nu(K)$$

矛盾. 因此，$g\in L^\infty(\Omega,\nu)$. 再由 $a'f=gf$, $\forall f\in L^\infty(\Omega\nu)$, 及 $L^\infty(\Omega,\nu)$ 在 $L^2(\Omega,\nu)$ 中稠，可见 $a'=\hat{m}_g$. 所以，$Z'=Z$. 证毕.

定理 5.3.13 设 Ω 是局部紧 Hausdorff 空间，ν 是 Ω 上的正则 Borel 测度，则 $L^2(\Omega,\nu)$ 中的乘法代数 Z 是极大交换的 vN 代数，并且 $f\to\hat{m}_f$ 是 $L^\infty(\Omega,\nu)$ 到 Z 上的 σ-σ 连续 $*$ 同构.

证. 对任意的 $f\in L^\infty(\Omega,\nu)$, 显然 $\|\hat{m}_f\|\leqslant\|f\|$. 另一方面，如果在 Ω 的某紧子集 K 上，$|f(t)|\geqslant\lambda$, 并且 $\nu(K)>0$, 则

$$\|\hat{m}_f\chi_K\|\geqslant\lambda\|\chi_K\|.$$

因此，$\|\hat{m}_f\|=\|f\|$, 即 $f\to\hat{m}_f$ 是 $L^\infty(\Omega,\nu)$ 到 Z 上的 $*$ 同构. 容易证明这 $*$ 同构是 σ-σ 连续的. 特别，Z 是 $L^2(\Omega,\nu)$ 中的 vN 代数.

依命题 5.1.2, $\Omega=N\cup\bigcup\limits_l K_l$, 其中 $\{K_l\}$ 是互不相交的局部可数的紧集族，N 是局部 ν-零的. 于是

$$L^2(\Omega,\nu)=\sum_l\oplus L^2(K_l,\nu_l),$$

这里 $\nu_l=\nu|K_l,\forall l$, 今如 $a'\in Z'$, 由于 $a'h_l=a'\hat{m}_lh_l=\hat{m}_la'h_l$, $\forall h\in L^2(K_l,\nu_l)$, 这里 $\hat{m}_l$ 为 $L^2(\Omega,\nu)$ 中乘以 χ_{K_l} 的算子，因此，a' 对 $L^2(\Omega,\nu)$ 的闭子空间 $L^2(K_l,\nu_l)$ 是不变的，$\forall l$. 依引理 5.3.12, $a'|L^2(K_l,\nu_l)=\hat{m}_{g_l}$, 这里 $g_l\in L^\infty(K_l,\nu_l)$, $\forall l$. 令

$$g=\sum_l\chi_{K_l}g_l,$$

则 $g\in L^\infty(\Omega,\nu)$, 且 $a'=\hat{m}_g$. 因此，$Z'=Z$. 证毕.

命题 5.3.14 设 Z 是 $\mathscr{H}$ 中的交换 vN 代数，且有循环矢 ξ_0, 则在 Z 的谱空间 Ω 上有正则 Borel 测度 ν, 及 $\mathscr{H}$ 到 $L^2(\Omega,\nu)$ 上

的酉算子 u，使得

$$\operatorname{supp}\nu = \Omega,\ C(\Omega) = L^\infty(\Omega, \nu),$$
$$u m_f u^{-1} = \hat{m}_f,\ \forall f \in L^\infty(\Omega, \nu)$$

这里 $f \to m_f$ 是 $C(\Omega)$ 到 Z 上的 $*$ 同构.

证. ξ_0 对 Z' 是分离的，但 $Z \subset Z'$，因此，ξ_0 对 Z 也是分离的. 依定理 5.3.1 的证明，由

$$\langle m_f \xi_0, \xi_0 \rangle = \int_\Omega f(t) d\nu(t),\ \forall f \in C(\Omega)$$

决定的 Ω 上的正则 Borel 测度 ν 满足：

$$\operatorname{supp}\nu = \Omega,\ C(\Omega) = L^\infty(\Omega, \nu).$$

令命 $u m_f \xi_0 = f$，$\forall f \in C(\Omega)$，由于 ξ_0 是 Z 的循环矢，因此 u 可扩张为 $\mathscr{H}$ 到 $L^2(\Omega, \nu)$ 上的酉算子，并且

$$u m_f u^{-1} = \hat{m}_f,\ \forall f \in C(\Omega) = L^\infty(\Omega, \nu).$$

证毕.

命题 5.3.15 设 Z 是 $\mathscr{H}$ 中的交换 vN 代数，则 Z 是极大交换且 σ-有限的，当且仅当，Z 在 $\mathscr{H}$ 中有循环矢.

证. 充分性由命题 5.3.14 及 1.14.2 立见.

今设 Z 是极大交换且 σ-有限的，依命题 1.14.5，Z 有分离矢 ξ_0. 但 $Z' = Z$，因此，ξ_0 也是 Z 的循环矢. 证毕.

系 5.3.16 如果 Z 是可分 Hilbert 空间中的交换 vN 代数，则 Z 是极大交换的，当且仅当，Z 有循环矢.

定理 5.3.17 设 Z 是 $\mathscr{H}$ 中极大交换的 vN 代数，则存在局部紧 Hausdorff 空间 Ω，Ω 上的正则 Borel 测度 ν，$\operatorname{supp}\nu = \Omega$，使得 Z 酉等价于 $L^2(\Omega, \nu)$ 中的乘法代数.

证. 依 Zorn 辅理，可分解

$$\mathscr{H} = \sum_l \oplus \mathscr{H}_l,\ \mathscr{H}_l = \overline{Z\xi_l}.$$

令 p_l 是 $\mathscr{H}$ 到 $\mathscr{H}_l$ 上的投影，则 $p_l \in Z' = Z$，$\forall l$. 设 Ω' 是 Z 的谱空间，$f \to m_f$ 是 $C(\Omega')$ 到 Z 上的 $*$ 同构. 于是对每个 l，存在 Ω' 的既闭又开的子集 Ω_l，使得 $p_l = m_{\chi_l}$，这里 χ_l 是 Ω_l 的特征函

数. 由于 $p_l p_{l'} = 0$, 因此, $\Omega_l \cap \Omega_{l'} = \emptyset$, $\forall l \neq l'$.

对每个 l, $Z_l = Zp_l$ 是 $\mathscr{H}_l$ 中有循环矢 ξ_l 的交换 vN 代数,其谱空间是 Ω_l, 从而依命题 5.3.14, 有 Ω_l 上的正则 Borel 测度 ν_l, $\operatorname{supp} \nu_l = \Omega_l$, 及 $\mathscr{H}_l$ 到 $L^2(\Omega_l, \nu_l)$ 上的酉算子 u_l, 使得

$$C(\Omega_l) = L^\infty(\Omega_l, \nu_l), \quad u_l m_f^{(l)} u_l^{-1} = \hat{m}_f^{(l)}, \quad \forall f \in L^\infty(\Omega_l, \nu_l),$$

这里 $f \to m_f^{(l)}$ 是 $C(\Omega_l)$ 到 Z_l 上的 * 同构, $\hat{m}_f^{(l)}$ 是 $L^2(\Omega_l, \nu_l)$ 中乘以 f 的算子.

记 $\Omega = \bigcup\limits_l \Omega_l$, 它是 Ω' 的开稠子集,从而是局部紧 Hausdorff 空间. 又令 $\nu = \sum\limits_l \oplus \nu_l$, 则 ν 是 Ω 上的正则 Borel 测度, 且 $\operatorname{supp} \nu = \Omega$. 再设 $u = \sum\limits_l \oplus u_l$, 则 u 是 $\mathscr{H} = \sum\limits_l \oplus \mathscr{H}_l$ 到

$$L^2(\Omega, \nu) = \sum_l \oplus L^2(\Omega_l, \nu_l)$$

上的酉算子. 对任意的 $f \in C(\Omega')$, $g = f|\Omega \in L^\infty(\Omega, \nu)$, 易见 $um_f u^{-1} = \hat{m}_g$. 因此, $uZu^{-1} \subset L^2(\Omega, \nu)$ 中的乘法代数, 但依定理 5.3.13, 两者都是极大交换的,因此, $uZu^{-1} = L^2(\Omega, \nu)$ 中的乘法代数. 证毕.

定义 5.3.18 w^*-代数M的投影 p 称为交换的, 指 pMp 是交换的.

命题 5.3.19 设M是 w^*-代数, p, q 是M的投影,且 p 是交换的.

1) 若 $p \sim q$, 则 q 也是交换的;

2) $pMp = Zp$, 这里 Z 是M的中心;

3) 若 $q \leqslant p$, 则 $q = c(q)p$, 这里 $c(q)$ 是 q 在M中的中心覆盖.

证. 无妨设M是 vN 代数.

1) 由命题 1.5.2 立见.

2) 由于 M_p 是交换的,因此, $M_p \subset M_p'$. 依命题 1.3.8, $M_p = M_p \cap M_p' = Zp$.

3）依命题 1.5.8，q 在 M_p 中的中心覆盖是 $c(q)p$，但 M_p 是交换的，所以，$q=c(q)p$. 证毕.

注 本节见参考文献 [14]，[48]，[104].

§4. 交换 c^*-代数的 * 表示

本节中，设 A 是有单位元的交换 c^*-代数，于是 $A\cong C(\Omega)$，这里 Ω 是 A 的谱空间（紧 Hausdorff）.

定理 5.4.1 如果 $\{\pi,\mathscr{H}\}$ 是 A 的循环 * 表示，则在测度等价的意义下，在 Ω 上有唯一的正则 Borel 测度 μ，使得

$$\{\pi,\mathscr{H}\}\cong\{\Phi_\mu,\ L^2(\Omega,\mu)\},$$

这里 $(\Phi_\mu(a)f)(t)=a(t)f(t)$，$\forall f\in L^2(\Omega,\mu)$，而 $a\to a(\cdot)$ 是 A 到 $C(\Omega)$ 上的 * 同构.

证. 设 $\xi\in\mathscr{H}$ 是 π 的循环矢，于是有 Ω 上的正则 Borel 测度 μ，使得

$$\langle\pi(a)\xi,\ \xi\rangle=\int_\Omega a(t)d\mu(t),\ \forall a\in A.$$

令 $u\pi(a)\xi=a(\cdot)(\forall a\in A)$，则 u 可扩张 $\mathscr{H}$ 到 $L^2(\Omega,\mu)$ 上的酉算子，且显然 $u\pi(a)u^{-1}=\Phi_\mu(a)$，$\forall a\in A$.

今若 μ,ν 是 Ω 上的正则 Borel 测度，v 是 $L^2(\Omega,\mu)$ 到 $L^2(\Omega,\nu)$ 上的酉算子，使得

$$v\Phi_\mu(a)v^{-1}=\Phi_\nu(a),\ \forall a\in A,$$

记 $v1=\alpha\in L^2(\Omega,\nu)$，则 $va=v\Phi_\mu(a)1=\Phi_\nu(a)\alpha$. 于是

$$\int|a(t)|^2d\mu(t)=\int|a(t)\alpha(t)|^2d\nu(t),\ \forall a\in A,$$

即 $\mu=|\alpha|^2\cdot\nu$. 从而 $\mu\prec\nu$. 同证 $\nu\prec\mu$，所以，$\mu\sim\nu$. 证毕.

当然，A 的任何 * 表示都可分解成循环 * 表示族与零表示的直和. 但本节中，将特别研究 A 的这样一类 * 表示 $\{\pi,\mathscr{H}\}$，它可分解成可数个循环 * 表示的直和，依命题 1.14.2，这等价于说 $\pi(A)'$ 是 σ-有限的.

定义 5.4.2 设 $\{\pi, \mathscr{H}\}$ 是 A 的 $*$ 表示，对任意的 $\xi \in \mathscr{H}$，有 Ω 上唯一的正则 Borel 测度 μ_ξ，使得

$$\langle \pi(a)\xi, \xi\rangle = \int_\Omega a(t)d\mu_\xi(t), \ \forall a \in A.$$

我们引入 $\mathscr{H}$ 的元之间的偏序关系$>$：$\xi > \eta$，指 $\mu_\xi \succ \mu_\eta$。$\xi \in \mathscr{H}$ 称为极大的，指 $\xi > \eta$，$\forall \eta \in \mathscr{H}$。

引理 5.4.3 如果 $\eta \in \mathscr{H}_\xi = \overline{\pi(A)\xi}$，则 $\eta < \xi$。

证. 依定理 5.4.1，有 $\mathscr{H}_\xi$ 到 $L^2(\Omega, \mu_\xi)$ 上的酉算子 u，使得 $u(\pi(a)|\mathscr{H}_\xi)u^{-1} = \Phi_{\mu_\xi}(a)$，$\forall a \in A$。设 $f = u\eta(\in L^2(\Omega, \mu_\xi))$，则

$$\langle \pi(a)\eta, \eta\rangle = \int a(t)|f(t)|^2 d\mu_\xi(t), \ \forall a \in A.$$

从而，$\mu_\eta = |f|^2 \cdot \mu_\xi$，即 $\mu_\eta \prec \mu_\xi$，$\eta < \xi$。证毕.

引理 5.4.4 如果 $\mathscr{H} = \sum_{k=1}^{\infty} \oplus \mathscr{H}_k$，$\mathscr{H}_k = \overline{\pi(A)\xi_k}$，$\|\xi_k\| \leqslant 1$，$\forall k$，则 $\xi = \sum_{k=1}^{\infty} 2^{-\frac{k}{2}}\xi_k$. 是极大矢.

证. 显然 $\mu_\xi = \sum_{k=1}^{\infty} 2^{-k}\mu_{\xi_k}$. 任意的 $\eta \in \mathscr{H}$，可分解为 $\eta = \sum_k \eta_k$，这里 $\eta_k \in \mathscr{H}_k$，$\forall k$，于是 $\mu_\eta = \sum_k \mu_{\eta_k}$，并依引理 5.4.3，$\mu_{\eta_k} \prec \mu_{\xi_k}$，$\forall k$. 今若 Ω 的 Borel 子集 E，使得 $\mu_\xi(E) = 0$，于是 $\mu_{\xi_k}(E) = 0$，$\mu_{\eta_k}(E) = 0$，$\forall k$. 进而 $\mu_\eta(E) = 0$，即 $\mu_\eta \prec \mu_\xi$，$\eta < \xi$. 证毕.

引理 5.4.5 如果 $\pi(A)'$ 是 σ-有限的，则极大矢的全体在 $\mathscr{H}$ 中是稠的.

证. 依引理 5.4.4，$\mathscr{H}$ 至少有一个极大矢 ξ，记 $\mathscr{H}_\xi = \overline{\pi(A)\xi}$. 任意的 $\eta \in \mathscr{H}$ 可分解为

$$\eta = \eta_1 + \eta_2, \ \eta_1 \in \mathscr{H}_\xi, \ \eta_2 \in \mathscr{H}_\xi^\perp,$$

记 $\mathscr{H}_1 = \overline{\pi(A)\eta_1}(\subset \mathscr{H}_\xi)$，又可分解

$$\xi = \xi_1 + \xi_2,\ \xi_1 \in \mathscr{H}_1,\ \xi_2 \in \mathscr{H}_1^{\perp}$$

如果记 $\mu_i = \mu_{\xi_i}$, $i = 1, 2$, 则 $\mu_\xi = \mu_1 + \mu_2$. 对任意的 $\varepsilon > 0$, 显然 $\mu_{\eta_1+\varepsilon\xi_2} = \mu_{\eta_1} + \varepsilon^2\mu_2$. 既然 $\xi_1 \in \mathscr{H}_1$, 依引理 5.4.3, $\mu_1 \prec \mu_{\eta_1}$. 于是

$$\mu_{\eta_1+\varepsilon\xi_2} \succ \mu_1 + \varepsilon^2\mu_2 \sim \mu_1 + \mu_2 = \mu_\xi,$$

因此, $\eta_1 + \varepsilon\xi_2$ 也是极大矢. 注意 $\xi_1 \in \mathscr{H}_1 \subset \mathscr{H}_\xi$, 于是 $\xi_2 = \xi - \xi_1 \in \mathscr{H}_\xi$, $\eta_1 + \varepsilon\xi_2 \in \mathscr{H}_\xi$. 从而

$$\mu_{\eta_1+\varepsilon\xi_2+\eta_2} = \mu_{\eta_1+\varepsilon\xi_2} + \mu_{\eta_2},$$

所以 $\eta + \varepsilon\xi_2 = \eta_1 + \varepsilon\xi_2 + \eta_2$ 也是极大矢. 显然

$$\|(\eta + \varepsilon\xi_2) - \eta\| \leqslant \varepsilon\|\xi\|,$$

因此,极大矢的全体在 $\mathscr{H}$ 中是稠的. 证毕.

引理 5.4.6 如果 $\pi(A)'$ 是 σ-有限的,则可以分解

$$\mathscr{H} = \sum_{k=1}^{\infty} \oplus \mathscr{H}_k,\quad \mathscr{H}_k = \overline{\pi(A)\xi_k},$$

且 $\xi_1 > \xi_2 > \cdots > \xi_k > \cdots$.

证. 设 $\{\zeta_n\}$ 是 $\pi(A)$ 的循环矢列,命

$$\begin{aligned}&\{\eta_k | k = 1, 2, \cdots\}\\ &= \{\zeta_1, \zeta_1, \zeta_2, \zeta_1, \zeta_2, \zeta_3, \zeta_1, \zeta_2, \zeta_3, \zeta_4, \cdots\},\end{aligned}$$

依引理 5.4.5, 可取 $\mathscr{H}$ 中的极大矢 ξ_1, 使得

$$\|\xi_1 - \eta_1\| < 1.$$

令 p_1 是 $\mathscr{H}$ 到 $\mathscr{H}_1 = \overline{\pi(A)\xi_1}$ 上的投影,同样可取 $(1 - p_1)\mathscr{H}$ 中的极大矢 ξ_2, 使得

$$\|\xi_2 - (1 - p_1)\eta_1\| < \frac{1}{2},$$

再命 p_2 是 $\mathscr{H}$ 到 $\mathscr{H}_2 = \overline{\pi(A)\xi_2}$ 上的投影, $\cdots$, 一般设已取到 $\xi_1, \cdots, \xi_{k-1}$, 及 p_i 是 $\mathscr{H}$ 到 $\mathscr{H}_i = \overline{\pi(A)\xi_i}$ 上的投影, $1 \leqslant i \leqslant k-1$, 则再取 ξ_k 是 $\left(1 - \sum_{i=1}^{k-1} p_i\right)\mathscr{H}$ 中的极大矢,使得

$$\left\|\xi_k - \left(1 - \sum_{i=1}^{k-1} p_i\right)\eta_k\right\| < \frac{1}{k},$$

并命 p_k 是 $\mathscr{H}$ 到 $\mathscr{H}_k=\overline{\pi(A)\xi_k}$ 上的投影. 这样得到的列 $\{\xi_k\}$ 显然满足

$$\xi_1>\xi_2>\cdots>\xi_k>\cdots,\ \mathscr{H}_i\perp\mathscr{H}_j,\ \forall i\neq j$$

今只须证明 $\mathscr{H}=\sum_{i=1}^{\infty}\oplus\mathscr{H}_i$.

对任意的 ζ_k, 有子列 $\{k_n\}$, 使得 $\eta_{k_n}=\zeta_k$, $\forall n$. 依作法

$$\left\|\xi_{k_n}-\left(1-\sum_{j=1}^{k_n-1}p_j\right)\eta_{k_n}\right\|<\frac{1}{k_n},\ \forall n,$$

即

$$\left\|\left(\xi_{k_n}+\sum_{j=1}^{k_n-1}p_j\zeta_k\right)-\zeta_k\right\|<\frac{1}{k_n}\to 0,$$

因此, $\zeta_k\in\sum_{i=1}^{\infty}\oplus\mathscr{H}_i$, $\forall k$. 但 $\{\zeta_1,\cdots,\zeta_k,\cdots\}$ 是 $\pi(A)$ 的循环矢列, 所以, $\mathscr{H}=\sum_{i=1}^{\infty}\oplus\mathscr{H}_i$. 证毕.

引理 5.4.7 设 μ,ν 是 Ω 上的正则 Borel 测度, v 是 $L^2(\Omega,\mu)$ 到 $L^2(\Omega,\nu)$ 中的有界线性算子, 使得

$$v\Phi_\mu(a)=\Phi_\nu(a)v,\ \forall a\in A,$$

则 $vf=\alpha f$, $\forall f\in L^2(\Omega,\mu)$, 这里 $\alpha=v1\in L^2(\Omega,\nu)$.

证. 对任意的 $a\in C(\Omega)$, $va=v\Phi_\mu(a)1=\alpha a$, 于是,

$$\int|\alpha(t)a(t)|^2d\nu(t)\leqslant\|v\|^2\int|a(t)|^2d\mu(t),\ \forall a\in C(\Omega).$$

因此, $\|v\|^2\mu\geqslant|\alpha|^2\cdot\nu$, 由此, $\alpha f\in L^2(\Omega,\nu)$, $\forall f\in L^2(\Omega,\mu)$. 再由 $C(\Omega)$ 在 $L^2(\Omega,\mu)$ 中是稠的, $va=\alpha a$ $(\forall a\in C(\Omega))$ 及

$$\|v\|^2\mu\geqslant|\alpha|^2\cdot\nu,$$

即可见 $vf=\alpha f$, $\forall f\in L^2(\Omega,\mu)$. 证毕.

引理 5.4.8 设 $\{\mu_k\}$, $\{\nu_k\}$ 是 Ω 上的正则 Borel 测度列, $\mathscr{H}=\sum_k\oplus L^2(\Omega,\mu_k)$, $\mathscr{K}=\sum_k\oplus L^2(\Omega,\nu_k)$, 又 u 是 $\mathscr{H}$ 到 $\mathscr{K}$ 中的等距算子, 使得

$$u\Phi_{\mathscr{H}}(a)=\Phi_{\mathscr{K}}(a)u,\ \forall a\in A,$$

这里 $\Phi_{\mathscr{H}}(a)(f_1,\cdots,f_k,\cdots)=(af_1,\cdots,af_k,\cdots)$，其中

$$f_k\in L^2(\Omega,\mu_k),\ \forall k,$$

并且 $(f_1,\cdots,f_k,\cdots)\in\mathscr{H}$ $\left(即\ \sum_k\int|f_k(t)|^2d\mu_k(t)<\infty\right)$，同样定义 $\Phi_{\mathscr{K}}(a)$，$\forall a\in A$. 如果还假定

$$\mu_1\succ\mu_2\succ\cdots\succ\mu_k\succ\cdots,\ \nu_2\succ\nu_3\succ\cdots\succ\nu_j\succ\cdots$$

则 $\nu_j\succ\mu_j$，$\forall j\geqslant 2$.

证. 记 p_k 为 $\mathscr{H}$ 到 $\mathscr{H}_k=L^2(\Omega,\mu_k)$ 上的投影，q_j 为 $\mathscr{K}$ 到 $\mathscr{K}_j=L^2(\Omega,\nu_j)$ 上的投影，$u_{jk}=q_jup_k$，易见

$$u_{jk}\Phi_{\mu_k}(a)=\Phi_{\nu_j}(a)u_{jk},\ \forall j,k,\ a\in A.$$

如果记 $u_{jk}1=\alpha_{jk}(\in\mathscr{K}_j)$，$\forall j,k$，依引理 5.4.7，

$$\begin{aligned}&u(0,\cdots,f_k,0,\cdots)\\&=(\alpha_{1k}f_k,\cdots,\alpha_{jk}f_k,\cdots),\ \forall f_k\in\mathscr{H}_k,\end{aligned}$$

u 是等距的，因此，

$$\int|f_k(t)|^2d\mu_k(t)=\sum_j\int|\alpha_{jk}(t)f_k(t)|^2d\nu_j(t).\qquad(1)$$

今设 E 是 Ω 的 Borel 子集，使得 $\nu_2(E)=0$，自然 $\nu_j(E)=0$，$\forall j\geqslant 2$. 于是对任意的 $a\in A$，

$$k_{位}\rightarrow\begin{pmatrix}0\\\vdots\\a\chi_E\\\vdots\end{pmatrix}\xrightarrow{u}\begin{pmatrix}a\alpha_{1k}\chi_E\\\vdots\\a\alpha_{jk}\chi_E\\\vdots\end{pmatrix}=\begin{pmatrix}a\alpha_{1k}\chi_E\\0\\\vdots\end{pmatrix}\qquad(2)$$

$$\int\alpha_{11}(t)\overline{\alpha_{12}(t)}a(t)\chi_E(t)d\nu_1(t)=\left\langle\begin{pmatrix}a\alpha_{11}\chi_E\\0\\\vdots\end{pmatrix},\right.$$

$$\left.\begin{pmatrix}\alpha_{12}\chi_E\\0\\\vdots\end{pmatrix}\right\rangle\overset{(2)}{=}\left\langle u\begin{pmatrix}a\chi_E\\0\\\vdots\end{pmatrix},u\begin{pmatrix}0\\a\chi_E\\0\\\vdots\end{pmatrix}\right\rangle=\left\langle\begin{pmatrix}a\chi_E\\0\\\vdots\end{pmatrix},\right.$$

$$\begin{pmatrix} 0 \\ a\chi_E \\ 0 \\ \vdots \end{pmatrix}\rangle = 0, \ \forall a \in A,$$

因此对 $p.p.\nu_1$ 的 $t \in E$, $\alpha_{11}(t)\overline{\alpha_{12}(t)} = 0$. 命

$$E_1 = \{t \in E \mid \alpha_{11}(t) \neq 0\}, \ E_2 = E \backslash E_1,$$

于是对 $p.p.\nu_1$ 的 $t \in E_1$, $\alpha_{12}(t) = 0$. 依 (2)

$$u(\chi_{E_2}, 0, \cdots) = (\alpha_{11}\chi_{E_2}, 0, \cdots),$$

但在 E_2 上, $\alpha_{11}(t) = 0$, 又 u 是等距的,因此, $\mu_1(E_2) = 0$. 从而 $\mu_2(E_2) = 0$. 又依 (2)

$$0 = u(0, \chi_{E_2}, 0, \cdots) = (\alpha_{12}\chi_{E_2}, 0, \cdots),$$

因此对 $p.p.\nu_1$ 的 $t \in E_2$, $\alpha_{12}(t) = 0$. 所以 $\alpha_{12}(t) = 0$, $p.p.\nu_1$ 于 E. 由此,依 (2)

$$u(0, \chi_E, 0, \cdots) = (\alpha_{12}\chi_E, 0, \cdots) = 0,$$

因此, $\mu_2(E) = 0$. 这表明

$$\nu_2 \succ \mu_2 \succ \mu_3 \succ \cdots. \tag{3}$$

依 (1), 对任意的 k,

$$\int |\alpha_{1k}(t) f_k(t)|^2 d\nu_1(t) \leqslant \int |f_k(t)|^2 d\mu_k(t), \ \forall f_k \in \mathscr{H}_k. \tag{4}$$

设 E 是 Ω 的 Borel 子集,使得 $\nu_2(E) = 0$, 依(3),则 $\mu_k(E) = 0$, $\forall k \geqslant 2$. 在 (4) 中命 $f_k = \chi_E$, 则 $\int_E |\alpha_{1k}(t)|^2 d\nu_1(t) = 0$, $\forall k \geqslant 2$. 这说明 $|\alpha_{1k}|^2 \cdot \nu_1 \prec \nu_2$, $\forall k \geqslant 2$. 依定理 5.1.4, 有 Ω 上的非负可测函数 β_k, 使得

$$|\alpha_{1k}|^2 \cdot \nu_1 = \beta_k \cdot \nu_2, \ \forall k \geqslant 2. \tag{5}$$

今定义 v: $\mathscr{H} \ominus \mathscr{H}_1 \to \mathscr{K} \ominus \mathscr{K}_1$,

$$v(0, \cdots, f_k, 0, \cdots) = (0, (\beta_k + |\alpha_{2k}|^2)^{\frac{1}{2}} f_k, \alpha_{3k} f_k, \cdots),$$

$\forall f_k \in \mathscr{H}_k$, $k \geqslant 2$. 依 β_k 的定义 (5) 及 (1), v 是等距的. 自然也有

$$v\Phi_{\mathscr{H} \ominus \mathscr{H}_1}(a) = \Phi_{\mathscr{K} \ominus \mathscr{K}_1}(a) v, \ \forall a \in A.$$

在 $\mathscr{H} \ominus \mathscr{H}_1$ 中, $\mu_2 \succ \mu_3 \succ \cdots$, 在 $\mathscr{K} \ominus \mathscr{K}_1$ 中, $\nu_3 \succ \nu_4 \succ \cdots$,

同上可证 $\nu_3 > \mu_3$，及 ν_2，ν_3 之间有类似 (5) 的关系。

继续这过程，即可得证。

引理 5.4.9 设 u 是 $\mathscr{H} = \sum_k \oplus L^2(\Omega, \mu_k)$ 到

$$\mathscr{K} = \sum_k \oplus L^2(\Omega, \nu_k)$$

中的等距算子，并且

$$u\Phi_{\mathscr{H}}(a) = \Phi_{\mathscr{K}}(a)u, \ \forall a \in A,$$

又设 $j \geq 2$，及 $\mu_1 \succ \mu_2 \succ \cdots$，$\nu_j \succ \nu_{j+1} \succ \cdots$，则 $\nu_k \succ \mu_k$，$\forall k \geq j$.

证. 当 $j=2$，即为引理 5.4.8. 今归纳设命题对 $(j-1)$ 成立 $(j>2)$.

$\sum_{k \geq j-1} \oplus L^2(\Omega, \nu_k)$ 是表示 $\Phi_{\mathscr{K}}$ 的不变子空间，依引理 5.4.6 及定理 5.4.1，有 Ω 上的正则 Borel 测度列

$$r_{j-1} \succ r_j \succ \cdots,$$

使得 A 的 $*$ 表示 $\{\mathscr{K}', \Phi_{\mathscr{K}'}\} \cong \{\mathscr{L}, \Phi_{\mathscr{L}}\}$，其中

$$\mathscr{K}' = \sum_{k \geq j-1} \oplus L^2(\Omega, \nu_k),$$

$$\mathscr{L} = \sum_{k \geq j-1} \oplus L^2(\Omega, r_k).$$

依引理 5.4.8，$\nu_k \succ r_k$，$\forall k \geq j$. 再把归纳假设用于 $\mathscr{H}$ 与

$$\sum_{k=1}^{j-2} \oplus L^2(\Omega, \nu_k) \oplus \mathscr{L},$$

可见 $r_k \succ \mu_k$，$\forall k \geq j-1$. 因此，$\nu_k \succ \mu_k$，$\forall k \geq j$. 证毕。

引理 5.4.10 设 u 是 $\mathscr{H} = \sum_k \oplus L^2(\Omega, \mu_k)$ 到

$$\mathscr{K} = \sum_k \oplus L^2(\Omega, \nu_k)$$

上的酉算子，使得 $u\Phi_{\mathscr{H}}(a)u^{-1} = \Phi_{\mathscr{K}}(a)$，$\forall a \in A$. 如果 $\mu_1 \succ \mu_2 \succ \cdots$，$\nu_1 \succ \nu_2 \succ \cdots$，则 $\nu_k \sim \mu_k$，$\forall k \geq 1$.

证. 命 $\xi = u(1, 0, \cdots)$，则对任意的 $a \in A$，

$$\int a(t)d\mu_1(t) = \langle \Phi_{\mathscr{K}}(a)(1, 0, \cdots), (1, 0, \cdots)\rangle$$
$$= \langle \Phi_{\mathscr{K}}(a)\xi, \xi\rangle = \int a(t)d\nu_\xi(t),$$

这里 ν_ξ 为 $\mathscr{K}$ 的矢 ξ 所决定的测度，因此，$\mu_1 = \nu_\xi$.

设 $\eta_k = (0, \cdots, 1, 0, \cdots)$ $(\in \mathscr{K})$，它决定的测度是 ν_k，$\forall k$. 若命 $\eta = \sum_k (\|\eta_k\| 2^{\frac{k}{2}})^{-1}\eta_k$，依引理 5.4.4，$\eta$ 是 $\mathscr{K}$ 的极大矢，因此，$\nu_\eta \succ \nu_\xi = \mu_1$. 又显然

$$\nu_\eta = \sum_k (\|\eta_k\|^2 2^k)^{-1}\nu_k,$$

因此，$\nu_1 \sim \nu_\eta$，$\nu_1 \succ \mu_1$. 依引理 5.4.9，自然有 $\nu_k \succ \mu_k$，$\forall k \geqslant 2$. 从而 $\nu_k \succ \mu_k$，$\forall k \geqslant 1$.

u 是酉算子，同样也有 $\mu_k \succ \nu_k$，$\forall k \geqslant 1$. 证毕.

定理 5.4.11 设 A 是有单位元的交换 c^*-代数，Ω 是它的谱空间，$\{\pi, \mathscr{H}\}$ 是 A 的非退化 $*$ 表示，并且 $\pi(A)'$ 是 σ-有限的，则在测度等价的意义下，有 Ω 上唯一的正则 Borel 测度列 $\mu_1 \succ \mu_2 \succ \cdots$，使得 A 的 $*$ 表示 $\{\pi, \mathscr{H}\} \cong \left\{\Phi, \sum_{k=1}^{\infty} \oplus L^2(\Omega, \mu_k)\right\}$，这里

$$\Phi(a)(f_1, \cdots, f_k, \cdots) = (af_1, \cdots, af_k, \cdots), \ f_k \in L^2(\Omega, \mu_k),$$
$$(af_k)(t) = a(t)f_k(t) \ (\forall t \in \Omega), \ \forall k,$$

且 $\sum_k \int |f_k(t)|^2 d\mu_k(t) < \infty$.

此外，对任意的 $k \geqslant 1$，测度 μ_k 等价于集合

$$\left\{\mu_\eta \,|\, \eta \text{是} \left(\sum_{j=1}^{k-1} \oplus \overline{\pi(A)\xi_j}\right)^{\perp} \text{的极大矢}, \forall \xi_1, \cdots, \xi_{k-1} \in \mathscr{H}\right\}$$

中的最小(依绝对连续性而言)测度.

本定理由引理 5.4.10，5.4.6，5.4.1 及 5.4.9 立见

注. 定理后面部份所叙述的 $\{\mu_k\}$ 的决定方式与熟知的 Courant 原理很为相似，即若 a 是 $\mathscr{H}$ 中的全连续非负算子，$\lambda_1 \geqslant \lambda_2 \geqslant \cdots$ 是它的本征值列，则对任意的 k，

$$\lambda_k = \min_{\xi_1,\cdots,\xi_{k-1}\in\mathscr{H}} \max_{0\neq\eta\in[\xi_1,\cdots,\xi_{k-1}]^\perp} \frac{\langle a\eta, \eta\rangle}{\langle\eta, \eta\rangle}.$$

命题 5.4.12 在定理 5.4.11 的假定与符号之下，为了表示 π 是忠实的，当且仅当，$\operatorname{supp}\mu_1 = \Omega$.

证. 设 $\operatorname{supp}\mu_1 = \Omega$. 如果 $a\in A$，使得 $\Phi(a) = 0$，于是 $af = 0$，$\forall f\in L^2(\Omega, \mu_1)$. 特别取 $f = \bar{a}$，可见 $a(t) = 0$，$p.p.\mu_1$. 记 $U = \{t\in\Omega \mid a(t)\neq 0\}$ 是开集，且 $\mu_1(U) = 0$. 但 $\operatorname{supp}\mu_1 = \Omega$，因此，$U = \varnothing$，即 $a = 0$.

反之如果有非空集 U，使得 $\mu_1(U) = 0$，于是 $\mu_k(U) = 0$，$\forall k\geqslant 1$. 取 $a\in A$，而 $\operatorname{supp} a(\cdot)\subset U$，则 $\Phi(a) = 0$，即 π 不能是忠实的. 证毕.

定义 5.4.13 Ω 上的函数 $n(\cdot)$ 称为重数函数，指 $n(\cdot)$ 是 Ω 上的可测函数，并且取值为 $1, 2, \cdots, \infty$.

给定 Ω 上的正则 Borel 测度 μ 及重数函数 $n(\cdot)$，$A\cong C(\Omega)$ 的 $*$ 表示 $\Phi_{\mu,n}$，指表示空间 $\mathscr{H} = \sum_k \oplus\mathscr{H}_k$，这里

$$\mathscr{H}_k = L^2(\Omega, \mu_k),\ \mu_k = \chi_{E_k}\cdot\mu,$$
$$E_k = \{t\in\Omega \mid n(t)\geqslant k\},\ \forall k\geqslant 1,$$

并且

$$\Phi_{\mu,n}(a)(f_1, \cdots, f_k, \cdots) = (af_1, \cdots, af_k, \cdots),$$

$\forall a\in A$，$(f_1, \cdots, f_k, \cdots)\in\mathscr{H}$.

引理 5.4.14 设 μ 是 Ω 上的正则 Borel 测度，$0\leqslant\rho\in L^1(\Omega, \mu)$，$\nu = \rho\cdot\mu$，$E = \{t\in\Omega \mid \rho(t) > 0\}$，则 $\nu\sim\chi_E\cdot\mu$.

证. 设 F 是 Ω 的 Borel 子集，使得 $\nu(F) = 0$. 由于 $\nu(F) = \int_F \rho(t)d\mu(t)$，因此，$\rho(t) = 0$ $p.p.\mu$ 于 F，即有 Borel 子集 $F_1\subset F$，使得 $\rho(t) = 0$，$\forall t\in F\backslash F_1$，$\mu(F_1) = 0$. 于是，

$$(\chi_E\cdot\mu)(F) = \mu(E\cap F) = \mu(E\cap(F\backslash F_1)).$$

但在 E 上，$\rho(t) > 0$；而在 $(F\backslash F_1)$ 上，$\rho(t) = 0$，因此，

$$E\cap(F\backslash F_1) = \varnothing.$$

从而 $(\chi_E \cdot \mu)(F) = 0$.

反之,设 $(\chi_E \cdot \mu)(F) = \mu(E \cap F) = 0$, 显然,在 $(F \backslash E)$ 上, $\rho(t) = 0$, 于是

$$\nu(F) = \int_F \rho(t) d\mu(t) = \int_{F \cap E} \rho(t) d\mu(t) = 0.$$

证毕.

定理 5.4.15 设 A 是有单位元的交换 c^*-代数, Ω 是它的谱空间, $\{\pi, \mathscr{H}\}$ 是 A 的非退化 $*$ 表示,并且 $\pi(A)'$ 是 σ-有限的,则在测度的等价意义下,在 Ω 上有唯一的正则 Borel 测度 μ, 及在 p.p.μ 的意义下,在 Ω 上有唯一的重数函数 $n(\cdot)$, 使得 $*$ 表示 π 与 $\Phi_{\mu,n}$ 酉等价. 此外, π 是忠实的,当且仅当, $\operatorname{supp} \mu = \Omega$.

证. 取定理 5.4.11 的测度列 $\{\mu_k\}$. 依定理 5.1.4, 有

$$0 \leqslant \rho_k \in L^1(\Omega, \mu),$$

使得 $\mu_k = \rho_k \cdot \mu$, $\forall k \geqslant 1$, 这里 $\mu = \mu_1$, $\rho_1 = 1$. 再令

$$E_k = \{t \in \Omega \mid \rho_k(t) > 0\},$$

由于 $\mu_k \succ \mu_{k+1}$, 无妨认为

$$\Omega = E_1 \supset E_2 \supset \cdots \supset E_k \supset \cdots.$$

今命

$$n(t) = \begin{cases} k, & \text{如 } t \in E_k \backslash E_{k+1}; \\ \infty, & \text{如 } t \in \bigcap\limits_k E_k. \end{cases}$$

显然 $n(\cdot)$ 是 Ω 上的重数函数,且 $E_k = \{t \in \Omega \mid n(t) \geqslant k\}$, $\forall k$. 依引理 5.4.14, $\mu_k \sim \chi_{E_k} \cdot \mu$, $\forall k$. 因此, π 与 $\Phi_{\mu,n}$ 酉等价.

至于 μ 与 $n(\cdot)$ 的唯一性,依定理 5.4.11 的唯一性不难可见. 最后,依命题 5.4.12, π 是忠实的,当且仅当,

$$\Omega = \operatorname{supp} \mu_1 = \operatorname{supp} \mu.$$

证毕.

注 本节见参考文献 [5], [21], [62].

第六章　von Neumann 代数的分类

本章的内容直接与 Murray-von Neumann 的维数理论有关. §1 提出有限投影等的概念,并利用交换投影,把 vN 代数分成有限的、半有限的、真无限的、纯无限的、离散的及连续的,或 (I),(II),(III) 型,及指出任意 vN 代数可表示成它们的直和(6.1.6, 6.1.8). 以下各节,分别研究各类 vN 代数的性质. 特别对有限的(§3),半有限的(§5),及离散的(§7) vN 代数的探讨较为详细. 例如指出有限 vN 代数上存在正规迹态的完全集(6.3.10),并且有限 vN 代数有到它的中心上的重要映象——中心值的迹(6.3.13);半有限 vN 代数的正部份上存在忠实的半有限正规迹(6.5.8);(I)型 vN 代数可分解为 (I_n) 型 vN 代数的直和(6.7.11)等. §9 讨论 vN 代数张量积的类型(6.9.12).

§1. vN 代数的分类

定义 6.1.1　设M是 Hilbert 空间 $\mathscr{H}$ 中的 vN 代数,M的投影 p 称为有限的,指若M的投影 $q \leqslant p$, 并且 $q \sim p$, 则 $q = p$. M的投影 p 称为无限的, 指它不是有限的, 即存在M的投影 $q \lneqq p$, 并且 $q \sim p$. M的投影 p 称为纯无限的,指它不包含任何非零的有限投影,即若M的非零投影 $q \leqslant p$, 则 q 必是无限的.

M 称为有限的,无限的,纯无限的,分别指它的单位元是有限的,无限的,纯无限的投影.

命题 6.1.2　在 vN 代数M中,存在最大的有限中心投影 z_1.

证. 记 $z_1 = \sup\{z \mid z$ 是M的有限中心投影$\}$, 只须证明 z_1 是有限的. 设M的投影 $p \leqslant z_1$, 且 $p \sim z_1$, 又若 z 是 M 的任意有限中心投影,于是, $z = zz_1 \sim zp \leqslant z$, 所以, $pz = z$, 即 $p \geqslant z$.

从而 $z_1 = p$，因此，z_1 是有限的．证毕．

命题 6.1.3 设 p，q 是 vN 代数 M 的投影，并且 $p \geq q$ 及 p 是有限的，则 q 也是有限的．

证．设有 M 的部分等距元 v，使得 $v^*v = q$，$vv^* = q_1 \leq q$．令 $u = v + (p - q)$，则 $u^*u = p$，$uu^* = (p - q) + q_1 \leq p$．但 p 是有限的，因此，$(p - q) + q_1 = p$，即 $q_1 = q$，从而，q 也是有限的．证毕．

命题 6.1.4 在 vN 代数 M 中，存在最大的纯无限中心投影 z_3．

证．命 $z_3 = \sup\{z \mid z$ 是 M 的纯无限中心投影$\}$，只须证明 z_3 是纯无限的．设 p 是 M 的有限投影，并且 $p \leq z_3$，而 z 是任意的纯无限中心投影．依命题 6.1.3，pz 也是有限的，但 $pz \leq z$，因此，$pz = 0$．从而，$p = pz_3 = 0$．证毕．

定义 6.1.5 vN 代数 M 称为半有限的，指 $z_3 = 0$，即任何中心投影都不能是纯无限的．M 称为真无限的，指 $z_1 = 0$，即任何非零中心投影都是无限的．

M 的投影 p 称为半有限或真无限的，指 vN 代数 M_p 是半有限或真无限的．

定理 6.1.6 任何 vN 代数 M 可唯一分解为

$$M = M_1 \oplus M_2 \oplus M_3,$$

其中 $M_1 = Mz_1$ 是有限的 vN 代数，$M_3 = Mz_3$ 是纯无限的 vN 代数，$M_2 = Mz_2$ 是半有限且真无限的 vN 代数，$z_1 + z_2 + z_3 = 1$．

证．由命题 6.1.2 及 6.1.4，可见能够这样分解．今若 $M = Mp_1 \oplus Mp_2 \oplus Mp_3$ 是这样的另一个分解，自然 $p_1 \leq z_1$，$p_3 \leq z_3$．中心投影 $(z_1 - p_1)p_i$ 应该是有限的，$i = 2, 3$，但依 Mp_2，Mp_3 的性质，必然有 $(z_1 - p_1)p_2 = 0$，$i = 2, 3$．因此，$z_1 = p_1$．同样，中心投影 $(z_3 - p_3)p_i$ 如非零，则必纯无限，$i = 1, 2$，但 Mp_1，Mp_2 不包含纯无限中心投影，因此，$(z_3 - p_3)p_i = 0$，$i = 1, 2$．因此，$z_3 = p_3$．证毕．

定义 6.1.7 vN 代数 M 称为离散的，指 M 的每个非零中心投影都包含非零的交换投影. M称为连续的，指M不包含任何非零的交换投影.

离散的 vN 代数也称为 (I) 型的;纯无限的 vN 代数也称为 (III) 型的;半有限且连续的 vN 代数称为 (II) 型的;有限的 (II) 型 vN 代数也称为 (II_1) 型的; 真无限的 (II) 型 vN 代数又称为 (II_∞) 型的.

离散的概念与连续的概念显然相互排斥,因此,(I) 型与 (II) 型的概念互不相容. 半有限与纯无限相互排斥，因此，(II) 型与 (III) 型的概念互不相容. 容易证明交换投影必是有限的，因此，(I) 型 vN 代数必是半有限的. 从而，(I) 型与 (III) 型的概念也互不相容.

定理 6.1.8 任何 vN 代数 M 可唯一分解成

$$M = M_1 \oplus M_2 \oplus M_3,$$

其中 $M_i = Mz_i$, $i = 1, 2, 3$ 分别是 (I), (II), (III) 型的 vN 代数,且 $z_1 + z_2 + z_3 = 1$.

证. 依命题 6.1.4，M 有最大的纯无限中心投影 z_3，于是，$M_3 = Mz_3$ 是 (III) 型的.

记 $z_1 = \sup\{z \mid z$ 是 M 的中心投影,使得 Mz 是(I)型的$\}$. 如果 p 是M的非零中心投影，并且 $p \leqslant z_1$，于是必有M 的中心投影 z，使得Mz 是(I)型的，并且 $pz \neq 0$. 由此，pz 是 (I) 型 vN 代数 Mz 的非零中心投影，所以有 Mz 的非零交换投影 $q \leqslant pz \leqslant p$. q 当然也是 Mz_1 的交换投影,因此，$M_1 = Mz_1$ 是 (I) 型的.

由于交换投影是有限的,因此，$z_1 z_3 = 0$.

令 $z_2 = 1 - z_1 - z_3$，自然 $M_2 = Mz_2$ 是半有限的. 如果 p 是 M_2 的非零交换投影,于是 $c(p) \leqslant z_2$. 我们说 $Mc(p)$是 (I) 型的. 事实上,设 z 是 $Mc(p)$ 的非零中心投影,依命题 1.5.8，$zp \neq 0$. 注意 $(pMp)z = zp(Mc(p))zp$，因此，z 包含非零交换投影 zp. 从而，$Mc(p)$是 (I) 型的. 今依 z_1 的定义，$c(p) \leqslant z_1$. 这与 $c(p) \leqslant z_2$ 相矛盾. 因此，M_2 不包含任何非零的交换投影,即 M_2 是 (II) 型的.

此外，由于 z_1, z_3 的极大性，仿定理 6.1.6 的证明，可见分解为 (I), (II), (III) 型的直和是唯一的. 证毕.

定理 6.1.9 任何 vN 代数可唯一分解为

$$M = M_{11}\oplus M_{12}\oplus M_{21}\oplus M_{22}\oplus M_3,$$

其中 M_{11} 是有限 (I) 型的，M_{12} 是真无限 (I) 型（也必是半有限），M_{21} 是 (II_1) 型的，M_{22} 是 (II_∞) 型的（也必是半有限），M_3 是 (III) 型的. 特别地，因子只呈上面所说的五种形态.

注 本节见参考文献 [15], [21], [55], [74].

§2. vN 代数的遍历型定理

设 $\mathscr{H}$ 是 Hilbert 空间，$h^* = h\in B(\mathscr{H})$，$p$ 是 $\mathscr{H}$ 中的投影，并且 $ph = hp$，命

$$M_p(h) = \sup\{\langle h\xi, \xi\rangle | \xi\in p\mathscr{H}, \|\xi\| = 1\},$$
$$m_p(h) = \inf\{\langle h\xi, \xi\rangle | \xi\in p\mathscr{H}, \|\xi\| = 1\},$$
$$\omega_p(h) = M_p(h) - m_p(h),$$

即 $M_p(h)$, $m_p(h)$ 分别是 h 限于 $p\mathscr{H}$ 时的最大，最小谱点. 如果 $p = 1$, $M_1(h)m_1(h)$, $\omega_1(h)$ 分别简记为 $M(h)$, $m(h)$, $\omega(h)$. 如果 $\mathscr{F}$ 是一族与 h 相交换的投影，记

$$\omega_{\mathscr{F}}(h) = \sup\{\omega_p(h) | p\in\mathscr{F}\}.$$

引理 6.2.1 设M是 $\mathscr{H}$ 中的 vN 代数，$Z = M\cap M'$，$h^* = h\in M$，则存在投影 $z\in Z$及自伴酉元 $u\in M$，使得

$$\max\left\{\omega_z\left(\frac{1}{2}(h + uhu^{-1})\right),\right.$$
$$\left.\omega_{1-z}\left(\frac{1}{2}(h + uhu^{-1})\right)\right\}\leqslant\frac{3}{4}\omega(h).$$

证. 记 $n(h) = \frac{1}{2}(M(h) + m(h))$，谱分解 $h = \int\lambda de_\lambda$，自然 $e = e_{n(h)}$, $f = 1 - e$ 都是 M 的投影，并且 $M_e(h)\leqslant n(h)$, $m_f(h)\geqslant n(h)$. 对 e, f 使用定理 1.5.4，有M 的中心投影 z，使得

$$ez \precsim fz, \quad fz' \precsim ez',$$

这里 $z' = 1 - z$. 因此有 M 的部分等距元 v, w, 使得

$$v^*v = ez, \quad vv^* = f_1 \leqslant fz, \quad w^*w = fz',$$
$$ww^* = e_1 \leqslant ez'.$$

令 $u = v + v^* + w + w^* + (1 - ez - f_1 - fz' - e_1)$, 由于

$$\mathscr{H} = (ez\mathscr{H} \oplus f_1\mathscr{H}) \oplus (fz - f_1)\mathscr{H}$$
$$\oplus (fz'\mathscr{H} \oplus e_1\mathscr{H}) \oplus (ez' - e_1)\mathscr{H},$$

可见 u 是 M 的自伴酉元. 今证明 u, z 满足要求.

由于

$$\begin{aligned} hz &\geqslant m(h)ez + n(h)fz \\ &= m(h)ez + n(h)f_1 + n(h)(fz - f_1), \end{aligned}$$

依 u 的定义,

$$(uhu^{-1})z \geqslant m(h)f_1 + n(h)ez + n(h)(fz - f_1)$$

因此,

$$\frac{1}{2}(h + uhu^{-1})z \geqslant \frac{1}{2}(m(h) + n(h))(f_1 + ez)$$
$$+ n(h)(fz - f_1) \geqslant \frac{1}{2}(m(h) + n(h))z.$$

注意

$$\begin{aligned} M(h) - \frac{3}{4}\omega(h) &= \frac{1}{4}M(h) + \frac{3}{4}m(h) \\ &= \frac{1}{2}\left\{m(h) + \frac{1}{2}(M(h) + m(h))\right\} \\ &= \frac{1}{2}(m(h) + n(h)). \end{aligned}$$

从而

$$\begin{aligned} M(h)z &\geqslant \frac{1}{2}(h + uhu^{-1})z \\ &\geqslant \left(M(h) - \frac{3}{4}\omega(h)\right)z, \end{aligned}$$

即有

$$\omega_z\left(\frac{1}{2}(h+uhu^{-1})\right)\leqslant\frac{3}{4}\omega(h).$$

同样

$$hz'\leqslant n(h)ez'+M(h)fz'$$
$$=n(h)e_1+M(h)fz'+n(h)(ez'-e_1),$$
$$(uhu^{-1})z'\leqslant n(h)fz'+M(h)e_1+n(h)(ez'-e_1).$$

所以，

$$m(h)z'\leqslant\frac{1}{2}(h+uhu^{-1})z'$$
$$\leqslant\frac{1}{2}(n(h)+M(h))(fz'+e_1)$$
$$+n(h)(ez'-e_1)\leqslant\frac{1}{2}(n(h)$$
$$+M(h))z'=\left(m(h)+\frac{3}{4}\omega(h)\right)z'.$$

从而，

$$\omega_{1-z}\left(\frac{1}{2}(h+uhu^{-1})\right)\leqslant\frac{3}{4}\omega(h).$$

证毕.

引理 6.2.2 设 h 是 vN 代数 M 的自伴元，$\mathscr{F}$ 是 $Z=M\cap M'$ 的相互直交、和为 1 的投影有限族，则有 Z 的另一个相互直交、和为 1 的投影有限族 $\mathscr{F}'$ 及 M 的自伴酉元 u，使得

$$\omega_{\mathscr{F}'}\left(\frac{1}{2}(h+uhu^{-1})\right)\leqslant\frac{3}{4}\omega_{\mathscr{F}}(h).$$

证. 设 $\mathscr{F}=\{z_1,\cdots,z_n\}(\subset Z)$，$z_iz_j=0$，$\forall i\neq j$，

$$\sum_{i=1}^n z_i=1.$$

对每个 i，在 $M_i=Mz_i$ 中，对 $h_i=hz_i$ 使用引理 6.2.1，于是有 M_i 的中心投影 c_{i1}，$c_{i2}=z_i-c_{i1}$，及 M_i 的自伴酉元 u_i，使得

$$\omega_{c_{ij}}\left(\frac{1}{2}(h_i+u_ih_iu_i^*)\right)\leqslant\frac{3}{4}\omega_{z_i}(h),\ j=1,2.$$

令 $u=\sum_{i=1}^{n}u_i$，它是 M 的自伴酉元，并且

$$\omega_{c_{ij}}\left(\frac{1}{2}(h+uhu^{-1})\right)\leqslant\frac{3}{4}\omega_{z_i}(h)$$

$$\leqslant\frac{3}{4}\omega_{\mathscr{F}}(h),\ \forall i,j$$

再命 $\mathscr{F}'=\{c_{ij}|1\leqslant i\leqslant n,\ j=1,2\}$，即有

$$\omega_{\mathscr{F}'}\left(\frac{1}{2}(h+uhu^{-1})\right)\leqslant\frac{3}{4}\omega_{\mathscr{F}}(h).$$

证毕.

定义 6.2.3 设 M 是 vN 代数，G 是 M 的酉元全体，记 $\mathfrak{C}$ 为 G 上这样的非负函数 f 的全体，除去有限个点外，f 恒取值 0，并且 $\sum_{u\in G}f(u)=1$.

对 $f\in\mathfrak{C}$ 及 $a\in M$，记 $f\cdot a=\sum_{u\in G}f(u)uav^{-1}$.

对 $f,g\in\mathfrak{C}$，定义 $(f*g)(\cdot)=\sum_{u\in G}f(u)g(u^{-1}\cdot)$，易见 $f*g$ 仍然 $\in\mathfrak{C}$，并且对任何的 $a\in M$，$(f*g)\cdot a=f\cdot(g\cdot a)$.

引理 6.2.4 设 $h^*=h\in M$，$\varepsilon>0$，则有

$$f\in\mathfrak{C},\ 及\ z\in Z=M\cap M',$$

使得 $\|f\cdot h-z\|<\varepsilon$.

证. 依引理 6.2.1，有 M 的中心投影 z，及 $f_1\in\mathfrak{C}$，使得

$$\omega_{\mathscr{F}_1}(f_1\cdot h)\leqslant\frac{3}{4}\omega(h),$$

这里 $\mathscr{F}_1=\{z,1-z\}$. 今归纳假设：对 j，有 Z 的相互直交、和为 1 的投影有限族 $\mathscr{F}_j$，及 $f_j\in\mathfrak{C}$，使得

$$\omega_{\mathscr{F}_j}(f_j\cdot h)\leqslant\left(\frac{3}{4}\right)^j\omega(h).$$

对 $f_j\cdot h$ 及 $\mathscr{F}_j$ 使用引理 6.2.2，则又有 Z 的相互直交、和为 1 的投影有限族 $\mathscr{F}_{j+1}$，及 $g\in\mathfrak{C}$，使得

$$\omega_{\mathscr{F}_{j+1}}(g\cdot(f_j\cdot h))\leqslant\frac{3}{4}\omega_{\mathscr{F}_j}(f_j\cdot h)$$
$$\leqslant\left(\frac{3}{4}\right)^{j+1}\omega(h),$$

因此，对于任何正整数 k，都有 Z 的相互直交、和为 1 的投影有限族 $\mathscr{F}_k$ 及 $f_k\in\mathfrak{C}$，使得

$$\omega_{\mathscr{F}_k}(f_k\cdot h)\leqslant\left(\frac{3}{4}\right)^k\omega(h).$$

今取 k 充分大，使得 $\left(\frac{3}{4}\right)^k\omega(h)<\varepsilon$. 对任意的 $c\in\mathscr{F}_k$，令 $\lambda_c=\|(f_k\cdot h)|c\mathscr{H}\|$，则 $\|(f_k\cdot h)c-\lambda_c c\|\leqslant\omega_c(f_k\cdot h)$. 于是，取 $f=f_k$，$z=\sum\limits_{c\in\mathscr{F}_k}\lambda_c c$，则

$$\|f\cdot h-z\|=\max_{c\in\mathscr{F}_k}\|(f\cdot h)c-\lambda_c c\|$$
$$\leqslant\omega_{\mathscr{F}_k}(f_k\cdot h)\leqslant\left(\frac{3}{4}\right)^k\omega(h)<\varepsilon.$$

证毕.

引理 6.2.5 设 $\{a_1,\cdots,a_n\}\subset M$，$\varepsilon>0$，则有

$$f\in\mathfrak{C},\ 及\ \{z_1,\cdots,z_n\}\subset Z,$$

使得 $\|f\cdot a_k-z_k\|<\varepsilon$，$1\leqslant k\leqslant n$.

证. 无妨设诸 a_k 是自伴的，当 $n=1$ 时，即为引理 6.2.4. 归纳设对 n 已成立.

今对于 $a_1,\cdots,a_{n+1}\in M$，先取 $z_1,\cdots,z_n\in Z$，及 $f\in\mathfrak{C}$，使得 $\|f\cdot a_k-z_k\|<\varepsilon$，$1\leqslant k\leqslant n$. 对元 $f\cdot a_{n+1}$，依引理 6.2.4，又有 $g\in\mathfrak{C}$，及 $z_{n+1}\in Z$，使得 $\|g\cdot(f\cdot a_{n+1})-z_{n+1}\|<\varepsilon$. 但当 $1\leqslant k\leqslant n$ 时，由于 $z_k\in Z$，

$$\|g\cdot(f\cdot a_k)-z_k\|=\|g\cdot(f\cdot a_k-z_k)\|$$
$$\leqslant\|f\cdot a_k-z_k\|<\varepsilon.$$

所以，$\|(g*f)\cdot a_k-z_k\|<\varepsilon$，$1\leqslant k\leqslant n+1$. 证毕.

引理 6.2.6 设 $\{a_k\}\subset M$，则有 $\{z_k\}\subset Z$，及 $\{f_n\}\subset\mathfrak{C}$，使得 $\|f_n\cdot a_k-z_k\|\to 0$，$\forall k$.

证. 依引理 6.2.5，对 a_1，可取 $g_1 \in \mathfrak{C}$ 及 $z_{11} \in Z$，使得

$$\|g_1 \cdot a_1 - z_{11}\| < \frac{1}{2}.$$

对 $g_1 \cdot a_1$, $g_1 \cdot a_2$，又可取 $g_2 \in \mathfrak{C}$，及 z_{12}, $z_{22} \in Z$，使得

$$\|(g_2 * g_1) \cdot a_k - z_{k2}\| < \frac{1}{2^2},\ k = 1, 2. \cdots,$$

一般有 $g_1, \cdots, g_n \in \mathfrak{C}$，$z_{kn} \in Z$，使得

$$\|(g_n * \cdots * g_1) \cdot a_k - z_{kn}\| < \frac{1}{2^n},\ 1 \leqslant k \leqslant n.$$

令 $f_n = g_n * \cdots * g_1$，由于 $z_{kn} \in Z$，因此对 $1 \leqslant k \leqslant n$

$$\begin{aligned}\|f_{n+1} \cdot a_k - z_{kn}\| &= \|g_{n+1} \cdot (f_n \cdot a_k - z_{kn})\| \\ &\leqslant \|f_n \cdot a_k - z_{kn}\| < \frac{1}{2^n}.\end{aligned}$$

从而，$\|f_{n+1} \cdot a_k - f_n \cdot a_k\| < \dfrac{1}{2^{n-1}}$，$1 \leqslant k \leqslant n$. 这表明对每个 k，$\{f_n \cdot a_k\}$ 是 Cauchy 列，进而 $\{z_{kn}\}$ 也是 Cauchy 列. 设 $z_{kn} \to z_k (\in Z)$，则 $\|f_n \cdot a_k - z_k\| \to 0$，$\forall k$. 证毕.

定理 6.2.7 设 M 是 vN 代数，$Z = M \cap M'$，$a \in M$，记

$$K(a) = \overline{\{f \cdot a \mid f \in \mathfrak{C}\}} \cap Z,$$

这里 $\overline{\{\cdots\}}$ 表示 $\{\cdots\}$ 依范数的闭包，则 $K(a) \neq \varnothing$.

证. 依引理 6.2.6，对 a，有 $z \in Z$ 及 $\{f_n\} \subset \mathfrak{C}$，使得

$$\|f_n \cdot a - z\| \to 0.$$

因此，$K(a) \neq \varnothing$. 证毕.

命题 6.2.8 沿用定理 6.2.7 的记号，则:

1) $K(a_1 + a_2) \subset \overline{K(a_1) + K(a_2)}$，$\forall a_1, a_2 \in M$;

2) $K(za) \subset \overline{zK(a)}$，$\forall a \in M$，$z \in Z$.

证. 1) 设 $z \in K(a_1 + a_2)$，则对任意的 $\varepsilon > 0$，有 $f \in \mathfrak{C}$，使得 $\|f \cdot (a_1 + a_2) - z\| < \varepsilon$. 对 $\{f \cdot a_1, f \cdot a_2\}$ 使用引理 6.2.6，则有 $g \in \mathfrak{C}$，及 $z_i \in K(f \cdot a_i) \subset K(a_i)$，使得

$$\|g \cdot (f \cdot a_i) - z_i\| < \varepsilon,\ i = 1, 2,$$

但 $\|g \cdot (f \cdot (a_1 + a_2)) - z\| \leqslant \|f \cdot (a_1 + a_2) - z\| < \varepsilon$，因此，

$\|z-(z_1+z_2)\|<3\varepsilon$. 即说明 $K(a_1+a_2)\subset\overline{K(a_1)+K(a_2)}$.

2) 设 $c\in K(za)$, 则对任意的 $\varepsilon>0$, 有 $f\in\mathfrak{C}$, 使得

$$\|f\cdot(za)-c\|<\varepsilon.$$

对 $f\cdot a$, 依定理 6.2.7, 有 $g\in\mathfrak{C}$, 及 $c_1\in K(f\cdot a)\subset K(a)$, 使得 $\|g\cdot(f\cdot a)-c_1\|<\varepsilon$. 于是,

$$\begin{aligned}\|zc_1-c\| &\leqslant \|z((g*f)\cdot a)-c_1\|\| \\ &\quad+\|z((g*f)\cdot a)-zc_1\| \\ &\leqslant \|g\cdot(f\cdot(za)-c)\|+\|z\| \\ &\quad\cdot\|g\cdot(f\cdot a)-c_1\|<\varepsilon(1+\|z\|).\end{aligned}$$

即说明 $K(za)\subset\overline{zK(a)}$. 证毕.

注 本节见参考文献 [12],[21].

§3. 有限的 vN 代数

命题 6.3.1 1) vN 代数 M 是有限的,当且仅当,如果 $v\in M$, 并且 $v^*v=1$, 则 $vv^*=1$; 2) 设 M 是有限的 vN 代数, p, p' 分别是 M, M' 的投影,则 M_p, $M_{p'}$ 都是有限的; 3) 如果 $M=\sum\limits_l\oplus M_l$, 则 M 是有限的,当且仅当, M_l 是有限的, $\forall l$.

证. 1) 由 vv^* 也是投影立见.

2) 依命题 6.1.3, p 是有限投影, 因此, M_p 是有限的. 今设 $c(p')$ 是 p' 在 M' 中的中心覆盖,于是 $M_{p'}$ 与 $Mc(p')$ * 同构. 当然 $Mc(p')$ 是有限的,因此 $M_{p'}$ 也是有限的.

3) 必要性由 2) 立见. 反之设 M_l 是有限的,及 $M_l=Mz_l$, $\forall l$. 如果 p 是 M 的投影,且 $p\sim 1$, 于是 $pz_l\sim z_l$, $\forall l$. 但 z_l 是有限的, 因此, $pz_l=z_l$, $\forall l$, 所以, $p=1$, 即 M 是有限的. 证毕.

命题 6.3.2 设 M 是有限的 vN 代数, M 的投影 $p_i\sim q_i$, $i=1,2$, 并且 $p_1\leqslant p_2$, $q_1\leqslant q_2$, 则

$$(p_2-p_1)\sim(q_2-q_1).$$

证. 依定理 1.5.4, 有 M 的中心投影 z, 使得

$$(p_2 - p_1)z \lesssim (q_2 - q_1)z,$$
$$(q_2 - q_1)(1 - z) \lesssim (p_2 - p_1)(1 - z),$$
如果 $(p_2 - p_1)z \sim q \lneqq (q_2 - q_1)z$，则
$$p_2 z = (p_1 z + (p_2 - p_1)z) \sim (q_1 z + q) \lneqq q_2 z,$$
但 $p_2 z \sim q_2 z$，因此，$q_2 z \sim (q_1 z + q) \lneqq q_2 z$，这与 $q_2 z$ 是有限投影相矛盾．所以，$(p_2 - p_1)z \sim (q_2 - q_1)z$．同证
$$(p_2 - p_1)(1 - z) \sim (q_2 - q_1)(1 - z),$$
因此，$(p_2 - p_1) \sim (q_2 - q_1)$．证毕．

下面，对有限的 vN 代数 M 及其任意元 a，我们来证明 $K(a)$（其定义见定理 6.2.7）只包含一个元．为此，需要作一些准备工作．

定义 6.3.3 vN 代数 M 上的正泛函 φ 称为迹的，指
$$\varphi(a^*a) = \varphi(aa^*), \ \forall a \in M.$$
这时对任意的 $a \in M_+$ 及 M 的酉元 u，
$$\varphi(a) = \varphi((ua^{\frac{1}{2}})^* \cdot (ua^{\frac{1}{2}})) = \varphi(uau^*).$$
因此，$\varphi(ab) = \varphi(ba)$，$\forall a, b \in M$．

引理 6.3.4 设 φ 是 M 上的正泛函，且有正常数 K，使得对 M 的任意等价的投影 p, q，有 $\varphi(p) \leqslant K\varphi(q)$，则
$$\varphi(a^*a) \leqslant K\varphi(aa^*), \ \forall a \in M.$$
证．设 $a \in M$，且 $\|a\| \leqslant 1$，谱分解
$$a^*a = \int_0^1 \lambda de_\lambda = \lim_n \sum_{i=1}^n \frac{i}{n} p_i^{(n)},$$
这里 $p_i^{(n)} = e_{\frac{i}{n}} - e_{\frac{i-1}{n}}$，$1 \leqslant i \leqslant n$．如果 $a = uh$ 是 a 的极分解，则 $p_i^{(n)} \leqslant u^*u$，$\forall n, i$．由于
$$aa^* = ua^*au^* = \lim_n \sum_{i=1}^n \frac{i}{n} up_i^{(n)}u^*$$
以及 $(up_i^{(n)})^*(up_i^{(n)}) = p_i^{(n)}$，$(up_i^{(n)})(up_i^{(n)})^* = up_i^{(n)}u^*$，于是
$$\varphi(a^*a) = \lim_n \sum_{i=1}^n \frac{i}{n} \varphi(p_i^{(n)})$$

$$\leqslant K \lim_n \sum_{i=1}^{n} \frac{i}{n} \varphi(up_i^{(n)}u^*)$$

$$= K\varphi(aa^*).$$

证毕.

系 6.3.5 设 φ 是 M 上的正泛函，则 φ 是迹的，当且仅当，对 M 的任意等价的投影 p, q，有 $\varphi(p) = \varphi(q)$.

引理 6.3.6 设 M 是有限的 vN 代数，p 是 M 的非零投影，n 是正整数，则存在 M 的非零投影 p_0，及 $M_0 = M_{p_0}$ 上忠实的正规态 φ_0，使得

$$p_0 \leqslant p, \quad \varphi_0(a^*a) \leqslant \left(1 + \frac{1}{n}\right)\varphi_0(aa^*), \quad \forall a \in M_0.$$

证. 任意取 M_p 上的正规态 ψ，命 $\varphi(x) = \psi(pxp)$，$\forall x \in M$，则 φ 是 M 上的正规态，并且其支持 $s(\varphi) \leqslant p$. 用 $s(\varphi)$ 代替 p 考虑问题，可以认为 $s(\varphi) = p$，即 M_p 上有忠实的正规态 φ.

如果对于 M_p 的任意等价投影 q_1, q_2，有 $\varphi(q_1) = \varphi(q_2)$，依系 6.3.5，取 $\varphi_0 = \varphi$，$p_0 = p$，即满足要求. 若否，依 Zorn 辅理，在 M_p 中存在相互直交的投影极大族 $\{e_l\}$，$\{f_l\}$，使得

$$e_l \sim f_l, \quad \varphi(e_l) > \varphi(f_l), \quad \forall l.$$

记 $e_1 = \sum_l e_l$，$f_1 = \sum_l f_l$，则 $\varphi(e_1) > \varphi(f_1)$，特别地，$f_1 \lneqq p$. 由于 $e_1 \sim f_1$，依命题 6.3.2，$(p - e_1) \sim (p - f_1)$，因此，$e_1 \lneqq p$. 由于族 $\{e_l\}$，$\{f_l\}$ 的极大性，对任意的等价投影 e, f，如果

$$e \leqslant p - e_1, \quad f \leqslant p - f_1,$$

则 $\varphi(e) \leqslant \varphi(f)$. 命

$$\mu_0 = \inf\left\{\mu \,\middle|\, \begin{array}{l} \mu > 0，\text{对任意等价的投影 } e, f，\text{并且} \\ e \leqslant p - e_1,\ f \leqslant p - f_1,\ \text{有 } \varphi(e) \leqslant \mu\varphi(f) \end{array}\right\},$$

显然 $\mu_0 \leqslant 1$. 我们说 $0 < \varphi(p - e_1) \leqslant \mu_0$. 事实上，如果 $\varphi(p - e_1) > \mu_0$，则有 μ，$\mu_0 \leqslant \mu < \varphi(p - e_1)$，使得对于任何等价的投影 e, f，并且 $e \leqslant p - e_1$，$f \leqslant p - f_1$，有 $\varphi(e) \leqslant \mu\varphi(f)$. 特别，$\varphi(p - e_1) \leqslant \mu\varphi(p - f_1) < \varphi(p - e_1)\varphi(p - f_1)$. 但显然 $\varphi(p -$

$f_1)=1$，矛盾．因此，$0<\varphi(p-e_1)\leqslant\mu_0$．

现在取 $\varepsilon>0$，使得 $0<(\mu_0-\varepsilon)^{-1}\mu_0\leqslant 1+\dfrac{1}{n}$．依照 μ_0 的定义，必存在等价的投影 e_2，f_2，并且 $e_2\leqslant p-e_1$，$f_2\leqslant p-f_1$，使得 $\varphi(e_2)>(\mu_0-\varepsilon)\varphi(f_2)$．自然 e_2，f_2 均非零．今我们指出，存在等价的非零投影 e_3,f_3，$e_3\leqslant e_2$，$f_3\leqslant f_2$，使得对任何等价的投影 e，f，并且 $e\leqslant e_3$，$f\leqslant f_3$，有 $\varphi(e)\geqslant(\mu_0-\varepsilon)\varphi(f)$．事实上，如果这样的 e_3，f_3 不存在，特别 e_2，f_2 不能是这样的 e_3，f_3，因此有等价的投影 e，f，$e\leqslant e_2$，$f\leqslant f_2$，而 $\varphi(e)<(\mu_0-\varepsilon)\varphi(f)$．继而 e_2-e，f_2-f 也不能是这样的 e_3，f_3，又有…，依 Zorn 辅理，可写 $e_2=\sum\limits_t\oplus e_t$，$f_2=\sum\limits_t\oplus f_t$，$e_t\sim f_t$，并且

$$\varphi(e_t)<(\mu_0-\varepsilon)\varphi(f_t),\ \forall t.$$

由于 φ 是正规的，因此，$\varphi(e_2)<(\mu_0-\varepsilon)\varphi(f_2)$，这与 e_2，f_2 的性质相矛盾．所以，所要求的 e_3,f_3 必存在．

设 $v\in M_p$，$v^*v=e_3$，$vv^*=f_3$，并命

$$\phi(x)=\varphi(v^*xv),\ \forall x\in f_3Mf_3,$$

由于 φ 在 M_p 上是忠实的，因此，$\phi(f_3)=\varphi(e_3)>0$．如果 r，q 是 f_3Mf_3 的等价投影，由于 $(v^*q)^*(v^*q)=q$，因此在 M_p 中，$r\sim q\sim v^*qv$，并且 $v^*qv\leqslant e_3$．依 e_3，f_3 的性质及 μ_0 的定义．

$$(\mu_0-\varepsilon)\varphi(r)\leqslant\varphi(v^*qv)\leqslant\mu_0\varphi(r).$$

特别地，$(\mu_0-\varepsilon)\varphi(r)\leqslant\varphi(v^*rv)\leqslant\mu_0\varphi(r)$．从而，

$$\phi(q)\leqslant\mu_0\varphi(r)\leqslant\frac{\mu_0}{\mu_0-\varepsilon}\phi(r)$$
$$\leqslant\left(1+\frac{1}{n}\right)\phi(r).$$

命 $p_0=f_3(\leqslant p)$，及

$$\varphi_0(x)=\phi(f_3)^{-1}\phi(x),\ \forall x\in M_0=M_{p_0},$$

显然 φ_0 是 M_0 上的正规态，如果 $x\in M_0$，使得 $\varphi_0(x^*x)=0$，由于 φ 在 M_p 上是忠实的，因此，$xv=0$．从而，$x=xf_3=xvv^*=0$，即 φ_0 在 M_0 上是忠实的．前面也已指出，对 M_0 的任何等价投影

r, q, 有

$$\varphi_0(q) \leqslant \left(1 + \frac{1}{n}\right)\varphi_0(r),$$

于是依引理 6.3.4, $\varphi_0(a^*a) \leqslant \left(1 + \frac{1}{n}\right)\varphi_0(aa^*)$, $\forall a \in M_0$. 证毕.

引理 6.3.7 设 M 是有限的 vN 代数，则对任何的正整数 n，有 M 上的正规态 ψ_n，使得

$$\psi_n(x^*x) \leqslant \left(1 + \frac{1}{n}\right)\psi_n(xx^*), \ \forall x \in M.$$

证. 依引理 6.3.6，有 M 的非零投影 p_0，及 M_{p_0} 上忠实的正规态 φ_0，使得

$$\varphi_0(a^*a) \leqslant \left(1 + \frac{1}{n}\right)\varphi_0(aa^*), \ \forall a \in M_{p_0}.$$

设 $\{p_1, \cdots, p_m\}$ 是 M 的相互直交的投影极大族，使得 $p_i \sim p_0$, $1 \leqslant i \leqslant m$ (注意 M 是有限的，因此，m 必有限). 依定理 1.5.4，有 M 的中心投影 z，使得

$$\left(1 - \sum_i p_i\right) z \lesssim p_0 z,$$

$$p_0(1 - z) \lesssim \left(1 - \sum_i p_i\right)(1 - z)$$

由于 $\{p_i\}$ 的极大性, $p_0 z \neq 0$.

设 $v_i^* v_i = p_0 z$, $v_i v_i^* = p_i z$, $1 \leqslant i \leqslant m$, $v_{m+1}^* v_{m+1} \leqslant p_0 z$, 而

$$v_{m+1} v_{m+1}^* = \left(1 - \sum_i p_i\right) z,$$

并命

$$\varphi_n(x) = \sum_{i=1}^{m+1} \varphi_0(v_i^* x v_i), \ \forall x \in M,$$

于是对任意的 $x \in M$,

$$\varphi_n(x^*x) = \sum_{i=1}^{m+1} \varphi_0(v_i^* x^* x v_i) = \sum_{i,j=1}^{m+1} \varphi_0(v_i^* x^* v_j v_j^* x v_i)$$

$$\leqslant\left(1+\frac{1}{n}\right)\sum_{i,j}\varphi_0(v_j^*xv_iv_i^*x^*v_j)$$

$$=\left(1+\frac{1}{n}\right)\sum_{j}\varphi_0(v_j^*xx^*v_j)$$

$$=\left(1+\frac{1}{n}\right)\varphi_n(xx^*).$$

此外，$\varphi_n(1)\geqslant m\varphi_0(p_0z)$，但 φ_0 在 M_{p_0} 上是忠实的，因此，$\varphi_n(1)>0$. 命 $\psi_n(\cdot)=\varphi_n(1)^{-1}\varphi_n(\cdot)$ 即满足要求. 证毕.

定理 6.3.8 设 M 是有限的 vN 代数，则对任意的 $a\in M$，$K(a)$ 包含且仅包含一个元，这里 $K(a)$ 的定义见定理 6.2.7.

证. 依命题 6.2.8，

$$K(a_1+a_2)\subset\overline{K(a_1)+K(a_2)},\ \forall a_1,\ a_2\in M.$$

因此，无妨设 $a\geqslant 0$，及 $\|a\|\leqslant\frac{1}{2}$.

设若 $c_1,c_2\in K(a)$，且 $c_1\neq c_2$. 自然 c_1，$c_2\geqslant 0$，及 $\|c_1-c_2\|\leqslant 1$. 谱分解 $c_1-c_2=\int_{-1}^{1}\mu dz_\mu$，这里 z_μ 是 M 的中心投影，$\forall\mu$. 由于 $c_1\neq c_2$，必存在 $\lambda>0$，使得 $z_{-\lambda}\neq 0$ 或者 $(1-z_\lambda)\neq 0$，相应命 $z=z_{-\lambda}$ 或者 $(1-z_\lambda)$，则

$$c_2z\geqslant c_1z+\lambda z\ \text{或者}\ c_1z\geqslant c_2z+\lambda z.$$

无妨就 $c_1z\geqslant c_2z+\lambda z$ 来考虑. 限于 Mz，$c_1z\neq c_2z$，并且 c_1z，$c_2z\in K(az)$，因此可设 $z=1$.

取引理 6.3.7 的 ψ_n，对于 M 的任意酉元 u，

$$\psi_n(u^*au)=\psi_n((a^{\frac{1}{2}}u)^*(a^{\frac{1}{2}}u))\leqslant\left(1+\frac{1}{n}\right)\psi_n(a),$$

$$\psi_n(a)=\psi_n((a^{\frac{1}{2}}u)(a^{\frac{1}{2}}u)^*)\leqslant\left(1+\frac{1}{n}\right)\psi_n(u^*au),$$

因此对于任意的 $f,g\in\mathfrak{C}$（见定义 6.2.3），

$$\psi_n(f\cdot a)\leqslant\left(1+\frac{1}{n}\right)\psi_n(a)\leqslant\left(1+\frac{1}{n}\right)^2\psi_n(g\cdot a),$$

取 f_k，$g_k\in\mathfrak{C}$，使得 $f_k\cdot a\to c_1$，$g_k\cdot a\to c_2$，则

$$\psi_n(c_1) \leqslant \left(1+\frac{1}{n}\right)^2 \psi_n(c_2).$$

另一方面，$c_1 \geqslant c_2 + \lambda$，因此

$$\psi_n(c_2) + \lambda \leqslant \psi_n(c_1) \leqslant \left(1+\frac{1}{n}\right)^2 \psi_n(c_2).$$

当 n 充分大时，与 $\lambda > 0$ 相矛盾. 因此，$K(a)$ 包含且仅包一个元.证毕.

注. 在 §4 末,我们将证明：如果对于 vN 代数 M 的任意元 a，$K(a)$ 仅包含一个元,则 M 必是有限的.

下面用正规迹态来描述有限 vN 代数的特征.

引理 6.3.9 设 M 是有限的 vN 代数,则在 M 上至少有一个正规迹态.

证. 设 T 是 M 到 Z 的映象,使得 $K(a)=\{T(a)\}$, $\forall a \in M$. 又取 ψ 为引理 6.3.7 的 ψ_1，并命

$$\varphi(a) = \psi(T(a)), \ \forall a \in M.$$

依命题 6.2.8, T 是线性的. 依 $K(\cdot)$ 的定义,

$$T(1)=1, \ T(M_+) \subset Z_+,$$

因此, φ 是 M 上的态. 对 M 的任意酉元 u，显然

$$K(u^*xu) = K(x),$$

由此，$T(x)=T(u^*xu)$. 进而 $T(xy)=T(yx)$, $\forall x, y \in M$，所以, φ 也是迹的.

今只须证明 φ 是正规的. 设 $\{b_l\}$ 是 M_+ 的有界递增网，$b = \sup_l b_l$，令 $a_l = b - b_l \in M_+$，则 $a_l \xrightarrow{\sigma(M, M_*)} 0$. 我们需要证明 $\varphi(a_l) \to 0$. 对任意的 $\varepsilon > 0$，由于 ψ 是正规的，因此有 l_0，使得

$$0 \leqslant \psi(a_l) < \varepsilon, \ \forall l \geqslant l_0.$$

今取 $f_l \in \mathfrak{C}$，使得 $\|f_l \cdot a_l - T(a_l)\| < \varepsilon$，由于 ψ 是引理 6.3.7 的 ψ_1，可见对任意的 $l \geqslant l_0$，

$$\begin{aligned} 0 \leqslant \varphi(a_l) &= \psi(T(a_l)) \leqslant \psi(f_l \cdot a_l) + \varepsilon \\ &= \sum_u f_l(u)\psi(u^* a_l u) + \varepsilon \end{aligned}$$

$$\leqslant 2\sum_u f_l(u)\phi(a_l)+\varepsilon<3\varepsilon,$$

因此，$\varphi(a_l)\to 0$. 证毕.

定理 6.3.10 vN 代数 M 是有限的，必须且只须，在 M 上存在正规迹态的完全集，即对 M 的任意非零正元 a，有 M 上的正规迹态 φ，使得 $\varphi(a)>0$.

证. 设 M 是有限的，取引理 6.3.9 的 φ，其支持 $s(\varphi)=z$ 是 M 的非零中心投影，限于 Mz，φ 是忠实的. $M(1-z)$ 也是有限的，又可施用引理 6.3.9，…，依 Zorn 辅理，有 M 上的正规迹态族 $\{\varphi_l\}$，使得 $\{s(\varphi_l)\}$ 是相互直交，和为 1 的中心投影族. 易见 $\{\varphi_l\}$ 是完全的.

反之，设 $\mathscr{F}$ 是 M 上正规迹态的完全集. 如果 $w\in M$，使得 $w^*w=1$，$ww^*=p$. 于是对任意的 $\varphi\in\mathscr{F}$，

$$\varphi(1-p)=\varphi(w^*w)-\varphi(ww^*)=0,$$

因此，$p=1$，即 M 是有限的. 证毕.

下面叙述有限 vN 代数的另一个特征.

引理 6.3.11 设 p 是 vN 代数 M 的投影，$v\in M$，使得

$$v^*v=p,\ vv^*\lneqq p,$$

令

$$q_n=v^nv^{*n},\ n=1,2,\cdots,\ q_0=p,$$
$$e_n=q_n-q_{n+1},\ n=0,1,2,\cdots,$$

则 $\{e_n\}$ 是 M 的相互直交且等价的非零投影列，并且 $e_n\xrightarrow{\text{强算子}}0$.

证. 由于 $q_1<p$，因此，$pv=v$，从而，$v^{*n}v^n=p\ \forall n\geqslant 1$. 因而 q_n 均是投影. 由于 $q_nq_{n+1}=q_n$，所以，

$$p=q_0>q_1\geqslant q_2\geqslant\cdots,$$

由此，$e_n\perp e_m$，$\forall n\neq m$，及 $e_n\xrightarrow{\text{强算子}}0$.

命 $u_n=vq_n$，$n=0,1,2,\cdots$，则

$$(u_n-u_{n+1})^*(u_n-u_{n+1})=e_n,$$
$$(u_n-u_{n+1})(u_n-u_{n+1})^*=e_{n+1},$$

因此，$e_n\sim e_{n+1}\ \forall n\geqslant 0$. 此外，$e_0=p-vv^*\neq 0$. 证毕.

定理 6.3.12 vN 代数 M 是有限的，必须且只须，$*$ 运算在 M 的有界球中是强算子连续的.

证. 设 M 是有限的，依定理 6.3.10，M 上有正规迹态的完全集 $\mathscr{F}$. 设网 $\{x_l\}\subset M$，$\|x_l\|\leqslant 1$，$\forall l$，及 $x_l\xrightarrow{\text{强算子}}0$，于是对任意的 $a\in M$ 及 $\varphi\in\mathscr{F}$，

$$|L_a\varphi(x_lx_l^*)| = |\varphi(x_l^*ax_l)| \leqslant \|a\|\varphi(x_l^*x_l)\to 0,$$

只须证明 $[L_a\varphi|a\in M,\ \varphi\in\mathscr{F}]$ 在 M_* 中是稠的，再由 $\|x_l\|\leqslant 1$ $(\forall l)$，可见 $x_lx_l^*\xrightarrow{\text{弱算子}}0$，即 $x_l^*\xrightarrow{\text{强算子}}0$. 设若 $b\in M$，使得 $L_a\varphi(b)=0$，$\forall a\in M$，$\varphi\in\mathscr{F}$. 特别，$\varphi(bb^*)=0$，$\forall\varphi\in\mathscr{F}$. 依 $\mathscr{F}$ 的完全性，$b=0$.

反之，设 $*$ 运算在 M 的有界球中是强算子连续的. 若 M 不是有限的，则有 $v\in M$，$v^*v=1$，而 $vv^*\neq 1$. 依引理 6.3.11，有 M 的相互直交且等价的非零投影列 $\{e_n\}$，及 $e_n\xrightarrow{\text{强算子}}0$. 设 $w_n\in M$，使得 $w_n^*w_n=e_n$，$w_nw_n^*=e_1$. 自然 $w_n\xrightarrow{\text{强算子}}0$，$\|w_n\|\leqslant 1$. 依假定 $w_n^*\xrightarrow{\text{强算子}}0$，因此 $e_1=w_nw_n^*\xrightarrow{\text{弱算子}}0$. 这与 $e_1\neq 0$ 相矛盾. 所以 M 是有限的. 证毕

在引理 6.3.9 的证明中，我们曾经定义有限 vN 代数到其中心上的映象 T. 今进一步研究 T 的性质.

定义 6.3.13 设 M 是有限的 vN 代数，M 到 $Z=M\cap M'$ 上的映象 T，使得 $\{T(a)\}=K(a)$，$\forall a\in M$，称为 (M 上)中心值的迹.

命题 6.3.14 设 M 是有限的 vN 代数，$T: M\to Z=M\cap M'$ 是中心值的迹，则

1) T 是 M 到 Z 上范数为 1 且 σ-σ 连续的投影映象，特别 $T(a)\geqslant 0$，$\forall a\in M_+$；$T(za)=zT(a)$，$\forall a\in M$，$z\in Z$；$T(a)^*\cdot T(a)\leqslant T(a^*a)$，$\forall a\in M$；

2) $T(ab)=T(ba)$，$\forall a, b\in M$；

3) $T(a^*a)=0$，当且仅当，$a=0$；

4) $\{\varphi(T(\cdot))|\varphi$ 是 M 上的正规态$\}$是 M 上正规迹态的完全集；

5) 如果 p, q 是 M 的投影，则 $p \lesssim q$，当且仅当，$T(p) \leqslant T(q)$.

证. 1)(除去 σ-σ 连续性)与 2) 均显然.

今设 φ 是 M 上的正规态，我们来证明 $\varphi(T(\cdot))$ 也是正规的(从而必是正规迹态)，由此立见 T 是 σ-σ 连续的. 设 $\{a_l\}$ 是 M_+ 的有界递增网，$a = \sup\limits_l a_l$，需要证明 $\varphi(T(a)) = \sup\limits_l \varphi(T(a_l))$. 但$\{T(a_l)\}$是 Z_+ 的有界递增网，依 φ 的正规性，归结为要证

$$T(a) = \sup_l T(a_l).$$

自然 $T(a) \geqslant \sup\limits_l T(a_l)$. 如不相等，则将有 M 的非零中心投影 z 及正数 λ，使得

$$zT(a) \geqslant z \sup_l T(a_l) + \lambda z.$$

设 $\mathscr{F}$ 是 M 上正规迹态的完全集. 对任意的 $\varepsilon > 0$ 及 l，可取 $f_l \in \mathfrak{C}$，使得 $\|f_l \cdot (a - a_l)z - T((a - a_l)z)\| < \varepsilon$. 于是对任意的 $\phi \in \mathscr{F}$，

$$\begin{aligned}|\phi(T((a - a_l)z))| &\leqslant |\phi(f_l \cdot (a - a_l)z)| + \varepsilon \\ &\leqslant \sum_u f_l(u)|\phi(u(a - a_l)zu^*)| + \varepsilon \\ &= |\phi((a - a_l)z)| + \varepsilon,\end{aligned}$$

但 ϕ 是正规的，因此，

$$\phi(T(a - a_l)z) \to 0,\ \forall \phi \in \mathscr{F},$$

即 $\phi(T(a)z) = \lim\limits_l \phi(T(a_l)z) = \phi(z \sup\limits_l T(a_l)), \forall \phi \in \mathscr{F}$. 另一方面，$\phi(T(a)z) \geqslant \phi(z \sup\limits_l T(a_l)) + \lambda\phi(z), \forall \phi \in \mathscr{F}$. 所以，$\phi(z) = 0, \forall \phi \in \mathscr{F}$，这与 $z \neq 0$ 相矛盾. 因此，

$$T(a) = \sup_l T(a_l)$$

3) 设 $\vartheta = \{a \in M | T(a^*a) = 0\}$，易见 ϑ 是 M 的 $*$ 双侧理想. 由于 T 是 σ-σ 连续的，因此，ϑ 是 $s(M, M_*)$ 闭的. 依命题

1.7.1，有 M 的中心投影 z，使得 $\vartheta = Mz$. 特别，

$$z = T(z) = T(z^*z) = 0,$$

所以，$\vartheta = \{0\}$.

4) 如果 $a \in M_+$，使得对 M 上任意的正规态 φ，有

$$\varphi(T(a)) = 0.$$

于是 $T(a) = 0$，依 3)，$a = 0$.

5) 如果 $p \sim q_1 \leqslant q$，依 2) $T(p) = T(q_1) \leqslant T(q)$. 反之设 $T(p) \leqslant T(q)$. 依定理 1.5.4，有 M 的中心投影 z，使得

$$pz \lesssim qz,\ q(1-z) \lesssim p(1-z)$$

由此易见 $(1-z)T(p) = (1-z)T(q)$. 如果

$$q(1-z) \sim p_1 \leqslant p(1-z),$$

则 $T(p(1-z) - p_1) = 0$. 依 3)，$p(1-z) = p_1$，即

$$q(1-z) \sim p(1-z).$$

因此，$p \lesssim q$. 证毕.

现在讨论 σ-有限的有限 vN 代数.

命题 6.3.15 设 M 是 vN 代数，则下列是等价的：

1) M 是 σ-有限的，并且是有限的；

2) M 是有限的，$Z = M \cap M'$ 是 σ-有限的；

3) M 上有忠实的正规迹态.

证. 由定理 6.3.10 及命题 1.14.2，3) 蕴含 1). 1) 蕴含 2) 是显然的. 今设 2) 成立，于是 Z 上有忠实的正规态 ψ，令

$$\varphi(a) = \psi(T(a)),\ \forall a \in M.$$

由命题 6.3.14，φ 将是 M 上忠实的正规迹态. 证毕.

命题 6.3.16 设 M 是有限的 vN 代数，则 M 可以分解为 σ-有限的有限 vN 代数的直和. 特别地，有限的因子必是 σ-有限的.

证. 在定理 6.3.10 的证明中，已指出 M 上有正规迹态族 $\{\varphi_l\}$，使得 $\{s(\varphi_l)\}$ 为相互直交且和为 1 的中心投影族. 命

$$M = \sum_l \oplus M_l,\ M_l = Mz_l,$$

依命题 6.3.15，M_l 是 σ-有限且有限的，$\forall l$. 证毕。

注 本节见参考文献 [12]，[52]，[91]，[97].

§4. 真无限的 vN 代数

命题 6.4.1 设 $M=\sum\limits_l \oplus M_l$，则 M 是真无限的，当且仅当，每个 M_l 都是真无限的.

证. 必要性显然. 反之设每个 $M_l = Mz_l$ 都是真无限的，而 z 是 M 的有限中心投影，则 zz_l 是 M_l 的有限中心投影，因此，$zz_l=0,\forall l$，即 $z=0$. 证毕.

命题 6.4.2 vN 代数 M 是真无限的，当且仅当，M 上没有正规迹态.

证. 设 φ 是 M 上的正规迹态，则 $s(\varphi)$ 是 M 的非零中心投影，且依命题 6.3.15，$Ms(\varphi)$ 是有限的，即 M 不能是真无限的.

反之如果 M 不是真无限的，于是有非零中心投影 z，使得 Mz 是有限的. Mz 上至少有一个正规迹态 ϕ，令 $\varphi(\cdot)=\phi(\cdot z)$，则 φ 是 M 上的正规迹态. 证毕.

命题 6.4.3 如果 M 是真无限的 vN 代数，则在 M 的有界球中，* 运算不能是强算子连续的.

依定理 6.3.12 立见.

定理 6.4.4 设 M 是 vN 代数，则下列是等价的:

1) M 是真无限的;

2) 存在 M 的相互直交的投影无穷列 $\{p_n\}$，使得

$$\sum_n p_n = 1,\ p_n\sim 1,\ \forall n;$$

3) 存在 M 的投影 p，使得 $p\sim(1-p)\sim 1$.

证. 2) 推导 3)：取 $p=\sum\limits_{n=0}^{\infty} p_{2n+1}$ 即可.

3) 推导 1)：设 z 是 M 的任意非零中心投影，则 $pz\sim(1-$

$p)z \sim z$. 于是 z 不可能是有限的,即 M 是真无限的.

1) 推导 2): 投影 1 是无限的,因此有 $v \in M$, 使得 $v^*v = 1$, $vv^* \lneqq 1$. 令

$$q_n = v^n v^{*n}, \quad e_n = q_n - q_{n+1}, \quad n = 0, 1, 2, \cdots.$$

依引理 6.3.11, $\{e_n\}$ 相互直交,等价且非零. 由 Zorn 辅理,可以构造相互直交且等价的投影极大族 $\{e_l | l \in \Lambda\}$, 使得它包含 $\{e_n\}$. 记 $p = 1 - \sum_{l \in \Lambda} e_l$, 依定理 1.5.4, 有 M 的中心投影 z, 使得

$$pz \precsim e_0 z, \quad e_0(1 - z) \precsim p(1 - z).$$

由于族 $\{e_l\}$ 的极大性, $z \neq 0$. $^{\#}\Lambda$ 是无穷的,于是可写

$$\Lambda = \bigcup_{i=1}^{\infty} \Lambda_i,$$

这里 $\Lambda_i \cap \Lambda_j = \varnothing$, $^{\#}\Lambda_i = {}^{\#}\Lambda$, $\forall i \neq j$. 命

$$r_1 = pz + \sum_{l \in \Lambda_1} e_l z, \quad r_j = \sum_{l \in \Lambda_j} e_l z,$$

易见 $r_i r_j = 0$, $\forall i \neq j$, $r_1 \sim r_2 \sim \cdots \sim z$, 及 $z = \sum_{i=1}^{\infty} r_i$. 由于 $M(1 - z)$ 仍然是真无限的, 同样的手续又可施于 $M(1 - z)$, $\cdots$. 依 Zorn 辅理,可见存在 M 的相互直交、和为 1 的非零中心投影族 $\{z_t\}$, 使得对每个指标 t, 有投影的无穷列 $\{r_{tn} | n = 1, 2, \cdots\}$, 使得

$$r_{tn} r_{tm} = 0, \ \forall n \neq m, \ \sum_{n=1}^{\infty} r_{tn} = z_t,$$

$$r_{t1} \sim r_{t2} \sim \cdots \sim z_t.$$

今命 $\left\{p_n = \sum_t r_{tn} \,|\, n = 1, 2, \cdots\right\}$ 即满足要求. 证毕.

现在利用定理 6.4.4, 证明关于有限投影的一个性质.

命题 6.4.5 设 p, q 是 vN 代数 M 的有限投影,则 $\sup\{p, q\}$ 也是有限投影.

证. 无妨设 $\sup\{p, q\} = 1$. 依命题 1.5.2,

$$(1 - p) \sim (q - \inf\{p, q\}) \leqslant q,$$

因此，$(1-p)$ 也是有限的. 如果 M 并非有限，便有非零中心投影 z，使得 Mz 真无限. 注意 pz，qz 是有限的，并且

$$\sup\{pz, qz\} = z,$$

因此又可设 M 是真无限的.

依定理 6.4.4.，可写 $1=r+(1-r)$，其中 $r \sim (1-r) \sim 1$. 依命题 1.5.5，有中心投影 z，使得

$$rz \lesssim pz,\ (1-r)(1-z) \lesssim (1-p)(1-z),$$

由于 pz，$(1-p)(1-z)$ 都是有限的，从而 $z \sim rz$，及 $(1-z) \sim (1-r)(1-z)$ 是有限的. 这与 M 真无限相矛盾. 证毕.

作为本节的结束，我们来证明定理 6.3.8 下面的注，即

命题 6.4.6 若对 vN 代数 M 的任意元 a，$K(a)$ 仅包含一个元，则 M 是有限的.

证. 如果有 M 的非零中心投影 z，使得 Mz 是真无限的，依定理 6.4.4，有 M 的投影 $p \leqslant z$，使得 $p \sim (z-p) \sim z$. 于是有 $u, v \in Mz$，

$$u^*u = v^*v = z,\ uu^* = p,\ vv^* = z-p$$

可定义 Φ: $M \to Z = M \cap M'$，使得 $K(a) = \{\Phi(a)\}$. 依 $K(\cdot)$ 的定义，有 $\Phi(ab) = \Phi(ba)$，$\forall a, b \in M$. 于是

$$z = \Phi(z) = \Phi(p) = \Phi(z-p).$$

从而，$2z = 2\Phi(z) = \Phi(p) + \Phi(z-p) = \Phi(z) = z$，即 $z = 0$. 矛盾. 因此，M 是有限的. 证毕.

注 本节见参考文献 [12]，[55].

§5. 半有限的 vN 代数

定义 6.5.1 设 M 是 vN 代数，φ: $M_+ \to [0, +\infty]$ 称为迹，指对任意的 $a, b \in M_+$，$x \in M$ 及数 $\lambda \geqslant 0$，有

$$\varphi(a+b) = \varphi(a) + \varphi(b),\ \varphi(\lambda a) = \lambda\varphi(a),$$
$$\varphi(x^*x) = \varphi(xx^*)$$

这里规定 $0 \cdot +\infty = 0$.

迹φ称为忠实的，指如果 $a\in M_+$，使得 $\varphi(a)=0$，则 $a=0$.

迹φ称为半有限的，指对任意的 $0\neq a\in M_+$，必有 $0\lneqq b\leqslant a$，使得 $\varphi(b)<\infty$.

迹φ称为正规的，指对 M_+ 的任意有界递增网 $\{a_l\}$，有

$$\varphi(\sup_l a_l)=\sup_l \varphi(a_l).$$

命题 6.5.2 设φ是 M_+ 上的迹，令

$$\mathfrak{N}=\{x\in M\,|\,\varphi(x^*x)<\infty\},$$
$$\mathfrak{M}=\mathfrak{N}^2=[xy\,|\,x,\ y\in\mathfrak{N}]^{1)}$$

则 $\mathfrak{M}$, $\mathfrak{N}$ 都是 M 的 $*$ 双侧理想，并且

$$\mathfrak{M}=[\mathfrak{M}_+]=\{xy\,|\,x,\ y\in\mathfrak{N}\},$$
$$\mathfrak{M}_+=\{a\in M_+|\varphi(a)<\infty\}$$

这里 $\mathfrak{M}_+=\mathfrak{M}\cap M_+$，$\varphi$还可以唯一扩张为 $\mathfrak{M}$ 上的线性泛函，仍记以 φ，则

$$\varphi(ab)=\varphi(ba),\ \forall a\in\mathfrak{M},\ b\in M,\ \text{或者}\ a,b\in\mathfrak{N}.$$

此外，迹的条件 $\varphi(x^*x)=\varphi(xx^*)(\forall x\in M)$ 等价于

$$\varphi(a)=\varphi(u^*au)$$

($\forall a\in M_+$ 及 u 是 M 的酉元).

证. 显然 $\mathfrak{N}$ 是M的 $*$ 双侧理想，从而 $\mathfrak{M}$ 亦然. 如果 $a\in M_+$, $\varphi(a)<\infty$，则 $a^{\frac{1}{2}}\in\mathfrak{N}$, $a\in\mathfrak{M}_+$. 反之，设 $a=\sum\limits_i x_i^*y_i\in\mathfrak{M}_+$，这里 x_i, $y_i\in\mathfrak{N}$，由极化公式

$$\begin{aligned}4x_i^*y_i=&(x_i+y_i)^*(x_i+y_i)-(x_i-y_i)^*(x_i-y_i)\\&-i(x_i+iy_i)^*(x_i+iy_i)\\&+i(x_i-iy_i)^*(x_i-iy_i),\end{aligned}$$

可见

$$a=\frac{1}{2}(a+a^*)\leqslant\frac{1}{4}\sum_i(x_i+y_i)^*(x_i+y_i),$$

---

1) 今后称 $\mathfrak{M}$ 为迹φ所定义的理想.

所以，$\varphi(a)<\infty$，即 $\mathfrak{M}_+=\{a\in M_+|\varphi(a)<\infty\}$。极化公式也表明 $\mathfrak{M}=[\mathfrak{M}_+]$。今设 $x\in\mathfrak{M}$，极分解 $x=uh$，则

$$h=u^*x\in\mathfrak{M}_+,$$

于是，$h^{\frac{1}{2}}\in\mathfrak{N}$。又 $x=uh^{\frac{1}{2}}\cdot h^{\frac{1}{2}}$，因此，$\mathfrak{M}=\{xy|x,y\in\mathfrak{N}\}$。

由于 $\mathfrak{M}=[\mathfrak{M}_+]$，$\varphi$ 可以唯一扩张为 $\mathfrak{M}$ 上的线性泛函。如果 $a\in\mathfrak{M}_+$，u 是 M 的酉元，则 $\varphi(uau^*)=\varphi((ua^{\frac{1}{2}})^*\cdot(ua^{\frac{1}{2}}))=\varphi(a)$。进而 $\varphi(a)=\varphi(uau^*)$，$\forall a\in\mathfrak{M}$。又 $\mathfrak{M}$ 是双侧理想，所以，$\varphi(ua)=\varphi(au)$，$\forall a\in\mathfrak{M}$。从而 $\varphi(ab)=\varphi(ba)$，$\forall a\in\mathfrak{M}, b\in M$。当 $a, b\in n$ 时，由 ab 的极化公式及 $\varphi(x^*x)=\varphi(xx^*)$ $(\forall x\in M)$，立见 $\varphi(ab)=\varphi(ba)$。

最后，如果 φ 是迹，自然有 $\varphi(a)=\varphi(u^*au)$，$\forall a\in M_+$，$u$ 是 M 的酉元。反之，设 φ: $M_+\to[0,+\infty]$ 满足加性及正齐性，及

$$\varphi(a)=\varphi(u^*au),\ \forall a\in M_+,$$

u 是 M 的酉元。同样定义 $\mathfrak{N}$，$\mathfrak{M}$，相仿地证明具有上述性质。设 $x\in M$，极分解 $x=wh$，如果 $x^*x\in\mathfrak{M}_+$，则

$$xx^*=w(x^*x)w^*\in\mathfrak{M}_+.$$

因此可见 $\varphi(x^*x)<\infty$，当且仅当 $\varphi(xx^*)<\infty$。限于两者均有限，则

$$\varphi(xx^*)=\varphi(w(x^*x)w^*)=\varphi(w^*w(x^*x))=\varphi(x^*x)$$

因此，φ 是迹。证毕。

命题 6.5.3 设 φ 是 M_+ 上的正规迹，$\mathfrak{M}$ 是 φ 定义的理想，则对任意的 $a\in\mathfrak{M}$，$\varphi(a\cdot)\in M_*$。

证。无妨设 $a\in\mathfrak{M}_+$，依命题 6.5.2，$\varphi(a\cdot)=\varphi(a^{\frac{1}{2}}\cdot a^{\frac{1}{2}})$。又 φ 是正规的，因此，$\varphi(a^{\frac{1}{2}}\cdot a^{\frac{1}{2}})\in M_*$。证毕。

命题 6.5.4 设 φ 是 M_+ 上的迹，则 φ 是半有限的，当且仅当，$\mathfrak{M}$ 在 M 中是 $\sigma(M, M_*)$ 稠的，这里 $\mathfrak{M}$ 是 φ 定义的理想。

此外，如果 φ 是半有限迹，p 是 M 的投影，则 $p=\sup\{q|q$ 是 M 的投影，$q\leqslant p$，且 $\varphi(q)<\infty\}$。

证。设 φ 是半有限的，$\overline{\mathfrak{M}}$ 是 $\mathfrak{M}$ 的 $\sigma(M, M_*)$ 闭包，则 $\overline{\mathfrak{M}}$ 是 M 的 σ-闭 $*$ 双侧理想。于是有 M 的中心投影 z，使得 $\overline{\mathfrak{M}}=Mz$。如

果 $1-z\neq 0$，由于 φ 是半有限的，因此有 $0\neq a\leqslant 1-z$，使得 $\varphi(a)<\infty$. 从而 $a\in\mathfrak{M}_+\subset Mz$，矛盾. 因此 $z=1$，即 $\mathfrak{M}$ 在 M 中是 $\sigma(M, M_*)$ 稠的.

反之，设 $\mathfrak{M}$ 在 M 中 $\sigma(M, M_*)$ 稠，依命题 1.7.2，对任意的 $0\lneqq a\in M$，有 $\mathfrak{M}_+$ 的递增网 $\{a_l\}$，使得 $a=\sup\limits_l a_l$. 因此 l 充分大，$0\lneqq a_l\leqslant a$，且 $\varphi(a_l)<\infty$，即说明 φ 是半有限的.

今设 φ 是半有限的，p 是 M 的投影. 如果 $e=\sup\{q|q$ 是 M 的投影，$q\leqslant p$，$\varphi(q)<\infty\}\lneqq p$，依 φ 的半有限性，又将有 M 的非零投影 $q_1\leqslant p-e$，使得 $\varphi(q_1)<\infty$. 这与 e 的定义相矛盾. 证毕.

命题 6.5.5 设 φ 是 M_+ 上正规迹，则 $z=\sup\{p|p$ 是 M 的投影，且 $\varphi(p)=0\}$ 是中心投影，并且 $\{x\in M|\varphi(x^*x)=0\}=Mz$，及 $\varphi|M_+(1-z)$ 是忠实的.

证. 依命题 **1.5.2**，$(\sup\{p, q\}-p)\sim(q-\inf\{p, q\})$，因此，$\varphi(\sup\{p, q\})+\varphi(\inf\{p, q\})=\varphi(p)+\varphi(q)$. 由此，如果 $\varphi(p)=\varphi(q)=0$，则 $\varphi(\sup\{p, q\})=0$，即

$$\{p|p\text{ 是 }M\text{ 的投影，且 }\varphi(p)=0\}.$$

依投影的包含关系是递增网。由于 φ 是正规的，因此，$\varphi(z)=0$. 此外，对 M 的任意酉元 u，易见 $u^*zu=z$，因此，z 是 M 的中心投影.

显然 $\varphi|M_+z=0$. 又若 $0\neq a\in M_+(1-z)$，必有正数 λ 及非零投影 p，使得 $a\geqslant\lambda p$，因此，$\varphi(a)>0$，即在 $M_+(1-z)$ 上，φ 是忠实的. 由此，$Mz=\{x\in M|\varphi(x^*x)=0\}$. 证毕.

定义 6.5.6 设 φ 是 vN 代数 M 正部分上的正规迹，称命题 6.5.5 中的 $(1-z)$ 为 φ 的支持，记作 $s(\varphi)$.

现在讨论半有限 vN 代数的特征与性质.

命题 6.5.7 vN 代数 M 是半有限的，当且仅当，在 M_+ 上有半有限正规迹的完全集.

证. 设 M 是半有限的，于是 M 至少有一个非零的有限投影

p. 设 $\{p_l\}$ 是 M 的相互直交的投影极大族，使得 $p_l \sim p, \forall l$. 依定理 1.5.4，有 M 的中心投影 z，使得

$$p_0 z \lesssim pz, \quad p(1-z) \lesssim p_0(1-z),$$

这里 $p_0 = 1 - \sum_l p_l$. 由于族 $\{p_l\}$ 是极大的，因此，$pz \neq 0$.

令 $v_l^* v_l = pz$, $v_l v_l^* = p_l z$, $\forall l$, 及 $v_0 v_0^* = p_0 z$, $v_0^* v_0 \leqslant pz$. 设 φ 是 M_{pz} 上的正规迹态，命

$$\psi(a) = \sum_l \varphi(v_l^* a v_l) + \varphi(v_0^* a v_0), \forall a \in (Mz)_+,$$

由于 $\sum_l v_l v_l^* + v_0 v_0^* = z$ 及 φ 是 M_{pz} 上的正规迹态，因此，ψ 是 $(Mz)_+$ 上的正规迹. 设 $\mathfrak{M}$ 是 ψ 定义的 Mz 的理想，显然 $p_l z$ 及 $p_0 z \in \mathfrak{M}_+$. 又 $\sum_l p_l z + p_0 z = z$, 因此，$\mathfrak{M}$ 在 Mz 中是 σ-稠的，即 ψ 是半有限的. 如果 $0 \neq a \in Mz$, 则至少有一个指标 l, 使得 $av_l \neq 0$, 或者 $av_0 \neq 0$. M_{pz} 是有限的，依定理 6.3.10，有 M_{pz} 上的正规迹态 φ, 使得 $\varphi(v_l^* a^* a v_l) \neq 0$, 或者 $\varphi(v_0^* a^* a v_0) \neq 0$, 因此，$\psi(a^* a) \neq 0$. 这说明 $(Mz)_+$ 上存在半有限正规迹的完全集.

$M(1-z)$ 也是半有限，又可施用同样的手续. 再依 Zorn 辅理，可见 M_+ 上存在半有限正规迹的完全集.

反之，设 M_+ 上有半有限正规迹的完全集. 如果 z 是 M 的非零纯无限的中心投影，于是有 M_+ 上的半有限正规迹 ψ, 使得 $\psi(z)>0$. 依命题 6.5.4，有 M 的投影 $p \leqslant z$, 而 $0 < \psi(p) < \infty$. 这说明 M_p 上有正规迹态，依命题 6.4.2，M_p 不是真无限的，这与 $p \leqslant z$ 及 z 纯无限相矛盾. 因此，M 是半有限的. 证毕.

定理 6.5.8 vN 代数 M 是半有限的，必须且只须，M_+ 上存在忠实的半有限正规迹.

证. 充分性由命题 6.5.7 立见. 今设 M 是半有限的，由 Zorn 辅理可构作 M_+ 上半有限正规迹族 $\{\varphi_l\}$, 使得 $\{s(\varphi_l)\}$ 两两直交且和为 1. 再命 $\varphi = \sum_l \varphi_l$ 即满足要求. 证毕.

注. 设 φ 是 M_+ 上忠实的半有限正规迹,用 GNS 构造,可以产生 M 忠实的 w^*-表示. 事实上,设 $\mathfrak{N}$, $\mathfrak{M}$ 如命题 6.5.2, 在 $\mathfrak{N}$ 上定义内积 $\langle x, y\rangle = \varphi(y^*x) = \varphi(xy^*)$,依此完备化得到 Hilbert 空间 $\mathscr{H}_\varphi$. 记 $x \to x_\varphi$ 为 $\mathfrak{N}$ 到 $\mathscr{H}_\varphi$ 中的嵌入,对任意的 $a \in M$, 定义

$$\pi_\varphi(a)x_\varphi = (ax)_\varphi, \ \forall x \in \mathfrak{N},$$

易证 $\pi_\varphi(a)$ 可唯一扩张为 $\mathscr{H}_\varphi$ 中的有界算子,仍记以 $\pi_\varphi(a)$. 于是得到 M 的 * 表示 $\{\pi_\varphi, \mathscr{H}_\varphi\}$. 如果 $a \in M$, 使得 $\pi_\varphi(a) = 0$, 则 $ax = 0$, $\forall x \in \mathfrak{N}$. 又 $\mathfrak{M} \subset \mathfrak{N}$ 在 M 中是 σ-稠的,因此, $a = 0$, 即 π_φ 是忠实的. 此外,如果网 $\{a_l\} \subset M$, $\|a_l\| \leqslant 1(\forall l)$, 且 $a_l \xrightarrow{\sigma} 0$, 则对任意的 $x, y \in \mathfrak{N}$, 依命题 6.5.3,

$$\langle \pi_\varphi(a_l)x_\varphi, y_\varphi\rangle = \varphi(y^*a_lx) = \varphi(xy^*a_l) \to 0$$

因此 π_φ 也是 M 的 w^*-表示.

命题 6.5.9 1, 设 M 是半有限的, p, p' 分别是 M, M' 的投影,则 M_p, $M_{p'}$ 也是半有限的;

2, 设 $M = \sum_l \oplus M_l$, 则 M 是半有限的,当且仅当,每个 M_l 是半有限的.

证. 1, 设 φ 是 M_+ 上忠实的半有限正规迹,则 $\varphi|(M_p)_+$ 也是忠实的半有限正规迹,因此, M_p 是半有限的. 此外, $M_{p'}$ * 同构于 $M_{c(p')}$, 这里 $c(p')$ 是 p' 在 M' 中的中心覆盖,因此, $M_{p'}$ 也是半有限的. 2) 是显然的. 证毕.

定理 6.5.10 设 M 是 vN 代数,则下列是等价的:

1) M 是半有限的;

2) 存在 M 的相互直交的有限投影族 $\{p_l\}$, 使得 $\sum_l p_l = 1$;

3) 存在 M 的有限投影递增网 $\{q_t\}$, 而 $\sup_t q_t = 1$;

4) 存在 M 的有限投影 p, 使得 $c(p) = 1$.

证. 1) 推导 2): 依 Zorn 辅理, 可构造 M 的相互直交的有限投影极大族 $\{p_l\}$. 如果 $p = 1 - \sum_l p_l \neq 0$, 由于 M_p 仍然是

半有限的，因此必有非零的有限投影 $q \leqslant p$. 显然 $qp_l = 0$, $\forall l$, 这与 $\{p_l\}$ 的极大性相矛盾. 所以，$\sum_l p_l = 1$.

2) 推导 3): 依命题 6.4.5 立见.

3) 推导 1): 如果 z 是 M 的非零中心投影，则有指标 ι, 使得 $zq_\iota \neq 0$. 于是 $zq_\iota (\leqslant z)$ 是有限投影，这说明 z 不能是纯无限的.

4) 推导 1): 设 z 是 M 的非零中心投影，依命题 1.5.8, $zp \neq 0$. 因此 z 包含非零有限投影 zp, 不能是纯无限的. 从而 M 是半有限的.

1) 推导 4): 依 Zorn 辅理，构作有限投影的极大族 $\{p_l\}$, 使得 $c(p_l) \cdot c(p_{l'}) = 0$, $\forall l \neq l'$. 令 $p = \sum_l p_l$, 我们说 p 也是有限的. 事实上，设投影 $r \leqslant p$, $r \sim p$, 则对任意指标 l,

$$rc(p_l) \sim pc(p_l) = p_l,\ rc(p_l) \leqslant pc(p_l) = p_l,$$

但 p_l 有限，因此 $rc(p_l) = p_l$. 从而，

$$p = \sum_l p_l = r\sum_l c(p_l)$$

$$= rp\sum_l c(p_l) = rp = r.$$

今只须证 $c(p) = 1$, 若否，由于 $M(1 - c(p))$ 也是半有限的，则有非零有限投影 $q \leqslant 1 - c(p)$. 自然 $c(q) \cdot c(p_l) = 0$, $\forall l$, 这与 $\{p_l\}$ 的极大性相矛盾. 证毕.

引理 6.5.11 设 N 是 Hilbert 空间 $\mathscr{H}$ 中的 vN 代数，ξ 是 $\mathscr{H}$ 的单位矢，并对 N 分离且循环，又设 $\varphi(\cdot) = \langle \cdot\xi, \xi\rangle$ 是 N 上的迹态，则存在 $\mathscr{H}$ 中的共轭线性的等距算子 j, $j^2 = 1$, 使得 $a \to jaj$ 是 N 到 N' 上的共轭线性的 * 代数同构.

证. 令 $ja\xi = a^*\xi$, $\forall a \in N$, 由于 φ 是 N 上的迹态，j 可扩张为 $\mathscr{H}$ 中的共轭线性的等距算子，仍记以 j, 显然 $j^2 = 1$. 对任意的 $a, b, c \in N$,

$$jajbc\xi = bca^*\xi = bjajc\xi,$$

$\{c\xi | c \in N\}$ 在 $\mathscr{H}$ 中稠，因此，$jaj \cdot b = b \cdot jaj$, $\forall b \in N$, 即 $jaj \in$

$N',\forall a\in N$. 注意

$$\langle (jaj)^*b\xi, c\xi\rangle = \varphi(ac^*b) = \varphi(c^*ba) = \langle ja^*jb\xi, c\xi\rangle$$

$\forall b, c\in N$, 因此，$(jaj)^* = ja^*j$, $\forall a\in N$. 显然，$jaj=0$，当且仅当 $a=0$.

今只须证明 $jNj=N'$. 设 $a'\in N'$, 且 $0\leqslant a'\leqslant 1$, 令

$$\phi(a) = \langle aa'\xi, \xi\rangle, \ \forall a\in N,$$

则 $\phi\leqslant\varphi$, 依定理 1.10.3, 有 $t_0\in N$, $0\leqslant t_0\leqslant 1$, 使得 $\phi(a) = \varphi(t_0at_0)$, $\forall a\in N$. 因此，$a'\xi = t_0^2\xi = jt_0^2j\xi$. 由于 ξ 对 N' 也是分离的，所以，$a' = jt_0^2j$. 证毕.

引理 6.5.12 设 M 是 $\mathscr{H}$ 中的 vN 代数，$\xi\in\mathscr{H}$, p, p' 分别是 $\mathscr{H}$ 到 $\overline{M'\xi}$, $\overline{M\xi}$ 上的投影，则 p 是 M 的有限投影，当且仅当，p' 是 M' 的有限投影.

证. 设 p 是 M 的有限投影，考虑 $pp'\mathscr{H}$ 中的 vN 代数 $L = pp'Mp'p$, 于是 $\xi(\in pp'\mathscr{H})$ 对 L 分离且循环. 依命题 6.3.1, L 是有限的. 自然 L 也是 σ-有限的. 依命题 6.3.15, L 上有忠实的正规迹态 φ. 用 φ 产生 L 的 w^*-表示 $\{\pi_\varphi, \mathscr{H}_\varphi\}$, 则 $N=\pi_\varphi(L)$ 将满足引理 6.5.11 的条件. 今 N 是有限的(因与 L * 同构)，依引理 6.5.11, N' 也是有限的. 此外，L, N 都有循环且分离的矢，依定理 1.13.5, L 与 N 空间 * 同构，因此，L' 也是有限的.

如果 $x'\in M'$, 使得 $pp'x'p'p=0$, 则

$$0 = yp'x'p'p\xi = yp'x'p'\xi = p'x'p'y\xi, \ \forall y\in M,$$

但 $\overline{M\xi} = p'\mathscr{H}$, 因此 $p'x'p'=0$. 这说明 $p'x'p'\rightarrow pp'x'p'p$ 是 $p'M'p'$ 到 L' 上的 * 同构，从而，$p'M'p'$ 也是有限的，即 p' 是 M' 的有限投影. 证毕.

命题 6.5.13 设 M 是 $\mathscr{H}$ 中半有限的 vN 代数，则 M' 也是半有限的.

证. 如不然，有非零中心投影 z, 使得 $M'z$ 纯无限. 这时，Mz 仍然半有限，因此可以设：M 半有限，而 M' 纯无限.

依定理 6.5.10, 有 M 的有限投影 p, 使得 $c(p)=1$, 于是 M' 与 M'_p * 同构. 因此又可以假定：M 有限，而 M' 纯无限.

任取 $\mathscr{H}$ 的非零矢 ξ，令 p, p' 分别是$\mathscr{H}$ 到 $\overline{M'\xi}$, $\overline{M\xi}$ 上的投影．当然 p 是有限投影，依引理 6.5.12，p' 也是 M' 的非零有限投影，这与 M' 纯无限相矛盾．因此，M' 是半有限的．证毕．

命题 6.5.14 vN 代数M是半有限的，当且仅当，存在 vN 代数 N，使得N与 $M*$同构，并且 N' 是有限的．

证．充分性．依命题 6.5.13，N是半有限的，因此，M 也是半有限的．

今设 M 是半有限的，于是 M' 也半有限．依定理 6.5.10，有 M' 的有限投影 p'，而 $c(p')=1$．由于 $M*$同构于 $M_{p'}$，取 $N=M_{p'}$ 即可．证毕．

命题 6.5.15 设 M 是半有限的 vN 代数，p 是 M 的投影，则 p 是有限的，当且仅当，在 M_+ 上存在半有限正规迹的完全集 $\mathscr{F}$，使得 $\varphi(p)<\infty$, $\forall\varphi\in\mathscr{F}$.

证．充分性．设投影 $q\leqslant p$，且 $q\sim p$，于是，

$$\varphi(p)=\varphi(q)<\infty,\ \varphi(p-q)=0,\ \forall\varphi\in\mathscr{F}.$$

但 $\mathscr{F}$ 是完全集的，因此，$p=q$.

今设 p 是有限的．依命题 6.5.7 的证明，存在非零中心投影 z，及 $(Mz)_+$ 上的半有限正规迹的完全集 $\mathscr{F}_z$，使得 $\varphi(pz)<\infty$, $\forall\varphi\in\mathscr{F}_z$．依 Zorn 辅理，可见有相互直交的中心投影族 $\{z_l\}$，及 $(Mz_l)_+$ 上的半有限正规迹的完全集 $\mathscr{F}_l$，使得

$$\sum_l z_l=1,\ \varphi_l(pz_l)<\infty,\ \forall\varphi_l\in\mathscr{F}_l,\ l$$

自然地将每个 $\varphi_l(\in\mathscr{F}_l)$ 扩张到 M_+ 上，令 $\mathscr{F}=\bigcup\limits_l\mathscr{F}_l$ 即满足要求．证毕．

命题 6.5.16 设 p 是 vN 代数M的有限投影，则$*$运算在Mp的有界球中是强算子连续的．

证．如代以考虑 $Mc(p)$，可以设 M 是半有限的．依命题 6.5.15，有M_+ 上的半有限正规迹的完全集 $\mathscr{F}$，使得 $\varphi(p)<\infty$, $\forall\varphi\in\mathscr{F}$.

今设网 $x_l \xrightarrow{\text{强算子}} 0$，$\|x_l\| \leqslant 1$，$x_l p = x_l$，$\forall l$. 对任意的 $\varphi \in \mathscr{F}$，$0 \leqslant a \in \mathfrak{M}_\varphi$，这里 $\mathfrak{M}_\varphi$ 是 φ 定义的理想，依命题 6.5.2，6.5.3，

$$\begin{aligned}|L_a\varphi(x_l x_l^*)| &= |\varphi(a x_l x_l^*)| = \varphi(x_l^* a x_l) \leqslant \|a\|\varphi(x_l^* x_l) \\ &= \|a\| L_p\varphi(x_l^* x_l) \to 0,\end{aligned}$$

因此只须证明 $[L_a\varphi \mid \varphi \in \mathscr{F},\ a \in (\mathfrak{M}_\varphi)_+]$ 在 M_* 中是稠的. 若不然，则有M的非零元 x，使得

$$\varphi(ax) = 0,\ \forall \varphi \in \mathscr{F},\ a \in \mathfrak{M}_\varphi,$$

于是 $\varphi(x^* a x) = 0$，$\forall \varphi \in \mathscr{F}$，$a \in \mathfrak{M}_\varphi$. 既然 $\varphi(\varepsilon\mathscr{F})$ 是半有限正规的，依命题 6.5.4 及 1.7.2，$\varphi(x^* x) = 0$，$\forall \varphi \in \mathscr{F}$. $\mathscr{F}$ 是完全的，因此，$x = 0$，矛盾. 证毕.

为下节的需要，我们讨论一下，可分 Hilbert 空间中的半有限且真无限的 vN 代数.

引理 6.5.17 设 $\mathscr{H}$ 是可分 Hilbert 空间，M 是 $\mathscr{H}$ 中半有限且真无限的 vN 代数，则存在M的相互直交、等价且有限的投影无穷列 $\{p_n\}$，使得 $\sum\limits_n p_n = 1$.

证. 设 q 是M的任意非零有限投影，$\{q_l\}_{l \in \Lambda}$ 是M的相互直交的投影极大族，使得 $q_l \sim q$，$\forall l$. 设 $p = c(q) - \sum\limits_{l \in \Lambda} q_l$，依定理 1.5.4，有中心投影 z，使得

$$pz \precsim qz,\ q(1-z) \precsim p(1-z),$$

由于 $\{q_l\}$ 的极大性，$qz \neq 0$，因此，$z_1 = c(q)z \neq 0$，并且

$$z_1 = \sum_{l \in \Lambda} q_l z_1 + p z_1,\ p z_1 \precsim q z_1.$$

如果 Λ 是有限的，依命题 6.4.5 z_1 是非零有限的中心投影，这与M真无限相矛盾. 因此 Λ 是无穷的. 由于 $\mathscr{H}$ 可分，Λ 是可数无穷的. 由此，$z_1 \sim \sum\limits_{l \in \Lambda} q_l z_1$，即有 $v \in M$，使得 $v^* v = \sum\limits_{l \in \Lambda} q_l z_1$，$vv^* = z_1$. 对每个 $l \in \Lambda$，令 $p_l = v q_l z_1 v^*$，则 $p_l p_{l'} = 0$，$\forall l \neq l'$，

$$p_l \sim (v q_l z_1)^* \cdot (v q_l z_1) = q_l z_1,\ \forall l$$

及 $\sum_{l\in\Lambda} p_l = z_1$. 因此，$z_1$ 是可数无穷多个相互直交、等价的有限投影之和. 再依 Zorn 辅理,即可得证.

命题 6.5.18 设 M, N 是可分 Hilbert 空间 $\mathscr{H}$ 中的vN代数,并且 M', N' 都是半有限且真无限,则每个M到 N 上的$*$同构Φ必是空间$*$同构.

证. 依命题 1.12.5, 可以设有 $\mathscr{H}$ 中的 vN 代数 L, p', q' 是 L' 的投影,$c(p') = c(q') = 1$, 使得 $M = L_{p'}$, $N = L_{q'}$ 以及 $\Phi(ap') = aq'$, $\forall a\in L$.

依引理 6.5.17, 有 L' 的相互直交，等价的有限投影无穷列 $\{p'_i\}$,$\{q'_i\}$,使得$\sum_i p'_i = p'$, $\sum_i q'_i = q'$. 写 $\{1,2,\cdots\} = \bigcup_n \Lambda_n$,
使得 $\Lambda_n\cap\Lambda_m = \phi$, $\forall n \neq m$,
且每个 Λ_n 都是无穷的. 任意固定 n, 有中心投影 z, 使得

$$zq'_n \precsim z\sum_{j\in\Lambda_n} p'_j,\quad (1-z)\sum_{j\in\Lambda_n} p'_j \precsim (1-z)q'_n$$

对任意固定的 $s\in\Lambda_n$, 令 $\Lambda'_n = \Lambda_n\backslash\{s\}$. 由于$\Lambda_n$ 是无穷的,因此, $\sum_{j\in\Lambda_n} p'_j \sim \sum_{j\in\Lambda'_n} p'_j$. 于是

$$\begin{aligned}(1-z)\sum_{j\in\Lambda_n} p'_j &\sim (1-z)\sum_{j\in\Lambda'_n} p'_j\\ &\leqslant (1-z)\sum_{j\in\Lambda_n} p'_j \precsim (1-z)q'_n.\end{aligned}$$

但 q'_n 是有限的,因此,$(1-z)\sum_{j\in\Lambda_n} p'_j = (1-z)\sum_{j\in\Lambda'_n} p'_j$, 即

$$(1-z)p'_s = 0.$$

但易见 $c(p'_s) = c(p') = 1$, 因此, $1-z = 0$. 从而

$$\sum_{j\in\Lambda_n} p'_j \succsim q'_n,\quad \forall n;$$

所以, $p'\succsim q'$. 同样证明 $p'\precsim q'$, 即 $p'\sim q'$. 这就说明Φ是空间$*$同构. 证毕.

注 本节见参考文献 [21], [91], [97],.

§6. 纯无限的 vN 代数

命题 6.6.1 1) 如果 $M=\sum_l \oplus M_l$，则M是纯无限的，当且仅当，每个 M_l 是纯无限的；

2) 如果M纯无限，则 M' 也纯无限；

3) 设M是纯无限的，p, p' 分别是M,M' 的投影，则 M_p, $M_{p'}$ 也是纯无限的。

证. 1) 必要性显然. 反之若每个 $M_l=Mz_l$ 是纯无限的，p 是M的有限投影，则 $pz_l=0$, $\forall l$, 因此 $p=0$. 2) 由命题 6.5.13 立见. 3) 依 2)，只须证 $M_{p'}$ 是纯无限的. 但 $M_{p'}$ *同构于 $Mc(p')$，后者自然纯无限，因此 $M_{p'}$ 纯无限. 证毕.

命题 6.6.2 vN 代数M是纯无限的，当且仅当，M_+ 上无非零的半有限正规迹.

证. 设 φ 是 M_+ 上非零的半有限正规迹，其支持 $s(\varphi)$ 是非零的中心投影. 依定理 6.5.8, $Ms(\varphi)$ 是半有限的，即M不能是纯无限的. 反之，如果有非零中心投影 z, 使得Mz 半有限. $(Mz)_+$ 上自然有非零半有限正规迹，因此，M_+ 上也有非零的半有限正规迹. 证毕.

命题 6.6.3 vN 代数M是纯无限的，当且仅当，对M的每个非零投影 p, * 运算在Mp 的有界球中不是强算子连续的.

证. 设M纯无限及 p 是M的非零投影. 由于 p 是无限的，有 $v\in M$, 使得 $v^*v=p, vv^*\lneqq p$. 依引理 6.3.11, 有相互直交、等价的非零投影列 $\{e_n\}$, $e_n\leqslant p$, $\forall n$, 及 $e_n\xrightarrow{\text{强算子}}0$. 令 $w_n^*w_n=e_n$, $w_nw_n^*=e_1$, $\forall n$. 显然 $w_n\xrightarrow{\text{强算子}}0$, $\|w_n\|\leqslant 1$, $w_np=w_n$, $\forall n$, 但 $\{w_n^*\}$ 并不依强算子拓扑收敛于 0, 因此，* 运算在 Mp 的有界球中不是连续的. 反之，如果M不是纯无限的，至少包含一个非零有限投影 p. 依命题 6.5.16, * 运算在 Mp 的有界球中是强算子连续

的. 证毕.

命题 6.6.4 设M是σ-有限并且纯无限的 vN 代数，p, q 是M的投影,使得 $c(p)=c(q)$, 则 $p\sim q$.

证. 依 Zorn 辅理,可以取相互直交的中心投影极大族 $\{z_l\}_{l\in\Lambda}$, 使得 $qz_l\lesssim pz_l$, $\forall l\in\Lambda$. 令 $z=\sum\limits_{l\in\Lambda}z_l$, $p'=p(1-z)$, $q'=q(1-z)$, 在 $M(1-z)$ 中对 p', q' 使用定理 1.5.4, 并依 $\{z_l\}_{l\in\Lambda}$ 的极大性,可见 $p'\lesssim q'$.

如果 $p'\neq 0$, 可取相互直交的投影极大族 $\{q_s'\}_{s\in\mathbb{I}}$, 使得 $q_s'\sim p'$, $q_s'\leqslant q'$, $\forall s\in\mathbb{I}$. 依定理 1.5.4, 有M的中心投影 $z'\leqslant 1-z$, 使得

$$\Big(q'-\sum_{s\in\mathbb{I}}q_s'\Big)z'\lesssim p'z',$$

$$p'(1-z')\lesssim\Big(q'-\sum_{s\in\mathbb{I}}q_s'\Big)(1-z')$$

依 $\{q_s'\}$ 的极大性, $p'z'\neq 0$. M_p 也是纯无限的，依定理6.4.4，有M_p 的相互直交的投影无穷列 $\{e_n\}$, 使得

$$\sum_{n=1}^{\infty}e_n=p,\ e_n\sim p,\ \forall n.$$

于是

$$e_nz'\sim pz'=p'z'\sim q_s'z'\quad\forall n,s$$

M是σ-有限的，$\mathbb{I}$ 必是可数指标集,因此,

$$\sum_{n=2}^{\infty}e_nz'\gtrsim\sum_{s\in\mathbb{I}}q_s'z'.$$

当然 $e_1z'\sim p'z'\gtrsim\Big(q'-\sum\limits_{s\in\mathbb{I}}q_s'\Big)z'$, 因此, $pz'\gtrsim q'z'=qz'$. 但 $z'\neq 0$, 且 $z'\leqslant 1-z$, 这便与$\{z_l\}_{l\in\Lambda}$的极大性相矛盾. 所以, $p'=0$, $p\leqslant z$. 于是

$$z\geqslant c(p)=c(q)\geqslant q,$$

因此, $p=pz=\sum\limits_{l\in\Lambda}pz_l\gtrsim\sum\limits_{l\in\Lambda}qz_l=qz=q$. 相仿证明 $p\lesssim q$,

因此，$p \sim q$. 证毕.

命题 6.6.5 设M是σ-有限的并且纯无限的 vN 代数，a是M的非零元，则 $K(a) \neq \{0\}$，这里 $K(a)$ 定义如定理 6.2.7.

证 依命题 6.2.8 及 $K(a^*) = K(a)^*$，可设 $a^* = a$. 当然也可设 $\|a\| \leqslant 1$ 及 $a_+ \neq 0$（否则代以 $-a$）. 于是有 a 的非零谱投影 p，及正整数 n，使得

$$a \geqslant \frac{1}{n} p - (1 - p).$$

如果有非零中心投影 $z \leqslant p$，则 $a \geqslant \frac{n+1}{n} z - 1$. 因此，$K(a)$ 中任意元将 $\geqslant \frac{n+1}{n} z - 1$，即见 $K(a) \neq \{0\}$. 从而可设 p 不包含任何非零中心投影.

代以考虑 $Mc(p)$，又可设 $c(p) = 1$. 由于 $p \geqslant 1 - c(1 - p)$，及 p 不包含任何非零中心投影，因此，$c(1 - p) = c(p) = 1$. 依命题 6.6.4，

$$p \sim (1 - p) \sim 1,$$

依定理 6.4.4，有相互直交的投影 $\{e_1, \cdots, e_{n+1}\}$，使得

$$p = \sum_{i=1}^{n+1} e_i, \quad e_i \sim p, \quad \forall i.$$

又命 $e_0 = 1 - p$，于是有 $v_i \in M$，使得 $v_i^* v_i = e_i$，$v_i v_i^* = e_{i+1}$，$0 \leqslant i \leqslant n$. 再命 $v_{n+1} = v_0^* \cdots v_n^*$，则 $u = v_0 + v_1 + \cdots + v_{n+1}$ 是M的酉元，且

$$u e_i u^{-1} = e_{i+1}, \quad 0 \leqslant i \leqslant n, \quad u e_{n+1} u^{-1} = e_0.$$

令

$$b = (n + 2)^{-1} \sum_{j=0}^{n+1} u^j a u^{-j},$$

注意

$$\sum_{j=0}^{n+1} u^j e_i u^{-j} = 1, \quad 0 \leqslant i \leqslant n + 1,$$

因此，

$$(n+2)b \geqslant \sum_{j=0}^{n+1} u^j\Big(\frac{1}{n}(e_1+\cdots$$

$$+e_{n+1})-e_0\Big)u^{-j}=\frac{1}{n}.$$

从而,如果 $c\in K(b)$,则 $c\geqslant\dfrac{1}{n(n+2)}$. 但显然 $K(b)\subset K(a)$,所以,$K(a)\neq\{0\}$. 证毕.

命题 6.6.6 设M是可分 Hilbert 空间 $\mathscr{H}$ 中的纯无限 vN 代数,则M在 $\mathscr{H}$ 中必有循环并且分离的矢.

证. 设ξ是 $\mathscr{H}$ 的非零矢,令p是 $\mathscr{H}$ 到 $\overline{M'\xi}$ 上的投影,$\{p_l\}$ 是M的相互直交的投影极大族,使得 $p_l\sim p$, $\forall l$. 依定理 1.5.4,有M的中心投影z,使得

$$\Big(1-\sum_l p_l\Big)z\precsim pz,$$

$$p(1-z)\precsim\Big(1-\sum_l p_l\Big)(1-z).$$

由于族 $\{p_l\}$ 的极大性,$z\neq 0$. 由于 $p_l\sim p(\forall l)$ 及 $\{p_l\}$ 相互直交,因此,$zc(p)=c(pz)\geqslant\sum\limits_l p_l z$. 另一方面,

$$c(p)z=c(pz)\geqslant\Big(1-\sum_l p_l\Big)z,$$

因此,$c(p)z\geqslant z$, $c(pz)=z=c(z)$. 依命题 6.6.4, $pz\sim z$. 从而有 $\eta\in\mathscr{H}$,使得z是 $\mathscr{H}$ 到 $\overline{M'\eta}$ 上的投影.

依 Zorn 辅理及 $\mathscr{H}$ 的可分性,有M的相互直交的中心投影列 $\{z_n\}$,使得 $\sum\limits_n z_n=1$,并且对每个n,有 $\eta_n\in\mathscr{H}$,而 z_n 是 $\mathscr{H}$ 到 $\overline{M'\eta_n}$ 上的投影. 无妨设 $\eta=\sum\limits_n\eta_n\in\mathscr{H}$,则$\eta$是$M'$的循环矢.

M' 也是 $\mathscr{H}$ 中纯无限的 vN 代数,因此,M在 $\mathscr{H}$ 中也有循环矢. 再依命题 1.13.4,M在 $\mathscr{H}$ 中有循环并且分离的矢. 证

毕.

命题 6.6.7 设 M, N 是可分 Hilbert 空间 $\mathscr{H}$ 中的 vN 代数,并且 M', N' 是真无限的,则每个 M 到 N 上的 $*$ 同构 Φ 必是空间 $*$ 同构.

证. 设 z 是 M 的最大中心投影,使得 Mz 是纯无限的. 于是, $N\Phi(z)$ 也是纯无限的,以及 $M'(1-z)$, $N'(1-\Phi(z))$ 是半有限且真无限的.

依命题 6.6.6, Mz, $N\Phi(z)$ 都有循环并且分离的矢. 依定理 1.13.5, Φ: $Mz \to N\Phi(z)$ 是空间 $*$ 同构.

依命题 6.5.18, Φ: $M(1-z) \to N(1-\Phi(z))$ 也是空间 $*$ 同构. 所以, Φ: $M \to N$ 是空间 $*$ 同构. 证毕.

本命题显然是命题 6.5.18 的推广.

注 本节见参考文献 [12], [21], [91].

§7. 离散的 vN 代数

定理 6.7.1 设 M 是 $\mathscr{H}$ 中的 vN 代数,则下列等价:

1) M 是离散的;

2) M' 是离散的;

3) M $*$ 同构于某个 vN 代数 N, 而 N' 是交换的;

4) 有 M 的交换投影 p, 使得 $c(p)=1$;

5) M 的任意非零投影必包含非零交换投影.

证. 1) 推导 4): 取 M 的非零交换投影的极大族 $\{p_l\}$, 使得 $c(p_l)\cdot c(p_{l'})=0$, $\forall l \neq l'$, 并记 $p=\sum\limits_l p_l$. 如果 $1-c(p)\neq 0$, 由于 M 是离散的,则 $1-c(p)$ 又将包含非零交换投影,这与族 $\{p_l\}$ 的极大性相矛盾. 因此, $c(p)=1$. 此外,依命题 1.5.9,

$$p_l M p_{l'}=\{0\}, \ \forall l \neq l',$$

所以, p 也是交换投影.

4) 推导 2): 命 $L=M'_p$, 它是 $\mathscr{K}=p\mathscr{H}$ 中的 vN 代数,

且 $L' = M_p$ 是交换的. 由于 $c(p) = 1$, $\Phi(a') = a'p(\forall a' \in M')$ 是 M' 到 L 上的 * 同构. 今设 p' 是 M' 的任意非零投影,

$$0 \neq \xi \in \Phi(p')\mathscr{H},$$

q' 是 $\mathscr{H}$ 到 $\overline{L'\xi}$ 上的投影 $(\in L)$. 由于 $\Phi(p')\mathscr{H} \supset \Phi(p')L'\xi = L'\Phi(p')\xi = L'\xi$, 因此, $q' \leqslant \Phi(p')$. 在 $q\mathscr{H}$ 中, vN 代数 $L'_{q'}$ 是交换的,且有循环矢 ξ, 依命题 5.3.15, $(L'_{q'})' = L_{q'} = L'_{q'}$. 因此, $\Phi(p')$ 包含非零交换投影 q'. 进而, p' 包含 (M' 的) 非零交换投影. 所以,M' 是离散的.

2) 推导 3), 3) 推导 5) 实际都已寓于上面的推导之中. 5) 推导 1) 是显然的. 证毕.

注. 对任意的 vN 代数 M, 则由 $M \cup M'$ 生成的 vN 代数 N 是离散的. 事实上, $N' = M \cap M'$ 是交换的.

命题 6.7.2 1) 设M是离散的, p, p' 分别是 M, M' 的投影, 则M_p, $M_{p'}$ 也是离散的;

2) 设 $M = \sum\limits_l \oplus M_l$, 则$M$是离散的,当且仅当, 每个 M_l 是离散的.

证. 1) 由 $M_{p'}$ * 同构于 $M_{c(p')}$, 可见 $M_{p'}$ 是离散的. 又 $(M_p)' = M'_p$, 因此, M_p 也是离散的.

2) 依离散 vN 代数的定义立见. 证毕.

命题 6.7.3 设M是离散的因子, 则M * 同构于 $B(\mathscr{H})$, 这里 $\mathscr{H}$ 是某个 Hilbert 空间.

证. 依定理 **6.7.1**, M可 * 同构于某 Hilbert 空间 $\mathscr{H}$ 中的 vN 代数 N, 而 N' 交换. 当然N也是因子,因此

$$N' = \mathbb{C}, \ N = B(\mathscr{H}).$$

证毕.

命题 6.7.4 有限维的 c^*-代数必为若干个矩阵代数的直和.

证. 设M是有限维的 c^*-代数, 作为 Banach 空间, M是自反的,因此,M也是 w^*-代数. M的中心是有限维的, 因此可以找到M的相互直交的极小中心投影 $z_1, \cdots, z_m$, 使得

$$\sum_{i=1}^{m} z_i = 1.$$

令 $M_i = Mz_i$，则它是有限维的因子，显然 M_i 也是离散的，依命题 **6.7.3**，M_i* 同构于 $B(\mathscr{H}_i)$，这里 $\mathscr{H}_i$ 是有限维的 Hilbert 空间，$1 \leqslant i \leqslant m$. 所以，$M*$ 同构于若干个矩阵代数的直和. 证毕.

引理 6.7.5 设 p, q 是 vN 代数 M 的投影，且 p 是交换的，及 $c(q) \geqslant p$，则 $p \lesssim q$

证. 依定理 1.5.4，有中心投影 z，使得

$$qz \lesssim pz,\ p(1-z) \lesssim q(1-z).$$

设 $qz \sim p_1 \leqslant pz$，依命题 1.5.8，p_1 在 M_{pz} 中的中心复盖是 $c(p_1)pz$，但 M_{pz} 是交换的，因此，

$$p_1 = c(p_1)pz = c(qz)pz = c(q)pz = pz,$$

即 $qz \sim pz$. 从而 $p \lesssim q$. 证毕.

引理 6.7.6 设 M 是 $\mathscr{H}$ 中的 vN 代数，$\{p_l | l \in \Lambda\}$，$\{q_r | r \in \mathrm{I}\}$ 是 M 的相互直交，等价的交换投影族，并且 $\sum_{l \in \Lambda} p_l = \sum_{r \in \mathrm{I}} q_r = 1$，则 $^{\#}\Lambda = {}^{\#}\mathrm{I}$.

证. 显然 $c(p_l) = c(q_r) = 1$，依引理 6.7.5，$p_l \sim q_r$，$\forall l \in \Lambda$，$r \in \mathrm{I}$.

如果 $^{\#}\Lambda < \infty$，依命题 6.4.5，M 是有限的 vN 代数，从而 $^{\#}\mathrm{I} < \infty$. 所以，$^{\#}\Lambda$ 与 $^{\#}\mathrm{I}$ 同时有限或无限.

首先考虑 $^{\#}\Lambda$，$^{\#}\mathrm{I}$ 有限的情况. 无妨设 $^{\#}\Lambda \leqslant {}^{\#}\mathrm{I}$，于是，

$$1 = \sum_{l \in \Lambda} p_l \sim \sum_{r \in \Lambda} q_r \leqslant \sum_{r \in \mathrm{I}} q_r = 1.$$

但 M 是有限的，因此，$^{\#}\Lambda = {}^{\#}\mathrm{I}$.

今设 Λ，I 为无限的指标集. 任意固定 $p \in \{p_l\}$，交换 vN 代数 M_p 是有限的，依命题 6.3.16 及 1.3.8，存在 M 的非零中心投影 z，使得 M_{pz} 是 σ-有限的. 代以考虑 Mz，$\{p_l z\}$，$\{q_r z\}$，可以设 $z = 1$. 今对于任意的 $l \in \Lambda$，M_{p_l} 是 $p_l\mathscr{H}$ 中 σ-有限的 vN 代数，依命题 1.14.2，有 $p_l\mathscr{H}$ 的可数子集 $\mathfrak{M}_l$，使得 $[M'\mathfrak{M}_l]$ 在 $p_l\mathscr{H}$ 中

稠．令 $\mathbf{I}_l = \{r \in \mathbf{I} | q_r \mathfrak{M}_l \neq 0\}$，由于 $\{q_r\}_{r \in \mathbf{I}}$ 是相互直交的，易见 $\mathbf{I}_l$ 是 $\mathbf{I}$ 的可数子集，$\forall l \in \Lambda$．现在指出 $\mathbf{I} = \bigcup_{l \in \Lambda} \mathbf{I}_l$．事实上，若有 $r \in \mathbf{I} \setminus \bigcup_{l \in \Lambda} \mathbf{I}_l$，则 $q_r \mathfrak{M}_l = \{0\}$，$\forall l \in \Lambda$．于是，$q_r M' \mathfrak{M}_l = \{0\}$，即 $q_r p_l = 0$，$\forall l \in \Lambda$．但 $\sum_{l \in \Lambda} p_l = 1$，因此，$q_r = 0$，这不可能．今由 $\mathbf{I} = \bigcup_{l \in \Lambda} \mathbf{I}_l$ 及 $\mathbf{I}_l$ 是可数的 $(\forall l)$，可见 $^{\#}\mathbf{I} \leqslant {}^{\#}\Lambda$．同证 $^{\#}\Lambda \leqslant {}^{\#}\mathbf{I}$，所以，$^{\#}\Lambda = {}^{\#}\mathbf{I}$．证毕．

定义 6.7.7 vN 代数 M 称为 (I_n) 型的或者 n-齐次的，这里 n 可以是有限或无限的势，指存在 M 的相互直交、等价的交换投影族 $\{p_l | l \in \Lambda\}$，使得 $\sum_{l \in \Lambda} p_l = 1$，$^{\#}\Lambda = n$．

依引理 6.7.6，(I_n) 型的定义与 $\{p_l\}$ 的选取无关．

命题 6.7.8 1）(I_n) 型的 vN 代数必是 (I) 型的；

2）vN 代数 M 是 (I_n) 型的，当且仅当，M 空间 $*$ 同构于 $N \bar{\otimes} B(\mathscr{H}_n)$，这里 N 是交换的 vN 代数，$\mathscr{H}_n$ 是 n 维的 Hilbert 空间．特别，(I_n) 型的因子 $*$ 同构于 $B(\mathscr{H}_n)$．

证．1）对定义 6.7.7 中的任意交换投影 p_l，必有 $c(p_l) = 1$．再依定理 6.7.1，(I_n) 型 vN 代数必是 (I) 型的．

2）必要性由定义 6.7.7 及定理 1.5.6 立见．反之设 $\{e_l | l \in \Lambda\}$ 是 $\mathscr{H}_n$ 的直交规范基，这里 $^{\#}\Lambda = n$，令 p_l 是 $\mathscr{H}_n$ 到 $[e_l]$ 上的投影，则 $\{p_l | l \in \Lambda\}$ 是 $B(\mathscr{H}_n)$ 的相互直交、等价的交换投影族，且 $\sum_{l \in \Lambda} p_l = 1$．由此，如果 N 是交换的 vN 代数，则 $N \bar{\otimes} B(\mathscr{H}_n)$ 是 (I) 型的．证毕．

引理 6.7.9 设 $\{z_l\}$ 是 vN 代数 M 的相互直交的 n-齐次中心投影族，则 $z = \sum_l z_l$ 也是 n-齐次的．

证．设 $\{p_\beta^{(l)} | \beta \in \mathbf{I}\}$ 是 $M z_l$ 的相互直交、等价的交换投影族，使得 $\sum_{\beta \in \mathbf{I}} p_\beta^{(l)} = z_l$，$^{\#}\mathbf{I} = n$，$\forall l$．令 $p_\beta = \sum_l p_\beta^{(l)}$，则 $\{p_\beta | \beta \in \mathbf{I}\}$

将是M的相互直交、等价的交换投影族，且 $\sum_{\beta\in\mathbb{I}} p_\beta = z$，因此，$Mz$ 是 (I_n) 型的. 证毕.

引理 6.7.10 设 z_i 是 vN 代数M的 n_i-齐次的中心投影，$i=1, 2$，并且 $n_1 \neq n_2$，则 $z_1z_2 = 0$.

证. 设 $\{p_l^{(i)} | l \in \Lambda_i\}$ 是相互直交、等价的交换投影族，使得

$$\sum_{l\in\Lambda_i} p_l^{(i)} = z_i,\quad {}^{\#}\Lambda_i = n_i,\quad i = 1, 2.$$

于是 $\{p_l^{(1)}z_2 | l \in \Lambda_1\}$，$\{p_l^{(2)}z_1 | l \in \Lambda_2\}$ 也是相互直交、等价的交换投影族，且和都为 z_1z_2. 如果 $z_1z_2 \neq 0$，依引理 6.7.6 ${}^{\#}\Lambda_1 = {}^{\#}\Lambda_2$，这与 $n_1 \neq n_2$ 相矛盾. 因此，$z_1z_2 = 0$. 证毕.

定理 6.7.11 设M是 (I) 型的 vN 代数，则可以唯一分解为 $M = \sum_{n\in E}\oplus M_n$，这里 E 是某个不同势的集合，M_n 是 (I_n) 型的，$\forall n \in E$.

证. M 至少包含一个非零交换投影 p，取相互直交的投影极大族 $\{p_l\}$，使得 $p_l \sim p$，$\forall l$. 依定理 1.5.4，有中心投影 z，使得

$$(1-q)z \precsim pz,\quad p(1-z) \precsim (1-q)(1-z)$$

这里 $q = \sum_l p_l$. 由 $\{p_l\}$ 的极大性，$z \neq 0$. 如果 $(1-q)z = 0$，则 $z = \sum_l p_lz$，可见 z 是齐次的中心投影. 如果 $(1-q)z \neq 0$，令 $z_1 = zc(1-q)$ 也是非零的中心投影. 设

$$(1-q)z \sim q_1 \leqslant pz,$$

依命题 1.5.8 及 pz 是交换投影，$q_1 = c(q_1)pz = pz_1$. 显然 $(1-q)z_1 = (1-q)z$，因此，

$$(1-q)z_1 \sim q_1 = pz_1 \sim p_lz_1,\quad \forall l,$$

又 $z_1 = \sum_l p_lz_1 + (1-q)z_1$，因此，$z_1$ 是齐次的中心投影.

总之，M必有非零的齐次中心投影. 由 Zorn 辅理，可写 $1 = \sum_r z_r$，这里 $\{z_r\}$ 是相互直交的中心投影族，且每个 z_r 都是齐次

的．再依引理 6.7.9，就可得到所要求的分解．分解的唯一性由引理 6.7.10 立见．证毕．

注 本节见参考文献 [55]，[57]，[59]．

§8. 连续的与 (II) 型的 vN 代数

命题 6.8.1 vN 代数M是连续的，当且仅当，不存在非零中心投影 z，使得 Mz 是离散的．特别，纯无限的 vN 代数是连续的．

证．若M不是连续的，则M至少包含一个非零交换投影 p，令 $z=c(p)$，依定理 6.7.1，Mz 是离散的．反之，如有非零中心投影 z，使得 Mz 是离散的，则 Mz 包含非零交换投影 p，p 自然也是M的交换投影，因此，M不是连续的．证毕．

命题 6.8.2 1) 设 $M=\sum_l \oplus M_l$，则M是连续或 (II) 型的，当且仅当，每个 M_l 是连续或 (II) 型的；

2) 设M是连续或 (II) 型的，则 M' 亦然；

3) 设M是连续或 (II) 型的，p，p' 分别是M，M' 的投影，则 M_p，$M_{p'}$ 也是连续或 (II) 型的．

证 1) 显然．

2) 设M是连续的，若 M' 有非零中心投影 z，使得 $M'z$ 离散．依定理 6.7.1，$(M'z)'=Mz$ 也离散，这与命题 6.8.1 相矛盾．因此，M' 也是连续的．此外，依命题 6.5.13，如果M是 (II) 型的，则 M' 也是 (II) 型的．

3) 由 $(M_p)'=M'_p$ 及 2)，只须对 $M_{p'}$ 来证明．但 $M_{p'}$ 与 $M_{c(p')}$ *同构，因此显然．证毕．

定理 6.8.3 vN 代数M是连续的，必须且只须，M的每个投影可写成M的两个相互直交且等价的投影之和。

证．充分性．如果 p 是M的交换投影，依所设，可写 $p=p_1+p_2$，这里 $p_1p_2=0$，且 $p_1\sim p_2$．于是 $c(p_1)=c(p)$．又 $p_1\leqslant p$ 及 p 是交换的，依命题 1.5.8，$p_1=c(p_1)p=p$．因此，$p=0$，即M

是连续的.

今设M是连续的，p是M的任意非零投影. 于是 M_p 不是交换的，从而 M_p 有非零投影 q，使得 $q \notin M_p \cap M'_p$. 依定理 1.5.4，有M的中心投影 z，使得 $qz \precsim (p-q)z$，$(p-q)(1-z) \precsim q(1-z)$. 如果 $qz = (p-q)(1-z) = 0$，于是，$q = p - pz \in M_p \cap M'_p$，矛盾. 因此有 $qz \neq 0$，或者 $(p-q)(1-z) \neq 0$. 如果 $qz \neq 0$，设 $qz = r_1 \sim r_2 \leqslant (p-q)z$，自然 $r_1 r_2 = 0$，及$r_1 + r_2 \leqslant p$. 如果 $(p-q)(1-z) \neq 0$，设$(p-q)(1-z) = r_1 \sim r_2 \leqslant q(1-z)$，自然 $r_1 r_2 = 0$，及 $r_1 + r_2 \leqslant p$. 总之有非零投影 r_1，r_2，使得 $r_1 r_2 = 0$，$r_1 \sim r_2$，$r_1 + r_2 \leqslant p$. 再对 $(p - (r_1 + r_2))$ 施用同样手续，依 Zorn 辅理，可见 p 可写成M的两个相互直交且等价的投影之和. 证毕.

定理 6.8.4 vN 代数M是 (II) 型的，必须且只须，存在M的投影递减列$\{p_n\}$，使得 p_1 是有限的，$c(p_1) = 1$，并且$(p_n - p_{n+1}) \sim p_{n+1}$，$\forall n$.

证. 设M是 (II) 型的，依定理 6.5.10，存在有限投影 p_1，使得 $c(p_1) = 1$. 又依定理 6.8.3，可写

$$
\begin{aligned}
&p_1 = p_2 + q_2,\ p_2 q_2 = 0,\ p_2 \sim q_2 \\
&\cdots \\
&p_n = p_{n+1} + q_{n+1},\ p_{n+1} q_{n+1} = 0,\ p_{n+1} \sim q_{n+1} \\
&\cdots
\end{aligned}
$$

所得之 $\{p_n\}$ 即满足要求.

反之设满足条件的 $\{p_n\}$ 存在. 依定理 6.5.10，M首先是半有限的. 如果能够证明 M_{p_1} 是连续的，则 $(M_{p_1})' = M'_{p_1}$ 也是连续的. 但 M'_{p_1} *同构于 M'，因此，M'，从而 M，也是连续的. 所以可设 $p_1 = 1$，及M是有限的. 依命题 6.3.16 及 6.8.2，还可以设M是 σ-有限的，于是M上有忠实的正规迹态 φ. 如果 p 是M的交换投影，对每个 n，依定理 1.5.4，有中心投影 z_n，使得

$$p_n z_n \precsim p z_n,\ p(1 - z_n) \precsim p_n(1 - z_n).$$

设 $p_n z_n \sim q_n \leqslant pz_n$，由于 p 是交换的，因此，$q_n = c(q_n)pz_n = c(p_n)pz_n$. 注意 $p_n \sim (p_{n-1} - p_n)$，因此，$c(p_n) \geqslant p_{n-1}$. 递推可见 $c(p_n) = 1$. 从而 $q_n = pz_n$，即 $p_n z_n \sim pz_n$，$p \precsim p_n, \forall n$. 另一方面，由

$$p_n = p_{n+1} + (p_n - p_{n+1}),\ p_{n+1} \sim (p_n - p_{n+1}),$$

因此，$\varphi(p_n) = 2\varphi(p_{n+1})$. 但 $\varphi(p_1) = 1$，因此，$\varphi(p_n) = 2^{-n}$，$\forall n$. 今 $\varphi(p) \leqslant \varphi(p_n) = 2^{-n}$，$\forall n$，所以，$\varphi(p) = 0$，$p = 0$，即 M 不包含任何非零的交换投影. 证毕.

注 本节见参考文献 [12]，[55].

§9. vN 代数张量积的类型

设 M_i 是 $\mathscr{H}_i$ 中的 vN 代数，$i = 1, 2$，$M_1 \bar{\otimes} M_2$ 是 $\mathscr{H}_1 \otimes \mathscr{H}_2$ 中的 vN 代数. 本节考察 M_1，M_2 的类型与 $M_1 \bar{\otimes} M_2$ 的类型之间的关系.

命题 6.9.1 $M_1 \bar{\otimes} M_2$ 是有限的，当且仅当，M_1，M_2 都是有限的.

证. 设 $M_1 \bar{\otimes} M_2$ 是有限的，M_1 *同构于 $M_1 \otimes 1_2$，因此，M_1 是有限的. 同样 M_2 也是有限的.

今设 M_1，M_2 是有限的，依命题 6.3.16.，又可设 M_1，M_2 还是 σ-有限的. 从而 M_1，M_2 上有忠实的正规迹态 φ_1，φ_2. 于是有 $\{\xi_n^{(i)}\} \subset \mathscr{H}_i$，$\sum\limits_n \|\xi_n^{(i)}\|^2 < \infty$，使得

$$\varphi_i(\cdot) = \sum_n \langle \cdot \xi_n^{(i)}, \xi_n^{(i)} \rangle,\ i = 1, 2.$$

今考虑

$$\varphi_1 \otimes \varphi_2(\cdot) = \sum_{n,m} \langle \cdot \xi_n^{(1)} \otimes \xi_m^{(2)}, \xi_n^{(1)} \otimes \xi_m^{(2)} \rangle,$$

它显然是 $M_1 \bar{\otimes} M_2$ 上的正规迹态. 由于 φ_i 是忠实的，因此，$\{\xi_n^{(i)}\}$ 是 M_i' 的循环矢列 $i = 1, 2$. 由此，$\{\xi_n^{(1)} \otimes \xi_m^{(2)}\}$ 将是 $M_1' \bar{\otimes} M_2' =$

$(M_1\bar{\otimes}M_2)'$ 的循环矢列. 所以, $\varphi_1\otimes\varphi_2$ 在 $M_1\bar{\otimes}M_2$ 上也是忠实的及 $M_1\bar{\otimes}M_2$ 是有限的. 证毕.

命题 6.9.2 $M_1\bar{\otimes}M_2$ 是真无限的,当且仅当,M_1 或者M_2 是真无限的.

证. 必要性由命题 6.9.1 立见. 今设 M_1 是真无限的, 如果 $M_1\bar{\otimes}M_2$ 并非真无限,于是 $M_1\bar{\otimes}M_2$ 上有正规迹态 φ, $\varphi|(M_1\otimes 1_2)$ 将产生 M_1 上一个正规迹态,这与 M_1 真无限相矛盾. 证毕.

命题 6.9.3 设 M_1, M_2 都是半有限的, 则 $M_1\bar{\otimes}M_2$ 也是半有限的.

证. 依命题 6.5.14, 可设 M_i' 是有限的, $i=1$, 2. 于是, $(M_1\bar{\otimes}M_2)'=M_1'\bar{\otimes}M_2'$ 是有限的. 因而 $M_1\bar{\otimes}M_2$ 是半有限的. 证毕.

引理 6.9.4 设 φ 是 vN 代数 N 的正部分 N_+ 上半有限的正规迹, $s(\varphi)$ 是 φ 的支持, $b\in Ns(\varphi)$ 使得 $\varphi(b^*b)<\infty$,则 $a\rightarrow ba^*$ 在 N 的有界球中是强算子连续的.

证. 设网 $\{a_l\}\subset N$, $\|a_l\|\leqslant 1(\forall l)$, 且 $a_l\xrightarrow{\text{强算子}}0$, 要证明 $a_lb^*ba_l^*\xrightarrow{\text{弱算子}}0$.

由于 $a_lb^*ba_l^*\in Ns(\varphi)$ $(\forall l)$, 因此无妨设 $s(\varphi)=1$, 即 φ 是忠实的. 今依定理 6.5.8 下面的注, φ 将产生 N 忠实的 w^*-表示 $\{\pi_\varphi, \mathscr{H}_\varphi\}$. 由于 $\|a_l\|\leqslant 1(\forall l)$, 只须对任意的 $x\in\mathfrak{N}$ (如命题 6.5.2 所定义),证明 $\langle\pi_\varphi(a_lb^*ba_l^*)x_\varphi, x_\varphi\rangle=\varphi(x^*a_lb^*ba_l^*x)\rightarrow 0$. 由于 φ 是迹, $b\in\mathfrak{N}$, 依命题 6.5.2 及 6.5.3,

$$\begin{aligned}\varphi(x^*a_lb^*ba_l^*x)&=\varphi(ba_l^*xx^*a_lb^*)\leqslant\|x\|^2\varphi(ba_l^*a_lb^*)\\&=\|x\|^2\varphi(b^*ba_l^*a_l)\rightarrow 0.\end{aligned}$$

证毕.

命题 6.9.5 $M_1\bar{\otimes}M_2$ 是纯无限的,当且仅当,M_1 或者M_2 是纯无限的.

证. 如果 M_1, M_2 均非纯无限,依命题 6.9.3, $M_1\bar{\otimes}M_2$ 也不能是纯无限的。

今设 M_1 是纯无限的. 如果 $M_1\bar{\otimes}M_2$ 不是纯无限的, 于是

$(M_1\bar{\otimes}M_2)_+$ 上有非零的半有限正规迹 φ. 取 $0 \lneqq b \in (M_1\bar{\otimes}M_2)$ $s(\varphi)$，使得 $\varphi(b^2) < \infty$.

如果写 $\mathscr{H}_1 \otimes \mathscr{H}_2 = \sum_{l \in \Lambda} \oplus \mathscr{H}_l$，这里 $\mathscr{H}_l = \mathscr{H}_1$，$\forall l$，及 $^{\#}\Lambda = \dim \mathscr{H}_2$，相应 $b = (b_{ll'})_{l,l' \in \Lambda}$，其中 $b_{ll'} \in B(\mathscr{H}_1)$，$\forall l, l'$. 由于 $b \gneqq 0$，必有指标 $l_0 \in \Lambda$，使得 $b_1 = b_{l_0 l_0} \gneqq 0$.

今考虑映象

$$M_1 \xrightarrow{\alpha} M_1\bar{\otimes}M_2 \xrightarrow{\beta} M_1\bar{\otimes}M_2 \xrightarrow{\gamma} M_1,$$

其中 $\alpha(a_1) = a_1 \otimes 1_2$，$\forall a_1 \in M_1$，$\beta(a) = ba^*$，$\forall a \in M_1\bar{\otimes}M_2$，$\gamma(a) = a_{l_0 l_0}$，$\forall a \in M_1\bar{\otimes}M_2$. 依引理 6.9.4，

$$(\gamma \circ \beta \circ \alpha)(a_1) = b_1 a_1^*, \ \forall a_1 \in M_1.$$

在M_1的有界球中是强算子连续的. 由于 $b_1 \gneqq 0$，存在正数 λ 及 M_1 的非零投影 p_1，使得 $b_1^2 \geqslant \lambda p_1$. 从而，$a_1 \to p_1 a_1^*$ 在M_1的有界球中是强算子连续的. 特别，$a_1 \to a_1^*$ 在 $M_1 p_1$ 的有界球中是强算子连续的. 但M_1是纯无限的，$p_1 \neq 0$，这便与命题 6.6.3 相矛盾. 因此，$M_1\bar{\otimes}M_2$ 是纯无限的. 证毕.

系 6.9.6 如果 $M_1\bar{\otimes}M_2$ 是半有限的，则 M_1，M_2 都是半有限的.

命题 6.9.7 设 M_i 是 (I_{n_i}) 型的，$i = 1, 2$，则 $M_1\bar{\otimes}M_2$ 是 $(\mathrm{I}_{n_1 n_2})$ 型的. 特别，M_1，M_2 是离散的，则 $M_1\bar{\otimes}M_2$ 亦然.

证. 可设 $M_i = N_i \bar{\otimes} B(\mathscr{K}_i)$，这里 N_i 是交换的 vN 代数，$\mathscr{K}_i$ 是 n_i 维的 Hilbert 空间，$i = 1, 2$，于是，

$$M_1\bar{\otimes}M_2 = (N_1\bar{\otimes}N_2)\bar{\otimes} B(\mathscr{K}_1 \otimes \mathscr{K}_2),$$

依命题 6.7.8，$M_1\bar{\otimes}M_2$ 是 $(\mathrm{I}_{n_1 n_2})$ 型的. 证毕.

命题 6.9.8 设M是 (I_n) 型的 vN 代数，则M是有限的，当且仅当，$n < \infty$.

证. 设 $M = N\bar{\otimes}B(\mathscr{H}_n)$，其中$N$是交换 vN 代数(必是有限的)，$\mathscr{H}_n$ 是 n 维 Hilbert 空间. 依命题 6.9.1，M 是有限的，当且仅当，$B(\mathscr{H}_n)$ 是有限的，这等价于 $n < \infty$. 证毕.

命题 6.9.9 设 M_1，M_2 都半有限，且 M_1 是连续的，则 $M_1\bar{\otimes} M_1$ 是（II）型的。

证．依定理 6.8.4，存在 M_1 的有限投影递减列 $\{p_n\}$，使得 $c(p_1)=1_1$，$p_{n+1}\sim(p_n-p_{n+1})$，$\forall n$．又 M_2 是半有限的，因此存在M_2 的有限投影 q，使得 $c(q)=1_2$．今命 $e_n=p_n\otimes q$，依命题 6.9.1，$\{e_n\}$ 将是 $M_1\bar{\otimes} M_2$ 的有限投影递减列．依定义 1.5.7，易见 e_1 在 $M_1\bar{\otimes} M_2$ 中的中心覆盖是 1．自然也有 $e_{n+1}\sim(e_n-e_{n+1})$，$\forall n$，依定理 6.8.4，$M_1\bar{\otimes} M_2$ 是（II）型的．证毕．

命题 6.9.10 $M_1\bar{\otimes} M_2$ 是连续的，当且仅当，M_1 或者 M_2 是连续的．

证．由于纯无限的代数必是连续的，依命题 6.9.5，可设 M_1，M_2 都是半有限的．因此充分性由命题 6.9.9 立见．

今设 $M_1\bar{\otimes} M_2$ 是连续的，并且 M_1，M_2 是半有限的，如果 M_1，M_2 都不是（II）型的，依命题 6.9.7，$M_1\bar{\otimes} M_2$ 也不能是连续的，因此，必有 M_1 或者 M_2 是连续的．证毕．

系 6.9.11 1）如果 $M_1\bar{\otimes} M_2$ 是离散的，则 M_1，M_2 都是离散的；2）如果$M_1\bar{\otimes} M_2$ 是（II）型的，则 M_1，M_2 都是半有限的，并且 M_1 或者M_2 是连续的．

综上所述，我们有：

定理 6.9.12 1）$M_1\bar{\otimes} M_2$ 是有限的、半有限的、离散的，当且仅当，M_1 与 M_2 都是有限的、半有限的、离散的；

2）$M_1\bar{\otimes} M_2$ 是真无限的、纯无限的、连续的，当且仅当，M_1 或者M_2 是真无限的、纯无限的、连续的；

3）$M_1\bar{\otimes} M_2$ 是（II）型的，当且仅当，M_1 与 M_2 都是半有限的，并且M_1 或者M_2 是（II）型的．

注 本节见参考文献 [21]，[72]，[91]．

第七章　因子的理论

本章是因子理论的初步，也是第六章的继续. §1 的维数函数系 F. J. Murray 与 J. von Neumann 在卅年代所定义，他们用维数函数值域的不同 (7.1.3)，把因子分成五类，这正是第六章的结果. 同时 §1 也指出维数函数与迹的关系 (7.1.6). §2 证明超有限的 (II_1) 型 (在 $*$ 同构下) 是唯一的 (7.2.15). Murray 与 von Neumann 也曾指出非超有限 (II_1) 型因子的存在性，这说明把因子分成五类是不完全的. 正是由于这一点，因子理论在近代获得了重要的发展. 既然把因子分成了五类，自然要问它们是否实际地存在? 对于 (I_n), (I_∞) 型，是不待言的，而 (II) 型与 (III) 型因子的存在性并非显然，但它们的存在正是使得算子代数能够与其它代数尖锐地区别开来. §3 我们叙述构造 (II) 型与 (III) 型因子的标准办法——群测度空间的构造方法.

§1. 维数函数

依第六章的分类，因子只有五种类型:

1) (I_n) 型因子，即离散且有限的因子，它必 $*$ 同构于 $B(\mathscr{H}_n)$，这里 $\dim\mathscr{H}_n = n < \infty$;

2) (I_∞) 型因子，即离散且无限的因子，它必 $*$ 同构于 $B(\mathscr{H})$，这里 $\dim\mathscr{H} = \infty$;

3) (II_1) 型因子，即连续且有限的因子;

4) (II_∞) 型因子，即连续且无限的因子;

5) (III) 型因子，即纯无限的因子.

定义 7.1.1　设 M 是因子，M_+ 上的迹 φ 称为满足条件 (R) 的，指如果 M 包含非零的有限投影，则存在 M 的非零有限投影 p_0,

使得 $\varphi(p_0) < \infty$.

命题 7.1.2 设M是因子，φ是 M_+ 上满足条件 (R) 的忠实的正规迹.

1) 设 p 是M的投影，则 p 是有限的或者无限的，当且仅当，$\varphi(p) < \infty$ 或者 $\varphi(p) = +\infty$;

2) 设 p, q 是M的有限投影，则 $p \lesssim q$，当且仅当，$\varphi(p) \leqslant \varphi(q)$;

3) 如果M包含非零的有限投影，则φ是半有限的;

4) 除去正常数的倍数外，φ是唯一决定的.

证. 1) 如果 p 是无限的，它也是真无限的，依定理 6.4.4，可写 $p = p_1 + p_2$，这里 $p_1p_2 = 0$，且 $p \sim p_1 \sim p_2$. 于是，$\varphi(p) = 2\varphi(p)$. 由于φ是忠实的，因此，$\varphi(p) = +\infty$.

如果 p 是有限的，设 p_0 如定义 7.1.1，因子的任意两个投影都是可以比较的，如果 $p \lesssim p_0$，自然 $\varphi(p) < \infty$; 如果 $p_0 \lesssim p$，设 $\{p_l\}_{l \in \Lambda}$ 是相互直交的投影族，使得

$$p_l \sim p_0, \ p_l \leqslant p, \ \forall l \in \Lambda, \ \left(p - \sum_l p_l\right) \lesssim p_0,$$

由于 p 是有限的，$^{\#}\Lambda < \infty$，由此可见 $\varphi(p) < \infty$. 所以，p 有限或无限，当且仅当，$\varphi(p) < \infty$ 或 $\varphi(p) = +\infty$.

2) 如果 $p \lesssim q$，自然 $\varphi(p) \leqslant \varphi(q)$. 反之，设 $\varphi(p) \leqslant \varphi(q)$，而 $q \sim p_1 \lneqq p$，由于 p 是有限的及φ是忠实的，则 $\varphi(q) = \varphi(p_1) < \varphi(p)$，矛盾. 因此，$p \lesssim q$.

3) 设$0 \neq a \in M_+$，必有正数 λ 及投影 $p \in M$，使得 $a \geqslant \lambda p$. 由于M包含非零有限投影，M是半有限的，因此必有非零有限投影 $q \leqslant p$. 于是 $a \geqslant \lambda q \neq 0$，且 $0 < \varphi(\lambda q) < \infty$，即$\varphi$是半有限的.

4) 如果M是纯无限的，则M的任意非零投影是无限的，因此，M_+ 上忠实的正规迹只能是: $\varphi(0) = 0, \varphi(a) = +\infty, \forall a \in M_+ \backslash \{0\}$，即$\varphi$是唯一决定的.

如果M是半有限的，依 3) 及定理 6.5.8，φ即是 M_+ 上所存在的忠实的半有限正规迹. 今设 φ_1，φ_2 是 M_+ 上两个忠实的半有限正规迹，需要证明 φ_1 与 φ_2 仅相差一个正常数的倍数.

首先如果M是有限的，由 1) 及命题 6.5.2，φ_1，φ_2 可扩张为 M 上忠实的正规迹. 令 $\varphi=\varphi_1+\varphi_2$，依定理 1.10.3 及 φ 也是迹，有 $t\in M$，$0\leqslant t\leqslant 1$，使得

$$\varphi_1(a)=\varphi(ta),\ \forall a\in M.$$

对任意的 $a, b\in M$，

$$\varphi(tab)=\varphi_1(ab)=\varphi_1(ba)=\varphi(tba)=\varphi(atb),$$

即 $\varphi((ta-at)b)=0$. φ 也是忠实的，因此，$t\in M\cap M'=\mathbf{C}$. 进而可见，φ_1 与 φ_2 仅相差一个正常数的倍数.

今若M是半有限且真无限的. 依定理 6.5.10，将存在有限投影的递增网 $\{q_l\}$，使得 $\sup\limits_l q_l=1$. 依前段所证，对每个指标 l，有正常数 λ_l，使得

$$\varphi_1(a)=\lambda_l\varphi_2(a),\ \forall a\in(M_{q_l})_+,$$

但 $\{q_l\}$ 是递增的，因此 λ_l 将不依赖于指标 l，设 $\lambda_l=\lambda, \forall l$，则 $\varphi_1(q_laq_l)=\lambda\varphi_2(q_laq_l)$，$\forall a\in M_+$，$\forall l$. 另一方面，依命题 6.5.2，$\varphi_i(q_laq_l)=\varphi_i(a^{\frac{1}{2}}q_la^{\frac{1}{2}})$，又 φ_i 是正规的，因此，$\varphi_1(a)=\lambda\varphi_2(a)$，$\forall a\in M_+$. 证毕.

注. 依本命题及其证明可见：对于 (I) 型因子 $B(\mathscr{H})$，$B(\mathscr{H})_+$ 上唯一的(除去常数倍数外)忠实的半有限正规迹是

$$\mathrm{tr}(\cdot)=\sum_l\langle\cdot\xi_l,\xi_l\rangle,$$

这里 $\{\xi_l\}$ 是 $\mathscr{H}$ 的直交规范基；对于有限型因子，其上有唯一的忠实的正规迹态；对于半有限因子，其正部份上有唯一的(除去常数倍数外)忠实的半有限正规迹；对于纯无限因子，情形是平凡的.

命题 7.1.3 设 M 是因子，P 表示 M 的投影全体，φ 如命题 7.1.2，$\mathscr{D}=\{\varphi(p)|p\in P\}$，则 φ 乘以适当正常数后，可以使得：

1) 当 $M(\mathrm{I}_n)$ 型 (n 可以是有限或无限的)时，

$$\mathscr{D} = \{0, 1, \cdots, n\}.$$

特别地，$M = B(\mathscr{H}_n)$，$\varphi(p) = \dim p\mathscr{H}_n$，$\forall p \in P$；

2）当 $M(\mathrm{II}_1)$ 型时，$\mathscr{D} = [0, 1]$；

3）当 $M(\mathrm{II}_\infty)$ 时，$\mathscr{D} = [0, +\infty]$；

4）当 $M(\mathrm{III})$ 型时，$\mathscr{D} = \{0, +\infty\}$.

证. 1）已见于命题 7.1.2 下面的注. 4）是显然的.

2）设 φ 为 M 上(唯一的)忠实的正规迹态. 依定理 6.8.3,

$$\{2^{-n}k \mid 1 \leqslant k \leqslant 2^n, n = 0, 1, \cdots\} \subset \mathscr{D}.$$

对于任意的 $\lambda \in [0,1]$，可以取 $p_n \in P$，使得 $\varphi(p_n) = \lambda_n \nearrow \lambda$. 依命题 7.1.2，$p_n \precsim p_{n+1}$，$\forall n$.

取 $q_1 = p_1$. 设 $q_1 \sim q \leqslant p_2$，依命题 6.3.2，$(1 - q_1) \sim (1 - q)$. 因此，$(p_2 - q) \precsim (1 - q_1)$. 设 $(p_2 - q) \sim r \leqslant (1 - q_1)$，于是，$p_2 \sim q_1 + r$. 令 $q_2 = q_1 + r$，则 $q_2 \geqslant q_1$，$q_i \sim p_i$，$i = 1, 2$. 继续下去，可以得到 $\{q_n\}$，使得 $q_n \leqslant q_{n+1}$，$q_n \sim p_n$，$\forall n$. 命 $q = \sup\limits_n q_n$，则 $\varphi(q) = \sup\limits_n \varphi(p_n) = \lambda$. 所以，$\mathscr{D} = [0, 1]$.

3）设 $\{p_l\}$ 是 M 的有限投影递增网，且 $\sup\limits_l p_l = 1$. 自然有 $\varphi(p_l) \nearrow +\infty = \varphi(1)$. 又依2)，对每个 l，$[0, \varphi(p_l)] \subset \mathscr{D}$，因此，$\mathscr{D} = [0, +\infty]$. 证毕.

引理 7.1.4 设 M 是有限的因子，P 是 M 的投影全体，D: $P \to [0, +\infty)$，并且满足：1）如果 $p_1 p_2 = 0$，则

$$D(p_1 + p_2) = D(p_1) + D(p_2);$$

2）对于 M 的任意酉元 u 及 $p \in P$，$D(upu^*) = D(p)$；3）$D(1) > 0$，则 $D = \varphi | P$，这里 φ 如命题 7.1.2.

证. 如果 $M = B(\mathscr{H}_n)$，这里 $\dim \mathscr{H}_n = n < \infty$. 依 2)，$D$ 将对 M 的所有极小投影取同一个值 λ. 依 1)，$D(1) = n\lambda$，因此，$\lambda > 0$. 无妨设 $\lambda = 1$. 由于 M 的任意投影必为若干个极小投影的和，因此，$D(P) = \{0, 1, \cdots, n\}$. 依命题 7.1.3，$D = \varphi | P$.

今设 M 是 (II_1) 型的. 无妨设 $D(1) = 1$，并设 φ 是 M 上忠

实的正规迹态. 如果 $p \sim q$, 依命题 6.3.2, $(1-p) \sim (1-q)$, 因此有酉元 u, 使得 $p = uqu^*$. 由此, 如果 $p \gtrsim q$, 则 $D(p) \geqslant D(q)$. 此外,依定理 6.8.3, 有 $p_{n,k} \in P$, 使得 $\varphi(p_{n,k}) = D(p_{n,k}) = 2^{-n}k$, $0 \leqslant k \leqslant 2^n$, $n = 0, 1, \cdots$. 今对任意的 $p \in P$, 可以取 $\{p_m\}$, 使得 $D(p_m) = \varphi(p_m) \uparrow \varphi(p)$. 依命题 7.1.2, $p \gtrsim p_m$, 因此, $D(p) \geqslant D(p_m) = \varphi(p_m) \to \varphi(p)$. 同样证明, $D(1-p) \geqslant \varphi(1-p)$, 所以, $D(p) = \varphi(p)$, $\forall p \in P$. 证毕.

定义 7.1.5 设M是因子, P是 M 的投影全体, D: $P \to [0, +\infty]$称为维数函数,指 1) $D(p) = 0$, 当且仅当, $p = 0$; 2) 对任意的酉元 $u(\in M)$, 及 $p \in P$, $D(upu^*) = D(p)$; 3) 如果 $pq = 0$, 则 $D(p+q) = D(p) + D(q)$; 4) 如果M包含非零有限投影, 则有 $0 \neq p_0 \in P$, 使得 $D(p_0) < \infty$.

定理 7.1.6 设M是因子, P是M的投影全体, $D(\cdot)$ 是维数函数,则 $D = \varphi | P$, 这里 φ 如命题 7.1.2.

证. 首先指出,如果 p 是无限的,则 $D(p) = +\infty$. 事实上, p 也是真无限的,依定理 6.4.4, 可写 $p = \sum_n p_n$, 这里

$$p_n p_m = \delta_{nm} p_n, \quad p_n \sim p, \quad \forall n, m.$$

显然存在酉元 u_{nm}, 使得 $u_{nm} p_n u_{nm}^* = p_m$, 因此, $D(p_n) = D(p_m)$, $\forall n, m$. 又 $D(p_n) > 0$, $\forall n$, 所以, $D(p) = +\infty$.

于是,如果M是无限的,则 $D = \varphi | P$.

如果M是半有限的, p_0 如定义 7.1.5, 依上面所证, p_0 必是有限投影. 因此可取 φ 如命题 7.1.2, 使得 $\varphi(p_0) = D(p_0)$. 我们来证明 $D = \varphi | P$, 仅须对有限投影 p 证明 $D(p) = \varphi(p)$. 令 $q = \sup\{p, p_0\}$, 依命题 6.4.5, q 也是有限投影. 依引理 7.1.4,

$$D | P \cap M_q = \varphi | P \cap M_q,$$

特别, $D(p) = \varphi(p)$. 证毕.

系 7.1.7 维数函数除去常数倍数外是唯一的.

注 本节见参考文献 [21], [74].

§ 2. 超有限的 (II_1) 型因子

设M是 (II_1) 型因子，于是M上有唯一忠实的正规迹态 φ，令

$$\|x\|_2 = \varphi(x^*x)^{1/2}, \ \forall x \in M,$$

易见 $\|\cdot\|_2$ 将是M上的范数，并且

$$\|x\|_2 = \|x^*\|_2 \leqslant \|x\|, \ \|xy\|_2 \leqslant \min\{\|x\|\|y\|_2, \|y\|\|x\|_2\}$$

$\forall x, y \in M$. 依引理 1.11.2，在M的单位球 $(M)_1$ 中，$\|\cdot\|_2$ 产生的拓扑与强算子拓扑等价.

引理 7.2.1 设 p 是M的投影，$a^* = a \in (M)_1$，则存在 a 的谱投影 q，使得 $\|q-p\|_2 \leqslant 9\|a-p\|_2^{1/2}$. 此外，如果 $a \geqslant 0$，则

$$\|a^{1/2} - p\|_2 \leqslant 13\|a-p\|_2^{1/4}.$$

证. 设 $\varepsilon \in \left(0, \dfrac{1}{2}\right)$，$a = \int_{-1}^{1} \lambda de_\lambda$，以及

$$q = 1 - e_{1-\varepsilon}, \ q_1 = e_\varepsilon - e_{-\varepsilon}, \ q_2 = 1 - q - q_1,$$

当 $\lambda \notin [-\varepsilon, \varepsilon] \cup (1-\varepsilon, 1]$时，$|\lambda^2 - \lambda| \geqslant \varepsilon - \varepsilon^2 \geqslant \dfrac{\varepsilon}{2}$，因此，

$$\begin{aligned}\frac{1}{2}\varepsilon\|q_2\|_2 &\leqslant \|(a^2-a)q_2\|_2 \leqslant \|a^2 - a\|_2 \\ &\leqslant \|(a-p)a\|_2 + \|p(a-p)\|_2 \\ &\quad + \|p-a\|_2 \leqslant 3\|p-a\|_2,\end{aligned}$$

即$\|q_2\|_2 \leqslant \dfrac{6}{\varepsilon}\|p-a\|_2$. 另一方面，$\|aq_1\| \leqslant \varepsilon$，$\|aq-q\| \leqslant \varepsilon$，从而，

$$\begin{aligned}\|a-q\|_2 &\leqslant \|aq-q\|_2 + \|aq_1\|_2 \\ &\quad + \|aq_2\|_2 \leqslant 2\varepsilon + \frac{6}{\varepsilon}\|a-p\|_2.\end{aligned}$$

如果 $\|a-p\|_2^{1/2} < \dfrac{1}{2}$，取 $\varepsilon = \|a-p\|_2^{1/2}$，则

$$\|a-q\|_2 \leqslant 8\|a-p\|_2^{1/2}.$$

从而，$\|q-p\|_2 \leqslant \|a-p\|_2 + \|a-q\|_2 \leqslant 9\|a-p\|_2^{1/2}$. 如果$\|a-$

$p\|_2^{1/2} \geqslant \frac{1}{2}$，则直接有

$$\begin{aligned}\|q-p\|_2 &\leqslant \|q\|_2+\|a-p\|_2+\|a\|_2 \leqslant 2 \\ &+(\|a\|_2+\|p\|_2)^{1/2}\|a-p\|_2^{1/2} \leqslant \|a-p\|_2^{1/2}(4 \\ &+(\|a\|_2+\|p\|_2)^{1/2}) \leqslant 9\|a-p\|_2^{1/2}.\end{aligned}$$

今设 $a \geqslant 0$. 用前面的符号，有

$$\|a^{1/2}q-q\| \leqslant \varepsilon, \ \|a^{1/2}q_1\| \leqslant \varepsilon^{1/2},$$

于是由前面所证的 $\|q_2\|_2 \leqslant \frac{6}{\varepsilon}\|a-p\|_2$.

$$\begin{aligned}\|a^{1/2}-q\|_2 &\leqslant \|a^{1/2}q-q\|_2+\|a^{1/2}q_1\|_2 \\ &+\|a^{1/2}q_2\|_2 \leqslant \varepsilon+\varepsilon^{1/2}+\|q_2\|_2 \leqslant \varepsilon \\ &+\varepsilon^{1/2}+\frac{6}{\varepsilon}\|a-p\|_2.\end{aligned}$$

如果 $\|a-p\|_2^{1/2} < \frac{1}{2}$，取 $\varepsilon=\|a-p\|_2^{1/2}$，则

$$\|a^{1/2}-q\|_2 \leqslant 7\|a-p\|_2^{1/2}+\|a-p\|_2^{1/4} \leqslant 6\|a-p\|_2^{1/4}.$$

前面已证，这时 $\|q-p\|_2 \leqslant 9\|a-p\|_2^{1/2}$，因此，

$$\begin{aligned}\|a^{1/2}-p\|_2 &\leqslant \|q-p\|_2+\|a^{1/2}-q\|_2 \\ &\leqslant 9\|a-p\|_2^{1/2}+6\|a-p\|_2^{1/4} \\ &\leqslant \left(6+\frac{9}{\sqrt{2}}\right)\|a-p\|_2^{1/4} \\ &\leqslant 13\|a-p\|_2^{1/4}.\end{aligned}$$

如果 $\|a-p\|_2^{1/2} \geqslant \frac{1}{2}$，则直接有

$$\|a^{1/2}-p\|_2 \leqslant \|a^{1/2}\|_2+\|p\|_2 \leqslant 2 \leqslant 13\|a-p\|_2^{1/2}.$$ 证毕.

引理 7.2.2 设 p, q 是 M 的投影，则有 M 的部分等距元 w，使得

$$w^*w \leqslant p, \ ww^* \leqslant q, \ \|w-p\|_2 \leqslant 14\|p-q\|_2^{1/4}.$$

证. 极分解 $qp=wb$，则 $0 \leqslant b \leqslant 1$，$w^*w \leqslant p$，$ww^* \leqslant q$. 注意 $\|b^2-p\|_2=\|p(q-p)p\|_2 \leqslant \|q-p\|_2$，依引理 7.2.1，$\|b-p\|_2 \leqslant 13\|b^2-p\|_2^{1/4} \leqslant 13\|q-p\|_2^{1/4}$. 于是，由 $wp=w$，

$$\|w-p\|_2 \leqslant \|w-qp\|_2 + \|qp-p\|_2$$
$$= \|w(p-b)\|_2 + \|(q-p)p\|_2 \leqslant \|p-b\|_2$$
$$+ \|q-p\|_2 \leqslant 13\|q-p\|_2^{1/4} + \|q-p\|_2,$$
当$\|q-p\|_2 \leqslant 1$ 时,即见$\|w-p\|_2 \leqslant 14\|q-p\|_2^{1/4}$; 当$\|q-p\|_2 > 1$, 则直接有$\|w-p\|_2 \leqslant 2 < 14\|q-p\|_2^{1/4}$. 证毕.

引理 7.2.3 设 u 是 M 的酉元, w 是 M 的部分等距元, 并且 $uw^*w = w$, 则 $\|u-w\|_2^2 \leqslant 2\|w-1\|_2$.

证. 由于 $(u-w)(u-w)^* = 1-ww^*$, 于是
$$\|u-w\|_2^2 = \varphi(1-ww^*) \leqslant |\varphi(1-w)|$$
$$+ |\varphi(w(1-w^*))| \leqslant \|1-w\|_2$$
$$+ \|1-w^*\|_2 = 2\|w-1\|_2.$$
证毕.

引理 7.2.4 设 p, q 是M的等价的投影, 则有M的酉元 u, 使得
$$q = upu^*, \ \|u-1\|_2 \leqslant 36\|p-q\|_2^{1/8}.$$

证. 依引理 7.2.2, 有M的部分等距元 w, 使得
$$w^*w \leqslant p, \ ww^* \leqslant q, \ \|w-p\|_2 \leqslant 14\|p-q\|_2^{1/4},$$
由于M是有限的,依命题 6.3.2, 有 $v \in M$, 使得 $v^*v = p - w^*w$, $vv^* = q - ww^*$.

又依引理 7.2.2, 有部分等距元 $w_1 \in M$, 使得
$$w_1^*w_1 \leqslant 1-p, \ w_1w_1^* \leqslant 1-q,$$
$$\|w_1-(1-p)\|_2 \leqslant 14\|p-q\|_2^{1/4},$$
依命题 6.3.2, $1-p \sim 1-q$, 因此又有 $v_1 \in M$, 使得 $v_1^*v_1 = 1-p-w_1^*w_1$, $v_1v_1^* = 1-q-w_1w_1^*$.

今命 $u = w+v+w_1+v_1$, 则 u 是 M 的酉元, 并且 $q = upu^*$. 注意 $\|w+w_1-1\|_2 \leqslant \|w-p\|_2 + \|w_1-(1-p)\|_2 \leqslant 28\|p-q\|_2^{1/4}$, 又 $u(w+w_1)^*(w+w_1) = w+w_1$, 依引理 7.2.3, $\|w+w_1-u\|_2 \leqslant \sqrt{2}\|w+w_1-1\|_2^{1/2} \leqslant 8\|p-q\|_2^{1/8}$. 由此,
$$\|u-1\|_2 \leqslant \|w+w_1-u\|_2 + \|w+w_1-1\|_2$$
$$\leqslant 8\|p-q\|_2^{1/8} + 28\|p-q\|_2^{1/4},$$
当 $\|p-q\|_2 \leqslant 1$ 时, 即有 $\|u-1\|_2 \leqslant 36\|p-q\|_2^{1/8}$. 如果 $\|p-$

$q\|_2 > 1$，则直接有$\|u-1\|_2 \leqslant 2 < 36\|p-q\|_2^{1/8}$. 证毕.

定义 7.2.5 M 称为满足有限逼近条件的，指对于M的任意有限个元 $a_1, \cdots, a_m$ 及 $\varepsilon > 0$，存在M的有限维＊子代数N及N的元 $b_1, \cdots, b_m$，使得

$$\|a_i - b_i\|_2 \leqslant \varepsilon, \ 1 \leqslant i \leqslant m.$$

在下面的引理 7.2.6—7.2.9 中，均设M满足有限逼近条件，并且所说M的子因子均包含M的单位元.

引理 7.2.6 对M的任意元 $a_1, \cdots, a_m$ 及 $\varepsilon > 0$，存在M的 (I_{2^n}) 型子因子 N (n 充分大)及N的元 $b_1, \cdots, b_m$，使得

$$\|a_i - b_i\|_2 \leqslant \varepsilon, \ 1 \leqslant i \leqslant m.$$

证. 首先对 $\frac{\varepsilon}{2}$，有M的有限维＊子代数A，及A的元 $c_1, \cdots, c_m$，使得 $\|a_i - c_i\|_2 \leqslant \frac{\varepsilon}{2}$，$1 \leqslant i \leqslant m$. 无妨设 $1 \in A$，依命题 6.7.4，有A的相互直交的中心投影 $\{z_i\}$，使得 $\sum_i z_i = 1$，且每个 $A_i = Az_i$ 是有限维的因子. 于是对每个 i，又有 A_i 的相互直交的极小投影 $\{p_j^{(i)}\}$，使得 $\sum_j p_j^{(i)} = z_i$. 在 A_i 中，$p_j^{(i)} \sim p_k^{(i)}$，于是有 $w_j^{(i)} \in A_i$，使得

$$w_1^{(i)} = p_1^{(i)}, \ w_j^{(i)*} w_j^{(i)} = p_1^{(i)}, \ w_j^{(i)} w_j^{(i)*} = p_j^{(i)}, \ \forall j.$$

由此，$\{w_j^{(i)} w_k^{(i)*}\}_{j,k}$ 是 A_i 的矩阵单位，进而 $\{e_{jk}^{(i)} = w_j^{(i)} w_k^{(i)*}\}_{i,j,k}$ 是A的基. 因此，我们只须对充分小的 $\delta > 0$ (δ 依赖于 $\varepsilon, c_1, \cdots, c_m$)，寻找$M$的 (I_{2^n}) 型子因子 N，及N的元 $\{v_j^{(i)}\}$，使得

$$\|w_j^{(i)} - v_j^{(i)}\|_2 \leqslant \delta, \ \forall i, \ j.$$

取充分大的 n，使得 $2^{-n} < \delta^2$. 由于M是 (II_1) 型因子，依命题 7.1.3，对每个 i，可找到相互直交的投影 $\{q_k^{(i)}\}$，使得

$$q_k^{(i)} \leqslant p_1^{(i)}, \ \varphi(q_k^{(i)}) = 2^{-n}, \ \forall k,$$

$$\varphi\left(p_1^{(i)} - \sum_k q_k^{(i)}\right) < 2^{-n}.$$

现在可取M的 (I_{2^n}) 型子因子 N，使得 $\{w_j^{(i)} q_k^{(i)}\}_{i,j,k} \subset N$. 如果

命 $v_j^{(i)}=w_j^{(i)}\sum_k q_k^{(i)}$，则

$$(w_j^{(i)}-v_j^{(i)})^*(w_j^{(i)}-v_j^{(i)})=p_1^{(i)}-\sum_k q_k^{(i)}.$$

因此，$\|w_j^{(i)}-v_j^{(i)}\|_2^2=\varphi\left(p_1^{(i)}-\sum_k q_k^{(i)}\right)<2^{-n}<\delta^2$，$\forall i, j$. 证毕.

引理 7.2.7 对M的任意元 $a_1,\cdots,a_m$ 及投影 p，$\varepsilon>0$，如果 $\varphi(p)=2^{-n}$，则存在M的 (I_{2^r}) 型子因子 N，这里 $r\geqslant n$，及N的元 $b_1,\cdots,b_m$，N的投影 q，使得

$$\|a_i-b_i\|_2\leqslant\varepsilon,\ 1\leqslant i\leqslant m,\ \|p-q\|_2\leqslant\varepsilon,$$
$$\varphi(q)=2^{-n}.$$

证. 依引理 7.2.6，可取M的 (I_{2^r}) 型子因子 N，这里 $r\geqslant n$ 及N的元 $b_1,\cdots,b_{m+1}$，使得

$$\|a_i-b_i\|_2\leqslant\delta,\ 1\leqslant i\leqslant m,\ \|p-b_{m+1}\|_2\leqslant\delta,$$

这里 $\delta>0$ 待定，并无妨设 $b_{m+1}^*=b_{m+1}$. 记

$$b=2b_{m+1}(1+b_{m+1}^2)^{-1}.$$

显然 $b\in N$，$\|b\|\leqslant1$. 注意 $p=2p(1+p)^{-1}$，因此，

$$\frac{1}{2}(b-p)=(1+b_{m+1}^2)^{-1}(b_{m+1}-p)(1+p)^{-1}$$
$$+\frac{b}{4}(p-b_{m+1})p.$$

从而，$\|b-p\|_2\leqslant\frac{5}{2}\delta$. 依引理 7.2.1，有 b 的谱投影 q_1，使得 $\|q_1-p\|_2\leqslant9\|b-p\|_2^{1/2}\leqslant15\delta^{1/2}$. 于是，

$$|\varphi(q_1)-2^{-n}|=|\varphi(p-q_1)|\leqslant\|p-q_1\|_2\leqslant15\delta^{1/2}.$$

今取N的投影 q，使得 $\varphi(q)=2^{-n}$，并且 $q\geqslant q_1$ 或者 $q\leqslant q_1$，则 $\|q-q_1\|_2^2=|\varphi(q_1)-2^{-n}|\leqslant15\delta^{1/2}$. 由此，

$$\|q-p\|_2\leqslant\|q-q_1\|_2+\|q_1-p\|_2$$
$$\leqslant15\delta^{1/2}+\sqrt{15}\delta^{1/4}.$$

今只须取 $\delta>0$，使得 $\delta\leqslant\varepsilon$，且 $15\delta^{1/2}+\sqrt{15}\,\delta^{1/4}\leqslant\varepsilon$，即得证.

引理 7.2.8 对M的任意元 $a_1,\cdots,a_m$，投影p，这里p并满足：$\varphi(p)=2^{-n}$，$pa_i=a_ip=a_i$，$1\leqslant i\leqslant m$，则对任意的 $\varepsilon>0$，存在M的(I_{2^r})型子因子N，使得 $r\geqslant n$，$p\in N$，并且有N的元 $b_1,\cdots,b_m$，满足

$$pb_i=b_ip=b_i,\ \|a_i-b_i\|_2\leqslant\varepsilon,\ 1\leqslant i\leqslant m.$$

此外，如果 $p\in L$，这里L是M的 (I_{2^n}) 型子因子，则还可以取上面的 $N\supset L$.

证. 依引理 7.2.7，有M的(I_{2^r})型子因子A，这里 $r\geqslant n$，及A的元 $c_1,\cdots,c_m$，A的投影q，使得$\|a_i-c_i\|_2\leqslant\delta$，$1\leqslant i\leqslant m$，$\|p-q\|_2\leqslant\delta$，$\varphi(q)=2^{-n}$，这里 $\delta>0$ 待定. 于是 $p\sim q$，依引理 7.2.4，有M的酉元u，

$$p=u^*qu,\ \|u-1\|_2\leqslant 36\|p-q\|_2^{1/8}\leqslant 36\delta^{1/8},$$

命 $N=u^*Au$，也是M的 (I_{2^r}) 型子因子，且 $p\in N$. 对 $1\leqslant i\leqslant m$，设 $b_i=pu^*c_iup$，则 $b_i\in N$，$pb_i=b_ip=b_i$，及

$$\begin{aligned}\|a_i-b_i\|_2&\leqslant\|u^*c_iu-a_i\|_2\leqslant\|c_i-ua_iu^*\|_2\\&\leqslant\|c_i-a_i\|_2+\|a_iu-ua_i\|_2\leqslant\|a_i-c_i\|\\&\quad+2\|a_i\|\|u-1\|_2\leqslant\delta+72\|a_i\|\delta^{1/8}.\end{aligned}$$

今取 $\delta>0$，使得 $\delta+72\delta^{1/8}\max\limits_{1\leqslant i\leqslant m}\|a_i\|\leqslant\varepsilon$ 即可.

今设 $p\in L$，这里L是M的 (I_{2^n}) 型子因子. 取L的相互直交的极小投影 $p=p_1,p_2,\cdots,p_{2^n}$. 依定理 1.5.6，M空间∗同构于 $M_p\overline{\otimes}B(\mathscr{K})$，这里 $\dim\mathscr{K}=2^n$，这空间∗同构同时把L变成 $L_p\overline{\otimes}B(\mathscr{K})=\mathbb{C}|_{p\mathscr{H}}\overline{\otimes}B(\mathscr{K})$ ($\mathscr{H}$ 是M的作用空间). 依前段所证，有M的 (I_{2^r}) 型子因子A，这里 $r\geqslant n$，使得 $p\in A$，并且有A的元 $b_1,\cdots,b_m$，而 $\|a_i-b_i\|_2\leqslant\varepsilon$，$pb_i=b_ip=b_i$，$1\leqslant i\leqslant m$. 显然，$p,b_1,\cdots,b_m\in A_p$. 由于 $\varphi(p)=2^{-n}$，A_p应当∗同构于 2^{r-n} 阶的矩阵代数. 令N是 $A_p\overline{\otimes}B(\mathscr{K})$ 依前面空间∗同构的逆象，则N是M的 (I_{2^r}) 型子因子，并且 $p,b_1,\cdots,b_m\in N$. 此外，$L_p=\mathbb{C}|_{p\mathscr{H}}\subset A_p$，因此，$L\subset N$. 证毕.

引理 7.2.9 对M的任意元 $a_1,\cdots,a_m$，及 $\varepsilon>0$，又若L是

M的 (I_{2^n}) 型子因子，则存在 M 的 (I_{2^r}) 型子因子N及N的元 $b_1, \cdots, b_m$，使得

$$r \geqslant n, \ L \subset N, \ \|a_i - b_i\|_2 \leqslant \varepsilon, \ 1 \leqslant i \leqslant m.$$

证. 设 $\{p_j | 1 \leqslant j \leqslant 2^n\}$ 是L的相互直交的极小投影族，$\{w_j\} \subset L$，使得 $w_1 = p_1$，$w_j^* w_j = p_1$，$w_j w_j^* = p_j$，$\forall j$. 记 $p_1 = p$，$a_{ijk} = w_i^* a_k w_j$，则 $p a_{ijk} = a_{ijk} p = a_{ijk}$，$\forall 1 \leqslant i, j \leqslant 2^n$，$1 \leqslant k \leqslant m$. 于是依引理 7.2.8，有$M$的 (I_{2^r}) 型子因子N，使得 $r \geqslant n$，$L \subset N$，并有N的元 b_{ijk}，而 $\|a_{ijk} - b_{ijk}\|_2 \leqslant \delta$，$\forall i, j, k$，这里 $\delta > 0$，且 $2^{2n}\delta \leqslant \varepsilon$. 令 $b_k = \sum\limits_{i,j} w_i b_{ijk} w_j^*$，显然 $b_k \in N$，$1 \leqslant k \leqslant m$. 注意

$$\begin{aligned} a_k &= \sum_{i,j} p_i a_k p_j = \sum_{i,j} w_i w_i^* a_k w_j w_j^* \\ &= \sum_{i,j} w_i a_{ijk} w_j^*, \end{aligned}$$

于是，$\|a_k - b_k\|_2 \leqslant \sum\limits_{i,j} \|a_{ijk} - b_{ijk}\|_2 \leqslant 2^{2n}\delta \leqslant \varepsilon$，$1 \leqslant k \leqslant m$. 证毕.

命题 7.2.10 如果M是满足有限逼近条件的 (II_1) 型因子，并且M还是可数生成的，则存在

$$1 \in M_1 \subset \cdots \subset M_n \subset \cdots \subset M,$$

这里 M_n 是M的 (I_{2^n}) 型子因子，$\forall n$，且 $\bigcup\limits_n M_n$ 在M中是 $\sigma(M, M_*)$ 稠的.

证. 设 $\{a_n\}$ 是 M 的可数生成集，依引理 7.2.9，可以构作 $1 \in M_{r_1} \subset \cdots \subset M_{r_k} \subset \cdots \subset M$，这里对于每个 k，M_{r_k} 是M的 $(\mathrm{I}_{2^{r_k}})$ 型子因子，并且有 $b_1^{(k)}, \cdots, b_k^{(k)} \in M_{r_k}$，使得

$$\|b_i^{(k)} - a_i\|_2 \leqslant \frac{1}{k}, \ 1 \leqslant i \leqslant k.$$

因此，$\bigcup\limits_k M_{r_k}$ 在M中是 $\sigma(M, M_*)$ 稠的. 再将 $\{M_{r_k}\}$ 插补起来，就可得到所要求的 $\{M_n\}$. 证毕.

定义 7.2.11 vN 代数M称为超有限的，指存在正整数列$\{p_n\}$及$1\in M_{p_1}\subset\cdots\subset M_{p_n}\subset\cdots\subset M$，这里 M_{p_n} 是M的 (I_{p_n}) 型子因子，$\forall n$，使得$\bigcup\limits_n M_{p_n}$ 在M中是 $\sigma(M, M_*)$ 稠的。

依命题 3.8.3，这时必有 $p_n | p_{n+1}$，$\forall n$.

定义 7.2.12 vN 代数M称为有限逼近的，指存在M的有限维$*$子代数的递增列 $\{M_n\}$，使得 $\bigcup\limits_n M_n$ 在M中是 $\sigma(M, M_*)$ 稠的.

定理 7.2.13 设M是 (II_1) 型因子，则下列等价：

1）M是超有限的；

2）M是有限逼近的；

3）M是可数生成的，并满足有限逼近条件，即对于M的任意元 $a_1,\cdots, a_m$ 及 $\varepsilon>0$，存在M的有限维$*$子代数 N 及 N 的 $b_1,\cdots, b_m$，使得 $\|a_i-b_i\|_2\leqslant\varepsilon$，$1\leqslant i\leqslant m$；

4）M是可数生成的，并满足超有限条件，即对于M的任意元 $a_1,\cdots, a_m$ 及 $\varepsilon>0$，存在M的子因子 $N(1\in N)$，及 N 的元 $b_1,\cdots, b_m$，使得 $\|a_i-b_i\|_2\leqslant\varepsilon$，$1\leqslant i\leqslant m$.

证. 由 1) 推导 2)，2) 推导 3)，4) 推导 3) 均是显然的. 引理 7.2.6 指出 3) 蕴含 4). 此外，命题 7.2.10 指出 3) 蕴含1). 证毕.

引理 7.2.14 设A是 (UHF) 代数(见定义 3.8.2)，则在A上存在唯一的迹态 φ，即 φ 是态，同时 $\varphi(ab)=\varphi(ba)$，$\forall a, b\in A$.

证. 依命题 3.8.3，A是 $\{B(\mathscr{H}_{m_n})\}_n$ 的无穷张量积. 每个 $B(\mathscr{H}_{m_n})$ 上自然有迹态 φ_n，再依命题 3.8.7，$\bigotimes\limits_n \varphi_n$ 便是A上的迹态. 此外，$A=\overline{\bigcup\limits_n A_n}$，这里$1\in A_1\subset\cdots\subset A_n\subset\cdots\subset A$，并且 A_n $*$同构于 $B(\mathscr{H}_{p_n})$，$\forall n$. 显然 $B(\mathscr{H}_{p_n})$ 上的迹态是唯一的，因此，A上的迹态是唯一的. 证毕.

定理 7.2.15 所有的超有限的 (II_1) 型因子都是相互$*$同构的.

证．设 M_i 是超有限的 (II_1) 型因子，φ_i 是 M_i 上唯一忠实的正规迹态，它产生 M_i 忠实的循环 w^*-表示 $\{\pi_i, \mathscr{H}_i, \xi_i\}$，自然 $\pi_i(M_i)$ 也是超有限的 (II_1) 型因子，$i=1, 2$.

设 A 是 $\{2^n\}$ 型的 (UHF) 代数，依命题 7.2.10 及定理 7.2.13，将有 A 到 $\pi_i(M_i)$ 中的 $*$ 同构 Φ_i，使得 $\Phi_i(A)$ 在 $\pi_i(M_i)$ 中是 σ-稠的，由此，$\langle\Phi_i(\cdot)\xi_i, \xi_i\rangle$ 是 A 上的迹态，$i=1, 2$. 依引理 7.2.14，

$$\langle\Phi_1(a)\xi_1, \xi_1\rangle = \langle\Phi_2(a)\xi_2, \xi_2\rangle, \ \forall a \in A.$$

如果命 $u\Phi_1(a)\xi_1 = \Phi_2(a)\xi_2$, $\forall a\in A$，则 u 可扩张为 $\mathscr{H}_1$ 到 $\mathscr{H}_2$ 上的酉算子，并且 $u\Phi_1(a)u^* = \Phi_2(a)$, $\forall a\in A$. 因此，

$$u\pi_1(M_1)u^* = \pi_2(M_2),$$

进而，M_1 与 M_2 是 $*$ 同构的．证毕．

命题 7.2.16 设 M 是有限的 vN 代数，并且 M 是超有限的，则 M 是因子．

证．设 $M\subset B(\mathscr{H})$，z 是 M 的中心投影，并且 $z \neq 0, 1$，于是有 $\mathscr{H}$ 的单位矢 ξ, η，使得

$$z\xi = \xi, \ z\eta = 0,$$

M 是超有限的，于是有 (UHF) 代数 $A\subset M$，$1\in A$，并且 A 在 M 中 σ-稠．M 是有限的，于是有 M 到其中心上的映象 T——中心值的迹(见定义 6.3.13)，则 $\langle T(\cdot)\xi, \xi\rangle$, $\langle T(\cdot)\eta, \eta\rangle$ 都是 A 上的迹态．依引理 7.2.14，$\langle T(a)\xi, \xi\rangle = \langle T(a)\eta, \eta\rangle$, $\forall a\in A$. 进而此等式在 M 上成立．特别地，

$$\begin{aligned}1 &= \langle z\xi, \xi\rangle = \langle T(z)\xi, \xi\rangle = \langle T(z)\eta, \eta\rangle \\ &= \langle z\eta, \eta\rangle = 0\end{aligned}$$

矛盾．所以，M 是因子．证毕．

命题 7.2.17 设 M 是超有限的 (II_1) 型因子，$\{p_n\}$ 是任意的正整数列，满足 $p_n|p_{n+1}$, $\forall n$, $p_n\to\infty$，则存在 $1\in M_{p_1}\subset\cdots\subset M_{p_n}\subset\cdots\subset M$，这里 M_{p_n} 是 M 的 (I_{p_n}) 型子因子，$\forall n$，并且 $\bigcup_n M_{p_n}$ 在 M 中是 $\sigma(M, M_*)$ 稠的．

证. 由于M是 (II_1) 型因子,依命题 7.1.3,可取

$$1\in N_1\subset\cdots\subset N_n\subset\cdots\subset M,$$

使得 N_n 是M的 (I_{p_n}) 型子因子, $\forall n$. 设N是 $\bigcup\limits_n N_n$ 的弱算子闭包,由于 $N\subset M$, N也是有限的. 依命题 7.2.16, 及 $p_n\to\infty$, N 也是超有限的 (II_1) 型因子. 依定理 7.2.15, 有N到M上的$*$同构 Φ, 令 $M_{p_n}=\Phi(N_n)$, $\forall n$, 则 $\{M_{p_n}\}$ 满足要求. 证毕.

注 本节见参考文献 [36], [73], [76], [133].

§3. 构造 (II) 型与 (III) 型的因子

定义 7.3.1 (M, G, α) 称为协变系统,指M是 vN 代数,G是离散群,α是G到 $\mathrm{Aut}(M)$ 中的(群)同态, 这里 $\mathrm{Aut}(M)$ 是M到M上$*$自同构全体所组成的群.

今设 (M, G, α) 是协变系统,并且M的作用空间是 $\mathscr{H}$. 考虑 Hilbert 空间 $\mathscr{H}\otimes l^2(G)$, 并定义

$$(\pi(a)\xi)(g)=\alpha_{g^{-1}}(a)\xi(g),\ (\lambda(h)\xi)(g)=\xi(h^{-1}g)$$

$\forall g, h\in G, a\in M, \xi(\cdot)\in\mathscr{H}\otimes l^2(G)$. 我们有

命题 7.3.2 π 是M在 $\mathscr{H}\otimes l^2(G)$ 中忠实的 w^*-表示, λ 是G在 $\mathscr{H}\otimes l^2(G)$ 中的酉表示,并且

$$\lambda(g)\pi(a)\lambda(g)^*=\pi(\alpha_g(a)),\ \forall g\in G, a\in M.$$

证. π 显然是M忠实的$*$表示. 设网 $\{a_l\}\subset M$, $\|a_l\|\leqslant 1$, $\forall l$, 且 $a_l\xrightarrow{\text{弱算子}}0$, 对任意的 $\xi(\cdot)\in\mathscr{H}\otimes l^2(G)$, 由于

$$\begin{aligned}|\langle\pi(a_l)\xi,\xi\rangle|&=\Big|\sum_{g\in G}\langle\alpha_{g^{-1}}(a_l)\xi(g),\xi(g)\rangle\Big|\\&\leqslant\sum_{g\in F}|\langle\alpha_{g^{-1}}(a_l)\xi(g),\xi(g)\rangle|\\&\quad+\sum_{g\notin F}\|\xi(g)\|^2,\end{aligned}$$

这里F是G的有限子集, 因此, $\pi(a_l)\xrightarrow{\text{弱算子}}0$, 即$\pi$ 也是 w^*-表

示. 至于等式 $\lambda(g)\pi(a)\lambda(g)^* = \pi(\alpha_g(a))$ 可以直接验算. 证毕.

定义 7.3.3 $\mathscr{H}\otimes l^2(G)$ 中由 $\{\pi(a), \lambda(g) | a\in M, g\in G\}$ 所生成的 vN 代数称为M通过G的作用α的交叉积，记以 $M\otimes_\alpha G$，即 $M\otimes_\alpha G = \{\pi(a), \lambda(g) | a\in M, g\in G\}''$.

今记 $\tilde{\mathscr{H}} = \mathscr{H}\otimes l^2(G)$，并写

$$\tilde{\mathscr{H}} = \sum_{g\in G}\oplus \mathscr{H}_g,\ \mathscr{H}_g = \mathscr{H},\ \forall g\in G.$$

命 p_g 为 $\tilde{\mathscr{H}}$ 到 $\mathscr{H}_g$ 上的投影，于是任意的 $x\in B(\tilde{\mathscr{H}})$ 有阵表示 $x = (x_{g,h})_{g,h\in G}$，这里 $x_{g,h} = p_g x p_h^* \in B(\mathscr{H})$，$\forall g, h\in G$. 对任意的 $a\in M$，$k\in G$，易见有公式

$$p_g\pi(a)p_h^* = \delta_{g,h}\alpha_{g^{-1}}(a),\ p_g\lambda(k)p_h^* = \delta_{h,k^{-1}g},$$
$$p_g\pi(a)\lambda(k)p_h^* = \delta_{h,k^{-1}g}\alpha_{g^{-1}}(a),$$

$\forall g, h\in G$.

下面设α有这样的形式:

$$\alpha_g(a) = u_g a u_g^*,\ \forall g\in G,\ a\in M,$$

这里 $g\to u_g$ 是G在 $\mathscr{H}$ 中的酉表示，并且 $u_g M u_g^* = M$，$\forall g\in G$.

引理 7.3.4 对任意的 $x\in M\otimes_\alpha G$，存在唯一的定义于G上而取值于M的函数 b，使得

$$p_g x p_h^* = u_g^* b_{gh^{-1}} u_g,\ \forall g, h\in G.$$

如果定义 $\Phi(x) = b_e$，这里 e 是G的单位元，则Φ是 $M\otimes_\alpha G$ 到 M的$\sigma-\sigma$连续的正线性映象.

证. 对 $a\in M$，$k\in G$，由于 $p_g\pi(a)\lambda(k)p_h^* = \delta_{h,k^{-1}g}u_g^* a u_g$，令

$$b_g = \begin{cases} a, & \text{如果 } g = k; \\ 0, & \text{如果 } g \neq k, \end{cases}$$

则
$$p_g\pi(a)\lambda(k)p_h^* = u_g^* b_{gh^{-1}} u_g,\ \forall g, h\in G.$$

一般对于 $\sum_i \pi(a_i)\lambda(k_i)$，这里 $a_i\in M$，$k_i\in G$，且 $k_i\neq k_j$，$\forall i\neq j$，令

$$b_g = \begin{cases} a_i, & \text{如果 } g = k_i; \\ 0, & \text{如果 } g \neq \text{任何的 } k_i, \end{cases}$$

则 $p_g \sum_i \pi(a_i)\lambda(k_i)p_h^* = u_g^* b_{gh^{-1}} u_g$, $\forall g, h \in G$. 依命题 7.3.2，形如 $\sum_i \pi(a_i)\lambda(k_i)$ 的元在 $M \otimes_\alpha G$ 中是 σ-稠的，因此，$M \otimes_\alpha G$ 的任意元有所说的矩阵表示.

由于 $\Phi(x) = p_e x p_e^*$，因此，Φ 是 $\sigma - \sigma$ 连续的. 又若 $x = (u_g^* b_{gh^{-1}} u_g) \in M \otimes_\alpha G$，易见 $\Phi(xx^*) = \sum_{g \in G} b_g b_g^*$，所以，$\Phi$ 是正的. 证毕.

引理 7.3.5 设 φ 是 M_+ 上忠实的半有限正规迹，并且它对 G 不变，即 $\varphi(\alpha_g(a)) = \varphi(a)$，$\forall g \in G$，$a \in M_+$，则 $\psi = \varphi \circ \Phi$ 是 $(M \otimes_\alpha G)_+$ 上忠实的半有限正规迹，并且 $\varphi = \psi \circ \pi$. 此外，ψ 是有限的，当且仅当，φ 是有限的.

证. 如果 $x = (u_g^* b_{gh^{-1}} u_g) \in M \otimes_\alpha G$，则

$$\Phi(xx^*) = \sum_{g \in G} b_g b_g^*, \quad \Phi(x^*x) = \sum_{g \in G} u_g^* b_g^* b_g u_g.$$

因此，$\psi = \varphi \circ \Phi$ 是 $(M \otimes_\alpha G)_+$ 上的迹. 又 Φ 是 $\sigma - \sigma$ 连续的，所以，ψ 也是正规的. 如果 $\psi(xx^*) = 0$，φ 是忠实的及 Φ 是正的，因此，$\Phi(xx^*) = 0$，即 $b_g = 0$，$\forall g \in G$. 由此，ψ 是忠实的. 等式 $\varphi = \psi \circ \pi$ 是显然的.

由于 φ 是半有限的，依命题 6.5.4，有 M_+ 的递增网 $\{a_l\}$，使得 $\sup_l a_l = 1$，且 $\varphi(a_l) < \infty$，$\forall l$. 于是 $\{\pi(a_l)\}$ 也是 $(M \otimes_\alpha G)_+$ 的递增网，$\sup_l \pi(a_l) = 1$，及 $\psi(\pi(a_l)) = \varphi(a_l) < \infty$，$\forall l$. 对任意的 $x \in (M \otimes_\alpha G)_+$，$x \neq 0$，则有 l_0，使得 $0 \lneqq x^{\frac{1}{2}} \pi(a_{l_0}) x^{\frac{1}{2}} \leqslant x$. 这时依命题 6.5.2，

$$\begin{aligned} \psi(x^{\frac{1}{2}} \pi(a_{l_0}) x^{\frac{1}{2}}) &= \psi(\pi(a_{l_0})^{\frac{1}{2}} x \pi(a_{l_0})^{\frac{1}{2}}) \\ &\leqslant \|x\| \psi(\pi(a_{l_0})) < \infty, \end{aligned}$$

因此，ψ 也是半有限的.

最后，由 $\psi = \varphi \circ \Phi$，$\varphi = \psi \circ \pi$，可见 ψ 是有限的，当且仅当，φ 是有限的. 证毕.

引理 7.3.6 如果M是交换的，并且 $\pi(M)$ 在 $M\otimes_\alpha G$ 中是极大交换的，则 $M\otimes_\alpha G$ 是半有限的，当且仅且，M_+ 上存在对G不变的忠实的半有限正规迹.

证. 充分性由引理 7.3.5 及定理 6.5.8 立见. 今设 $M\otimes_\alpha G$ 是半有限的，于是，$(M\otimes_\alpha G)_+$ 上存在忠实的半有限正规迹 ψ. 令 $\varphi=\psi\circ\pi$，易见φ是 M_+ 上忠实的正规迹. 依命题 7.3.2，及ψ是迹，

$$\varphi(\alpha_g(a))=\psi(\pi(\alpha_g(a)))=\psi(\lambda(g)\pi(a)\lambda(g)^*)$$
$$=\psi(\pi(a))=\varphi(a)$$

$\forall a\in M_+$，$g\in G$，因此，φ是 G-不变的.

现在证明这样的事实：对任意的 $x\in M\otimes_\alpha G$，$\pi(\Phi(x))\in\overline{K}_x^w$，这里 $K_x=Co\{\pi(u)^*x\pi(u)\,|\,u$ 是M的酉元$\}$，$\overline{K}_x^w$ 是 K_x 的弱算子闭包.

设 $x=(u_g^*b_{gh^{-1}}u_g)$ 如引理 7.3.4，u 是M的酉元，于是

$$p_g\pi(u)^*x\pi(u)p_g^*=u_g^*\Phi(x)u_g,\quad \forall g\in G.$$

进而

$$p_gyp_g^*=u_g^*\Phi(x)u_g,\quad \forall g\in G,\quad y\in\overline{K}_x^w.$$

由于 $\overline{K}_x^w$ 是 $(B(\mathscr{H})$，弱算子拓扑)的紧凸子集，及M是交换的，依 Kakutani-Markov 不动点定理[1)]，有 $x_0\in\overline{K}_x^w$，使得对M的任意酉元u，有 $x_0=\pi(u)^*x_0\pi(u)$. 但 $\pi(M)$ 在 $M\otimes_\alpha G$ 中是极大交换的，因此，$x_0\in\pi(M)$，即存在 $a\in M$，使得 $x_0=\pi(a)$. 已经指出

$$p_gx_0p_g^*=u_g^*\Phi(x)u_g=\alpha_{g^{-1}}(\Phi(x)),\quad \forall g\in G,$$

所以，$a=\Phi(x)$，即 $\pi(\Phi(x))=x_0\in\overline{K}_x^w$.

有了上面的事实之后，我们来证明φ的半有限性. 设 a 是M的非零正元，于是 $\pi(a)$ 也是 $M\otimes_\alpha G$ 的非零正元，因此有 $M\otimes_\alpha G$ 的非零正元 $x\leqslant\pi(a)$，使得 $\psi(x)<\infty$. 由于M是交换的，因此

$$0\leqslant y\leqslant\pi(a),\quad \forall y\in\overline{K}_x^w.$$

---

1) 例见 [22].

特别地，$0 \leqslant \pi(\Phi(x)) \leqslant \pi(a)$．因此，$0 \leqslant \Phi(x) \leqslant a$．引理 7.3.4 的证明实际指出 Φ 在 $(M \otimes_\alpha G)_+$ 上是忠实的，因此，$\Phi(x) \neq 0$．今只须证明 $\varphi(\Phi(x)) < \infty$．

记 $\pi(\Phi(x)) = x_0$，于是有网 $\{x_l\} \subset K_x$，使得 $x_l \xrightarrow{\text{弱算子}} x_0$．$\psi$ 是半有限的，依命题 6.5.4，有 $(M \otimes_\alpha G)_+$ 的递增网 $\{y_t\}$，$\sup\limits_t y_t = 1$，且 $\psi(y_t) < \infty$，$\forall t$．依命题 6.5.2，对任意的指标 l，t

$$\psi(y_t x_l) = \psi(x_l^{1/2} y_t x_l^{1/2}) \leqslant \psi(x_l) = \psi(x),$$

依命题 6.5.3，$\psi(y_t x_0) = \lim\limits_l \psi(y_t x_l) \leqslant \psi(x)$．进而由于 ψ 是正规的，并依命题 6.5.2，

$$\varphi(\Phi(x)) = \psi(x_0) = \lim_t \psi(x_0^{1/2} y_t x_0^{1/2})$$
$$= \lim_t \psi(y_t x_0) < \infty.$$

证毕．

引理 7.3.7 如果 M 是 $\mathscr{H}$ 中极大交换的 vN 代数，并且 $M \cap M u_g = \{0\}$，$\forall g \neq e$，则 $\pi(M)$ 在 $M \otimes_\alpha G$ 中是极大交换的．

证．设 $x = (u_g^* b_{gh^{-1}} u_g) \in (M \otimes_\alpha G) \cap \pi(M)'$，由于 $x\pi(a) = \pi(a)x$，可见 $b_g u_g a = a b_g u_g$，$\forall a \in M$，$g \in G$．但 M 在 $\mathscr{H}$ 中是极大交换的，因此，$b_g u_g \in M \cap M u_g$，$\forall g \in G$．依假定，$b_g = 0$，$\forall g \neq e$．因此，$x = \pi(\Phi(x)) \in \pi(M)$．证毕．

引理 7.3.8 设 $\pi(M)$ 在 $M \otimes_\alpha G$ 中是极大交换的，并且

$$\{a \in M \mid \alpha_g(a) = a,\ \forall g \in G\} = \mathbb{C}1_{\mathscr{H}},$$

则 $M \otimes_\alpha G$ 是因子．

证．设 x 是 $M \otimes_\alpha G$ 的中心元，它特别与 $\pi(M)$ 交换，因此有 $a \in M$，使得 $x = \pi(a)$．依引理 7.3.4，易证对任意的 $k \in G$，

$$u(k) = (\delta_{k,g^{-1}h} u_k) \in (M \otimes_\alpha G)'.$$

特别地，$u(k)\pi(a) = \pi(a)u(k)$，因此，

$$u_k a u_k^* = a,\ \forall k \in G.$$

依假定，$a = \lambda 1_{\mathscr{H}}$．所以，$M \otimes_\alpha G$ 是因子．证毕．

定义 7.3.9 (G, Ω, μ) 称为群测度空间，指 Ω 是具可数基的局部紧 Hausdorff 空间，μ 是 Ω 上正则 Borel 测度，G 是由 Ω 到 Ω 上的同胚所组成的可数离散群，并且 μ 对于 G 是拟不变的，即对任意的 $g \in G$，$\mu_g \prec \mu$，这里 $d\mu_g(\cdot) = d\mu(\cdot g)$，而 $\cdot \longrightarrow \cdot g$ 表示 g 对于 Ω 的作用.

显然，$\mu_g \sim \mu$，于是存在 Ω 上的可测函数 $r_g(\cdot)$，使得 $0 < r_g(t) < \infty$，$p.p.\mu$，$r_g(\cdot)d\mu(\cdot) = d\mu_g(\cdot)$. 由于 G 是可数的，我们有

$$r_{gh}(t) = r_h(tg)r_g(t), \quad p.p.\mu, \ \forall g, h \in G.$$

定义 7.3.10 设 (G, Ω, μ) 是群测度空间.

1) (G,Ω,μ) 称为自由的，指对任意的 $g \in G$，$g \neq e$，

$$\mu(\{t \in \Omega \mid tg = t\}) = 0;$$

2) (G, Ω, μ) 称为遍历的，指若有 Ω 的 Borel 子集 E，使得对任意的 $g \in G$，有

$$\mu((E \cup Eg)\backslash(E \cap Eg)) = 0,$$

则 $\mu(E) = 0$ 或者 $\mu(\Omega\backslash E) = 0$;

3) (G, Ω, μ) 称为可测的，指存在 Ω 的 Borel 子集全体上的 σ-有限测度 ν，使得 ν 对于 G 是不变的，即 $d\nu(\cdot g) = d\nu(\cdot)$，$\forall g \in G$，并且 $\nu \sim \mu$;

4) (G, Ω, μ) 称为不可测的，指它不是可测度的.

今设 (G, Ω, μ) 是群测度空间，令

$$\mathscr{H} = L^2(\Omega, \mu), \quad M = \{m_f \mid f \in L^\infty(\Omega, \nu)\},$$

这里 m_f 是 $L^2(\Omega, \mu)$ 中乘以 f 的算子，依定理 5.3.13，M 是 $\mathscr{H}$ 中极大交换的 vN 代数. 对任意的 $g \in G$，令

$$(u_g f)(\cdot) = r_g(\cdot)^{\frac{1}{2}} f(\cdot g), \quad \forall f \in \mathscr{H},$$

易见 $g \to u_g$ 是 G 在 $\mathscr{H}$ 中的酉表示，并且

$$u_g^* m_f u_g = m_{f_g} \quad \forall f \in L^\infty(\Omega, \mu), \ g \in G,$$

这里 $f_g(\cdot) = f(\cdot g^{-1})$. 如果命 $\alpha_g(m_f) = u_g m_f u_g^*$，则 (M, G, α) 是协变系统，并且有 $\tilde{\mathscr{H}} = \mathscr{H} \otimes l^2(G)$ 中的 vN 代数：$M \otimes_\alpha G$.

引理 7.3.11 如果 (G, Ω, μ) 是自由且遍历的，则 $\pi(M)$

在 $M\otimes_\alpha G$ 中极大交换，$\{a\in M\mid\alpha_g(a)=a,\ \forall g\in G\}=\mathbf{C}1_{\mathscr{H}}$，以及 $M\otimes_\alpha G$ 是因子.

证. 要证 $\pi(M)$ 在 $M\otimes_\alpha G$ 中是极大交换的，依引理 7.3.7，只须证 $M\cap Mu_g=\{0\}$，$\forall g\neq e$.

设 $g\neq e$，令 $F_g=\{t\in\Omega\mid tg=t\}$，由于 (G,Ω,μ) 是自由的，因此，F 是 μ-零的闭子集. 如代以考虑 $\Omega\backslash F_g$，可以设 $F_g=\varnothing$. 今设 $m_{f_1}=m_{f_2}u_g\in M\cap Mu_g$，这里 $f_1,f_2\in L^\infty(\Omega,\mu)$，并记 $E=\{t\in\Omega\mid f_1(t)\neq 0\}$. 对每个 $t\in\Omega$，由于 $t\neq tg$，g 是 Ω 的同胚，因此有 t 的开邻域 V_t，使得 $V_t\cap V_tg=\varnothing$. 自然 $\{V_t\mid t\in\Omega\}$ 是 Ω 的开复盖，但 Ω 具可数基，因此 Ω 有可数开复盖 $\{V_n\}$，且 $V_n\cap V_ng=\varnothing$，$\forall n$. 今若 $\mu(E)>0$，必有 $\mu(V\cap E)>0$，这里 $V=$ 某个 V_n. 进而可取 Ω 的 Borel 子集 $F\subset V\cap E$，使得 $0<\mu(F)<\infty$. 由 $m_{f_1}\chi_F=m_{f_2}u_g\chi_F$，

$$f_1(t)\chi_F(t)=f_2(t)r_g(t)^{\frac{1}{2}}\chi_F(tg)\quad p.p.\mu,$$

当 $t\in F$ 时，由于 $F\subset E$，$f_1(t)\chi_F(t)\neq 0$，另一方面，$F\cap Fg=\varnothing$，因此 $tg\notin F$. 这便与 $\mu(F)>0$ 相矛盾. 所以，$\mu(E)=0$，即 $f_1=0$，$M\cap Mu_g=\{0\}$.

现在设 $f\in L^\infty(\Omega,\mu)$，$u_g^*m_fu_g=m_f$，$\forall g\in G$，于是，$f(tg)=f(t)$，$p.p.\mu$，$\forall g\in G$. 无妨设 $f=\bar{f}$，如果 f 不是常数，则有实数 $r_1<r_2$，使得 $\mu(E)>0$，$\mu(\Omega\backslash E)>0$，这里 $E=\{t\in\Omega\mid r_1\leqslant f(t)<r_2\}$. 另一方面，$f(tg)=f(t)\ p.p.\mu$，及 G 是可数的，因此，

$$\mu((E\cup Eg)\backslash(E\cap Eg))=0,\quad\forall g\in G.$$

由于 (G,Ω,μ) 是遍历的，因此 $\mu(E)=0$ 或者 $\mu(\Omega\backslash E)=0$，矛盾. 所以，$f$ 是常数，即

$$\{a\in M\mid\alpha_g(a)=a,\ \forall g\in G\}=\mathbf{C}1_{\mathscr{H}}$$

再依引理 7.3.8，$M\otimes_\alpha G$ 是因子. 证毕.

引理 7.3.12 设 (G,Ω,μ) 是自由且遍历的，并且有 Ω 的 Borel 子集全体上的 σ-有限测度 ν，ν 对 G 是不变的，$\nu\sim\mu$，以及 $\nu(\{t\})=0$，$\forall t\in\Omega$.

1) 如果 $0<\nu(\Omega)<\infty$，则 $M\otimes_\alpha G$ 是 (II_1) 型因子；

2) 如果 $\nu(\Omega)=+\infty$，则 $M\otimes_\alpha G$ 是 (II_∞) 型因子.

证. 在 M_+ 上定义 $\varphi(m_f)=\int_\Omega f(t)d\nu(t)$. 由于 $\nu\sim\mu$，因此 φ 是忠实的. 设 $\{m_{f_l}\}$ 是 M_+ 的有界递增网，$m_f=\sup\limits_l m_{f_l}$，依定理 5.3.13，$L^\infty(\Omega,\mu)_+$ 的网 $\{f_l\}$ 依 $\sigma(L^\infty(\Omega,\mu),\ L^1(\Omega,\mu))$ 收敛于 f. 由于 $\nu\sim\mu$，这个收敛中的测度 μ 换以 ν 也成立. ν 是 σ-有限的，于是可写 $\Omega=\bigcup\limits_n E_n$，$\{E_n\}$ 是 Ω 的 Borel 子集递增列，并且 $\nu(E_n)<\infty$，$\forall n$. 由此，$\chi_{E_n}\in L^1(\Omega,\nu)$，及

$$\int f_l\chi_{E_n}d\nu\to\int f\chi_{E_n}d\nu,\ \forall n.$$

进而

$$\sup_l\int f_l d\nu=\int\sup_l f_l d\nu,$$

即 φ 是正规的. φ 的半有限性由 ν σ-有限立见. 此外，由于 ν 是 G-不变的，

$$\varphi(u_g^*m_fu_g)=\int f(tg^{-1})d\nu(t)=\int fd\nu=\varphi(m_f),$$

$\forall m_f\in M_+$，$g\in G$，即 φ 也是 G-不变的. 今依引理 7.3.6，7.3.11，可见 $M\otimes_\alpha G$ 是半有限的因子. 如果 $\nu(\Omega)<\infty$，φ 还是有限的，依引理 7.3.5，$M\otimes_\alpha G$ 还是有限的因子. 如果 $\nu(\Omega)=+\infty$，φ 便不能是有限的，依引理 7.3.5 及命题 7.1.2，$M\otimes_\alpha G$ 是无限的因子.

今只须证明 $M\otimes_\alpha G$ 是连续的. 任意取 M 的非零投影 p，使得 $\varphi(p)<\infty$. 依引理 7.3.5，$\psi=\varphi\circ\Phi$ 是 $(M\otimes_\alpha G)_+$ 上忠实的半有限正规迹，并且 $\varphi=\psi\circ\pi$. 由此，$\psi(\pi(p))<\infty$. 依命题 7.1.2，$\pi(p)$ 将是 $M\otimes_\alpha G$ 的非零有限投影. 如果 $M\otimes_\alpha G$ 不是连续的，可以认为 $M\otimes_\alpha G=B(\mathscr{K})$，这里 $\mathscr{K}$ 是某个 Hilbert 空间，于是 $\dim\pi(p)\mathscr{K}<\infty$. 由此可见 M 将包含(非零的)极小投影 ($\leqslant p$)，这与 $\nu(\{t\})=0$ ($\forall t\in\Omega$) 相矛盾. 因此，$M\otimes_\alpha G$ 是连续的. 证毕.

引理 7.3.13 设 (G,Ω,μ) 是自由且遍历的，但不可测，则

$M \otimes_\alpha G$ 是 (III) 型因子.

证. 如果 $M \otimes_\alpha G$ 是半有限的, 引理 7.3.11 已指出 $\pi(M)$ 在 $M \otimes_\alpha G$ 中是极大交换的,于是依引理 7.3.6, M_+ 上将存在对 G 不变的忠实的半有限正规迹 φ. 对 Ω 的任意 Borel 子集 E, 定义

$$\nu(E) = \varphi(m_{\chi_E}),$$

则 ν 是测度. φ 是忠实的,因此 $\nu \sim \mu$. φ 对 G 是不变的,所以 ν 对 G 也是不变的. φ 是半有限的,依 Zorn 辅理,存在 M 的相互直交投影族 $\{p_l\}_{l\in\Lambda}$, 使得 $\sum_{l\in\Lambda} p_l = 1$, $\varphi(p_l) < \infty$, $\forall l$. 又 Ω 具可数基, $\mathscr{H} = L^2(\Omega, \mu)$ 是可分的,因此 Λ 是可数的. 命 $p_l = m_{\chi_{E_l}}$, $\forall l$, 则 $\nu(E_l) = \varphi(p_l) < \infty$, 及

$$\nu\left(\Omega \Big\backslash \bigcup_{l\in\Lambda} E_l\right) = \varphi\left(1 - \sum_{l\in\Lambda} p_l\right) = 0,$$

因此, ν 是 σ-有限的. 这样便与 (G, Ω, μ) 不可测的假定相矛盾. 所以, $M \otimes_\alpha G$ 是 (III) 型因子. 证毕.

引理 7.3.14 设 (G, Ω, μ) 是群测度空间,令

$$G_0 = \{g \in G \mid r_g(t) = 1,\ p.p.\mu\},$$

则 G_0 是 G 的子群. 如果 (G_0, Ω, μ) 是遍历的, 并且 $G_0 \neq G$, 则 (G, Ω, μ) 是不可测的.

证. 显然 G_0 是 G 的子群. 今设 (G_0, Ω, μ) 是遍历的,并且 $G_0 \neq G$. 如果有 Ω 的 Borel 子集全体上的 σ-有限测度 ν, ν 对 G 不变,且 $\nu \sim \mu$, 于是对任意的 $g \in G_0$, 由于 $\mu_g = \mu \sim \nu = \nu_g$,

$$\begin{aligned}\frac{d\mu}{d\nu}(t)d\nu(t) &= d\mu(t) = d\mu(tg) \\ &= \frac{d\mu}{d\nu}(tg)d\nu(tg) = \frac{d\mu}{d\nu}(tg)d\nu(t).\end{aligned}$$

因此, $\frac{d\mu}{d\nu}(t) = \frac{d\mu}{d\nu}(tg)$, $p.p.\mu$, $\forall g \in G_0$. 今 (G_0, Ω, μ) 是遍历的,仿引理 7.3.11 的证明, $\frac{d\mu}{d\nu}(t) =$ 常数, $p.p.\mu$. 因此, μ 对 G 也是不变的,即 $G_0 = G$, 矛盾. 所以 (G, Ω, μ) 是不可测的.

证毕.

总结以上,我们有

定理 7.3.15 设 (G, Ω, μ) 是自由且遍历的群测度空间,命

$$\mathscr{H} = L^2(\Omega, \mu),\quad M = \{m_f \mid f \in L^\infty(\Omega, \mu)\}$$

$$(u_g f)(t) = r_g(t)^{\frac{1}{2}} f(tg),\quad \forall f \in \mathscr{H},\ g \in G$$

$$\alpha_g(m_f) = u_g m_f u_g^*,\quad \forall f \in L^\infty(\Omega,\mu),\ g \in G,$$

其中 $d\mu_g(t) = r_g(t) d\mu(t),\ \forall g \in G$.

1) 如果还有 Ω 的 Borel 子集全体上 σ-有限测度 ν, ν 对 G 不变, $\nu \sim \mu$, $\nu(\{t\}) = 0$, $\forall t \in \Omega$, 则当 $0 < \nu(\Omega) < \infty$ 时, $M \otimes_\alpha G$ 是 (II_1) 型因子;当 $\nu(\Omega) = +\infty$ 时, $M \otimes_\alpha G$ 是 (II_∞) 型因子;

2) 设 $G_0 = \{g \in G \mid r_g(t) = 1,\ p.p.\mu\}$, 如果 (G_0, Ω, μ) 也是遍历的,并且 $G_0 \neq G$, 则 $M \otimes_\alpha G$ 是 (III) 型因子.

例 1. 一维圆周群 $\Omega = \{z \in \mathbb{C} \,\big|\, |z| = 1\}$, 依复数乘法, Ω 是紧交换群. 设 μ 是 Ω 上的 Haar 测度,且 $\mu(\Omega) = 1$, G 是 Ω 的可数无穷子群, G 对 Ω 的作用 α 即为复数相乘. 如果 E 是 Ω 的 Bore 子集,使得

$$\mu((E \cup Eg) \backslash (E \cap Eg)) = 0,\quad \forall g \in G,$$

$\{z^n \mid n \in \mathbb{Z}\}$ 是 $L^2(\Omega, \mu)$ 的直交规范基,于是可写

$$\chi_E(z) = \sum_n \lambda_n z^n,$$

由此,

$$\sum_n \lambda_n z^n = \chi_E(z) = \chi_E(zg)$$

$$= \sum_n \lambda_n g^n z^n,\quad p.p.\mu,\ \forall g \in G,$$

所以, $\lambda_n = 0$, $\forall n \neq 0$, 即 $\mu(E) = 0$ 或者 $\mu(\Omega \backslash E)$. 这表明 (G, Ω, μ) 是遍历的. 显然, (G, Ω, μ) 也是自由的, μ 对 G 是不变的, $\mu(\{z\}) = 0$, $\forall z \in \Omega$, 依定理 7.3.15, $M \otimes_\alpha G$ 是 (II_1) 型因子.

例 2. $\Omega = \mathbb{R}$, 依实数加法是局部紧交换群, 设 μ 是 Ω 上的 Haar 测度, $\mu(\Omega) = +\infty$, G 是 Ω 的可数无穷稠子群(比如有理数

的全体)，G 对 Ω 的作用 α 为实数相加. 当然 (G, Ω, μ) 是自由的，μ 对 G 是不变的，$\mu(\{\eta\}) = 0$，$\forall \eta \in \Omega$. 今设 E 是 Ω 的 Borel 子集，使得

$$\mu([E \cup (E+\eta)] \backslash [E \cap (E+\eta)]) = 0, \quad \forall \eta \in G,$$

即 $u_\eta^* m_{\chi_E} u_\eta = m_{\chi_E}$，$\forall \eta \in G$，这里 $\eta \to u_\eta$ 是 Ω 在 $L^2(\Omega, \mu)$ 中的正则表示. 由于 G 在 Ω 中是稠的，因此对任意的 $\eta \in \Omega$，$m_{\chi_E} u_\eta = u_\eta m_{\chi_E}$. 从而 $\mu(E) = 0$，或者 $\mu(\Omega \backslash E) = 0$，即 (G, Ω, μ) 是遍历的. 依定理 7.3.15，$M \otimes_\alpha G$ 是 (II_∞) 型因子.

例 3. 设 (Ω, μ) 如例 2，定义

$$\alpha(\rho, \sigma)\eta = \rho\eta + \sigma, \quad \forall \eta \in \Omega,$$

这里 $G = \{(\rho, \sigma) | \rho > 0,\ \rho, \sigma$ 均为有理数$\}$，于是 (G, Ω, μ) 是自由的，显然 μ 对 G 也是拟不变的. 令 $G_0 = \{(1, \sigma) | \sigma$ 有理数$\}$，依例 2 所证，(G_0, Ω, μ) 是遍历的. 又显然 $G_0 \neq G$，依定理 7.3.15，$M \otimes_\alpha G$ 是 (III) 型因子.

定理 7.3.16 在可分的 Hilbert 空间中，存在着五类因子：(I_n)，(I_∞)，(II_1)，(II_∞)，(III) 型的因子.

关于 (II_∞) 型因子，它实际上可以从 (II_1) 型因子构造出来.

命题 7.3.17 因子 M 是 (II_∞) 型的，当且仅当，$M = N \otimes B(\mathscr{H}_\infty)$，这里 N 是 (II_1) 型因子，$\mathscr{H}_\infty$ 是无穷维的 Hilbert 空间.

证. 设 M 是 (II_∞) 型因子，任意取定 M 的非零有限投影 p，并命 $\{p_l\}_{l \in \Lambda}$ 是 M 的相互直交的投影极大族，使得 $p_l \sim p$，$\forall l$. 于是 $q = 1 - \sum\limits_{l \in \Lambda} p_l \precsim p$. 依命题 6.4.5，指标集 Λ 是无穷的，从而，

$$1 = \sum_{l \in \Lambda} p_l + q \sim \sum_{l \in \Lambda} p_l,$$

因此，存在 M 的相互直交的投影族 $\{q_l\}_{l \in \Lambda}$，使得

$$\sum_{l \in \Lambda} q_l = 1, \quad q_l \sim p, \quad \forall l.$$

由此，$M = M_p \otimes B(\mathscr{H}_\infty)$，这里 M_p 是 (II_1) 型因子，$\dim \mathscr{H}_\infty = \# \Lambda$. 反之，依定理 6.9.12，$(\mathrm{II}_1)$ 型因子与 (I_∞) 型因子的张量积

是 (II_∞) 型因子. 证毕.

关于 (II_1) 型因子,还有一个直接的构造方法.

设G是离散群, $g \to l_g$, r_g 分别是G在 $l^2(G)$ 中的左、右正则表示,即

$$(l_g f)(\cdot) = f(g^{-1}\cdot), \quad (r_g f)(\cdot) = f(\cdot g), \quad \forall f \in l^2(G).$$

命 $R(G) = \{l_g | g \in G\}''$, 它是 $l^2(G)$ 中的 vN 代数.

引理7.3.18 $R(G)$ 是 σ-有限的有限 vN 代数.

证. 对每个 $g \in G$, 令 $\varepsilon_g(\cdot) = \delta_{\cdot, g}$, 它是 $l^2(G)$ 的单位矢. 在 $R(G)$ 上定义$\varphi(a) = \langle a\varepsilon_e, \varepsilon_e\rangle$ ($\forall a \in R(G)$), 这里 e 是G的单位元. 于是,φ是 $R(G)$ 上的正规态. 如果 $a \in R(G)$, 使得 $a\varepsilon_e = 0$, 则

$$0 = r_{g^{-1}} a\varepsilon_e = a r_{g^{-1}} \varepsilon_e = a\varepsilon_g, \quad \forall g \in G,$$

但$[\varepsilon_g | g \in G]$在 $l^2(G)$ 中稠,因此, $a = 0$, 即φ也是忠实的. 此外, 易见 $\varphi(l_g l_h) = \varphi(l_h l_g)$, $\forall g, h \in G$, 即φ也是迹. 依命题6.3.15, $R(G)$ 是 σ-有限的有限 vN 代数. 证毕.

定义 7.3.19 离散群G称为无限共轭的,简记为 $I.C.C.$, 指对任意的 $g \in G$, $g \neq e$, g的共轭类 $\{hgh^{-1} | h \in G\}$ 是G的无穷子集.

命题 7.3.20 如果G是 $I.C.C.$ 群,则 $R(G)$ 是 $l^2(G)$ 中的 (II_1) 型因子.

证. 设 $a \in R(G) \cap R(G)'$, 则对任意的 $g \in G$,

$$a\varepsilon_e = l_g a l_{g^{-1}} \varepsilon_e = l_g a r_g \varepsilon_e = r_g l_g a \varepsilon_e,$$

于是, $(a\varepsilon_e)(\cdot) = (a\varepsilon_e)(g^{-1}\cdot g)$, $\forall g \in G$. 但 $a\varepsilon_e \in l^2(G)$, 及$G$是 $I.C.C.$ 的,因此$(a\varepsilon_e)(h) = 0$, $\forall h \neq e$, 即$a\varepsilon_e = \lambda\varepsilon_e$, 某$\lambda \in \mathbf{C}$. 仿引理 7.3.18 所证, $a = \lambda$, 即 $R(G)$ 是因子. 此外, 显然 $R(G)$ 是无穷维的,依引理 7.3.18, $R(G)$ 是 (II_1) 型因子. 证毕.

例. $\{1, 2\cdots\}$的有限置换全体组成的群,两个或更多个生成元的自由群都是 $I.C.C.$ 群.

命题 7.3.21 设G是 $I.C.C.$ 群,并且有G的有限子群递增

列$\{G_n\}$，使得 $G=\bigcup_n G_n$，则 $R(G)$ 是超有限的 (II_1) 型因子.

证. 显然对每个 n，$[l_g|g\in G_n]$ 是 $R(G)$ 的有限维*子代数，并且 $\bigcup_n [l_g|g\in G_n]$ 生成 $R(G)$，所以，$R(G)$ 是超有限的 (II_1) 型因子. 证毕.

例. G 是$\{1,2,\cdots\}$的有限置换的全体，G_n 仅变动$\{1,\cdots,n\}$，则 $G=\bigcup_n G_n$.

注 本节见参考文献 [76]，[83]，[87].

第八章　Tomita-Takesaki 理论

Tomita-Takesaki 理论是算子代数近代理论的重要组成部分. 在第一章的引言中, 曾经提到第一次完全证实张量积的交换子定理的是 M. Tomita. 他当时引进了广义 Hilbert 代数与模 Hilbert 代数的概念. M. Tomita 理论的第一个说明与发展,属于 M. Takesaki. 本章只是 Tomita-Takesaki 理论的初步介绍及其特殊情况的讨论,而不涉及到权与广义 Hilbert 代数等理论.

§1 从 Hilbert 空间非退化的实线性闭子空间出发, 引进单参数酉算子群,并用 KMS (Kubo-Martin-Schwinger) 条件来刻划它 (8.1.13). §2 是 Tomita-Takesaki 理论的本质部分. 对于具有循环并且分离矢的 UN 代数,说明它与它的交换子之间关系,并引入模自同构群 (8.2.7), 继而用 KMS 条件来刻划模自同构群 (8.2.10). 这些结果的证明系利用了 §1 的讨论,也就是 M. A. Rieffel 与 A. van Dale 的途径. §3 指出半有限 w^*-代数的模自同构群必是内自同构群 (8.3.6), 这结果属于 M. Takesaki, 在第十章中,我们将需要它. 此外, 8.3.3 说明相应于不同忠实的正规态的模自同群之间的关系,这也是十分重要的结果,它属于 A. Connes.

§1. KMS 条件

首先分析复 Hilbert 空间的非退化实线性闭子空间所产生的结果.

定义 8.1.1　设 $\mathscr{H}$ 是复 Hilbert 空间, $\langle,\rangle$ 是它的内积, 于是 $\mathscr{H}_r=(\mathscr{H}, \langle,\rangle_r=Re\langle,\rangle)$ 是实 Hilbert 空间. 设 $\mathscr{K}$ 是 $\mathscr{H}$ 的实线性闭子空间, $\mathscr{K}$ 称为非退化的,指

$$\mathscr{K}\cap i\mathscr{K}=\{0\},\ (\mathscr{K}\dotplus i\mathscr{K}) \text{ 在 } \mathscr{H} \text{ 中稠.}$$

引理 8.1.2 设 $\mathscr{K}$ 是 $\mathscr{H}$ 的非退化实线性闭子空间，p，q 分别为 $\mathscr{H}_r$ 到 $\mathscr{K}$，$i\mathscr{K}$ 上的投影(在 $\mathscr{H}_r$ 中是自伴的)，令 $a = p + q$，$p - q = jb$ 是 $(p-q)$ 在 $\mathscr{H}_r$ 中的极分解，则

1) $pi = iq$，$ip = qi$；

2) a 是 $\mathscr{H}$ 中的正算子，$0 \leqslant a \leqslant 2$，并且 $\{0, 2\}$ 不是 a 的点谱；

3) b 是 $\mathscr{H}$ 中的正算子，$b = a^{\frac{1}{2}}(2-a)^{\frac{1}{2}}$，0 不是 b 的点谱并且 b 分别与 p，q，a，j 是交换的；

4) j 是 $\mathscr{H}_r$ 中的自伴酉算子，在 $\mathscr{H}$ 中是共轭线性的，即 $ji = -ij$，对任意的 ξ，$\eta \in \mathscr{H}$，

$$\langle j\xi, \eta\rangle = \langle j\eta, \xi\rangle$$

以及 $jp = (1-q)j$，$jq = (1-p)j$，$ja = (2-a)j$.

证. 1) 设 $\eta \in \mathscr{K}$，依照 $\mathscr{H}_r = \mathscr{K} \oplus \mathscr{K}^\perp$ 分解 $i\eta = \zeta + \zeta^\perp$，即 $p(i\eta) = \zeta$. 由于 $-\eta = i\zeta + i\zeta^\perp$ 正是 $-\eta$ 依照

$$\mathscr{H}_r = i\mathscr{K} \oplus (i\mathscr{K})^\perp$$

的分解，因此

$$ip(i\eta) = i\zeta = -q\eta.$$

令若 ξ，$\eta \in \mathscr{K}$，于是

$$\begin{aligned} ip(\xi + i\eta) &= ip\xi + ip(i\eta) = i\xi - q\eta \\ &= q(i\xi - \eta) = qi(\xi + i\eta), \end{aligned}$$

$(\mathscr{K} \dotplus i\mathscr{K})$ 在 $\mathscr{H}_r$ 中是稠的，因此，$ip = qi$. 进而，$pi = iq$.

2) 由 1) 可见 a 是 $\mathscr{H}$ 中的(复)线性算子. 由于 a 在 $\mathscr{H}_r$ 中是自伴的，以及

$$\langle a\xi, \eta\rangle = \langle a\xi, \eta\rangle_r - i\langle a(i\xi), \eta\rangle_r, \ \forall \xi, \eta \in \mathscr{H}.$$

因此，a 在 $\mathscr{H}$ 中也是自伴的. 对任意的 $\xi \in \mathscr{H}$，

$$\langle a\xi, \xi\rangle = \langle a\xi, \xi\rangle_r = \langle p\xi, \xi\rangle_r + \langle q\xi, \xi\rangle_r \geqslant 0.$$

因此，$0 \leqslant a \leqslant 2$. 在上式中，如果 $a\xi = 0$，则 $p\xi = q\xi = 0$，即 ξ 在 $\mathscr{H}_r$ 中直交于 $(\mathscr{K} \dotplus i\mathscr{K})$，从而 $\xi = 0$，即 0 不是 a 的点谱. 如果 $\mathscr{K}^\perp$ 是 $\mathscr{K}$ 在 $\mathscr{H}_r$ 中的直交余，则 $\mathscr{K}^\perp$ 也是 $\mathscr{H}$ 的非退化实线性闭子空间. 相应于此，0 不是 $(2-a)$ 的点谱，即 2 不

是 a 的点谱.

3) 由 1) 可见 $(p-q)^2$ 是 $\mathscr{H}$ 中的(复)线性算子,仿 2) 证明,$(p-q)^2$ 在 $\mathscr{H}$ 中也是正的,因此,b 是 $\mathscr{H}$ 中的正算子. 又显然 $(p-q)^2$ 与 p, q 交换,因此,b 与 p, q, a 交换. 显然,$b=a^{\frac{1}{2}}(2-a)^{\frac{1}{2}}$, 因此 b 是可逆的. 此外,$(p-q)$ 在 $\mathscr{H}_r$ 中是自伴的,$p-q=jb$ 是 $(p-q)$ 在 $\mathscr{H}_r$ 中的极分解,因此,b 与 j 交换.

4) 依 $p-q=jb$, $(p-q)$ 在 $\mathscr{H}_r$ 中自伴,及 b 可逆,可见 j 是 $\mathscr{H}_r$ 中的自伴酉算子. 注意 $bi=ib$, $(p-q)i=-i(p-q)$, 从而 $ji=-ij$. 对任意的 ξ, $\eta\in\mathscr{H}$,

$$\begin{aligned}\langle j\xi, \eta\rangle &= \langle j\xi, \eta\rangle_r + i\langle j(i\xi), \eta\rangle_r \\ &= \langle \xi, j\eta\rangle_r + i\langle i\xi, j\eta\rangle_r = \langle j\eta, \xi\rangle,\end{aligned}$$

最后,由 $bjp=(p-q)p=(1-q)(p-q)=b(1-q)j$, 及 b 是可逆的,因此,$jp=(1-q)j$. 在 $\mathscr{H}_r$ 中取伴随,又有 $jq=(1-p)j$. 由此,$ja=(2-a)j$. 证毕.

引理 8.1.3 设 $\mathscr{K}$ 是 $\mathscr{H}$ 的非退化实线性闭子空间,沿用引理 8.1.2 的各种记号,则 $\Delta=(2-a)a^{-1}=a^{-1}(2-a)$ 是$\mathscr{H}$ 中(无界)非负可逆的自伴算子,并且对 $[0,+\infty)$ 上任意处处有限的可测函数 f, $jf(\Delta)j=\bar{f}(\Delta^{-1})$.

证. 依引理 8.1.2, $ja=(2-a)j$, 因此,$j\Delta j=\Delta^{-1}$.从而如果 $\{e_\lambda\}$ 是Δ的谱族,则 $\{je_\lambda j\}$ 是 Δ^{-1} 的谱族. 再由 $ji=-ij$, 即可见 $jf(\Delta)j=\bar{f}(\Delta^{-1})$. 证毕.

引理 8.1.4 设 $\mathscr{K}$ 是 $\mathscr{H}$ 的非退化实线性闭子空间,保持引理 8.1.2, 8.1.3 的各种记号,并定义算子

$$\mathscr{D}(s)=\mathscr{K}\dotplus i\mathscr{K}, \quad s(\xi+i\eta)=\xi-i\eta, \ \forall\xi, \eta\in\mathscr{K}$$

$$\mathscr{D}(s^+)=i\mathscr{K}^\perp\dotplus\mathscr{K}^\perp, \quad s^+(i\xi_1+\eta_1)=i\xi_1-\eta_1,$$

$$\forall\xi_1, \eta_1\in\mathscr{K}^\perp,$$

这里 $\mathscr{K}^\perp$ 是 $\mathscr{K}$ 在 $\mathscr{H}_r$ 中的直交余,它也是 $\mathscr{H}$ 的非退化实线性闭子空间. 则

1) s, s^+ 是 $\mathscr{H}$ 中共轭线性的闭稠定算子;

2) s, s^+ 在 $\mathscr{H}_r$ 中互为伴随，并且 $jsj = s^+$;

3) $s = j\Delta^{\frac{1}{2}}$, $s^+ = j\Delta^{-\frac{1}{2}}$，并且分别是 s, s^+ 在 $\mathscr{H}_r$ 中的极分解. 特别，$\mathscr{D}(\Delta^{\frac{1}{2}}) = \mathscr{K} \dot{+} i\mathscr{K}$.

证. 1) 显然.

2) 易见 $s^+ \subset$(s 在 $\mathscr{H}_r$ 中的伴随). 如果 ζ, ζ' 满足

$$\langle \xi - i\eta, \zeta\rangle_r = \langle \xi + i\eta, \zeta'\rangle_r, \quad \forall \xi, \eta \in \mathscr{K},$$

令 $\eta = 0$，则 $(\zeta - \zeta') \in \mathscr{K}^\perp$；令 $\xi = 0$，则 $i(\zeta + \zeta') \in \mathscr{K}^\perp$. 因此，$\xi_1 = \dfrac{1}{2i}(\zeta + \zeta') \in \mathscr{K}^\perp$, $\eta_1 = \dfrac{1}{2}(\zeta - \zeta') \in \mathscr{K}$，及

$$\zeta = i\xi_1 + \eta_1, \quad \zeta' = i\xi_1 - \eta_1,$$

所以，s^+ 是 s 在 $\mathscr{H}_r$ 中的伴随. 又 s 是闭的，因此，s 也为 s^+ 在 $\mathscr{H}_r$ 中的伴随. 由引理 8.1.2,

$$j\mathscr{K} = jp\mathscr{H} = (1-q)j\mathscr{H} = (i\mathscr{K})^\perp = i\mathscr{K}^\perp,$$

同样 $j(i\mathscr{K}) = \mathscr{K}^\perp$. 由此，$jsj = s^+$.

3) 如果 $\xi_1, \eta_1 \in \mathscr{K}^\perp$，于是 $p\eta_1 = 0$, $qi\xi_1 = ip\xi_1 = 0$，从而，$as^+(i\xi_1 + \eta_1) = (p-q)(i\xi_1 + \eta_1)$. 这说明 $as^+ = p - q = jb$. 由于 j 与 b 是交换的，$jsj = s^+$，因此，$ajs \subset b$，即 $js \subset \Delta^{\frac{1}{2}}$. 但 js 与 $\Delta^{\frac{1}{2}}$ 都是 $\mathscr{H}_r$ 中的自伴算子，因此，$s = j\Delta^{\frac{1}{2}}$. 再依引理 8.1.3，$s^+ = j\Delta^{-\frac{1}{2}}$. 由此，$s^+s = \Delta$, $ss^+ = \Delta^{-1}$，所以，$s = j\Delta^{\frac{1}{2}}$, $s^+ = j\Delta^{-\frac{1}{2}}$ 也是极分解. 证毕.

引理 8.1.5 $\{\Delta^{it} | t \in \mathbb{R}\}$ 是 $\mathscr{H}$ 中单参数强算子连续的酉算子群，并且满足

$$j\Delta^{it} = \Delta^{it}j, \quad \Delta^{it}\mathscr{K} = \mathscr{K}, \quad \forall t \in \mathbb{R}.$$

证. 依引理 8.1.3，$j\Delta^{it}j = \Delta^{it}$, $\forall t \in \mathbb{R}$. 此外，a 与 b 交换，因此，Δ^{it} 与 b 交换. 进而，Δ^{it} 与 $jb = p - q$ 交换. 自然 Δ^{it} 与 $a = p + q$ 交换. 因此，Δ^{it} 与 p 交换，即 $\Delta^{it}\mathscr{K} = \mathscr{K}$, $\forall t \in \mathbb{R}$. 证毕.

定义 8.1.6 设 $\mathscr{K}$ 是 $\mathscr{H}$ 的非退化实线性闭子空间，称前面的算子 j, Δ 为相应于 $\mathscr{K}$ 的酉对合与模算子. 它们将在本章的理论中起重要作用.

现在进行 KMS 条件的讨论.

设 $\mathscr{K}$ 是(复) Hilbert 空间 $\mathscr{H}$ 的非退化实线性闭子空间,沿用前面的一切号.

定义 8.1.7 $\mathscr{H}$ 中单参数强算子连续的酉算子群 $\{u_t|t\in\mathbf{R}\}$ 称为关于 $\mathscr{K}$ 满足 KMS 条件的,指对于任意的 $\xi,\eta\in\mathscr{K}$, 有复值函数 $f(z)$, 它在 $0\leqslant \mathrm{Im}\, z\leqslant 1$ 中连续有界,在 $0<\mathrm{Im}\, z<1$ 中解析,并且

$$f(t)=\langle\eta, u_t\xi\rangle,\ f(t+i)=\langle u_t\xi,\eta\rangle=\overline{f(t)},\ \forall t\in\mathbf{R},$$

这个 f 称为相应于 ξ,η 的 KMS 函数,显然是唯一的.

命题 8.1.8 $\{u_t\}$ 关于 $\mathscr{K}$ 满足 KMS 条件,当且仅当,对任意的 $\xi,\eta\in\mathscr{K}$, 有复值函数 f., 它在 $0\leqslant \mathrm{Im}\, z\leqslant \frac{1}{2}$ 中连续有界,在 $0<\mathrm{Im}\, z<\frac{1}{2}$ 中解析, 并且对任意的 $t\in\mathbf{R}$, $f(t)=\langle\eta, u_t\xi\rangle$, $f\left(t+\frac{i}{2}\right)=\overline{f\left(t+\frac{i}{2}\right)}$.

证. 必要性. 设 f 是相应于 ξ,η 的 KMS 函数, 令 $g(z)=\overline{f(\overline{z-i})}$, 易见 g 也是相应于 ξ,η 的 KMS 函数,因此, $f=g$. 特别地,

$$f\left(t+\frac{i}{2}\right)=g\left(t+\frac{i}{2}\right)=\overline{f\left(t+\frac{i}{2}\right)},\ \forall t\in\mathbf{R}.$$

充分性由 Schwartz 反射原理[1]立见. 证毕.

定义 8.1.9 设 $\{u_t|t\in\mathbf{R}\}$ 是 $\mathscr{H}$ 中单参数强算子连续的酉算子群, $\xi\in\mathscr{H}$ 称为关于 $\{u_t\}$ 是解析的,指存在整个复平面 $\mathbf{C}$ 上并取值于 $\mathscr{H}$ 的解析函数 $\xi(z)$,使得 $\xi(t)=u_t\xi,\forall t\in\mathbf{R}$.

引理 8.1.10 设 h 是 $\mathscr{H}$ 中非负可逆的自伴算子, 对任意的 $\delta>0$, 令

$$A(\delta)=\left\{\xi(z)\left|\begin{array}{l}\xi(z)\text{是 } -\delta\leqslant \mathrm{Im}\, z\leqslant 0 \text{ 到 } \mathscr{H} \text{ 中的连续}\\ \text{有界函数,并且在 } -\delta<\mathrm{Im}\, z<0 \text{ 中解析}\end{array}\right.\right\}$$

---

1) 例见Tilchmarsh, E. C., The theory of functions, Oxford, 1952.

如果 $\xi\in\mathscr{H}$，则 $\xi\in\mathscr{D}(h^{\delta})$，当且仅当，存在 $\xi(z)\in A(\delta)$，使得 $\xi(t)=h^{it}\xi$，$\forall t\in\mathbf{R}$. 此外，这时对任意的z，$-\delta\leqslant\operatorname{Im}z\leqslant 0$，$\xi(z)=h^{iz}\xi$.

证．必要性．设 z 满足 $-\delta\leqslant\operatorname{Im}z\leqslant 0$，于是，

$$\mathscr{D}(h^{iz})=\mathscr{D}(h^{-\operatorname{Im}z})\supset\mathscr{D}(h^{\delta}),$$

因此，$\xi\in\mathscr{D}(h^{iz})$. 如果 $\{e_\lambda\}$ 是 h 的谱族，则对 $-\delta\leqslant\operatorname{Im}z\leqslant 0$ 一致地有

$$\begin{aligned}&\|h^{iz}(e_n-e_{\frac{1}{n}})\xi-h^{iz}\xi\|^2\\&=\left(\int_0^{\frac{1}{n}}+\int_n^{\infty}\right)e^{-2\operatorname{Im}z\cdot\ln\lambda}d\|e_\lambda\xi\|^2\\&\leqslant\|e_{\frac{1}{n}}\xi\|^2+\int_n^{\infty}e^{2\delta\ln\lambda}d\|e_\lambda\xi\|^2\longrightarrow 0,\end{aligned}$$

但 $z\longrightarrow h^{iz}(e_n-e_{\frac{1}{n}})\xi$ 是 $\mathbf{C}$ 到 $\mathscr{H}$ 中的解析函数，$\forall n$，因此，$\xi(z)=h^{iz}\xi$ 是在 $-\delta\leqslant\operatorname{Im}z\leqslant 0$ 中连续、且在 $-\delta<\operatorname{Im}z<0$ 中解析的函数. 此外，当 $-\delta\leqslant\operatorname{Im}z\leqslant 0$，

$$\begin{aligned}\|h^{iz}\xi\|^2&=\left(\int_0^1+\int_1^{\infty}\right)e^{-2\operatorname{Im}z\cdot\ln\lambda}d\|e_\lambda\xi\|^2\\&\leqslant\|\xi\|^2+\|h^{\delta}\xi\|^2.\end{aligned}$$

所以，$\xi(z)=h^{iz}\xi\in A(\delta)$.

今设有 $\xi(z)\in A(\delta)$，使得 $\xi(t)=h^{it}\xi$，$\forall t\in\mathbf{R}$. 对任意的 $\eta\in\mathscr{D}(h^{\delta})$，前已证 $\eta(z)=h^{iz}\eta\in A(\delta)$，从而，$f(z)=\langle\xi(z),\eta\rangle$，$g(z)=\langle\xi,h^{-i\bar{z}}\eta\rangle$ 都是在 $-\delta\leqslant\operatorname{Im}z\leqslant 0$ 中连续有界、在 $-\delta<\operatorname{Im}z<0$ 中解析的复值函数，并且 $f(t)=g(t)$，$\forall t\in\mathbf{R}$，因此，$f=g$. 特别当 $z=-i\delta$ 时，

$$\langle\xi(-i\delta),\eta\rangle=\langle\xi,h^{\delta}\eta\rangle,\ \forall\eta\in\mathscr{D}(h^{\delta}).$$

所以，$\xi\in\mathscr{D}(h^{\delta})$. 证毕.

命题 8.1.11 $\xi(\in\mathscr{H})$ 是关于 $\{\Delta^{it}\}$ 的解析矢，当且仅当，$\xi\in\mathscr{D}$，这里Δ是关于 $\mathscr{K}$ 的模算子，$\mathscr{D}=\cap\{\mathscr{D}(\Delta^z)|z\in\mathbf{C}\}=\cap\{\mathscr{D}(\Delta^n)|n\in\mathbf{Z}\}$. 这时 ξ 对应的解析函数 $\xi(z)=\Delta^{iz}\xi$.

证．用引理 8.1.10 于 Δ，Δ^{-1} 立见.

命题 8.1.12 设 $\{u_t | t\in \mathbf{R}\}$ 是 $\mathscr{H}$ 中单参数强算子连续的酉算子群，$\xi\in\mathscr{H}$，对每个 $r>0$，令

$$\xi_r=\sqrt{\frac{r}{\pi}}\int_{-\infty}^{\infty}e^{-rs^2}u_s\xi ds,$$

则 ξ_r 关于 $\{u_t\}$ 是解析的，并且当 $r\to+\infty$ 时，$\|\xi_r-\xi\|\to 0$.

证. $\xi_r(z)=\sqrt{\frac{r}{\pi}}\int_{-\infty}^{\infty}e^{-r(z-s)^2}u_s\xi ds$ 是 $\mathbb{C}$ 上取值于 $\mathscr{H}$ 的解析函数，并且

$$\xi_r(t)=\sqrt{\frac{r}{\pi}}\int_{-\infty}^{\infty}e^{-r(s-t)2}u_t u_{s-t}\xi ds=u_t\xi_r,\quad \forall t\in\mathbf{R}.$$

因此，ξ_r 关于 $\{u_t\}$ 是解析的，$\forall r>0$.

由于 $\sqrt{\frac{r}{\pi}}\int_{-\infty}^{\infty}e^{-rs^2}ds=1$，对任意的 $\varepsilon>0$，取 $\delta>0$，使得 $\|(u_t-1)\xi\|<\varepsilon$，$\forall |t|<\delta$，于是当 r 充分大时，

$$\begin{aligned}\|\xi_r-\xi\| &\leqslant \sqrt{\frac{r}{\pi}}\int_{-\delta}^{\delta}e^{-rs^2}\|(u_s-1)\xi\|ds\\ &\quad+4\|\xi\|\sqrt{\frac{r}{\pi}}\int_{\delta}^{\infty}e^{-rs^2}ds\\ &<\varepsilon+\frac{4\|\xi\|}{\sqrt{\pi}}\int_{\sqrt{r}\delta}^{\infty}e^{-s^2}ds<2\varepsilon.\end{aligned}$$ 证毕.

定理 8.1.13 设 $\mathscr{K}$ 是 $\mathscr{H}$ 的非退化实线性闭子空间，Δ 是关于 $\mathscr{K}$ 的模算子，则 $\{\Delta^{it}|t\in\mathbf{R}\}$ 是 $\mathscr{H}$ 中唯一的单参数强算子连续的酉算子群，使得关于 $\mathscr{K}$ 满足 KMS 条件，并且对 $\mathscr{K}$ 是不变的.

证. 引理 8.1.5 已指出 $\Delta^{it}\mathscr{K}=\mathscr{K}$，$\forall t\in\mathbf{R}$. 今设 $\xi,\eta\in\mathscr{K}$，依引理 8.1.4 $\mathscr{K}\subset\mathscr{D}(\Delta^{\frac{1}{2}})$，再由引理 8.1.10，

$$f(z)=\langle\eta,\ \Delta^{iz}\xi\rangle$$

将是 $0\leqslant \operatorname{Im}z\leqslant\frac{1}{2}$ 中的连续有界函数，且在 $0<\operatorname{Im}z<\frac{1}{2}$ 中解析，对任意的 $t\in\mathbf{R}$，依引理 8.1.2，8.1.4，8.1.5，

$$f\left(t+\frac{i}{2}\right)=\langle\eta,\ \Delta^{it}\Delta^{\frac{1}{2}}\xi\rangle=\langle\Delta^{it}\xi,\ j\eta\rangle,$$

但 $\Delta^{it}\xi\in\mathscr{K}$，$j\eta\in i\mathscr{K}^{\perp}$，从而，$f\left(t+\frac{i}{2}\right)$ 是实数．今依命题 8.1.8，$\{\Delta^{it}\}$ 关于 $\mathscr{K}$ 满足 KMS 条件．

如果 $\{u_t\}$ 满足同样的条件，由于 $(\mathscr{K}\dot{+}i\mathscr{K})$ 在 $\mathscr{H}$ 中稠我们只须证明

$$u_t\eta=\Delta^{it}\eta,\ \forall t\in\mathbf{R},\ \eta\in\mathscr{K}.$$

依命题 8.1.12，无妨设 η 关于 $\{u_t\}$ 是解析的，并且相应的 $\eta(z)$ 在复平面的每个平行于实轴的横条中是有界的．

注意 $j\sqrt{\frac{r}{\pi}}\int_{-\infty}^{\infty}e^{-rs^2}\Delta^{is}\xi ds=\sqrt{\frac{r}{\pi}}\int_{-\infty}^{\infty}e^{-rs^2}\Delta^{is}j\xi ds$，$ji=-ij$，及 $j(\mathscr{K}\dot{+}i\mathscr{K})$ 在 $\mathscr{H}$ 中稠，因此只须对任意的 $t\in\mathbf{R}$，如上的 η 及 $\xi\in\mathscr{K}$，并且 ξ 与 $j\xi$ 关于 $\{\Delta^{it}\}$ 是解析的，证明

$$\langle\Delta^{it}j\xi,\ u_t\eta\rangle=\langle j\xi,\ \eta\rangle.$$

令 $g(z)=\langle\Delta^{iz}j\xi,\ \eta(\bar{z})\rangle$，它是 $\mathbf{C}$ 上的解析函数，并且在每个平行于实轴的横条中有界．当 $t\in\mathbf{R}$ 时，$\eta(t)=u_t\eta\in\mathscr{K}$，$\Delta^{it}j\xi=j\Delta^{it}\xi\in j\mathscr{K}=i\mathscr{K}^{\perp}$，因此，$g(t)$ 是实数．

对任意固定的 $s\in\mathbf{R}$，η，$\Delta^{is}\xi\in\mathscr{K}$，因此有关于 $\{u_t\}$ 的 KMS 函数 f，使得

$$f(t)=\langle\Delta^{is}\xi,u_t\eta\rangle=\overline{f(t+i)},\ \forall t\in\mathbf{R}.$$

并且依命题 8.1.8，$f\left(t+\frac{i}{2}\right)=\overline{f\left(t+\frac{i}{2}\right)}$，$\forall t\in\mathbf{R}$．注意

$$h(z)=\langle\Delta^{is}\xi,\ \eta(\bar{z})\rangle$$

是 $\mathbf{C}$ 上的解析函数，并且 $h(t)=f(t)$，$\forall t\in\mathbf{R}$．用 Schwartz 反射原理于 $(f-h)$，可见 $f(z)=h(z)$，$0\leqslant\operatorname{Im}z\leqslant 1$．特别地，

$$h\left(s+\frac{i}{2}\right)=f\left(s+\frac{i}{2}\right)$$

是实数．即 $\langle\Delta^{is}\xi,\eta\left(s-\frac{i}{2}\right)\rangle=g\left(s+\frac{i}{2}\right)$是实数，$\forall s\in\mathbf{R}$。

现在 $g(z)$ 在 $\operatorname{Im} z=0$ 与 $\frac{i}{2}$ 上为实数，在 $0 \leqslant \operatorname{Im} z \leqslant \frac{1}{2}$ 中连续有界，在 $0<\operatorname{Im} z<\frac{1}{2}$ 中解析，依 Schwartz 反射原理，它可开拓成 $\mathbf{C}$ 上有界的解析函数，因此 $g(z)$ 是常数函数. 特别对任意的 $t \in \mathbf{R}$,

$$\langle\Delta^{it} j \xi, u_t \eta\rangle=g(t)=g(0)=\langle j \xi, \eta\rangle. \qquad \text{证毕.}$$

注 本节见参考文献 [86], [89].

§2. Tomita-Takesaki 理论

本节中，设 M 是 Hilbert 空间 $\mathscr{H}$ 中的 vN 代数，同时以 $\xi_0(\in \mathscr{H}, \|\xi_0\|=1)$ 为它的循环并且分离的矢.

命题 8.2.1 令 $\mathscr{K}=\overline{\{x \xi_0 \mid x^*=x \in M\}}$，则 $\mathscr{K}$ 是 $\mathscr{H}$ 的非退化实线性闭子空间，并且

$$\{x' \xi_0 \mid x'^*=x' \in M\} \subset(i \mathscr{K})^{\perp}=i \mathscr{K}^{\perp},$$

这里"⊥"指在 $\mathscr{H}_r$ 中而言.

证. 如果 $x^*=x \in M$, $x'^*=x' \in M'$，则 $\langle x' \xi_0, x \xi_0\rangle$ 是实数，因此，$x' \xi_0 \in(i \mathscr{K})^{\perp}$. 从而

$$M' \xi_0 \subset(i \mathscr{K})^{\perp}+\mathscr{K}^{\perp} \subset(\mathscr{K} \cap i \mathscr{K})^{\perp},$$

但 $M' \xi_0$ 在 $\mathscr{H}$ 中稠，所以，$\mathscr{K} \cap i \mathscr{K}=\{0\}$. 又 $M \xi_0 \subset \mathscr{K} \dotplus i \mathscr{K}$，$M \xi_0$ 也在 $\mathscr{K}$ 中稠，因此，$\mathscr{K}$ 是 $\mathscr{H}$ 的非退实线性闭子空间. 证毕.

以下，对于 $\mathscr{H}$，$\mathscr{K}$，保持 §1 的诸记号：$p, q, a, j, b, \Delta, s, s^+$ 等.

命题 8.2.2 $q \xi_0=0$; $p \xi_0=a \xi_0=j \xi_0=b \xi_0=\xi_0$; $\Delta^{it} \xi_0=\xi_0, \forall t \in \mathbf{R}$; $M \xi_0 \subset \mathscr{D}(\Delta^{\frac{1}{2}})$，并且算子 s 是 $x \xi_0 \rightarrow x^* \xi_0(x \in M)$ 的闭包. 此外，对每个 $x'^*=x' \in M'$，有 $x^*=x \in M$，使得

$$(p-q) x' \xi_0=x \xi_0.$$

证. 由于 $\xi_0 \in \mathscr{K} \cap(i \mathscr{K})^{\perp}$，因此，$q \xi_0=0$, $p \xi_0=\xi_0$, $a \xi_0=$

ξ_0. 今 $(p-q)^2\xi_0=\xi_0$，所以，$b\xi_0=\xi_0$. 由此，$j\xi_0=jb\xi_0=(p-q)\xi_0=\xi_0$. 又 $\xi_0=s\xi_0=j\Delta^{\frac{1}{2}}\xi_0$，因此，$\Delta\xi_0=\xi_0$，$\Delta^{it}\xi_0=\xi_0$，$\forall t\in\mathbb{R}$. 依 s 的定义，显然 $M\xi_0\subset\mathscr{D}(\Delta^{1/2})$，及 s 是 $x\xi_0\to x^*\xi_0$ $(x\in M)$ 的闭包.

今设 $x'\in M'$，$0\leqslant x'\leqslant 1$. 令 $\varphi(\cdot)=\langle\cdot\xi_0,\xi_0\rangle$，$\psi(\cdot)=\langle\cdot\xi_0,x'\xi_0\rangle$，则 $\varphi,\psi\in M_*$，$0\leqslant\psi\leqslant\varphi$. 依定理 1.10.4，有 $x\in M$，$0\leqslant x\leqslant 1$，使得

$$\langle y\xi_0,x'\xi_0\rangle=\frac{1}{2}\langle(xy+yx)\xi_0,\xi_0\rangle,\ \forall y\in M.$$

特别地，$\langle y\xi_0,x'\xi_0\rangle=\langle y\xi_0,x\xi_0\rangle_r$，$\forall y^*=y\in M$，即 $(x'-x)\xi_0\in\mathscr{K}^\perp$. 因此，$x\xi_0=px'\xi_0$. 又 $x'\xi_0\in(i\mathscr{K})^\perp$，所以，$x\xi_0=(p-q)x'\xi_0$. 由此，对任意的 $x'^*=x'\in M$，有 $x^*=x\in M$，使得 $(p-q)x'\xi_0=x\xi_0$. 证毕.

引理 8.2.3 对每个 $x'\in M'$ 及复数λ，$\operatorname{Re}\lambda>0$，有 $x\in M$，使得 $bjx'jb=\lambda(2-a)xa+\bar{\lambda}ax(2-a)$.

证. 无妨假设 $0\leqslant x'\leqslant 1$. 令 $\varphi(\cdot)=\langle\cdot\xi_0,\xi_0\rangle$，$\psi(\cdot)=\langle\cdot\xi_0,x'\xi_0\rangle$，则 $\varphi,\psi\in M_*$，$0\leqslant\psi\leqslant\varphi$，依定理 1.10.4，有 $x\in M_+$，使得 $\langle y\xi_0,x'\xi_0\rangle=\langle(\lambda xy+\bar{\lambda}yx)\xi_0,\xi_0\rangle$，$\forall y\in M$. 代 y 以 z^*y，则

$$\langle y\xi_0,x'z\xi_0\rangle=\lambda\langle y\xi_0,zx\xi_0\rangle+\bar{\lambda}\langle yx\xi_0,z\xi_0\rangle,\ \forall y,z\in M,\tag{1}$$

对任意的 $y'^*=y'$，$z'^*=z'\in M'$，依命题 8.2.2，有 $y^*=y$，$z^*=z\in M$，使得 $jby'\xi_0=y\xi_0$，$jbz'\xi_0=z\xi_0$. 代到 (1) 中，则依 j 的性质，$\Delta^{\frac{1}{2}}b=(2-a)$，

$$\begin{aligned}
&\langle bjx'jbz'\xi_0,y'\xi_0\rangle\\
&=\lambda\langle jby'\xi_0,zx\xi_0\rangle+\bar{\lambda}\langle yx\xi_0,jbz'\xi_0\rangle\\
&=\lambda\langle jby'\xi_0,j\Delta^{\frac{1}{2}}xz\xi_0\rangle+\bar{\lambda}\langle j\Delta^{\frac{1}{2}}xy\xi_0,jbz'\xi_0\rangle\\
&=\lambda\langle xz\xi_0,(2-a)y'\xi_0\rangle+\bar{\lambda}\langle(2-a)z'\xi_0,xy\xi_0\rangle\\
&=\lambda\langle xjbz'\xi_0,(2-a)y'\xi_0\rangle+\bar{\lambda}\langle(2-a)z'\xi_0,xjby'\xi_0\rangle,
\end{aligned}$$

由于 $a-jb=2q$，$qc'\xi_0=0$，$\forall c'^*=c'\in M'$，因此，

$$
\begin{aligned}
&\langle bjx'jbz'\xi_0,\ y'\xi_0\rangle \\
&\quad = \lambda\langle xaz'\xi_0,\ (2-a)y'\xi_0\rangle + \bar{\lambda}\langle (2-a)z'\xi_0,\ xay'\xi_0\rangle \\
&\quad = \langle (\lambda(2-a)xa + \bar{\lambda}ax(2-a))z'\xi_0,\ y'\xi_0\rangle, \\
&\qquad \forall y'^* = y',\ z'^* = z' \in M'.
\end{aligned}
$$

进而，此式对任意的 y'，$z' \in M'$ 成立．但 ξ_0 是 M' 的循环矢，所以，

$$
bjx'jb = \lambda(2-a)xa + \bar{\lambda}ax(2-a). \qquad \text{证毕.}
$$

引理 8.2.4 设 $\lambda = e^{\frac{i}{2}\theta}$，$|\theta| < \pi$，$f$ 是 $\mathbf{C}$ 上的解析函数，并且在 $\left\{z \in \mathbf{C} \,\middle|\, |\mathrm{Re}\ z| \leqslant \frac{1}{2}\right\}$ 中有界，则

$$
f(0) = \frac{1}{2}\int_{-\infty}^{\infty} \frac{e^{-\theta t}}{\mathrm{ch}\,(\pi t)}\left(\lambda f\left(it + \frac{1}{2}\right) + \bar{\lambda} f\left(it - \frac{1}{2}\right)\right)dt.
$$

证．考虑 $g(z) = \dfrac{\pi e^{i\theta z}}{\sin(\pi z)} f(z)$，它在 $\left\{z \in \mathbf{C} \,\middle|\, |\mathrm{Re}\ z| \leqslant \frac{1}{2}\right\}$ 中仅以 $z = 0$ 为极点，留数恰为 $f(0)$，并且当 z 在这竖条中趋于 ∞ 时，$g(z)$ 急降于 0，因此，

$$
f(0) = \frac{1}{2\pi i}\int_{-\infty}^{\infty}\left(g\left(it + \frac{1}{2}\right) - g\left(it - \frac{1}{2}\right)\right) i dt,
$$

再稍加计算，即得证．

引理 8.2.5 设 x'，λ，x 如引理 8.2.3，并且 $\lambda = e^{\frac{i}{2}\theta}$，$|\theta| < \pi$，则

$$
x = \frac{1}{2}\int_{-\infty}^{\infty} \frac{e^{-\theta t}}{\mathrm{ch}\,(\pi t)} \Delta^{it} jx'j \Delta^{-it} dt.
$$

证．设 ξ，$\eta \in \mathscr{K}$，并且关于 $\{\Delta^{it}\}$ 是解析的，定义 $\mathbf{C}$ 上的解析函数 $f(z) = \langle bxb\Delta^{-z}\xi,\ \Delta^{\bar{z}}\eta\rangle$，$f$ 自然在每个平行于虚轴的竖条中有界．由于 $\Delta^{\frac{1}{2}}b = 2 - a$，$b\Delta^{-\frac{1}{2}} = a$，因此，

$$
f\left(it + \frac{1}{2}\right) = \langle bxb\Delta^{-it}\Delta^{-\frac{1}{2}}\xi,\ \Delta^{-it}\Delta^{\frac{1}{2}}\eta\rangle
$$

$$= \langle \Delta^{it}(2-a)xa\Delta^{-it}\xi, \eta\rangle,$$

$$f\left(it-\frac{1}{2}\right) = \langle bxb\Delta^{-it}\Delta^{\frac{1}{2}}\xi, \Delta^{-it}\Delta^{-\frac{1}{2}}\eta\rangle$$

$$= \langle \Delta^{it}ax(2-a)\Delta^{-it}\xi, \eta\rangle,$$

依引理 8.2.3，

$$\lambda f\left(it+\frac{1}{2}\right) + \lambda f\left(it-\frac{1}{2}\right)$$

$$= \langle \Delta^{it}bjx'jb\Delta^{-it}\xi, \eta\rangle.$$

由此依引理 8.2.4，

$$\langle bxb\xi, \eta\rangle = f(0)$$

$$= \frac{1}{2}\int_{-\infty}^{\infty}\frac{e^{-\theta t}}{\mathrm{ch}\,(\pi t)}\langle \Delta^{it}bjx'jb\Delta^{-it}\xi, \eta\rangle dt$$

b 与 Δ^{it} 是交换的，因此，

$$\langle xb\xi, b\eta\rangle = \left\langle \frac{1}{2}\int_{-\infty}^{\infty}\frac{e^{-\theta t}}{\mathrm{ch}\,(\pi t)}\Delta^{it}jx'j\Delta^{-it}dt\,b\xi, b\eta\right\rangle,$$

由于 b 是可逆的，$(\mathscr{K}\dotplus i\mathscr{K})$ 在 $\mathscr{H}$ 中是稠的，并依命题 8.1.12，即可得证.

引理 8.2.6 $\Delta^{it}jx'j\Delta^{-it}\in M$，$\forall x'\in M$，$t\in\mathbb{R}$.

证. 取 $y'\in M'$，$\xi,\eta\in\mathscr{H}$，并定义

$$g(t) = \langle(\Delta^{it}jx'j\Delta^{-it}y' - y'\Delta^{it}jx'j\Delta^{-it})\xi, \eta\rangle$$

依引理 8.2.5，对每个 θ，$|\theta|<\pi$，我们有

$$\int_{-\infty}^{\infty}\frac{e^{-\theta t}}{\mathrm{ch}\,(\pi t)}g(t)dt = 0.$$

令 $f(z)=\int_{-\infty}^{\infty}\frac{e^{-zt}}{\mathrm{ch}\,(\pi t)}g(t)dt$，它在 $|\mathrm{Re}\,z|<\pi$ 中是解析的，并且 $f(\theta)=0$，$\forall|\theta|<\pi$，因此，$f=0$. 特别，

$$\int_{-\infty}^{\infty}\frac{e^{-ist}}{\mathrm{ch}\,(\pi t)}g(t)dt = 0, \ \forall s\in\mathbb{R}$$

依 Fourier 变换的唯一性，$g=0$. 但 $y'\in M'$，$\xi,\eta\in\mathscr{H}$ 是任意的，所以，$\Delta^{it}jx'j\Delta^{-it}\in M$. 证毕.

定理 8.2.7 $jMj=M'$，$\Delta^{it}M\Delta^{-it}=M$，$\forall t\in\mathbb{R}$.

证．在引理 8.2.6 中命 $t=0$，则 $jM'j\subset M$．

对任意的 $x^*=x, y^*=y\in M$，$x\xi_0, y\xi_0\in\mathscr{K}$．依引理 8.1.2，$jy\xi_0\in(i\mathscr{K})^\perp$，因此，$\langle xjy\xi_0,\xi_0\rangle=\langle jy\xi_0, x\xi_0\rangle$ 是实数．从而由 j 的性质，

$$\langle yjx\xi_0,\xi_0\rangle=\langle xjy\xi_0,\xi_0\rangle=\langle\xi_0, xjy\xi_0\rangle$$

由此易见对任意的 $a, b\in M$，有

$$\langle bja\xi_0,\xi_0\rangle=\langle\xi_0, ajb\xi_0\rangle.$$

特别地，对 $x^*=x$，$y^*=y\in M$，$y'\in M'$，有

$$\langle y(jy'j)jx\xi_0,\ \xi_0\rangle=\langle\xi_0,\ xjy(jy'j)\xi_0\rangle.$$

注意 $j\xi_0=\xi_0$，因此

$$\langle xjy\xi_0,\ y'\xi_0\rangle=\langle jyjx\xi_0,\ y'\xi_0\rangle.$$

ξ_0 是 M' 的循环矢，所以，$xjyj\xi_0=jyjx\xi_0$．此式也将对任意的 $x, y\in M$ 成立，从而

$$jyjxz\xi_0=xzjyj\xi_0=xjyjz\xi_0,\ \forall x, y, z\in M,$$

ξ_0 是 M 的循环矢，因此，$xjyj=jyjx$，$\forall x, y\in M$，即 $jMj\subset M'$．已指出 $jM'j\subset M$，所以，$jMj=M'$．

再由 $jM'j=M$ 及引理 8.2.6，$\Delta^{it}M\Delta^{-it}=M$，$\forall t\in\mathbb{R}$．证毕．

定义 8.2.8 M的$*$自同构群 $\{\sigma_t(\cdot)=\Delta^{it}\cdot\Delta^{-it}|t\in\mathbb{R}\}$ 称为 M 的模自同构群．

定义 8.2.9 令 $\varphi_0(\cdot)=\langle\cdot\xi_0,\xi_0\rangle$，它是$M$上忠实的正规态．$M$上强算子连续的单参数$*$自同构群 $\{\alpha_t(\cdot)|t\in\mathbb{R}\}$(即对任意的 $x\in M$，$t\to\alpha_t(x)$ 是强算子连续的)称为关于 φ_0 满足 KMS 条件的，指对于任意的 $x, y\in M$，存在在 $0\leqslant\operatorname{Im}z\leqslant 1$ 中连续有界，并且在 $0<\operatorname{Im}z<1$ 中解析的复值函数 f，使得

$$f(t)=\varphi_0(\alpha_t(x)y),\ f(t+i)=\varphi_0(y\alpha_t(x)),\ \forall t\in\mathbb{R}.$$

显然这 f 是唯一的，称为关于 x, y 的 KMS 函数．当 $x^*=x$，$y^*=y$ 时，由于 $\varphi_0\geqslant 0$，因此，$\overline{f(t)}=f(t+i)$，$\forall t\in\mathbb{R}$．依命题 8.1.8 所证，这时也有 $\overline{f\left(t+\frac{i}{2}\right)}=f\left(t+\frac{i}{2}\right)$，$\forall t\in\mathbb{R}$．

定理 8.2.10 φ_0关于M的模自同构群$\{\sigma_t | t\in \mathbf{R}\}$是不变的，即$\varphi_0(\sigma_t(x))=\varphi_0(x)$，$\forall x\in M$，$t\in \mathbf{R}$，并且关于$\varphi_0$满足 KMS 条件的$M$上强算子连续的单参数$*$自同构群只能是$\{\sigma_t | t\in \mathbf{R}\}$.

证. 对任意的$x^*=x$，$y^*=y\in M$，依定理 8.1.3，有 KMS 函数f，使得

$$f(t)=\langle y\xi_0, \Delta^{it}x\xi_0\rangle,\ f(t+i)=\langle \Delta^{it}x\xi_0, y\xi_0\rangle,\ \forall t\in \mathbf{R}.$$

由于$\Delta^{-it}\xi_0=\xi_0$，因此，

$$f(t)=\varphi_0(\sigma_t(x)y),\ f(t+i)=\varphi_0(y\sigma_t(x)),\ \forall t\in \mathbf{R}.$$

进而可见$\{\sigma_t\}$关于φ_0满足 KMS 条件. 此外，由于$\Delta^{-it}\xi_0=\xi^0$ $(\forall t\in \mathbf{R})$，$\varphi_0$关于$\{\sigma_t\}$不变是显然的.

今设M上强算子连续的单参数$*$自同构群$\{\alpha_t | t\in \mathbf{R}\}$关于$\varphi_0$也满足 KMS 条件，首先$\varphi_0$关于$\{\alpha_t\}$是不变的. 事实上，对$x\in M_+$及$y=1$，有 KMS 函数$f$，使得

$$f(t)=f(t+i)=\varphi_0(\alpha_t(x))\geqslant 0,\ \forall t\in \mathbf{R}.$$

依 Schwartz 反射原理，f可扩张为$\mathbf{C}$上有界的解析函数，因此f是常数. 特别地，$\varphi_0(\alpha_t(x))=f(t)=f(0)=\varphi_0(x)$，$\forall t\in \mathbf{R}$，即$\varphi_0$关于$\{\alpha_t\}$是不变的. 由此定义

$$u_t x\xi_0=\alpha_t(x)\xi_0,\ \forall x\in M,$$

则u_t可扩张为$\mathscr{H}$中的酉算子，仍记为u_t，$\forall t\in \mathbf{R}$. 显然$\{u_t | t\in \mathbf{R}\}$是$\mathscr{H}$中单参数强算子连续的酉算子群，并且它对$\mathscr{K}$是不变的. 对任意的$\xi, \eta\in \mathscr{K}$，有$x_n^*=x_n$，$y_n^*=y\in M$，使得$x_n\xi_0\to \xi$，$y_n\xi_0\to\eta$. $\{\alpha_t\}$关于φ_0满足 KMS 条件，因此对每个n，有 KMS 函数f_n，使得

$$\begin{aligned}f_n(t)&=\varphi_0(\alpha_t(x_n)y_n)=\langle y_n\xi_0, \alpha_t(x_n)\xi_0\rangle\\&=\langle y_n\xi_0, u_t x_n\xi_0\rangle,\\f_n(t+i)&=\varphi_0(y_n\alpha_t(x_n))=\langle \alpha_t(x_n)\xi_0, y_n\xi_0\rangle\\&=\langle u_t x_n\xi_0, y_n\xi_0\rangle\end{aligned}$$

$\forall t\in \mathbf{R}$. 依极大模原理[1)]及$\{u_t\}$是酉算子群，

---

1) 例见 Rudin, W., Real and Complex analysis, New York, 1966.

$$\sup_{0 \leqslant \mathrm{Im}\, z \leqslant 1} |f_n(z) - f_m(z)| = \sup_{t \in \mathbb{R}} |f_n(t) - f_m(t)|$$

$$\leqslant \|y_n \xi_0\| \cdot \|x_n \xi_0 - x_m \xi_0\| + \|x_m \xi_0\|$$

$$\cdot \|y_n \xi_0 - y_m \xi_0\| \to 0,$$

$$\sup_{\substack{0 \leqslant \mathrm{Im}\, z \leqslant 1 \\ n}} |f_n(z)| = \sup_{n, t \in \mathbb{R}} |f_n(t)|$$

$$\leqslant \sup_n (\|y_n \xi_0\| \cdot \|x_n \xi_0\|).$$

因此有 KMS 函数 f，使得 $f_n(z) \to f(z)$，$\forall 0 \leqslant \mathrm{Im}\, z \leqslant 1$. 于是，$f(t) = \langle \eta, u_t \xi \rangle$，$f(t+i) = \langle u_t \xi, \eta \rangle$. 即 $\{u_t\}$ 关于 $\mathscr{K}$ 满足 KMS 条件. 今依定理 8.1.13，$u_t = \Delta^{it}$，$\forall t \in \mathbb{R}$. 于是对任意的 $x \in M$，$t \in \mathbb{R}$，

$$\alpha_t(x)\xi_0 = u_t x \xi_0 = \Delta^{it} x \Delta^{-it} \xi_0 = \sigma_t(x)\xi_0,$$

但 ξ_0 是M的分离矢，所以，$\alpha_t(x) = \sigma_t(x)$. 证毕.

注 本节见参考文献 [86]，[89]，[117]，[123].

§ 3. σ-有限的 w^*-代数的模自同构群

设M是 σ-有限的 w^*-代数，于是 M 上必有忠实的正规态 φ，它产生 M 忠实的循环 w^*-表示 $\{\pi_\varphi, \mathscr{H}_\varphi, \xi_\varphi\}$. 显然，$\xi_\varphi$ 也是 $\pi_\varphi(M)$ 的分离矢，从而可以把 § 2 的理论应用于 $\{\pi_\varphi(M), \mathscr{H}_\varphi, \xi_\varphi\}$. 相应有模算子 Δ_φ（$\mathscr{H}_\varphi$ 中非负可逆的自伴算子)，使得

$$\Delta_\varphi^{it} \pi_\varphi(M) \Delta_\varphi^{-it} = \pi_\varphi(M), \quad \forall t \in \mathbb{R},$$

由于M与 $\pi_\varphi(M)$是$*$同构的，令

$$\sigma_t^\varphi(x) = \pi_\varphi^{-1}(\Delta_\varphi^{it} \pi_\varphi(x) \Delta_\varphi^{-it}), \forall x \in M, t \in \mathbb{R}.$$

显然 $\{\sigma_t^\varphi | t \in \mathbb{R}\}$ 将是M的 $s(M, M_*)$ 连续的$*$自同构群.

定义 8.3.1 $\{\sigma_t^\varphi | t \in \mathbb{R}\}$ 称为M的相应于 φ 的模自同构群.

依照定理 8.2.10，φ 关于 $\{\sigma_t^\varphi\}$ 是不变的，即 $\varphi(\sigma_t^\varphi(x)) = \varphi(x)$，$\forall x \in M$，$t \in \mathbb{R}$，并且 $\{\sigma_t^\varphi\}$ 关于 φ 是满足 KMS 条件的，即对于任意的 $x, y \in M$，有 KMS 函数(即在 $0 \leqslant \mathrm{Im}\, z \leqslant 1$ 中连续有界，在 $0 < \mathrm{Im}\, z < 1$ 中解析的函数) f，使得

$$f(t)=\varphi(\sigma_t^\varphi(x)y),\ f(t+i)=\varphi(y\sigma_t^\varphi(x)),\ \forall t\in\mathbf{R}.$$

此外，M 的关于 φ 满足 KMS 条件的 $s(M,M_*)$ 连续的单参数 $*$ 自同构群只能是 $\{\sigma_t^\varphi|t\in\mathbf{R}\}$.

命题 8.3.2 设 φ 是 w^*-代数 M 上忠实的正规态，

$$M^\varphi=\{x\in M|\sigma_t^\varphi(x)=x,\ \forall t\in\mathbf{R}\},$$

则 $x\in M^\varphi$，当且仅当，$\varphi(xy-yx)=0$，$\forall y\in M$.

证. 设 $x\in M^\varphi$. 对于任意的 $y\in M$，有关于 x，y 的 KMS 函数 f，使得

$$f(t)=\varphi(\sigma_t^\varphi(x)y)=\varphi(xy),$$
$$f(t+i)=\varphi(y\sigma_t^\varphi(x))=\varphi(yx),$$

$\forall t\in\mathbf{R}$. 因此，f 是常数，特别地，

$$\varphi(xy)=f(0)=f(i)=\varphi(yx).$$

反之设 $x\in M$，满足 $\varphi(xy-yx)=0$，$\forall y\in M$，要证明 $x\in M^\varphi$. 无妨设 $x^*=x$. 对任意的 $y^*=y\in M$，有关于 x，y 的 KMS 函数 f，使得

$$f(t)=\varphi(\sigma_t^\varphi(x)y),\ f(t+i)=\varphi(y\sigma_t^\varphi(x)),\ \forall t\in\mathbf{R},$$

由于 $x^*=x$，$y^*=y$，因此，$f(t)=\overline{f(t+i)}$，$\forall t\in\mathbf{R}$. 另一方面，φ 关于 $\{\sigma_t^\varphi\}$ 是不变的，于是

$$\begin{aligned}f(t)&=\varphi(x\sigma_{-t}^\varphi(y))=\varphi(\sigma_{-t}^\varphi(y)x)\\&=\varphi(y\sigma_t^\varphi(x))=f(t+i),\ \forall t\in\mathbf{R}.\end{aligned}$$

由此，f 可开拓为 $\mathbf{C}$ 上有界的解析函数，所以，f 是常数. 从而，$\varphi((\sigma_t^\varphi(x)-x)y)=0$，$\forall y^*=y\in M$，$t\in\mathbf{R}$，即见 $x\in M^\varphi$. 证毕.

命题 8.3.3 设 M 是 σ-有限的 w^*-代数，φ，ψ 是 M 上忠实的正规态，$\{\sigma_t^\varphi\}$，$\{\sigma_t^\psi\}$ 分别是相应于 φ，ψ 是模自同构群，则存在 M 的依 $s(M,M_*)$ 连续的单参数酉元族 $\{u_t|t\in\mathbf{R}\}$，使得

$$\sigma_t^\psi(a)=u_t\sigma_t^\varphi(a)u_t^*,\ u_{t+s}=u_t\sigma_t^\varphi(u_s),\ \forall a\in M,\ t,s\in\mathbf{R}.$$

证. 考虑 w^*-代数

$$M_2=\left\{\begin{pmatrix}a&b\\c&d\end{pmatrix}\middle|a,b,c,d\in M\right\}$$

及其上的泛函

$$\theta\left(\begin{pmatrix} a & b \\ c & d \end{pmatrix}\right) = \varphi(a) + \psi(d).$$

显然 θ 是 M_2 上忠实的正规态，相应有 M_2 的模自同构群 $\{\sigma_t^\theta\}$.

设 $e_{11} = \begin{pmatrix} 1 & 0 \\ 0 & 0 \end{pmatrix}$，易见 $\theta(e_{11}x - xe_{11}) = 0$，$\forall x \in M_2$. 依命题 8.3.2，$\sigma_t^\theta(e_{11}) = e_{11}$，$\forall t \in \mathbb{R}$. 注意对任意的 $a \in M$，

$$\begin{pmatrix} a & 0 \\ 0 & 0 \end{pmatrix} = \begin{pmatrix} 1 & 0 \\ 0 & 0 \end{pmatrix}\begin{pmatrix} a & 0 \\ 0 & 0 \end{pmatrix}\begin{pmatrix} 1 & 0 \\ 0 & 0 \end{pmatrix},$$

因此，

$$\begin{aligned}\sigma_t^\theta\left(\begin{pmatrix} a & 0 \\ 0 & 0 \end{pmatrix}\right) &= \begin{pmatrix} 1 & 0 \\ 0 & 0 \end{pmatrix}\sigma_t^\theta\left(\begin{pmatrix} a & 0 \\ 0 & 0 \end{pmatrix}\right)\begin{pmatrix} 1 & 0 \\ 0 & 0 \end{pmatrix} \\ &= \begin{pmatrix} \alpha_t(a) & 0 \\ 0 & 0 \end{pmatrix},\end{aligned}$$

易见 $\{\alpha_t\}$ 将是 M 的 $s(M, M_*)$ 连续的单参数 $*$ 自同构群. 由 $\{\sigma_t^\theta\}$ 关于 θ 满足 KMS 条件，易见 $\{\alpha_t\}$ 关于 φ 满足 KMS 条件，依定理 8.2.10，$\alpha_t = \sigma_t^\varphi$，$\forall t \in \mathbb{R}$.

对 $e_{22} = \begin{pmatrix} 0 & 0 \\ 0 & 1 \end{pmatrix}$ 进行同样讨论，又有

$$\sigma_t^\theta\left(\begin{pmatrix} 0 & 0 \\ 0 & a \end{pmatrix}\right) = \begin{pmatrix} 0 & 0 \\ 0 & \sigma_t^\psi(a) \end{pmatrix}, \quad \forall a \in M, \ t \in \mathbb{R}.$$

由于 $\begin{pmatrix} 0 & 0 \\ 1 & 0 \end{pmatrix} = \begin{pmatrix} 0 & 0 \\ 0 & 1 \end{pmatrix}\begin{pmatrix} 0 & 0 \\ 1 & 0 \end{pmatrix}\begin{pmatrix} 1 & 0 \\ 0 & 0 \end{pmatrix}$，因此

$$\sigma_t^\theta\left(\begin{pmatrix} 0 & 0 \\ 1 & 0 \end{pmatrix}\right) = \begin{pmatrix} 0 & 0 \\ 0 & 1 \end{pmatrix}\sigma_t^\theta\left(\begin{pmatrix} 0 & 0 \\ 1 & 0 \end{pmatrix}\right)\begin{pmatrix} 1 & 0 \\ 0 & 0 \end{pmatrix} = \begin{pmatrix} 0 & 0 \\ u_t & 0 \end{pmatrix}.$$

注意

$$\begin{aligned}\begin{pmatrix} 0 & 0 \\ 0 & 1 \end{pmatrix} &= \sigma_t^\theta\left(\begin{pmatrix} 0 & 0 \\ 1 & 0 \end{pmatrix}\begin{pmatrix} 0 & 1 \\ 0 & 0 \end{pmatrix}\right) \\ &= \begin{pmatrix} 0 & 0 \\ u_t & 0 \end{pmatrix}\sigma_t^\theta\left(\begin{pmatrix} 0 & 0 \\ 1 & 0 \end{pmatrix}^*\right) = \begin{pmatrix} 0 & 0 \\ 0 & u_t u_t^* \end{pmatrix},\end{aligned}$$

因此，$u_t u_t^* = 1$. 相仿证 $u_t^* u_t = 1$. 从而 $\{u_t | t \in \mathbb{R}\}$ 是 M 的依 $s(M, M_*)$ 连续的单参数酉元族.

由于 $\begin{pmatrix} 0 & 0 \\ 0 & a \end{pmatrix} = \begin{pmatrix} 0 & 0 \\ 1 & 0 \end{pmatrix}\begin{pmatrix} a & 0 \\ 0 & 0 \end{pmatrix}\begin{pmatrix} 0 & 1 \\ 0 & 0 \end{pmatrix}$，因此，

$$\begin{pmatrix} 0 & 0 \\ 0 & \sigma_t^{\psi}(a) \end{pmatrix} = \sigma_t^{\theta}\left(\begin{pmatrix} 0 & 0 \\ 0 & a \end{pmatrix}\right)$$

$$= \begin{pmatrix} 0 & 0 \\ u_t & 0 \end{pmatrix}\begin{pmatrix} \sigma_t^{\varphi}(a) & 0 \\ 0 & 0 \end{pmatrix}\begin{pmatrix} 0 & u_t^* \\ 0 & 0 \end{pmatrix},$$

即 $\sigma_t^{\psi}(a) = u_t\sigma_t^{\varphi}(a)u_t^*$，$\forall a \in M$，$t \in \mathbf{R}$. 此外，

$$\begin{pmatrix} 0 & 0 \\ u_{t+s} & 0 \end{pmatrix} = \sigma_t^{\theta}\left(\sigma_s^{\theta}\left(\begin{pmatrix} 0 & 0 \\ 1 & 0 \end{pmatrix}\right)\right) = \sigma_t^{\theta}\left(\begin{pmatrix} 0 & 0 \\ u_s & 0 \end{pmatrix}\right)$$

$$= \sigma_t^{\theta}\left(\begin{pmatrix} 0 & 0 \\ 1 & 0 \end{pmatrix}\begin{pmatrix} u_s & 0 \\ 0 & 0 \end{pmatrix}\right)$$

$$= \begin{pmatrix} 0 & 0 \\ u_t & 0 \end{pmatrix}\begin{pmatrix} \sigma_t^{\varphi}(u_s) & 0 \\ 0 & 0 \end{pmatrix}.$$

因此，$u_{t+s} = u_t\sigma_t^{\varphi}(u_s)$，$\forall t, s \in \mathbf{R}$. 证毕.

注．依命题 8.3.3，对任意固定的 $t \in \mathbf{R}$，σ_t^{φ}是否是M的内$*$自同构（即形如 $\cdot \longrightarrow u^* \cdot u$ 的$*$自同构，这里 u 是M的酉元），这一性质将不随φ的选择而变化.

引理 8.3.4 设φ是M上忠实的正规态，$h \in M^{\varphi} \cap M_+$，并且 h 的谱族在 0 处是 $s(M, M^*)$连续的，令 $\psi(\cdot) = \varphi(h\cdot) = \varphi(h^{\frac{1}{2}} \cdot h^{\frac{1}{2}})$（命题 8.3.2）也将是$M$上忠实的正规正泛函. 记 $\{\sigma_t^{\psi}\}$ 是相应于 ψ 的模自构群，则

$$\sigma_t^{\psi}(x) = h^{it}\sigma_t^{\varphi}(x)h^{-it}, \quad \forall x \in M, \ t \in \mathbf{R}.$$

证．任意固定 $x, y \in M$. 对正整数 n，令

$$x_n = \sqrt{\frac{n}{\pi}}\int_{-\infty}^{\infty} e^{-ns^2}\sigma_s^{\varphi}(x)ds,$$

于是 x_n 关于 $\{\sigma_t^{\varphi}\}$ 是解析的，即

$$x_n(z) = \sqrt{\frac{n}{\pi}}\int_{-\infty}^{\infty} e^{-n(s-z)^2}\sigma_s^{\varphi}(x)ds, \quad \forall z \in \mathbf{C}$$

是 $\mathbf{C}$ 到 M 中的解析函数，并且 $x_n(t) = \sigma_t^{\varphi}(x_n)$，$\forall t \in \mathbf{R}$. 此外，显然 $x_n(z)$在每个平行于实轴的横条中是有界的. 从而，

$$f_n(z) = \varphi(h^{iz+1}x_n(z)h^{-iz}y)$$

是 $0 \leqslant \operatorname{Im} z \leqslant 1$ 中连续有界，并且在 $0 < \operatorname{Im} z < 1$ 中解析的函数. 我们来计算 f 的边界值. 对 $t \in \mathbf{R}$，

$$f_n(t) = \varphi(hh^{it}\sigma_t^\varphi(x_n)h^{-it}y) = \psi(h^{it}\sigma_t^\varphi(x_n)h^{-it}y)$$

由于 $h^{it} \in M^\varphi$，因此，

$$\begin{aligned} f_n(t+i) &= \varphi(h^{it}x_n(t+i)h^{-it}hy) \\ &= \varphi(x_n(t+i)h^{-it}hyh^{it}) \\ &= \langle \pi_\varphi(h^{-it}hyh^{it})\xi_\varphi,\ \pi_\varphi(x_n(t+i)^*)\xi_\varphi \rangle. \end{aligned}$$

如果记 $\eta = \pi_\varphi(x^*)\xi_\varphi$ $(\in \mathscr{H}_\varphi)$，依命题 8.1.12，

$$\eta_n = \sqrt{\frac{n}{\pi}}\int_{-\infty}^{\infty} e^{-ns^2}\Delta_\varphi^{is}\eta ds = \pi_\varphi(x_n^*)\xi_\varphi$$

是关于 $\{\Delta_\varphi^{it}\}$ 的解析矢．再依命题 8.1.11 可见

$$\sqrt{\frac{n}{\pi}}\int_{-\infty}^{\infty} e^{-n(s-z)^2}\Delta_\varphi^{is}\eta ds = \eta_n(z) = \Delta_\varphi^{iz}\eta_n,\ \forall z \in \mathbb{C}.$$

从而对任意的 $z \in \mathbb{C}$

$$\begin{aligned} \pi_\varphi(x_n(z)^*)\xi_\varphi &= \sqrt{\frac{n}{\pi}}\int_{-\infty}^{\infty} \overline{e^{-n(s-z)^2}}\pi_\varphi(\sigma_s^\varphi(x^*))\xi_\varphi ds \\ &= \sqrt{\frac{n}{\pi}}\int_{-\infty}^{\infty} e^{-n(s-\bar{z})^2}\Delta_\varphi^{is}\eta ds \\ &= \eta_n(\bar{z}) = \Delta_\varphi^{i\bar{z}}\eta_n = \Delta_\varphi^{i\bar{z}}\pi_\varphi(x_n^*)\xi_\varphi. \end{aligned}$$

由此，

$$\begin{aligned} f_n(t+i) &= \langle \pi_\varphi(h^{-it}hyh^{it})\xi_\varphi,\ \Delta_\varphi\Delta_\varphi^{it}\pi_\varphi(x_n^*)\Delta_\varphi^{-it}\xi_\varphi \rangle \\ &= \langle \Delta_\varphi^{1/2}\pi_\varphi(h^{-it}hyh^{it})\xi_\varphi,\ \Delta_\varphi^{1/2}\pi_\varphi(\sigma_t^\varphi(x_n^*))\xi_\varphi \rangle \\ &= \langle \pi_\varphi(\sigma_t^\varphi(x_n))\xi_\varphi,\ \pi_\varphi(h^{-it}y^*hh^{it})\xi_\varphi \rangle \\ &= \varphi(h^{-it}hyh^{it}\sigma_t^\varphi(x_n)) = \varphi(hyh^{it}\sigma_t^\varphi(x_n)h^{-it}) \\ &= \psi(yh^{it}\sigma_t^\varphi(x_n)h^{-it}) \end{aligned}$$

由极大模原理及 $\|x_n - x\| \to 0$，

$$\sup_{0\leqslant \mathrm{Im}\, z\leqslant 1} |f_n(z) - f_m(z)| \leqslant \|\psi\| \cdot \|y\| \cdot \|x_n - x_m\| \to 0,$$

$$\sup_{\substack{0\leqslant \mathrm{Im}\, z\leqslant 1 \\ n}} |f_n(z)| < \infty,$$

因此有 KMS 函数 f，使得 $f_n(z) \to f(z)$，$\forall 0 \leqslant \mathrm{Im}\, z \leqslant 1$，并且 $f(t) = \psi(h^{it}\sigma_t^\varphi(x)h^{-it}y)$，$f(t+i) = \psi(yh^{it}\sigma_t^\varphi(x)h^{-it})$，$\forall t \in \mathbb{R}$．这说明$M$的 $*$ 自同构群 $\{h^{it}\sigma_t^\varphi(\cdot)h^{-it} | t \in \mathbb{R}\}$ 关于 ψ 满足 KMS 条

件，所以，$\sigma_t^{\psi}(x)=h^{it}\sigma_t^{\varphi}(x)h^{-it}$，$\forall x\in M$，$t\in\mathbb{R}$. 证毕.

引理 8.3.5 设φ是M上忠实的正规态，如果 $\sigma_t^{\varphi}(x)=x$，$\forall x\in M$，$t\in\mathbb{R}$，则φ是迹.

证. 对任意的 $x\in M$，有关于 x^*x 的 KMS 函数f，使得对任意的 $t\in\mathbb{R}$，

$$f(t)=\varphi(\sigma_t^{\varphi}(x^*)x)=\varphi(x^*x)\geqslant 0,$$

$$f(t+i)=\varphi(x\sigma_t^{\varphi}(x^*))=\varphi(xx^*)\geqslant 0,$$

因此，f是常数. 特别地，$\varphi(x^*x)=\varphi(xx^*)$. 证毕.

定理 8.3.6 设φ是 w^*-代数M上忠实的正规态，$\{\sigma_t^{\varphi}|t\in\mathbb{R}\}$是相应的模自同构群，则 M 是半有限的，必须且只须，$\{\sigma_t^{\varphi}|t\in\mathbb{R}\}$是$M$的内$*$自同构群，即存在$M$的依 $s(M, M_*)$ 连续的单参数酉元群 $\{u_t|t\in\mathbb{R}\}$，使得

$$\sigma_t^{\varphi}(x)=u_txu_t^*,\ \forall x\in M,\ t\in\mathbb{R}.$$

证. 设满足要求的$\{u_t\}$存在，也无妨设 M 是 $\mathscr{H}$ 中的 vN 代数. 依 Stone 定理，将有 $\mathscr{H}$ 中非负可递的算子 h，使得 $u_t=h^{-it}$，$\forall t\in\mathbb{R}$. 由于 $u_t\in M^{\varphi}$，$\forall t\in\mathbb{R}$，因此，h 的谱族 $\subset M^{\varphi}$. 令 p_n 是 h 相应于 $[n^{-1}, n]$ 上的谱投影，于是 p_n，$hp_n\in M^{\varphi}$. 在 p_nMp_n 上，令 $\psi_n(\cdot)=\varphi(hp_n\cdot)$，依引理 8.3.4，相应于 ψ_n 的模自同构群将是

$$(hp_n)^{it}\sigma_t^{\varphi}(x)(hp_n)^{-it}=h^{it}u_txu_t^*h^{-it}=x,$$

$\forall x\in p_nMp_n$，$t\in\mathbb{R}$. 依引理 8.3.5，ψ_n 是 p_nMp_n 上忠实的正规迹，从而 p_n 是M的有限投影，$\forall n$. 又显然 $\sup\limits_n p_n=1$，所以，M是半有限的. 反之，设 M 是半有限的，于是，M_+ 上有忠实的半有限正规迹 τ.

1) 设 p 是M的投影，使得 $\tau(p)<\infty$. 于是 τ 可唯一扩张为 pMp 上忠实的正规迹. 我们说存在唯一的 $h\in pMp$，$0\leqslant h\leqslant 1$，使得

$$\tau((1-h)x)=\varphi(hx)=\varphi(xh),\ \forall x\in pMp.$$

事实上，用定理 1.10.4 于 τ，$\varphi+\tau$，有 $h\in pMp$，$0\leqslant h\leqslant 1$，

使得对任意的 $x \in pMp$，有

$$\tau(x) = \frac{1}{2}(\varphi + \tau)(xh + hx)$$
$$= \frac{1}{2}\varphi(xh + hx) + \tau(hx).$$

于是，$\tau((1-h)x) = \frac{1}{2}\varphi(xh + hx), \forall x \in pMp$. 由此，

$$\frac{1}{2}\varphi(xh^2 + hxh) = \tau((1-h)xh)$$
$$= \tau(h(1-h)x) = \tau((1-h)hx)$$
$$= \frac{1}{2}\varphi(hxh + h^2x),$$

即 $\varphi(xh^2) = \varphi(h^2x)$，$\forall x \in pMp$. 一般有 $\varphi(xh^{2n}) = \varphi(h^{2n}x)$，$\forall x \in pMp$ 及 n. 用 h^2 的多项式列逼近 h，则 $\varphi(hx) = \varphi(xh)$，即有 $\tau((1-h)x) = \varphi(hx) = \varphi(xh)$，$\forall x \in pMp$.

2) 存在 $h \in M$，$0 \leqslant h \leqslant 1$，$h$ 的谱族在 $\{0, 1\}$ 处 $s(M, M_*)$ 连续，使得

$$\tau(1-h) < \infty, \tau((1-h)x) = \varphi(hx) = \varphi(xh), \forall x \in M.$$

事实上，由于 τ 是半有限的，可取 M 的投影递增网 $\{p_l\}$，使得 $\sup\limits_l p_l = 1$，$\tau(p_l) < \infty$，$\forall l$. 由 1)，对每个 l，有 $h_l \in p_lMp_l$，$0 \leqslant h_l \leqslant 1$，使得

$$\tau((1-h_l)x_l) = \varphi(h_lx_l) = \varphi(x_lh_l), \forall x_l \in p_lMp_l,$$

依命题 6.5.2，

$$\tau((1-h_l)p_lxp_l) = \tau(p_l(1-h_l)xp_l) = \tau((1-h_l)xp_l),$$

因此，

$$\tau((1-h_l)xp_l) = \varphi(h_lxp_l) = \varphi(p_lxh_l), \forall x \in M. \quad (1)$$

由于 M 的单位球是 $\sigma(M, M_*)$ 紧的，必要时代以子网，可以设 $h_l \xrightarrow{\sigma(M, M_*)} h \in M$，$0 \leqslant h \leqslant 1$. 如果 $p_l \leqslant p_{l'}$，则依(1)

$$\tau((1-h_{l'})xp_l) = \tau((1-h_{l'})xp_lp_{l'})$$
$$\overset{(1)}{=} \varphi(h_{l'}xp_lp_{l'}) = \varphi(h_{l'}xp_l).$$

由于 $\tau(p_l)<\infty$，依命题 6.5.3，$\tau(\cdot p_l)\in M_*$. 由此，对 l' 取极限，则

$$\tau((1-h)xp_l)=\varphi(hxp_l),\ \forall x\in M \text{ 及指标 } l. \qquad (2)$$

特别地，$\varphi(hp_l)=\tau((1-h)p_l)=\tau((1-h)^{\frac{1}{2}}p_l(1-h)^{\frac{1}{2}})$，$\forall l$. 依 τ 的正规性，$\tau(1-h)=\varphi(h)<\infty$. 再依命题 6.5.3，在(2)中对 p_l 取极限，则

$$\tau((1-h)x)=\varphi(hx),\ \forall x\in M. \qquad (3)$$

由(1)，当 $p_{l'}\geqslant p_l$ 时，$\tau((1-h_{l'})xp_l)=\varphi(p_{l'}xp_lh_{l'})$. 依 Schwartz 不等式.

$$\begin{aligned}|\varphi(p_{l'}xp_lh_{l'})-\varphi(xp_lh)|&\leqslant|\varphi(xp_l(h_{l'}-h))|\\&+|\varphi((1-p_{l'})xp_lh_{l'})|\leqslant|\varphi(xp_l(h_{l'}-h))|\\&+\|x\|\varphi(1-p_{l'})^{\frac{1}{2}},\end{aligned}$$

对 l' 取极限，可见 $\tau((1-h)xp_l)=\varphi(xp_lh)$，$\forall l$. 依命题 6.5.3，再对 p_l 取极限，则

$$\tau((1-h)x)=\varphi(xh),\ \forall x\in M. \qquad (4)$$

此外，由于 φ,τ 是忠实的，依(3)或(4)，h 的谱族在 $\{0,1\}$ 处必然是 $s(M,M_*)$ 连续的.

3) 令 $\alpha_t(x)=h^{-it}(1-h)^{it}xh^{it}(1-h)^{-it}$，$\forall x\in M$，$t\in\mathbf{R}$，今只须证明 $\sigma_t^\varphi=\alpha_t$，$\forall t\in\mathbf{R}$.

对任意的 $x,y\in M$，令

$$f(z)=\varphi(h^{-iz}(1-h)^{iz+1}xh^{iz+1}(1-h)^{-iz}y).$$

显然，f 在 $0\leqslant \operatorname{Im} z\leqslant 1$ 中连续有界，在 $0<\operatorname{Im} z<1$ 中解析. 对任意的 $t\in\mathbf{R}$，依(3)，(4)

$$\left.\begin{aligned}f(t)&=\varphi(\alpha_t((1-h)xh)y),\\f(t+i)&=\varphi(h\alpha_t(x)(1-h)y)\\&=\tau((1-h)\alpha_t(x)(1-h)y)\\&=\tau((1-h)y(1-h)\alpha_t(x))\\&=\varphi(y(1-h)\alpha_t(x)h),\end{aligned}\right\}\qquad (5)$$

取 $y=1$，$x=ha(1-h)$，这里 $a^*=a$，则

$$f(t)=f(t+i)=\varphi(\alpha_t(y_0ay_0)$$

是实数，$\forall t\in\mathbf{R}$，这里 $y_0=h(1-h)$. 因此，f 是常数. 特别地，

$$\varphi(\alpha_t(y_0ay_0))=\varphi(y_0ay_0),\ \forall a^*=a\in M,\ t\in\mathbf{R}.$$

设 $y_0=\int_0^1\lambda de_\lambda$，$p_n=e_{1-\frac{1}{n}}-e_{\frac{1}{n}}$，由于 $\{e_\lambda\}$ 在 $\{0, 1\}$ 处 $s(M, M_*)$ 连续，因此 $p_n\nearrow 1$. 又命

$$a_n=\left(\int_{\frac{1}{n}}^{1-\frac{1}{n}}\frac{1}{\lambda}de_\lambda\right)a\left(\int_{\frac{1}{n}}^{1-\frac{1}{n}}\frac{1}{\lambda}de_\lambda\right),$$

则 $y_0a_ny_0=p_nap_n$. 于是 $\varphi(\alpha_t(p_nap_n))=\varphi(p_nap_n)$，$\forall n$. 对 n 取极限，可见

$$\varphi(\alpha_t(a))=\varphi(a),\ \forall a\in M,\ t\in\mathbf{R}. \tag{6}$$

对任意的 x，y，令 $x_n=\left(\int_{\frac{1}{n}}^{1-\frac{1}{n}}\frac{1}{\lambda}de_\lambda\right)x\left(\int_{\frac{1}{n}}^{1-\frac{1}{n}}\frac{1}{\lambda}de_\lambda\right)$，

$$f_n(z)=\varphi(h^{-iz}(1-h)^{iz+1}hx_n(1-h)h^{iz+1}(1-h)^{-iz}y),$$

依 (5)，

$$f_n(t)=\varphi(\alpha_t(p_nxp_n)y),\ f_n(t+i)=\varphi(y\alpha_t(p_nxp_n)),\ \forall t\in\mathbf{R}.$$

由极大模原理，Schwartz 不等式及 (6)，

$$\sup_{0\leqslant I_m z\leqslant 1}|f_n(z)-f_m(z)|\leqslant\|y\|\varphi((p_nxp_n-p_mxp_m)^*$$

$$\cdot(p_nxp_n-p_mxp_m))\to 0,$$

$$\sup_{0\leqslant I_m z\leqslant 1, n}|f_n(z)|\leqslant\|x\|\cdot\|y\|.$$

从而有 KMS 函数 f，使得 $f_n(z)\to f(z)$，$\forall 0\leqslant \operatorname{Im} z\leqslant 1$，并且 $f(t)=\varphi(\alpha_t(x)y)$，$f(t+i)=\varphi(y\alpha_t(x))$，$\forall t\in\mathbf{R}$. 因此，$\{\alpha_t\}$ 关于 φ 也满足 KMS 条件，所以，$\alpha_t=\sigma_t^\varphi$，$\forall t\in\mathbf{R}$. 证毕.

注 本节见参考文献 [11]，[86]，[117].

第九章　Borel 构造

本章叙述 Borel 构造方面的一些重要结果. 严格地说，这些内容并不属于算子代数的范围(因此可以独立地阅读它)，但是为着顺利地叙述后面的章节，本章是必不可少的. 此外，在这方面，我们并不引入过多的概念与结果，但对于后面章节的应用却已足够.

§1. Polish 空 间

定义 9.1.1　拓扑空间 E 称为 Polish 空间，指可以给予 E 一个距离 d，使得 (E, d) 成为完备可分的距离空间，并且 d 所产生的拓扑与原来的拓扑等价.

例. 设 $\mathscr{H}$ 是可分的 Hilbert 空间，S 是 $B(\mathscr{H})$ 的单位球，则 S 依弱算子、强算子、强 * 算子拓扑都是 Polish 空间.

事实上，设 $\{\xi_n\}$ 是 $\mathscr{H}$ 的单位球的可数稠集，对任意的 a，$b \in S$，令

$$d(a, b) = \sum_{m,n} \frac{1}{2^{m+n}} |\langle (a-b)\xi_m, \xi_n \rangle|,$$

$$\rho(a, b) = \sum_n \frac{1}{2^n} \|(a-b)\xi_n\|,$$

$$\rho^*(a, b) = \sum_n \frac{1}{2^n} \{\|(a-b)\xi_n\| + \|(a-b)^*\xi_n\|\}.$$

再依 $B(\mathscr{H})$ 是可数生成的及稠密性定理 1.6.1 即得证.

命题 9.1.2　Polish 空间的可数并与可数积也是 Polish 空间.

证. 设 $\{(E_n, d_n)\}$ 是 Polish 空间的列.

在 $E=\bigcup_n E_n$（不相交的并）上，命

$$d(x,y)=\begin{cases}\min\{1,d_n(x,y)\}, & \text{如 } x, y \text{ 属于同一个 } E_n, \\ 1, & \text{如 } x, y \text{ 属于不同的 } E_n\end{cases}$$

易见 (E,d) 是 Polish 空间，每个 E_n 为 E 的既闭又开的子集，且在每个 E_n 上，d 诱导的拓扑与 d_n 产生的拓扑等价.

在 $\bigtimes_n E_n$ 上，命

$$d((x_n),(y_n))=\sum_n \frac{1}{2^n}\frac{d_n(x_n,y_n)}{1+d_n(x_n,y_n)},$$

即见 $\bigtimes_n E_n$ 依乘积拓扑是 Polish 空间.　证毕.

命题 9.1.3 Polish 空间的一个子空间是 Polish 的，当且仅当它是 G_δ 子集(即开集的可数交).

证. 设 (E,d) 是 Polish 空间，无妨设 E 依 d 的直径不超过 1. 如果 U 是 E 的开子集，令

$$\delta(x,y)=d(x,y)+|d(x,U')^{-1}-d(y,U')^{-1}|,$$

$\forall x,y\in U$，这里 $U'=E\backslash U$. 易见 δ 是 U 上的距离，并且 δ 产生的拓扑正是 d 所诱导的拓扑. 如果 $\{x_n\}(\subset U)$ 是按 δ 的基本列，它也是依 d 的基本列，因此有 $x\in E$，使得 $d(x_n,x)\to 0$. 这时 $\{d(x_n,U')^{-1}\}$ 也是基本的，由于 E 依 d 的直径 $\leqslant 1$，因此，$d(x_n, U')\to\lambda>0$. 于是，$d(x,U')=\lambda>0$，即 $x\in U$. 所以，U 作为 E 的子空间也是 Polish 空间.

今设 $F=\bigcap_n U_n$，这里 U_n 是 E 的开子集，$\forall n$. 设 δ_n 是 U_n，上如前段定义的距离，并命

$$d_F(x,y)=\sum_n \frac{1}{2^n}\frac{\delta_n(x,y)}{1+\delta_n(x,y)},\qquad \forall x,y\in F,$$

由于 δ_n 与 d 在 F 上诱导相同的拓扑，$\forall n$，因此，d_F 与 d 在 F 上诱导相同的拓扑. 如果 $\{x_n\}(\subset F)$ 是依 d_F 的基本列，于是有 $y_k\in$

U_k，使得 $\delta_k(x_n, y_k) \xrightarrow{n} 0, \forall k$. 从而，$d(x_n, y_k) \xrightarrow{n} 0, \forall k$. 所以，$y_k \to x \in F$，$\forall k$，以及 $d_F(x_n, x) \to 0$，即 F 作为 E 的子空间是 Polish 空间.

反之，设 (F, d_F) 是 Polish 空间，$F \subset E$，并且 d_F 与 d 在 F 上诱导相同的拓扑. 对每个 n，令

$$F_n = \Big\{x \in \bar{F} \mid \text{存在 } x \text{ 的开邻域 } U,$$

$$\text{使得 } (U \cap F) \text{ 依 } d_F \text{ 的直径} \leqslant \frac{1}{n}\Big\}.$$

显然，$F \subset \bigcap_n F_n$. 如果 $x \in \bigcap_n F_n$，于是对每个 n，有 x 的开邻域 U_n，使得 $(U_n \cap F)$ 依 d_F 的直径 $\leqslant \frac{1}{n}$. 无妨认为 $U_1 \supset U_2 \supset \cdots$，并且 U_n 关于 d 的直径 $\longrightarrow 0$. 取 $x_n \in U_n \cap F$，于是 $\{x_n\} (\subset F)$ 是依 d_F 的基本列，因此，有 $y \in F$，使得 $d_F(x_n, y) \to 0$. 由此 $d(x_n, y) \to 0$. 又 U_n 是 x 的邻域，且 U_n 依 d 的直径 $\longrightarrow 0$，所以，$d(x_n, x) \to 0$，$y = x$，即 $F = \bigcap_n F_n$.

如果 $x \in F_n$，于是有 x 的开邻域 U，使得 $(U \cap F)$ 依 d_F 的直径 $\leqslant \frac{1}{n}$. 依 F_n 的定义，$U \cap \bar{F} \subset F_n$，因此，$F_n$ 是 $\bar{F}$ 的开子集. 即有 E 的开子集 G_n，使得 $F_n = \bar{F} \cap G_n$，$\forall n$. 今命 $U_m = \left\{x \in E \mid d(x, \bar{F}) < \frac{1}{m}\right\}$，它是 E 的开子集，并且 $\bar{F} = \bigcap_m U_m$. 由此，

$$F = \bigcap_n F_n = \bigcap_n (G_n \cap \bar{F}) = \bigcap_{n,m} (G_n \cap U_m),$$

即 F 是 E 的 G_δ 子集. 证毕.

命题 9.1.4 任意 Polish 空间必同胚于 $[0, 1]^\infty$（$[0, 1]$ 的可数无穷积）的一个 G_δ 子集.

证. 设 (E, d) 是 Polish 空间，$\{a_n\}$ 是 E 依 d 的可数稠集，

于是 $x \to \left(\frac{d(a_n, x)}{1 + d(a_n, x)}\right)_n$ 是E到$[0,1]^\infty$中的同胚. 再依命题 9.1.3 即得证.

命题 9.1.5 设Ω是局部紧 Hausdorff 空间,则Ω是 Polish 空间,当且仅当,Ω具有可数基.

证. 设Ω具有可数基, Ω_∞是Ω的一点紧化, 于是Ω_∞必是 Polish 空间. 但Ω是Ω_∞的开子集,依命题 9.1.3,Ω也是 Polish 空间. 反之则显然. 证毕.

定义 9.1.6 Polish 空间N^∞指集合

$$\{n = (n_k) | n_k \text{ 是非负整数}, k = 1, 2, \cdots\},$$

其中拓扑由距离

$$d(n, m) = \sum_k \frac{1}{2^k} \frac{|n_k - m_k|}{1 + |n_k - m_k|}$$

来定义. 形如 $n = (n_1, \cdots, n_k, 0, \cdots)$ 元的全体是N^∞的可数稠集.此外,对任意的 $n = (n_k) \in N^\infty$,

$$N^\infty_{n_1, \cdots, n_k} = \{m \in N^\infty | m_i = n_i, 1 \leqslant i \leqslant k\}, k = 1, 2, \cdots$$

构成n的邻域基.

命题 9.1.7 设E是 Polish 空间,则存在N^∞到E上的连续映象.

证. 设d是E上相应的距离,且E依d的直径$\leqslant 1$.

对 $n_1 = 0, 1, \cdots$, 令 $F(n_1) = E$, $F(n_1)$ 的d-直径$\leqslant 2^{-1}$的可数闭覆盖记为 $\{F(n_1, n_2) | n_2 = 0, 1, \cdots\}$. $F(n_1, n_2)$ 又有d-直径 $\leqslant 2^{-2}$ 的可数闭覆盖 $\{F(n_1, n_2, n_3) | n_3 = 0, 1, \cdots\}, \cdots$, 一般我们有闭子集族$\{F(n_1, \cdots, n_p) | n_i = 0, 1, \cdots, 1 \leqslant i \leqslant p$, $p = 1, 2, \cdots\}$, 使得 $F(n_1) = E$, $F(n_1, \cdots, n_p) = \bigcup_{k=0}^{\infty} F(n_1, \cdots, n_p, k)$, 且 $F(n_1, \cdots, n_p)$ 的d-直径$\leqslant 2^{-(p-1)}$.

由于 (E, d) 是完备的, 从而对任意的 $n = (n_k) \in N^\infty$, $\bigcap_{k=1}^{\infty} F(n_1, \cdots, n_k)$ 包含且仅包含一点,记为$f(n)$. 于是f为N^∞

到E的映象，且易见 $f(N^\infty)=E$. 今若 $n^{(k)}\xrightarrow{N^\infty}n$，对任意的$\varepsilon>0$，取$p$，使得 $2^{-(p-1)}<\varepsilon$. 于是k充分大时有 $n_i^{(k)}=n_i$，$1\leqslant i\leqslant p$，由此，$f(n)$ 与 $f(n^{(k)})$ 都 $\in F(n_1,\cdots,n_p)$，所以，$d(f(n^{(k)}),f(n))\leqslant 2^{-(p-1)}<\varepsilon$，即$f$是连续的． 证毕．

引理 9.1.8 设 (E,d) 是无孤立点的 Polish 空间，$\varepsilon>0$，则存在E的无孤立点的非空 G_δ 子集无穷列 $\{E_n\}$，使得每个 E_n 关于d的直径$\leqslant\varepsilon$，$E_n\cap E_m=\varnothing$，$\forall n\neq m$，及 $\bigcup\limits_n E_n=E$.

证. 无妨设ε小于E关于d的直径，取E的非空的可数开覆盖 $\{V_n\}$，使得每个V_n关于d的直径$\leqslant\varepsilon$. 令 $E_1=\bar V_1$，自然是 G_δ 子集，且无孤立点. 归纳定义 $E_n=\bar V_n\backslash F_n$，这里 $F_n=\bigcup\limits_{k=1}^{n-1}E_k$，$\forall n>1$. 由于 F_n 是闭集，因此E_n是G_δ子集． 又$(V_n\backslash F_n)\subset E_n\subset\overline{V_n\backslash F_n}$，所以，$E_n$也无孤立点． 今若$\{E_n\}$中有无限个是非空的，即满足要求；否则至少有两个是非空的(因ε小于E的d-直径)，再对其中一个施行同样手续，继续下去，即得证．

引理 9.1.9 设E是无孤立点的 Polish 空间，则对任意的非负整数 $n_1,\cdots,n_k$，有E的非空的无孤立点 G_δ 子集 $E^{(k)}_{n_1,\cdots,n_k}$，使得

1) 如果 $(n_1,\cdots,n_k)\neq(m_1,\cdots,m_k)$，则
$$E^{(k)}_{n_1,\cdots,n_k}\cap E^{(k)}_{m_1,\cdots,m_k}=\varnothing;$$

2) $E^{(0)}=E$，$E^{(k)}_{n_1,\cdots,n_k}=\bigcup\limits_{p=0}^{\infty}E^{(k+1)}_{n_1,\cdots,n_k,p}$;

3) 如果$d^{(0)}$是 Polish 空间 $E^{(0)}=E$ 上相应的距离，$d^{(k)}_{n_1,\cdots,n_k}$ 是 Polish 空间 $E^{(k)}_{n_1,\cdots,n_k}$ (依E的诱导拓扑) 上相应的距离，则 $E^{(k+1)}_{n_1,\cdots,n_{k+1}}$ 关于 $(d^{(0)}+d^{(1)}_{n_1}+\cdots+d^{(k)}_{n_1,\cdots,n_k})$ 的直径$\leqslant(k+1)^{-1}$.

证. 对 $(E,d^{(0)})$ 及 $\varepsilon=1$，使用引理 9.1.8，得到 $\{E^{(1)}_{n_1}\}$；再对 $(E^{(1)}_{n_1},d^{(0)}+d^{(1)}_{n_1})$ 及 $\varepsilon=\dfrac{1}{2}$ 使用引理 9.1.8，又得到$\{E^{(2)}_{n_1,n_2}\}$；

如此继续，即得证。

命题 9.1.10 Polish 空间E是N^∞的一一连续映象，当且仅当，E非空并且无孤立点。

证. N^∞是无孤立点的，因此必要性显然. 今设E是无孤立点的非空 Polish 空间，取$\{E^{(k)}_{n_1,\cdots,n_k}\}$如引理 9.1.9. 由于$N^\infty_{n_1,\cdots,n_k}$与$N^\infty$同胚，依命题 9.1.7，有$N^\infty_{n_1,\cdots,n_k}$到$E^{(k)}_{n_1,\cdots,n_k}$上的连续映象$f^{(k)}_{n_1,\cdots,n_k}$.

任意固定k，$\{N^\infty_{n_1,\cdots,n_k}|n_1,\cdots,n_k\}$是$N^\infty$的互不相交的既闭又开覆盖，于是可以定义$N^\infty$到$E$上的连续映象$f^{(k)}$，使得$f^{(k)}|N^\infty_{n_1,\cdots,n_k}=f^{(k)}_{n_1,\cdots,n_k}$.

对任意的$n=(n_k)\in N^\infty$及正整数$p\leqslant q$,

$$f^{(q)}(n)\in E^{(q)}_{n_1,\cdots,n_q}\subset E^{(p)}_{n_1,\cdots,n_p}.$$

依引理 9.1.9，$d^{(0)}(f^{(p)}(n),f^{(q)}(n))\leqslant p^{-1}$. 因此$\{f^{(k)}(n)\}_k$是$(E,d^{(0)})$的基本列，因此有$f(n)\in E$，使得$f^{(k)}(n)\xrightarrow{d^{(0)}}f(n)$，并且收敛速度对$n\in N^\infty$一致. 于是得到$N^\infty$到$E$的连续映象$f$.

依引理 9.1.9，$\{f^{(p)}(n)\}_{p\geqslant k}$也是$(E^{(k)}_{n_1,\cdots,n_k},d^{(k)}_{n_1,\cdots,n_k})$的基本列，$\forall k$，因此，$f(n)\in\bigcap\limits_{k=1}^{\infty}E^{(k)}_{n_1,\cdots,n_k}$，由于$E^{(k)}_{n_1,\cdots,n_k}$关于$d^{(0)}$的直径$\leqslant k^{-1}$，所以，$\{f(n)\}=\bigcap\limits_{k=1}^{\infty}E^{(k)}_{n_1,\cdots,n_k}$，$\forall n\in N^\infty$. 今若$n=(n_k)\neq m=(m_k)\in N^\infty$，$k$足够大时$(n_1,\cdots,n_k)\neq(m_1,\cdots,m_k)$，于是$E^{(k)}_{n_1,\cdots,n_k}\cap E^{(k)}_{m_1,\cdots,m_k}=\varnothing$，所以，$f(n)\neq f(m)$，即$f$是一一的. 最后，对任意的$x\in E$，依引理 9.1.9，必有$n=(n_k)\in N^\infty$，使得$x\in\bigcap\limits_{k=1}^{\infty}E^{(k)}_{n_1,\cdots,n_k}$，即$x=f(n)$，$f(N^\infty)=E$. 证毕.

命题 9.1.11 设E是 Polish 空间，则可写$E=F\cup G$，这里$F\cap G=\varnothing$，G是E可数的开子集，F或为空集或为N^∞的一一连续映象.

证. 设$\{V_n\}$是E拓扑的可数基，令

$$G = U\{V_n | V_n \text{ 是可数子集}\}$$

及 $F = E\backslash G$. 如果 $F \neq \varnothing$，依命题 9.1.10，只须证明 F 无孤立点. 设 $x \in F$，V 是 x 的任意邻域，于是有 n，使得 $x \in V_n \subset V$. 既然 $x \notin G$，所以 V_n 是不可数的. 又 G 是可数的，因此必有 $y \in V_n \backslash G \subset V \cap F$，且 $y \neq x$. 这说明 F 无孤立点. 证毕.

注 本节见参考文献 [5]，[7]，[129].

§2. Borel 子集与 Sousline 子集

定义 9.2.1 设 E 是 Polish 空间，E 的一个子集称为 Borel 子集，指它属于由 E 的开子集全体所生成的 σ-Bool 代数.

E 的子集 A 称为 Sousline 的（或者解析的），指存在 N^∞ 到 E 的连续映象 f，使得 $f(N^\infty) = A$.

引理 9.2.2 设 E 是 Polish 空间，$\mathscr{F}$ 是 E 的子集族，使得：1) $\mathscr{F}$ 包含 E 的任意开子集与闭子集；2) $\mathscr{F}$ 对可数交封闭；3) $\mathscr{F}$ 对互不相交子集的可数并封闭，则 $\mathscr{F}$ 包含 E 的所有 Borel 子集.

证. 令 $\mathscr{S} = \{V \subset E | V \text{ 与 } (E\backslash V) \text{ 都} \in \mathscr{F}\}$，显然 $\mathscr{S}$ 包含 E 的所有开子集与闭子集. 如果 $V_1, V_2 \in \mathscr{S}$，于是，$V_1\backslash V_2 = V_1 \cap (E\backslash V_2) \in \mathscr{F}$；$E\backslash(V_1\backslash V_2) = (E\backslash V_1) \cup (V_1 \cap V_2) \in \mathscr{F}$，因此，$(V_1\backslash V_2) \in \mathscr{S}$ 又如果 $\{V_n\}$ 是 $\mathscr{S}$ 中互不相交的子集列，于是，

$$\bigcup_n V_n \in \mathscr{F},\ E\backslash \bigcup_n V_n = \bigcap_n (E\backslash V_n) \in \mathscr{F}, \text{因此}, \bigcup_n V_n \in \mathscr{S}.$$

这表明 $\mathscr{S}$ 是 σ-Bool 代数. 从而 $\mathscr{S}(\subset \mathscr{F})$ 包含所有的 Borel 子集. 证毕.

命题 9.2.3 设 E 是 Polish 空间.

1) 如果 P 是 Polish 空间，且 f 是 P 到 E 的连续映象，则 $f(P)$ 是 E 的 Sousline 子集；

2) E 的 Borel 子集必为 Polish 空间的一一连续映象；

3) E 的 Borel 子集必为 Sousline 子集.

证. 1) 由命题 9.1.7 及定义 9.2.1 立见.

2）令$\mathscr{F}$是E的可以为 Polish 空间一一连续映象子集的全体，只须证明$\mathscr{F}$满足引理 9.2.2 的条件.

E的任意开子集或闭子集本身就是 Polish 空间，因此属于$\mathscr{F}$.

今设$\{E_n\}\subset\mathscr{F}$. P_n是 Polish 空间，f_n是P_n到E的一一连续映象，使得$f(P_n)=E_n$，$\forall n$. 定义积空间$\bigtimes_n P_n$到$\bigtimes_n E$的映象f: $f(p_1,\cdots,p_n,\cdots)=(f_1(p_1),\cdots,f_n(p_n),\cdots)$. 显然$f$是一一且连续的. 记$\Delta=\{(x,\cdots,x,\cdots)|x\in E\}$，它是$\bigtimes_n E$的闭子集，于是，$Q=f^{-1}(\Delta)$是$\bigtimes_n P_n$的闭子集，从而$Q$也是 Polish 空间，并且$f$把$Q$一一连续地映成$\{(x,\cdots,x,\cdots)|x\in\bigcap_n E_n\}$. 如果令$\pi$是$\bigtimes_n E$到其第一分量上的投影，则$\pi\circ f$一一连续地把$Q$映成$\bigcap_n E_n$，所以，$\bigcap_n E_n\in\mathscr{F}$.

最后，设$\{E_n\}\subset\mathscr{F}$，且$E_n\cap E_m=\varnothing$，$\forall n\neq m$. 令$P_n$是 Polish 空间，$f_n$是$P_n$到$E$的一一连续映象，使得$f(P_n)=E_n$，$\forall n$. 记$P=\bigcup_n P_n$，$f: P\to E$使得$f|P_n=f_n$，$\forall n$. 即见$f$是 Polish 空间$P$到$E$的一一连续映象，且$f(P)=\bigcup_n E_n$. 所以，$\bigcup_n E_n\in\mathscr{F}$.

3）由2)与1)立见. 证毕.

命题 9.2.4 设E是 Polish 空间，B是E的 Borel 子集，则或者B可数，或者有N^∞到E的一一连续映象f，使得$f(N^\infty)\subset B$，并且$(B\backslash f(N^\infty))$是可数的.

证. 由命题 9.2.3 与 9.1.11 立见.

命题 9.2.5 1） Sousline 子集的连续映象是 Sousline 的，即若E，F是 Polish 空间，f是E到F的连续映象，如果A是E的 Sousline 子集，则$f(A)$是F的 Sousline 子集；

2）Sousline 子集的可数交与可数并是 Sousline 的.

证. 1) 由定义 9.2.1 立见. 2) 设 $\{A_n\}$ 是 Polish 空间 E 的 Sousline 子集列. 于是对每个 n, 有 N^∞ 到 E 的连续映象 f_n, 使得 $f_n(N^\infty)=A_n$, $\forall n$. 定义 f: $P=\bigcup_n P_n\to E$, 使得 $f|P_n=f_n$, 这里 $P_n=N^\infty$, $\forall n$, 则 $f(P)=\bigcup_n A_n$, 因此, $\bigcup_n A_n$ 是 Sousline 的.

令 $Q=\bigtimes_n P_n$, 这里 $P_n=N^\infty$, $\forall n$, 及

$$M=\{x=(x_n)\in Q\,|\,f_n(x_n)=f_m(x_m),\ \forall n,m\}.$$

自然 M 是 Q 的闭子集,因此是 Polish 空间. 再令 $g(x)=f_1(x_1)$, $\forall x=(x_n)\in M$, 则 $g(M)=\bigcap_n A_n$, 因此, $\bigcap_n A_n$ 是 Sousline 的. 证毕.

定义 9.2.6 Polish 空间 E 的子集 A, B 称为 Borel 分离的, 指存在 E 的 Borel 子集 F,使得 $A\subset F$, $B\subset(E\backslash F)$.

引理 9.2.7 设 $\{A_n\}$, $\{B_m\}$ 是 Polish 空间的子集列, 并且 A_n 与 B_m Borel 分离, $\forall n,m$, 则 $A=\bigcup_n A_n$ 与 $B=\bigcup_m B_m$ 也是 Borel 分离的.

证. 设 $F_{n,m}$ 是 E 的 Borel 子集, 使得 $A_n\subset F_{n,m}$, $B_m\subset E\backslash F_{n,m}$, $\forall n,m$. 于是

$A_n\subset\bigcap_m F_{n,m}$, $B_k\subset(E\backslash F_{n,k})\subset(E\backslash\bigcap_m F_{n,m})$, $\forall n,k$ 如命 $F=\bigcup_n\bigcap_m F_{n,m}$, 则 $A\subset F$, $B\subset\bigcap_n(E\backslash\bigcap_m F_{n,m})=(E\backslash F)$, 所以, A 与 B Borel 分离. 证毕.

命题 9.2.8 设 A, B 是 Polish 空间 E 的不相交的 Sousline 子集,则它们是 Borel 分离的.

证. 设 f, g 分别是 N^∞ 到 E 的连续映象, 使得 $f(N^\infty)=A$, $g(N^\infty)=B$. 若 A, B 并非是 Borel 分离的,由于 $N^\infty=\bigcup_{k=0}^\infty N_k^\infty$,

依引理 9.2.7，必有 n_1，m_1，使得 $f(N_{n_1}^\infty)$ 与 $g(N_{m_1}^\infty)$ 不是 Borel 分离的.递推可见,存在 $n=(n_k)$ 及 $m=(m_k)\in N^\infty$,使得 $f(N_{n_1,\cdots,n_k}^\infty)$ 与 $g(N_{m_1,\cdots,m_k}^\infty)$ 不是 Borel 分离的，$\forall k$. 由于 $A\cap B=\varnothing$，$f(n)\neq g(m)$，于是可取 E 的开子集 U，V，使得

$$f(n)\in U,\quad g(m)\in V,\quad U\cap V=\varnothing,$$

k 充分大时,$f(N_{n_1,\cdots,n_k}^\infty)\subset U$,$g(N_{m_1,\cdots,m_k}^\infty)\subset V$. 这便与 $f(N_{n_1,\cdots,n_k}^\infty)$，$g(N_{m_1,\cdots,m_k}^\infty)$ 不是 Borel 分离的相矛盾. 所以，A，B 是 Borel 分离的. 证毕.

命题 9.2.9 如果 $\{A_n\}$ 是 Polish 空间 E 的互不相交的 Sousline 子集列,则 $\{A_n\}$ 是 Borel 分离的，即存在 E 的互不相交的 Borel 子集列 $\{B_n\}$,使得 $A_n\subset B_n$，$\forall n$.

证. 依命题 9.2.5，9.2.8，对任意的 n,有 Borel 子集 F_n,使得 $A_n\subset F_n$，$\bigcup_{k>n} A_k\subset(E\backslash F_n)$. 再令 $B_1=F_1$，$B_n=F_n\Big\backslash\bigcup_{i=1}^{n-1}B_i$，$\forall n>1$，即满足要求. 证毕.

定理 9.2.10 （Sousline 准则） 设 E Polish 空间，$B\subset E$，则 B 是 Borel 子集,必须且只须,B 与 $(E\backslash B)$ 都是 Sousline 子集.

证. 必要性显然. 今设 B 与 $(E\backslash B)$ 都是 Sousline 子集，依命题 9.2.8,它们是 Borel 分离的,所以,B 必是 Borel 子集. 证毕.

定理 9.2.11 设 E 是 Polish 空间，$\mathscr{B}$ 表示 E 的 Borel 子集的全体,A 是 E 的 Sousline 子集,则对于 $\mathscr{B}$ 上任意的 σ-有限测度 ν，存在 E 的 Borel 子集 B，F，使得 $A\subset B$，$(B\backslash A)\subset F$，且 $\nu(F)=0$.

证. 无妨设 ν 是有限的. 对于 E 的任意子集 S，我们说存在着 S 关于 ν 的最小 Borel 覆盖，即有 $T\in\mathscr{B}$，$S\subset T$，使得如果 $F\in\mathscr{B}$，$S\subset F$，则 $\nu(T\backslash F)=0$. 事实上，由于 ν 有限，可取 $\{E_n\}\subset\mathscr{B}$，使得 $E_1\supset E_2\supset\cdots\supset S$，并且 $\lim_n \nu(E_n)=\lambda=\inf\{\nu(F)\,|\,S\subset F\}$.令 $T=\bigcap_n E_n$，则 $S\subset T$，$T\in\mathscr{B}$，$\nu(T)=\lambda$.

如果 $F\in\mathscr{B}$，$S\subset F$，则 $\nu(T)=\nu(T\cap F)=\lambda$. 因此，$\nu(T\setminus F)=0$.

现在来证明定理. 依定义 9.2.1，有 N^∞ 到 E 的连续映象 f，使得 $f(N^\infty)=A$. 对任意的非负整数 $n_1,\cdots,n_k$，命 $E_{n_1,\cdots,n_k}$ 是 $f(N^\infty_{n_1,\cdots,n_k})$ 的最小 Borel 覆盖，并无妨设 $E_{n_1,\cdots,n_k}\subset\overline{f(N^\infty_{n_1,\cdots,n_k})}$. 定义

$$B=\bigcup_{n_1=0}^{\infty}E_{n_1},$$

$$F=\bigcup_{k=1}^{\infty}\bigcup_{n_1,\cdots,n_k}\left(E_{n_1,\cdots,n_k}\Big\backslash\bigcup_{p=0}^{\infty}E_{n_1,\cdots,n_k,p}\right).$$

于是

$$A=f(N^\infty)=\bigcup_{n_1=0}^{\infty}f(N^\infty_{n_1})\subset\bigcup_{n_1=0}^{\infty}E_{n_1}=B.$$

由于 $N^\infty_{n_1,\cdots,n_k}=\bigcup_{p=0}^{\infty}N^\infty_{n_1,\cdots,n_k,p}$，因此，$f(N^\infty_{n_1,\cdots,n_k})\subset\bigcup_{p=0}^{\infty}E_{n_1,\cdots,n_k,p}$.

依 $E_{n_1,\cdots,n_k}$ 的定义，$\nu\left(E_{n_1,\cdots,n_k}\Big\backslash\bigcup_{p=0}^{\infty}E_{n_1,\cdots,n_k,p}\right)=0$，$\forall n_1,\cdots,n_k$，所以，$\nu(F)=0$.

今只须证明 $(B\setminus A)\subset F$. 设 $x\in(B\setminus A)$，于是有 n_1，使得 $x\in E_{n_1}\setminus A$. 如果 $x\notin F$，则 $x\notin E_{n_1}\Big\backslash\bigcup_{n_2=0}^{\infty}E_{n_1,n_2}$. 于是 $x\in E_{n_1}\cap\left(\bigcup_{n_2=0}^{\infty}E_{n_1,n_2}\right)$，从而又有 n_2，使得 $x\in E_{n_1,n_2}$. 又依 F 的定义，$x\notin E_{n_1,n_2}\Big\backslash\bigcup_{n_3=0}^{\infty}E_{n_1,n_2,n_3}$. 如此继续，有 $n=(n_k)\in N^\infty$，使得 $x\in E_{n_1,\cdots,n_k}$，$\forall k$. 今指出

$$\{f(n)\}=\bigcap_{k=1}^{\infty}\overline{f(N^\infty_{n_1,\cdots,n_k})}.$$

事实上，若 $y\neq f(n)$，取 $f(n)$ 在 E 中的闭邻域 V，使得 $y\notin V$. f

是连续的，因此 k 充分大，$f(N^{\infty}_{n_1,\cdots,n_k})\subset V$. V 是闭的，因此，$y\notin\overline{f(N^{\infty}_{n_1,\cdots,n_k})}$. 从而，$y\notin\bigcap_{k=1}^{\infty}\overline{f(N^{\infty}_{n_1,\cdots,n_k})}$，即 $\{f(n)\}=\bigcap_{k=1}^{\infty}\overline{f(N^{\infty}_{n_1,\cdots,n_k})}$. 令 $x\in E_{n_1,\cdots,n_k}\subset\overline{f(N^{\infty}_{n_1,\cdots,n_k})}$，$\forall k$，因此，$x=f(n)\in A$，这与 $x\in(B\backslash A)$ 相矛盾. 从而 $(B\backslash A)\subset F$. 证毕.

系 9.2.12 设 E，A，ν 如定理 9.2.10，则存在 E 的 Borel 子集 C，G，使得 $C\subset A$，$(A\backslash C)\subset G$，$\nu(G)=0$.

证. 设 B，F 如定理 9.2.11，令 $C=B\backslash F$，$G=F$，即满足要求. 证毕.

注 本节见参考文献 [5]，[63]，[129].

§3. Borel 映象与标准的 Borel 空间

定义 9.3.1 $(E,\mathscr{B})$ 称为 Borel 空间，指 E 是一个集合，$\mathscr{B}$ 是由 E 的子集组成的一个 σ-Bool 代数. $\mathscr{B}$ 中的子集将称为 E 的 Borel 子集，$\mathscr{B}$ 也称为 Borel 空间 E 的 Borel 构造.

例如 E 是 Polish 空间，$\mathscr{B}$ 是 E 的 Borel 子集（定义 9.2.1）全体，则 $(E,\mathscr{B})$ 是 Borel 空间.

Borel 空间 $(E,\mathscr{B}_E)$ 到 Borel 空间 $(F,\mathscr{B}_F)$ 的映象 f 称为 Borel 的，指 $f^{-1}(B_F)\in\mathscr{B}_E$，$\forall B_F\in\mathscr{B}_F$.

如果 f 是 $(E,\mathscr{B}_E)$ 到 $(F,\mathscr{B}_F)$ 上一一的 Borel 映象，并且 f^{-1} 也是 Borel 的，则称 $(E,\mathscr{B}_E)$ 与 $(F,\mathscr{B}_F)$ 是 Borel 同构的，f 称为 Borel 同构映象.

设 $(E,\mathscr{B}_E)$ 是 Borel 空间，$\mathscr{P}(\subset\mathscr{B})$ 称为 $\mathscr{B}$ 的生成集，指 $\mathscr{B}$ 是包含 $\mathscr{P}$ 的最小 σ-Bool 代数.

命题 9.3.2 1) 设 $(E,\mathscr{B}_E)$，$(F,\mathscr{B}_F)$ 是 Borel 空间，$\mathscr{P}$ 是 $\mathscr{B}_F$ 的生成集，f: $E\to F$ 是 Borel 的，当且仅当，$f^{-1}(B_F)\in\mathscr{B}_E$，$\forall B_F\in\mathscr{P}$；2) 设 f 是 Polish 空间 E 到 Polish 空间 F 的连续映象，则 f 是 Borel 的；3) Borel 映象的复合仍然是 Borel 的.

证. 1) 令 $\mathscr{B}'_E=\{f^{-1}(B_F)\mid B_F\in\mathscr{B}_F\}$，它显然是 σ-Bool 代

数. 又若 $\mathscr{B}''_E$ 是由 $f^{-1}(\mathscr{P})$ 生成的 σ-Bool 代数，则 $\mathscr{B}''_E\subset\mathscr{B}_E$. 由此，$\mathscr{P}\subset\{B_F\in\mathscr{B}_F|f^{-1}(B_F)\in\mathscr{B}''_E\}=\mathscr{B}'_F\subset\mathscr{B}_F$. 但 $\mathscr{B}'_F$ 是 σ-Bool 代数，$\mathscr{P}$ 生成 $\mathscr{B}_F$，因此，$\mathscr{B}'_F=\mathscr{B}_F$. 进而，$\mathscr{B}'_E=\mathscr{B}''_E\subset\mathscr{B}_E$. 因此 f 是 Borel 的. 2）由 f^{-1} 把开集变为开集，再依 1）立见. 3)是显然的. 证毕.

定义 9.3.3 Borel 空间 $(E,\mathscr{B})$ 称为标准的，指可以在 E 中引入拓扑 $\mathscr{T}$，使得 $(E,\mathscr{T})$ 成为 Polish 空间，同时 Polish 空间 $(E,\mathscr{T})$ 的 Borel 子集全体即为 $\mathscr{B}$.

显然 Polish 空间作为 Borel 空间时是标准的. 反之对于一个标准的 Borel 空间，可能可以引入几种拓扑，使之都成为 Polish 空间，而保持 Borel 构造不变(例见命题 9.3.14).

命题 9.3.4 1）设 $(E,\mathscr{B})$ 是标准的 Borel 空间，f 是 E 中的 Borel 映象，则 $\{x\in E|x=f(x)\}\in\mathscr{B}$;

2）设 $(E,\mathscr{B}_E)$，$(F,\mathscr{B}_F)$ 是标准的 Borel 空间，f 是 E 到 F 的 Borel 映象，则 f 的图象 $\{(x,f(x))|x\in E\}$ 是 $E\times F$ 的 Borel 子集，这里 $E\times F$ 的 Borel 构造是由 $B_E\times B_F(\forall B_E\in\mathscr{B}_E,B_F\in\mathscr{B}_F)$ 生成的 σ-Bool 代数(也是标准 Borel 空间).

证. 1）无妨设 E 是 Polish 空间，于是 $\Delta=\{(x,x)|x\in E\}$ 是 $E\times E$ 的闭子集. 定义 E 到 $E\times E$ 的映象 $f\times I$: $x\to(f(x),x)$，易见它是 Borel 的，从而，$(f\times I)^{-1}(\Delta)=\{x\in E|x=f(x)\}\in\mathscr{B}$.

2）定义 $E\times F$ 中的映象 φ: $(x,y)\to(x,f(x))$，易见它是 Borel 的. 依 1)，$\{(x,f(x))|x\in E\}=\{(x,y)|(x,y)=\varphi(x,y)\}$ 是 $E\times F$ 的 Borel 子集. 证毕.

命题 9.3.5 设 E，F 是 Polish 空间，f 是 E 到 F 的 Borel 映象，A 是 E 的 Sousline 子集，则 $f(A)$ 是 F 的 Sousline 子集.

证. 设 g 是 N^∞ 到 E 的连续映象，使得 $g(N^\infty)=A$. 于是，$f\circ g$ 是 N^∞ 到 F 的 Borel 映象，依命题 9.3.4，$\{(n,f\circ g(n))|n\in N^\infty\}$ 是 $N^\infty\times F$ 的 Borel 子集. 定义 $N^\infty\times F$ 到 $E\times F$ 的映象 $g\times I$: $(n,y)\to(g(n),y)$，它是连续的，因此，$g\times I(\{(n,f\circ g(n))|$

$n\in N^\infty\})=\{(x,f(x))|x\in A\}$ 是 $E\times F$ 的 Sousline 子集. 令 π 是 $E\times F$ 到 F 的投影，则 $f(A)=\pi(\{(x,f(x))|x\in A\})$ 是 F 的 Sousline 子集. 证毕.

定义 9.3.6 集合 E 的子集族 $\mathscr{F}$ 称为分离的，指对任意的 $x\neq y\in E$，有 $F\in\mathscr{F}$，使得 $\{x,y\}$ 中的一个 $\in F$，而另一个 $\notin F$.

引理 9.3.7 设 $(E,\mathscr{B})$ 是 Borel 空间，$\mathscr{P}\subset\mathscr{B}$，则下列是等价的：1) $\mathscr{B}$ 是分离的，$\mathscr{P}$ 生成 $\mathscr{B}$；2) $\mathscr{P}$ 是分离的，并且生成 $\mathscr{B}$.

证. 只须由 1)推导 2). 若 $\mathscr{P}$ 不是分离的，则存在 $x\neq y\in E$，使得对任意的 $F\in\mathscr{P}$，x 与 y 同时属于或不属于 F. 令 $\mathscr{L}=\{B\in\mathscr{B}|x,y$ 同时属于或不属于 $B\}$，显然，$\mathscr{P}\subset\mathscr{L}\subset\mathscr{B}$. 如果 $\{B_n\}\subset\mathscr{L}$，自然 $\bigcup\limits_n B_n\in\mathscr{L}$. 如果 $B_1,B_2\in\mathscr{L}$，则仅有三种情况：① $x,y\notin B_1$；② $x,y\in(B_1\backslash B_2)$；③ $x,y\in(B_1\cap B_2)$，因此，$(B_1\backslash B_2)\in\mathscr{L}$. 这说明 $\mathscr{L}$ 是 σ-Bool 代数，所以，$\mathscr{L}=\mathscr{B}$，即 $\mathscr{B}$ 不是分离的，矛盾. 证毕.

定义 9.3.8 Borel 空间 $(E,\mathscr{B})$ 称为 $\frac{1}{2}$-标准的，指 $\mathscr{B}$ 是分离的，且 $\mathscr{B}$ 包含一个可数的生成集. 依引理 9.3.7，这等价于存在 $\mathscr{P}\subset\mathscr{B}$，$\mathscr{P}$ 可数，$\mathscr{P}$ 生成 $\mathscr{B}$，且 $\mathscr{P}$ 是分离的.

显然标准的 Borel 空间必是 $\frac{1}{2}$-标准的.

记 $M=\{a=(a_1,\cdots,a_n,\cdots)|a_n=0$ 或 $1,\forall n\}$，即 M 是离散紧空间 $\{0,1\}$ 的可数无穷积，因此，M 是紧的 Polish 空间.

定理 9.3.9 Borel 空间 $(E,\mathscr{B})$ 是 $\frac{1}{2}$-标准的，必须且只须，它 Borel 同构于 M 的一个子空间.

证. 记 $F_n=\{a\in M|a$ 的第 n 个分量 $=1\}$，它是 M 的既闭又开子集，并且 $\{F_n|n\}$ 生成 M 的 Borel 构造.

如果 $(E,\mathscr{B})$ 是 $\frac{1}{2}$-标准的，于是有 $\{B_n\}\subset\mathscr{B}$，它生成 $\mathscr{B}$，并且是分离的. 定义 $f:E\to M$，

$$f(x) \text{ 的第 } n \text{ 个分量} = \begin{cases} 1, & \text{如果 } x \in B_n \\ 0, & \text{如果 } x \notin B_n \end{cases} \quad n = 1, 2, \cdots, \quad \forall x \in E,$$

由于$\{B_n\}$是分离的，因此，f是一一的. 注意对任意的n，$f(B_n)=F_n \cap f(E)$，依命题 9.3.2，f是E到$f(E)$上的 Borel 同构，这里$f(E)$的 Borel 构造由M诱导而来，即由$\{F_n \cap f(E) | n\}$生成.

反之如$(E, \mathscr{B})$ Borel 同构于M的一个子空间，由于M的子空间必是$\frac{1}{2}$-标准的，因此，$(E, \mathscr{B})$是$\frac{1}{2}$-标准的. 证毕.

引理 9.3.10 设E是 Polish 空间，f是N^∞到E的一一连续映象，则$f(N^\infty)$是E的 Borel 子集.

证. 对任意固定的k，$\{f(N^\infty_{n_1,\cdots,n_k}) | n_1, \cdots, n_k\}$是$E$的互不相交的 Sousline 子集列，依命题 9.2.9，有E的互不相交的 Borel 子集列$\{F_{n_1,\cdots,n_k} | n_1, \cdots, n_k\}$，使得$f(N^\infty_{n_1,\cdots,n_k}) \subset F_{n_1,\cdots,n_k}$，$\forall n_1, \cdots, n_k$. 归纳地定义：$A_{n_1} = F_{n_1}$，$A_{n_1,\cdots,n_k} = F_{n_1,\cdots,n_k} \cap \overline{f(N^\infty_{n_1,\cdots,n_k})} \cap A_{n_1,\cdots,n_{k-1}}$，$\forall k > 1$，则 Borel 子集族$\{A_{n_1,\cdots,n_k} | n_1, \cdots, n_k, k \geqslant 1\}$有如下性质:

1) $A_{n_1,\cdots,n_k} \cap A_{m_1,\cdots,m_k} = \varnothing$，$\forall (n_1, \cdots, n_k) \neq (m_1, \cdots, m_k)$;

2) $A_{n_1,\cdots,n_{k+1}} \subset A_{n_1,\cdots,n_k}$;

3) $f(N^\infty_{n_1,\cdots,n_k}) \subset A_{n_1,\cdots,n_k} \subset \overline{f(N^\infty_{n_1,\cdots,n_k})}$,

其中$f(N^\infty_{n_1,\cdots,n_k}) \subset A_{n_1,\cdots,n_k}$可用归纳法证明，余皆显然.

由于f是一一的，因此，$f(n) = f\left(\bigcap\limits_{k=1}^{\infty} N^\infty_{n_1,\cdots,n_k}\right) = \bigcap\limits_{k=1}^{\infty} f(N^\infty_{n_1,\cdots,n_k})$，$\forall n = (n_k) \in N^\infty$. 仿照定理 9.2.11 证明的相应部分，也有$\{f(n)\} = \bigcap\limits_{k=1}^{\infty} \overline{f(N^\infty_{n_1,\cdots,n_k})}$. 再由性质 3)，$\{f(n)\} = \bigcap\limits_{k=1}^{\infty} A_{n_1,\cdots,n_k}$，$\forall n = (n_k) \in N^\infty$.

现在证明$f(N^\infty) = \bigcap\limits_{k=1}^{\infty} \bigcup\limits_{n_1,\cdots,n_k} A_{n_1,\cdots,n_k}$，由此即见$f(N^\infty)$是

E的 Borel 子集. 已证 $\{f(n)\}=\bigcap_{k=1}^{\infty} A_{n_1,\cdots,n_k}$, 因此, $f(N^\infty)\subset$

$\bigcap_{k=1}^{\infty}\bigcup_{n_1,\cdots,n_k} A_{n_1,\cdots,n_k}$. 反之如 $x\in\bigcap_{k=1}^{\infty}\bigcup_{n_1,\cdots,n_k} A_{n_1,\cdots,n_k}$, 对 $k=1$, 有 m_1,使得 $x\in A_{m_1}$. 依性质 1), 2),

$$x\in\bigcap_{k=1}^{\infty}\bigcup_{n_1,\cdots,n_k}(A_{n_1,\cdots,n_k}\cap A_{m_1})$$

$$=A_{m_1}\cap\bigcap_{k=2}^{\infty}\bigcap_{n_2,\cdots,n_k} A_{m_1,n_2,\cdots,n_k}$$

递推可见有 $m=(m_k)\in N^\infty$, 使得 $x\in\bigcap_{k=1}^{\infty} A_{m_1,\cdots,m_k}=\{f(m)\}$, 所以, $x=f(m)\in f(N^\infty)$. 证毕.

引理 9.3.11 设 E, F 是 Polish 空间, f 是 E 到 F 的一一 Borel 映象,则 $f(E)$ 是 F 的 Borel 子集, 并且 f 是 E 到 $f(E)$ 上的 Borel 同构.

证. 只须对 E 的任意 Borel 子集 B,证明 $f(B)$ 是 F 的 Borel 子集. 记 $G=\{(x,f(x))\mid x\in B\}$. 设 d 是 F 上相应的距离,$\{a_n\}$ 是 F 的可数稠集,令

$$U_k^n=\left\{y\in F\,\middle|\,d(y,a_k)\leqslant\frac{1}{2n}\right\},\quad V_k^n=f^{-1}(U_k^n\cap f(B)).$$

我们来证明 $G=\bigcap_n\bigcup_k(V_k^n\times U_k^n)$. 事实上, 对任意的 n, $\bigcup_k U_k^n=F$, 因此, $G\subset\bigcap_n\bigcup_k(V_k^n\times U_k^n)$. 反之设 $(x,y)\in\bigcap_n\bigcup_k(V_k^n\times U_k^n)$, 即对每个 n, 有 $k=k(n)$,使得 $(x,y)\in V_k^n U_k^n$. 于是 $f(x)\in U_k^n\cap f(B)$, f 是一一的,因此,$x\in B$, $f(x)\in U_k^n$. 又 $y\in U_k^n$, 因此, $d(f(x),y)\leqslant\frac{1}{n}$. 但 n 是任意的,所以, $f(x)=y$, 即 $(x,y)\in G$.

由于 f 是一一的，$V_k^n = f^{-1}(U_k^n) \cap B$，由此可见 G 是 $E \times F$ 的 Borel 子集.

如果 G 是可数的，自然 $f(B)$ 是 F 的 Borel 子集. 今设 G 不是可数的，依命题 9.2.4，有 N^∞ 到 $E \times F$ 的一一连续映象 g，使得 $g(N^\infty) \subset G$，并且 $(G \backslash g(N^\infty))$ 是可数的. 记 π 是 $E \times F$ 到 F 上的投影，由于 $g(N^\infty) \subset G$ 及 f 是一一的，可见 $\pi \circ g$ 是 N^∞ 到 F 的一一连续映象. 依引理 9.3.10，$\pi \circ g(N^\infty)$ 是 F 的 Borel 子集. 于是，$f(B) = \pi G = \pi \circ g(N^\infty) \cup \pi(G \backslash g(N^\infty))$ 是 F 的 Borel 子集. 证毕.

定理 9.3.12 设 E 是标准的 Borel 空间，F 是 $\frac{1}{2}$-标准的 Borel 空间，f 是 E 到 F 的一一 Borel 映象，则 $f(E)$ 是 F 的 Borel 子集，并且 f 是 E 到 $f(E)$ 上的 Borel 同构.

证. 依定理 9.3.9，可以认为 $F \subset M$. 再依引理 9.3.11 即得证.

定理 9.3.13 设 $(E, \mathscr{B})$ 是标准的 Borel 空间，如果 $\{B_n | n\}$ $(\subset \mathscr{B})$ 是分离的，则 $\{B_n\}$ 生成 $\mathscr{B}$.

证. 设 $\mathscr{B}_0$ 是 $\{B_n\}$ 生成的 σ-Bool 代数，显然，$\mathscr{B}_0 \subset \mathscr{B}$，及 $(E, \mathscr{B}_0)$ 是 $\frac{1}{2}$-标准的. 今恒等映象 I 是 $(E, \mathscr{B})$ 到 $(E, \mathscr{B}_0)$ 上的一一 Borel 映象，依定理 9.3.12，$\mathscr{B}_0 = \mathscr{B}$. 证毕.

命题 9.3.14 设 $\mathscr{H}$ 是可分的 Hilbert 空间，则 $B(\mathscr{H})$ 中的弱算子拓扑、强算子拓扑、强 * 算子拓扑、$\sigma(B(\mathscr{H}), T(\mathscr{H}))$，$S(B(\mathscr{H}), T(\mathscr{H}))$，$S^*(B(\mathscr{H}), T(\mathscr{H}))$ 及 $\tau(B(\mathscr{H}), T(\mathscr{H}))$ 都产生相同的标准 Borel 构造，这里所谓某个拓扑产生的 Borel 构造，指依这个拓扑的所有开子集生成的 σ-Bool 代数. 特别，$S = \{a \in B(\mathscr{H}) | \|a\| \leqslant 1\}$ 依弱算子拓扑、强算子拓扑、强 * 算子拓扑的三个 Polish 空间作为标准的 Borel 空间是相同的.

证. 以 $\mathscr{T}$ 表示所提到的诸拓扑之一. 记 $S_n = \{a \in B(\mathscr{H}) |$

$\|a\| \leqslant n\}$，$V_1 = S_1$，$V_{n+1} = S_{n+1} \backslash S_n$，$\forall n \geqslant 1$．依定义 9.1.1 下面的例，$(S_n, \mathscr{T})$ 是 Polish 空间．由于 V_n 是 $(S_n, \mathscr{T})$ 的开子集，因此，$(V_n, \mathscr{T})$ 也是 Polish 空间，$\forall n$．由此，$B(\mathscr{H})$ 作为 $\{(V_n, \mathscr{T})\}_n$ 的拓扑并也是 Polish 空间，记它的拓扑为 $\mathscr{T}'$．显然 $B(\mathscr{H})$ 的子集 U 是 $\mathscr{T}'$-开集，指 $U \cap V_n$ 是 $(V_n, \mathscr{T})$ 的开子集，$\forall n$．于是 $U \in \mathscr{B}_{\mathscr{T}}$，这里 $\mathscr{B}_{\mathscr{T}}$ 是由 $B(\mathscr{H})$ 的 $\mathscr{T}$-开集全体生成的 σ-Bool 代数．又显然 $\mathscr{T}' \prec \mathscr{T}$，从而，$\mathscr{B}_{\mathscr{T}} = \mathscr{B}_{\mathscr{T}'}$，这里 $\mathscr{B}_{\mathscr{T}'}$ 是 Polish 空间 $(B(\mathscr{H}), \mathscr{T}')$ 的 Borel 子集的全体，即 $(B(\mathscr{H}), \mathscr{B}_{\mathscr{T}})$ 是标准的 Borel 空间．又显然 $\mathscr{B}_{\tau} \supset \mathscr{B}_{\mathscr{T}}$，这里 τ 表示 Mackey 扑拓 $\tau(B(\mathscr{H}), T(\mathscr{H}))$，依定理 9.3.13，$\mathscr{B}_{\tau} = \mathscr{B}_{\mathscr{T}}$，$\forall \mathscr{T}$．　证毕．

命题 9.3.15　设 E 是标准的 Borel 空间，$B \subset E$，则 B 作为 E 的 Borel 子空间是标准的，当且仅当，B 是 E 的 Borel 子集．

证．设 B 是标准的，I 表示 B 到 E 中的嵌入映象，依定理 9.3.12，即见 B 是 E 的 Borel 子集．反之设 B 是 E 的 Borel 子集，无妨认为 E 是 Polish 空间，依命题 9.2.3，有 Polish 空间 P，及 P 到 E 的一一连续映象 f，使得 $f(P) = B$．依定理 9.3.12，f 是 P 到 B 上的 Borel 同构，因此，B 是标准的．　证毕．

定理 9.3.16　标准 Borel 空间的势或为可数或为连续统，并且等势的标准 Borel 空间是 Borel 同构的．

证．依命题 9.1.11，我们只须对势为连续统的标准 Borel 空间 E，证明它与 $\mathbb{R}$ Borel 同构．

依命题 9.1.10，存在 N^∞ 到 $\mathbb{R}$ 上一一连续映象．再依命题 9.1.11 及定理 9.3.12，可见有 $\mathbb{R}$ 到 E 中的 Borel 同构 f，使得 $(E \backslash f(\mathbb{R}))$ 是可数的．取 T 为 $\mathbb{R}$ 的闭子集，且 $^\#T = {}^\#(E \backslash f(\mathbb{R}))$．自然有 T 到 $(E \backslash f(\mathbb{R}))$ 上的 Borel 同构 φ．依命题 9.1.10，也有 $(\mathbb{R} \backslash T)$ 到 $\mathbb{R}$ 上的 Borel 同构 ψ．今命

$$g(t) = \begin{cases} f \circ \psi(t), & \text{如果 } t \in (\mathbb{R} \backslash T); \\ \varphi(t), & \text{如果 } t \in T, \end{cases}$$

即见 g 是 $\mathbb{R}$ 到 E 上的 Borel 同构．　证毕．

注 本节见参考文献 [5], [71], [129].

§4. Borel 截面

引理 9.4.1 给予 N^∞ 以这样的全序：$n \leqslant m$ 指 $n = m$ 或者存在 j，使得 $n_k = m_k$ $1 \leqslant k < j$，及 $n_j < m_j$，则 N^∞ 的每个非空闭子集有最小元.

证. 设 F 是 N^∞ 的非空闭子集，令 $\alpha_1 = \min\{n_1 | n = (n_k) \in F\}$，$F_1 = \{n = (n_k) \in F | n_1 = \alpha_1\}$；$\alpha_2 = \min\{n_2 | n = (n_k) \in F_1\}$，$F_2 = \{n = (n_k) \in F_1 | n_2 = \alpha_2\}$；$\cdots$，如此得到 $F_1 \supset F_2 \supset \cdots$，显然 F_j 关于 d 的直径 $\leqslant 2^{-j}$，因此 $\bigcap_j F_j$ 仅包含一点，这个点显然是 F 的最小元. 证毕.

定理 9.4.2 设 E 是 Polish 空间，$\sim$ 是 E 中的等价关系，使得

1) 对任意的 $x \in E$，$\{y \in E | y \sim x\}$ 是闭的；

2) 如果 F 是 E 的闭子集，则 $\widetilde{F} = \{y \in E |$ 存在 $x \in F$，使得 $x \sim y\}$ 是 E 的 Borel 子集，或者代以 2) 为

2)′ 如果 V 为 E 的开子集，则 $\widetilde{V} = \{y \in E |$ 存在 $x \in V$，使得 $x \sim y\}$ 是 E 的 Borel 子集.

那么，存在 E 的 Borel 子集 B，使得 B 与 E 的每个等价类的交包含且仅包含一个点.

证. 设 d 是 E 上相应的距离. 如果 1), 2) 满足，取 E 的非空闭子集族 $\{B(n_1, \cdots, n_k)\}$，使得① $E = \bigcup_{n_1=0}^{\infty} B(n_1)$；② $B(n_1, \cdots, n_k) = \bigcup_{p=0}^{\infty} B(n_1, \cdots, n_k, p)$；③ $B(n_1, \cdots, n_k)$ 的 d-直径 $< 2^{-k}$. 如果 1), 2)′ 满足，取 E 的非空开子集族 $\{B(n_1, \cdots, n_k)\}$，也满足①②③，并且有④ $\overline{B(n_1, \cdots, n_{k+1})} \subset B(n_1, \cdots, n_k)$. 由于 E 是 Polish 空间，$\{B(n_1, \cdots, n_k)\}$ 是找得到的.

在每个情形中，我们定义 $f: N^\infty \to E$，使得 $\{f(n)\}=\bigcap_{k=1}^{\infty} B(n_1, \cdots, n_k)$，$\forall n=(n_k)\in N^\infty$，则易见 $f(N^\infty)=E$，并且 f 是连续的.

记 $\tilde{B}(n_1, \cdots, n_k)=\{y\in E \mid$ 存在 $x\in B(n_1, \cdots, n_k)$，使得 $x\sim y\}$，依假定，它是 E 的 Borel 子集. 今归纳地定义 E 的 Borel 子集族 $\{A(n_1, \cdots, n_k)\}$:

$$A(n_1)=B(n_1)\cap\left[E\setminus\bigcup_{m_1<n_1}\tilde{B}(m_1)\right],$$

$$A(n_1, \cdots, n_{k+1})=B(n_1, \cdots, n_{k+1})\cap A(n_1, \cdots, n_k)$$
$$\cap\left[E\setminus\bigcup_{m_{k+1}<n_{k+1}}\tilde{B}(n_1, \cdots, n_k, m_{k+1})\right].$$

对 E 的每个等价类 X，依 1) 可见 $f^{-1}(X)$ 是 N^∞ 的非空闭子集. 由引理 9.4.1，$f^{-1}(X)$ 有最小元 $(p_k)=p=p(X)$. 我们将有

a) $A(p_1, \cdots, p_k)\cap X=B(p_1, \cdots, p_k)\cap X\neq\varnothing$，$\forall k$;

b) 如果 $(n_1, \cdots, n_k)\neq(p_1, \cdots, p_k)$，则 $A(n_1, \cdots, n_k)\cap X=\varnothing$，$\forall k$. 事实上，$f(p)\in X$，$\{f(p)\}=\bigcap_{k=0}^{\infty}B(p_1, \cdots, p_k)$，因此，$B(p_1, \cdots, p_k)\cap X\neq\varnothing$，$\forall k$. 依定义，$A(p_1, \cdots, p_k)\cap X\subset B(p_1, \cdots, p_k)\cap X$，$\forall k$. 今若 $x\in B(p_1)\cap X$，并且有 $m_1<p_1$，使得 $x\in\tilde{B}(m_1)$. 取 $y\in B(m_1)$，$y\sim x$. 当然有 $m=(m_k)\in N^\infty$，使得 $y=f(m)$. 于是 $m\in f^{-1}(X)$. 但 p 是 $f^{-1}(X)$ 的最小元，便与 $m_1<p_1$ 相矛盾. 因此，$x\in B(p_1)\setminus\bigcup_{m_1<p_1}\tilde{B}(m_1)=A(p_1)$，即 $A(p_1)\cap X=B(p_1)\cap X$. 再用归纳法及相仿的手续，可见 a) 成立. 今设 $(n_1, \cdots, n_k)\neq(p_1, \cdots, p_k)$，且有 $x\in A(n_1, \cdots, n_k)\cap X$. 于是有 $n=(n_1, \cdots, n_k, \cdots)\in N^\infty$，使得 $f(n)=x$，即 $n\in f^{-1}(X)$，因此 $n\geqslant p$. 但 $(n_1, \cdots, n_k)\neq(p_1, \cdots, p_k)$，因此有 $j(\leqslant k)$，使得 $n_i=p_i$，$1\leqslant i<j$，而 $p_j<$

n_i. 于是

$$\begin{aligned}&A(p_1, \cdots, p_{i-1}, n_i)\cap \widetilde{B}(p_1, \cdots, p_i)\\ &\subset\left[E\setminus\bigcup_{p<n_i}\widetilde{B}(p_1, \cdots, p_{i-1}, p)\right]\cap \widetilde{B}(p_1, \cdots, p_i)=\varnothing.\end{aligned}$$

另一方面,由于 $B(p_1, \cdots, p_i)\cap X\neq\varnothing$, 因此, $X\subset\widetilde{B}(p_1, \cdots, p_i)$. 又 $i\leqslant k$,从而,

$$\begin{aligned}x&\in A(n_1, \cdots, n_i)\cap X\\ &=A(p_1, \cdots, p_{i-1}, n_i)\cap X\subset A(p_1, \cdots, p_{i-1}, n_i)\\ &\quad\cap\widetilde{B}(p_1, \cdots, p_i)=\varnothing\end{aligned}$$

矛盾. 因此 b) 成立.

令 $B=\bigcap\limits_{k=1}^{\infty}\bigcup\limits_{n_1,\cdots,n_k}A(n_1, \cdots, n_k)$,它自然是 E 的 Borel 子集,并且对 E 的每个等价类 X,依 a), b),

$$\begin{aligned}B\cap X&=\bigcap_{k=1}^{\infty}\bigcup_{n_1,\cdots,n_k}(A(n_1, \cdots, n_k)\cap X)\\ &=\bigcap_{k=1}^{\infty}(A(p_1,\cdots, p_k)\cap X)\\ &=\bigcap_{k=1}^{\infty}(B(p_1, \cdots, p_k)\cap X)\\ &=\left(\bigcap_{k=1}^{\infty}B(p_1, \cdots, p_k)\right)\cap X=\{f(p)\},\end{aligned}$$

这里 $p=(p_k)$ 是 $f^{-1}(X)$ 的最小元,所以,B 与 E 的每个等价类的交包含且仅包含一个点. 证毕.

定理 9.4.3 设 f 是 Polish 空间 E 到 Borel 空间 F 上的 Borel 映象,并且满足

1) $f^{-1}(\{y\})$ 是 E 的闭子集, $\forall y\in F$;

2) f 把 E 的任何闭子集变为 F 的 Borel 子集,或者代以 2) 为

2′) f 把 E 的任何开子集变为 F 的 Borel 子集.

那么 f 有 Borel 截面, 即存在 F 到 E 的 Borel 映象 g, 使得 $f\circ g(y)=y$, $\forall y\in F$.

证. 在E中引入等价关系$\sim$: $x_1 \sim x_2$ 指 $f(x_1)=f(x_2)$. 易见将满足定理 9.4.2 的条件，因此有E的 Borel 子集 B，使得 $(f^{-1}(\{y\})\cap B)$ 包含且仅包含一个点，$\forall y\in F$. 令 $\{g(y)\}=f^{-1}(\{y\})\cap B$，即见 $f\circ g(y)=y$，$\forall y\in F$. 设G是E的闭子集(当满足条件 2)时)或者是E的开子集(当满足条件 2)′时)，于是$f(G)$是F的 Borel 子集. 但 $g^{-1}(G)=f(G)$，依命题 9.3.2，g是 Borel 映象. 证毕.

引理 9.4.4 设Ω是具可数基的局部紧 Hausdorff 空间，ν是Ω上正则的 Borel 测度，f是N^∞到Ω的连续映象，则存在 $\Omega'=f(N^\infty)$ 到 N^∞ 的映象g，及包含在Ω'中的紧子集列 $\{K_n\}$，使得

$$f\circ g(x)=x,\ \forall x\in\Omega',\ \left(\Omega'\Big\backslash\bigcup_n K_n\right)\subset \text{某 } \nu\text{-零集},$$

并且对每个n，g在K_n上是连续的.

证. 对任意的 $x\in\Omega'$，由于f是连续的，$f^{-1}(\{x\})$ 是N^∞的非空闭子集，它有最小元，记作 $g(x)$. 即见 $f\circ g(x)=x$，$\forall x\in\Omega'$.

自然Ω'是Ω的 Sousline 子集，依系 9.2.12，ν的σ-有限性及内正则性，我们只须对包含在Ω'中的任意紧子集K，寻找紧子集列 $\{K_n\}$，使得 $K_n\subset K$，g在K_n上连续，$\forall n$，并且

$$\nu\left(K\Big\backslash\bigcup_n K_n\right)=0.$$

1) Ω的子集E称为关于ν是有 Borel 核的，指存在 Borel 子集F，G，使得 $F\subset E$，$(E\backslash F)\subset G$，并且 $\nu(G)=0$. 依系 9.2.12，Ω的任意 Sousline 子集关于ν是有 Borel 核的. 又如果E_n关于ν是有 Borel 核的，显然 $\bigcup\limits_n E_n$ 关于ν也将有 Borel 核. 此外，如果E_i关于ν是有 Borel 核的，$i=1,2$，则 $(E_1\backslash E_2)$ 关于ν也有 Borel 核. 事实上，设 F_i，G_i 如定义，$i=1,2$，则 $E_2\subset F_2\cup G_2$，于是，$F=F_1\backslash(F_2\cup G_2)\subset(E_1\backslash E_2)$，及 $(E_1\backslash E_2)\backslash F\subset G_1\cup G_2$.

2) 令 $Q=\{n=(n_k)\in N^\infty|$ 除去有限个外，n_k 都$=0\}$，它是 N^∞ 的可数子集. 设 V 是 N^∞ 的开子集，如果 $n=(n_k)\in V$，必有 k，使得 $N^\infty_{n_1,\cdots,n_k}\subset V$. 令

$$z_1=(n_1,\cdots,n_{k+1},0,\cdots),$$
$$z_2=(n_1,\cdots,n_{k+1}+1,0,\cdots).$$

于是，$n\in[z_1,z_2)=\{z\in N^\infty|z_1\leqslant z<z_2\}\subset N^\infty_{n_1,\cdots,n_k}$. 由于 Q 是可数的，因此，V 必是形如 $[z_1,z_2)=[0,z_2)\backslash[0,z_1)$ 的可数并 $(z_1,z_2\in Q)$.

3) 对任意的 $z\in Q$，$g^{-1}([0,z))=f([0,z))$. 事实上，如果 $x\in g^{-1}([0,z))$，则 $x=f\circ g(x)\in f([0,z))$. 反之如果 $n\in[0,z)$，依 g 的定义，$g\circ f(n)=f^{-1}(\{f(n)\})$ 的最小元，因此，$g\circ f(n)\leqslant n$. 从而，$g\circ f(n)\in[0,z)$，即 $f(n)\in g^{-1}([0,z))$.

4) 对任意的 $z\in Q$，$[0,z)$ 显然是 N^∞ 的 Borel 子集，f 是连续的，因此由 3)，$g^{-1}([0,z))=f([0,z))$ 是 Ω 的 Sousline 子集. 依系 9.2.12，$g^{-1}([0,z))$ 关于 ν 是有 Borel 核的.

5) 对 N^∞ 的任意开子集 V，闭子集 F，$g^{-1}(V)$ 与 $g^{-1}(F)$ 关于 ν 都有 Borel 核. 事实上，由 1)，2)，4)，$g^{-1}(V)$ 关于 ν 是有 Borel 核的. 又 $g^{-1}(F)=\Omega'\backslash g^{-1}(F')$，这里 $F'=N^\infty\backslash F$，因此，$g^{-1}(F)$ 关于 ν 也有 Borel 核.

今设 K 是 Ω 的紧子集，$K\subset\Omega'$，$\{a_k\}$ 是 N^∞ 的可数稠集，d 是 N^∞ 中的距离(9.1.6)，令

$$A_{k,p}=\{x\in K|d(g(x),a_k)\leqslant p^{-1}\},$$

并命

$$B_{1,p}=A_{1,p},\quad B_{k+1,p}=A_{k+1,p}\Big\backslash\bigcup_{i=1}^{k}A_{i,p},$$

于是对任何的 p，有

$$B_{i,p}\cap B_{j,p}=\varnothing,\ \forall i\neq j,$$
$$\bigcup_{k=1}^{\infty}B_{k,p}=\bigcup_{k=1}^{\infty}A_{k,p}=K$$

又定义 g_p：$K\to N^\infty$，

$$g_p(x)=a_k,\quad \text{如果 } x\in B_{k,p},$$
易见 $g_p(x)\overset{N^\infty}{\to} g(x)$, $\forall x\in K$.

对任意的 k, p, 依 5), $A_{k,p}$ 关于 ν 是具有 Borel 核的,因此, $B_{k,p}$ 关于 ν 也有 Borel 核. 于是对任意的正整数 m, 依 ν 的正则性及 g_p 的定义,可以找到紧子集 $K_p^{(m)}\subset K$, 使得 g_p 在 $K_p^{(m)}$ 上连续,并且 $\nu(K\backslash K_p^{(m)})\prec(m\cdot 2^p)^{-1}$. 令 $K^{(m)}=\bigcap\limits_p K_p^{(m)}$, 则 g_p 在 $K^{(m)}$ 上连续, $\forall p$, 并且 $\nu(K\backslash K^{(m)})<m^{-1}$, $\forall m$. 记 N^∞ 到其第 j 个分量上的投影映象为 π_j, 自然 $(\pi_j g_p)(x)\to(\pi_j g)(x)$, $\forall x\in K$. 依 Egorov 定理[1),对任意的 $\varepsilon>0$, 有紧子集 $K_{mj}^{(\varepsilon)}\subset K^{(m)}$, 使得
$$(\pi_j g_p)(x)\to(\pi_j g)(x),\quad \text{对 } x\in K_{mj}^{(\varepsilon)} \text{ 一致},$$
并且 $\nu(K^{(m)}\backslash K_{mj}^{(\varepsilon)})<2^{-j}\varepsilon$. 令 $K_m^{(\varepsilon)}=\bigcap\limits_j K_{mj}^{(\varepsilon)}$, 则
$$g_p(x)\overset{N^\infty}{\to} g(x),\quad \text{对 } x\in K_m^{(\varepsilon)} \text{ 一致},$$
并且 $\nu(K^{(m)}\backslash K_m^{(\varepsilon)})<\varepsilon$. 于是, g 在 $K_m^{(\varepsilon)}$ 上也是连续的, 今命 $\{K_n\}=\{K_m^{(p^{-1})}|m, p \text{ 正整数}\}$,则 $K_n\subset K$, g 在 K_n 上连续, $\forall n$,并且 $\nu\left(K\setminus\bigcup\limits_n K_n\right)=0$. 证毕.

定理 9.4.5 设 E, F 是 Polish 空间, ν 是定义在 F 的 Borel 子集全体上的 σ-有限测度, G 是 $E\times F$ 的 Sonsline 子集. 如果 π_F 是 $E\times F$ 到 F 上的投影,则存在 $R=\pi_F(G)$ 到 E 中的映象 g, 及 F 的 Borel 子集 $B\subset R$,使得
$$(g(y), y)\in G,\quad \forall y\in R,$$
并且 g 是 B 到 E 中的 Borel 映象,以及 $(R\backslash B)$ 包含于某个 ν-零集之中.

证. 由于 ν σ-有限, 依命题 9.3.15, 9.3.16, 无妨认为 F 就是具可数基的局部紧 Hausdorff 空间, 及 ν 是 F 上正则的 Borel 测度. 今 G 是 $E\times F$ 的 Sousline 子集. 于是有 N^∞ 到 $E\times F$ 的连续

1) 例见 [47].

映象 h，使得 $h(N^\infty)=G$. 令 $f=\pi_F\circ h$，则 $R=f(N^\infty)$. 依引理 9.4.4，有 R 到 N^∞ 中的映象 η，及 F 的 Borel 子集 $B\subset R$，使得 $f\circ\eta(y)=y$，$\forall y\in R$，并且 η 在 B 上是 Borel 的，以及 $(R\backslash B)$ 包含于某个 ν-零集之中. 命 π_E 是 $E\times F$ 到 E 上的投影，$g=\pi_E\circ h\circ\eta$，于是 $g:R\to E$，且 $g|B$ 是 Borel 的. 对任意的 $y\in R$，$h\circ\eta(y)\in G$，由于 $\pi_F\circ h\circ\eta(y)=f\circ\eta(y)=y$，因此，$(g(y),y)=h\circ\eta(y)\in G$. 证毕.

命题 9.4.6 设 E，F 是标准的 Borel 空间，f 是 E 到 F 上的 Borel 映象，ν 是 F 的 Borel 子集全体上的 σ-有限测度，则 f 有关于 ν 的 Borel 截面，即有 F 的 Borel 子集 F_0，$(F\backslash F_0)$ 到 E 的 Borel 映象 g，使得 $\nu(F_0)=0$，$f\circ g(y)=y$，$\forall y\in(F\backslash F_0)$.

证. 依命题 9.3.4，f 的图象 $G=\{(x,f(x))|x\in E\}$ 是 $E\times F$ 的 Borel 子集. 又 $\pi_F(G)=F$，再依定理 9.4.5 即得证.

命题 9.4.7 设 E，F 是标准的 Borel 空间，f 是 E 到 F 上的 Borel 映象，μ 是 E 的 Borel 子集全体上的有限测度. 在 E 中引入等价关系～：$x_1\sim x_2$ 指 $f(x_1)=f(x_2)$，则有 E 的完满的(在～的意义下) Borel 子集 E_0，$\mu(E_0)=0$，使得 f 在 $(E\backslash E_0)$ 上有 Borel 截面.

证. 令 $\nu=\mu\circ f^{-1}$，它是 F 的 Borel 子集全体上的有限测度. 依命题 9.4.6，有 F 的 Borel 子集 F_0 及 $(F\backslash F_0)$ 到 E 的 Borel 映象 g，使得 $\nu(F_0)=0$，并且 $f\circ g(y)=y$，$\forall y\in(F\backslash F_0)$. 今命 $E_0=f^{-1}(F_0)$，它是 E 的完满的 Borel 子集，$\mu(E_0)=0$. 自然 $f(E\backslash E_0)=F\backslash F_0$，$g(F\backslash F_0)\subset(E\backslash E_0)$，因此，$f$ 在 $(E\backslash E_0)$ 上有 Borel 截面. 证毕.

注 本节见参考文献 [5]，[17]，[21]，[84].

第十章 von Neumann 代数的 Borel 空间

设$\mathscr{H}$是可分的 Hilbert 空间，$\mathscr{A}$是$\mathscr{H}$中 vN 代数的全体，E. G. Effros 在$\mathscr{A}$中引入了一种 Borel 构造，使之成为标准的 Borel 空间(10.3.2)。本章 §1—§3 就来叙述这个 Borel 构造，并且指出$\mathscr{H}$中因子的全体$\mathscr{F}$是$\mathscr{A}$的 Borel 子集，从而依诱导的构造，$\mathscr{F}$也是标准的 Borel 空间(10.3.6)。§4 指出$\mathscr{H}$中各类因子的全体 $\mathscr{F}_{\mathrm{I}_n}$，$\mathscr{F}_{\mathrm{I}_\infty}$，$\mathscr{F}_{\mathrm{II}_1}$，$\mathscr{F}_{\mathrm{II}_\infty}$ 及 $\mathscr{F}_{\mathrm{III}}$ 都是$\mathscr{F}$的 Borel 子集(10.4.16)。 J. T. Schwartz 曾指出过 $\mathscr{F}_{\mathrm{III}}$ 的可测性，后来，O. Nielsen 证明了 $\mathscr{F}_{\mathrm{III}}$ 还是 Borel 子集. 同样的结果对$\mathscr{A}$也是成立的，但由于要用到约化理论，我们将在第十一章来讨论它.

§1. $W(X^*)$ 的标准 Borel 构造

设E是拓扑空间，$\mathscr{C}(E)$ 表示E的非空闭子集的全体.

引理 10.1.1 如果 (E, d) 是紧距离空间，对任意的 $F_1, F_2 \in \mathscr{C}(E)$，定义

$$\rho(F_1, F_2) = \max\{\sup_{x\in F_1} d(x, F_2), \sup_{y\in F_2} d(y, F_1)\}$$

则 $(\mathscr{C}(E), \rho)$ 也是紧距空间.

证. 易见ρ是 $\mathscr{C}(E)$ 上的距离. 设$\{x_n\}$是E的可数稠集，对任意的 $\varepsilon > 0$，由于 (E, d) 是紧的，必有k，使得 $\bigcup_{i=1}^{k} S_d(x_i, \varepsilon) = E$. 我们说相应有

$$\bigcup_{\mathrm{I}\subset\{1,\cdots,k\}} S_\rho(\{x_i\}_{i\in\mathrm{I}}, \varepsilon) = \mathscr{C}(E).$$

事实上，对任意的 $F \in \mathscr{C}(E)$，必有 $\mathrm{I}\subset\{1, \cdots, k\}$，使得 $S_d(x_i,$

$\varepsilon)\cap F \neq \varnothing$, $\forall i \in \mathbb{I}$, 并且 $\bigcup\limits_{i\in\mathbb{I}} S_d(x_i, \varepsilon) \supset F$. 于是，对任意的 $i \in \mathbb{I}$, $d(x_i, F) < \varepsilon$; 对任意的 $y \in F$, 必有 $i \in \mathbb{I}$, $d(x_i, y) < \varepsilon$, 所以, $\rho(\{x_i\}_{i\in\mathbb{I}}, F) < \varepsilon$.

今只须证明 $(\mathscr{C}(E), \rho)$ 是完备的. 设 $\{F_n\} \subset \mathscr{C}(E)$, 并且 $\rho(F_n, F_m) \to 0$. 命

$F = \{x \in E \mid$ 有子列 $\{n_k\}$,及 $x_{n_k} \in F_{n_k}$, $\forall k$, 且 $x_{n_k} \to x\}$,由于 E 是紧距空间, $F \neq \varnothing$. 进而易见 $F \in \mathscr{C}(E)$. 对任意的 $\varepsilon >0$,有 n_0,使得 $\rho(F_n, F_m) < \varepsilon$, $\forall n, m \geqslant n_0$. 任意固定 $n(\geqslant n_0)$, 当 $y \in F_n$ 时，由于 $d(y, F_m) < \varepsilon$, $\forall m \geqslant n_0$, 因此有 $x_m \in F_m$, 使得 $d(y, x_m) < \varepsilon$, $\forall m \geqslant n_0$. 由于 E 是紧距的, $\{x_m \mid m \geqslant n_0\}$ 中有子列收敛于 $x \in F$,由此, $d(y, x) \leqslant \varepsilon$. 所以, $d(y, F) \leqslant \varepsilon$, $\forall y \in F_n$. 反之设 $x \in F$,有子列$\{n_k\}$及 $x_{n_k} \in F_{n_k}$, $\forall k$,使得 $x_{n_k} \to x$. 取 k 充分大,使得 $d(x_{n_k}, x) < \varepsilon$, 并且 $n_k \geqslant n_0$. 由于 $d(x_{n_k}, F_n) < \varepsilon$,因此有 $y \in F_n$, 使得 $d(x_{n_k}, y) < \varepsilon$. 从而 $d(x, y) < 2\varepsilon$. 即 $d(x, F_n) < 2\varepsilon$, $\forall x \in F$. 以上说明 $\rho(F_n, F) < 2\varepsilon$ $\forall n \geqslant n_0$, 因此, $\rho(F_n, F) \to 0$. 证毕.

引理 10.1.2 设 (P, d) 是紧距离空间, E 是 P 的 Polish 子空间,则 $(\mathscr{C}(E), \rho)$ 也是 Polish 空间.

证. 设 $\bar{E}$ 是 E 在 P 中的闭包,于是, $(\bar{E}, d)$ 是紧距离空间, 依引理 10.1.1, $(\mathscr{C}(\bar{E}), \rho)$ 也是紧距离空间. 定义映象 f: $\mathscr{C}(E) \to \mathscr{C}(\bar{E})$, $f(F) = \bar{F}$, $\forall F \in \mathscr{C}(E)$, 这里 $\bar{F}$ 是 F 在 P 中的闭包. 易见

$$\rho(f(F_1), f(F_2)) = \rho(F_1, F_2), \quad \forall F_1, F_2 \in \mathscr{C}(E)$$

以及 $f(\mathscr{C}(E)) = \{K \in \mathscr{C}(\bar{E}) \mid (K \cap E)$ 在 K 中是稠的$\}$. 今 $(\mathscr{C}(E), \rho)$ 与 $(f(\mathscr{C}(E)), \rho)$ 是拓扑同胚的, 因此, 只须证明 $f(\mathscr{C}(E))$ 是 $(\mathscr{C}(\bar{E}), \rho)$ 的 Polish 子空间. 依命题 9.1.3,要证 $f(\mathscr{C}(E))$ 是 $(\mathscr{C}(\bar{E}), \rho)$ 的 G_δ 子集.

由于 E 是 P 的 Polish 子空间,依命题 9.1.3, 可写 $E = \bigcap\limits_n V_n$,

这里每个 V_n 是 P 的开子集. 如果 $K\in\mathscr{C}(\bar{E})$,并且 $(K\cap V_n)$ 在 K 中稠,$\forall n$,我们说 $K\in f(\mathscr{C}(E))$. 事实上,K 是 P 的紧子集,从而是 Baire 空间. 今 $(K\cap V_n)$ 是 K 的开稠集,因此,$K\cap E=\bigcap_n(K\cap V_n)$ 也在 K 中稠,即 $K\in f(\mathscr{C}(E))$. 由此,

$$f(\mathscr{C}(E))=\{K\in\mathscr{C}(\bar{E})\mid(K\cap V_n)\text{ 在 }K\text{ 中稠 }\forall n\},$$

命 $\Sigma_n=\{K\in\mathscr{C}(\bar{E})\mid(K\cap V_n)\text{ 不在 }K\text{ 中稠}\}$,$\forall n$,则 $f(\mathscr{C}(E))=\bigcap_n(\mathscr{C}(\bar{E})\backslash\Sigma_n)$. 于是只须证明每个 Σ_n 是 $(\mathscr{C}(\bar{E}),\rho)$ 的 F_σ 子集(闭集的可数并).

任意固定 n,当 $K\in\Sigma_n$ 时,令 $L=\overline{K\cap V_n}$,则 $K\cap V_n\subset L\subsetneq K$. 从而如果 $K\cap V_n\neq\varnothing$,或者 K 包含两个以上的点,总有 $L\in\mathscr{C}(\bar{E})$,使得 $K\cap V_n\subset L\subsetneq K$. 由此,

$$\Sigma_n=\mathscr{F}\cup\Pi_1(\{(K,L)\mid K,L\in\mathscr{C}(\bar{E}),K\cap V_n\subset L\subset K\}\backslash\Delta).$$

这里 $\Delta=\{(K,K)\mid K\in\mathscr{C}(\bar{E})\}$. Π_1 是 $\mathscr{C}(\bar{E})\times\mathscr{C}(\bar{E})$ 到其第一分量上的投影,$\mathscr{F}=\{\{x\}\mid x\in\bar{E}\backslash V_n\}$. 容易证明 $\mathscr{F}$ 是 $(\mathscr{C}(\bar{E}),\rho)$ 的闭子集. 继而命

$$S_n=\{(K,L)\mid K,L\in\mathscr{C}(\bar{E}),K\cap V_n\subset L\subset K\},$$

我们说 S_n 是 $\mathscr{C}(\bar{E})\times\mathscr{C}(\bar{E})$ 的闭子集. 事实上,设 S_n 的列 $(K_m,L_m)\to(K,L)$. 如果 $x\in K\cap V_n$,由于 $\rho(K,K_m)\to0$,因此存在 $x_m\in K_m$,使得 $d(x,x_m)\to0$. 但 $x\in V_n$,V_n 是开集,所以 m 充分大时,

$$x_m\in K_m\cap V_n\subset L_m\subset K_m,$$

又 $\rho(L_m,L)\to0$,因此,$d(x_m,L)\to0$,$x\in L$. 即有 $K\cap V_n\subset L$. 如果 $y\in L$,由 $\rho(L_m,L)\to0$,有 $y_m\in L_m\subset K_m$,使得 $d(y_m,y)\to0$. 但 $\rho(K_m,K)\to0$,因此 $d(y_m,K)\to0$,$y\in K$. 即 $L\subset K$,$(K,L)\in S_n$.

Δ 显然是紧距离空间 $\mathscr{C}(\bar{E})\times\mathscr{C}(\bar{E})$ 的闭集,从而是 G_δ 子集. 进而 $(S_n\backslash\Delta)$ 是 F_σ 子集,即可写

$$S_n\setminus\Delta = \bigcup_m C_m,$$

其中 C_m 是 $\mathscr{C}(\bar{E})\times\mathscr{C}(\bar{E})$ 的紧子集，$\forall m$. 又 Π_1 是连续的，因此，$\Pi_1(S_n\setminus\Delta)=\bigcup\limits_m \Pi_1(C_m)$ 是 $\mathscr{C}(\bar{E})$ 的 F_σ 子集. 证毕.

定义 10.1.3 设 E 是 Polish 空间，$\mathscr{C}(E)$ 是 E 的非空闭子集全体，给予 $\mathscr{C}(E)$ Borel 构造 $\mathscr{P}$，$\mathscr{P}$ 由 $u(U)=\{F\in\mathscr{C}(E)\mid F\cap U\neq\varnothing\}$ ($\forall U$是 E 的非空开子集)生成.

定理 10.1.4 设 E 是 Polish 空间，则 $(\mathscr{C}(E),\mathscr{P})$ 是标准的 Borel 空间.

证. 依命题 9.1.4，E 可以看作 $P=[0,1]^\infty$ 的 Polish 子空间. P 上自然有距离 d，使之成为紧距离空间. 依引理 10.1.2，$(\mathscr{C}(E),\rho)$ 是 Polish 空间. 今只须证明 ρ 产生的 Borel 构造即 $\mathscr{P}$.

首先，如果 U 是 E 的开子集，我们说 $u(U)$ (见定义 10.1.3)是 $(\mathscr{C}(E),\rho)$ 的开子集. 事实上，设 $F\in u(U)$，则有 $x\in F$ 及 x 的开邻域 $V\subset U$. 从而如果 $G\in\mathscr{C}(E)$，使得 $\rho(F,G)$ 充分小，则 $d(x,G)$ 也充分小，因此，$G\cap V\neq\varnothing$，$G\cap U\neq\varnothing$，即 $G\in u(U)$.

由此，$\mathscr{P}\subset\rho$ 产生的 Borel 构造. 今依定理 9.3.13，只须证明 $\mathscr{P}$ 包含分离的可数族. 设 $\{U_n\}$ 是 E 拓扑的可数基，我们证明 $\{u(U_n)\}$ 是分离的即可. 如果 $F,G\in\mathscr{C}(E)$，$F\neq G$，无妨设有 $x\in F\setminus G$，于是存在 x 的邻域 U，使得 $U\cap G=\varnothing$. 取 n，使得 $x\in U_n\subset U$，即有 $F\cap U_n\neq\varnothing$，$G\cap U_n=\varnothing$. 所以，$F\in u(U_n)$，$G\notin u(U_n)$. 证毕.

命题 10.1.5 设 (E,d) 是完备可分的距离空间，则 $\mathscr{C}(E)$ 的标准 Borel 构造 $\mathscr{P}$ 是使得 $F\to d(x,F)$ 为 $\mathscr{C}(E)$ 上可测函数的最小 Borel 构造，$\forall x\in E$. 换言之，$\mathscr{P}$ 由 $\{F\in\mathscr{C}(E)\mid d(x,F)<\lambda\}$ ($\forall x\in E$，$\lambda>0$) 生成.

证. 首先对任意的 $x\in E$，$\lambda>0$，令 $U=\{y\in E\mid d(x,y)<$

$\lambda\}$，易见 $u(U)=\{F\in\mathscr{C}(E)\mid d(x,F)<\lambda\}$，因此，$\{F\in\mathscr{C}(E)\mid d(x,F)<\lambda\}\in\mathscr{P}$.

依定理 9.3.13，今只须证明形如 $\{F\in\mathscr{C}(E)\mid d(x,F)<\lambda\}$ $(x\in E,\lambda>0)$ 的全体包含分离的可数族. 设 $\{x_n\}$ 是 (E,d) 的可数稠集，$U_{m,n}=\{x\in E\mid d(x,x_n)<m^{-1}\}$，及 $\theta_{m,n}=u(U_{m,n})=\{F\in\mathscr{C}(E)\mid d(x_n,F)<m^{-1}\}$，$\forall m,n$ 如果 $F,G\in\mathscr{C}(E)$，$F\neq G$，无妨设有 $x\in F\backslash G$，于是m充分大时有 $d(x,G)>2m^{-1}$. 取 x_n，使得 $d(x,x_n)<m^{-1}$，于是 $d(x_n,F)<m^{-1}$，即 $F\in\theta_{m,n}$. 另一方面，

$$d(x_n,G)\geqslant d(x,G)-d(x_n,x)>m^{-1},$$

因此 $G\notin\theta_{m,n}$. 所以 $\{\theta_{m,n}\}$ 是分离的. 证毕.

命题 10.1.6 设X是(复或实)可分的 Banach 空间，$C(X)$ 表示X的闭线性子空间的全体，则 $C(X)$ 是$(\mathscr{C}(X),\mathscr{P})$ 的 Borel 子集.

证. 设 $\{V_n\}$ 是 X 拓扑的可数基，只须证明 $C(X)=$

$$\bigcap_{m,n}[u(V_m)'\cup u(V_n)'\cup u(V_m+V_n)]\cap\bigcap_{i,k}[u(V_i)'\cup u(\lambda_k V_i)]$$

这里$\{\lambda_k\}$是（复或实）有理数的全体，$u(V_m)'=\mathscr{C}(X)\backslash u(V_m)$，$\forall m$. 事实上，如果 $E\in$ 等式的右边，则对任意的 m,n,i，有 i) 如果 $E\cap V_m\neq\varnothing$，$E\cap V_n\neq\varnothing$，则 $E\cap(V_m+V_n)\neq\varnothing$；ii) 如果 $E\cap V_i\neq\varnothing$；则 $E\cap(\lambda_k V_i)\neq\varnothing$，$\forall k$. 因此，如果 $x,y\in E$，$\lambda\in\mathbb{C}$（或 $\mathbb{R}$），取 V_m，V_n 分别紧缩于 x，y，及有理数列$\longrightarrow\lambda$，利用E的闭性，可见 $(x+y)\in E$，$\lambda x\in E$，即 $E\in C(X)$. 反之，如果 $E\in C(X)$，则对任意的 m，n，i，有上面的 i)，ii)，因此 $E\in$ 等式的右边. 证毕.

定理 10.1.7 设X是(复或实)可分的 Banach 空间，$C(X)$ 表示X的闭线性子空间全体，$W(X^*)$ 表示 X^* 的弱 $*$ 闭线性子空间全体，则

1) $C(X)$ 的如下形式的子集

$$\{E\in C(X)\,|\,\|x+E\|<\lambda\},\quad \forall x\in X,\ \lambda>0$$

生成 $C(X)$ 的标准 Borel 构造；

2）$W(X^*)$ 的如下形式子集

$$\{E^*\in W(X^*)\,|\,\|x+E_\perp^*\|<\lambda\},\ \forall x\in X,\ \lambda>0$$

生成 $W(X^*)$ 的标准 Borel 构造，这里 $E_\perp^*$ 是 E^* 在 X 中的直交部分.

证. 1）由命题 9.3.15，10.1.6 及 10.1.5 立见.

2）只须注意 $E^*\to E_\perp^*$ 是 $W(X^*)$ 到 $C(X)$ 上的一一映象. 证毕.

命题 10.1.8 设 $\mathscr{H}$ 是可分的 Hilbert 空间，$W(\mathscr{H})$ 表示 $\mathscr{H}$ 的闭线性子空间全体，则

$$\{E\in W(\mathscr{H})\,|\,\|\xi+E\|<\lambda\},\quad \forall \xi\in\mathscr{H},\ \lambda>0$$

生成 $W(\mathscr{H})$ 的标准 Borel 构造，并且 $E\to E^\perp$ 是 $W(\mathscr{H})$ 到 $W(\mathscr{H})$ 上的 Borel 同构.

证. 只须对任意的 $\xi\in\mathscr{H}$，$\lambda>0$，证明

$$\{E\in W(\mathscr{H})\,|\,\|\xi+E^\perp\|<\lambda\}$$

是 $W(\mathscr{H})$ 的 Borel 子集. 如果 $\lambda>\|\xi\|$，显然 $\{E\in W(\mathscr{H})\,|\,\|\xi+E^\perp\|<\lambda\}=W(\mathscr{H})$，因此可设 $\|\xi\|\geqslant\lambda$. 注意如果 $E\in W(\mathscr{H})$，令 p 是 $\mathscr{H}$ 到 E 上的投影，则

$$\|\xi+E^\perp\|=\|p\xi\|,\quad \|\xi+E\|=\|(1-p)\xi\|^2.$$

如果命 $\mu=(\|\xi\|^2-\lambda^2)^{\frac{1}{2}}$，则可见

$$\begin{aligned}&\{E\in W(\mathscr{H})\,|\,\|\xi+E^\perp\|<\lambda\}\\&=\{E\in W(\mathscr{H})\,|\,\|\xi+E\|>\mu\}\\&=W(\mathscr{H})\Big\backslash\bigcap_n\Big\{E\in W(\mathscr{H})\,|\,\|\xi+E\|\\&<\frac{1}{n}+\mu\Big\}\end{aligned}$$

是 $W(\mathscr{H})$ 的 Borel 子集. 证毕.

注 本节见参考文献 [25]，[119].

§2. Borel 选择函数列

首先讨论一下 Hahn-Banach 定理的过程. 设X是实 Banach 空间，E是X的线性子空间，f是E上范数$\leqslant 1$的线性泛函，$x\in X\setminus E$,我们要把f保范地开拓到 $E\dotplus[x]$ 上,即要求

$$|f(x+w)|\leqslant\|x+w\|,\quad \forall w\in E.$$

因此需要取 $f(x)$ 满足

$$-\|x+u\|-f(u)\leqslant f(x)\leqslant\|x+v\|-f(v),$$
$$\forall u,\ v\in E,$$

命

$$L(f)=\sup_{u\in E}(-\|x+u\|-f(u)),$$

$$M(f)=\inf_{v\in E}(\|x+v\|-f(v)),$$

于是要求 $L(f)\leqslant f(x)\leqslant M(f)$.

引理 10.2.1 设 $(E^*)_1=\{f\in E^*\mid\|f\|\leqslant 1\}$，则 $L(f)$ 是 $(E^*)_1$ 上的凸函数,并且 $f\to L(f)=-M(-f)$ 在 $(E^*)_1$ 的内部是连续的.

证. 设 $\lambda\in[0,1]$，$f,g\in(E^*)_1$，对任意的 $u\in E$，$-\|x+u\|-(\lambda f+(1-\lambda)g)(u)=\lambda[-\|x+u\|-f(u)]+(1-\lambda)\cdot[-\|x+u\|-g(u)]\leqslant\lambda L(f)+(1-\lambda)L(g)$，因此，$L(\lambda f+(1-\lambda)g)\leqslant\lambda L(f)+(1-\lambda)L(g)$. 即 $L(\cdot)$ 是 $(E^*)_1$ 上的凸函数.

今设 $f_0\in E^*$，$\|f_0\|\leqslant 1-\eta$,这里 $\eta\in(0,1)$. 在 $V=\{f\in E^*\mid\|f\|<\eta\}$ 上定义函数 $F(f)=L(f+f_0)-L(f_0)$,于是我们要证 $F(\cdot)$ 在 $f=0$ 处是连续的. 显然，$F(0)=0$，$F(\cdot)$ 在V上是凸函数,并且依 $M(\cdot)$ 的定义，

$$F(f)\leqslant M(f+f_0)-L(f_0)\leqslant\|x\|-L(f_0),\quad \forall f\in V,$$

记 $\alpha=\|x\|-L(f_0)$. 对任意的 $\varepsilon\in(0,1)$，当 $\|f\|<\eta\varepsilon$ 时,f, $\pm\varepsilon^{-1}f$ 都$\in V$,于是由 $F(\cdot)$ 的凸性，

$$F(f) = F((1-\varepsilon)\cdot 0 + \varepsilon \cdot \varepsilon^{-1} f) \leqslant \varepsilon F(\varepsilon^{-1} f) \leqslant \varepsilon \alpha,$$

$$\begin{aligned} 0 &= F((1+\varepsilon)^{-1} f + \varepsilon(1+\varepsilon)^{-1} \cdot (-\varepsilon^{-1} f)) \\ &\leqslant (1+\varepsilon)^{-1} F(f) + \varepsilon(1+\varepsilon)^{-1} F(-\varepsilon^{-1} f), \end{aligned}$$

第二式即 $F(f) \geqslant -\varepsilon F(-\varepsilon^{-1} f) \geqslant -\varepsilon\alpha$，因此，$|F(f)| \leqslant \varepsilon\alpha$. 这正表明 $F(\cdot)$ 在 $f = 0$ 处是连续的. 证毕.

定理 10.2.2 设 X 是可分的 Banach 空间，$W(X^*)$ 赋予定理 10.1.7 的标准 Borel 构造，则存在 Borel 映象列 f_n: $W(X^*) \to (X^*, \sigma(X^*, X))$，这里 $\sigma(X^*, X)$ 是 X^* 中的弱 * 拓扑[1]，使得对每个 $E^* \in W(X^*)$ 及 n，$f_n(E^*) \in (E^*)_1$（即 $f_n(E^*) \in E^*$，且 $\|f_n(E^*)\| \leqslant 1$），同时 $\{f_n(E^*) | n\}$ 在 $(E^*)_1$ 中是弱 * 稠的.

证. 首先设 X 是实的，$\{x_n\}$ 是 X 的可数稠集并且 $x_1 = 0$，$E^* \in W(X^*)$，于是 $\{\tilde{x}_n = x_n + E^*_\perp | n\}$ 是 $X/E^*_\perp$ 的稠集. 记 $B_n = B_n(E^*) = [\tilde{x}_1, \cdots, \tilde{x}_n]$，它是 $X/E^*_\perp$ 的有限维子空间，$\forall n$. 对任意的 $t = (t_1, \cdots, t_n, \cdots)$，这里 $t_n \in [0, 1]$，$\forall n$，我们来定义 $X/E^*_\perp$ 上范数 $\leqslant 1$ 的线性泛函 $f_t^{E^*}$，即 $f_t^{E^*} \in (E^*)_1$. 自然 $f_t^{E^*}(\tilde{x}_1) = f_t^{E^*}(\tilde{o}) = 0$，归纳假定 $f_t^{E^*}$ 在 B_n 上已有了定义，并且在 B_n 上范数 $\leqslant 1$. 进而命

$$f_t^{E^*}(\tilde{x}_{n+1}) = t_{n+1} L(f_t^{E^*}) + (1 - t_{n+1}) M(f_t^{E^*}). \tag{1}$$

这里 $L(f_t^{E^*}) = \sup\{-\|\tilde{x}_{n+1} + \tilde{u}\| - f_t^{E^*}(\tilde{u}) | \tilde{u} \in B_n\}$，$M(f_t^{E^*}) = \inf\{\|\tilde{x}_{n+1} + \tilde{v}\| - f_t^{E^*}(\tilde{v}) | \tilde{v} \in B_n\}$. 当 $\tilde{x}_{n+1} \notin B_n$ 时，由前面关于 Hahn-Banach 定理的讨论，可见 $f_t^{E^*}$ 将成为 $\tilde{B}_{n+1}$ 上范数 $\leqslant 1$ 的线性泛函. 当 $\tilde{x}_{n+1} \in B_n$ 时，我们指出 (1) 原来就是成立的. 事实上，由于 $f_t^{E^*}$ 在 B_n 上范数 $\leqslant 1$，因此 $|f_t^{E^*}(\tilde{x}_{n+1} + \tilde{w})| \leqslant \|\tilde{x}_{n+1} + \tilde{w}\|$，$\forall \tilde{w} \in B_n$，从而 $-\|\tilde{x}_{n+1} + \tilde{u}\| - f_t^{E^*}(\tilde{u}) \leqslant f_t^{E^*}(\tilde{x}_{n+1}) \leqslant \|\tilde{x}_{n+1} + \tilde{v}\| - f_t^{E^*}(\tilde{v})$，$\forall \tilde{u}, \tilde{v} \in B_n$ 依 $L(f_t^{E^*})$ 与 $M(f_t^{E^*})$ 的定义，可见

$$\begin{aligned} -f_t^{E^*}(-\tilde{x}_{n+1}) &\leqslant L(f_t^{E^*}) \leqslant f_t^{E^*}(\tilde{x}_{n+1}) \leqslant M(f_t^{E^*}) \\ &\leqslant -f_t^{E^*}(-\tilde{x}_{n+1}), \end{aligned}$$

即 $f_t^{E^*}(\tilde{x}_{n+1}) = L(f_t^{E^*}) = M(f_t^{E^*})$，因此 (1) 原来就是成立的. 这

1) 拓扑空间看作 Borel 空间时，其 Borel 构造指由其开集全体所生成.

样归纳地便可得到 $f_t^{E^*}\in(E^*)_1$. 现在指出 $\{f_r^{E^*}|r=(r_n)$, r_n 有理数且 $\in[0,1]$, $\forall n$, 且除去有限个外, r_n 都$=0\}$ 在 $(E^*)_1$ 中是弱$*$稠的,即对任意的 $f\in E^*$, $\|f\|<1$, n 及 $\varepsilon>0$,要寻找如上的 r, 使得

$$|(f_r^{E^*}-f)(\tilde{x}_i)|<\varepsilon,\quad 1\leqslant i\leqslant n.$$

当 $n=1$ 时, 由于 $\tilde{x}_1=\tilde{o}$, 取任意的 r 都是成立的. 今归纳假定对 n 及任意的 $\varepsilon>0$,存在有理数 $r_1,\cdots,r_n\in[0,1]$, 只要 $r=(r_1,\cdots,r_n,\cdots)$ (从 r_{n+1} 起,可以是[0, 1]中任意的有理数,但除有限个外均为 0), 就有 $|(f_r^{E^*}-f)(\tilde{x}_i)|<\varepsilon$, $1\leqslant i\leqslant n$. 今对于 $(n+1)$ 及 $\varepsilon>0$, 依引理 10.2.1, 存在 $\eta>0$, 对任何的 $g\in B_n^*$, 只要 $|(g-f)(\tilde{x}_i)|<\eta$, $1\leqslant i\leqslant n$ (这将使得 $\|g-f|B_n\|$ 充分小),就有

$$|L(f)-L(g)|<\varepsilon,\quad |M(f)-M(g)|<\varepsilon, \tag{2}$$

这里 $L(h)=\sup\{-\|\tilde{x}_{n+1}+\tilde{u}\|-h(\tilde{u})|\tilde{u}\in B_n\}$ 及 $M(h)=\inf\{\|\tilde{x}_{n+1}-\tilde{v}\|-h(\tilde{v})|\tilde{v}\in B_n\}$, $\forall h\in B_n^*$. 对此 $\eta>0$, 依归纳假定,将有 $r_1,\cdots,r_n$, 使得 $|(f_r^{E^*}-f)(\tilde{x}_i)|<\eta$, $1\leqslant i\leqslant n$, 这里 $r=(r_1,\cdots,r_n,\cdots)$. 由于 f 在 B_{n+1} 上范数仍然<1, 于是 $L(f)\leqslant f(\tilde{x}_{n+1})\leqslant M(f)$, 因此有 $t_{n+1}\in[0,1]$ 使得

$$f(\tilde{x}_{n+1})=t_{n+1}L(f)+(1-t_{n+1})M(f),$$

依(1), $f_r^{E^*}(\tilde{x}_{n+1})=r_{n+1}L(f_r^{E^*})+(1-r_{n+1})M(f_r^{E^*})$. 今取有理数 r_{n+1} 充分接近 t_{n+1}, 依 (2),将有 $|(f_r^{E^*}-f)(\tilde{x}_{n+1})|<\varepsilon$. 无妨认为 $\eta\leqslant\varepsilon$,因此对 $(n+1)$ 及 $\varepsilon>0$, 也有 $r_1,\cdots,r_{n+1}$, 只要 $r=(r_1,\cdots,r_{n+1},\cdots)$ 就有 $|(f_r^{E^*}-f)(\tilde{x}_i)|<\varepsilon$, $1\leqslant i\leqslant n+1$.

现在对于任意的 $t=(t_1,\cdots,t_n,\cdots)$, 这里 $t_n\in[0,1]$, $\forall n$, 我们来证明 $E^*\to f_t^{E^*}$ 是 $W(X^*)$ 到 $(X^*,\sigma(X^*,X))$ 的 Borel 映象.这只须对任意的 n,证明 $E^*\to f_t^{E^*}(\tilde{x}_n)$ 是 $W(X^*)$ 上的 Borel 可测函数. 当 $n=1$ 时, 由 $x_1=0$, 这是显然的. 归纳假定对$\leqslant n$ 成立. 依作法,

$$f_t^{E^*}(\tilde{x}_{n+1})=t_{n+1}L(f_t^{E^*})+(1-t_{n+1})M(f_t^{E^*}).$$

注意

$$L(f_t^{E^*}) = \sup\{-\|x_{n+1} + u + E_\perp^*\| - f_t^{E^*}(\tilde{u})$$

$$|u\text{ 是 }x_1, \cdots, x_n\text{ 的有理系数的组合}\}$$

依归纳假定及定理 10.1.7，可见 $E^* \to L(f_t^{E^*})$ 是 $W(X^*)$ 上的 Borel 可测函数. 又 $M(f_t^{E^*}) = -L(-f_t^{E^*})$,因此，$E^* \to f_t^{E^*}(\tilde{x}_{n+1})$ 是 $W(X^*)$ 上的 Borel 可测函数. 这样对 X 是实的情况，定理已得到证明.

以下设 X 是复的，X_r 是把 X 看作为实的 Banach 空间. 依前段，可取 Borel 映象列 f_n: $W(X_r^*) \to (X_r^*, \sigma(X_r^*, X_r))$，使得对每个 $E_r^* \in W(X_r^*)$，$\{f_n(E_r^*)|n\}$ 是包含于 $(E_r^*)_1$ 的弱 * 稠集. 对任意的 n 及 $E^* \in W(X^*)$，令

$$g_n(E^*)(x) = f_n(\mathrm{Re}E^*)(x) - if_n(\mathrm{Re}E^*)(ix), \quad \forall x \in X,$$

则 g_n 是 $W(X^*)$ 到 $(X^*, \sigma(X^*, X))$ 的 Borel 映象，并且 $\|g_n(E^*)\| \leqslant 1$，$\forall E^* \in W(X^*)$. 如果 $x \in E_\perp^*$，自然 $ix \in E_\perp^*$，但 $E_\perp^* = (\mathrm{Re}E^*)_\perp$，因此，$g_n(E^*)(x) = 0$，即 $g_n(E^*) \in (E^*)_1$，$\forall E^* \in W(X^*)$. 此外，如果 $E^* \in W(X^*)$，对任意的 $g \in (E^*)_1$，$y_1, \cdots, y_m \in X$，及 $\varepsilon > 0$,由于 $\mathrm{Re}g \in (\mathrm{Re}E^*)_1$,所以有 n,使得

$$|(f_n(\mathrm{Re}E^*) - \mathrm{Re}g)(y_j)| < \varepsilon,$$

$$|(f_n(\mathrm{Re}E^*) - \mathrm{Re}g)(iy_j)| < \varepsilon, \quad 1 \leqslant j \leqslant m,$$

于是 $|(g_n(E^*) - g)(y_j)| < 2\varepsilon$，$1 \leqslant j \leqslant m$，即 $\{g_n(E^*)|n\}$ 在 $(E^*)_1$ 中是弱 * 稠的.　　证毕.

定理 10.2.3　设 X 是可分的 Banach 空间，$(E, \mathscr{B})$ 是 Borel 空间，则映象 ϕ: $(E, \mathscr{B}) \to W(X^*)$ 是 Borel 的，必须且只须，存在 Borel 映象列 g_n: $(E, \mathscr{B}) \to (X^*, \sigma(X^*, X))$，使得对每个 $t \in E$，$\{g_n(t)|n\}$ 是包含于 $\phi(t)(\in W(X^*))$ 的单位球 $(\phi(t))_1$ 的弱 * 稠集.

证. 设 $\{f_n\}$ 如定理 10.2.2. 如果 ϕ 是 Borel 的，则 $\{g_n = f_n \circ \phi\}$ 满足要求. 反之若满足要求的 $\{g_n\}$ 存在，于是对任意的 $x \in X$，$t \in E$，

$$\|x + \phi(t)_\perp\| = \sup_n \|g_n(t)(x)\|.$$

因此，$t \to \|x + \phi(t)_\perp\|$ 是$(E, \mathscr{B})$上的 Borel 可测函数，$\forall x \in X$. 再依定理 10.1.7，ϕ是 Borel 的．　证毕。

注　本节见参考文献 [26]，[119].

§3. vN 代数的 Borel 空间

设$\mathscr{H}$是(复)可分的 Hilbert 空间，于是 $X = T(\mathscr{H})$ 是可分的 Banach 空间，及 $X^* = B(\mathscr{H})$. 对任意的 $E \in W(X^*)$，命

$$E^* = \{a^* | a \in E\}, \quad E' = \{b \in B(\mathscr{H}) | ab = ba, \forall a \in E\}.$$

命题 10.3.1　$E \to E^*$，$E \to E'$ 是 $W(X^*)$ 中的 Borel 映象，这里 $W(X^*)$ 中的标准 Borel 构造如定理 10.1.7.

证．记 $\Phi(E) = E^*$，注意 $(E^*)_\perp = (E_\perp)^*$，于是对任意的 $t \in X$，$\lambda > 0$，依定理 10.1.7，

$$\Phi^{-1}(\{E \in W(X^*) | \|t + E_\perp\|_1 < \lambda\})$$
$$= \{E \in W(X^*) | \|t^* + E_\perp\|_1 < \lambda\}$$

是 $W(X^*)$ 的 Borel 子集，这里 $\|\cdot\|_1$ 是 $X = T(\mathscr{H})$ 的迹范数. 因此，$E \to E^*$ 是 $W(X^*)$ 中的 Borel 映象.

依定理 10.2.2，存在 Borel 映象列 $a_n(\cdot)$: $W(X^*) \to (X^*, \sigma(X^*, X))$，使得对任意的 $E \in W(X^*)$，$\{a_n(E) | n\}$ 是包含于 $(E)_1$ 的弱 * 稠集. 于是

$$E' = \{b \in X^* | ba_n(E) = a_n(E)b, \ \forall n\},$$
$$\forall E \in W(X^*).$$

定义

$$M = \{(x_n) | x_n \in B(\mathscr{H}), \ \forall n, \ \sup_n \|x_n\| < \infty\},$$
$$M_* = \left\{(t_n) | t_n \in T(\mathscr{H}), \ \forall n, \ \sum_n \|t_n\|_1 < \infty\right\}.$$

自然地它们都是 Banach 空间，并且 $(M_*)^* = M$.

对任意的 $E \in W(X^*)$，定义映象 T^E: $B(\mathscr{H}) \to M$，$T^E(b) = (ba_n(E) - a_n(E)b)$，$\forall b \in B(\mathscr{H})$. 于是，$E' = \ker T^E = \{b \in B(\mathscr{H}) | T^E(b) = 0\}$，并且易证 T^E 是 σ-σ 连续的．再定义

映象 T_*^E: $M_* \to T(\mathscr{H})$.

$$T_*^E((t_n))(b) = T^E(b)((t_n))$$
$$= \sum_n \mathrm{tr}((ba_n(E) - a_n(E)b)t_n)$$

$\forall b \in B(\mathscr{H})$, $(t_n) \in M_*$. 由于 $(T_*^E)^* = T^E$, 所以, $(E')_\perp = (\ker T^E)_\perp = \overline{T_*^E M_*}$.

设 S 是 $B(\mathscr{H})$ 的单位球,$\{b_i\}$是(S, σ)的可数稠集. 又 M_* 是可分的,命 $\{(t_n^{(j)})\}_j$ 是 M_* 的可数稠集. 于是对任意的 $t \in X$, $E \in W(X^*)$,

$$\|t + (E')_\perp\|_1 = \inf_j \|t + T_*^E((t_n^{(j)}))\|_1,$$

但 $\|t + T_*^E((t_n^{(j)}))\|_1 = \sup_i |\mathrm{tr}(tb_i) + \sum_n \mathrm{tr}((b_i a_n(E) - a_n(E) b_i)t_n^{(j)})|$, 及 $a_n(\cdot)$: $W(X^*) \to (B(\mathscr{H}), \sigma)$ 是 Borel 的,因此, $E \to \|t + (E')_\perp\|_1$ 是 $W(X^*)$ 上的 Borel 可测函数. 所以, $E \to E'$ 是 $W(X^*)$ 中的 Borel 映象. 证毕.

定理 10.3.2 设 $\mathscr{H}$ 是可分的 Hilbert 空间, $X = T(\mathscr{H})$, $\mathscr{A}$ 是 $\mathscr{H}$ 中 vN 代数的全体, 则 $\mathscr{A}$ 是 $W(X^*)$ 的 Borel 子集. 特别地,

$$\{M \in \mathscr{A} \mid \|t + M_\perp\|_1 < \lambda\}, \quad \forall t \in X, \ \lambda > 0$$

将生成$\mathscr{A}$的标准 Borel 构造.

证. 依命题 10.3.1 及 9.3.4, $\{E \in W(X^*) | E = E^*\}$, $\{E \in W(X^*) | E = E''\}$ 都是 $W(X^*)$ 的 Borel 子集. 从而 $\mathscr{A} = \{E \in W(X^*) | E = E^*\} \cap \{E \in W(X^*) | E = E''\}$ 是 $W(X^*)$ 的 Borel 子集. 证毕.

命题 10.3.3 设 $\mathscr{H}$ 是可分的 Hilbert 空间, S 是 $B(\mathscr{H})$ 的单位球,$\mathscr{A}$ 是$\mathscr{H}$中 vN 代数的全体,则存在 Borel 映象列 $a_n(\cdot)$: $\mathscr{A} \to (S, \sigma)$, 使得对每个 $M \in \mathscr{A}$, $\{a_n(M) | n\}$ 是包含于M的单位球 $(M)_1$ 的 $\tau(M, M_*)$ 稠集.

证. 依定理 10.2.2 与 10.3.2, 有 Borel 映象列 $b_n(\cdot)$: $\mathscr{A} \to (S, \sigma)$, 使得对每个 $M \in \mathscr{A}$, $\{b_n(M) | n\}$ 是包含于 $(M)_1$ 的弱

算子稠集. 命

$$\{a_n(\cdot)|n\}=\Big\{\sum_k \lambda_k b_k(\cdot)\,|\,\lambda_k \text{ 是非负有理数,且 } \sum_k \lambda_k=1\Big\}.$$

依命题 1.2.8, $\{a_n(\cdot)\}_n$ 即满足要求. 证毕.

命题 10.3.4 设 $(E, \mathscr{B})$ 是 Borel 空间, $\mathscr{A}$ 是可分 Hilbert 空间 $\mathscr{H}$ 中 vN 代数的全体,则映象 $\phi: E\to\mathscr{A}$ 是 Borel 的,当且仅当,存在 Borel 映象列 $a_n(\cdot): E\to(B(\mathscr{H}), \sigma(B(\mathscr{H}), T(\mathscr{H})))$, 使得对每个 $t\in E$, $\{a_n(t)|n\}$ 生成 $\phi(t)$.

证. 必要性由定理 10.2.3 立见. 反之设 $\{a_n(\cdot)\}$ 存在, 依稠密性定理 1.6.1 及作适当的处理,可见有 Borel 映象列 $b_n(\cdot): E\to(B(\mathscr{H}), \sigma)$,使得对每个 $t\in E$, $\{b_n(t)|n\}$ 是包含于 $(\phi(t))_1$ 的 σ-稠集. 于是, 依定理 10.2.3, $\phi: E\to\mathscr{A}$ 是 Borel 的. 证毕.

命题 10.3.5 $(M, N)\to M\cap N$, $(M, N)\to(M\cup N)''$ 是 $\mathscr{A}\times\mathscr{A}$ 到 $\mathscr{A}$ 中的 Borel 映象.

证. 设 Borel 映象列 $a_n(\cdot): \mathscr{A}\to(B(\mathscr{H}), \sigma)$ 如命题 10.3.3. 对任意的 $M, N\in\mathscr{A}$, 命 $\{b_n(M, N)|n\}=\{a_n(M), a_m(N)|n, m\}$. 易见 $\{b_n(\cdot,\cdot)\}$ 是 $\mathscr{A}\times\mathscr{A}$ 到 $(B(\mathscr{H}), \sigma)$ 的 Borel 映象列,且 $\{b_n(M, N)|n\}$ 生成 $(M\cup N)''$, $\forall M, N\in\mathscr{A}$. 依命题 10.3.4, $(M, N)\to(M\cup N)''$ 是 $\mathscr{A}\times\mathscr{A}$ 到 $\mathscr{A}$ 中的 Borel 映象. 又注意 $(M, N)\to(M', N')\to(M'\cup N')''\to(M'\cup N')'''=M\cap N$,每个映象都是 Borel 的,因此, $(M, N)\to M\cap N$ 是 $\mathscr{A}\times\mathscr{A}$ 到 $\mathscr{A}$ 的 Borel 映象. 证毕.

定理 10.3.6 设 $\mathscr{H}$ 是可分的 Hilbert 空间, $\mathscr{A}$ 是 $\mathscr{H}$ 中 vN 代数的全体, $\mathscr{F}$ 是 $\mathscr{H}$ 中因子的全体, 则 $\mathscr{F}$ 是 $\mathscr{A}$ 的 Borel 子集. 特别地,

$$\{M\in\mathscr{F}\,|\,\|t+M_\perp\|_1<\lambda\}, \forall t\in T(\mathscr{H}),\ \lambda>0$$

将生成 $\mathscr{F}$ 的标准 Borel 构造.

证. 注意 $M \to (M, M') \to M \cap M'$ 是 Borel 映象, 因此, $\mathscr{F} = \{M \in \mathscr{A} \mid M \cap M' = \mathbb{C}|_{\mathscr{H}}\}$ 是 $\mathscr{A}$ 的 Borel 子集. 证毕.

注 本节见参考文献 [26], [27], [119].

§4. 因子 Borel 空间的 Borel 子集

设 $\mathscr{H}$ 是可分的 Hilbert 空间, $\mathscr{A}$ 是 $\mathscr{H}$ 中 vN 代数的全体, $\mathscr{F}$ 是 $\mathscr{H}$ 中因子的全体.

引理 10.4.1 设 G 是 $\mathscr{H}$ 中酉算子的全体, 依强算子拓扑, G 是 Polish 拓扑群.

证. G 依强算子拓扑显然是拓扑群. 今设 S 是 $B(\mathscr{H})$ 的单位球, 依强算子拓扑, S 是 Polish 空间. 如果 $\{\xi_k\}$ 是 $\{\xi \in \mathscr{H} \mid \|\xi\| = 1\}$ 的可数稠集, 则 $u \in G$, 当且仅当, $\|u\xi_k\| = \|u^*\xi_k\| = 1$, $\forall k$. 因此,

$$G = \bigcap_k \{u \in S \mid \|u\xi_k\| = 1\} \bigcap \bigcap_{k,n} \bigcup_m \left\{u \in S \,\middle|\, |\langle \xi_k, u\xi_m \rangle| > 1 - \frac{1}{n}\right\}$$

这说明 G 是 S 的 G_δ 子集, 因此, G 依强算子拓扑也是 Polish 空间. 证毕.

命题 10.4.2 对任意的 $M \in \mathscr{A}$, $S(M) = \{uMu^* \mid u \in G\}$ 是 $\mathscr{A}$ 的 Borel 子集, 这里 G 是 $\mathscr{H}$ 中酉算子的全体.

证. 令 $H = \{u \in G \mid uMu^* = M\}$, 在 G 中定义等价关系 $\sim$, $u \sim v$ 指 $v \in uH$. 依引理 10.4.1 及定理 9.4.2, 将有 G 的 Borel 子集 E, 使得 E 与 uH 的交由一个元组成, $\forall u \in G$. 于是, $S(M) = \{uMu^* \mid u \in E\}$.

今证明 $u \to uMu^*$ 是 G 到 $\mathscr{A}$ 中的 Borel 映象. 事实上, 如果 $\{a_n\}$ 是 $(M)_1$ (M 的单位球) 的可数 σ-稠集, 则 $a_n(\cdot)$: $u \to ua_nu^*$ 是 G 到 $(B(\mathscr{H}), \sigma)$ 的连续映象, 并且 $\{a_n(u) \mid n\}$ 生成 uMu^*,

$\forall u\in G$. 依命题 10.3.4, $u\to uMu^*$ 是G到$\mathscr{A}$的 Borel 映象.

特别, $u\to uMu^*$ 是E到$\mathscr{A}$中一一的 Borel 映象. 依定理 9.3.12, $s(M)$是$\mathscr{A}$的 Borel 子集. 证毕.

命题 10.4.3 设 $M\in\mathscr{A}$, 则 $a(M)=\{N\in\mathscr{A}\mid N$ 与 $M*$ 同构$\}$是$\mathscr{A}$的 Borel 子集.

证. $\mathscr{A}=\mathscr{A}(\mathscr{H})$ 是 $\mathscr{H}$ 中 vN 代数的全体, 将记$\mathscr{A}(\mathscr{H}\otimes\mathscr{H})$ 为 $\mathscr{H}\otimes\mathscr{H}$ 中 vN 代数的全体, 定义 $\mathscr{A}(\mathscr{H})$ 到 $\mathscr{A}(\mathscr{H}\otimes\mathscr{H})$ 中的映象 Φ: $\Phi(M)=M\overline{\otimes}\mathbf{C}1_{\mathscr{H}}$, $\forall M\in\mathscr{A}(\mathscr{H})$. 于是, M与$N*$同构, 当且仅当, $\Phi(M)$与$\Phi(N)*$同构. 但 $\Phi(M)'=M'\overline{\otimes}B(\mathscr{H})$, $\Phi(N)'=N'\overline{\otimes}B(\mathscr{H})$ 都是真无限的(这里设 $\dim\mathscr{H}=\infty$, 如果 $\dim\mathscr{H}<\infty$, 则 $a(M)=s(M)$, 不待证), 依命题 6.6.7, 如果 $\Phi(M)$ 与 $\Phi(N)*$同构, 则它们也是空间*同构的. 于是, $a(M)=\Phi^{-1}(s(\Phi(M)))$. 依命题 10.4.2, 只须证$\Phi$是 Borel 映象.

依命题 10.3.3, 有 Borel 映象列 $a_n(\cdot)$: $\mathscr{A}\to(S,\sigma)$, 这里 S是 $B(\mathscr{H})$ 的单位球, 使得$\{a_n(N)\mid n\}$生成N, $\forall N\in\mathscr{A}$. 于是, $\{a_n(\cdot)\otimes 1_{\mathscr{H}}\}$是$\mathscr{A}$到$(B(\mathscr{H}\otimes\mathscr{H}),\sigma)$的 Borel 映象列, 并且$\{a_n(N)\otimes 1_{\mathscr{H}}\}$将生成 $\Phi(N)$, $\forall N\in\mathscr{A}$. 从而依命题 10.3.4, Φ 是 Borel 的. 证毕.

命题 10.4.4 $\mathscr{H}$中(I_n)型因子的全体 $\mathscr{F}_{\mathrm{I}_n}$ 是$\mathscr{F}$的 Borel 子集, $n=\infty,1,2,\cdots$.

证. 由于(I_n)型因子彼此都是*同构的, 因此, 依命题 10.4.3 立见.

引理 10.4.5 记 $e_M(p)$ 是 $\mathscr{H}$ 到 $\overline{[M'p\mathscr{H}]}$ 上的投影, 则$(M,p)\to e_M(p)$ 是 $\mathscr{A}\times P$ 到P中的 Borel 映象, 这里P是$\mathscr{H}$中投影算子的全体, 依强算子拓扑, 它是 Polish 空间.

证. 只须证明 $(M,p)\to\overline{[M'p\mathscr{H}]}$ 是 $\mathscr{A}\times P$ 到 $W(\mathscr{H})$ 中的 Borel 映象. 依定理 10.2.3, 只须指出有 Borel 映象列 $\eta_n(\cdot,\cdot)$: $\mathscr{A}\times P\to(\mathscr{H},w)$, 这里$w$表示$\mathscr{H}$中的弱拓扑, 使得 $\{\eta_n(M,p)\mid n\}$ 在 $\overline{[M'p\mathscr{H}]}$ 中稠, $\forall M\in\mathscr{A}$, $p\in P$.

依命题 10.3.3，有 Borel 映象列 $a_n(\cdot)$：$\mathscr{A}\to(S,\sigma)$，使得 $\{a_n(M)|n\}$ 在 $(M)_1$ 中 τ-稠，$\forall M\in\mathscr{A}$．设 $\{\xi_k\}$ 是 $\mathscr{H}$ 的可数稠集，命 $\zeta_{n,k}(M,p)=a_n(M')p\xi_k$，易见 $\zeta_{n,k}$ 是 $\mathscr{A}\times P$ 到 $(\mathscr{H},w)$ 中的 Borel 映象，$\forall n,k$，并且 $\{\zeta_{n,k}(M,p)|n,k\}$ 在 $\overline{[M'p\mathscr{H}]}$ 中的直交余为 $\{0\}$，因此，所要求的 $\{\eta_n(\cdot,\cdot)\}$ 即可找到． 证毕．

引理 10.4.6 $\mathscr{H}$ 中无限因子的全体 $\mathscr{F}_{if}$ 是 $\mathscr{F}$ 的 Sousline 子集．

证．因子 M 是无限的，当且仅当，存在 $v\in M$，使得 $v^*v=1$，$vv^*\neq 1$．依命题 10.3.3，有 Borel 映象列 $a_n(\cdot)$：$\mathscr{A}\to(S,\sigma)$，使得 $\{a_n(M)|n\}$ 在 $(M)_1$ 中 τ-稠，$\forall M\in\mathscr{A}$．注意

$$
\begin{aligned}
E&=\{(M,v)|v^*v=1,\ vv^*\neq 1,\\
&\qquad a_n(M')v=va_n(M'),\ \forall n\}\\
&=\mathscr{F}\times\{v|v^*v=1,\ vv^*\neq 1\}\ \bigcap\bigcap_n\\
&\qquad \{(M,v)|a_n(M')v=va_n(M')\}\\
&=\mathscr{F}\times\{v|v^*v=1,\ vv^*\neq 1\}\ \bigcap\bigcap_{n,i,j}\\
&\qquad \{(M,v)|\langle(a_n(M')v-va_n(M'))\xi_j,\ \xi_i\rangle=0\}
\end{aligned}
$$

是 $\mathscr{F}\times(S,\tau)$ 的 Borel 子集，这里 $\{\xi_i\}$ 是 $\mathscr{H}$ 的可数稠子集．命 π 是 $\mathscr{F}\times(S,\tau)$ 到 $\mathscr{F}$ 的投影映象，因此，$\mathscr{F}_{if}=\pi E$ 是 $\mathscr{F}$ 的 Sousline 子集． 证毕．

命题 10.4.7 $\mathscr{H}$ 中 (II_1) 型因子的全体 $\mathscr{F}_{\mathrm{II}_1}$ 是 $\mathscr{F}$ 的 Borel 子集．

证．依命题 10.4.4 及引理 10.4.6，只须证明 $\mathscr{H}$ 中有限因子的全体 $\mathscr{F}_f$ 是 $\mathscr{F}$ 的 Sousline 子集．

由于 $\mathscr{H}$ 可分，$\mathscr{H}$ 中因子 M 是有限的，当且仅当，M 上存在忠实的正规迹，即有 $\{\xi_k\}\subset\mathscr{H}$，使得 $\sum\limits_k\|\xi_k\|^2<\infty$，$\sum\limits_k\langle(ab-ba)\xi_k,\ \xi_k\rangle=0$，$\forall a,\ b\in M$，以及 $[a'\xi_k|k,\ a'\in M']$ 在 $\mathscr{H}$ 中稠．于是依引理 10.4.5，

$$E = \{(M, (\xi_k)) \mid (\xi_k) \text{ 对}M\text{具有上面所说的性质}\}$$
$$= \{(M, (\xi_k)) \mid c_M(p) = 1, \text{这里 } p \text{ 是} \mathscr{H} \text{到 } \overline{[\xi_k \mid k]} \text{上的投影}\}.$$

$$\bigcap \bigcap_{n,m} \Big\{(M, (\xi_k)) \Big| \sum_k \langle (a_n(M)a_m(M) - a_m(M)a_n(M))\xi_k, \xi_k \rangle = 0\Big\}$$

是 $\mathscr{F} \times \mathscr{H}_\infty$ 的 Borel 子集，这里 $a_n(\cdot)$: $\mathscr{A} \to (S, \sigma)$ 是 Borel 映象，使得 $\{a_n(M) \mid n\}$ 在 $(M)_1$ 中 τ-稠，$\forall M \in \mathscr{A}$（见命题 10.3.3)；而 $\mathscr{H}_\infty$ 是可数无穷多个 $\mathscr{H}$ 的 Hilbert 直和．今命 π 是 $\mathscr{F} \times \mathscr{H}_\infty$ 到$\mathscr{F}$上的投影映象，则 $\mathscr{F}_f = \pi\mathscr{F}$ 是$\mathscr{F}$的 Sousline 子集．证毕．

引理 10.4.8 $\mathscr{H}$ 中半有限因子的全体 $\mathscr{F}_{sf}$ 是$\mathscr{F}$的 Sousline 子集．

证．M 是半有限的，当且仅当，存在M的有限投影 p，使得 $c(p) = 1$，即有 $\{\xi_k\} \subset p\mathscr{H}$，使得 $\sum_k \|\xi_k\|^2 < \infty$，$\sum_k \langle \cdot \xi_k, \xi_k \rangle$ 是(pMp)上忠实的正规迹，同时 $\overline{[Mp\mathscr{H}]} = \mathscr{H}$．

考虑 $\mathscr{F} \times P \times \mathscr{H}_\infty$ 的子集 E，$(M, p, (\xi_k)) \in E$ 指：$p\xi_k = \xi_k$，$\forall k$；$pa_n(M') = a_n(M')p$，$\forall n$；$\overline{[a'\xi_k \mid k, a' \in M']} = p\mathscr{H}$；$\overline{[Mp\mathscr{H}]} = \mathscr{H}$；以及对任意的 n, m

$$\sum_k \langle (pa_n(M)pa_m(M)p - pa_m(M)pa_n(M)p)\xi_k, \xi_k \rangle = 0,$$

这里 $a_n(\cdot)$ 是 $\mathscr{A}$ 到(S, σ)的 Borel 映象，使得 $\{a_n(M)\}_n$ 在 $(M)_1$ 中 τ-稠，$\forall M \in \mathscr{A}$（见命题 10.3.3)．依引理 10.4.5，$(M, p) \to \overline{[Mp\mathscr{H}]}$ 是 Borel 映象，由此易见E是 Borel 子集．令π 是 $\mathscr{F} \times P \times \mathscr{H}_\infty$ 到$\mathscr{F}$上的投影映象，则 $\mathscr{F}_{sf} = \pi E$ 是$\mathscr{F}$的 Sousline 子集．证毕．

引理 10.4.9 设M是$\mathscr{H}$中的因子，Φ是M的$*$自同构．如果有M的非零元 a，使得 $\Phi(b)a = ab$，$\forall b \in M$，则Φ是M的内$*$

自同构,即有M的酉元u,使得 $\Phi(b)=ubu^*$, $\forall b\in M$.

证. 对任意的 $b\in M$, $\Phi(b)a=ab$, $a^*\Phi(b^*)=b^*a^*$. 特别地, b 是M的酉元,则

$$b^*(a^*a)b=a^*\Phi(b^*)\cdot\Phi(b)a=a^*a,$$
$$\Phi(b)aa^*\Phi(b^*)=ab\cdot b^*a^*=aa^*.$$

因此, a^*a 及 $aa^*\in M\cap M'=\mathbf{C}|_{\mathscr{H}}$. 令 $u=\|a\|^{-1}a$,则u是M的酉元,并且 $\Phi(b)=ubu^*$, $\forall b\in M$. 证毕.

引理 10.4.10 设G是$\mathscr{H}$中酉算子的全体,则 $E=\{(M,u)|uMu^*=M$, 但$\cdot\longrightarrow u\cdot u^*$ 不是M的内$*$自同构$\}$是 $\mathscr{F}\times G$ 的 Borel 子集.

证. 依命题 10.3.3, 有 Borel 映象列 $a_n(\cdot)$: $\mathscr{A}\to(S,\sigma)$, 使得 $\{a_n(M)|n\}$ 在 $(M)_1$ 中 τ-稠, $\forall M\in\mathscr{A}$. 由于 $(M,u)\to ua_n(M)u^*$ 是 $\mathscr{F}\times G$ 到 (S,σ) 中的 Borel 映象, $\forall n$, 因此,

$$\{(M,u)|uMu^*=M\}=\bigcap_{n,m}\{(M,u)|ua_n(M)u^*\cdot a_m(M')=a_m(M')\cdot ua_n(M)u^*\}$$

是 $\mathscr{F}\times G$ 的 Borel 子集. 设距离 d 使得 (S,σ) 成为完备可分的距离空间, 命 $E(j,k,m,n)$ 是 $\mathscr{F}\times G$ 的子集, $(M,u)\in E(j,k,m,n)$ 指 $uMu^*=M$, 并且满足下列之一:

1) $d(a_j(M),0)<n^{-1}$;

2) $d(ua_k(M'),0)<n^{-1}$;

3) $d(a_j(M),0)\geqslant n^{-1}$, $d(ua_k(M'),0)\geqslant n^{-1}$,以及 $d(a_j(M),ua_k(M'))\geqslant m^{-1}$.

注意 $(M,u)\to(a_j(M),ua_k(M'))$ 是 $\mathscr{F}\times G$ 到 $(S,\sigma)\times(S,\sigma)$ 中的 Borel 映象, 因此, $E(j,k,m,n)$ 是 $\mathscr{F}\times G$ 的 Borel 子集. 今只须证明 $E=\bigcap_n\bigcup_m\bigcap_{j,k}E(j,k,m,n)$.

如果 $\cdot\longrightarrow u\cdot u^*$ 是M的内$*$自同构,即有M的酉元 v, 使得 $uau^*=vav^*$, $\forall a\in M$. 于是, $v\in uM'$. 设 $d(v,0)\geqslant 2n^{-1}$,对任意的 m,可选 j, k, 使得

$$d(a_j(M), v) < (2mn)^{-1}, \quad d(ua_k(M'), v) < (2mn)^{-1},$$

由三角形不等式，可见 $(M, u) \notin E(j, k, m, n)$. 因此，$(M, u) \notin \bigcap_n \bigcup_m \bigcap_{j,k} E(j, k, m, n)$.

反之，设 $(M, u) \in \mathscr{F} \times G$, $uMu^* = M$, 并且 $(M, u) \notin \bigcap_n \bigcup_m \bigcap_{j,k} E(j, k, m, n)$, 于是存在 n, 对任意的 m, 有 $j(m)$, $k(m)$, 使得 $(M, u) \notin E(j(m), k(m), m, n)$. 因此，$d(a_{j(m)}(M), 0) \geqslant n^{-1}$, $d(ua_{k(m)}(M'), 0) \geqslant n^{-1}$, 及 $d(a_{j(m)}(M), ua_{k(m)}(M')) < m^{-1}$, $\forall m$. 由于 M, M' 的单位球是 σ-紧的，因此，$\{a_{j(m)}(M)\}_m$ 有 σ-极限点 a, $\{a_{k(m)}(M')\}_m$ 有 σ-极限点 a', 可见

$$a = ua', \quad d(a, 0) \geqslant n^{-1}, \quad d(ua', 0) \geqslant n^{-1}.$$

今对任意的 $b \in M$, 由于 $u^*a \in M'$, $ubu^*a = ab$, 依引理 10.4.9, $\cdot \longrightarrow u \cdot u^*$ 是 M 的内 $*$ 自同构，即 $(M, u) \notin E$. 证毕.

引理 10.4.11 设 G 是 $\mathscr{H}$ 中酉算子的全体，依强算子拓扑，G 是 Polish 拓扑群；令 $G_0 = \{u \in G \mid 1$ 不是 u 的本征值$\}$, 则

$$G_0 = \bigcap_{n,k} \bigcup_m \bigcap_{1 \leqslant j \leqslant n} \{u \in G \mid \|f_m(u)\xi_j\| < k^{-1}\}$$

是 G 的 Borel 子集，这里 $\{\xi_j\}$ 是 $\mathscr{H}$ 单位球的可数稠集，$\{f_m\}$ 是复平面的单位圆周上的连续函数列，使得：1) $0 \leqslant f_m \leqslant 1$; 2) 如果 $|1 - z| \leqslant 2^{-m}$, 则 $f_m(z) = 1$; 3) 如果 $|1 - z| \geqslant 2^{-m+1}$, 则 $f_m(z) = 0$, $\forall m$.

证. 设 $u \in G$, 及有 $\mathscr{H}$ 的单位矢 ξ 使得 $u\xi = \xi$, 于是 $f_m(u)\xi = \xi$, $\forall m$. 由此，

$$\begin{aligned}|1 - \|f_m(u)\xi_j\|| &= |\|f_m(u)\xi\| - \|f_m(u)\xi_j\|| \\ &\leqslant \|\xi - \xi_j\|, \quad \forall j,\end{aligned}$$

取 j_0, 使得 $\|\xi_{j_0} - \xi\| \leqslant \frac{1}{4}$, 于是 $\|f_m(u)\xi_{j_0}\| \geqslant \frac{3}{4}$, $\forall m$. 当 $n \geqslant j_0$ 及 $k \geqslant 2$ 时，

$$u \notin \{v \in G \mid \|f_m(v)\xi_{j_0}\| < k^{-1}\}, \quad \forall m.$$

反之设 $u \in G$, 且 1 不是 u 的本征值，$e(\cdot)$ 是定义于单位圆

周上相应于 u 的谱测度，令

$$p_m = e(\{z \mid |z| = 1, \quad |1 - z| \leqslant 2^{-m}\}),$$

则 $p_{m+1} \leqslant p_m$, $0 \leqslant f_{m+1}(u) \leqslant p_m \leqslant f_m(u)$，并且由于1不是 u 的本征值，$p_m \xrightarrow{\text{强算子}} 0$. 对任意的 n, k, 选 m 充分大，使得 $\sup\{\|p_m\xi_j\| \mid 1 \leqslant j \leqslant n\} < k^{-1}$，则

$$\|f_{m+1}(u)\xi_j\| = \|f_{m+1}(u)p_m\xi_j\| \leqslant \|p_m\xi_j\| < k^{-1},$$
$$1 \leqslant j \leqslant n.$$

证毕.

引理 10.4.12 设 X, Z 是 Polish 空间，Y 是 Borel 空间，f 是 $X \times Y$ 到 Z 中的映象，使得对每个 $y \in Y$, $f(\cdot, y)$ 是 X 到 Z 中的连续映象，同时对每个 $x \in X$, $f(x, \cdot)$ 是 Y 到 Z 中的 Borel 映象，则 f 是 Borel 映象.

证. 设 d, δ 是 X, Z 中相应的距离，并且 $\{x_k\}$ 是 X 的可数稠集. 如果 F 是 Z 的闭子空间，则

$$\begin{aligned}
f^{-1}(F) &= \{(x, y) \mid f(x, y) \in F\} \\
&= \bigcap_n \bigcup_k \{(x, y) \mid d(x, x_k) < n^{-1}, \\
&\qquad \delta(f(x_k, y), F) < n^{-1}\} \\
&= \bigcap_n \bigcup_k (\{x \mid d(x, x_k) < n^{-1}\} \times Y \cap X \\
&\qquad \times f(x_k, \cdot)^{-1}(\{z \mid \delta(z, F) < n^{-1}\}))
\end{aligned}$$

是 $X \times Y$ 的 Borel 子集，因此，f 是 Borel 的.　证毕.

引理 10.4.13 设 G 是 $\mathscr{H}$ 中酉算子的全体，$G_0 = \{u \in G \mid 1$ 不是 u 的本征值$\}$, $f(t, z) = \exp(-t(z+1)(z-1)^{-1})$, $\forall t \in \mathbb{R}$, $|z| = 1$, $z \neq 1$，则 f 是 $\mathbb{R} \times G_0$ 到 G 中的 Borel 映象，这里 G, G_0 的 Borel 构造由强算子拓扑产生.

证. 设 $u \in G_0$，由于 1 不是 u 的本征值，因此，$t \to f(t, u)$ 是 $\mathbb{R}$ 到 G 中的连续映象.

今任意固定 $t \in \mathbb{R}$. 记 Γ 为复平面的单位圆周，于是 $g(z) = it(z+1)(z-1)^{-1}$ 是 $(\Gamma\backslash\{1\})$ 上的实值连续函数. 自然可以

取Γ上的实值连续函数列$\{g_n\}$，使得$g_n(z)\to g(z)$，$\forall z\in(\Gamma\backslash\{1\})$．由此，依强算子拓扑，$\exp(ig_n(u))\to\exp(ig(u))=f(t,u)$，$\forall u\in G_0$．设$\delta$是 Polish 空间$G$上相应的距离，$F$是$G$的闭子集，由于$\delta(\exp(ig_n(u)),f(t,u))\to 0$，$\forall u\in G_0$，因此，

$$f(t,\cdot)^{-1}(F)=\{u\in G_0|f(t,u)\in F\}$$
$$=\bigcap_k\bigcup_{n\geqslant k}\{u\in G_0|\delta(\exp(ig_n(u)),F)<k^{-1}\},$$

但$\exp(ig_n(\cdot))$是G中的连续映象，$\forall n$，又G_0是G的 Borel 子集(引理 10.4.11)，因此，$f(t,\cdot)^{-1}(F)$是G_0的 Borel 子集．从而，$f(t,\cdot)$是G_0到G中的 Borel 映象．

依引理 10.4.12，f是$\mathbf{R}\times G_0$到G中的 Borel 映象． 证毕．

引理 10.4.14 设E是$\mathscr{F}$的 Sousline 子集，则$s(E)=\{uMu^*|M\in E,u\in G\}$也是$\mathscr{F}$的 Sousline 子集，这里$G$是$\mathscr{H}$中酉算子的全体．

证．依命题 10.3.3，有 Borel 映象列$a_n(\cdot)$：$\mathscr{F}\to(S,\sigma)$，使得$\{a_n(M)|n\}$在$(M)_1$中τ-稠，$\forall M\in\mathscr{F}$．令$b_n(M,u)=ua_n(M)u^*$，则$\{b_n(\cdot,\cdot)\}$是$\mathscr{F}\times G$到(S,σ)中的 Borel 映象列，并且$\{b_n(M,u)\}_n$生成uMu^*，$\forall(M,u)\in\mathscr{F}\times G$．依命题 10.3.4，$\Psi$：$(M,u)\to uMu^*$是$\mathscr{F}\times G$到$\mathscr{F}$中的 Borel 映象．因此，依命题 9.3.5，$s(E)=\Psi(E\times G)$是$\mathscr{F}$的 Sousline 子集． 证毕．

今记$D=\{z\in\mathbf{C}|0\leqslant\text{Im }z\leqslant 1\}$；

$A(D)=\{f|f$是D上连续有界的复值函数，且在$\mathring{D}$中解析$\}$；

$C_0^\infty(D)$是D上连续复值函数，且在∞处为 0 的全体，依极大模，它是 Banach 空间．

$f(z)\to\exp(-|\text{Re}z|)f(z)$显然是$A(D)$到$C_0^\infty(D)$中的一一映象，并且把$\{f\in A(D)||f(z)|\leqslant r,\forall z\in D\}$映为$C_0^\infty(D)$的闭子集．因此，这个映象把$A(D)$一一地映为$C_0^\infty(D)$的一个 Borel 子集，于是由$C_0^\infty(D)$的 Borel 构造可诱导$A(D)$的标准

Borel 构造.

命题 10.4.15 $\mathscr{H}$ 中(III)型因子的全体 $\mathscr{F}_{\text{III}}$ 是 $\mathscr{F}$ 的 Borel 子集.

证. 依引理 10.4.8,只须证明 $\mathscr{F}_{\text{III}}$ 是 Sousline 子集. 设 ξ_0 是 $\mathscr{H}$ 的单位矢,考虑 $\mathscr{F}\times G_0\times\mathbb{R}$ 的子集 E, $(M, u, s)\in E$ 指: 1) $\overline{M\xi_0}=\overline{M'\xi_0}=\mathscr{H}$; 2) 对任意的 $t\in\mathbb{R}, f(t, u)\xi_0=\xi_0$; 3) $f(t, u)Mf(-t, u)=M$, $\forall t\in\mathbb{R}$; 4) $\cdot\to f(s, u)\cdot f(-s, u)$ 不是 M 的内 * 自同构,这里 G_0 与 f 如引理 10.4.13 所述.

由命题 10.3.3 及 10.2.3,条件 1)决定 $\mathscr{F}$ 的 Borel 子集. 对任意的有理数 r, 依引理 10.4.13 的证明, $f(r, \cdot)$ 是 G_0 到 G 的 Borel 映象,因此,条件 2)决定 G_0 的 Borel 子集. 在引理 10.4.10 的证明中, 已指出 $\{(M, v)\,|\,vMv^*=M\}$ 是 $\mathscr{F}\times G$ 的 Borel 子集. 条件 3)也只须对所有的有理数成立,因此,条件 3) 也决定 $\mathscr{F}\times G_0$ 的 Borel 子集. 此外,依引理 10.4.10 及 10.4.13, 条件 4) 决定 $\mathscr{F}\times G_0\times\mathbb{R}$ 的 Borel 子集. 所以, E 是 $\mathscr{F}\times G_0\times\mathbb{R}$ 的 Borel 子集.

依命题 10.3.3,有 Borel 映象列 $a_n(\cdot): \mathscr{F}\to(S, \sigma)$, 使得对任意的 $M\in\mathscr{F}$, $\{a_n(M)\,|\,n\}$ 在 $(M)_1$ 中 τ-稠. 对任意的正整数 j, k, 考虑 $\mathscr{F}\times G_0\times\mathbb{R}\times A(D)$ 的子集 $E(j, k)$, $(M, u, s, g)\in E(j, k)$ 指: 5) $(M, u, s)\in E$; 6) $g(t)=\varphi(f(t, u)\times a_j(M)f(-t, u)a_k(M))$, $\forall t\in\mathbb{R}$; 7) $g(t+i)=\varphi(a_k(M)f(t, u)\times a_j(M)f(-t, u))$, $\forall t\in\mathbb{R}$, 这里 $\varphi(\cdot)=\langle\cdot\xi_0, \xi_0\rangle$.

条件 6) 只须对所有的有理数成立,因此决定 $\mathscr{F}\times G_0\times A(D)$ 的 Borel 子集. 条件 7) 也相仿, 所以, $E(j, k)$ 是 $\mathscr{F}\times G_0\times\mathbb{R}\times A(D)$ 的 Borel 子集.

命 π_1 是 $\mathscr{F}\times G_0\times\mathbb{R}\times A(D)$ 到 $\mathscr{F}\times G_0\times\mathbb{R}$ 上的投影映象, π_2 是 $\mathscr{F}\times G_0\times\mathbb{R}$ 到 $\mathscr{F}$ 上的投影映象,于是,

$$E_0=\pi_2\left(\bigcap_{j,k}\pi_1E(j, k)\right)$$

是 $\mathscr{F}$ 的 Sousline 子集. 依引理 10.4.14, $s(E_0)$ 也是 $\mathscr{F}$ 的 Sousline 子集.

如果 $M\in\mathscr{F}_{\mathrm{III}}$,依命题 6.6.6, M 在 $\mathscr{H}$ 中有循环且分离的单位矢 ξ. 于是有 $u\in G$, 使得 uMu^* 以 ξ_0 为循环且分离的矢. 从而只须证明

$$E_0=\{M\in\mathscr{F}_{\mathrm{III}}\mid M \text{ 以 } \xi_0 \text{ 为循环且分离的矢}\}.$$

设 $M\in\mathscr{F}_{\mathrm{III}}$, 并且以 ξ_0 为循环且分离的矢. 于是, $\varphi(\cdot)=\langle\cdot\xi_0,\xi_0\rangle$ 是M上忠实的正规态. 依定义 8.3.1, φ 引导M的模自同构群 $\{\sigma_t|t\in\mathbf{R}\}$. 由于 $M\in\mathscr{F}_{\mathrm{III}}$,依定理 8.3.6,必有 $s\in\mathbf{R}$, 使得 σ_s 不是M的内$*$自同构. 由于 $\{\sigma_t\}$ 对 φ 是不变的,

$$a\xi_0\to\sigma_t(a)\xi_0,\qquad \forall a\in M$$

可扩张为$\mathscr{H}$中的酉算子 u_t, $\forall t\in\mathbf{R}$. 易见

$$u_t\xi_0=\xi_0,\quad u_tau_{-t}=\sigma_t(a),\quad \forall t\in\mathbf{R},\quad a\in M$$

以及 $t\to u_t$ 是强算子连续的. 如果 u 是$\{u_t\}$无穷小母元的 Caley 变换,则 $u\in G_0$, 并且 $u_t=f(t,u)$, $\forall t\in\mathbf{R}$. 设 g_{jk} 是相应于$(\varphi,\sigma_t,a_j(M),a_k(M))$ 的 KMS 函数,则 $(M,u,s,g_{jk})\in E(j,k)$, $\forall j,k$. 因此, $M\in E_0$.

反之,设 $M\in E_0$, 则有 $u\in G_0$, $s\in\mathbf{R}$, 使得

$$(M,u,s)\in\bigcap_{j,k}\pi_1E(j,k).$$

因此, $M\in\mathscr{F}$, 以 ξ_0 为循环且分离的矢, $\{\sigma_t(\cdot)=f(t,u)\cdot f(-t,u)|t\in\mathbf{R}\}$ 是M的强算子连续的$*$自同构群,并且 $\sigma_s(\cdot)$ 不是M的内$*$自同构. 对任意的 $a,b\in(M)_1$, 依 $\{a_n(M)\}_n$ 的性质,有

$$a_{j(n)}(M)\xrightarrow{\tau}a,\qquad a_{k(n)}(M)\xrightarrow{\tau}b,$$

对每个 n,由于 $(M,u,s)\in\pi_1E(j(n),k(n))$,因此有 $g_n\in A(D)$, 使得对任意的 $t\in\mathbf{R}$,

$$\begin{cases}g_n(t)=\varphi(\sigma_t(a_{j(n)}(M))a_{k(n)}(M))\\ g_n(t+i)=\varphi(a_{k(n)}(M)\sigma_t(a_{j(n)}(M))).\end{cases}$$

注意 $f(t,u)\xi_0=\xi_0$ 及 $f(t,u)\in G$, $\forall t\in\mathbf{R}$, 由极大模原理, $|g_n(z)-g_m(z)|\to0$, 对 $z\in D$ 一致. 因此有 $g\in A(D)$, 使得

$g_n(z) \to g(z)$，$\forall z \in D$. 特别地，

$$g(t) = \varphi(\sigma_t(a)b),\ g(t+i) = \varphi(b\sigma_t(a)),\ \forall t \in \mathbf{R}.$$

依定理 8.2.10，$\{\sigma_t(\cdot) = f(t, u) \cdot f(-t, u)\}$ 是 M 的相应于 $\varphi(\cdot) = \langle \cdot \xi_0, \xi_0 \rangle$ 的模自同构群. 由于 $\sigma_s(\cdot)$ 不是 M 的内 * 自同构，依定理 8.3.6，$M \in \mathscr{F}_{\mathrm{III}}$. 证毕.

综上所述，我们有

定理 10.4.16 $\mathscr{F}_{\mathrm{I}_n}(n = 1, 2, \cdots)$，$\mathscr{F}_{\mathrm{I}_\infty}$，$\mathscr{F}_{\mathrm{II}_1}$，$\mathscr{F}_{\mathrm{II}_\infty}$ 及 $\mathscr{F}_{\mathrm{III}}$ 都是$\mathscr{F}$的 Borel 子集.

注 本节见参考文献 [84]，[100].

第十一章　约化理论

约化理论是 F. J. Murray 与 J. von Neumann 所创立的. 尽管已经有了许多发展，但理论的大部份仍未改变. 此外，由于 E. G. Effros 引入了 vN 代数的 Borel 空间(见第十章)，因此，本章也将加入这个近代的观点.

§1—§3 在 Borel 空间 (虽然还可以在更一般的局部化测度空间)上分别引入 Hilbert 空间可测场，算子可测场，vN 代表可测场的概念，并由此来定义它们的“积分”，及指出分解的算子、分解的 vN 代数与对角算子之间的关系 (11.2.10，11.3.7). §4 指出 vN 代数可以分解为因子的“积分”(11.4.2)，以及这样的分解在本质上是唯一的(11.4.5). 这曾经是约化理论的主要目的之一. §5 证明分解的 vN 代数与其积分的各分量的类型是相同的(11.5.10). §6 指出如果算子可测场或者 vN 代数可测场能够点点空间 * 同构于定常的算子场或 vN 代数场，那么这个 * 同构场可以改取作可测的 (11.6.3，11.6.5). 原先是在标准 Borel 空间上进行的，后来 M. Takesaki 免除了“标准”的要求. §7 是第十章 §4 的继续，指出如果 $\mathscr{A}$ 是可分 $\mathscr{H}$ 中 vN 代数的全体，那么 $\mathscr{H}$ 中各种类型 vN 代数的全体都是 $\mathscr{A}$ 的 Borel 子集 (11.7.16). 基于这个结果，进而在 §8 中指出可分 c^*-代数态空间的各种类型态的集合也都是 Borel 子集(11.8.6). 这是 J. Feldman 与 O. Nielsen 等的工作.

§ 1. Hilbert 空间的可测场

设 $(E, \mathscr{B})$ 是 Borel 空间，E 上的复值函数 f 称为可测的，指它对 $\mathscr{B}$ 可测的.

$\mathscr{H}(\cdot)$ 称为 E 上的 Hilbert 空间场，指对每个 $t \in E$，$\mathscr{H}(t)$

是 Hilbert 空间，$\xi(\cdot)$ 称为 E 上(关于 $\mathscr{H}(\cdot)$)的矢场，指 $\xi(t)\in\mathscr{H}(t)$, $\forall t\in E$.

定义 11.1.1 Borel 空间$(E,\mathscr{B})$上的 Hilbert 空间场 $\mathscr{H}(\cdot)$ 称为可测的，指存在 E 上的矢场列 $\{\xi_n(\cdot)\}_n$，使得：1) $\langle\xi_n(t),\xi_m(t)\rangle_t$ 是 E 上的可测函数，$\forall n, m$，这里 $\langle,\rangle_t$ 是 $\mathscr{H}(t)$ 中的内积；2) 对任意的 $t\in E$，$\{\xi_n(t)\}_n$ 是 $\mathscr{H}(t)$ 的完全子集[1]（特别可见，每个 $\mathscr{H}(t)$ 都是可分的).

这时，E 上的矢场 $\xi(\cdot)$ 称为可测的，指对任意的 n，$\langle\xi(t),\xi_n(t)\rangle_t$ 是 E 上的可测函数. 可测矢场的全体将记以 Θ.

命题 11.1.2 设 $\mathscr{H}(\cdot)$ 是 Borel 空间$(E,\mathscr{B})$上 Hilbert 空间的可测场，则

1) 对任意的 $n=\infty,0,1,\cdots$,

$$E_n=\{t\in E\,|\dim\mathscr{H}(t)=n\}\in\mathscr{B};$$

2) 存在 $\{\eta_n(\cdot)\}\subset\Theta$，使得对每个 $t\in E$，如果 $\dim\mathscr{H}(t)=\infty$，则 $\{\eta_n(t)\}$ 是 $\mathscr{H}(t)$ 的直交规范基；如果 $\dim\mathscr{H}(t)=n<\infty$，则 $\{\eta_1(t),\cdots,\eta_n(t)\}$ 是 $\mathscr{H}(t)$ 的直交规范基，并且 $\eta_k(t)=0$, $\forall k>n$;

3) E 上的矢场 $\xi(\cdot)\in\Theta$，当且仅当，$\langle\xi(t),\eta_n(t)\rangle_t$ 是 E 上的可测函数，$\forall n$.

证. 设已构造出 $\{\eta_1(\cdot),\cdots,\eta_n(\cdot)\}\subset\Theta$，使得对每个 $t\in E$，如果 $\dim\mathscr{H}(t)>n$，则 $\{\eta_1(t),\cdots,\eta_n(t)\}$ 是 $\mathscr{H}(t)$ 的直交规范系；如果 $\dim\mathscr{H}(t)=k\leqslant n$，则 $\{\eta_1(t),\cdots,\eta_k(t)\}$ 是 $\mathscr{H}(t)$ 的直交规范基，是 $\eta_i(t)=0$, $k<i\leqslant n$；并且 $[\eta_i(t)|1\leqslant i\leqslant n]=[\xi_i(t)|1\leqslant i\leqslant n]$，这里 $\{\xi_i(\cdot)\}$ 如定义 11.1.1；以及如果 $\xi(\cdot)\in\Theta$，则$\langle\xi(t),\eta_i(t)\rangle_t$ 是 E 上的可测函数，$1\leqslant i\leqslant n$.

对每个 $t\in E$，命 $p(t)$ 是 $\mathscr{H}(t)$ 到 $[\eta_i(t)|1\leqslant i\leqslant n]$ 上的投影，则若 $\xi(\cdot)\in\Theta$

---

1) 即指它张成的线性子空间是稠的.

$$t \to p(t)\xi(t) = \sum_{i=1}^{n} \langle \xi(t), \eta_i(t) \rangle_t \eta_i(t)$$

仍然是 E 上的可测矢场.

对 $j \geqslant 1$，命

$$F_j = \{t \in E \mid (1 - p_n(t))\xi_{n+j}(t) \neq 0,$$
$$\text{但 } (1 - p_n(t))\xi_i(t) = 0,\ i < n + j\}$$

以及

$$F_\infty = \{t \in E \mid (1-p_n(t))\xi_i(t) = 0,\ \forall i\}$$
$$= \{t \in E \mid \dim \mathscr{H}(t) \leqslant n\}.$$

由于 $\|(1 - p_n(t))\xi_i(t)\|_t$ 是 E 上的可测函数，$\forall i$，因此，$\{F_\infty, F_1, F_2, \cdots\}$ 是 E 的 Borel 分割(即每个都是 Borel 子集,彼此无交且并为 E). 命

$$\eta_{n+1}(t) = \begin{cases} 0 & \text{，如果 } t \in F_\infty; \\ \dfrac{(1 - p_n(t))\xi_{n+j}(t)}{\|(1 - p_n(t))\xi_{n+j}(t)\|}, & \text{如果 } t \in F_j. \end{cases}$$

显然 $\{\eta_1(\cdot), \cdots, \eta_{n+1}(\cdot)\}$ 将满足与 $\{\eta_1(\cdot), \cdots, \eta_n(\cdot)\}$ 相仿的性质. 由此,我们得到满足 2) 的 $\{\eta_n(\cdot)\}$,并且如果 $\xi(\cdot) \in \Theta$，则 $\langle \xi(t), \eta_n(t) \rangle_t$ 是 E 上的可测函数,$\forall n$. 特别地,$\|\eta_n(t)\|_t$ 是 E 上的可测函数，$\forall n$，因此，

$$E_n = \{t \in E \mid \eta_i(t) \neq 0,\ i \leqslant n;\ \eta_i(t) = 0,\ i > n\} \in \mathscr{B},\ \forall n.$$

最后,如果 E 上的矢场 $\xi(\cdot)$，使得 $\langle \xi(t), \eta_n(t) \rangle_t$ 是 E 上的可测函数，$\forall n$,则

$$\langle \xi(t), \xi_n(t) \rangle_t = \sum_i \langle \xi(t), \eta_i(t) \rangle_t \cdot \langle \eta_i(t), \xi_n(t) \rangle_t$$

也是 E 上的可测函数，$\forall n$,即 $\xi(\cdot) \in \Theta$.　证毕.

定义 11.1.3　命题 11.1.2 中的 $\{\eta_n(\cdot)\}$ 称为可测场 $\mathscr{H}(\cdot)$ 的直交规范基. 此外,我们称可测矢场列 $\{\zeta_n(\cdot)\}$ 为基本的，指 $\{\zeta_n(t) \mid n\}$ 是 $\mathscr{H}(t)$ 的完全子集，$\forall t \in E$.

命题 11.1.4　设 $\mathscr{H}(\cdot)$ 是 $(E, \mathscr{B})$ 上 Hilbert 空间的可

测场.

1） E 上的矢场 $\xi(\cdot)$ 是可测的，当且仅当，$\langle\xi(t),\zeta_n(t)\rangle_t$ 是 E 上的可测函数，$\forall n$，这里$\{\zeta_n(\cdot)\}$是 $\mathscr{H}(\cdot)$ 的任意基本可测矢场列；

2） 设 $\xi(\cdot)$ 是可测矢场，则 $\|\xi(t)\|_t$是 E 上的可测函数；

3） 设 $\xi(\cdot)$，$\eta(\cdot)$ 是可测矢场，则$\langle\xi(t),\eta(t)\rangle_t$ 是 E 上的可测函数；

4） 设 $\{\zeta_n(\cdot)\}\subset\Theta$，并且对每个 $t\in E$，有 $\zeta(t)\in\mathscr{H}(t)$，使得 $\langle\zeta_n(t)-\zeta(t),\ \xi\rangle_t\to 0$，$\forall\xi\in\mathscr{H}(t)$，则 $\zeta(\cdot)$ 也是可测矢场.

证. 3) 设 $\{\eta_n(\cdot)\}$ 是 $\mathscr{H}(\cdot)$ 的直交规范基，于是由 $\langle\xi(t),\eta(t)\rangle_t=\sum\limits_n\langle\xi(t),\ \eta_n(t)\rangle_t\cdot\langle\eta_n(t),\ \eta(t)\rangle_t$ 立见. 2) 是 3) 的特例.

4） 设 $\{\xi_n(\cdot)\}$ 如定义 11.1.1，于是由 $\langle\zeta(t),\ \xi_n(t)\rangle_t=\lim\limits_m\langle\zeta_m(t),\ \xi_n(t)\rangle_t$ 立见.

1） 必要性是 3) 的特例. 反之设 $\langle\xi(t),\ \zeta_n(t)\rangle_t$ 是 E 上的可测函数，$\forall n$，$\{\xi_n(\cdot)\}$ 与 Θ 如定义 11.1.1. 自然，$\{\zeta_n(\cdot)\}$也满足定义 11.1.1 的要求，用此可构造 $\Theta'=\{\eta(\cdot)\mid\langle\eta(t),\ \zeta_n(t)\rangle_t$ 是 E 上的可测函数，$\forall n\}$，于是，$\xi(\cdot)\in\Theta'$，$\{\xi_n(\cdot)\}\subset\Theta'$. 用 3) 于 Θ'，则 $\langle\xi(t),\ \xi_n(t)\rangle_t$ 是 E 上的可测函数，$\forall n$，因此，$\xi(\cdot)\in\Theta$. 证毕.

例 1. 定常的 Hilbert 空间可测场.

设 $(E,\mathscr{B})$ 是 Borel 空间，$\mathscr{H}_0$是固定的可分 Hilbert 空间，$\{\xi_n\}$ 是 $\mathscr{H}_0$ 的完全子集，命

$$\mathscr{H}(t)=\mathscr{H}_0,\quad \xi_n(t)=\xi_n,\quad \forall t\in E,$$

$\Theta=\{\xi(\cdot)\mid\langle\xi(t),\ \xi_n(t)\rangle_t=\langle\xi(t),\ \xi_n\rangle_0$ 是 E 上的可测函数，$\forall n\}$. 这样得到的 Hilbert 空间可测场 $\mathscr{H}(\cdot)$ 称为定常的. 显然，$\xi(\cdot)\in\Theta$，当且仅当，$\langle\xi(t),\ \xi\rangle_0$ 是 E 上的可测函数，$\forall\xi\in\mathscr{H}_0$. 特别地，$\Theta$ 将不随完全子集$\{\xi_n\}$的选择而异.

例 2. 设 A 是可分的 c^*-代数，$\mathscr{S}$ 是 A 的态空间. 考虑 $(\mathscr{S}, \sigma(A^*, A))$ 为 Borel 空间，对每个 $\rho\in\mathscr{S}$，由 GNS 构造，可得到 Hilbert 空间 $\mathscr{H}_\rho$. 如果 $\{a_n\}$ 是 A 的可数稠集，则 $\{(a_n)_\rho\}_n$ 在 $\mathscr{H}_\rho$ 中稠，并且 $\langle(a_n)_\rho,(a_m)_\rho\rangle_\rho=\rho(a_m^*a_n)$ 是 $\mathscr{S}$ 上的连续函数，$\forall n, m$. 从而，命 $\mathscr{H}(\rho)=\mathscr{H}_\rho$，$\forall\rho\in\mathscr{S}$，$\Theta=\{\xi(\cdot)|\langle\xi(\rho), (a_n)_\rho\rangle_\rho$ 是 $\mathscr{S}$ 上的可测函数，$\forall n\}$，则得到 $\mathscr{S}$ 上 Hilbert 空间可测场 $\mathscr{H}(\cdot)$. 显然，$\xi(\cdot)\in\Theta$，当且仅当，$\langle\xi(\rho), a_\rho\rangle_\rho$ 是 $\mathscr{S}$ 上的可测函数，$\forall a\in A$.

命题 11.1.5 设 $\mathscr{H}(\cdot)$ 是 $(E, \mathscr{B})$ 上 Hilbert 空间的可测场，对 $n=\infty, 0, 1, \cdots$，命 $E_n=\{t\in E|\dim\mathscr{H}(t)=n\}$，及 $\mathscr{H}_n$ 是固定的 n 维 Hilbert 空间. 则存在 $u(\cdot)$，使得：1) 对任意的 $t\in E_n$，$u(t)$ 是 $\mathscr{H}(t)$ 到 $\mathscr{H}_n$ 上的酉算子，$\forall n$；2) $\xi(\cdot)\in\Theta$，当且仅当，对任意的 n 及 $\eta\in\mathscr{H}_n$，$\langle u(t)\xi(t), \eta\rangle_n$ 是 E_n 上的可测函数，这里 $\langle\ ,\ \rangle_n$ 是 $\mathscr{H}_n$ 中的内积.

证. 设 $\{\eta_n(\cdot)\}$ 是场 $\mathscr{H}(\cdot)$ 的直交规范基，又设 $\{\eta_k^{(n)}|1\leqslant k\leqslant n\}$ 是 $\mathscr{H}_n$ 的直交规范基，$\forall n$，于是如命 $u(t)\eta_k(t)=\eta_k^{(n)}$，$\forall t\in E_n$ 及 $1\leqslant k\leqslant n$，则 $u(\cdot)$ 满足 1). 此外，$\xi(\cdot)\in\Theta$，当且仅当，$\langle\xi(t), \eta_n(t)\rangle_t$ 是 E 上的可测函数，$\forall n$，由此即见 2). 证毕.

命题 11.1.6 设 $\mathscr{H}_0$ 是可数无穷维的 Hilbert 空间，$\mathscr{H}(\cdot)$ 是 $(E, \mathscr{B})$ 上 Hilbert 空间的可测场，则存在 $u(\cdot)$，使得对每个 $t\in E$，$u(t)$ 是 $\mathscr{H}(t)$ 到 $\mathscr{H}_0$ 中的等距算子，并且 $t\to u(t)\mathscr{H}(t)$ 是 $(E, \mathscr{B})$ 到 $W(\mathscr{H}_0)$ 中的 Borel 映象，这里 $W(\mathscr{H}_0)$ 的 Borel 构造如命题 10.1.8. 此外，$\xi(\cdot)\in\Theta$，当且仅当，$\langle u(t)\xi(t), \eta\rangle_0$ 是 E 上的可测函数，$\forall\eta\in\mathscr{H}_0$. 反之，如果 $\mathscr{H}(\cdot)$ 是 E 上的 Hilbert 空间场，对每个 $t\in E$，有 $\mathscr{H}(t)$ 到 $\mathscr{H}_0$ 中的等距算子 $u(t)$，使得 $t\to u(t)\mathscr{H}(t)$ 是 $(E, \mathscr{B})$ 到 $W(\mathscr{H}_0)$ 中的 Borel 映象，则场 $(\mathscr{H}(\cdot), \Theta)$ 是可测的，这里 $\Theta=\{\xi(\cdot)|\langle u(t)\xi(t), \eta\rangle_0$ 是 E 上的可测函数，$\forall\eta\in\mathscr{H}_0\}$.

证. 设 $\mathscr{H}(\cdot)$ 是 $(E, \mathscr{B})$ 上的可测场，$\{\eta_n(\cdot)\}$ 是 $\mathscr{H}(\cdot)$

的直交规范基，$\{\eta_n\}$是$\mathscr{H}_0$的直交规范基，对任意的$t\in E$，命

$$u(t)\eta_n(t)=\eta_n,\quad \text{如果 } n\leqslant\dim\mathscr{H}(t);$$

$$u(t)\eta_n(t)=0,\quad \text{如果 } n>\dim\mathscr{H}(t)$$

即见 $u(t)$ 是 $\mathscr{H}(t)$ 到 $\mathscr{H}_0$ 中的等距算子．如果p_n是$\mathscr{H}_0$到$[\eta_1,\cdots,\eta_n]$ 上的投影，则对任意的 $\eta\in\mathscr{H}_0$，

$$\|\eta+u(t)\mathscr{H}(t)\|_0=\|(1-p_n)\eta\|_0,\quad \forall t\in E_n.$$

因此，$\|\eta+u(t)\mathscr{H}(t)\|_0$ 是E上的可测函数，依命题 10.1.8，$t\to u(t)\mathscr{H}(t)$ 是E到 $W(\mathscr{H}_0)$ 的 Borel 映象．又由

$$\langle u(t)\xi(t),\eta\rangle_0=\sum_n\langle\xi(t),\eta_n(t)\rangle_t\cdot\langle u(t)\eta_n(t),\eta\rangle_0$$

及

$$\langle\xi(t),\eta_n(t)\rangle_t=\begin{cases}0, & \text{如果 } n>\dim\mathscr{H}(t);\\ \langle u(t)\xi(t),\eta_n\rangle_0, & \text{如果 } n\leqslant\dim\mathscr{H}(t),\end{cases}$$

可见 $\xi(\cdot)\in\Theta$，当且仅当，$\langle u(t)\xi(t),\eta\rangle_0$ 是E上的可测函数，$\forall\eta\in\mathscr{H}_0$．

反之，设对任意的 $t\in E$，$u(t)$ 是 $\mathscr{H}(t)$ 到 $\mathscr{H}_0$中的等距算子，使得 $t\to u(t)\mathscr{H}(t)$ 是E到 $W(\mathscr{H}_0)$ 的 Borel 映象．命 $p(t)$ 是 $\mathscr{H}_0$ 到 $u(t)\mathscr{H}(t)$ 上的投影，$\forall t\in E$，对任意的 $\xi\in\mathscr{H}_0$，由于 $\|\xi+u(t)\mathscr{H}(t)\|_0=\|(1-p(t))\xi\|_0$ 是E上的可测函数，再依极化公式，可见 $\langle p(t)\xi,\eta\rangle_0$ 是E的可测函数，$\forall\xi,\eta\in\mathscr{H}_0$．

设 $\{\xi_n\}$ 是$\mathscr{H}_0$的可数稠集，令 $\xi_n(t)=u(t)^*p(t)\xi_n$，$\forall t\in E$ 及 n． 由于 $\langle\xi_n(t),\xi_m(t)\rangle_t=\langle p(t)\xi_n,\xi_m\rangle_0$ 是E上的可测函数，$\forall n,m$，从而用$\{\xi_n(\cdot)\}$，$\mathscr{H}(\cdot)$是E上的可测场．这时，$\xi(\cdot)\in\Theta$，当且仅当，$\langle\xi(t),\xi_n(t)\rangle_t=\langle u(t)\xi(t),\xi_n\rangle_0$ 是E上的可测函数，$\forall n$．但$\{\xi_n\}$在$\mathscr{H}_0$中稠，因此，$\xi(\cdot)\in\Theta$，当且仅当，对任意的 $\eta\in\mathscr{H}_0$，$\langle u(t)\xi(t),\eta\rangle_0$ 是E上的可测函数．　证毕．

定义 11.1.7　设 $(E,\mathscr{B})$ 是 Borel 空间，ν是$\mathscr{B}$上的测度，$\mathscr{H}(\cdot)$ 是 $(E,\mathscr{B})$ 上 Hilbert 空间的可测场，记

$$\mathscr{H} = \int_E^{\oplus} \mathscr{H}(t)d\nu(t)$$
$$= \left\{ \xi(\cdot) \in \Theta \,\middle|\, \int_E \|\xi(t)\|_t^2 d\nu(t) < \infty \right\}.$$

命题 11.1.8 在 $\mathscr{H}$ 中定义内积

$$\langle \xi(\cdot), \eta(\cdot) \rangle = \int_E \langle \xi(t), \eta(t) \rangle_t d\nu(t),$$

则 $\mathscr{H}$ 是 Hilbert 空间. 此外,如果 $\xi_n(\cdot) \xrightarrow{\mathscr{H}} \xi(\cdot)$,则有子列$\{n_k\}$,使得 $\|\xi_{n_k}(t) - \xi(t)\|_t \to 0$, $p.p.\ \nu$.

证. 设 $\{\xi_n(\cdot)\}$ 是 $\mathscr{H}$ 中的基本列, 取子列 $\{n_k\}$, 使得 $\sum_k \|\xi_{n_{k+1}}(\cdot) - \xi_{n_k}(\cdot)\| < \infty$. 记

$$\alpha_N(t) = \sum_{k=1}^N \|\xi_{n_{k+1}}(t) - \xi_{n_k}(t)\|_t.$$

它自然是 E 上的非负可测函数,并且

$$\left(\int \alpha_N(t)^2 d\nu(t) \right)^{\frac{1}{2}} \leqslant \sum_{k=1}^N \|\xi_{n_{k+1}}(\cdot) - \xi_{n_k}(\cdot)\|, \quad \forall N.$$

因此, $\alpha(t) = \sum_k \|\xi_{n_{k+1}}(t) - \xi_{n_k}(t)\|_t \in L^2(E, \mathscr{B}, \nu)$. 特别地, 有 $F \in \mathscr{B}$, $\nu(F) = 0$, 而 $\alpha(t) < \infty$, $\forall t \notin F$. 命

$$\xi(t) = \begin{cases} \xi_{n_1}(t) + \sum_{k=1}^{\infty} (\xi_{n_{k+1}}(t) - \xi_{n_k}(t)), & \text{如果 } t \notin F; \\ 0, & \text{如果 } t \in F. \end{cases}$$

于是, $\xi_{n_k}(t) \to \xi(t)$, $p.p.\nu$. 显然 $\xi(\cdot) \in \Theta$. 此外,

$$\left(\int \|\xi(t)\|_t^2 d\nu(t) \right)^{\frac{1}{2}}$$
$$\leqslant \|\xi_{n_1}(\cdot)\| + \sum_k \|\xi_{n_{k+1}}(\cdot) - \xi_{n_k}(\cdot)\| < \infty.$$

因此, $\xi(\cdot) \in \mathscr{H}$. 又 $\|\xi_{n_k}(\cdot) - \xi(\cdot)\| \leqslant \sum_{j > k} \|\xi_{n_{j+1}}(\cdot) -$

$\xi_{n_j}(\cdot)\| \to 0$，从而，$\|\xi(\cdot)-\xi(\cdot)\| \to 0$． 证毕．

命题 11.1.9 设$(E,\mathscr{B})$，ν，$\mathscr{H}(\cdot)$，$\mathscr{H}$如前，并且$\{\eta_n(\cdot)\}$是场$\mathscr{H}(\cdot)$的直交规范基，则

1）$\xi(\cdot)\in\mathscr{H}$，当且仅当，$\sum_n\int_E|\langle\xi(t),\eta_n(t)\rangle_t|^2d\nu(t) < \infty$；

2）对任意的$\xi(\cdot)$，$\eta(\cdot)\in\mathscr{H}$，有

$$\langle\xi(\cdot),\eta(\cdot)\rangle=\sum_n\int\langle\xi(t),\eta_n(t)\rangle_t\cdot\langle\eta_n(t),\eta(t)\rangle_t d\nu(t);$$

3）对任意的$\xi(\cdot)\in\mathscr{H}$，依$\mathscr{H}$中的范数，有$\xi(\cdot)=\sum_n\xi_n(\cdot)$

这里 $\xi_n(t)=\langle\xi(t),\eta_n(t)\rangle_t\eta_n(t)$，$\forall t\in E$ 及 n；

4）如果$\mathfrak{M}$是 $L^2(E,\mathscr{B},\nu)$ 的完全子集，则 $\{(f\eta_n)(\cdot)|f\in\mathfrak{M},n\}$ 是 $\mathscr{H}$ 的完全子集．

证明是显然的．

命题 11.1.10 设 $\mathscr{H}(\cdot)$，$\mathscr{K}(\cdot)$ 是$(E,\mathscr{B})$上 Hilbert 空间的可测场，则存在唯一的方式使得 $(\mathscr{H}\otimes\mathscr{K})(\cdot)$ 成为可测场，同时 $(\xi\otimes\eta)(\cdot)\in\Theta((\mathscr{H}\otimes\mathscr{K})(\cdot))$，$\forall\xi(\cdot)\in\Theta(\mathscr{H}(\cdot))$，$\eta(\cdot)\in\Theta(\mathscr{K}(\cdot))$，这里 $(\mathscr{H}\otimes\mathscr{K})(t)=\mathscr{H}(t)\otimes\mathscr{K}(t)$，$(\xi\otimes\eta)(t)=\xi(t)\otimes\eta(t)$，$\forall t\in E$．

证．设 $\{\xi_n(\cdot)\}$，$\{\eta_m(\cdot)\}$ 分别是 $\mathscr{H}(\cdot)$，$\mathscr{K}(\cdot)$ 的可测矢场基本列，如果用 $\{(\xi_n\otimes\eta_m)(\cdot)\}_{n,m}$ 作基本矢场列，$(\mathscr{H}\otimes\mathscr{K})(\cdot)$将成为可测场，并使得 $(\xi\otimes\eta)(\cdot)\in\Theta((\mathscr{H}\otimes\mathscr{K})(\cdot))$，$\forall\xi(\cdot)\in\Theta(\mathscr{H}(\cdot))$，$\eta(\cdot)\in\Theta(\mathscr{K}(\cdot))$．反之，若$(\mathscr{H}\otimes\mathscr{K})(\cdot)$是满足要求的可测场，则$\{(\xi_n\otimes\eta_m)(\cdot)\}$将是可测矢场基本列，因此，方式是唯一的． 证毕．

命题 11.1.11 设 $\mathscr{H}(\cdot)$ 是 $(E,\mathscr{B})$ 上的可测场，$\mathscr{H}_0$是可分的 Hilbert 空间，ν是$\mathscr{B}$上的测度，则有唯一的同构 Φ：$\int_E^{\oplus}\mathscr{H}(t)d\nu(t)\otimes\mathscr{H}_0\to\int_E^{\oplus}(\mathscr{H}(t)\otimes\mathscr{H}_0)d\nu(t)$，使得$(\Phi(\xi(\cdot)\otimes$

$\eta))(t)=\xi(t)\otimes\eta$, $\forall t\in E$, 这里 $\mathscr{H}(\cdot)\otimes\mathscr{H}_0$ 理解为 $\mathscr{H}(\cdot)$ 与定常场 $\mathscr{H}_0$ 的张量积(命题 11.1.10).

证. 自然地定义 Φ, 只须证明其值域为整个的 $\int_E^{\oplus}(\mathscr{H}(t)\otimes\mathscr{H}_0)d\nu(t)$. 设 $\{\xi_n(\cdot)\}$ 是场 $\mathscr{H}(\cdot)$ 的直交规范基, $\{\eta_m\}$ 是 $\mathscr{H}_0$ 的直交规范基, 易见 $\{t\to\xi_n(t)\otimes\eta_m\}$ 是场 $\mathscr{H}(\cdot)\otimes\mathscr{H}_0$ 的直交规范基. 依命题 11.1.9,

$$\{t\to f(t)\xi_n(t)\otimes\eta_m \mid n,\ m,\ f\in L^2(E,\mathscr{B},\nu)\}$$

将是 $\int_E^{\oplus}(\mathscr{H}(t)\otimes\mathscr{H}_0)d\nu(t)$ 的完全子集, 又显然它包含于 Φ 的值域之中, 从而得证.

例. $L^2(E,\mathscr{B},\nu)\otimes\mathscr{H}_0=\int_E^{\oplus}\mathscr{H}_0 d\nu(t)=L^2(E,\mathscr{B},\nu,\mathscr{H}_0)$, 这里 $\mathscr{H}_0$ 是可分的 Hilbert 空间. 事实上, $L^2(E,\mathscr{B},\nu)=\int_E^{\oplus}\mathbb{C}d\nu(t)$, 再依命题 11.1.11 即见.

注 本节见参考文献 [21], [27], [83].

§2. 算子的可测场

定义 11.2.1 设 $(E,\mathscr{B})$ 是 Borel 空间, $\mathscr{H}(\cdot)$, $\mathscr{K}(\cdot)$ 是 E 上 Hilbert 空间的可测场, 由 $\mathscr{H}(\cdot)$ 到 $\mathscr{K}(\cdot)$ 的算子场 $a(\cdot)$ 称为可测的, 指对每个 $t\in E$, $a(t)$ 是 $\mathscr{H}(t)$ 到 $\mathscr{K}(t)$ 中的有界线性算子, 并且对任意的 $\xi(\cdot)\in\Theta(\mathscr{H}(\cdot))$, $a(\cdot)\xi(\cdot)\in\Theta(\mathscr{K}(\cdot))$.

命题 11.2.2 由 $\mathscr{H}(\cdot)$ 到 $\mathscr{K}(\cdot)$ 的算子场 $a(\cdot)$ 是可测的, 当且仅当, $\langle a(t)\xi_n(t),\ \eta_m(t)\rangle_t$ 是 E 上的可测函数, $\forall n,\ m$, 这里 $\{\xi_n(\cdot)\}$, $\{\eta_m(\cdot)\}$ 分别是 $\mathscr{H}(\cdot)$, $\mathscr{K}(\cdot)$ 的可测矢场基本列, 此外, 这时 $\|a(t)\|_t$ 是 E 上的可测函数.

证. 必要性显然. 反之, 则 $a^*(\cdot)\eta_m(\cdot)\in\Theta(\mathscr{H}(\cdot))$, $\forall m$, 于是对任意的 $\xi(\cdot)\in\Theta(\mathscr{H}(\cdot))$, $\langle a(t)\xi(t),\ \eta_m(t)\rangle_t=\langle\xi(t),$

$a^*(t)\eta_m(t)\rangle_t$ 是 E 上的可测函数，$\forall m$，从而，$a(\cdot)\xi(\cdot)\in\Theta(\mathscr{K}(\cdot))$，即场 $a(\cdot)$ 是可测的.

此外，如果 $\{\xi_n(\cdot)\}$，$\{\eta_m(\cdot)\}$ 分别是场 $\mathscr{H}(\cdot)$，$\mathscr{K}(\cdot)$ 的直交规范基，则

$$\|a(t)\|_t=\sup\left\{\left(\sum_n|\alpha_n|^2\cdot\sum_m|\beta_m|^2\right)^{-\frac{1}{2}}\times\left|<a(t)\sum_n\alpha_n\xi_n(t),\ \sum_m\beta_m\eta_m(t)_t\right|\right\}.$$

这里 $\{\alpha_n\}$，$\{\beta_m\}$ 跑遍复有理数，因此，$\|a(t)\|_t$ 是 E 上的可测函数.　证毕.

命题 11.2.3　设 $a(\cdot)$ 是 $\mathscr{H}(\cdot)$ 到 $\mathscr{K}(\cdot)$ 的算子可测场，并且 $\|a(t)\|_t$ 关于 ν 是本质有界的，这里 ν 是 $\mathscr{B}$ 上的测度，则 $a=\int_E^{\oplus}a(t)d\nu(t)$ 是 $\mathscr{H}=\int_E^{\oplus}\mathscr{H}(t)d\nu(t)$ 到 $\mathscr{K}=\int_E^{\oplus}\mathscr{K}(\cdot)d\nu(t)$ 中的有界线性算子，这里 $a\xi(\cdot)=a(\cdot)\xi(\cdot)$，$\forall\xi(\cdot)\in\mathscr{H}$. 此外，如果 ν 是半有限的[1)]，则 $\|a\|=\text{ess sup}\|a(t)\|_t$.

证. 设 $\lambda=\text{ess sup}\|a(t)\|_t$，则对任意的 $\xi(\cdot)\in\mathscr{H}$，由于 $\|a(t)\xi(t)\|_t\leqslant\lambda\|\xi(t)\|_t$，$p.p.\nu$，因此，$\|a\|\leqslant\lambda$.

今若 ν 还是半有限的. 对任意的 $\varepsilon>0$，则 $F=\{t\in E\times|\|a(t)\|_t\geqslant\lambda-\varepsilon\}$ 不是 ν-零集，于是有 $G\in\mathscr{B}$，$G\subset F$，$0<\nu(G)<\infty$. 如果 $\{\xi_n(\cdot)\}$ 是场 $\mathscr{H}(\cdot)$ 的直交规范基，α_n 是复有理数，$f\in L^\infty(E,\ \mathscr{B},\ \nu)$，则 $\sum_n(\alpha_nf\chi_G\xi_n)(\cdot)\in\mathscr{H}$，并且 $\left\|a\sum_n(\alpha_nf\chi_G\xi_n)(\cdot)\right\|^2\leqslant\|a\|^2\cdot\left\|\sum_n(\alpha_nf\chi_G\xi_n)(\cdot)\right\|^2$，由于 f 是任意的，可见

$$\left\|a(t)\sum_n\alpha_n\chi_G(t)\xi_n(t)_t\right\|\leqslant\|a\|\cdot\left\|\sum_n\alpha_n\chi_G(t)\xi_n(t)\right\|_t\quad p.p.\nu.$$

1) 指对任意的 $F\in\mathscr{B}$，如果 $\nu(F)>0$，则有 $G\in\mathscr{B}$，$G\subset F$，并且 $0<\nu(G)<\infty$.

于是 $\|a(t)\|_t \leqslant \|a\|$，$p.p.\nu$ 于 G。所以，$\|a\| \geqslant \lambda - \varepsilon$，但 ε 是任意的，因此，$\|a\| = \text{ess sup}\|a(t)\|_t$。　证毕。

例. 设 $\mathscr{H}(\cdot)$ 是 $(E, \mathscr{B})$ 上的可测场，$\mathscr{H}_0$ 是可数无穷维的 Hilbert 空间，依命题 11.1.6，有 $\mathscr{H}(\cdot)$ 到定常场 $\mathscr{H}_0$ 的等距算子可测场 $u(\cdot)$。如果 ν 是 $\mathscr{B}$ 上的测度，则 $u = \int_E^{\oplus} u(t)d\nu(t)$ 是 $\mathscr{H} = \int_E^{\oplus} \mathscr{H}(t)d\nu(t)$ 到 $\int_E^{\oplus} \mathscr{H}_0 d\nu = L^2(E, \mathscr{B}, \nu) \otimes \mathscr{H}_0$ 中的等距算子.

定义 11.2.4　$\int_E^{\oplus} \mathscr{H}(t)d\nu(t)$ 到 $\int_E^{\oplus} \mathscr{K}(t)d\nu(t)$ 中的有界线性算子 a 称为分解的，指存在 $\mathscr{H}(\cdot)$ 到 $\mathscr{K}(\cdot)$ 的算子可测场 $a(\cdot)$，使得 $a = \int_E^{\oplus} a(t)d\nu(t)$。显然，场 $a(\cdot)$ 由 $a(p.p.\nu)$ 唯一地决定.

命题 11.2.5　设 ν 半有限，$a_n = \int_E^{\oplus} a_n(t)d\nu(t)$，$n = 0, 1, 2, \cdots$.

1) 如果依强算子拓扑，$a_n \to a_0$，$F \in \mathscr{B}$，并且 $\nu(F) < \infty$，则存在子列 $\{n_k\}$，使得对于 $p.p.\nu$ 的 $t \in F$，有 $a_n(t) \xrightarrow{\text{强算子}} a_0(t)$；

2) 如果对于 $p.p.\nu$ 的 t，依强算子拓扑，$a_n(t) \to a_0(t)$，又若 $\sup\limits_n \|a_n\| < \infty$，则 $a_n \xrightarrow{\text{强算子}} a_0$.

证. 1) 设 $\{\xi_m(\cdot)\}$ 是场 $\mathscr{H}(\cdot)$ 的直交规范基，于是 $(\chi_F \xi_m)(\cdot) \in \mathscr{H}$，$\|a_n(\chi_F \xi_m(\cdot) - a_0(\chi_F \xi_m)(\cdot)\| \to 0$，$\forall m$. 依命题 11.1.8，有子列 $\{n_k\}$，使得

$$\|a_{n_k}(t)\xi_m(t) - a_0(t)\xi_m(t)\|_t \to 0,\quad p.p.\nu \text{ 的 } t \in F,\ \forall m,$$

但 $\{\xi_m(t)\}_m$ 是 $\mathscr{H}(t)$ 的完全子集，且无妨设 $\|a_n(t)\|_t \leqslant \text{spu}_m \|a_m\|$，$\forall t \in E$ 及 n，因此，$a_{n_k}(t) \xrightarrow{\text{强算子}} a_0(t)$，$p.p.\nu$ 于 F.

2) 无妨设 $\sup\{\|a_n(t)\|_t,\ \|a_n\| \mid t \in E,\ n\} = K$. 对任意的 $\xi(\cdot) \in \mathscr{H}$，由于 $f_n(t) = \|a_n(t)\xi(t) - a_0(t)\xi(t)\|_t^2 \to 0$，$p.p.\nu$，

$|f_n(t)|^2 \leqslant 4K^2\|\xi(t)\|_t^2 \in L^1(E, \mathscr{B}, \nu)$,依控制收敛定理,$\|a_n\xi(\cdot) - a_0\xi(\cdot)\|^2 = \int f_n(t)d\nu(t) \to 0$. 证毕.

命题 11.2.6 设 ν 半有限,则存在 $\mathscr{H} = \int_E^{\oplus} \mathscr{H}(t)d\nu(t)$ 中的分解算子列 $\left\{a_n = \int_E^{\oplus} a_n(t)d\nu(t) | n\right\}$,使得对每个 $t \in E$,$\{a_n(t) | n\}$ 生成 $B(\mathscr{H}(t))$.

证. 设 $E_k = \{t \in E | \dim \mathscr{H}(t) = k\}$, $k = \infty, 0, 1, \cdots$, 依命题 11.1.5,存在 $u(\cdot)$,使得对每个 $t \in E_k$, $u(t)$ 是 $\mathscr{H}(t)$ 到 $\mathscr{H}_k$ 上的酉算子,这里 $\mathscr{H}_k$ 是 k 维的 Hilbert 空间, $\forall k$, 并且矢场 $\xi(\cdot) \in \Theta$, 当且仅当,$\langle u(t)\xi(t), \eta\rangle_k$ 是 E_k 上的可测函数, $\forall \eta \in \mathscr{H}_k$, k.

取 $\{b_n^{(k)}\}_n \subset B(\mathscr{H}_k)$, 且 $\|b_n^{(k)}\| \leqslant 1$, $\forall n$, 使得 $\{b_n^{(k)}\}_n$ 生成 $B(\mathscr{H}_k)$, $\forall k$. 定义

$$a_n(t) = u(t)^* b_n^{(k)} u(t), \quad \forall t \in E_k, k, n,$$

自然 $\|a_n(t)\| \leqslant 1$, 并且 $\{a_n(t)\}_n$ 生成 $B(\mathscr{H}(t))$, $\forall t \in E$. 今只须证明对每个 n,算子场 $a_n(\cdot)$ 是可测的.

设 $\{\xi_n(\cdot)\}$ 是场 $\mathscr{H}(\cdot)$ 的直交规范基,同时对每个 $t \in E_k$, $\{u(t)\xi_n(t) = \xi_n^{(k)} | 1 \leqslant n \leqslant k\}$ 是 $\mathscr{H}_k$ 的直交规范基 (见命题 11.1.5). 当然 $u(t)\xi_n(t) = 0, \forall t \in E_k, n > k$. 于是,$\langle a_n(t)\xi_i(t), \xi_j(t)\rangle_t$ 在每个 E_k 上是常数, $\forall i, j$. 这即说明场 $a_n(\cdot)$ 是可测的, $\forall n$. 证毕.

定义 11.2.7 设 $\mathscr{H}(\cdot)$ 是 $(E, \mathscr{B})$ 上的可测场, ν 是 $\mathscr{B}$ 上的测度. 于是对任意的 $f \in L^\infty(E, \mathscr{B}, \nu)$, 可以决定 $\mathscr{H} = \int_E^{\oplus} \mathscr{H}(t)d\nu(t)$ 中的分解算子

$$m_f = \int_E^{\oplus} f(t)d\nu(t),$$

即 $m_f\xi(\cdot) = f(\cdot)\xi(\cdot)$, $\forall \xi(\cdot) \in \mathscr{H}$, m_f 称为相应于 f 的对角算子. 全体对角算子 $Z = \{m_f | f \in L^\infty(E, \mathscr{B}, \nu)\}$, 称为 $\mathscr{H}$ 中

的对角算子代数.

命题 11.2.8 设 ν 半有限，则 $f\to m_f$ 是一一的，当且仅当，$\nu(E_0)=0$，这里 $E_0=\{t\in E\,|\,\dim\mathscr{H}(t)=0\}$，即 $\mathscr{H}(t)\neq 0$，$p.p.\nu$. 并且这时 $\|m_f\|=\|f\|$，$\forall f\in L^\infty(E,\mathscr{B},\nu)$.

由命题 11.2.3 立见.

命题 11.2.9 设 $(E,\mathscr{B},\nu)$ 是全 σ-有限的测度空间，$\mathscr{H}(\cdot)$ 是 $(E,\mathscr{B})$ 上的可测场，则 $\mathscr{H}=\int_E^{\oplus}\mathscr{H}(t)d\nu(t)$ 中的对角算子代数 Z 是交换的 vN 代数，Z' 是 σ-有限的，并且 $f\to m_f$ 是 w^*-代数 $L^\infty(E,\mathscr{B},\nu)$ 忠实的 w^*-表示.

证. 设网 $\{f_l\}$ $(\subset L^\infty(E,\mathscr{B},\nu))$ 依弱*拓扑收敛于 0，$\xi_n(\cdot)$，$\eta_n(\cdot)\in\mathscr{H}$，并且 $\sum\limits_n(\|\xi_n(\cdot)\|^2+\|\eta_n(\cdot)\|^2)<\infty$，于是

$$\left|\sum_n\langle\xi_n(t),\eta_n(t)\rangle_t\right|$$
$$\leqslant\sum_n\|\xi_n(t)\|_t\cdot\|\eta_n(t)\|_t\in L^1(E,\mathscr{B},\nu)$$

及

$$\left|\sum_n\langle m_{f_l}\xi_n(\cdot),\eta_n(\cdot)\rangle\right|$$
$$=\left|\int_E f_l(t)\cdot\sum_n\langle\xi_n(t),\ \eta_n(t)\rangle_t d\nu(t)\right|\to 0,$$

即 $\{m_{f_l}\}$ 依 $\sigma(B(\mathscr{H}),T(\mathscr{H}))$ 收敛于 0. 因此，$f\to m_f$ 是 $L^\infty(E,\mathscr{B},\nu)$ 忠实的 w^*-表示，特别地，Z 是 $\mathscr{H}$ 中交换的 vN 代数.

今设 $E=\bigcup\limits_n E_n$，这里 $\nu(E_n)<\infty$，$\forall n$，及 $\{\xi_n(\cdot)\}$ 是场 $\mathscr{H}(\cdot)$ 的直交规范基. 依命题 11.1.9，

$$\{m_f\chi_{E_n}(\cdot)\xi_m(\cdot)\,|\,n,m,\ f\in L^\infty(E,\mathscr{B},\nu)\}$$

将是 $\mathscr{H}$ 的完全子集，因此，Z 在 $\mathscr{H}$ 中有循环矢列，即 Z' 是 σ-有

限的. 证毕.

定理 11.2.10 设 $(E, \mathscr{B}, \nu)$ 是全 σ-有限的测度空间，$\mathscr{H}_i(\cdot)$ 是 $(E, \mathscr{B})$ 上 Hilbert 空间的可测场，$i=1, 2$，则 $\mathscr{H}_1=\int_E^{\oplus}\mathscr{H}_1(t)d\nu(t)$ 到 $\mathscr{H}_2=\int_E^{\oplus}\mathscr{H}_2(t)d\nu(t)$ 中的有界线性算子 a 是分解的，必须且只须，$am_f^{(1)}=m_f^{(2)}a$，$\forall f\in L^\infty(E, \mathscr{B}, \nu)$，这里 $m_f^{(i)}$ 是 $\mathscr{H}_i$ 中相应于 f 的对角算子，$i=1, 2$.

证. 必要性显然. 今证充分性. 如命题 11.2.9 的证明中所指出的，存在 $\mathscr{H}_1(\cdot)$ 的可测矢场基本列 $\{\xi_n(\cdot)\}$，使得 $\xi_n(\cdot)\in\mathscr{H}_1$，$\forall n$. 命 $\eta_n(\cdot)=a\xi_n(\cdot)\in\mathscr{H}_2$，$\forall n$. 于是对任意的复有理数 α_n，$f\in L^\infty(E, \mathscr{B}, \nu)$，由 $am_f^{(1)}=m_f^{(2)}a$ 可见

$$\int_E|f(t)|^2\cdot\left\|\sum_n\alpha_n\eta_n(t)\right\|_t^2d\nu(t)$$
$$\leqslant\|a\|^2\int_E|f(t)|^2\cdot\left\|\sum_n\alpha_n\xi_n(t)\right\|_t^2d\nu(t)$$

f 是任意的，从而

$$\left\|\sum_n\alpha_n\eta_n(t)\right\|_t\leqslant\|a\|\cdot\left\|\sum_n\alpha_n\xi_n(t)\right\|_t, \quad\forall\alpha_n, \ p.p.\nu.$$

因此，有 $F\in\mathscr{B}$，$\nu(F)=0$，对 $t\notin F$，我们可以定义 $\mathscr{H}_1(t)$ 到 $\mathscr{H}_2(t)$ 中的有界线性算子 $a(t)$，使得 $a(t)\xi_n(t)=\eta_n(t)$，$\forall n$. 并命 $a(t)=0$，$\forall t\in F$，则 $a(\cdot)$ 是 $\mathscr{H}_1(\cdot)$ 到 $\mathscr{H}_2(\cdot)$ 的算子可测场，$\|a(t)\|_t\leqslant\|a\|$，$\forall t\in E$. 若命 $b=\int_E^{\oplus}a(t)d\nu(t)$，则 $bm_f^{(1)}\xi_n(\cdot)=m_f^{(2)}b\xi_n(\cdot)=m_f^{(2)}a\xi_n(\cdot)=am_f^{(1)}\xi_n(\cdot)$，$\forall n$，$f\in L^\infty(E, \mathscr{B}, \nu)$，但 $\{m_f^{(1)}\xi_n(\cdot)\mid n, f\in L^\infty(E, \mathscr{B}, \nu)\}$ 是 $\mathscr{H}_1$ 的完全子集，因此，$a=b=\int_E^{\oplus}a(t)d\nu(t)$. 证毕.

注 本节见参考文献 [21], [83], [105].

§3. vN 代数的可测场

定义 11.3.1 设 $\mathscr{H}(\cdot)$ 是 $(E, \mathscr{B})$ 上 Hilbert 空间的可

测场，$\mathscr{H}(\cdot)$ 中的 vN 代数场 $M(\cdot)$（即对每个 $t\in E$，$M(t)$ 是 $\mathscr{H}(t)$ 中的 vN 代数）称为可测的，指存在 $\mathscr{H}(\cdot)$ 中的算子可测场列 $\{a_n(\cdot)\}_n$，使得对每个 $t\in E$，$M(t)$ 由 $\{a_n(t)\}_n$ 生成.

命题 11.3.2 $(E,\mathscr{B})$ 上定常场 $\mathscr{H}_0$ 中的 vN 代数场 $M(\cdot)$ 是可测的，当且仅当，$t\to M(t)$ 是 E 到 $\mathscr{A}$ 中的 Borel 映象，这里 $\mathscr{A}$ 是 $\mathscr{H}_0$ 中 vN 代数的全体，而 $\mathscr{A}$ 中的 Borel 构造如定理 10.3.2.

证. 依定义 11.3.1 及命题 10.3.4 立见.

命题 11.3.3 设 $M(\cdot)$，$N(\cdot)$ 是 $\mathscr{H}(\cdot)$ 中 vN 代数的可测场，则 $M(\cdot)'$，$M(\cdot)\cap N(\cdot)$，$(M(\cdot)\cup N(\cdot))''$ 也都是可测场.

证. 命 $E_k=\{t\in E\,|\,\dim\mathscr{H}(t)=k\}$，$k=\infty,0,1,\cdots$. 于是在每个 E_k 上，$\mathscr{H}(\cdot)$ 可看作为定常场，再依命题 11.3.2，10.3.1，及 10.3.5 即得证.

命题 11.3.4 设 $(E,\mathscr{B},\nu)$ 是全 σ-有限的测度空间，$\mathscr{H}=\int_E^{\oplus}\mathscr{H}(t)d\nu(t)$，$Z$ 是 $\mathscr{H}$ 中的对角算子代数，$\left\{a_n=\int_E^{\oplus}a_n(t)d\nu(t)\right\}_n$ 是 $\mathscr{H}$ 中一列分解的算子，M 是 $\mathscr{H}$ 中由 Z 与 $\{a_n\}_n$ 生成的 vN 代数，$a\in B(\mathscr{H})$，则 $a\in M$，当且仅当，$a=\int_E^{\oplus}a(t)d\nu(t)$ 是分解的，并且 $a(t)\in M(t)$，$p.p.\nu$，这里 $M(t)$ 是 $\mathscr{H}(t)$ 中由 $\{a_n(t)\}_n$ 生成的 vN 代数，$\forall t\in E$.

证. 设 $a=\int_E^{\oplus}a(t)d\nu(t)$，并且 $a(t)\in M(t)$，$p.p.\nu$. 如果 $a'\in M'\subset Z'$，依定理 11.2.10，$a'=\int_E^{\oplus}a'(t)d\nu(t)$. 由于 a' 与 $\{a_n,a_n^*\}_n$ 交换，从而 $a'(t)\in M(t)'$，$p.p.\nu$. 由此，$a'(t)a(t)=a(t)a'(t)$，$p.p.\nu$，进而 $aa'=a'a$，即 $a\in M$.

反之设 $a\in M$. 显然 $M\subset Z'$，因此 $a=\int_E^{\oplus}a(t)d\nu(t)$. 无妨

设 $\|a(t)\|_t \leqslant \|a\|$, $\forall t\in E$. 适当扩充 $\{a_n\}$, 可以假定 $\{a_n\}$ 对于 $*$ 运算,算子的相加与相乘,及乘以复有理数都是封闭的, 于是对每个 $t\in E$, $\{a_n(t)\}_n$ 的单位球在 $M(t)$ 的单位球中是弱算子稠的. 如果 $\{\xi_k(\cdot)\}$ 是场 $\mathscr{H}(\cdot)$ 的直交规范基,则易见

$$F=\{t\in E\,|\,a(t)\in M(t)\}$$

$$=\bigcap_{n,m}\bigcup_{k}\left\{t\in E\left|\begin{array}{l}\|a_k(t)\|_t\leqslant\|a\|,\ \text{并且对 } 1\leqslant i,\ j\leqslant n \text{ 有}\\ |\langle(a(t)-a_k(t))\xi_i(t),\ \xi_j(t)\rangle_t|<m^{-1}\end{array}\right.\right\}.$$

因此, $F\in\mathscr{B}$. 今只须证明 $\nu(E\backslash F)=0$. 若否, 则有 $G\in\mathscr{B}$, $G\subset E\backslash F$, $0<\nu(G)<\infty$. 命 z 是相应于 χ_G 的对角算子, 它是 M 的非零中心投影. 显然, $z\mathscr{H}=\int_G^{\oplus}\mathscr{H}(t)d\nu(t)$, Zz 是 $z\mathscr{H}$ 中的对角算子代数,及 Mz 由 Zz 与 $\left\{a_nz=\int_G^{\oplus}a_n(t)d\nu(t)\right\}_n$ 生成. 由于 $az=\int_G^{\oplus}a(t)d\nu(t)\in Mz$, 依命题 1.14.4, 有列 $\left\{b_n=\int_E^{\oplus}b_n(t)d\nu(t)\right\}\subset Zz$ 与 $\{a_nz\}_n$ 生成的 $*$ 代表,依 $z\mathscr{H}$ 中强算子拓扑, $b_n\to az$. 依命题 11.2.5, 有子列 $\{n_k\}$, $b_{n_k}(t)\xrightarrow{\text{强算子}}a(t)$, $p.p.\nu$ 于 G. 因此, $a(t)\in M(t)$, $p.p.\nu$ 于 G,矛盾. 所以, $\nu(E\backslash F)=0$. 证毕.

命题 11.3.5 设 $(E, \mathscr{B}, \nu)$ 是全 σ-有限的测度空间, $M(\cdot)$ 是 $(E, \mathscr{B})$ 上 ($\mathscr{H}(\cdot)$ 中的) vN 代数可测场,则

$$M=\left\{a=\int_E^{\oplus}a(t)d\nu(t)\in B(\mathscr{H})\,|\,a(t)\in M(t),\ p.p.\nu\right\}$$

是 $\mathscr{H}=\int_E^{\oplus}\mathscr{H}(t)d\nu(t)$ 中 σ-有限的 vN 代数.

证. 设 $\{a_n(\cdot)\}$ 是算子可测场列, 使得 $M(t)$ 由 $\{a_n(t)\}_n$ 生成, $\forall t\in E$. 无妨设 $\|a_n(t)\|\leqslant 1$, $\forall n, t$, 依命题 11.3.4, M 即为 Z 与 $\{a_n\}$ 所生成之 vN 代数, 这里 Z 是 $\mathscr{H}$ 中的对角算子代数, $a_n=\int_E^{\oplus}a_n(t)d\nu(t)$, $\forall n$. 此外, $M\subset Z'$, 依命题 11.2.9, M 也是 σ-有限的. 证毕.

定义 11.3.6 设 $(E, \mathscr{B}, \nu)$ 是全 σ-有限的测度空间，$\mathscr{H}(\cdot)$ 是 $(E, \mathscr{B})$ 上 Hilbert 空间可测场，$\mathscr{H} = \int_E^{\oplus} \mathscr{H}(t)d\nu(t)$ 中的 vN 代数 M 称为分解的，指存在 $\mathscr{H}(\cdot)$ 中 vN 代数的可测场 $M(\cdot)$，使得

$$M = \left\{a = \int_E^{\oplus} a(t)d\nu(t) \mid a(t) \in M(t),\ p.p.\nu\right\}.$$

这时，我们记 $M = \int_E^{\oplus} M(t)d\nu(t)$.

命题 11.3.7 $\mathscr{H}$ 中 vN 代数 M 是分解的，当且仅当，M 由对角算子代数 Z 与一列分解算子 $\left\{a_n = \int_E^{\oplus} a_n(t)d\nu(t)\right\}_n$ 所生成. 这时相应的 $M(\cdot)$ 可取为：$M(t)$ 由 $\{a_n(t)\}_n$ 生成，$\forall t \in E$. 此外，分解的 vN 代数 M 所对应的 vN 代数可测场是 $(p.p.\nu)$ 唯一的，以及 $Z \subset M \subset Z'$.

证. 由命题 11.3.4，11.3.5 立见.

注. 依命题 11.2.6，$Z = \int_E^{\oplus} \mathbb{C}|_t d\nu(t)$，以及 $Z' = \int_E^{\oplus} B(\mathscr{H}(t)) d\nu(t)$ 都是分解的 vN 代数.

命题 11.3.8 设 $M = \int_E^{\oplus} M(t)d\nu(t)$，$M_n = \int_E^{\oplus} M_n(t)d\nu(t)$，则 $M' = \int_E^{\oplus} M(t)'d\nu(t)$，$\left(\bigcup_n M_n\right)'' = \int_E^{\oplus}\left(\bigcup_n M_n(t)\right)'' d\nu(t)$，以及 $\bigcap_n M_n = \int_E^{\oplus}\left(\bigcap_n M_n(t)\right) d\nu(t)$.

证. 依命题 11.3.3，$M(\cdot)'$ 也是可测的，令 $N = \int_E^{\oplus} M(t)'d\nu(t)$，易见 $N \subset M'$. 又若 $a' \in M'$，由于 $Z \subset M \subset Z'$. 因此，$a' = \int_E^{\oplus} a'(t)d\nu(t)$. 设 M 由 Z 与 $\left\{a_n = \int_E^{\oplus} a_n(t)d\nu(t)\right\}_n$ 生成，于是，$a'(t)$ 与 $\{a_n(t), a_n(t)^*\}_n$ 交换，$p.p.\nu$，即 $a'(t) \in M(t)'$，$p.p.\nu$，于是 $N = M'$.

今设 M_n 由 Z 与 $\left\{a_k^{(n)}=\int_E^{\oplus} a_k^{(n)}(t)d\nu(t)\right\}_k$ 生成，$M_n(t)$ 由 $\{a_k^{(n)}(t)\}_k$ 生成，$\forall t\in E$. 于是 $\left(\bigcup_n M_n\right)''$ 由 Z 与 $\{a_k^{(n)}\}_{n,k}$ 生成，且 $\left(\bigcup_n M_n(t)\right)''$ 由 $\{a_k^{(n)}(t)\}_{n,k}$ 生成，$\forall t\in E$，所以，$\left(\bigcup_n M_n\right)''=\int_E^{\oplus}\left(\bigcup_n M_n(t)\right)'' d\nu(t)$. 进而，$\bigcap_n M_n=\left(\bigcup_n M_n'\right)'=\int_E^{\oplus}\left(\bigcap_n M_n(t)\right)d\nu(t)$. 证毕.

命题 11.3.9 设 $M=\int_E^{\oplus} M(t)d\nu(t)$，则 $M\cap M'=Z$，当且仅当，$M(t)$ 是因子，$p.p.\nu$.

证. 由 $M\cap M'=\int_E^{\oplus}(M(t)\cap M(t)')d\nu(t)$ 及 $Z=\int_E^{\oplus}\mathbf{C}|_t d\nu(t)$ 立见.

命题 11.3.10 如果 $\mathscr{H}=\int_E^{\oplus}\mathscr{H}(t)d\nu(t)$ 是可分的，则 $\mathscr{H}$ 中的 vN 代数M是分解的，当且仅当，$Z\subset M\subset Z'$.

证. 只须证明充分性. 由于 $\mathscr{H}$ 可分，M 是可数生成的，因此，M 由 Z 与一列分解的算子所生成，即M是分解的. 证毕.

注. 如果 $(E,\mathscr{B})$ 是标准的 Borel 空间，ν 是$\mathscr{B}$ 上 σ-有限的测度，则 $L^2(E,\mathscr{B},\nu)$ 是可分的，再依命题 11.1.9，$\mathscr{H}$ 也是可分的.

定义 11.3.11 设 $(E,\mathscr{B})$ 是 Borel 空间，$\mathscr{H}(\cdot)$，$\mathscr{K}(\cdot)$ 是E上 Hilbert 空间的可测场，$M(\cdot)$，$N(\cdot)$ 分别是 $\mathscr{H}(\cdot)$，$\mathscr{K}(\cdot)$ 中的 vN 代数可测场. 设对每个 $t\in E$，$\Phi(t)$ 是 $M(t)$ 到 $N(t)$ 中的$*$同态. $*$同态场 $\Phi(\cdot)$ 称为可测的，指对 $\mathscr{H}(\cdot)$ 中任意的算子可测场 $a(\cdot)$，并且 $a(t)\in M(t)$，$\forall t\in E$，则 $\Phi(\cdot)(a(\cdot))$ 是 $\mathscr{K}(\cdot)$ 中的算子可测场. 这时如果 ν 是$\mathscr{B}$上的 σ-有限测度，则可定义 $M=\int_E^{\oplus} M(t)d\nu(t)$ 到 $N=\int_E^{\oplus} N(t)d\nu(t)$中的

$*$同态 $\Phi=\int_E^{\oplus}\Phi(t)d\nu(t)$，即若 $a=\int_E^{\oplus}a(t)d\nu(t)\in M$，$\Phi(a)=\int_E^{\oplus}\Phi(t)(a(t))d\nu(t)$.

命题 11.3.12 在定义 11.3.11 中，1) 如果 $\Phi(t)$ 是正规的，$\forall t\in E$,则 Φ 也是正规的；2)如果 $\Phi(t)$ 是 $M(t)$ 到 $N(t)$ 上的 $*$ 同构，$\forall t\in E$，则 Φ 也是 M 到 N 上的 $*$ 同构.

证. 1) 依命题 1.12.2，只须证明 Φ 是全可加的. 依命题 11.3.5,M 是 σ-有限的，因此只要对 M 的相互直交的投影列 $\{p_n\}$，证明 $\Phi(p)=\sum_n\Phi(p_n)$，这里 $p=\sum_n p_n$.设 $p=\int_E^{\oplus}p(t)d\nu(t)$，$p_n=\int_E^{\oplus}p_n(t)d\nu(t)$，这里 $p(t)$，$p_n(t)\in M(t)$，$\forall t\in E$，n. 由于 $p_np_m=0$，$\forall n\neq m$，不妨认为 $p_n(t)p_m(t)=0$，$\forall t\in E$，n，m. 由于 ν 是 σ-有限的，依命题 11.2.5 及 $\left\{\sum_{i=1}^n p_i(t)\right\}_n$ 是递增的，因此，$\sum_n p_n(t)=p(t)$，$p.p.\nu$. 再由 $\Phi(t)$ 是正规的及命题11.2.5,

$$
\begin{aligned}
\Phi(p)&=\int_E^{\oplus}\sum_n\Phi(t)(p_n(t))d\nu(t)\\
&=\sum_n\int_E^{\oplus}\Phi(t)(p_n(t))d\nu(t)=\sum_n\Phi(p_n);
\end{aligned}
$$

2) 设 M 由 $\mathscr{H}$ 中的对角算子代数 $Z_{\mathscr{H}}$ 与分解算子列 $\left\{a_n=\int_E^{\oplus}a_n(t)d\nu(t)\right\}_n$ 生成，$M(t)$ 由 $\{a_n(t)\}_n$ 生成，$\forall t\in E$. 由于 Φ 把 $Z_{\mathscr{H}}$ 变成 $\mathscr{K}$ 中的对角算子代数 $Z_{\mathscr{K}}$，因此，$\Phi(M)$ 将由 $Z_{\mathscr{K}}$ 与 $\left\{\Phi(a_n)=\int_E^{\oplus}\Phi(t)(a_n(t))d\nu(t)\right\}_n$ 生成. 但 $\{\Phi(t)(a_n(t))\}_n$ 生成 $N(t)$，$\forall t\in E$. 因此，$\Phi(M)=N$. 此外，Φ 自然是一一的. 证毕.

注 本节见参考文献 [21]，[26]，[27]，[83]，[105].

§4. Hilbert 空间分解为 Hilbert 积分

命题 5.3.14 指出，如果 Z 是$\mathscr{H}$中的交换 vN 代数，并且有循环矢，则在 Z 的谱空间 Ω（紧 Hausdorff 空间）上有正则 Borel 测度 ν，及$\mathscr{H}$到 $L^2(\Omega,\nu)$ 上的酉算子 u，使得 $\mathrm{supp}\nu=\Omega$，$L^\infty(\Omega,\nu)=C(\Omega)$，$um_fu^*=\hat{m}_f$，$\forall f\in L^\infty(\Omega,\nu)$，这里 $f\to m_f$ 是 $C(\Omega)$ 到 Z 上的 * 同构，$\hat{m}_f$ 是 $L^2(\Omega,\nu)$ 中乘以 f 的算子．如果使用 Hilbert 积分的语言，$L^2(\Omega,\nu)=\int_\Omega^\oplus \mathbb{C}d\nu$，$\{\hat{m}_f|f\in L^\infty(\Omega,\nu)\}$ 正是 $\int_\Omega^\oplus \mathbb{C}d\nu$ 中的对角算子代数．

上面的情形当然不是我们所感兴趣的(因依命题 5.3.15，$Z'=Z$)．今设 Z 是 Hilbert 空间$\mathscr{H}$中交换的 vN 代数，并且有循环矢列$\{\xi_n\}$(等价于 Z' σ-有限)．命

$$\eta_1=\xi_1,\quad \mathscr{H}_1=\overline{Z\eta_1},\quad p_1:\ \mathscr{H}\to\mathscr{H}_1,$$

……

$$\eta_n=\xi_n-\sum_{k=1}^{n-1}p_k\xi_n,\quad \mathscr{H}_n=\overline{Z\eta_n},\quad p_n:\ \mathscr{H}\to\mathscr{H}_n,$$

……

易见 $p_ip_j=0$，$\forall i\neq j$；$\sum_{i=1}^\infty p_i=1$；$p_i\in Z'$，$\forall i$.

无妨设 $\|\xi_n\|\leqslant 1$，于是 $\|\eta_n\|\leqslant 1$，$\forall n$，令 $\eta_0=\sum_{n=1}^\infty 2^{-\frac{n}{2}}\eta_n$，则 η_0 是 Z' 的循环矢.

设 Ω 是 Z 的谱空间，令 ν_n 是 Ω 上的正则 Borel 测度，使得

$$\langle m_f\eta_n,\eta_n\rangle=\int_\Omega f(t)d\nu_n(t),\quad \forall f\in C(\Omega).$$

这里 $f\to m_f$ 是 $C(\Omega)$ 到 Z 上的 * 同构，$n=0,1,2,\cdots$．今记 $\nu=\nu_0$，显然 $\nu=\sum_{n=1}^\infty 2^{-n}\nu_n$．于是存在 $h_n\in L^1(\Omega,\nu)$，$h_n\geqslant$

0，使得 $\nu_n = h_n \cdot \nu$，$n = 1, 2, \cdots$.

对任意的 $t \in \Omega$，定义 Hilbert 空间 $\mathscr{H}(t)$，它有直交规范基 $\{\zeta_n(t) | n$ 使得 $h_n(t) > 0\}$. 为方便计，如果 n 使得 $h_n(t) = 0$，则认为 $\zeta_n(t)$ 是 $\mathscr{H}(t)$ 的零元. 由于 $\langle \zeta_n(t), \zeta_m(t) \rangle_t = \delta_{nm} \chi_{\text{supp} h_n}(t)$ 是 Ω 上的可测函数，$\forall n, m$，因此，$\mathscr{H}(\cdot)$ 是 Ω 上以 $\{\zeta_n(\cdot)\}_n$ 为可测矢场基本列的 Hilbert 空间可测场. 我们说 $\mathscr{H}(t) \neq \{0\}$，$p.p.\nu$. 事实上，若有 Ω 的 Borel 子集 E，使得 $\nu(E) > 0$，而 $\mathscr{H}(t) = 0$，$\forall t \in E$. 于是 $h_n(t) = 0$，$\forall t \in E$，及 n. 由此，$\nu_n(E) = 0$，$\forall n$. 但 $\nu(E) = \sum_{n=1}^{\infty} 2^{-n} \nu_n(E)$，这便发生矛盾. 所以，$\mathscr{H}(t) \neq \{0\}$，$p.p.\nu$.

$$\text{记 } \hat{\mathscr{H}} = \int_{\Omega}^{\oplus} \mathscr{H}(t) d\nu(t)\text{，定义 } u: \mathscr{H} \to \hat{\mathscr{H}},$$
$$u m_f \eta_n = f(\cdot) h_n(\cdot)^{\frac{1}{2}} \zeta_n(\cdot),\quad \forall f \in C(\Omega) \text{ 及 } n.$$

易见 u 可扩张为 $\mathscr{H}$ 到 $\hat{\mathscr{H}}$ 中的等距算子. 如果 $\zeta(\cdot) \in \hat{\mathscr{H}}$，使得 $\langle f(\cdot) h_n(\cdot)^{\frac{1}{2}} \zeta_n(\cdot), \zeta(\cdot) \rangle = 0$，$\forall f, n$. 于是对 $p.p.\nu$ 及 n，$h_n(t)^{\frac{1}{2}} \langle \zeta_n(t), \zeta(t) \rangle_t = 0$. 依 $\{\zeta_n(\cdot)\}$ 的定义，$\zeta(t) = 0$，$p.p.\nu$. 从而 u 是 $\mathscr{H}$ 到 $\hat{\mathscr{H}}$ 上的酉算子. 同时易见 $u m_f u^* = \hat{m}_f$，这里 $\hat{m}_f$ 是 $\hat{\mathscr{H}}$ 中相应于 f 的对角算子，$\forall f \in C(\Omega)$. 此外，在定理 5.3.1 的证明中已指出，$\text{supp}\nu = \Omega$，$C(\Omega) = L^\infty(\Omega, \nu)$. 因此，我们有

定理 11.4.1 设 Z 是 $\mathscr{H}$ 中交换的 vN 代数，并且 Z' 是 σ-有限的，如果 Ω 是 Z 的谱空间，则在 Ω 上有正则 Borel 测度 ν，Hilbert 空间的可测场 $\mathscr{H}(\cdot)$，及 $\mathscr{H}$ 到 $\hat{\mathscr{H}} = \int_{\Omega}^{\oplus} \mathscr{H}(t) d\nu(t)$ 上的酉算子 u，使得

$$\mathscr{H}(t) \neq \{0\},\ p.p.\nu,\ \text{supp}\nu = \Omega,\ L^\infty(\Omega, \nu) = C(\Omega),$$
$$u m_f u^* = \hat{m}_f,\quad \forall f \in L^\infty(\Omega, \nu).$$

这里 $f \to m_f$ 是 $C(\Omega)$ 到 Z 上的 $*$ 同构，$\hat{m}_f$ 是 $\hat{\mathscr{H}}$ 中相应于 f 的对角算子. 特别地，$uZu^* = \hat{Z}$，这里 $\hat{Z}$ 是 $\hat{\mathscr{H}}$ 中的对角算子代数.

定理 11.4.2 设$\mathscr{H}$是可分的 Hilbert 空间，M，Z 是$\mathscr{H}$中的 vN 代数，并且 $Z\subset M\cap M'$，则在实轴**R**上存在有限的 Borel 测度 ν，Hilbert 空间可测场 $\mathscr{H}(\cdot)$，$\mathscr{H}(\cdot)$ 中的 vN 代数可测场 $M(\cdot)$，及$\mathscr{H}$到 $\hat{\mathscr{H}}=\int_{\mathbf{R}}^{\oplus}\mathscr{H}(t)d\nu(t)$ 上的酉算子 u，使得

$$uZu^*=\hat{Z},\quad uMu^*=\int_{\mathbf{R}}^{\oplus}M(t)d\nu(t).$$

这里 $\hat{Z}$ 是$\hat{\mathscr{H}}$中的对角算子代数．此外，如果 $Z=M\cap M'$，则 $M(t)$ 是因子，$p.p.\nu$.

证．依定理 5.3.7，Z 可以由一个自伴元 a 生成．设 A 是由 $\{a,1\}$ 生成的交换 c^*-代数，则 A 在 Z 中是弱算子稠，并且 A 的谱空间是 $\sigma(a)$．仿照定理 11.4.1 的证明，只是代替那里的 Ω 为 A 的谱空间，同样有 ν，$\mathscr{H}(\cdot)$，及 u: $\mathscr{H}\to\hat{\mathscr{H}}=\int_{\Omega}^{\oplus}\mathscr{H}(t)\,d\nu(t)$，使得 $um_fu^*=\hat{m}_f$，$\forall f\in C(\Omega)$，这里 $f\to m_f$ 是 $C(\Omega)$ 到 A 上的 $*$ 同构.

依定理 11.4.1 的证明，并注意引理 5.4.4，可见 $\nu\succ\nu_\xi$，$\forall\xi\in\mathscr{H}$，这里 ν_ξ 定义为

$$\langle m_f\xi,\xi\rangle=\int_{\Omega}f(t)d\nu_\xi(t),\quad\forall f\in C(\Omega),$$

由于 $\operatorname{supp}\nu=\Omega$，可以把 $C(\Omega)$ 一一嵌入 $L^\infty(\Omega,\nu)$ 之中，并且由于 $\nu\succ\nu_\xi$，可见 $f\to m_f$ 也是 $C(\Omega)$ 到 A 上 $\sigma(L^\infty,L^1)$-弱算子连续的映象．由此，$f\to m_f$ 可扩充为 $L^\infty(\Omega,\nu)$ 到 Z 上的 $*$ 同构．从而 $uZu^*=\hat{Z}$．此外，由 $Z\subset M\cap M'$，$Z\subset M\subset Z'$，因此，$\hat{Z}\subset uMu^*\subset\hat{Z}'$．又$\hat{\mathscr{H}}$是可分的，因此，$uMu^*=\int_{\Omega}^{\oplus}M(t)d\nu(t)$．今注意 $\Omega=\sigma(a)$，再将 ν，$\mathscr{H}(\cdot)$，$M(\cdot)$ 平凡地扩张到**R**上，即满足要求.

最后，如果 $Z=M\cap M'$，则 $\hat{Z}=(uMu^*)\cap(uMu^*)'$，依命题 11.3.9，$M(t)$ 是因子，$p.p.\nu$． 证毕.

定理 11.4.3 设 Ω 是局部紧 Hausdorff 空间，并且 Ω 是它紧子集的可数并，ν_i 是 Ω 上正则 Borel 测度，$\mathscr{H}_i(\cdot)$ 是 Ω 上非零

的 Hilbert 空间可测场. $i=1,2$. 如果有 $\mathscr{H}_1=\int_\Omega^\oplus \mathscr{H}_1(t)dv_1(t)$ 到 $\mathscr{H}_2=\int_\Omega^\oplus \mathscr{H}_2(t)dv_2(t)$ 上的酉算子 u,使得 $um_f^{(1)}u^*=m_f^{(2)}$, $\forall f\in C_0^\infty(\Omega)$, 这里 $m_f^{(i)}$ 是 $\mathscr{H}_i$ 中相应于 f 的对角算子, $i=1,2$, 则 $\nu_1\sim\nu_2$, 并且存在 $\mathscr{H}_1(\cdot)$ 到 $\mathscr{H}_2(\cdot)$ 的算子可测场 $v(\cdot)$, 使得 $v(t)$ 是 $\mathscr{H}_1(t)$ 到 $\mathscr{H}_2(t)$ 上的酉算子, $p.p.\nu_1$, 以及$u=wv$, 这里 $v=\int_\Omega^\oplus v(t)d\nu_1(t)$, w 是 $\int_\Omega^\oplus \mathscr{H}_2(t)d\nu_1(t)$ 到 $\mathscr{H}_2$ 上的正则同构,即若 $\nu_2=\rho\cdot\nu_1$, 那么

$$w\xi(\cdot)=(\rho^{-\frac{1}{2}}\xi)(\cdot),\quad \forall\xi(\cdot)\in\int_\Omega^\oplus \mathscr{H}_2(t)d\nu_1(t).$$

证. 设K是Ω的紧子集,并且 $\nu_1(K)=0$. 由于 $\mathscr{H}_2(\cdot)$ 非零,可取 $\mathscr{H}_2(\cdot)$ 的可测矢场 $\eta(\cdot)$,而 $\|\eta(t)\|_t=1$, $\forall t\in\Omega$. 又命U是K的开邻域,且 $\bar{U}$ 紧,于是, $(\chi_U\eta)(\cdot)\in\mathscr{H}_2$. 记 $\xi(\cdot)=u^*(\chi_U\eta)(\cdot)\ (\in\mathscr{H}_1)$. 对任意的 $\varepsilon>0$, 由于 $\nu_1(K)=0$, 可取开集 V, 使得

$$K\subset V\subset U,\quad \int_V\|\xi(t)\|_t^2d\nu_1<\varepsilon.$$

今作 $f\in C_0^\infty(\Omega)$, 使得 $0\leqslant f\leqslant 1$, $f(t)=1$, $\forall t\in K$, $f(t)=0$, $\forall t\notin V$. 于是

$$\begin{aligned}\nu_2(K)&\leqslant\int f^2(t)d\nu_2(t)=\int\|(f\eta)(\cdot)\|_t^2d\nu_2(t)\\&=\|u^*m_f^{(2)}(\chi_U\eta)(\cdot)\|_{\mathscr{H}_1}^2=\|m_f^{(1)}\xi(\cdot)\|_{\mathscr{H}_1}^2<\varepsilon.\end{aligned}$$

ε 是任意的,因此 $\nu_2(K)=0$, 即 $\nu_2\prec\nu_1$. 进而, $\nu_1\sim\nu_2$.

今记 $\tilde{\mathscr{H}}_2=\int_\Omega^\oplus \mathscr{H}_2(t)d\nu_1(t)$, 则 $\tilde{m}_f=vm_f^{(1)}v^*$, 这里 $v=w^*u$, $\tilde{m}_f$ 是 $\tilde{\mathscr{H}}_2$ 中相应于 f 的对角算子, $\forall f\in C_0^\infty(\Omega)$. 由于 $C_0^\infty(\Omega)$ 在 $L^\infty(\Omega,\nu_1)$ 中是弱 $*$ 稠的, 依定理 11.2.10, $v=\int_\Omega^\oplus v(t)d\nu_1(t)$. 又 v 是 $\mathscr{H}_1$ 到 $\tilde{\mathscr{H}}_2$ 上的酉算子, 因此, $v(t)$ 是 $\mathscr{H}_1(t)$ 到 $\mathscr{H}_2(t)$ 上的酉算子, $p.p.\nu_1$. 证毕.

引理 11.4.4 设 $(E_i,\mathscr{B}_i)$ 是标准的 Borel 空间, ν_i 是 $\mathscr{B}_i$

上 σ-有限的测度，$i=1, 2$. 如果存在 $L^\infty(E_1, \mathscr{B}_1, \nu_1)$ 到 $L^\infty(E_2, \mathscr{B}_2, \nu_2)$ 上的 * 同构 π，则有 $F_i \in \mathscr{B}_i$, $i=1, 2$, 及 $(E_2 \backslash F_2)$ 到 $(E_1 \backslash F_1)$ 上的 Borel 同构 Φ,使得

$$\nu_1(F_1)=\nu_2(F_2)=0, \quad \nu_1 \sim \nu_2 \circ \Phi^{-1},$$

并且对任意的 $g \in L^\infty(E_1, \mathscr{B}_1, \nu_1)$, $p.p.\nu_2$ 于 $(E_2 \backslash F_2)$ 上有

$$\pi(g)(t)=g(\Phi(t)).$$

证. 无妨设 ν_1, ν_2 是有限的，再依定理 9.3.16，除去平凡的情形外，又可设 $E_1=E_2=[0, 1]$，而 $\mathscr{B}_1=\mathscr{B}_2$ 是 $[0, 1]$ 的 Borel 子集全体，以及 ν_1, ν_2 是 $[0, 1]$ 上的概率测度. 令 $f_1(t)=t \in L^\infty(E_1, \nu_1)$, $f_2=\pi(f_1)$. 自然可设 $0 \leqslant f_2(t) \leqslant 1$, $\forall t \in E_2$. 于是，$\Phi(t)=f_2(t)$ 是 E_2 到 E_1 的 Borel 映象.

函数 $1\ (\in L^1(E_2, \nu_2))$ 决定 $L^\infty(E_2, \nu_2)$ 上忠实的正规态 ω_2，即 $\omega_2(g)=\int_0^1 g(t)d\nu_2(t)$, $\forall g \in L^\infty(E_2, \nu_2)$. 于是，$\omega_1=\omega_2 \circ \pi$ 也是 $L^\infty(E_1, \nu_1)$ 上忠实的正规态. 因此有唯一的 $f \in L^1(E_1, \nu_1)$，使得 $\omega_1(g)=\int_0^1 f(t)g(t)d\nu_1(t)$, $\forall g \in L^\infty(E_1, \nu_1)$. 无妨设 $f(t)>0$, $\forall t \in E_1$.

如果 $p(\cdot)$ 是多项式，则对 $t \in E_2$,

$$\pi(p(f_1))(t)=p(f_2)(t)=p(\Phi(t)).$$

如果 $g \in C[0, 1]$，取多项式列 p_n，使得 $p_n(t) \to g(t)$，对 $t \in [0, 1]$ 一致. 从而在 $L^\infty(E_2, \nu_2)$ 中，$\pi(p_n(f_1))(t)=p_n(\Phi(t)) \to \pi(g)(t)$. 又 $p_n(\Phi(t)) \to g(\Phi(t))$. 由此，$\pi(g)(t)=g(\Phi(t))$, $p.p.\nu_2$. 所以，对任意的 $g \in C[0,1]$,

$$\int_0^1 g(t)f(t)d\nu_1(t)=\omega_1(g)=\omega_2(\pi(g))$$
$$=\int_0^1 g(\Phi(t))d\nu_2(t),$$

如果记 $\Phi(\nu_2)=\nu_2 \circ \Phi^{-1}$，则 $\Phi(\nu_2)=f \cdot \nu_1$.

今设 $g \in L^\infty(E_1, \nu_1)$，可取 $g_n \in C[0, 1]$，使得 $g_n \xrightarrow{\tau} g$. 于是，$\int_0^1 |\pi(g_n)(t)-\pi(g)(t)|^2 d\nu_2(t)=\omega_2(\pi((g-g_n)^*(g-g_n)))=$

$\omega_1((g_n-g)^*(g_n-g))=\int_0^1 f(t)|g_n(t)-g(t)|^2 d\nu_1(t)\to 0$. 由于 $f(t)>0$, $\forall t$, 因此有子列 $\{n_k\}$,使得

$$g_{n_k}(t)\to g(t),\ p.p.\nu_1,\quad \pi(g_{n_k})(t)\to\pi(g)(t),\ p.p.\nu_2,$$

已指出 $\pi(g_{n_k})(t)=g_{n_k}(\Phi(t))$ $p.p.\nu_2$, $\forall k$, 因此, $g_{n_k}(\Phi(t))\to\pi(g)(t)$, $p.p.\nu_2$. 另一方面,由 $g_{n_k}(t)\to g(t)$,$p.p.\nu_1$, 及 $\Phi(\nu_2)=f\cdot\nu_1$, $g_{n_k}(\Phi(t))\to g(\Phi(t))$, $p.p.\nu_2$. 所以,

$$\pi(g)(t)=g(\Phi(t)),\quad p.p.\nu_2,\quad \forall g\in L^\infty(E_1,\nu_1).$$

同样讨论 π^{-1}: $L^\infty(E_2,\nu_2)\to L^\infty(E_1,\nu_1)$, 则有 E_1 到 E_2 的 Borel 映象 Ψ,使得 $\Psi(\nu_1)=\nu_1\circ\Psi^{-1}$ 关于 ν_2 是绝对连续的, 并且 $\pi^{-1}(h)(t)=h(\Psi(t))$, $p.p.\nu_1$, $\forall h\in L^\infty(E_2,\nu_2)$. 因此,

$$\begin{cases}(g\circ\Phi)(\Psi(t))=\pi^{-1}(\pi(g))(t)\\ \qquad\qquad =g(t),\quad p.p.\nu_1,\quad \forall g\in L^\infty(E_1,\nu_1);\\ (h\circ\Psi)(\Phi(t))=\pi(\pi^{-1}(h))(t)\\ \qquad\qquad =h(t),\quad p.p.\nu_2,\quad \forall h\in L^\infty(E_2,\nu_2).\end{cases}$$

特别地,由 $t\in L^\infty(E_1,\nu_1)\cap L^\infty(E_2,\nu_2)$, 可见

$$\Phi\circ\Psi(t)=t,\ p.p.\nu_1,\quad \Psi\circ\Phi(t)=t,\ p.p.\nu_2,$$

于是有 $F_2'\in\mathscr{B}_2$, $\nu_2(F_2')=0$, 使得 $\Psi\circ\Phi(t)=t$, $\forall t\in E_2\backslash F_2'$. 令 $F_1'=\Psi^{-1}(F_2')$,由于 $\nu_1\circ\Psi^{-1}$ 关于 ν_2 是绝对连续的,因此,$\nu_1(F_1')=0$. 易见

$$\Psi(E_1\backslash F_1')=E_2\backslash F_2',\quad \Phi(E_2\backslash F_2')\subset E_1\backslash F_1',\tag{1}$$

并且 Φ 在 $(E_2\backslash F_2')$ 上是一一的. 进而取 $F_1''\in\mathscr{B}_1$, $F_1''\subset E_1\backslash F_1'$, $\nu_1(F_1'')=0$, 使得

$$\Phi\circ\Psi(t)=t,\quad \forall t\in E_1\backslash F_1,\tag{2}$$

这里 $F_1=F_1'\cup F_1''$, 自然 $\nu_1(F_1)=0$. 令 $F_2''=\Phi^{-1}(F_1'')\cap(E_2\backslash F_2')$,由于 $\nu_2\circ\Phi^{-1}$ 关于 ν_1 是绝对连续的,因此, $\nu_2(F_2'')=0$. 进而 $\nu_2(F_2)=0$, 这里 $F_2=F_2'\cup F_2''=F_2'\cup\Phi^{-1}(F_1'')$. 于是, Φ 一一地把 $(E_2\backslash F_2)$ 映入 $(E_1\backslash F_1)$ 之中.

今若 $t\in E_1\backslash F_1$, 依(1), $\Psi(t)\in E_2\backslash F_2'$. 如果 $\Psi(t)\in F_2''\subset\Phi^{-1}(F_1'')$, 于是, $\Phi\circ\Psi(t)\in F_1''$. 但依(2), $\Phi\circ\Psi(t)=t\notin F_1$, 矛

盾. 因此, $\Psi(t)\in E_2\backslash F_2$. 进而依(2),有 $\Phi(E_2\backslash F_2)=E_1\backslash F_1$. 依定理 9.3.12 与命题 9.3.15, Φ 是 $(E_2\backslash F_2)$ 到 $(E_1\backslash F_1)$ 上的 Borel 同构,其逆 Borel 同构是 Ψ. 再由 $\nu_2\circ\Phi^{-1}\prec\nu_1$, $\nu_1\circ\Psi^{-1}\prec\nu_2$, 可见在 $(E_1\backslash F_1)$ 上, $\nu_1\sim\nu_2\circ\Phi^{-1}$. 证毕.

定理 11.4.5 设 $(E_i, \mathscr{B}_i)$ 是标准的 Borel 空间, ν_i 是 $\mathscr{B}_i$ 上 σ-有限的测度, $\mathscr{H}_i(\cdot)$ 是 E_i 上非零的 Hilbert 空间可测场, $M_i(\cdot)$ 是 $\mathscr{H}_i(\cdot)$ 中 vN 代数的可测场, Z_i 是 $\mathscr{H}_i=\int_{E_i}^{\oplus}\mathscr{H}_i(t)d\nu_i(t)$ 中的对角算子代数, $i=1, 2$. 如果有 $\mathscr{H}_1$ 到 $\mathscr{H}_2$ 上的酉算子 u,使得

$$uM_1u^*=M_2,\quad uZ_1u^*=Z_2,$$

这里 $M_i=\int_{E_i}^{\oplus}M_i(t)d\nu_i(t)$, $i=1, 2$, 则有 $F_i\in\mathscr{B}_i$, $\nu_i(F_i)=0$, $i=1, 2$, $(E_2\backslash F_2)$ 到 $(E_1\backslash F_1)$ 上的 Borel 同构 Φ,及酉算子的可测场 $u(\cdot)$: $\mathscr{H}_1(\cdot)\to\mathscr{H}_2(\Phi^{-1}(\cdot))$, 使得:

1) $u(t)M_1(t)u(t)^*=M_2(\Phi^{-1}(t))$, $\forall t\in E_1\backslash F_1$;

2) $\Phi(\nu_2)=\nu_2\circ\Phi^{-1}\sim\nu_1$;

3) $u=\int_{E_1\backslash F_1}^{\oplus}\sqrt{\dfrac{d\Phi(\nu_2)}{d\nu_1}(t)}\,u(t)d\nu_1(t)$.

证. 依命题 11.2.8, $uZ_1u^*=Z_2$ 产生一个由 $L^\infty(E_1, \mathscr{B}_1, \nu_1)$ 到 $L^\infty(E_2, \mathscr{B}_2, \nu_2)$ 上的 $*$ 同构 π. 依引理 11.4.4, 有 $F_i\in\mathscr{B}_i$, $\nu_i(F_i)=0$, $i=1, 2$, 及 $(E_2\backslash F_2)$ 到 $(E_1\backslash F_1)$ 上的 Borel 同构 Φ, 使得 $\Phi(\nu_2)\sim\nu_1$, $\pi(g)(t)=g(\Phi(t))$, $p.p.\nu_2$ 于 $(E_2\backslash F_2)$, $\forall g\in L^\infty(E_1, \mathscr{B}_1, \nu_1)$. 略去 F_1, F_2 不计,并代替 ν_1 以 $\Phi(\nu_2)$, 在 Borel 同构 Φ 之下, 可以把 $(E_1, \mathscr{B}_1, \nu_1)$ 与 $(E_2, \mathscr{B}_2, \nu_2)$ 等同起来. 从而情况变为: $(E, \mathscr{B})$ 是标准的 Borel 空间, ν 是 $\mathscr{B}$ 上 σ-有限的测度, $\mathscr{H}_i(\cdot)$ 是 $(E, \mathscr{B})$ 上 Hilbert 空间的可测场, $i=1, 2$, u 是 $\mathscr{H}_1=\int_E^{\oplus}\mathscr{H}_1(t)d\nu(t)$ 到 $\mathscr{H}_2=\int_E^{\oplus}\mathscr{H}_2(t)d\nu(t)$ 上的酉算子,使得

$$uM_1u^* = M_2,\quad um_f^{(1)}u^* = m_f^{(2)},\quad \forall f\in L^\infty(E,\mathscr{B},\nu),$$

这里 $M_i = \int_E^{\oplus} M_i(t)d\nu(t)$，$m_f^{(i)}$ 是 $\mathscr{H}_i$ 中相应于 f 的对角算子，$i=1,2$. 依定理 11.2.10，$u=\int_E^{\oplus} u(t)d\nu(t)$，其中 $u(t)$ 是 $\mathscr{H}_1(t)$ 到 $\mathscr{H}_2(t)$ 上的酉算子，$p.p.\nu$. 依命题 11.3.7，有 $\mathscr{H}_1$ 中的分解算子列 $\left\{a_n=\int_E^{\oplus} a_n(t)d\nu(t)\right\}_n$，使得 M_1 由 Z_1 与 $\{a_n\}$ 生成，并且 $M_1(t)$ 由 $\{a_n(t)\}_n$ 生成，$p.p.\nu$. 于是，M_2 由 Z_2 与 $\{ua_nu^*\}_n$ 生成，以及 $M_2(t)$ 将由 $\{u(t)a_n(t)u(t)^*\}_n$ 生成，$p.p.\nu$. 因此，$M_2(t)=u(t)M_1(t)u(t)^*$，$p.p.\nu$.　证毕.

注　本节见参考文献 [21]，[84]，[105].

§5. 分解 vN 代数与其分量的关系

设 $(E,\mathscr{B})$ 是标准的 Borel 空间，ν 是 $\mathscr{B}$ 上 σ-有限测度，$\mathscr{H}(\cdot)$ 是 Hilbert 空间可测场，$\mathscr{H}=\int_E^{\oplus}\mathscr{H}(t)d\nu(t)$，$M=\int_E^{\oplus} M(t)d\nu(t)$ 是 $\mathscr{H}$ 中分解的 vN 代数，我们来讨论 M 与 $\{M(t)\}$ 之间的类型关系.

命题 11.5.1　设 $p=\int_E^{\oplus} p(t)d\nu(t)$，$p'=\int_E^{\oplus} p'(t)d\nu(t)$ 分别是 M，M' 的投影，则

$$M_p=\int_E^{\oplus} M(t)_{p(t)}d\nu(t),\qquad M_{p'}=\int_E^{\oplus} M(t)_{p'(t)}d\nu(t),$$

$$c(p)=\int_E^{\oplus} C(p(t))d\nu(t).$$

证. M_p，$M_{p'}$ 的分解表式由命题 11.3.7 立见.

设 $\{\xi_n(\cdot)\}$ 是可测矢场的基本列，M 由 Z 与 $\left\{a_n=\int_E^{\oplus} a_n(t)d\nu(t)\right\}_n$ 生成，并且 $\{a_n(t)\}_n$ 生成 $M(t)$，$\forall t$.　经过适当处理，

可以认为 $\{a_n(t)\}_n$ 在 $M(t)$ 中是强算子稠的，于是 $\{a_n(t)p(t)\cdot\xi_m(t)|n, m\}$ 是 $c(p(t))\mathscr{H}(t)$ 的完全子集，$\forall t$. 用命题 11.1.2 的方法，从 $\{a_n(t)p(t)\xi_m(t)\}_{n,m}$ 可以构造出 $c(p(\cdot))\mathscr{H}(\cdot)$ 的直交规格基 $\{\eta_k(\cdot)\}$. 自然 $\{\eta_k(\cdot)\}$ 仍然是可测矢场列，从而

$$\langle c(p(t))\xi_n(t), \xi_m(t)\rangle_t = \sum_k \langle \xi_n(t), \eta_k(t)\rangle_t \cdot\langle \eta_k(t), \xi_m(t)\rangle_t$$

是 E 上的可测函数，$\forall n, m$，即算子场 $c(p(\cdot))$ 是可测的. 记 $z = \int_E^{\oplus} c(p(t))d\nu(t)$. 如果 $\xi(\cdot)\in\mathscr{H}$，显然

$$z a_n p\xi(\cdot) = a_n p\xi(\cdot), \quad \forall n.$$

因此，$z \geqslant c(p)$. 今写 $c(p) = \int_E^{\oplus} q(t)d\nu(t)$，这里 $q(t)$ 是 $M(t)$ 的中心投影，$\forall t$. 由于 $c(p)a_n p = a_n p$, $\forall n$，因此，$q(t)a_n(t)p(t) = a_n(t)p(t)$, $p.p.\nu$, $\forall n$, 即 $q(t) \geqslant c(p(t))$, $p.p.\nu$, 从而 $c(p) \geqslant z$. 所以，$c(p) = \int_E^{\oplus} c(p(t))d\nu(t)$. 证毕.

命题 11.5.2 如果 M 是离散的，则 $M(t)$ 也是离散的，$p.p.\nu$.

证. 依定理 6.7.1，M 有交换投影 $p = \int_E^{\oplus} p(t)d\nu(t)$，使得 $c(p) = 1_{\mathscr{H}}$. 依命题 11.5.1，对 $p.p.\nu$ 的 t，$p(t)$ 也将是 $M(t)$ 的交换投影，并且中心复盖是 $1_{\mathscr{H}(t)}$，所以，$M(t)$ 也是离散的. 证毕.

命题 11.5.3 如果 M 是真无限的，则 $M(t)$ 也是真无限的，$p.p.\nu$.

证. 由定理 6.4.4 立见.

命题 11.5.4 如果 $M(t)$ 是有限的，$p.p.\nu$，则 M 也是有限的.

证. 由有限 vN 代数的定义立见.

命题 11.5.5 如果 M 是连续的，则 $M(t)$ 也是连续的，$p.p.\nu$.

证. 设 $E_k = \{t\in E|\dim\mathscr{H}(t) = k\}$，$z_k$ 是相应于 χ_{E_k} 的对角算子，当然是 M 的中心投影，并且 Mz_k 是连续的，及 $Mz_k =$

$\int_{E_k}^{\oplus} M(t)d\nu(t)$, $\forall k$. 从而,无妨设 $\mathscr{H}(\cdot)=\mathscr{H}_0$ 是 E 上的定常场.

设 M, M' 分别由对角算子代数 Z 与 $\left\{a_n=\int_E^{\oplus} a_n(t)d\nu(t)\right\}_n$, $\left\{a_n'=\int_E^{\oplus} a_n'(t)d\nu(t)\right\}_n$ 生成,并且 $\|a_n\|$, $\|a_n(t)\|$, $\|a_n'(t)\|$ 都$\leqslant 1$, $\forall t, n$, 以及 $M(t)$ 由$\{a_n(t)\}_n$ 生成, $M(t)'$ 由 $\{a_n'(t)\}_n$ 生成, $\{a_n(t)\}_n^*=\{a_n(t)\}_n$, $\{a_n'(t)\}_n^*=\{a_n'(t)\}_n$, $\forall t$.

设 S 是 $B(\mathscr{H}_0)$ 的单位球,依强算子拓扑,它是 Polish 空间. 考虑 $S\times E$ 的子集 G, $(a, t)\in G$ 指: 1) $aa_n'(t)=a_n'(t)a$, $\forall n$; 2) a 是非零投影; 3) 对任意的 m, n, $aa_n(t)aa_m(t)a=aa_m(t)aa_n(t)a$. 注意命题 9.3.14, G 将是 $S\times E$ 的 Borel 子集. 令 π 是 $S\times E$ 到 E 上的投影映象,依定理 9.4.5,有 E 的 Borel 子集 $F\subset\pi G$, 及 F 到 S 中的 Borel 映象 $p(\cdot)$,使得 $(\pi G\backslash F)$ 包含于某个 ν-零集之中,并且 $(p(t), t)\in G$, $\forall t\in F$.

如果命 $p(t)=0$, $\forall t\in E\backslash F$, $p=\int_E^{\oplus} p(t)d\nu(t)$,则 p 将是M 的交换投影. 但M是连续的,因此, $p=0$, $\nu(F)=0$. 因此, $\pi(G)=\{t\in E\,|\,M(t)$ 不是连续的$\}$ 包含于某个 ν-零集之中,即 $M(t)$ 是连续的, $p.p.\nu$. 证毕.

命题 11.5.6 如果 M 是纯无限的,则 $M(t)$ 也是纯无限的, $p.p.\nu$.

证. 与命题 11.5.5 一样,可设 $\mathscr{H}(\cdot)=\mathscr{H}_0$ 是定常场, $\{a_n, a_n(t), a_n', a_n'(t)\}$, S 等也与命题 11.5.5 一样. 又命 $(\mathscr{H}_0)_\infty$ 是 $\mathscr{H}_0$ 的可数无穷的 Hilbert 直和,考虑 $S\times(\mathscr{H}_0)_\infty\times E$ 的子集 G, $(a, (\eta_k), t)\in G$ 指: 1) $aa_n'(t)=a_n'(t)a$, $\forall n$; 2) a 是非零投影; 3) $a\eta_k=\eta_k$, $\forall k$; 4) $\sum\limits_k\|\eta_k\|^2=1$; 5) 对任意的正整数有限集 Λ_1, Λ_2,

$$\sum_k \left\langle\left(a\prod_{n\in\Lambda_1} a_n(t)a\prod_{n\in\Lambda_2} a_n(t)a\right.\right.$$

$$-a\prod_{n\in\Lambda_2}a_n(t)a\prod_{n\in\Lambda_1}a_n(t)a\Big)\eta_k,\eta_k\Big\rangle=0,$$

易见G是 Borel 子集. 令π是 $S\times(\mathscr{H}_0)_\infty\times E$ 到E上的投影映象,依定理 9.4.5,有E的 Borel 子集 $F\subset\pi G$,及F到S,$(\mathscr{H}_0)_\infty$的 Borel 映象 $p(\cdot)$,$(\eta_k(\cdot))$,使得 $(\pi G\backslash F)$ 包含于某个ν-零集之中,及对任意的 $t\in F$,

$$(p(t),(\eta_k(t)),t)\in G.$$

如果对 $t\notin F$,令 $p(t)=0$,$\eta_k(t)=0$,$\forall k$. 于是,$p=\int_E^{\oplus}p(t)d\nu(t)$ 是M的投影. 无妨设 $\nu(E)<\infty$,则 $\xi_k=\eta_k(\cdot)\in\mathscr{H}$,$p\xi_k=\xi_k$,$\forall k$,及 $\sum_k\|\xi_k\|^2=\nu(F)$. 依作法,$\sum_k\langle\cdot\xi_k,\xi_k\rangle$ 将是 M_p 上的正规迹. 但M是纯无限的,因此,$\nu(F)=0$,即 πG 包含于某个ν-零集之中. 此外,易见 $\pi G=\{t\in E\mid M(t)$ 不是纯无限的$\}$,所以,$M(t)$ 纯无限,$p.p.\nu$. 证毕.

命题 11.5.7 如果M是有限的,则 $M(t)$ 也是有限的,$p.p.\nu$.

证. 同样设 $\mathscr{H}(\cdot)=\mathscr{H}_0$,$a_n$,$a_n(t)$,$a_n'$,$a_n'(t)$,$S$ 等. 考虑 $S\times E$ 的子集 G,$(v,t)\in G$ 指: 1)$va_n'(t)=a_n'(t)v,\forall n$; 2)$v^*v=1$,$vv^*\neq1$. 易见$G$是 Borel 子集. 于是有$E$的 Borel 子集 $F\subset\pi G$,这里π是 $S\times E$ 到E上的投影映象,及 Borel 映象 $v(\cdot)$: $F\to S$,使得$(\pi G\backslash F)$包含于某个ν-零集之中,$(v(t),t)\in G$,$\forall t\in F$.

命 $v(t)=0$,$\forall t\notin F$,$v=\int_E^{\oplus}v(t)d\nu(t)$,则 $v^*v=p$ 是相应于 χ_F 的对角算子. 由于 M_p 也是有限的,又 $v(t)v(t)^*\neq1$,$\forall t\in F$,因此,$\nu(F)=0$. 进而可见 $M(t)$ 是有限的,$p.p.\nu$. 证毕.

命题 11.5.8 如果M是半有限的,则 $M(t)$ 也是半有限的,$p.p.\nu$.

证. M包含有限投影 $p=\int_E^{\oplus}p(t)d\nu(t)$,并且 $c(p)=1$. 依命题 11.5.1 及 11.5.7,$p(t)$ 是 $M(t)$ 的有限投影,并且 $c(p(t))=$

1_t，$p.p.\nu$. 因此，$M(t)$ 也是半有限的，$p.p.\nu$.　证毕.

定理 11.5.9　设(E, B)是标准的 Borel 空间，ν 是$\mathscr{B}$上 σ-有限测度，$\mathscr{H}(\cdot)$是 E 上 Hilbert 空间可测场，$\mathscr{H}=\int_E^{\oplus}\mathscr{H}(t)d\nu(t)$，$M=\int_E^{\oplus}M(t)d\nu(t)$ 是 $\mathscr{H}$ 中分解的 vN 代数. 如果 $z=\int_E^{\oplus}z(t)d\nu(t)$ 是M的最大中心投影，使得 Mz 是有限的，或者半有限的，或者离散的，则 $z(t)$ 也是 $M(t)$ 的最大的中心投影，使得 $M(t)z(t)$ 是有限的，或者半有限的，或者离散的，$p.p.\nu$.

证. 由 $Mz=\int_E^{\oplus}M(t)z(t)d\nu(t)$，$M(1-z)=\int_E^{\oplus}M(t)\times(1-z(t))d\nu(t)$，命题 11.5.3，11.5.7，11.5.8，11.5.6，11.5.2，11.5.5 立见.

定理 11.5.10　设 $(E, \mathscr{B})$ 是标准的 Borel 空间，ν 是 $\mathscr{B}$ 上 σ-有限测度，$\mathscr{H}(\cdot)$ 是 E 上 Hilbert 空间可测场，$\mathscr{H}=\int_E^{\oplus}\mathscr{H}(t)d\nu(t)$，$M=\int_E^{\oplus}M(t)d\nu(t)$ 是$\mathscr{H}$中分解的 vN 代数，则M是有限的、半有限的、真无限的、纯无限的、离散的、或者连续的，必须且只须，$M(t)$ 是有限的、半有限的、真无限的、纯无限的、离散的、或者连续的，$p.p.\nu$.

证. 由前面的讨论立见.

注　本节见参考文献 [15]，[21]，[83]，[100].

§6 算子的和 vN 代数的定常场

引理 11.6.1　设A是有单位元的可分 c^*-代数，$\mathscr{H}_0$是可分的 Hilbert 空间，令

$\mathrm{Re}p(A, \mathscr{H}_0)=\{\pi|\pi$ 是 A 在 $\mathscr{H}_0$ 中的非退化 * 表示$\}$ 赋予 $\mathrm{Re}p(A, \mathscr{H}_0)$ 以这样的拓扑：$\pi_l\to\pi$ 指

$$\|\pi_l(a)\xi-\pi(a)\xi\|\to 0,\quad \forall a\in A,\ \xi\in\mathscr{H}_0,$$

则 $\mathrm{Re}p(A, \mathscr{H}_0)$ 是 Polish 空间.

证. 设 $\{a_n\}$, $\{\xi_m\}$ 分别是 A, $\mathscr{H}_0$ 单位球的可数稠集，对任意的 $\pi_1, \pi_2 \in \mathrm{Rep}(A, \mathscr{H}_0)$,定义

$$d(\pi_1, \pi_2) = \sum_{n,m} 2^{-(n+m)} \|(\pi_1(a_n) - \pi_2(a_n))\xi_m\|.$$

今只须证明 $(\mathrm{Rep}(A, \mathscr{H}_0), d)$ 是可分的. 命

$$J = \{(n, m) | n, m = 1, 2, \cdots\},$$

$$E = \left\{f: J \to \mathscr{H}_0 \,\middle|\, \sum_{n,m} 2^{-(n+m)} \|f(n, m)\| < \infty\right\},$$

对任意的 $f \in E$, 定义 $\|f\| = \sum_{n,m} 2^{-(n+m)} \|f(n,m)\|$,易见$(E, \|\cdot\|)$是 Banach 空间,并且由于 $\mathscr{H}_0$ 是可分的，它也是可分的. 此外，对任意的 $\pi \in \mathrm{Rep}(A, \mathscr{H}_0)$, 令

$$f_\pi(n, m) = \pi(a_n)\xi_m, \ \forall n, m,$$

则 $\pi \to f_\pi$ 是 $(\mathrm{Rep}(A, \mathscr{H}_0), d)$ 到 $(E, \|\cdot\|)$ 中的等距映象，因此，$(\mathrm{Rep}(A, \mathscr{H}_0), d)$ 也是可分的. 证毕.

引理 11.6.2 设$(E, \mathscr{B})$是 Borel 空间,则映象 $\Phi: (E, \mathscr{B}) \to \mathrm{Rep}(A, \mathscr{H}_0)$ 是 Borel 的，当且仅当，$\langle \Phi(t)(a)\xi, \eta\rangle$ 是 E 上的可测函数，$\forall a \in A$, $\xi, \eta \in \mathscr{H}_0$, 这里 $\mathrm{Rep}(A, \mathscr{H}_0)$, 如引理 11.6.1 所述.

证. 只须证明充分性. 依引理 11.6.1, $(\mathrm{Rep}(A, \mathscr{H}_0), d)$ 有可数稠集 $\{\pi_n\}$,从而只要对任意的 n, m,指出 $\Phi^{-1}(\{\pi | d(\pi, \pi_n) < m^{-1}\}) \in \mathscr{B}$. 但这由

$$\begin{aligned}
&\Phi^{-1}(\{\pi | d(\pi, \pi_n) < m^{-1}\}) \\
&= \left\{ t \in E \,\middle|\, \sum_{i,j} 2^{-(i+j)} \|(\pi_n(a_i) - \Phi(t)(a_i))\xi_j\| < m^{-1} \right\} \\
&= \left\{ t \in E \,\middle|\, \sum_{i,j} 2^{-(i+j)} \sup_k |\langle(\pi_n(a_i) - \Phi(t)(a_i))\xi_j, \xi_k\rangle| < m^{-1} \right\}
\end{aligned}$$

及充分性条件立见. 证毕.

定理 11.6.3 设 $(E, \mathscr{B})$ 是 Borel 空间，$\mathscr{H}(\cdot)$ 是 E 上 Hilbert 空间可测场，Λ 是任意的指标集，对每个 $l \in \Lambda$, $a_l(\cdot)$ 是

$\mathscr{H}(\cdot)$ 中算子的可测场. 又设 $\mathscr{H}_0$ 是可分的 Hilbert 空间，以及对每个 $t\in E$，有 $\mathscr{H}(t)$ 到 $\mathscr{H}_0$ 上的酉算子 $u(t)$，使得 $u(t)a_l(t)u(t)^*=b_l$，这里 $b_l\in B(\mathscr{H}_0)$，$\forall l\in \Lambda$，则有 $\mathscr{H}(\cdot)$ 到定常场 $\mathscr{H}_0$ 的酉算子可测场 $v(\cdot)$，使得 $v(t)a_l(t)v(t)^*=b_l$，$\forall t\in E$，$l\in \Lambda$.

证. 无妨设 $\mathscr{H}(\cdot)$ 就是定常场 $\mathscr{H}_0$. 于是对任意的 ξ，$\eta\in\mathscr{H}_0$，$l\in\Lambda$，$\langle u(t)^*b_lu(t)\xi,\eta\rangle$ 是 E 上的可测函数. 命 M 是 $\{b_l\}_{l\in\Lambda}$ 生成的 vN 代数，对任意的 $b\in M$，由于 $\mathscr{H}_0$ 可分，有 $b_n\xrightarrow{\text{强算子}}b$，这里 b_n 是 $\{b_l, b_l^*\}$ 有限积的复有理系数的线性组合，因此，对任意的 ξ，$\eta\in\mathscr{H}_0$，$\langle u(t)^*bu(t)\xi,\eta\rangle$ 是 E 上的可测函数.

自然 M 是可数生成的，因此有包含 $\mathscr{H}_0$ 中恒等算子的可分 c^*-代数 A，它在 M 中强算子稠. 记 G 是 $\mathscr{H}_0$ 中酉算子的全体，依强算子拓扑，它是 Polish 空间(引理 10.4.1). 又命

$$H=\{u\in G\,|\,u^*au=a,\ \forall a\in A\}.$$

它是 G 的闭子群. 依定理 9.4.2，有 G 的 Borel 子集 F，使得 F 与 Hu 的交由一个元组成，$\forall u\in G$. 对任意的 $u\in G$，定义 A 在 $\mathscr{H}_0$ 中非退化的 * 表示 π_u: $\pi_u(a)=u^*au$，$\forall a\in A$. 显然，$u\to\pi_u$ 是 G 到 $\mathrm{Rep}(A,\mathscr{H}_0)$ 中的连续映象，记此映象为 Ψ. 又显然 Ψ 限于 F 是一一的，依引理 11.6.1，Ψ 将是 F 到 $\Psi(F)=\Psi(G)$ 上的 Borel 同构，记它的逆映象为 Φ. 对任意的 $t\in E$，令 $v(t)=\Phi\circ\Psi(u(t))$，我们得到

$$E\xrightarrow{v(\cdot)}F\xrightarrow{\Psi(\cdot)}\Psi(F)=\Psi(G)\xrightarrow{\Phi(\cdot)}F.$$

由于对任意的 $a\in A(\subset M)$，ξ，$\eta\in\mathscr{H}_0$，

$$\begin{aligned}\langle((\Psi\circ v(t))(a)\xi,\eta\rangle&=\langle v(t)^*av(t)\xi,\eta\rangle\\&=\langle u(t)^*au(t)\xi,\eta\rangle\end{aligned}$$

是 E 上的可测函数，依引理 11.6.2，$\Psi\circ v(\cdot)$ 是 E 到 $\mathrm{Rep}(A,\mathscr{H}_0)$ 的 Borel 映象. 从而，$v(\cdot)=\Phi\circ\Psi\circ v(\cdot)$ 是 E 到 G 中的 Borel 映象. 特别地，$v(\cdot)$ 是酉算子的可测场，并且

$$v(t)^*av(t)=u(t)^*au(t),\ \forall a\in A,\ t\in E.$$

A在M中是强算子稠的，因此，$v(t)^*b_lv(t)=u(t)^*b_lu(t)=a_l(t)$，$\forall t\in E,\ l\in\Lambda$. 证毕.

系 11.6.4 在定理 11.6.3 的假定下，如果还有$\mathscr{B}$上的测度ν，则有 $\mathscr{H}=\int_E^{\oplus}\mathscr{H}(t)d\nu(t)$ 到 $L^2(E,\mathscr{B},\nu)\otimes\mathscr{H}_0$ 上的酉算子 v，使得 $va_lv^*=1\otimes b_l$，$\forall l\in\Lambda$，这里 $a_l=\int_E^{\oplus}a_l(t)d\nu(t)$，而 1 表示 $L^2(E,\mathscr{B},\nu)$ 中的恒等算子.

定理 11.6.5 设 $(E,\mathscr{B})$ 是 Borel 空间，$\mathscr{H}(\cdot)$ 是 E 上 Hilbert 空间的可测场，$M(\cdot)$ 是 $\mathscr{H}(\cdot)$ 中的 vN 代数的可测场. 又设 $\mathscr{H}_0$ 是可分的 Hilbert 空间，并对每个 $t\in E$，有 $\mathscr{H}(t)$ 到 $\mathscr{H}_0$ 上的酉算子 $u(t)$，使得 $u(t)M(t)u(t)^*=M_0$，这里 M_0 是 $\mathscr{H}_0$ 中的 vN 代数，则有 $\mathscr{H}(\cdot)$ 到定常场 $\mathscr{H}_0$ 的酉算子可测场 $v(\cdot)$，使得 $v(t)M(t)v(t)^*=M_0$，$\forall t\in E$.

证. 无妨设 $\mathscr{H}(\cdot)=\mathscr{H}_0$，并设$G$是$\mathscr{H}_0$中酉算子的全体，依强算子拓扑，它是 Polish 空间. 令 $H=\{u\in G\,|\,u^*M_0u=M_0\}$，同样有$G$的 Borel 子集 F，使得F与Hu的交由一个元组成，$\forall u\in G$. 定义映象 Ψ: $G\to\mathscr{A}$，$\Psi(u)=u^*M_0u$，$\forall u\in G$，这里 $\mathscr{A}$ 是 $\mathscr{H}_0$ 中 vN 代数的全体. 依命题 10.4.2 的证明，Ψ是 Borel 映象. Ψ限于F是一一的，从而Ψ是F到 $\Psi(F)=\Psi(G)$ 上的 Borel 同构，记它的逆映象为Φ. 对任意的 $t\in E$，令 $v(t)=\Phi\circ\Psi(u(t))$，我们得到

$$E\xrightarrow{v(\cdot)}F\xrightarrow{\Psi(\cdot)}\Psi(F)=\Psi(G)\xrightarrow{\Phi(\cdot)}F.$$

注意 $\Psi\circ v(\cdot)=\Psi(u(\cdot))=u(\cdot)^*M_0u(\cdot)=M(\cdot)$ 是E到$\mathscr{A}$中的 Borel 映象(命题 11.3.2)，从而，$v(\cdot)=\Phi\circ\Psi\circ v(\cdot)$ 是酉算子的可测场，并且 $v(t)M(t)v(t)^*=M_0$，$\forall t\in E$. 证毕.

系 11.6.6 在定理 11.6.5 的假定下，如果还有$\mathscr{B}$上σ-有限的测度ν，则有 $\mathscr{H}=\int_E^{\oplus}\mathscr{H}(t)d\nu(t)$ 到 $L^2(E,\mathscr{B},\nu)\otimes\mathscr{H}_0$ 上的酉算子 v，使得 $vMv^*=\hat{Z}\bar{\otimes}M_0$，这里 $M=\int_E^{\oplus}M(t)d\nu(t)$，$\hat{Z}$ 是

$L^2(E, \mathscr{B}, \nu)$ 中的乘法代数.

事实上，取定理 11.6.5 的 $v(\cdot)$，令 $v = \int_E^{\oplus} v(t) d\nu(t)$，则 $vMv^* = \int_E^{\oplus} M_0 d\nu(t) = \hat{Z} \overline{\otimes} M_0$.

注 本节见参考文献 [21]，[26]，[84]，[116].

§7. vN代数 Borel 空间的 Borel 子集

设$\mathscr{H}$是可分的 Hilbert 空间，$\mathscr{A}$，$\mathscr{F}$ 分别表示 $\mathscr{H}$ 中 vN 代数的全体，因子的全体，依定理 10.3.2，10.3.6，它们是标准的 Borel 空间.

命题 11.7.1 $\mathscr{H}$中 (I_n) 型 vN 代数的全体 $\mathscr{A}_{I_n}$ 是 $\mathscr{A}$ 的 Borel 子集，$n = \infty, 1, 2, \cdots$.

证. 依命题 6.7.8，任何 (I_n) 型 vN 代数必空间*同构于 $Z \overline{\otimes} B(\mathscr{H}_n)$，其中 Z 是交换的 vN 代数. 又依系 5.3.9 可见，$\mathscr{H}$ 中相互不*同构的 (I_n) 型 vN 代数至多可数个.再依命题 10.4.3，即见 $\mathscr{A}_{I_n}$ 是$\mathscr{A}$的 Borel 子集. 证毕.

命题 11.7.2 $\mathscr{H}$中 (I) 型 vN 代数的全体 $\mathscr{A}_I$ 是$\mathscr{A}$的 Borel 子集.

证. 如命题 10.4.3 的证明，定义 $\mathscr{A} = \mathscr{A}(\mathscr{H})$ 到 $\mathscr{A}(\mathscr{H} \otimes \mathscr{H})$ 中的 Borel 同构 Φ: $\Phi(M) = M \overline{\otimes} \mathbb{C}1_{\mathscr{H}}$，$\forall M \in \mathscr{A}(\mathscr{H})$. $M \in \mathscr{A}_I$，当且仅当，$\Phi(M)' = M' \overline{\otimes} B(\mathscr{H})$ 是(I_∞)型的（这里设 $\dim\mathscr{H} = \infty$；如果 $\dim\mathscr{H} < \infty$，$\mathscr{A}_I = \mathscr{A}$ 不待证）. 令 E 是 $\mathscr{H} \otimes \mathscr{H}$ 中 (I_∞) 型 vN 代数的全体，依命题 11.7.1，E 是 $\mathscr{A}(\mathscr{H} \otimes \mathscr{H})$ 的 Borel 子集. 依命题 10.3.1，$E' = \{N' | N \in E\}$ 也是 $\mathscr{A}(\mathscr{H} \otimes \mathscr{H})$ 的 Borel 子集. 由此，$\mathscr{A}_I = \Phi^{-1}(E')$ 是$\mathscr{A}$的 Borel 子集. 证毕.

命题 11.7.3 $\mathscr{H}$中有限的 vN 代数全体 $\mathscr{A}_f$ 是 $\mathscr{A}$ 的 Borel 子集.

证. 首先如引理 10.4.6 证明 $(\mathscr{A} \backslash \mathscr{A}_f)$ 是 Sousline 子集，

再如命题 10.4.7 证明 $\mathscr{A}_f$ 也是 Sousline 子集，所以，$\mathscr{A}_f$ 是 $\mathscr{A}$ 的 Borel 子集. 证毕.

引理 11.7.4 $\mathscr{H}$ 中半有限 vN 代数的全体 $\mathscr{A}_{sf}$ 是 $\mathscr{A}$ 的 Sousline 子集.

证明与引理 10.4.8 一样.

引理 11.7.5 设 $\mathscr{A}_{\mathrm{III}}$ 是 $\mathscr{H}$ 中 (III) 型 vN 代数的全体，则 $(\mathscr{A}\setminus\mathscr{A}_{\mathrm{III}})$ 是 $\mathscr{A}$ 的 Sousline 子集.

证. $M\notin\mathscr{A}_{\mathrm{III}}$，当且仅当，$M$ 包含非零有限投影. 考虑 $\mathscr{A}\times P\times\mathscr{H}_\infty$ 的子集 E，$(M, p, (\xi_k))\in E$ 指：p 是 M 的非零投影；$p\xi_k=\xi_k$，$\forall k$；$\sum\limits_k\langle\cdot\xi_k, \xi_k\rangle$ 是 pMp 上的迹；$\{a'\xi_k|a'\in M', k\}$ 是 $p\mathscr{H}$ 的完全子集. 即 E 的定义与引理 10.4.8 证明中的 E 相仿，但不要求 $c(p)=1$. 相仿于引理 10.4.8，E 是 Borel 子集，因此，$(\mathscr{A}\setminus\mathscr{A}_{\mathrm{III}})$ 是 $\mathscr{A}$ 的 Sousline 子集. 证毕.

引理 11.7.6 设 $(E, \mathscr{B})$ 是标准的 Borel 空间，$\mathfrak{M}(E)$ 是 $(E, \mathscr{B})$ 上非零有限测度的全体. 赋予 $\mathfrak{M}(E)$ 以如下最小的 Borel 构造，使得对于 E 上任意的有界可测函数 f，$\nu\rightarrow\nu(f)=\int_E fd\nu$ 是 $\mathfrak{M}(E)$ 上的可测函数. 则 $\mathfrak{M}(E)$ 也是标准的 Borel 空间，并且这个 Borel 构造由形如 $\{\nu\in\mathfrak{M}(E)|\nu(F)<\lambda\}$ $(\forall F\in\mathscr{B}, \lambda>0)$ 的子集生成.

证. 依定理 9.3.16，无妨设 $E=[0,1]$. 于是，$\mathfrak{M}(E)=C(E)_+^*\backslash\{0\}$，这里 $C(E)_+^*$ 是 $C(E)$ 上连续正泛函的全体.

如果赋予 $\mathfrak{M}(E)$ 以这样的 Borel 构造，它由形如 $\{\nu\in\mathfrak{M}(E)|\nu(F)<\lambda\}$ $(\forall F\in\mathscr{B}, \lambda>0)$ 的子集生成. 由于 E 上有界可测函数 f 可以为简单函数列一致逼近，因此，$\nu\rightarrow\nu(f)$ 将是 $\mathfrak{M}(E)$ 上的可测函数. 同时易见这个 Borel 构造是使得 $\nu\rightarrow\nu(f)$ 可测的最小 Borel 构造.

由于 $C(E)$ 是可分的 Banach 空间，因此 $(C(X)^*, w^*)$ 是标准的 Borel 空间，这里 w^* 表示 $C(X)^*$ 中的弱 * 拓扑，从而，$\mathfrak{M}(E)=C(E)_+^*\backslash\{0\}$ 依弱 * 拓扑也是标准的 Borel 空间. 对任

意的 $f\in C(E)$，$\nu\to\nu(f)$ 是 $\mathfrak{M}(E)$ 上弱 * 连续的函数，由此，$\nu\to\nu(F)$ 是 $(\mathfrak{M}(E), w^*)$ 上的可测函数，$\forall F\in\mathscr{B}$. 因此，由 $\{\nu\in\mathfrak{M}(E)\mid\nu(F)<\lambda\}$ $(\forall F\in\mathscr{B}, \lambda>0)$ 产生的 Borel 构造 $\mathscr{P}$ 包含于由弱 * 拓扑所产生的标准 Borel 构造.

依定理 9.3.13，今只须证明 $\mathscr{P}$ 包含分离的可数族. 设 $\{r_n\}$ 是 $[0, 1]$ 中有理数的全体，$\{t_k\}$ 是 $(0, +\infty)$ 中有理数的全体，令 $Q_{ijk}=\{\nu\in\mathfrak{M}(E)\mid\nu([r_i, r_j])<t_k\}$，易见 $\{Q_{ijk}\}$ 将分离 $\mathfrak{M}(E)$. 证毕.

引理 11.7.7 设 $(E, \mathscr{B})$ 是标准的 Borel 空间，$\mathfrak{M}(E)$ 如前一引理所述. 又设 $\mathscr{H}(\cdot)$ 是 E 上 Hilbert 空间的可测场，$\xi(\cdot)$ 是 $\mathscr{H}(\cdot)$ 的有界可测矢场，$a(\cdot)$ 是 $\mathscr{H}(\cdot)$ 中一致有界的算子可测场，$M(\cdot)$ 是 $\mathscr{H}(\cdot)$ 中 vN 代数的可测场，则

1) $\nu\to\int_E^{\oplus}\mathscr{H}(t)d\nu(t)$ 是 $\mathfrak{M}(E)$ 上 Hilbert 空间的可测场，它有可测矢场的基本族为 $\nu\to\int_E^{\oplus}\eta(t)d\nu(t)$，这里 $\eta(\cdot)$ 是 $\mathscr{H}(\cdot)$ 的任意有界可测矢场，而 $\int_E^{\oplus}\eta(t)d\nu(t)$ 表示 $\int_E^{\oplus}\mathscr{H}(t)d\nu(t)$ 的元 $\eta(\cdot)$；

2) $\nu\to\int_E^{\oplus}\xi(t)d\nu(t)$ 是 $\nu\to\int_E^{\oplus}\mathscr{H}(t)d\nu(t)$ 的可测矢场，并且在 $\mathfrak{M}(E)_1$ 上有界，这里 $\mathfrak{M}(E)_1=\{\nu\in\mathfrak{M}(E)\mid\nu(E)=1\}$；

3) $\nu\to\int_E^{\oplus}a(t)d\nu(t)$ 是 $\nu\to\int_E^{\oplus}\mathscr{H}(t)d\nu(t)$ 中的一致有界的算子可测场；

4) $\nu\to\int_E^{\oplus}M(t)d\nu(t)$ 是 $\nu\to\int_E^{\oplus}\mathscr{H}(t)d\nu(t)$ 中的 vN 代数可测场.

证. 1)设 $\{\xi_n(\cdot)\}$ 是场 $\mathscr{H}(\cdot)$ 的直交规范基，无妨认为 $E=[0, 1]$，$\{f_n\}$ 是 $C(E)$ 的可数稠集，于是，依命题 11.1.9，对每个 $\nu\in\mathfrak{M}(E)$，$\left\{\int_E^{\oplus}(f_n\xi_m)(t)d\nu(t)\right\}_{n,m}$ 是 $\int_E^{\oplus}\mathscr{H}(t)d\nu(t)$ 的完全子集. 由引理 11.7.6，$\nu\to\int_E^{\oplus}\mathscr{H}(t)d\nu(t)$ 是 $\mathfrak{M}(E)$ 上 Hilbert 空

间的可测场. 今若 $\eta(\cdot)$ 是 $\mathscr{H}(\cdot)$ 的有界可测矢场，则 $\langle\eta(t), f_n(t)\xi_m(t)\rangle_t$ 是 E 上的有界可测函数，从而，$\left\langle\int_E^{\oplus}\eta(t)d\nu(t), \int_E^{\oplus}(f_n\xi_m)(t)d\nu(t)\right\rangle=\int_E^{\oplus}\langle\eta(t), f_n(t)\xi_m(t)\rangle_t d\nu(t)$ 是 $\mathfrak{M}(E)$ 上的可测函数，$\forall n, m$. 所以，$\nu\to\int_E^{\oplus}\eta(t)d\nu(t)$ 是场 $\nu\to\int_E^{\oplus}\mathscr{H}(t)d\nu(t)$ 的可测矢场.

2) 由 1) 显见.

3) 由于 $a(\cdot)f_n(\cdot)\xi_m(\cdot)$ 仍然是 $\mathscr{H}(\cdot)$ 的有界可测矢场，$\forall n, m$, 因此，算子场 $\nu\to\int_E^{\oplus}a(t)d\nu(t)$ 是可测的. 此外，依命题 11.2.3, $\left\|\int_E^{\oplus}a(t)d\nu(t)\right\|\leqslant\sup_t\|a(t)\|_t$, $\forall\nu\in\mathfrak{M}(E)$.

4) 设 $\{a_n(\cdot)\}_n$ 是 $\mathscr{H}(\cdot)$ 中的算子可测场列，使得对每个 $t\in E$, $\{a_n(t)\}_n$ 生成 $M(t)$. 无妨设 $\|a_n(t)\|_t\leqslant 1$, $\forall t\in E$ 及 n. 于是对每个 $\nu\in\mathfrak{M}(E)$, $\int_E^{\oplus}M(t)d\nu(t)$ 将由 $\left\{\int_E^{\oplus}f_n(t)1_t d\nu(t), \int_E^{\oplus}a_m(t)d\nu(t)\right\}_{n,m}$ 生成. 再依 3), 可见 $\nu\to\int_E^{\oplus}M(t)d\nu(t)$ 是 $\nu\to\int_E^{\oplus}\mathscr{H}(t)d\nu(t)$ 中 vN 代数的可测场. 证毕.

引理 11.7.8 记 $\mathfrak{M}=\{\nu|\nu$ 是 $\mathscr{F}_{\text{III}}\times\mathbf{N}$ 上非零的有限测度$\}$(依定理 10.4.16 及引理 11.7.6, $\mathfrak{M}$ 是标准的 Borel 空间，其中 $\mathscr{F}_{\text{III}}$ 是 $\mathscr{H}$ 中(III)型因子的全体)，又设$\{Z_n\}$是$\mathscr{H}$中相互不*同构的交换 vN 代数列，使得 $\mathscr{H}$ 中任意的交换 vN 代数，必*同构于某个 Z_n (系 5.3.9)，则存在 $\mathfrak{M}$ 到 $\mathscr{A}$ 中的 Borel 映象 $B(\cdot)$，使得对每个 $\nu\in\mathfrak{M}$, $B(\nu)$ 空间*同构于 $\int_{\mathscr{F}_{\text{III}}\times\mathbf{N}}^{\oplus}(A\overline{\otimes}Z_n)d\nu(A,n)$.

证. 依命题 10.4.3 的证明，$A\to A\overline{\otimes}\mathbf{C}|_{\mathscr{H}}$ 是 $\mathscr{A}=\mathscr{A}(\mathscr{H})$ 到 $\mathscr{A}(\mathscr{H}\otimes\mathscr{H})$ 中的 Borel 映象. 自然 $n\to\mathbf{C}|_{\mathscr{H}}\overline{\otimes}Z_n$ 是 $\mathbf{N}$ 到 $\mathscr{A}(\mathscr{H}\otimes\mathscr{H})$ 中的 Borel 映象. 于是依命题 10.3.5, $(A, n)\to A\overline{\otimes}Z_n$ 是 $\mathscr{F}_{\text{III}}\times\mathbf{N}$ 到 $\mathscr{A}(\mathscr{H}\otimes\mathscr{H})$ 中的 Borel 映象.

依引理 11.7.7，$\nu \to \int_{\mathscr{F}_{\mathrm{III}} \times \mathbf{N}}^{\oplus} (A \overline{\otimes} Z_n) d\nu(A, n)$ 是 $\mathfrak{M}$ 上 $\nu \to \int_{\mathscr{F}_{\mathrm{III}} \times \mathbf{N}}^{\oplus} (\mathscr{H} \otimes \mathscr{H}) d\nu(A, n) = \mathscr{H} \otimes \mathscr{H} \otimes L^2(\mathscr{F}_{\mathrm{III}} \times \mathbf{N}, \nu)$ 中的 vN 代数可测场．但 $\mathscr{H} \otimes \mathscr{H} \otimes L^2(\mathscr{F}_{\mathrm{III}} \otimes \mathbf{N}, \nu)$ 与 $\mathscr{H}$ 有同样的可数无穷维，依命题 11.3.2，有 $\mathfrak{M}$ 到 $\mathscr{A}$ 中的 Borel 映象 $B(\cdot)$，使得 $B(\nu)$ 空间 $*$ 同构于 $\int_{\mathscr{F}_{\mathrm{III}} \times \mathbf{N}}^{\oplus} (A \otimes Z_n) d\nu$，$\forall \nu \in \mathfrak{M}$．证毕．

今设 M 是 $\mathscr{H}$ 中任意固定的(III)型 vN 代数．依定理 11.4.2，将有实轴 $\mathbb{R}$ 上的有限 Borel 测度 ν，Hilbert 空间可测场 $\mathscr{H}(\cdot)$，及 $\mathscr{H}(\cdot)$ 中 vN 代数的可测场 $M(\cdot)$，使得 M 空间 $*$ 同构于 $\int_{\mathbb{R}}^{\oplus} M(t) d\nu(t)$，这 $*$ 同构同时把 $M \cap M'$ 变成 $\int_{\mathbb{R}}^{\oplus} \mathscr{H}(t) d\nu(t)$ 中的对角算子代数以及 $M(t)$ 是因子，$\forall t \in \mathbb{R}$．由定理 11.5.10，可以认为 $M(t)$ 是 (III) 型的，特别 $\mathscr{H}(t)$ 是可数无穷维的，$\forall t \in \mathbb{R}$．于是，可以认为 $\mathscr{H}(\cdot)$ 即 $\mathbb{R}$ 上的定常场 $\mathscr{H}$，$M(\cdot)$ 是 $\mathbb{R}$ 到 $\mathscr{A}$ 中的 Borel 映象(命题 11.3.2)．

引理 11.7.9 可以认为 $M(\mathbb{R})$ 是 $\mathscr{A}$ 的 Borel 子集．

证．显然 $M(\mathbb{R})$ 是 $\mathscr{A}$ 的 Sousline 子集．令 $\mu = \nu \circ M^{-1}$，它是 $\mathscr{A}$ 上的有限测度．依系 9.2.11，有 $\mathscr{A}$ 的 Borel 子集 E，F，使得 $E \subset M(\mathbb{R})$，$(M(\mathbb{R}) \backslash E) \subset F$，并且 $\mu(F) = 0$．记 $\mathbb{R}_0 = M^{-1}(\mathscr{A} \backslash E)$．易见 $\nu(\mathbb{R}_0) = 0$，$M(\mathbb{R} \backslash \mathbb{R}_0) = E$．现在重新定义 $\mathbb{R}_0$ 上的 $M(t)$，使之恒等于 $\mathscr{H}$ 中某个 (III) 型因子，即见 $M(\mathbb{R})$ 是 $\mathscr{A}$ 的 Borel 子集．　证毕．

引理 11.7.10 设 $M(\mathbb{R})$ 是 $\mathscr{A}$ 的 Borel 子集，在 $\mathbb{R}$ 中定义等价关系 $\sim$：$t_1 \sim t_2$ 指 $M(t_1) = M(t_2)$，并赋予 $\mathbb{R}/\sim$ 以商 Borel 构造，则 $\mathbb{R}/\sim$ 也是标准的 Borel 空间，并且 Φ 是 $\mathbb{R}/\sim$ 到 $M(\mathbb{R})$ 上的 Borel 同构，这里 $\Phi(\tilde{t}) = M(t)$，$\pi(t) = \tilde{t}$ 是 $\mathbb{R}$ 到 $\mathbb{R}/\sim$ 上的正则映象．此外，我们可以在 $\mathbb{R}$ 的一个饱和的 (在 $\sim$ 的意义下) ν-零集上重新定义 $M(t)$，使得 π 有 Borel 截面，即可以认为有 Borel 映象 σ：$\mathbb{R}/\sim \to \mathbb{R}$，使得 $\pi \circ \sigma(\tilde{t}) = \tilde{t}$，$\forall \tilde{t} \in \mathbb{R}/\sim$．

证. 如果 F 是 $M(\mathbb{R})$ 的 Borel 子集，$\Phi^{-1}(F)=\pi\circ M^{-1}(F)$，但 $M^{-1}(F)$ 是 $\mathbb{R}$ 的饱和的 Borel 子集，因此，$\Phi^{-1}(F)$ 是 $\mathbb{R}/\sim$ 的 Borel 子集，即 Φ 是 Borel 映象. Φ 当然是一一的. 今证 Φ^{-1} 也是 Borel 的. 设 $\tilde{E}$ 是 $\mathbb{R}/\sim$ 的 Borel 子集，于是 $E=\pi^{-1}(\tilde{E})$ 是 $\mathbb{R}$ 的饱和的 Borel 子集. 因此，$\Phi(\tilde{E})=M(E)$，$\Phi((\mathbb{R}/\sim)\backslash\tilde{E})=M(\mathbb{R}\backslash E)=M(\mathbb{R})\backslash M(E)$ 都是 $M(\mathbb{R})$ 的 Sousline 子集，所以，$\Phi(\tilde{E})$ 是 $M(\mathbb{R})$ 的 Borel 子集. 这样，Φ 是 $\mathbb{R}/\sim$ 到 $M(\mathbb{R})$ 上的 Borel 同构，特别，$\mathbb{R}/\sim$ 也是标准的 Borel 空间. 再依命题 9.4.7，即可得证.

引理 11.7.11 设 $M(\mathbb{R})$ 是 $\mathscr{A}$ 的 Borel 子集，则存在 $\mathbb{R}/\sim$（见引理 11.7.10）到 $\mathfrak{M}(\mathbb{R})_1$ 中的 Borel 映象 $\tilde{t}\to\nu_{\tilde{t}}$，使得对 $\mathbb{R}$ 上任意的有界可测函数 f，$\mathbb{R}/\sim$ 上任意的 $\tilde{\nu}$-可积函数 h，这里 $\tilde{\nu}=\nu\circ\pi^{-1}$，有

$$\int_{\mathbb{R}}(h\circ\pi)(t)f(t)d\nu(t)$$

$$=\int_{\mathbb{R}/\sim}h(\tilde{t})d\tilde{\nu}(\tilde{t})\int_{\mathbb{R}}f(s)d\nu_{\tilde{t}}(s),$$

并且对于 $p.p.\tilde{\nu}$ 的 $\tilde{t}$，$\nu_{\tilde{t}}$ 集中于 $\pi^{-1}(\{\tilde{t}\})$.

证. 依定理 9.3.16，$\mathbb{R}$ 能够 Borel 同构于 Cantor 集 C. C 有由可数个既闭又开子集组成的拓扑基，用这拓扑基生成的 Bool 代数 $\sum_c$ 也由可数个既闭又开的子集组成. 这样，我们可以取 $\mathbb{R}$ 的可数个 Borel 子集组成的 Bool 代数 $\sum$，使得 $\sum$ 生成 $\mathbb{R}$ 的 Borel 子集全体，同时 $\sum$ 的任意元如果表成 $\sum$ 其它元的不交并只能是有限并的形式. 于是，$\sum$ 上每个有限可加的有限测度，也必是可数可加的，从而能够唯一地扩张成 $\mathbb{R}$ 上的有限 Borel 测度.

对于每个 $E\in\sum$，$\nu(E\cap\pi^{-1}(\cdot))$ 是 $\mathbb{R}/\sim$ 上的有限测度，并且关于 $\tilde{\nu}=\nu\circ\pi^{-1}$ 是绝对连续的，因此有 $0\leqslant g_E\in L^1(\mathbb{R}/\sim,\tilde{\nu})$，使得 $\nu(E\cap\pi^{-1}(\cdot))=g_E\cdot\tilde{\nu}(\cdot)$. 由于 $\sum$ 可数，于是有 $\mathbb{R}/\sim$ 的 $\tilde{\nu}$-零子集 $\tilde{E}_0$，使得对于每个 $\tilde{t}\in(\mathbb{R}/\sim\backslash\tilde{E}_0)$，$g_0(\tilde{t})$ 是 $\sum$ 上的有限可加的概率测度，进而 $g_0(\tilde{t})$ 可扩张为 $\mathbb{R}$ 上的概率测度. 因

此，我们得到 $\mathbb{R}/\sim$ 到 $\mathfrak{M}(\mathbb{R})_1$ 中的映象：$\tilde{t}\to\nu_{\tilde{t}}$，使得 $\nu_{\tilde{t}}(E)=g_E(\tilde{t})$，$\forall\tilde{t}\in(\mathbb{R}/\sim\backslash\tilde{E}_0)$，$E\in\Sigma$；$\nu_{\tilde{t}}=\mathbb{R}$ 上某个固定的概率测度，$\forall\tilde{t}\in\tilde{E}_0$。由于$\sum$生成 $\mathbb{R}$ 的 Borel 子集全体，并依引理 11.7.6，可见 $\tilde{t}\to\nu_{\tilde{t}}$ 是 $\mathbb{R}/\sim$ 到 $\mathfrak{M}(\mathbb{R})_1$ 中的 Borel 映象，并且对 $\mathbb{R}$ 的任意 Borel 子集 E，$\mathbb{R}/\sim$的任意 Borel 子集 $\tilde{F}$，

$$\nu(E\cap\pi^{-1}(\tilde{F}))=\int_{\tilde{F}}\nu_{\tilde{t}}(E)d\tilde{\nu}(\tilde{t}).\tag{1}$$

进而对 $\mathbb{R}$ 上任意的有界可测函数 f，$\mathbb{R}/\sim$上任意的 $\tilde{\nu}$-可积函数 h，有

$$\begin{aligned}&\int_{\mathbb{R}}(h\circ\pi)(t)f(t)d\nu(t)\\&\quad=\int_{\mathbb{R}/\sim}h(\tilde{t})d\tilde{\nu}(\tilde{t})\int_{\mathbb{R}}f(s)d\nu_{\tilde{t}}(s).\end{aligned}$$

对 $\mathbb{R}/\sim$的任意 Borel 子集 $\tilde{E},\tilde{F}$，依(1)，

$$\begin{aligned}\int_{\tilde{F}}\chi_{\tilde{E}}(\tilde{t})d\tilde{\nu}(\tilde{t})&=\tilde{\nu}(\tilde{E}\cap\tilde{F})\\&=\nu(\pi^{-1}(\tilde{E})\cap\pi^{-1}(\tilde{F}))\\&=\int_{\tilde{F}}\nu_{\tilde{t}}(\pi^{-1}(\tilde{E}))d\tilde{\nu}(\tilde{t})\end{aligned}$$

因此，对任意固定的 $\tilde{E}$，

$$\chi_{\tilde{E}}(\tilde{t})=\nu_{\tilde{t}}(\pi^{-1}(\tilde{E})),\ p.p.\tilde{\nu}.\tag{2}$$

由于 $\mathbb{R}/\sim$是标准的 Borel 空间，我们可以取 $\mathbb{R}/\sim$的 Borel 子集可数族 $\tilde{\Sigma}$，使得对任意的 $\tilde{t}\in\mathbb{R}/\sim$，有 $\{\tilde{E}_n\}\subset\tilde{\Sigma}$，$\tilde{E}_1\supset\cdots\supset\tilde{E}_n\supset\cdots$，且 $\bigcap_n\tilde{E}_n=\{\tilde{t}\}$。依(2)，对 $p.p.\tilde{\nu}$ 的 $\tilde{t}$，有 $\chi_{\tilde{E}}(\tilde{t})=\nu_{\tilde{t}}(\pi^{-1}(\tilde{E}))$，$\forall\tilde{E}\in\tilde{\Sigma}$。特别地，取上面的 $\{\tilde{E}_n\}$，则 $1=\chi_{\tilde{E}_n}(\tilde{t})=\nu_{\tilde{t}}(\pi^{-1}(\tilde{E}_n))\to\nu_{\tilde{t}}(\pi^{-1}(\{\tilde{t}\}))$。这表明对 $p.p.\tilde{\nu}$ 的 $\tilde{t}$，$\nu_{\tilde{t}}$ 集中于 $\pi^{-1}(\{\tilde{t}\})$。 证毕。

引理 11.7.12 设 $\tilde{t}\to\nu_{\tilde{t}}$ 如引理11.7.11，则 $\tilde{t}\to\int_{\mathbb{R}}^{\oplus}M(s)d\nu_{\tilde{t}}(s)$ 是 $\mathbb{R}/\sim$ 上 $\left(\tilde{t}\to\int_{\mathbb{R}}^{\oplus}\mathscr{H}d\nu_{\tilde{t}}(s)=\mathscr{H}\otimes L^2(\mathbb{R},\nu_{\tilde{t}})\right)$ 中的 vN 代数可测场，并且M空间$*$同构于

$$\int_{\mathbb{R}/\sim}^{\oplus} d\tilde{\nu}(\tilde{t})\int_{\mathbb{R}}^{\oplus} M(s)d\nu_{\tilde{t}}(s).$$

证．取 $\mathbb{R}$ 上的有界可测函数列 $\{f_n\}$，使得对每 $\mu\in\mathfrak{M}(\mathbb{R})$，$\{f_n\}$ 在 $L^2(\mathbb{R},\mu)$ 中稠，且在 $L^\infty(\mathbb{R},\mu)$ 中弱＊稠（仿照引理 11.7.7 的证明）．又设 $\{\xi_n\}$ 是 $\mathscr{H}$ 的直交规范基及 $\{a_n(\cdot)\}$ 是 $\mathbb{R}$ 上定常场 $\mathscr{H}$ 中的算子可测场列，使得 $\{a_n(t)\}_n$ 生成 $M(t)$，$\forall t\in\mathbb{R}$．由于 $\tilde{t}\to\nu_{\tilde{t}}$ 是 Borel 的，依引理 11.7.7，11.7.6，$\left\{\tilde{t}\to\int_{\mathbb{R}}^{\oplus}(f_n\xi_m)(s)d\nu_{\tilde{t}}(s)\right\}_{n,m}$ 是 $\left(\tilde{t}\to\int_{\mathbb{R}}^{\oplus}\mathscr{H}d\nu_{\tilde{t}}=\mathscr{H}\otimes L^2(\mathbb{R},\nu_{\tilde{t}})\right)$ 的可测矢场基本列，并且

$$\tilde{t}\to\int_{\mathbb{R}}^{\oplus}a_n(s)d\nu_{\tilde{t}}(s),\qquad \tilde{t}\to\int_{\mathbb{R}}^{\oplus}f_m(s)1_{\mathscr{H}}d\nu_{\tilde{t}}(s)$$

都是 $\left(\tilde{t}\to\int_{\mathbb{R}}^{\oplus}\mathscr{H}d\nu_{\tilde{t}}\right)$ 中的算子可测场，$\forall n, m$（这里不妨设 $\|a_n(t)\|\leqslant 1$，$\forall t\in\mathbb{R}$，及 n），以及对每个 $\tilde{t}\in\mathbb{R}/\sim$，$\left\{\int_{\mathbb{R}}^{\oplus}a_n(s)d\nu_{\tilde{t}}(s),\int_{\mathbb{R}}^{\oplus}f_m(s)1_{\mathscr{H}}d\nu_{\tilde{t}}(s)\right\}_{n,m}$ 生成 $\int_{\mathbb{R}}^{\oplus}M(s)d\nu_{\tilde{t}}(s)$．因此，$\tilde{t}\to\int_{\mathbb{R}}^{\oplus}M(s)d\nu_{\tilde{t}}(s)$ 是 $\left(\tilde{t}\to\int_{\mathbb{R}}^{\oplus}\mathscr{H}d\nu_{\tilde{t}}\right)$ 中 vN 代数的可测场．依命题 11.1.9.，

$$\left\{\tilde{t}\to h(\tilde{t})\int_{\mathbb{R}}^{\oplus}(f_n\xi_m)(s)d\nu_{\tilde{t}}(s)\,\middle|\, n, m,\ h\text{ 是 }\mathbb{R}/\sim\text{上有界可测函数}\right\}$$

是 $\int_{\mathbb{R}/\sim}^{\oplus}d\tilde{\nu}(\tilde{t})\int_{\mathbb{R}}^{\oplus}\mathscr{H}d\nu_{\tilde{t}}=\int_{\mathbb{R}/\sim}^{\oplus}(\mathscr{H}\otimes L^2(\mathbb{R},\nu_{\tilde{t}}))d\tilde{\nu}(\tilde{t})$ 的完全子集．定义．

$$u\left(\tilde{t}\to h(\tilde{t})\int_{\mathbb{R}}^{\oplus}(f_n\xi_m)(s)d\nu_{\tilde{t}}(s)\right)$$
$$=(t\to h(\pi(t))f_n(t)\xi_m(t))$$

由引理 11.7.11，易见 u 是 $\int_{\mathbb{R}/\sim}^{\oplus}(\mathscr{H}\otimes L^2(\mathbb{R},\nu_{\tilde{t}}))d\tilde{\nu}(\tilde{t})$ 到 $\int_{\mathbb{R}}^{\oplus}\mathscr{H}\times$

$d\nu=\mathscr{H}\otimes L^2(\mathbb{R},\nu)$上的酉算子. 它显然把算子$\int_{\mathbb{R}/\sim}^{\oplus}h(\tilde{t})1_{\tilde{t}}d\tilde{\nu}(\tilde{t})$, $\int_{\mathbb{R}/\sim}^{\oplus}d\tilde{\nu}(\tilde{t})\int_{\mathbb{R}}^{\oplus}a_n(s)d\nu_{\tilde{t}}(s)$, $\int_{\mathbb{R}/\sim}^{\oplus}d\tilde{\nu}(\tilde{t})\int_{\mathbb{R}}^{\oplus}f_m(s)1_{\mathscr{H}}d\nu_{\tilde{t}}(s)$ 分别变成 $\int_{\mathbb{R}}^{\oplus}h(\pi(t))1_{\mathscr{H}}d\nu(t)$, $\int_{\mathbb{R}}^{\oplus}a_n(t)d\nu(t)$, $\int_{\mathbb{R}}^{\oplus}f_m(t)1_{\mathscr{H}}d\nu(t)$. 因此,

$$u\int_{\mathbb{R}/\sim}^{\oplus}d\tilde{\nu}(\tilde{t})\int_{\mathbb{R}}^{\oplus}M(s)d\nu_{\tilde{t}}(s)u^*=\int_{\mathbb{R}}^{\oplus}M(t)d\nu(t).$$ 证毕.

引理 11.7.13 存在 $\mu\in\mathfrak{M}$,使得$M*$同构于 $B(\mu)$,这里$\mathfrak{M}$, $B(\cdot)$ 见引理 11.7.8.

证. 设 $\tilde{t}\to\nu_{\tilde{t}}$ 如引理 11.7.11, $\{f_n\}$ 如引理 11.7.12 证明中所取的. 于是,以 $\left\{\tilde{t}\to\int_{\mathbb{R}}^{\oplus}f_n(s)d\nu_{\tilde{t}}(s)\right\}_n$ 为可测矢场基本列, $\tilde{t}\to L^2(\mathbb{R},\nu_{\tilde{t}})$ 是 $\mathbb{R}/\sim$上 Hilbert 空间的可测场, 并且 $\tilde{t}\to Z_{\tilde{t}}$ 是 $(\tilde{t}\to L^2(\mathbb{R},\nu_{\tilde{t}}))$ 中 vN 代数的可测场, 这里 $Z_{\tilde{t}}$ 是 $L^2(\mathbb{R},\nu_{\tilde{t}})$ 中的乘法代数, $\forall\tilde{t}\in\mathbb{R}/\sim$.

由于 $L^2(\mathbb{R},\nu_{\tilde{t}})$ 是可分的,从而存在唯一的正整数 $n(\tilde{t})$, 使得 $Z_{\tilde{t}}*$同构于 $Z_{n(\tilde{t})}$, $\forall\tilde{t}\in\mathbb{R}/\sim$, 这里$\{Z_n\}$如引理 11.7 8. 我们说 $\tilde{t}\to n(\tilde{t})$ 是 $\mathbb{R}/\sim$ 到 $\mathbb{N}$ 的 Borel 映象. 依命题 11.1.2, 使得 $L^2(\mathbb{R},\nu_{\tilde{t}})$ 有相同维数的$\tilde{t}$是 Borel 集. 于是无妨设所有的 $L^2(\mathbb{R},\nu_{\tilde{t}})$ 有相同的维数,从而 $\tilde{t}\to L^2(\mathbb{R},\nu_{\tilde{t}})$ 酉同构于某定常场 $\mathscr{K}$, 相应 $\tilde{t}\to Z_{\tilde{t}}$ 空间*同构于 $\tilde{t}\to N(\tilde{t})$, 这里 $\tilde{t}\to N(\tilde{t})$ 是 $\mathbb{R}/\sim$ 到$\mathscr{A}(\mathscr{K})$中的 Borel 映象. 对任意固定的 $N_0\in\mathscr{A}(\mathscr{K})$, $a(N_0)$ 是 $\mathscr{A}(\mathscr{K})$的 Borel 子集(命题 10.4.3),因此,$N^{-1}(a(N_0))$ 是 $\mathbb{R}/\sim$ 的 Borel 子集. 由此即见 $\tilde{t}\to n(\tilde{t})$ 是Borel 映象.

我们也可以建立*同构的可测场 $\Psi(\cdot)$,使得 $\Psi(\tilde{t})$ 是 $Z_{\tilde{t}}$ 到 $Z_{n(\tilde{t})}$ 上的*同构, $\forall\tilde{t}\in\mathbb{R}/\sim$. 与前段一样,可设 $\tilde{t}\to Z_{\tilde{t}}$ 空间*同构于 $\tilde{t}\to N(\tilde{t})$, 这里 $\tilde{t}\to N(\tilde{t})$ 是 $\mathbb{R}/\sim$ 到 $\mathscr{A}(\mathscr{K})$ 中的 Borel 映象, $Z_{\tilde{t}}$ 在 $L^2(\mathbb{R},\nu_{\tilde{t}})$ 中有循环且分离矢(函数 1), 于是 $N(\tilde{t})$ 在$\mathscr{K}$中也有循环且分离矢,$\mathscr{K}$中不*同构的交换 vN 代数至多可数个, 因此又可假定 $N(\tilde{t})*$ 同构于 $N(\tilde{t}_0)$, $\forall\tilde{t}\in\mathbb{R}/\sim$,

$\tilde{t}_0$ 是 $\mathbb{R}/\sim$ 的任意固定点. 依定理 1.13.5 $N(\tilde{t})$ 空间*同构于 $N(\tilde{t}_0)$, $\forall \tilde{t}$. 再依定理 11.6.5,便可建立所要求的 $\Psi(\cdot)$.

依引理 11.7.10, Φ 是 $\mathbb{R}/\sim$到 $M(\mathbb{R})$ 上的 Borel 同构, 命 $k(A) = n\circ\Phi^{-1}(A)$, $\forall A\in M(\mathbb{R})$, 及 $k(A)=1$, $\forall A\in(\mathscr{A}\backslash M(\mathbb{R}))$, 则 $k(\cdot)$ 是$\mathscr{A}$到 N 中的 Borel 映象.

令 $\hat{\nu}=\tilde{\nu}\circ\Phi^{-1}=\nu\circ M^{-1}$, 它是$\mathscr{A}$上集中于 $M(\mathbb{R})$ 的有限测度. 我们以符号"$\simeq$"表示 vN 代数之间的*同构, 由于Φ是 Borel 同构,依命题 11.3.12 及引理 11.7.10,有

$$\int_{\mathscr{A}}^{\oplus}(A\overline{\otimes}Z_{k(A)})d\hat{\nu}(A)=\int_{M(\mathbb{R})}^{\oplus}(A\overline{\otimes}Z_{k(A)})d\hat{\nu}(A)$$

$$=\int_{M(\mathbb{R})}^{\oplus}\Phi\circ\Phi^{-1}(A)\overline{\otimes}Z_{k\circ\Phi\circ\Phi^{-1}(A)}d\tilde{\nu}\circ\Phi^{-1}(A)$$

$$\simeq\int_{\mathbb{R}/\sim}^{\oplus}\Phi(\tilde{t})\overline{\otimes}Z_{n(\tilde{t})}d\tilde{\nu}(\tilde{t})\simeq\int_{\mathbb{R}/\sim}^{\oplus}M(\sigma(\tilde{t}))\overline{\otimes}Z_{\tilde{t}}d\tilde{\nu}(\tilde{t})$$

依引理 11.7.11, 对 $p.p.\tilde{\nu}$ 的 $\tilde{t}$, $\nu_{\tilde{t}}$ 集中于 $\pi^{-1}(\{\tilde{t}\})$. 又 $M(t)=M(\sigma(\tilde{t}))$, $\forall t\in\pi^{-1}(\{\tilde{t}\})$, 因此,对 $p.p.\tilde{\nu}$ 的 $\tilde{t}$,

$$\int_{\mathbb{R}}^{\oplus}M(s)d\nu_{\tilde{t}}(s)=\int_{\pi^{-1}(\{\tilde{t}\})}^{\oplus}M(\sigma(\tilde{t}))d\nu_{\tilde{t}}(s)$$
$$=M(\sigma(\tilde{t}))\overline{\otimes}Z_{\tilde{t}},$$

今依引理 11.7.12,可见M *同构于 $\int_{\mathscr{A}}^{\oplus}(A\overline{\otimes}Z_{k(A)})d\hat{\nu}(A)$.

注意 $\hat{\nu}$ 集中于 $M(\mathbb{R})\subset\mathscr{F}_{\mathrm{III}}$, 于是

$$\int_{\mathscr{A}}^{\oplus}(A\overline{\otimes}Z_{k(A)})d\hat{\nu}(A)=\sum_j\oplus\int_{\mathscr{A}_j}^{\oplus}(A\overline{\otimes}Z_j)d\hat{\nu}(A)$$
$$=\sum_j\oplus\int_{\mathscr{A}_j\cap\mathscr{F}_{\mathrm{III}}}^{\oplus}(A\overline{\otimes}Z_j)d\hat{\nu}(A).$$

这里, $\mathscr{A}_j=\{A\in\mathscr{A}\mid k(A)=j\}$, $\forall j$. 进而取 $\mu\in\mathfrak{M}$, 使得 μ 在 $(\mathscr{A}_j\cap\mathscr{F}_{\mathrm{III}})\times\{j\}$ 上等于 $\hat{\nu}$, $\forall j$. 从而, M *同构于 $\int_{\mathscr{F}_{\mathrm{III}}\times\mathrm{N}}^{\oplus}(A\overline{\otimes}Z_n)d\mu(A,n)$. 再依引理 11.7.8, M *同构于 $B(\mu)$. 证毕.

引理 11.7.14 设E是$\mathscr{A}$的 Sousline 子集,则 $a(E)=\{N\in$

$\mathscr{A}$ $|N *$同构于某个属于E的vN 代数$\}$ 也是 $\mathscr{A}$ 的 Sousline 子集.

证. 令 $\Phi(N)=N\bar{\otimes}\mathbb{C}1_{\mathscr{H}}$, 则 Φ 是 $\mathscr{A}=\mathscr{A}(\mathscr{H})$ 到 $\mathscr{A}(\mathscr{H}\otimes\mathscr{H})$ 中的 Borel 同构,依命题 10.4.3 所证明

$$a(E)=\Phi^{-1}(s(\Phi(E)))=\Phi^{-1}(s(\Phi(E))\cap\Phi(\mathscr{A})),$$

依引理 10.4.14, $s(\Phi(E))$ 是 $\mathscr{A}(\mathscr{H}\otimes\mathscr{H})$ 的 Sousline 子集. 于是有 Polish 空间P及P到 $\mathscr{A}(\mathscr{H}\otimes\mathscr{H})$ 中的 Borel 映象f, 使得 $f(P)=s(\Phi(E))\cap\Phi(\mathscr{A})$. 不难见 $\Phi^{-1}\circ f$ 是P到$\mathscr{A}$中的 Borel 映象,依命题 9.35, $a(E)=\Phi^{-1}\circ f(P)$ 是$\mathscr{A}$的 Sousline 子集. 证毕.

命题 11.7.15 $\mathscr{A}_{\text{III}}$ 是$\mathscr{A}$的 Borel 子集.

证. 依引理 11.7.5, 只须证明 $\mathscr{A}_{\text{III}}$ 是 Sousline 子集. 依引理 11.7.8, $B(\mathfrak{M})$ 是$\mathscr{A}$ 的 Sousline 子集, 并依定理 11.5.10, $B(\mathfrak{M})\subset\mathscr{A}_{\text{III}}$. 再由引理 11.7.13, $\mathscr{A}_{\text{III}}=a(B(\mathfrak{M}))$. 从而由引理 11.7.14, $\mathscr{A}_{\text{III}}$ 是$\mathscr{A}$的 Sousline 子集. 证毕.

定理 11.7.16 $\mathscr{A}_f$ ($\mathscr{H}$ 中有限 vN 代数的全体), $\mathscr{A}_{sf}$ ($\mathscr{H}$ 中半有限 vN 代数的全体), $\mathscr{A}_{pi}$ ($\mathscr{H}$ 中真无限 vN 代数的全体), $\mathscr{A}_{\text{I}_k}$ ($\mathscr{H}$ 中 (I_k) 型 vN 代数的全体), $k=\infty,1,2,\cdots$, $\mathscr{A}_{\text{I}}$ ($\mathscr{H}$ 中 (I) 型 vN 代数的全体), $\mathscr{A}_c$ ($\mathscr{H}$ 中连续的 vN 代数的全体), $\mathscr{A}_{\text{II}_1}$ ($\mathscr{H}$ 中 (II_1) 型 vN 代数的全体), $\mathscr{A}_{\text{II}_\infty}$ ($\mathscr{H}$ 中 (II_∞) 型 vN 代数的全体), $\mathscr{A}_{\text{II}}$ ($\mathscr{H}$ 中 (II) 型 vN 代数的全体), $\mathscr{A}_{\text{III}}$ ($\mathscr{H}$ 中 (III) 型 vN 代数的全体), 都是$\mathscr{A}$的 Borel 子集.

证. 对于 $\mathscr{A}_{\text{I}_k}$, $\mathscr{A}_{\text{I}}$, $\mathscr{A}_f$, 及 $\mathscr{A}_{\text{III}}$ 已分别在命题 11.7.1, 11.7.2, 11.7.3 及 11.7.15 中所证明.

为证明 $\mathscr{A}_{sf}$, 依引理 11.7.4, 只须证明 $(\mathscr{A}\backslash\mathscr{A}_{sf})$ 是 Sousline 子集. 注意 $M\in(\mathscr{A}\backslash\mathscr{A}_{sf})$, 当且仅当, $M=M_1\oplus M_2$, 其中 M_2 是 (III) 型的. 换言之, M 能够$*$同构于 $\mathscr{H}\oplus\mathscr{H}$ 中的 vN 代数 $\begin{pmatrix}M_1 & \\ & M_2\end{pmatrix}$, 这里 $M_1, M_2\in\mathscr{A}$, 并且 M_2 是 (III) 型的.

依命题 10.3.3, 10.3.4, $(M_1, M_2) \to \begin{pmatrix} M_1 & \\ & M_2 \end{pmatrix}$ 是 $\mathscr{A} \times \mathscr{A}$ 到 $\mathscr{A}(\mathscr{H} \oplus \mathscr{H})$ 中的 Borel 映象，并且显然是一一的. 于是由命题 11.7.15,

$$E = \left\{ \begin{pmatrix} M_1 & \\ & M_2 \end{pmatrix} \middle| M_1, M_2 \in \mathscr{A}, M_2 \text{是 (III) 型的} \right\}$$

是 $\mathscr{A}(\mathscr{H} \oplus \mathscr{H})$ 的 Borel 子集. 令 v 是 $\mathscr{H} \oplus \mathscr{H}$ 到 $\mathscr{H}$ 上的酉算子，同样由命题 10.3.3, 10.3.4, $v \cdot v^*$ 是 $\mathscr{A}(\mathscr{H} \oplus \mathscr{H})$ 到 $\mathscr{A}$ 上的 Borel 同构. 于是依引理 11.7.14, $(\mathscr{A} \backslash \mathscr{A}_{II}) = a(vEv^*)$ 是 $\mathscr{A}$ 的 Sousline 子集.

$M \bar{\in} \mathscr{A}_{pi}$，当且仅当，$M = M_1 \oplus M_2$，其中 M_2 是有限的. 从而使用与上面同样的方法，可见 $(\mathscr{A} \backslash \mathscr{A}_{pi})$ 是 $\mathscr{A}$ 的 Sousline 子集. $M \in \mathscr{A}_{pi}$，当且仅当，M 有投影 p，使得 $1 \sim p \sim (1-p)$. 设 S 是 $B(\mathscr{H})$ 的单位球，考虑 $\mathscr{A} \times S \times S$ 的满足如下条件的元 (M, v_1, v_2): 1) $a_n(M')v_j = v_j a_n(M')$, $\forall n$, $j = 1, 2$; 2) $v_j v_j^* = 1$, $j = 1, 2$; 3) $v_1^* v_1 \cdot v_2^* v_2 = 0$; 4) $v_1^* v_1 + v_2^* v_2 = 1$, 这里 $a_n(\cdot)$: $\mathscr{A} \to S$ 如命题 10.3.3. 易见这是 Borel 子集，因此，$\mathscr{A}_{pi}$ 是 $\mathscr{A}$ 的 Sousline 子集. 进而，$\mathscr{A}_{pi}$ 是 Borel 子集.

依定理 6.8.4 及相似的方法，可证 $\mathscr{A}_{II}$ 是 Sousline 子集. 此外，$M \bar{\in} \mathscr{A}_{II}$，当且仅当，$M = M_1 \oplus M_2$，其中 M_2 是 (I) 型或 (III) 型的. 因此，又可以证明 $(\mathscr{A} \backslash \mathscr{A}_{II})$ 是 Sousline 子集. 所以，$\mathscr{A}_{II}$ 是 Borel 子集.

由此，$\mathscr{A}_{II_1} = \mathscr{A}_{II} \cap \mathscr{A}_f$, $\mathscr{A}_{II_\infty} = \mathscr{A}_{II} \cap \mathscr{A}_{pi}$ 也都是 Borel 子集.

最后，

$\mathscr{A}_c = \mathscr{A}_{II} \cup \mathscr{A}_{III} \cup \{M \in \mathscr{A} \mid M = M_2 \oplus M_3$, M_2, M_3 分别是 (II), (III) 型的$\}$. 因此 $\mathscr{A}_c$ 是 Sousline 子集，又 $M \bar{\in} \mathscr{A}_c$，当且仅当，$M = M_1 \oplus M_2$，其中 M_1 是离散的. 因此，$(\mathscr{A} \backslash \mathscr{A}_c)$ 也是 Sousline 子集. 所以，$\mathscr{A}_c$ 是 Borel 子集. 证毕.

注 本节见参考文献 [27], [84], [100], [119].

§8. 可分 c^*-代数态空间的 Borel 子集

设 A 为有单位元的可分 c^*-代数，$\mathscr{S}$ 是 A 的态空间. 依 $\sigma(A^*, A)$，$\mathscr{S}$ 是紧 Polish 空间. 事实上，设 $\{a_n\}$ 是 A 单位球的可数稠集，对任意的 $\varphi, \psi\in\mathscr{S}$，定义 $d(\varphi, \psi)=\sum\limits_n 2^{-n}|(\varphi-\psi)(a_n)|$. 由此即见 $\mathscr{S}$ 是紧 Polish 空间.

对任意的 $n=\infty, 1, 2, \cdots$，$\mathscr{H}_n$ 是 n 维 Hilbert 空间，R_n 是 A 在 $\mathscr{H}_n$ 中非退化 $*$ 表示的全体. 在 R_n 中，$\pi_l\rightarrow\pi$ 指 $\|(\pi_l(a)-\pi(a))\xi\|\rightarrow 0$，$\forall a\in A, \xi\in\mathscr{H}_n$. 依引理 11.6.1，$R_n$ 是 Polish 空间.

引理 11.8.1 Φ: $\pi\rightarrow\pi(A)''$ 是 R_n 到 $\mathscr{A}_n$ 中的 Borel 映象，这里 $\mathscr{A}_n$ 是 $\mathscr{H}_n$ 中 vN 代数的全体.

证. 设 $\{a_k\}$ 是 A 单位球的可数稠集，定义 $a_k(\cdot): R_n\rightarrow(B(\mathscr{H}_n), \sigma)$，即 $a_k(\pi)=\pi(a_k), \forall\pi\in R_n$. 对任意的 $\xi, \eta\in\mathscr{H}_n$，$\langle a_k(\cdot)\xi, \eta\rangle$ 显然是 R_n 上的连续函数. 因此，$\{a_k(\cdot)\}$ 是 R_n 到 $(B(\mathscr{H}_n), \sigma)$ 中的 Borel 映象列，并且对每个 $\pi\in R_n$，$\{a_k(\pi)\}_k$ 生成 $\pi(A)''$. 依命题 10.3.4，Φ 是 R_n 到 $\mathscr{A}_n$ 中的 Borel 映象. 证毕.

命题 11.8.2 $R_n^{(t)}=\{\pi\in R_n|\pi(A)''$ 是 (t) 型 vN 代数$\}$ 是 R_n 的 Borel 子集，这里 (t) 可以是因子，有限，半有限，真无限，(I_k) $(k=\infty, 1, 2, \cdots)$，(I)，(II_1)，(II_∞)，(II)，(III)，(c)（指连续）及 (I_{rr})（指不可约）.

证. 除 (I_{rr}) 外，由定理 10.3.6，11.7.16 及引理 11.8.1 立见. $\pi\in R_n^{(\mathrm{I}_{rr})}$，当且仅当，$\pi(A)''=B(\mathscr{H}_n)$，即 $\pi(A)$ 的单位球在 $(S$，强算子$)$ 中稠，这里 S 是 $B(\mathscr{H}_n)$ 的单位球. $(S$，强算子$)$ 是 Polish 空间，设 d 为相应的距离，其可数稠集为 $\{b_k\}$. 又设 $\{a_k\}$ 是 A 单位球的可数稠集，则

$$R_n^{(\mathrm{I}_{rr})}=\bigcap_{k,p}\bigcup_m\{\pi\in R_n|d(\pi(a_m), b_k)<p^{-1}\}.$$

所以，$R_n^{(\mathrm{Irr})}$ 是 R_n 的 G_δ 子集．　证毕．

今对 $n=\infty,1,2,\cdots$，又命

$E_n=\{(\pi,\ \xi)\mid\pi\in R_n,\ \xi\in\Gamma_n$，且 ξ 是 $\pi(A)$ 的循环矢$\}$．这里 $\Gamma_n=\{\xi\in\mathscr{H}_n\mid\|\xi\|=1\}$．

引理 11.8.3　E_n 是 $R_n\times\Gamma_n$ 的 G_δ 子集，从而依诱导拓扑，E_n 是 Polish 空间．

证．设 $\{a_k\}$ 是 A 的可数稠集，$\{\xi_k\}$ 是 $\mathscr{H}_n$ 的可数稠集，则 $E_n=\bigcap\limits_{i,j}\bigcup\limits_k\{(\pi,\xi)\in R_n\times\Gamma_n\mid\|\pi(a_k)\xi-\xi_j\|<i^{-1}\}$．所以，$E_n$ 是 $R_n\times\Gamma_n$ 的 G_δ 子集．　证毕．

今命 $E=\cup\{E_n\mid n=\infty,\ 1,\ 2,\ \cdots\}$，它也是 Polish 空间，且每个 E_n 是 E 的既闭又开子集．并定义映象 $\Psi:E\to\mathscr{S}$，即 $\Psi(\pi,\xi)(a)=\langle\pi(a)\xi,\xi\rangle$，$\forall a\in A$．

引理 11.8.4　Ψ 是 E 到 $\mathscr{S}$ 上的连续映象．

证．连续性显然．今设 $\varphi\in\mathscr{S}$，相应有 A 的循环 $*$ 表示 $\{\pi_\varphi,\mathscr{H}_\varphi,1_\varphi\}$．设 $\dim\mathscr{H}_\varphi=n$，$u$ 是 $\mathscr{H}_\varphi$ 到 $\mathscr{H}_n$ 上的酉算子，并命 $\pi=u\pi_\varphi u^*\in R_n$，则

$$\varphi(a)=\langle\pi_\varphi(a)1_\varphi,1_\varphi\rangle=\langle\pi(a)\xi,\xi\rangle=\Psi(\pi,\xi)(a)$$
$$\forall a\in A.$$

这里 $\xi=u1_\varphi\in\Gamma_n$．因此，$\Psi(E)=\mathscr{S}$．证毕．

引理 11.8.5　设 $\Lambda\subset\mathscr{S}$，如果 $\Psi^{-1}(\Lambda)$ 是 E 的 Sousline 或 Borel 子集，则 Λ 也是 $\mathscr{S}$ 的 Sousline 或 Borel 子集．

证．依引理 11.8.4，Ψ 把 E 的 Sousline 子集变成 $\mathscr{S}$ 的 Sousline 子集．从而，如果 $\Psi^{-1}(\Lambda)$ 是 E 的 Sousline 子集，则 $\Lambda=\Psi(\Psi^{-1}(\Lambda))$ 是 $\mathscr{S}$ 的 Sousline 子集．

如果 $\Psi^{-1}(\Lambda)$ 是 E 的 Borel 子集，则 $(E\backslash\Psi^{-1}(\Lambda))$ 也是 E 的 Borel 子集．依前段，Λ 及 $\Psi(E\backslash\Psi^{-1}(\Lambda))=(\mathscr{S}\backslash\Lambda)$ 都是 $\mathscr{S}$ 的 Sousline 子集．因此，Λ 是 $\mathscr{S}$ 的 Borel 子集．　证毕．

定理 11.8.6　设 $\varphi(\in\varphi)$ 产生 A 的 $*$ 表示是 $\{\pi_\varphi,\mathscr{H}_\varphi\}$，则 $\mathscr{S}(t)=\{\varphi\in\mathscr{S}\mid\pi_\varphi(A)''$ 是(t)型的 vN 代数$\}$是 $\mathscr{S}$ 的 Borel 子集，

这里 (t) 可以是因子，有限，半有限，真无限，$(\mathrm{I}_k)(k=\infty, 1, 2, \cdots)$，$(\mathrm{I})$，$(\mathrm{II}_1)$，$(\mathrm{II}_\infty)$，$(\mathrm{II})$，$(\mathrm{III})(c)$及$(\mathrm{I}_{rr})$.

证. 对 $n=\infty, 1, 2, \cdots$，依命题 11.8.2，$(R_n^{(t)}\times\Gamma_n)$ 是 $(R_n\times\Gamma_n)$ 的 Borel 子集. 因此，$\bigcup_n((R_n^{(t)}\times\Gamma_n)\cap E_n)$ 是E的 Borel 子集.

如果 $(\pi, \xi)\in(R_n^{(t)}\times\Gamma_n)\cap E_n$，则$\pi$是$A$在$\mathscr{H}_n$中的$(t)$型$*$表示，并且有循环矢$\xi$. 显然$A$的循环$*$表示$\{\pi, \mathscr{H}_n, \xi\}$酉等价 $\varphi=\Psi(\pi, \xi)$ 产生的$*$表示，因此，$\Psi(\pi, \xi)\in\mathscr{S}^{(t)}$. 反之，如果 $\varphi\in\mathscr{S}^{(t)}$，依引理 11.8.4，有 $(\pi, \xi)\in E_n$，使得 $\Psi(\pi, \xi)=\varphi$. 由于 $\langle\pi(a)\xi, \xi\rangle=\langle\pi_\varphi(a)1_\varphi, 1_\varphi\rangle$，$\forall a\in A$，因此，循环$*$表示 $\{\pi, \mathscr{H}_n, \xi\}$ 与 $\{\pi_\varphi, \mathscr{H}_\varphi, 1_\varphi\}$ 酉等价. 从而，π是A在$\mathscr{H}_n$中的(t)型$*$表示，且以ξ为循环矢，即说明 $(\pi, \xi)\in(R_n^{(t)}\times\Gamma_n)\cap E_n$. 所以，

$$\Psi^{-1}\mathscr{S}^{(t)}=\bigcup_n((R_n^{(t)}\times\Gamma_n)\cap E_n)$$

是E的 Borel 子集. 再依引理 11.8.5，$\mathscr{S}^{(t)}$ 是$\mathscr{S}$的 Borel 子集. 证毕.

注 本节见参考文献 [34]，[84]，[95].

第十二章 (AF) 代数

本章考察一类特殊而又重要的 c^*-代数——逼近有限维的 c^*-代数,简称为 (AF) 代数, 它是 (UHF) 代数(3.8.2)的直接推广.

§1 讨论(AF)代数定义的等价说法(12.1.11), 这是 J. Glimm 结果的直接推广. §2 对于(AF)代数, G. A. Elliotl 引进维数的概念, 这作法与 F. J. Murray 和 J. von Neumann 的维数理论相似, 并且指出维数值域的不变量将完全刻划 (AF) 代数 (12.2.8, 12.2.9),由此给出 (AF) 代数的同构定理(12.2.10). (AF) 代数是有限维 c^*-代数递增列的闭包, §3 指出,(AF)代数不仅与这递增列的每个有限维 c^*-代数的构造有关, 而且与这递增列嵌入方式有关. 为此, O. Bratteli 引进 (AF) 代数的图 (12.3.3), 能够清楚地表达上述关系. §4 利用图来讨论 (AF) 代数的理想与素理想, 指出它们与图的某类子集有着一一对应的关系 (12.4.5, 12.4.8). §5 由 (AF) 代数引进维数群(一种序交换群), 这是很为重要的概念 (12.5.1), 并且还讨论了维数群的序理想与素序理想 (12.5.6, 12.5.9). §6 指出维数群的(序同构)分类,将导致 (AF) 代数的"稳定"分类(12.6.7).

§1. (AF) 代数的定义

定义 12.1.1 c^*-代数 A 称为逼近有限维的,简称为 (AF) 的,指存在递增的有限维 * 子代数列$\{A_n\}$,使得 $\bigcup\limits_n A_n$ 在 A 中稠, 即 $\overline{\bigcup\limits_n A_n} = A$.

命题 12.1.2 设$A=\bigcup_n A_n$是(AF)代数，则A有单位元 1，当且仅当，存在 n_0，使得 $1_n=1$，$\forall n\geqslant n_0$，这里 1_n 是 A_n 的单位元.

证．充分性显然．今设A有单位元 1，如果有子列 $\{n_k\}$，使得 $1_{n_k}\neq 1$，$\forall k$，由于 $\{A_n\}$ 是递增的，因此，$1_n\neq 1$，$\forall n$．取 $x\in A_{n_0}$，使得 $\|x-1\|<1$．无妨设 $A\subset B(\mathscr{H})$，及 1 是$\mathscr{H}$中的恒等算子，于是可取 $\xi\in(1-1_{n_0})\mathscr{H}$，$\|\xi\|=1$．但

$$1>\|1-x\|\geqslant\|\xi-x\xi\|=\|\xi-x1_{n_0}\xi\|=\|\xi\|=1$$

矛盾．　证毕．

引理 12.1.3 对任意的 $\varepsilon\in\left(0,\ \frac{1}{4}\right)$，存在 $\gamma=\gamma(\varepsilon)>0$ 具有下面的性质：如果A是 Hilbert 空间$\mathscr{H}$中的 c^*-代数，p 是$\mathscr{H}$中的投影，又设有 $a\in A$，而 $\|a-p\|<\gamma$，则有A的投影 q，使得 $\|p-q\|<\varepsilon$.

证．无妨认为 $a^*=a$．设 $\delta\in\left(0,\ \frac{\varepsilon}{2}\right)$，及函数 $|\lambda^2-\lambda|$ 在 $([-2,\ 2]\backslash\{(-\delta,\ \delta)\cup(1-\delta,\ 1+\delta)\})$ 中的极小值为 $m(>0)$．今取 $\gamma=\gamma(\varepsilon)>0$，使得 $\gamma^2+3\gamma\leqslant\min\left\{\frac{3\varepsilon}{2},\ \frac{m}{2}\right\}$．考察

$$\begin{aligned}\|a^2-a\|&=\max\{|\lambda^2-\lambda|\,|\,\lambda\in\sigma(a)\}\\&\leqslant\|a^2-ap-pa+p\|+\|p(a-p)\|\\&\quad+\|(a-p)p\|+\|p-a\|\\&\leqslant\|(a-p)^2\|+3\|a-p\|<\gamma^2+3\gamma,\end{aligned}$$

当 $|\lambda|>2$ 时，$|\lambda^2-\lambda|>1$，因此，$\sigma(a)\subset[-2,\ 2]$．又当 $\lambda\in([-2,\ 2]\backslash\{(-\delta,\delta)\cup(1-\delta,1+\delta)\})$ 时，$|\lambda^2-\lambda|\geqslant m$，因此，

$$\sigma(a)\subset(-\delta,\delta)\cup(1-\delta,\ 1+\delta).$$

作连续函数 f，使得：当 $\lambda\in(-\delta,\ \delta)$时，$f(\lambda)=0$；当 $\lambda\in(1-\delta,\ 1+\delta)$ 时，$f(\lambda)=1$．于是，$q=f(a)$ 是A的投影，

并且 $\|p-q\| \leqslant \|p-a\|+\|a-q\|<\gamma+\delta<\varepsilon$. 证毕.

引理 12.1.4 设 $\varepsilon>0$, n 是正整数,存在 $\delta_1=\delta_1(\varepsilon,n)>0$ 具有下面的性质: 如果 A 是 c^*-代数, $p_1, \cdots, p_n$ 是 A 的投影,满足 $\|p_ip_j\|<\delta_1, \forall i \neq j$, 则有 A 的相互直交的投影 $q_1, \cdots, q_n$, 使得 $\|p_i-q_i\|<\varepsilon$, $1 \leqslant i \leqslant n$.

证. 对 n 使用归纳法. 当 $n=1$ 时显然,这时 $\delta_1(\varepsilon, 1)$ 可以是任意的正数. 今设对 n 有上面所说的 $\delta_1(\varepsilon, n)$. 对 $(n+1)$ 及 $\varepsilon>0$,令

$$\delta_1(\varepsilon, n+1)=\min \left\{\frac{\gamma(\varepsilon)}{6n}, \delta_1\left(\frac{\gamma(\varepsilon)}{6n}, n\right)\right\}.$$

这里 $\gamma(\varepsilon)$ 如引理 12.1.3, 并无妨设 $\varepsilon \in\left(0, \frac{1}{4}\right)$ 及 $\gamma(\varepsilon) \leqslant \varepsilon$. 如果 $p_1, \cdots, p_{n+1}$ 是 A 的投影, 并且 $\|p_ip_j\|<\delta_1(\varepsilon, n+1)$, $1 \leqslant i \neq j \leqslant n+1$, 于是, $\|p_ip_j\|<\delta_1\left(\frac{\gamma(\varepsilon)}{6n}, n\right)$, $1 \leqslant i \neq j \leqslant n$. 依归纳假定,有 A 的相互直交的投影 $q_1, \cdots, q_n$, 使得 $\|p_i-q_i\|<\frac{\gamma(\varepsilon)}{6n}$, $1 \leqslant i \leqslant n$. 令 $q=\sum_{i=1}^{n} q_i$, 则

$$\begin{aligned}\|p_{n+1}-(1-q)p_{n+1}(1-q)\| &\leqslant 3\|p_{n+1}q\| \leqslant 3 \sum_{i=1}^{n}\|p_{n+1}q_i\| \\ &<3\left\{\sum_{i=1}^{n}\|p_{n+1}p_i\|+\frac{\gamma(\varepsilon)}{6}\right\}<3n\delta_1(\varepsilon, n+1)+\frac{\gamma(\varepsilon)}{2} \\ &\leqslant \gamma(\varepsilon).\end{aligned}$$

设 B 是由 $\{q_1, \cdots, q_n, (1-q)p_{n+1}(1-q)\}$ 生成的 A 的交换 c^*-子代数, 用引理 12.1.3 于 B, $\varepsilon>0$ 及 p_{n+1}, 则有 B 的投影 q_{n+1}, 使得 $\|p_{n+1}-q_{n+1}\|<\varepsilon$. 由于 B 是交换的, $q_{n+1}q_i$ 仍然是投影,并且

$$\|q_{n+1}q_i\|<\|p_{n+1}q_i\|+\varepsilon<\|p_{n+1}p_i\|+2\varepsilon<1.$$

因此, $q_{n+1}q_i=0$, $1 \leqslant i \leqslant n$. 所以, $q_1, \cdots, q_{n+1}$ 满足要求. 证毕.

引理 12.1.5 设A是c^*-代数，$\{p_1, \cdots, p_n\}$，$\{q_1, \cdots, q_n\}$是A的相互直交投影族，并且$\|p_i - q_i\| < 1$，$1 \leqslant i \leqslant n$，则存在$A$的部分等距元 w，使得

$$(p_i w q_i)^* \cdot (p_i w q_i) = q_i,\ (p_i w q_i) \cdot (p_i w q_i)^* = p_i,$$
$$1 \leqslant i \leqslant n$$
$$w^* w = \sum_{i=1}^n q_i,\ w w^* = \sum_{i=1}^n p_i.$$

证. 取 $\delta \in (0, 1)$，使得 $\|p_i - q_i\| < \delta$，$1 \leqslant i \leqslant n$. 作实轴上的连续函数 f: 当 $\lambda \leqslant \frac{1}{2}(1-\delta)$ 时，$f(\lambda) = 0$；当 $\lambda \geqslant 1 - \delta$ 时，$f(\lambda) = \lambda^{-1}$；当 $\lambda \in \left(\frac{1-\delta}{2}, 1-\delta\right)$ 时，$f(\lambda)$ 呈线状，又命 B_i 是由 $\{p_i, p_i q_i p_i\}$ 生成的A的交换 c^*-子代数，Ω_i 是局部紧 Hausdorff 空间，使得 $B_i \cong C_0^\infty(\Omega_i)$，$1 \leqslant i \leqslant n$.

对任意的 $\rho \in \Omega_i$，$\rho(p_i)$ 只取 0 或 1 的值. 当 $\rho(p_i) = 0$ 时，由于 $0 \leqslant p_i q_i p_i \leqslant p_i$，因此，$\rho(p_i q_i p_i) = 0$；当 $\rho(p_i) = 1$ 时，由于 $\|p_i q_i p_i - p_i\| \leqslant \|q_i - p_i\| < \delta$，因此，$\rho(p_i q_i p_i) \in (1-\delta, 1]$. 于是，依 f 的定义，

$$f(\rho(p_i q_i p_i)) \cdot \rho(p_i q_i p_i) = \rho(p_i),\ \forall \rho \in \Omega_i,$$

所以，$p_i = f(p_i q_i p_i) \cdot p_i q_i p_i$. 记 $x_i = f(p_i q_i p_i)^{\frac{1}{2}}$，由于 B_i 是交换的，$p_i = p_i q_i p_i x_i^2 = x_i p_i q_i p_i x_i = p_i x_i q_i x_i p_i$.

交换 p_i 与 q_i 的位置，如命 $y_i = f(q_i p_i q_i)^{\frac{1}{2}}$，则 $q_i = y_i^2 q_i p_i q_i$. 进而命 $w_i = p_i x_i q_i$，则 $w_i w_i^* = p_i x_i q_i x_i p_i = p_i$，$w_i^* w_i = q_i x_i p_i x_i q_i = y_i^2 q_i p_i q_i \cdot p_i x_i^2 q_i = y_i^2 q_i (p_i q_i p_i x_i^2) q_i = y_i^2 q_i p_i q_i = q_i$，$1 \leqslant i \leqslant n$. 最后令 $w = \sum_{i=1}^n w_i$ 即满足要求. 证毕.

引理 12.1.6 对任意的 $\varepsilon \in (0, 1]$，正整数 n，存在 $\delta_2 = \delta_2(\varepsilon, n) > 0$ 具有下面的性质：如果 $\{p_1, \cdots, p_n\}$，$\{q_1, \cdots, q_n\}$ 是 c^*-代数A的相互直交的投影族，满足 $\|p_i - q_i\| < \delta_2$，$1 \leqslant i \leqslant n$，则有$A$的部分等距元 w，使得

$$\left.\begin{array}{l}(p_iwq_i)^* \cdot (p_iwq_i) = q_i,\\ (p_iwq_i) \cdot (p_iwq_i)^* = p_i\\ \|p_i - p_iwq_i\| < \varepsilon\end{array}\right\} 1 \leqslant i \leqslant n.$$

以及 $w^*w = \sum_{i=1}^{n} q_i$，$ww^* = \sum_{i=1}^{n} p_i$. 此外，如果 A 有单位元 1，并且 $\sum_{i=1}^{n} p_i = 1$，则 w 又能满足 $\|1 - w\| < \varepsilon$.

证. 令 $\delta_2(\varepsilon, n) = \frac{\varepsilon}{4n}$，如果 $\|p_i - q_i\| < \delta_2, 1 \leqslant i \leqslant n$，在引理 12.1.5 的证明中，取那里的 $\delta = \delta_2$，并保持所有的符号，则

$$\begin{aligned}\|p_i - w_i\| &= \|p_i(p_i - x_iq_i)\|\\ &\leqslant \|x_iq_i - x_ip_i\| + \|(p_i - x_i)p_i\|\\ &\leqslant \|x_i\| \cdot \|q_i - p_i\| + \|x_i - p_i\|.\end{aligned}$$

注意对任意的 $\rho \in \Omega_i$，如果 $\rho(p_i) = 0$，则 $\rho(x_i) = 0$；如果 $\rho(p_i) = 1$，则 $\rho(x_i) \in [1, (1 - \delta_2)^{-\frac{1}{2}})$. 于是，$\|x_i\| < (1 - \delta_2)^{-1}$，$\|p_i - x_i\| < (1 - \delta_2)^{-1} - 1 = (1 - \delta_2)^{-1}\delta_2$. 因此，

$$\|p_i - p_iwq_i\| = \|p_i - w_i\| < 2\delta_2(1 - \delta_2)^{-1} < \varepsilon,$$
$$1 \leqslant i \leqslant n.$$

如果还有 $\sum_{i=1}^{n} p_i = 1$，则如上所证，$\|1 - w\| \leqslant \sum_{i=1}^{n} \|p_i - w_i\| < 2n\delta_2(1 - \delta_2)^{-1} < \varepsilon$. 证毕.

引理 12.1.7 对任意的 $\varepsilon \in (0, 1]$，存在 $\delta_3 = \delta_3(\varepsilon) > 0$ 具有下面的性质：如果 A 是 Hilbert 空间 $\mathscr{H}$ 中的 c^*-代数，p_1, p_2 是 A 的投影，q_1, q_2 是 $\mathscr{H}$ 中的投影，$a \in A$，$v \in B(\mathscr{H})$，满足

$$\|p_i - q_i\| < \delta_3, i = 1, 2, v^*v = q_1,$$
$$vv^* = q_2, \|v - a\| < \delta_3,$$

则有 $u \in A$，使得 $u^*u = p_1, uu^* = p_2, \|u - v\| < \varepsilon$.

证. 令 $\delta_3 = \delta_3(\varepsilon) = \frac{\varepsilon}{128}$，并设 B 是由 $\{p_2, p_2aa^*p_2\}$ 生成的 A 的交换 c^*-子代数，Ω 是局部紧 Hausdorff 空间，使得 $B \cong$

$C_0^{\infty}(\Omega)$. 又设

$$\Omega_1=\{\rho\in\Omega\,|\,\rho(p_2)=1\},$$
$$\Omega_2=\{\rho\in\Omega\,|\,\rho(p_2)=0\}.$$

于是，$\Omega_1\cap\Omega_2=\varnothing$，$\Omega_1\cup\Omega_2=\Omega$，$\Omega_1$ 是Ω的既闭又开的紧子集. 注意 $\|p_2-p_2aa^*p_2\|\leqslant\|p_2-aa^*\|\leqslant\|p_2-q_2\|+\|q_2-aa^*\|\leqslant\|p_2-q_2\|+\|vv^*-va^*\|+\|va^*-aa^*\|<4\delta_3<1$，于是

$$|\rho(p_2-p_2aa^*p_2)|<4\delta_3<1,\ \forall\rho\in\Omega. \tag{1}$$

从而可取 $x\in B_+$，使得

$$\rho(x^2)=\begin{cases}\rho(p_2aa^*p_2)^{-1}, & \text{如果 }\rho\in\Omega_1;\\ 0, & \text{如果 }\rho\in\Omega_2.\end{cases} \tag{2}$$

因此，

$$x^2p_2aa^*p_2=p_2 \tag{3}$$

由于(1)，当 $\rho\in\Omega_1$ 时，

$$\rho(x^2)=[1-\rho(p_2-p_2aa^*p_2)]^{-1}$$
$$=\sum_{n=0}^{\infty}\rho(p_2-p_2aa^*p_2)^n.$$

于是，依(1)，(2)，

$$\|x^2-p_2\|=\max_{\rho\in\Omega_1}|1-\rho(x^2)]$$
$$\leqslant\max_{\rho\in\Omega_1}\sum_{n=1}^{\infty}|\rho(p_2-p_2aa^*p_2)|^n$$
$$<\frac{4\delta_3}{1-4\delta_3}<8\delta_3. \tag{4}$$

$$\|x\|\leqslant(1-4\delta_3)^{-\frac{1}{2}}\leqslant2,\ \|x^2\|\leqslant(1-4\delta_3)^{-1}\leqslant2, \tag{5}$$

$$\|x-p_2\|=\max_{\rho\in\Omega_1}\rho(x+p_2)^{-1}|\rho(x^2-p_2)|$$
$$\leqslant\|x^2-p_2\|<8\delta_3, \tag{6}$$

令 $w=xp_2a$，依(3)，$ww^*=p_2$. 由此，w^*w 必为A的投影，并且依 $q_1=v^*q_2v$，(4)，(5)，

$$\|w^*w-p_1\|\leqslant\|a^*p_2x^2p_2a-v^*p_2x^2p_2a\|$$
$$+\|v^*p_2x^2p_2a-v^*p_2x^2p_2v\|$$

$$
\begin{aligned}
&+ \|v^*p_2x^2p_2v - q_1\| + \|q_1 - p_1\| \\
\leqslant\ & \|a - v\| \cdot \|a\| \cdot \|x^2\| + \|x^2\| \cdot \|a - v\| \\
&+ \|p_2x^2p_2 - p_2\| + \|p_2 - q_2\| + \|p_1 - q_1\| \\
<\ & 2(1 + \delta_3)\delta_3 + 2\delta_3 + 8\delta_3 + 2\delta_3 \\
<\ & 16\delta_3 = \delta_2\left(\frac{\varepsilon}{2}, 1\right).
\end{aligned}
$$

这里 $\delta_2\left(\frac{\varepsilon}{2}, 1\right) = \frac{\varepsilon}{8}$（见引理 12.1.6 的证明）。用引理 12.1.6 于 w^*w、p_1，$\frac{\varepsilon}{2}$ 及 $n = 1$，便有 A 的部分等距元 w_1，使得

$$
w_1^*w_1 = p_1, \quad w_1w_1^* = w^*w,
$$
$$
\|w_1 - w^*w\| < \frac{\varepsilon}{2}. \tag{7}
$$

令 $u = ww_1$，则 $u^*u = p_1$，$uu^* = p_2$，并且由 $w = xp_2a$，$w = ww^*w, v = q_2v$，(5)，(6)，(7)，

$$
\begin{aligned}
\|u - v\| \leqslant\ & \|ww_1 - w\| + \|w - v\| \\
\leqslant\ & \|w_1 - w^*w\| + \|v - p_2v\| \\
&+ \|p_2v - xp_2v\| + \|xp_2v - xp_2a\| \\
\leqslant\ & \|w_1 - w^*w\| + \|q_2 - p_2\| \\
&+ \|p_2 - x\| + \|x\| \cdot \|v - a\| \\
<\ & \frac{\varepsilon}{2} + \delta_3 + 8\delta_3 + 2\delta_3 < \varepsilon.
\end{aligned}
$$

证毕.

引理 12.1.8 对任意的 $\varepsilon > 0$，正整数 n，存在 $\delta_4 = \delta_4(\varepsilon, n) > 0$ 具有下面的性质：如果 A 是 Hilbert 空间 $\mathscr{H}$ 中的 c^*-代数，$\{e_{ij}^{(k)} | 1 \leqslant i, j \leqslant n_k, 1 \leqslant k \leqslant m\}$ 是 $\mathscr{H}$ 中的矩阵单位，即

$$
(e_{ij}^{(k)})^* = e_{ji}^{(k)}, \quad e_{ij}^{(k)}e_{i'j'}^{(k')} = \delta_{kk'}\delta_{ji'}e_{ij'}^{(k)}, \quad \forall i, j, k, i', j', k'.
$$

这里 $n = n_1 + \cdots + n_m$，并且如果有 A 的元族 $\{a_{ij}^{(k)}\}$，使得 $\|e_{ij}^{(k)} - a_{ij}^{(k)}\| < \delta_4$，$\forall i, j, k$，则有 A 的矩阵单位 $\{q_{ij}^{(k)}\}$，使得 $\|e_{ij}^{(k)} - q_{ij}^{(k)}\| < \varepsilon$，$1 \leqslant i, j \leqslant n_k$，$1 \leqslant k \leqslant m$. 此外，如果 $\sum\limits_{i,k} e_{ii}^{(k)} = 1$

($\mathscr{H}$ 中的恒等算子)，则也有 $1\in A$，及 $\sum\limits_{i,k} q_{ii}^{(k)}=1$.

证. 首先设 $\delta_4\leqslant\gamma(\varepsilon_1)$，这里 $\gamma(\cdot)$ 定义如引理 12.1.3，而 ε_1 待定，则有 A 的投影 $p_{ii}^{(k)}$，使得 $\|e_{ii}^{(k)}-p_{ii}^{(k)}\|<\varepsilon_1$，$\forall i,k$. 于是 $\|p_{ii}^{(k)}p_{jj}^{(l)}\|<2\varepsilon_1$，$\forall(i,k)\neq(j,l)$. 再设 $\varepsilon_1<\delta_1(\varepsilon_2,n)$，这里 $\delta_1(\cdot,\cdot)$ 定义如引理 12.1.4，而 ε_2 待定，则有 A 的相互直交的投影 $\{q_{ii}^{(k)}\}_{i,k}$，使得 $\|q_{ii}^{(k)}-p_{ii}^{(k)}\|<\varepsilon_2$，$\forall i,k$. 由此，$\|q_{ii}^{(k)}-e_{ii}^{(k)}\|<\varepsilon_1+\varepsilon_2$，$\forall i,k$. 注意

$$e_{1i}^{(k)*}e_{1i}^{(k)}=e_{ii}^{(k)},\quad e_{1i}^{(k)}e_{1i}^{(k)*}=e_{11}^{(k)},$$

$$\|q_{ii}^{(k)}-e_{ii}^{(k)}\|<\varepsilon_1+\varepsilon_2,\quad \|q_{11}^{(k)}-e_{11}^{(k)}\|<\varepsilon_1+\varepsilon_2,$$

$$\|a_{1i}^{(k)}-e_{1i}^{(k)}\|<\delta_4\leqslant\gamma(\varepsilon_1)<\varepsilon_1+\varepsilon_2.$$

今取 $\varepsilon_1+\varepsilon_2<\delta_3(\varepsilon_3)$，这里 $\delta_3(\cdot)$ 如引理 12.1.7，而 ε_3 待定，则存在 $q_{1i}^{(k)}\in A$，使得

$$q_{1i}^{(k)*}q_{1i}^{(k)}=q_{ii}^{(k)},\quad q_{1i}^{(k)}q_{1i}^{(k)*}=q_{11}^{(k)},\quad \|q_{1i}^{(k)}-e_{1i}^{(k)}\|<\varepsilon_3.$$

命 $q_{ij}^{(k)}=q_{1i}^{(k)*}q_{1j}^{(k)}$，即见 $\{q_{ij}^{(k)}\}$ 是 A 的矩阵单位，且当 $\varepsilon_1+\varepsilon_2+\varepsilon_3$ 充分小时，即有 $\|q_{ij}^{(k)}-e_{ij}^{(k)}\|<\varepsilon$，$\forall i,j,k$.

此外，如果 $\sum\limits_{i,k}e_{ii}^{(k)}=1$，无妨设 $n\varepsilon<1$，则 $\left\|\sum\limits_{i,k}q_{ii}^{(k)}-1\right\|<n\varepsilon<1$，因此，$\sum\limits_{i,k}q_{ii}^{(k)}=1$. 证毕.

引理 12.1.9 设 A 是有单位元的 c^*-代数，则 A 是 (AF) 的，当且仅当，满足：1) A 是可分的；2) 对 A 的任意有限个元 $a_1,\cdots,a_n$，及 $\varepsilon>0$，有 A 的有限维 * 子代数 B 及 B 的元 $b_1,\cdots,b_n$，使得

$$\|b_i-a_i\|<\varepsilon,\quad 1\leqslant i\leqslant n.$$

这时并可从 A 的任意有限维 * 子代数 A_1 出发，找到 $A_1\subset A_2\subset\cdots\subset A_n\subset\cdots\subset A$，每个 A_n 都是有限维 * 子代数，且 $1\in A_n$，$\forall n\geqslant 2$，使得 $A=\overline{\bigcup\limits_n A_n}$.

证. 必要性显然. 今证充分性. 设 $\{x_n\}$ 是 A 的以 0 为中心，

$\frac{1}{2}$ 为半径开球的可数稠集，且 $x_1 = 0$. 设 A_1 是 A 的有限维 * 子代数(例 $A_1 = [1]$，或者 A_1 为已给定的)，及 $a_1^{(1)} = 0(\in A_1)$，则 $\|a_1^{(1)} - x_1\| < 2^{-1}$. 今假定已找到 $A_1 \subset \cdots \subset A_n$，$A_1, \cdots, A_n$ 都是 A 的有限维 * 子代数，且 $1 \in A_k$，$2 \leqslant k \leqslant n$，并有 $a_1^{(k)}, \cdots, a_k^{(k)} \in A_k$，使得 $\|a_i^{(k)} - x_i\| < 2^{-k}$，$1 \leqslant i \leqslant k$，$1 \leqslant k \leqslant n$. 设 $\{e_{ij}^{(k)}\}$ 是 A_n 的矩阵单位元，且为 A_n 的基，自然 $\sum\limits_{i,k} e_{ii}^{(k)} = 1$ (见命题 6.7.4). 用充分性条件于 $\{x_1, \cdots, x_{n+1}, e_{ij}^{(k)}, \forall i, j, k\}$，并由引理 12.1.8，将有 A 的有限维 * 子代数 B，B 的矩阵单位 $\{f_{ij}^{(k)}\}$，B 的元 $b_1, \cdots, b_{n+1}$，使得 $\sum\limits_{i,k} f_{ii}^{(k)} = 1$，$\|f_{ij}^{(k)} - e_{ij}^{(k)}\| < \delta$，$\forall i, j, k$，$\|x_i - b_i\| < \varepsilon$，$1 \leqslant i \leqslant n+1$，这里 δ, ε 待定. 当 δ 足够小时，依引理 12.1.6，将有 A 的部分等距元 w，使得

$$
\begin{aligned}
&(e_{11}^{(k)} w f_{11}^{(k)})^* \cdot (e_{11}^{(k)} w f_{11}^{(k)}) = f_{11}^{(k)}, \\
&(e_{11}^{(k)} w f_{11}^{(k)}) \cdot (e_{11}^{(k)} w f_{11}^{(k)})^* = e_{11}^{(k)} \\
&\|e_{11}^{(k)} - e_{11}^{(k)} w f_{11}^{(k)}\| < \varepsilon, \quad \forall k.
\end{aligned} \tag{1}
$$

命 $u = \sum\limits_{j,k} e_{j1}^{(k)} w f_{1j}^{(k)}$，易见它是 A 的酉元，并且 $u f_{ij}^{(k)} u^* = e_{ij}^{(k)}$，$\forall i, j, k$. 命 $A_{n+1} = uBu^*$，则 $1 \in A_{n+1}$，$A_n \subset A_{n+1}$. 又令 $a_i^{(n+1)} = u b_i u^*$，则

$$
\begin{aligned}
\|a_i^{(n+1)} - x_i\| &\leqslant \|b_i - x_i\| + \|a_i^{(n+1)} - b_i\| \\
&< \varepsilon + \|u b_i u^* - b_i\| \\
&= \varepsilon + \Big\| \sum_{i,k,l,m} [f_{ji}^{(k)} b_i f_{ll}^{(m)} \\
&\qquad - e_{j1}^{(k)} w f_{1j}^{(k)} b_i f_{l1}^{(m)} w^* e_{1l}^{(m)}] \Big\| \\
&\leqslant \varepsilon + (\dim A_n)^2 \sup_{j,k,l,m} \|f_{jj}^{(k)} b_i f_{ll}^{(m)} - e_{j1}^{(k)} w f_{1j}^{(k)} b_i \\
&\qquad f_{l1}^{(m)} w^* e_{1l}^{(m)}\|.
\end{aligned}
$$

无妨设 $\varepsilon < 1/2$，由于 $\|x_i\| < 1/2$，$\|b_i - x_i\| < \varepsilon$，于是 $\|b_i\| < 1$. 由此

$$
\begin{aligned}
&\|f_{jj}^{(k)}b_if_{ll}^{(m)}-e_{j1}^{(k)}wf_{1j}^{(k)}b_if_{l1}^{(m)}w^*e_{1l}^{(m)}\|\\
\leqslant&\|f_{jj}^{(k)}b_if_{ll}^{(m)}-f_{jj}^{(k)}b_if_{l1}^{(m)}w^*e_{1l}^{(m)}\|\\
&+\|(f_{jj}^{(k)}-e_{j1}^{(k)}wf_{1j}^{(k)})b_if_{l1}^{(m)}w^*e_{1l}^{(m)}\|\\
\leqslant&2\sup_{s,t}\|f_{ss}^{(t)}-e_{s1}^{(t)}wf_{1s}^{(t)}\|,\quad\forall j,k,l,m.
\end{aligned}
$$

依 $\|f_{ss}^{(t)}-e_{ss}^{(t)}\|<\delta$，$\|e_{1s}^{(t)}-f_{1s}^{(t)}\|<\delta$，及 (1)

$$
\begin{aligned}
&\|f_{ss}^{(t)}-e_{s1}^{(t)}wf_{1s}^{(t)}\|\\
<&\delta+\|e_{s1}^{(t)}e_{11}^{(t)}e_{1s}^{(t)}-e_{s1}^{(t)}e_{11}^{(t)}wf_{11}^{(t)}f_{1s}^{(t)}\|\\
<&2\delta+\|e_{11}^{(t)}f_{1s}^{(t)}-e_{11}^{(t)}wf_{11}^{(t)}f_{1s}^{(t)}\|\\
<&2\delta+\varepsilon,\quad\forall s,t.
\end{aligned}
$$

因此，当 δ,ε 充分小，就有 $\|a_i^{(n+1)}-x_i\|<2^{-n-1}$，$1\leqslant i\leqslant n+1$. 递推之，我们便得到 A 的有限维 $*$ 子代数递增列 $\{A_n\}$，并且 $1\in A_n$，$\forall n\geqslant 2$，使得 $A=\overline{\bigcup_n A_n}$. 证毕.

引理 12.1.10 设 A 是 c^*-代数，则 A 是 (AF) 的，当且仅当，$(A\dotplus\mathbb{C})$ 是 (AF) 的.

证. 必要性显然. 反之，设 $(A\dotplus\mathbb{C})$ 是 (AF) 的，于是有 $(A\dotplus\mathbb{C})$ 的有限维 $*$ 子代数递增列 $\{B_n\}$，使得 $A\dotplus\mathbb{C}=\overline{\bigcup_n B_n}$，且 $1\in B_n$，$\forall n$. 命 $A_n=B_n\cap A$，自然 $\{A_n\}$ 是 A 的有限维 $*$ 子代数的递增列. 对任意的 $a\in A$，有 $b_n\in B_n$，$b_n\to a$. 由于 $B_n=A_n\dotplus\mathbb{C}$，可写 $b_n=a_n+\lambda_n$，其中 $a_n\in A_n$，$\lambda_n\in\mathbb{C}$，$\forall n$. 但 A 是 $(A\dotplus\mathbb{C})$ 的亏维数为 1 的闭子空间，因此，$a_n\to a$. 即 $A=\overline{\bigcup_n A_n}$. 证毕.

定理 12.1.11 设 A 是 c^*-代数，则 A 是 (AF) 的，必须且只须，满足：

1) A 是可分的；

2) 对 A 的任意有限个元 $a_1,\cdots,a_n$ 及 $\varepsilon>0$，存在 A 的有限维 $*$ 子代数 B 及 B 的元 $b_1,\cdots,b_n$，使得

$$\|a_i-b_i\|<\varepsilon,\quad 1\leqslant i\leqslant n.$$

这时若任意给定 A 的有限维 $*$ 子代数 A_1，则可找到 A 的有限维 $*$

子代数列 $A_1 \subset A_2 \subset \cdots \subset A_n \subset \cdots$，使得 $A = \overline{\bigcup_n A_n}$.

证. 由引理 12.1.9, 12.1.10 立见.

命题 12.1.12 设 A 是(AF)代数，p 是 A 的投影，则 pAp 也是(AF)代数，且有单位元 p.

证. 对任意的 $x_1, \cdots, x_n \in pAp$，及 $\varepsilon > 0$，依定理 12.1.11，有 A 的有限维 * 子代数 B 及 B 的元 $y_1, \cdots, y_n, a$，使得

$$\|x_i - y_i\| < \varepsilon, \quad 1 \leqslant i \leqslant n,$$
$$\|p - a\| < \gamma(\delta_2(\varepsilon, 1)).$$

这里 $\nu(\cdot)$ 如引理 12.1.3，$\delta_2(\cdot,\cdot)$ 如引理 12.1.6. 于是有 B 的投影 q，使得 $\|p - q\| < \delta_2(\varepsilon, 1)$. 进而又有 A 的部分等距元 w，使得

$$ww^* = q, \quad w^*w = p, \quad \|p - w\| < \varepsilon.$$

令 $C = w^*Bw$，由于 $ww^* = q \in B$，$pw^* = w^*$，$wp = w$，因此，C 是 pAp 的有限维 * 子代数，并且

$$\begin{aligned}
\|x_i - w^*y_iw\| &\leqslant \|x_i - py_ip\| + \|py_ip - w^*y_iw\| \\
&\leqslant \|x_i - y_i\| + \|(p - w^*)y_ip\| \\
&\quad + \|w^*y_i(p - w)\| \\
&< \varepsilon + 2\varepsilon\|y_i\| \leqslant \varepsilon + 2\varepsilon(\|x_i\| + \varepsilon), \\
&\qquad 1 \leqslant i \leqslant n.
\end{aligned}$$

依定理 12.1.11，pAp 是(AF)的. 证毕.

定理 12.1.13 设 A 是有单位元的 c^*-代数，则 A 是 (UHF) 的，必须且只须，满足：1) A 是可分的；2) 对 A 的任意有限个元 $a_1, \cdots, a_n$ 及 $\varepsilon > 0$，存在 A 的有限维子因子 B 及 B 的元 $b_1, \cdots, b_n$，使得 $\|a_i - b_i\| < \varepsilon$，$1 \leqslant i \leqslant n$. 这时如果写 $A = \overline{\bigcup_n A_n}$ 如定义 3.8.2，则 A_1 可以是任意给定的.

证明与引理 12.1.9 完全相似.

注 本节见参考文献 [8], [19], [41].

§2. 维数与同构定理

考虑复数域上的$*$代数 A. A的元 p 称为投影,指 $p^* = p = p^2$. 记A的投影全体为 $P = P(A)$. 此外,我们假定A满足：如果 $a \in A$, $a^*a = 0$, 则 $a = 0$.

定义 12.2.1 $p, q \in P$ 称为等价的,记作 $p \sim q$, 指存在 $v \in A$,使得 $p = v^*v$, $q = vv^*$.

这时必有 $vp = v$, $v^*q = v^*$. 事实上,

$$(v - vp)^*(v - vp) = v^*v - v^*vp - pv^*v + pv^*vp$$
$$= 0.$$

依所设, $v = vp$. 同证 $v^*q = v^*$.

由此,$\sim$是 P 中的等价关系. 对每个 $p \in P$, 有等价类 $\tilde{p}$.

定义 12.2.2 记P的等价类全体为 $E = E(A)$. $P(A)$ 到 $E(A)$ 上的正则映象 $d(\cdot)$ 称为P上的维数.

定义 12.2.3 E的元 $\tilde{p}_1, \cdots, \tilde{p}_n$ 称为可加的,指存在 $p_i \in \tilde{p}_i$, $1 \leqslant i \leqslant n$,使得 $p_ip_j = 0$, $\forall i \neq j$. 这时并定义 $\tilde{p}_1 + \cdots + \tilde{p}_n = (p_1 + \cdots + p_n)^\sim$.

我们说这加法并不依赖于 $\{p_i\}$ 的选择. 事实上,若另有 $q_i \in \tilde{p}_i$, $1 \leqslant i \leqslant n$, 使得 $q_iq_j = 0$, $\forall i \neq j$. 由于 $p_i \sim q_i$, 因此有 $v_i \in A$, 使得 $v_i^*v_i = p_i$, $v_iv_i^* = q_i$, $1 \leqslant i \leqslant n$. 令 $v = v_1 + \cdots + v_n$,由于

$$v_i^*v_j = v_i^*q_iq_jv_j = 0, \quad v_jv_i^* = v_jp_jp_iv_i^* = 0,$$
$$\forall i \neq j.$$

因此,

$$v^*v = \sum_{i=1}^n p_i, \qquad vv^* = \sum_{i=1}^n q_i,$$

即

$$\left(\sum_{i=1}^n p_i\right)^\sim = \left(\sum_{i=1}^n q_i\right)^\sim.$$

定义 12.2.4 设 A, B 是前述的 $*$ 代数, $E(A)$ 与 $E(B)$ 称为同构的,指存在 $E(A)$ 到 $E(B)$ 上的一一映象 Ψ,使得 $E(A)$ 的元 $\tilde{p}_1, \cdots, \tilde{p}_n$ 是可加的,当且仅当, $E(B)$ 的元 $\Psi(\tilde{p}_1), \cdots, \Psi(\tilde{p}_n)$ 是可加的, 并且 $\Psi(\tilde{p}_1 + \cdots + \tilde{p}_n) = \Psi(\tilde{p}_1) + \cdots + \Psi(\tilde{p}_n)$.

显然,如果 Φ 是 A 到 B 上的 $*$ 代数同构,令 $\Psi(\tilde{p}) = \widetilde{\Phi(p)}$,则 Ψ 是 $E(A)$ 到 $E(B)$ 上的同构.

定义 12.2.5 $*$ 代数 A 称为 (LF) 的, 指 $A = \bigcup_n A_n$, 这里 $A_1 \subset \cdots \subset A_n \subset \cdots$,并且每个 A_n 是有限维的 c^*-代数.

特别地, (AF) 代数包含一个稠的 (LF) $*$ 子代数.

引理 12.2.6 设 $A = \bigcup_n A_n$ 是 (LF) 代数, 又 B, C 是 A 的有限维 c^*-子代数, Φ 是 B 到 C 上的 $*$ 同构, 使得 $p \sim \Phi(p)$, $\forall p \in P \cap B$,则存在 A(如果 A 有单位元)或($A \dotplus$C)的酉元 u, 使得 $ubu^* = \Phi(b)$, $\forall b \in B$.

证. 设 $\{e_{ij}^{(k)}\}$ 是 B 矩阵单位的基,于是, $\{f_{ij}^{(k)} = \Phi(e_{ij}^{(k)})\}$ 也是 C 矩阵单位的基. 依假定,有 $v_k \in A$,使得 $v_k^* v_k = e_{11}^{(k)}$, $v_k v_k^* = f_{11}^{(k)}$, $\forall k$. 令

$$w = \sum_{j,k} f_{j1}^{(k)} v_k e_{1j}^{(k)}.$$

易见 $w^* w = e$, $ww^* = \Phi(e)$, 这里 $e = \sum_{j,k} e_{jj}^{(k)}$ 是 B 的单位元, $\Phi(e) = \sum_{j,k} f_{jj}^{(k)}$ 是 C 的单位元,并且 $wbw^* = \Phi(b)$, $\forall b \in B$.

设 n 充分大,使得 w, $w^* \in A_n$. 因此,在 A_n 中, $e \sim \Phi(e)$. 依命题 6.3.2,有 $w' \in A_n$,使得

$$w'^* w' = 1_n - e, \quad w' w'^* = 1_n - \Phi(e),$$

这里 1_n 是 A_n 的单位元. 如果 1 是 A (如果 A 有单位元) 或 ($A \dotplus$C)的单位元, 则 $u = w + w' + (1 - 1_n)$ 是 A 或 ($A \dotplus$C) 的酉

元，并且 $ubu^* = wbw^* = \Phi(b)$, $\forall b \in B$.　证毕.

引理 12.2.7　设 A_i 是 * 代数, $E_i = E(A_i)$, $i = 1, 2$, Ψ 是 E_2 到 E_1 上的同构映象. 如果 B_2 是 A_2 的有限维 c^*-子代数, 则存在 A_1 的有限维 c^*-子代数 B_1, 及 B_1 到 B_2 上的 * 同构 Φ, 使得对于 B_1 的任意投影 p, 有 $\Psi(\widetilde{\Phi(p)}) = \tilde{p}$.

证. 设 $\{f_{ij}^{(k)}\}$ 是 B_2 矩阵单位的基，依 Ψ 的性质，有 A_1 的相互直交的投影族 $\{e_{ii}^{(k)}\}$，使得

$$\Psi(\widetilde{f_{ii}^{(k)}}) = \widetilde{e_{ii}^{(k)}}, \quad \forall i, k.$$

由于 $f_{ii}^{(k)} \sim f_{jj}^{(k)}$, 因此, $e_{ii}^{(k)} \sim e_{jj}^{(k)}$, 即有 $e_{i1}^{(k)} \in A_1$ 使得

$$e_{i1}^{(k)*} e_{i1}^{(k)} = e_{11}^{(k)}, \quad e_{i1}^{(k)} e_{i1}^{(k)*} = e_{ii}^{(k)}, \quad \forall i, k.$$

如果命 $e_{ij}^{(k)} = e_{i1}^{(k)} e_{j1}^{(k)*}$, 易见 $\{e_{ij}^{(k)}\}$ 是矩阵单位. 进而令 $B_1 = [e_{ij}^{(k)}]$, $\Phi(e_{ij}^{(k)}) = f_{ij}^{(k)}$, $\forall i, j, k$, 则 Φ 是 B_1 到 B_2 上的 * 同构.

今若 p 是 B_1 的投影，则有某些 $e_{ii}^{(k)}$，记它们的和为 $\sum' e_{ii}^{(k)}$，使得 $p \sim \sum' e_{ii}^{(k)}$. 于是，依 Ψ 的可加性，$\Psi(\widetilde{\Phi(p)}) = \Psi(\widetilde{\sum' f_{ii}^{(k)}}) = \sum' \Psi(\widetilde{f_{ii}^{(k)}}) = \sum' \widetilde{e_{ii}^{(k)}} = \tilde{p}$.　证毕.

定理 12.2.8　设 $A = \bigcup_n A_n$, $A' = \bigcup_n A'_n$ 是 (LF) 代数，如果 $E = E(A)$ 与 $E' = E(A')$ 是同构的，则 A 与 A' 也是 * 代数同构的.

证. 设法取子列 $\{m_k\}$, $\{n_k\}$, A 的有限维 c^*-子代数列 $\{B_k\}$，使得

$$A_{m_1} \subset B_1 \subset A_{m_2} \subset B_2 \subset \cdots \subset A_{m_k} \subset B_k \subset \cdots$$

并有 B_k 到 A'_{n_k} 上的 * 同构 Ψ_k, 使得 $\Psi_{k+1} | B_k = \Psi_k$, $\forall k$, 以及有交换图:

$$\begin{array}{ccccccc}
B_1 & \hookrightarrow & B_2 & \hookrightarrow \cdots \hookrightarrow & B_k & \hookrightarrow & \cdots \\
\downarrow \Psi_1 & & \downarrow \Psi_2 & & \downarrow \Psi_k & & \\
A'_{n_1} & \hookrightarrow & A'_{n_2} & \hookrightarrow \cdots \hookrightarrow & A_{n_k} & \hookrightarrow & \cdots
\end{array}$$

这里"$\hookrightarrow$"表示嵌入映象. 由此即见 A 与 A' * 同构.

作法的步骤与原则如下:

$$
\begin{array}{ccccccccccc}
A_1 = A_{m_1} & \hookrightarrow & B_1 & \hookrightarrow & A_{m_2} & \hookrightarrow & B_2 & \hookrightarrow & A_{m_3} & \hookrightarrow & \cdots \\
\Big| & & {\scriptstyle u_1}\downarrow & & {\scriptstyle G_2}\downarrow & & {\scriptstyle u_2}\downarrow & & \downarrow & & \\
{\scriptstyle \Phi_1}\Big| & & C_1 & & C'_2 & & C_2 & & C'_3 & & \\
\downarrow & & {\scriptstyle F_1}\downarrow & & {\scriptstyle u'_2}\downarrow & & {\scriptstyle F_2}\downarrow & & \downarrow & & \\
B'_1 & \hookrightarrow & A'_{n_1} & \hookrightarrow & B'_2 & \hookrightarrow & A'_{n_2} & \hookrightarrow & B'_3 & \hookrightarrow & \cdots
\end{array}
$$

具体说来是这样的.

设Ψ是E到E'上的同构，$m_1=1$. 依引理12.2.7，有A'的$*$子代数B'_1,及A_{m_1}到B'_1上的$*$同构Φ_1,使得对A_{m_1}的任意投影p_1,有

$$\Psi(\tilde{p}_1)=\widetilde{\Phi_1(p_1)}. \tag{1}$$

自然可选n_1,使得$B'_1\subset A'_{n_1}$. 同样用引理12.2.7,将有A的$*$子代数C_1及C_1到A'_{n_1}上的$*$同构F_1,使得对C_1的任意投影q_1,有

$$\Psi(\tilde{q}_1)=\widetilde{F_1(q_1)} \tag{2}$$

于是,有交换图

$$
\begin{array}{ccc}
A_{m_1} & \xrightarrow{F_1^{-1}\circ\Phi_1} & C_1 \\
{\scriptstyle \Phi_1}\downarrow & & {\scriptstyle F_1}\downarrow \\
B'_1 & \hookrightarrow & A'_{n_1}
\end{array}
$$

且对A_{m_1}的任意投影p_1,依(1),(2),

$$\widetilde{F_1^{-1}\circ\Phi_1(p_1)}=\Psi^{-1}(\widetilde{\Phi_1(p_1)})=\tilde{p}_1.$$

用引理12.2.6于A，A_{m_1}，$F_1^{-1}\circ\Phi_1(A_{m_1})$，则有$(A\dot{+}\mathbf{C})$的酉元$u_1$,使得

$$u_1au_1^*=F_1^{-1}\circ\Phi_1(a),\quad \forall a\in A_{m_1}.$$

令$B_1=u_1^*C_1u_1$，则$B_1\supset u_1^*(F_1^{-1}\circ\Phi_1(A_{m_1}))u_1=A_{m_1}$. 因此得到$B_1$到$A'_{n_1}$上的$*$同构$\Psi_1(\cdot)=F_1(u_1\cdot u_1^*)$，并且对$B_1$的任意投影$r_1$,依(2)有

$$\Psi(\tilde{r}_1)=\Psi(\widetilde{u_1r_1u_1^*})=\widetilde{F_1(u_1r_1u_1^*)}=\widetilde{\Psi_1(r_1)} \tag{3}$$

取 $m_2(>m_1)$，使得 $B_1\subset A_{m_2}$. 依引理 12.2.7，有 A' 的＊子代数 C'_2,及 A_{m_2} 到 C'_2 上的＊同构 G_2，使得对 A_{m_2} 的任意投影 p_2，有

$$\Psi(\tilde{p}_2)=\widetilde{G_2(p_2)}. \tag{4}$$

于是有交换图

$$\begin{array}{ccc} B_1 & \hookrightarrow & A_{m_2} \\ \Psi_1\downarrow & & G_2\downarrow \\ A'_{n_1} & \xrightarrow{G_2\circ\Psi_1^{-1}} & C'_2 \end{array}$$

并且对 A'_{n_1} 的任意投影 p'_1,依(3),(4),

$$\widetilde{G_2\circ\Psi_1^{-1}(p'_1)}=\Psi(\widetilde{\Psi_1^{-1}(p'_1)})=\tilde{p}'_1,$$

用引理 12.2.6 于 A', A'_{n_1}, $G_2\circ\Psi_1^{-1}(A'_{n_1})$，则有 $(A'\dotplus\mathbb{C})$ 的酉元 u'_2,使得 $G_2\circ\Psi_1^{-1}(a')=u'_2a'u'^*_2$, $\forall a'\in A'_{n_1}$. 令 $B'_2=u'^*_2C'_2u'_2$，则 $B'_2\supset u'^*_2(G_2\circ\Psi_1^{-1}(A'_{n_1}))u'_2=A'_{n_1}$. 因此得到

$$\begin{array}{ccc} B_1 & \hookrightarrow & A_{m_2} \\ \Psi_1\downarrow & & \Phi_2\downarrow \\ A'_{n_1} & \hookrightarrow & B'_2 \end{array},$$

这里 $\Phi_2(a)=u'^*_2G_2(a)u'_2$, $\forall a\in A_{m_2}$，并且对 A_{m_2} 的任意投影 p_2，依(4),

$$\widetilde{\Phi_2(p_2)}=\widetilde{G_2(p_2)}=\Psi(\tilde{p}_2). \tag{5}$$

取 $n_2(>n_1)$，使得 $B'_2\subset A'_{n_2}$. 依引理 12.2.7，有 A 的＊子代数 C_2,及 C_2 到 A'_{n_2} 上的＊同构 F_2,使得对 C_2 的任意投影 q_2,有

$$\Psi(\tilde{q}_2)=\widetilde{F_2(q_2)}. \tag{6}$$

重复前面的讨论,有 $(A\dotplus\mathbb{C})$ 的酉元 u_2,使得

$$F_2^{-1}\circ\Phi_2(a)=u_2au_2^*,\quad \forall a\in A_{m_2},$$

令 $B_2=u_2^*C_2u_2$，则 $B_2\supset A_{m_2}$，并且 $\Psi_2(\cdot)=F_2(u_2\cdot u_2^*)$ 是 B_2 到 A'_{n_2} 上的＊同构,及对于 B_2 的任意投影 r_2,依(6)有,

$$\widetilde{\Psi_2(r_2)}=\Psi(\tilde{r}_2) \tag{7}$$

以及有交换图

$$\begin{array}{ccccccc} A_{m_1} & \hookrightarrow & B_1 & \hookrightarrow & A_{m_2} & \hookrightarrow & B_2 \\ \Phi_1\big\downarrow & & \Psi_1\big\downarrow & & \Phi_2\big\downarrow & & \Psi_2\big\downarrow \\ B_1' & \hookrightarrow & A_{n_1}' & \hookrightarrow & B_2' & \hookrightarrow & A_{n_2}'. \end{array}$$

如此继续下去,即可得证.

定理 12.2.9 (AF) 代数 $A=\overline{\bigcup\limits_n A_n}$ 与 $B=\overline{\bigcup\limits_n B_n}$ 是 $*$ 同构的,必须且只须,(LF) 代数 $\bigcup\limits_n A_n$ 与 $\bigcup\limits_n B_n$ 是 $*$ 同构的.

证. 充分性显然. 今设 A 与 B $*$ 同构. 依定理 12.2.8,只须证明 $E=E(A)$ 与 $E'=E\left(\bigcup\limits_n A_n\right)$ 是同构的.

首先,E' 可以自然地嵌入 E 之中. 事实上,如果 p,q 是 $\bigcup\limits_n A_n$ 的投影,并且有 $v\in A$,使得 $p=v^*v$,$q=vv^*$. 设 n 充分大,使得 $p,q\in A_n$,并且有 $a\in A_n$,$\|v-a\|<\delta_3\left(\frac{1}{2}\right)$,这里 $\delta_3(\cdot)$ 如引理 12.1.7,因此有 $u\in A_n$,使得 $p=u^*u$,$q=uu^*$. 即在 $\bigcup\limits_n A_n$ 中,p 也与 q 等价.

这个嵌入也是满的. 事实上,设 p 是 A 的任意投影,依引理 12.1.3 及 12.1.6,将有投影 $q\in\bigcup\limits_n A_n$,使得在 A 中,$p\sim q$.

对于 E' 的若干个可加的元,嵌入 E 后,显然仍然可加,并且和不变. 反之,设 $\tilde{p}_1,\cdots,\tilde{p}_m$ 是 E 的可加元,于是有 $p_i\in\tilde{p}_i$,使得 $p_ip_j=0$,$\forall i\neq j$. 依引理 12.1.3, 12.1.4 及 12.1.6,将有相互直交的投影 $q_1,\cdots,q_m\in\bigcup\limits_n A_n$,并且 $q_i\sim p_i$,$1\leqslant i\leqslant m$. 因此,$\{\tilde{q}_i\}$ 在 E' 中是可加的,嵌入 E 后,即为 $\{\tilde{p}_i\}$.

以上说明,E 与 E' 是同构的. 证毕.

定理 12.2.10 (AF) 代数 $A=\overline{\bigcup\limits_n A_n}$ 与 $B=\overline{\bigcup\limits_n B_n}$ 是 $*$

同构的，必须且只须，$\{A_n\}$有子列$\{A_{n_k}\}$，每个 A_{n_k} 包含∗子代数 B'_k，使得：

1）$B'_1\subset\cdots\subset B'_k\subset\cdots$，并且有 $\bigcup_k B'_k$ 到 $\bigcup_k B_k$ 上的∗同构 Φ；$\Phi(B'_k)=B_k$，$\forall k$；

2）对每个正整 n，有 k，而 $A_n\subset B'_k$.

证. 充分性由定理 12.2.9 立见. 今设 A 与 B ∗同构，依定理 12.2.9，有 $\bigcup_n A_n$ 到 $\bigcup_n B_n$ 上的∗同构 Φ. 对任意的 k，令 $B'_k=\Phi^{-1}(B_k)$，显然 $B'_1\subset\cdots\subset B'_k\subset\cdots$. 也自然对每个 k，可找到 n_k，使得 $B'_k\subset A_{n_k}$，及 $n_1<n_2<\cdots$. 最后对每个 n，由于 $\bigcup_j B'_j=\Phi^{-1}\left(\bigcup_j B_j\right)=\bigcup_j A_j$，因此有 k，使得 $A_n\subset B'_k$.　证毕.

定义 12.2.11　设 $\{p_n\}$ 是正整数列，并且 $p_n|p_{n+1}$，$\forall n$. 素数列 $\{r_n\}$ 称为由 $\{p_n\}$ 决定的，指

$$\{\underbrace{r_1,\cdots,r_{s_1}}_{\text{积为}m_1},\underbrace{\cdots,r_{s_2}}_{\text{积为}m_2},\underbrace{\cdots,r_{s_3}}_{\text{积为}m_3},\cdots\}$$

这里 $m_1=p_1$，$m_n=p_{n-1}^{-1}p_n$，$\forall n\geqslant 2$.

定理 12.2.12　设 A_i 是 $\{p_n^{(i)}\}$ 型的 (UHF) 代数，$\{r_n^{(i)}\}$是由$\{p_n^{(i)}\}$决定的素数列，$i=1,2$，则 A_1 与 A_2∗同构，必须且只须，对任何的素数 r，r 在 $\{r_n^{(1)}\}$ 中出现的次数(包括无穷次)等于 r 在$\{r_n^{(2)}\}$中出现的次数.

证. 依命题 3.8.3，只须证明必要性. 设 A_1 与 A_2∗同构. 依定理 12.2.10，可以找到 A_1 的子因子列：$B'_{k_1}\subset A_{n_{k_1}}\subset B'_{k_2}\subset A_{n_{k_2}}\subset\cdots\subset B'_{k_i}\subset A_{n_{k_i}}\subset\cdots$，及 $\bigcup_i B'_{k_i}$ 到 $\bigcup_i B_{k_i}$ 上的∗同构 Φ，使得 $A_1=\overline{\bigcup_n A_n}$，$A_2=\overline{\bigcup_n B_n}$，$\Phi(B'_{k_i})=B_{k_i}$，$\forall i$ 以及 A_n，B_n 分别是 $p_n^{(1)}$，$p_n^{(2)}$ 阶的矩阵代数，$\forall n$. 今依命题 3.8.3，对每个 i 将有 $p_{k_i}^{(2)}|p_{n_{k_i}}^{(1)}$，$p_{n_{k_i}}^{(1)}|p_{k_{i+1}}^{(2)}$，由此即得证.

注　本节见参考文献 [8]，[32]，[41].

§ 3. (AF) 代数的图

设 $A=\overline{\bigcup\limits_n A_n}$ 是 (AF) 代数，A 可以看作为有限维 c^*-代数递增列 $\{A_n\}$ 的诱导极限. 事实上，命 A_n 到 A_{n+1} 中的嵌入映象为 Φ_n，并记 $\Phi_{mn}=\Phi_{m-1}\circ\cdots\circ\Phi_n$ $(m\geqslant n)$，依系 3.7.4，A $*$同构于 $\lim\limits_n\{A_n,\ \Phi_{mn}|m\geqslant n\}$. 我们也把这个诱导极限简单记作 $\lim\limits_n\{A_n,\ \Phi_n\}$. 反过来，设 $\{A_n\}$ 是有限维 c^*-代数的列，并设 Φ_n 是 A_n 到 A_{n+1} 中的 $*$ 同构，$\forall n$，则诱导极限是 (AF) 代数.

由此看来，研究有限维 c^*-代数到有限维 c^*-代数中的 $*$ 同构是重要的.

设 $A=\bigoplus\limits_{j=1}^{n}A_j$，$B=\bigoplus\limits_{i=1}^{m}B_i$ 是有限维的 c^*-代数，这里 A_j，B_i 都同构于矩阵代数，又设 Φ 是 A 到 B 中的 $*$ 同构. 如果 p 是 A_j 的极小投影，z_i 是 B 的中心投影，使得 $B_i=Bz_i$. 于是 $\Phi(p)z_i$ 是 B_i 的投影，它应当是 B_i 的 s_{ij} 个相互直交的极小投影的和. 我们说非负整数 s_{ij} 并不随 p 的选择而异. 事实上，若 q 是 A_j 的另一个极小投影，则有 $v\in A_j$，使得 $v^*v=p$，$vv^*=q$. 于是，

$$\Phi(p)z_i=(\Phi(v)z_i)^*\cdot(\Phi(v)z_i),$$
$$\Phi(q)z_i=(\Phi(v)z_i)\cdot(\Phi(v)z_i)^*.$$

因此，$\Phi(q)z_i$ 也应当是 B_i 的 s_{ij} 个相互直交的极小投影的和. 这样，由 Φ 唯一决定非负整数为阵元的 $m\times n$ 矩阵 $(s_{ij})_{1\leqslant i\leqslant m,1\leqslant j\leqslant n}$. 从它的几何意义，我们显然有

$$(\dim B_i)^{\frac{1}{2}}\geqslant\sum_{j=1}^{n}s_{ij}(\dim A_j)^{\frac{1}{2}},\quad 1\leqslant i\leqslant m. \tag{1}$$

此外，(1)的等号成立，当且仅当，$\Phi(1_A)=1_B$. 由于 $\Phi(p)\neq 0$，

我们也有

$$\sum_{i=1}^{m} s_{ij} > 0, \quad 1 \leqslant j \leqslant n. \tag{2}$$

反之，如果给出非负整数的矩阵 (s_{ij}) 并满足(1)，(2)，我们可以构作 A 到 B 中的 $*$ 同构 Φ，使之决定的矩阵正是(s_{ij}). 事实上，设 $\{e_{st}^{(j)}\}$，$\{f_{s't'}^{(i)}\}$ 分别是 A，B 的矩阵单位的基，令

$$\Phi(e_{11}^{(j)})z_i = f_{11}^{(i)} + \cdots + f_{kk}^{(i)}, \text{ 这里 } k = s_{ij} > 0$$

$$\Phi(e_{22}^{(j)})z_i = f_{k+1,k+1}^{(i)} + \cdots + f_{2k,2k}^{(i)}, \cdots$$

$$\Phi(e_{21}^{(j)})z_i = f_{k+1,1}^{(i)} + \cdots + f_{2k,k}^{(i)}, \cdots\cdots.$$

引理 12.3.1 设 Φ，Ψ 是 A 到 B 中的 $*$ 同构，它们决定的矩阵相同，则存在 B 的酉元 u，使得

$$u^*\Phi(a)u = \Psi(a), \quad \forall a \in A.$$

证. 代以考虑 $\Phi_i(\cdot) = \Phi(\cdot)z_i$, $\Psi_i(\cdot) = \Psi(\cdot)z_i$, $1 \leqslant i \leqslant m$，可以认为 $B = B(\mathscr{H})$，这里$\mathscr{H}$是有限维的.

任意固定 $j(1 \leqslant j \leqslant n)$. 设 $\{e_{st}^{(j)}\}$ 是 A_j 的矩阵单位的基，依假定 $\dim\Phi(e_{11}^{(j)})\mathscr{H} = \dim\Psi(e_{11}^{(j)})\mathscr{H}$. 分别设 $\{\xi_1^{(j)}, \cdots, \xi_k^{(j)}\}$，$\{\eta_1^{(j)}, \cdots, \eta_k^{(j)}\}$ 为 $\Phi(e_{11}^{(j)})\mathscr{H}$，$\Psi(e_{11}^{(j)})\mathscr{H}$ 的直交规范基，由于 $e_{11}^{(j)} = e_{s1}^{(j)*}e_{s1}^{(j)}$，$e_{ss}^{(j)} = e_{s1}^{(j)}e_{s1}^{(j)*}$，因此 $\Phi(e_{ss}^{(j)})\mathscr{H}$，$\Psi(e_{ss}^{(j)})\mathscr{H}$ 分别有直交规范基:

$$\{\Phi(e_{s1}^{(j)})\xi_i^{(j)} \mid 1 \leqslant i \leqslant k\}, \quad \{\Psi(e_{s1}^{(j)})\eta_i^{(j)} \mid 1 \leqslant i \leqslant k\}.$$

显然 $\{\Phi(e_{s1}^{(j)})\xi_i^{(j)} \mid j, s, i\}$，$\{\Psi(e_{s1}^{(j)})\eta_i^{(j)} \mid j, s, i\}$ 都是$\mathscr{H}$的直交规范系，于是可取 $\mathscr{H}$ 中的酉算子 $u(\in B)$，使得 $u\Psi(e_{s1}^{(j)})\eta_i^{(j)} = \Phi(e_{s1}^{(j)})\xi_i^{(j)}$，$\forall s, i, j$. 注意 $u^*\Phi(e_{st}^{(j)})u\Psi(e_{r1}^{(j)})\eta_i^{(j)} = \delta_{rt}\Psi(e_{s1}^{(j)}) \times \eta_i^{(j)} = \Psi(e_{st}^{(j)})\Psi(e_{r1}^{(j)})\eta_i^{(j)}$ $\forall s, t, i, r, j$，所以，$u^*\Phi(a)u = \Psi(a)$，$\forall a \in A$. 证毕.

依此引理，A 到 B 中的 $*$ 同构 Φ 完全为 (s_{ij}) 所决定，因此我们有理由把它们等同起来，即 $\Phi = (s_{ij})$. 更为形象地可用下面的图来表示:

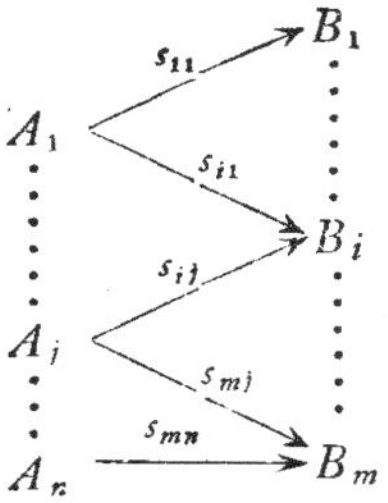

$$\Phi = (s_{ij})_{\substack{1 \leqslant i \leqslant m \\ 1 \leqslant j \leqslant n}}$$

引理 12.3.2 设 A_i, B_i 是有限维的 c^*-代数，θ_i 是 A_i 到 B_i 上的 * 同构，$i = 1, 2$，并设 Φ, Ψ 分别是 A_1 到 A_2 中，B_1 到 B_2 中的 * 同构，以及相应于 Φ, Ψ 的矩阵是相同的，则存在 A_2 到 B_2 中的 * 同构 $\tilde{\theta}_2$，使得下面的图是交换的：

$$
\begin{array}{ccc}
A_1 & \xrightarrow{\ \Phi\ } & A_2 \\
\theta_1 \downarrow & & \downarrow \tilde{\theta}_2 \\
B_1 & \xrightarrow{\ \Psi\ } & B_2.
\end{array}
$$

证. 考虑 A_1 到 A_2 中的 * 同构 Φ, $\theta_2^{-1} \circ \Psi \circ \theta_1$，依引理 12.3.1，有 A_2 的酉元 u，使得 $u^* \Phi(\cdot) u = (\theta_2^{-1} \circ \Psi \circ \theta_1)(\cdot)$. 今命 $\tilde{\theta}_2(\cdot) = \theta_2(u^* \cdot u)$ 即满足要求. 证毕.

定义 12.3.3 设 A 是 (AF) 代数，$\{A_n\}$ 是 A 的有限维 * 子代数的递增列，并且 $A = \overline{\bigcup_n A_n}$. 那么 A 相应于 $\{A_n\}$ 的图 $\mathscr{D}(A, \{A_n\}) = \mathscr{D} = \{D, d, \mathscr{U}\}$ 指: $D = \{(n, m) \mid 1 \leqslant m \leqslant r(n), n = 1, 2, \cdots\}$，这里 $r(n)$ 是 A_n 的极小中心投影的个数，$\forall n$；$d: D \to \mathrm{N}$, $d(n, m) = (\dim(A_n z_m^{(n)}))^{\frac{1}{2}}$，这里 $\{z_1^{(n)}, \cdots, z_{r(n)}^{(n)}\}$ 是 A_n 的极小中心投影的全体，$\forall m, n$；$\mathscr{U} = \{\Phi_1, \cdots, \Phi_n, \cdots\}$，这里 Φ_n 是 A_n 到 A_{n+1} 中嵌入映象决定的阵，$\forall n$.

例 1 $\{p_n\}$ 型 (UHF) 代数的图. 这时 $r(n) = 1$, $d(n, 1) = p_n$, $\Phi_n = (m_n)$，这里 $m_n = p_n^{-1} p_{n+1}$, $\forall n$. 形象地有下面的图

$$
\begin{array}{ccccccccc}
\bullet & \xrightarrow{\ m_1\ } & & \xrightarrow{\ m_2\ } & & \cdots \cdots & & \xrightarrow{\ m_n\ } & \cdots \\
p_1 & & p_2 & & p_3 & p_n & & p_{n+1}.
\end{array}
$$

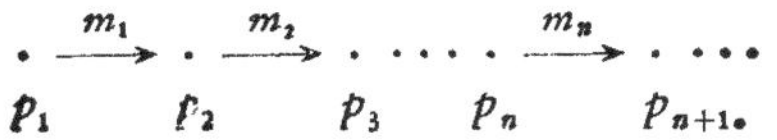

例 2. 设 $\mathscr{H}$ 是可数无穷维的 Hilbert 空间，$K = C(\mathscr{H})$ 是 $\mathscr{H}$ 中全连续算子的全体，令

$$A = K \dotplus \mathbf{C}.$$

如果 $\{\xi_n\}$ 是 $\mathscr{H}$ 的直交规范基，p_n, q_n, r_n 分别表示 $\mathscr{H}$ 到 $[\xi_1, \cdots, \xi_n]$，$[\xi_1, \cdots, \xi_n]^\perp$，$[\xi_n]$ 上的投影，$\forall n$，则可写 $A = \overline{\bigcup_n A_n}$，这里

$$A_n = p_n B(\mathscr{H}) p_n \dotplus \mathbf{C} = p_n B(\mathscr{H}) p_n \oplus \mathbf{C} q_n.$$

显然 $p_n B(\mathscr{H}) p_n$ 的任意极小投影仍然是 $p_{n+1} B(\mathscr{H}) p_{n+1}$ 的极小投影，$q_n = q_{n+1} + r_{n+1}$，而 r_{n+1} 又是 $p_{n+1} B(\mathscr{H}) p_{n+1}$ 的极小投影，$\forall n$. 因此相应的图中：$r(n) = 2$，$d(n, 1) = n$，$d(n, 2) = 1$，$\Phi_n = \begin{pmatrix} 1 & 1 \\ 0 & 1 \end{pmatrix}$，$\forall n$. 形象地有

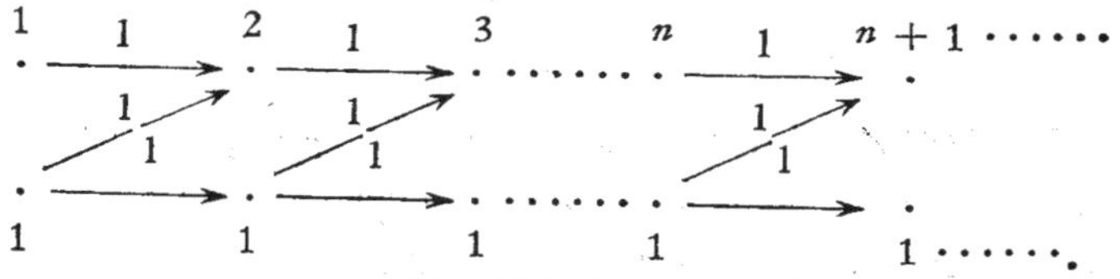

命题 12.3.4 设 $A = \overline{\bigcup_n A_n}$，$B = \overline{\bigcup_n B_n}$ 是 (AF) 代数，并且 $\mathscr{D}(A, \{A_n\}) = \mathscr{D}(B, \{B_n\})$，则 A 与 B 是 * 同构的.

证. 设 Φ_n，Ψ_n 分别是 A_n 到 A_{n+1}，B_n 到 B_{n+1} 中的嵌入映象，依条件及引理 12.3.2，我们可以递归地构作 A_n 到 B_n 上的 * 同构 θ_n，使得下面的图是交换的：

$$
\begin{array}{ccccccc}
A_1 & \xrightarrow{\Phi_1} & A_2 & \xrightarrow{\Phi_2} & A_3 & \cdots & A_n & \xrightarrow{\Phi_n} & A_{n+1} \\
\theta_1 \downarrow & & \theta_2 \downarrow & & \theta_3 \downarrow & & \theta_n \downarrow & & \theta_{n+1} \downarrow \\
B_1 & \xrightarrow{\Psi_1} & B_2 & \xrightarrow{\Psi_2} & B_3 & \cdots & B_n & \xrightarrow{\Psi_n} & B_{n+1}
\end{array}
$$

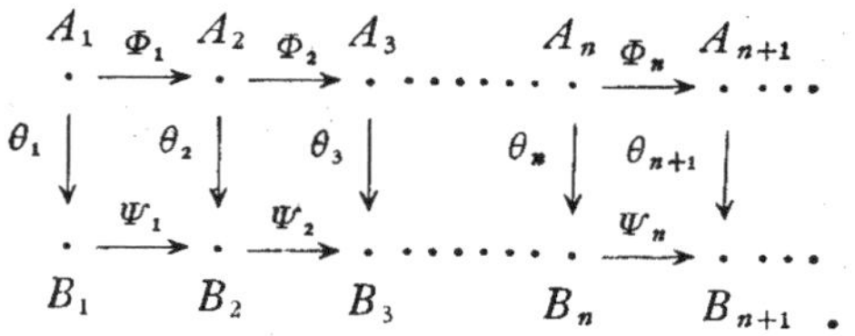

由此可以构作 $\bigcup_n A_n$ 到 $\bigcup_n B_n$ 上的 * 同构 θ，使得 $\theta | A_n = \theta_n$，$\forall n$. 今依定理 12.2.9，A 与 B 是 * 同构的. 证毕.

任意的(AF)代数至少有一个图. 反之，给出一个图 $\mathscr{D}=\{D, d, \mathscr{U}\}$，如果 $\mathscr{U}=\{\Phi_n=(s_{ij}^{(n)})\}$，自然要求满足不等式(1),(2),即

$$d(n+1,i)\geqslant\sum_{j=1}^{r(n)}s_{ij}^{(n)}d(n,j),\ 1\leqslant i\leqslant r(n+1)$$

及 $\sum_{i=1}^{r(n+1)}s_{ij}^{(n)}>0,\ 1\leqslant j\leqslant r(n),\ \forall n$. 依照前面的讨论，这时也可构造出(AF)代数 $A=\overline{\bigcup_n A_n}$，使得 $\mathscr{D}=\mathscr{D}(A,\{A_n\})$；并且依命题 12.3.4,在 * 同构的意义下，这样的(AF)代数 A 是唯一的.

但是,(AF)代数的图,不仅依赖于代数的本身,而且依赖于有限维 * 子代数递增列的选择,因此,* 同构的(AF)代数，相应的图可能极不相同.

注 本节见参考文献 [8], [66].

§4. (AF) 代数的理想

引理 12.4.1 设 $A=\overline{\bigcup_n A_n}$ 是(AF)代数，J 是 A 的闭双侧理想,则 $J=\overline{\bigcup_n (J\cap A_n)}$.

证. 记 $J_n=J\cap A_n$，它是 A_n 的双侧理想. 显然 $\overline{\bigcup_n J_n}\subset J$. 今若 $x\notin\overline{\bigcup_n J_n}$,必须证明 $x\notin J$.

设 $\varepsilon=\inf\left\{\|x-y\|\,\middle|\,y\in\bigcup_n J_n\right\}$，则 $\varepsilon>0$. 取 $x_n\in A_n$，使得 $x_n\to x$. 于是有 n_0,使得

$$\|x_n-x\|<\frac{\varepsilon}{2},\quad \forall n\geqslant n_0.$$

因此,当 $n \geqslant n_0$, $y \in J_n$, $\|x_n - y\| \geqslant \|x - y\| - \|x_n - x\| > \frac{\varepsilon}{2}$.

设 $a \to \tilde{a}$ 是 A 到 A/J 上的正则映象，注意 A_n/J_n 可以自然地嵌入 A/J 之中,因此

$$\|\tilde{x}_n\| = \inf\{\|x_n - y\| \mid y \in J_n\} \geqslant \frac{\varepsilon}{2},\ \forall n \geqslant n_0.$$

从而，$\|\tilde{x}\| \geqslant \frac{\varepsilon}{2}$，即 $x \notin J$. 证毕.

定义 12.4.2 设 $\mathscr{D} = \{D, d, \mathscr{U}\}$ 是 (AF) 代数的图，$D = \bigcup_n D_n$, $D_n = \{(n, m) \mid 1 \leqslant m \leqslant r(n)\}$, $\mathscr{U} = \{\Phi_n = (s_{ij}^{(n)})\}$. 点 $(n+1, i)$ 称为点 (n, j) 的后裔，指 $s_{ij}^{(n)} > 0$. 更一般地点 $y \in D_m$ 称为点 $x \in D_n$ 的后裔,记作 $x \to y$, 这里 $m > n$,指存在 $x_k \in D_k$, $n \leqslant k \leqslant m$, $x_n = x$, $x_m = y$, 并且 x_{k+1} 是 x_k 的后裔，$k = n, \cdots, m-1$.

如果 $x = (n, j)$, $y = (m, i)$,那么 $x \to y$,相当于 $(\Phi_{m-1} \cdots \Phi_n)$ 的 (i, j) 阵元 $\neq 0$.

定义 12.4.3 设 $\mathscr{D} = \{D, d, \mathscr{U}\}$ 是 (AF) 代数的图，D 的子集 E 称为理想的，指：1) 如果 $x \in E$，则 x 的所有后裔也 $\in E$；2) 设 $x \in D_n$,如果 $\{y \in D_{n+1} \mid y$ 是 x 的后裔$\} \subset E$,则 $x \in E$.

引理 12.4.4 设 $A = \overline{\bigcup_n A_n}$ 是(AF)代数,相应的图是 $\mathscr{D} = \{D, d, \mathscr{U}\}$. 如果 J 是 $\bigcup_n A_n$ 的双侧理想,则 J 必有形式

$$J = \bigcup_n (\oplus\{A_{n,k} \mid (n, k) \in E\}), \tag{1}$$

这里 E 是 D 的理想子集，而 $A_{n,k}$ 同构于矩阵代数，使得 $A_n = \bigoplus_{k=1}^{r(n)} A_{n,k}$, $\forall n$.

反之,如果 E 是 D 的理想子集,则(1)决定 $\bigcup_n A_n$ 的双侧理想,并且 $J \cap A_n = \oplus\{A_{n,k} \mid (n, k) \in E\}$, $\forall n$.

证. 设 J 是 $\bigcup_n A_n$ 的双侧理想，由于 $J=\bigcup_n(J\cap A_n)$，因此必有 D 的子集 E，使得(1)成立. 我们尚须证明 E 是理想的.

设 $(n,k)\in E$，并且 $(n,k)\to(n+1,q)$. 这说明如果 p 是 $A_{n,k}$ 的极小投影，则 $pz\neq 0$，这里 z 是 A_{n+1} 的中心投影，使得 $A_{n+1,q}=A_{n+1}z$. 自然 $pz\in J$. 另一方面，$pz\in A_nz\subset A_{n+1,q}$. 因此，$J\cap A_{n+1,q}\neq\{0\}$. 但 $A_{n+1,q}$ 是矩阵代数，因此，$A_{n+1,q}\subset J$，即 $(n+1,q)\in E$.

今设 $(n,k)\in D$，并且 (n,k) 在 D_{n+1} 中的所有后裔都 $\in E$，即

$$A_{n,k}\subset\oplus\{A_{n+1,q}\mid(n,k)\to(n+1,q)\}\subset J.$$

所以，$(n,k)\in E$. 以上说明 E 是理想的.

反之，设 E 是 D 的理想子集，J 由(1)所定义. 记 $J_n=\oplus\{A_{n,k}\mid(n,k)\in E\}$，$\forall n$. 如果 $(n,k)\in E$，则 $A_{n,k}\subset\oplus\{A_{n+1,q}\mid(n,k)\to(n+1,q)\}\subset J_{n+1}$，因此，$J_n\subset J_{n+1}$，$\forall n$. 所以，$J=\bigcup_n J_n$ 是 $\bigcup_n A_n$ 的双侧理想.

尚须证明 $J\cap A_n=J_n$，$\forall n$. 显然 $J_n\subset J\cap A_n$，$\forall n$. 因此只须证明：如果 $A_{n,k}\subset J$，则 $(n,k)\in E$. 事实上，取 $m(>n)$，使得 $A_{n,k}\subset J_m$. 如果 $(n,k)\notin E$，由于 E 是理想的，因此必有 (n,k) 的后裔 (m,r)，使得 $(m,r)\notin E$. 于是，$A_{m,r}\cap J_m=\{0\}$. 这将与 $A_{n,k}\subset J_m$ 相矛盾. 所以，$(n,k)\in E$. 证毕.

定理 12.4.5 设 $A=\overline{\bigcup_n A_n}$，$\mathscr{D}(A,\{A_n\})=\{D,d,\mathscr{U}\}$，下面的集合是相互一一对应的：

1) A 的闭双侧理想的全体；

2) $\bigcup_n A_n$ 的双侧理想的全体；

3) D 的理想子集的全体.

证. 由引理 12.4.4，2) 与 3) 是一一对应的. 引理 12.4.1 说明 $J\to\bar{J}$ 是 2) 到 1) 上的对应. 今设 J_1，J_2 是 $\bigcup_n A_n$ 不同的

双侧理想,需要证明 $\bar{J}_1 \neq \bar{J}_2$. 依引理 12.4.4,无妨设有 $A_{n,k}\subset J_1$,但 $A_{n,k}\not\subset J_2$. 于是,$z\notin J_2$,这里 z 是 A_n 的中心投影,使得 $A_{n,k}=A_nz$. 从而在 $A_m\to A_m/(J_2\cap A_m)$ 的正则映象下,z 将变为非零投影,即

$$\inf\{\|z-y\| \mid y\in J_2\cap A_m\}=1,\quad \forall m\geqslant n,$$

但 $J_2=\bigcup\limits_{m\geqslant n}(J_2\cap A_m)$,因此,$\inf\{\|z-y\| \mid y\in J_2\}=1$,即 $z\notin \bar{J}_2$. 所以,$\bar{J}_1\neq\bar{J}_2$. 证毕.

例. $A=\overline{\bigcup\limits_n A_n}$,$B=\overline{\bigcup\limits_n B_n}$,这里 $A_n=B_n=\bigoplus\limits_{2^n}\mathbb{C}$,但有不同的图:

A

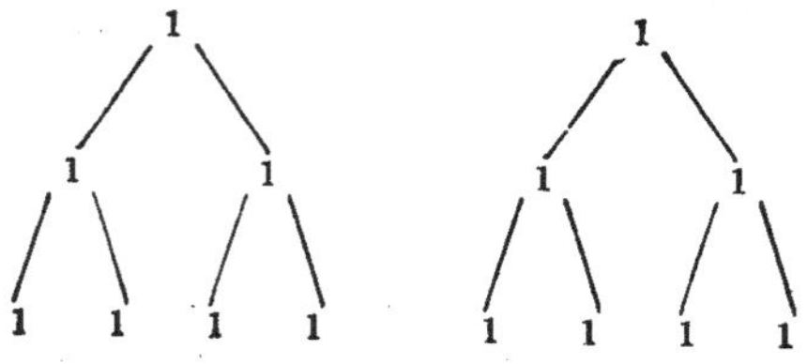

B

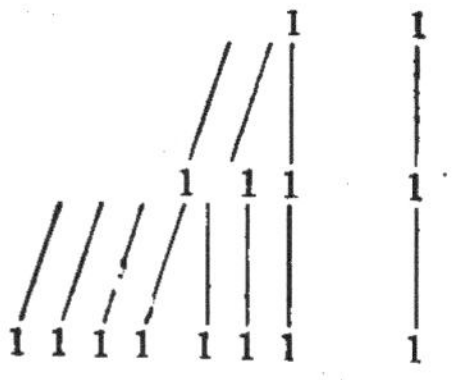

显然,B 包含一个维数为 1 的闭双侧理想,但 A 的闭双侧理想都是无穷维的,因此,A 与 B 不能 * 同构.

这个例说明,(AF)代数 $A=\overline{\bigcup\limits_n A_n}$ 不仅与诸 A_n 的构造有关,而且也依赖于 A_n 到 A_{n+1} 中的嵌入方式.

命题 12.4.6 设 $A=\overline{\bigcup\limits_n A_n}$ 是(AF)代数,$\mathscr{D}=\{D, d, \mathscr{U}\}$

是相应的图. 如果 J 是 A 的闭双侧理想，则 J 与 A/J 也都是(AF)代数，并且分别有图

$$\{E, d|E, \mathscr{U}|E\}, \{D\backslash E, d|D\backslash E, \mathscr{U}|D\backslash E\},$$

这里 E 是相应于 J 的 D 的理想子集. 此外，如果 $\mathscr{U}=\{U_n=(s_{ij}^{(n)})_{1\leqslant i\leqslant r(n+1),1\leqslant j\leqslant r(n)}\}_n$，则

$$\mathscr{U}|E=\{V_n=(s_{ij}^{(n)})_{(n+1,i)\in E,(n,j)\in E}\}_n,$$

$$\mathscr{U}|D\backslash E=\{W_n=(s_{ij}^{(n)})_{(n+1,i)\notin E,(n,j)\notin E}\}_n.$$

证. 关于 J 的论述由引理 12.4.1, 12.4.4 立见.

由于 $A=\overline{\bigcup_n A_n}$，因此，$A/J=\overline{\bigcup_n (A_n/J)}$ 也是 (AF) 代数. 注意对每个 n，

$$\begin{aligned} A_n/J &= \oplus\{A_{n,k}/J|(n,k)\notin E\}\subset A_{n+1}/J \\ &= \oplus\{A_{n+1,j}/J|(n+1,j)\notin E\}. \end{aligned}$$

因此，$A_{n,k}/J(\cong A_{n,k})$ 的极小投影嵌入到 $A_{n+1,j}/J(\cong A_{n+1,j})$ 中保持几何意义，$\forall(n,k)\notin E$，$(n+1,j)\notin E$. 这就说明 $A/J=\overline{\bigcup_n (A_n/J)}$ 的图为 $\{D\backslash E, d|D\backslash E, \mathscr{U}|D\backslash E\}$. 证毕.

定义 12.4.7 设 $\mathscr{D}=\{D, d, \mathscr{U}\}$ 是(AF)代数的图，D 的理想子集 E 称为素的，指如果 $x, y\notin E$，则存在 $z\notin E$，使得 $x\to z$，$y\to z$.

定理 12.4.8 设 $A=\overline{\bigcup_n A_n}$ 是(AF)代数，$\mathscr{D}=\{D,d,\mathscr{U}\}$ 是相应的图，则下列相互等价：

1) J 是素理想；

2) 如果 J_1, J_2 是 A 的闭双侧理想，使得 $J=J_1\cap J_2$，则 J_1 或者 $J_2=J$；

3) J 是闭双侧理想，则 J 所对应 D 的理想子集 E 是素的.

证. 由命题 12.4.6，代以考虑 A/J，从而可以设 $J=\{0\}$，$E=\varnothing$.

1) 推导 2)：由引理 2.8.6 立见.

2) 推导 3)：对 D 的任意点 $x=(n,k)$，$y=(m,q)$，令

$$J_1 = \bigcup_{p\geqslant n}(\oplus\{A_{p,r}|x\to(p,r)\}),$$

$$J_2 = \bigcup_{p\geqslant m}(\oplus\{A_{p,r}|y\to(p,r)\}).$$

由2)，$\bar{J}_1\cap\bar{J}_2\neq\{0\}$. 但 $\bar{J}_1\cap\bar{J}_2$ 仍然是A的闭双侧理想，依引理12.4.1，

$$J_1\cap J_2 = \bar{J}_1\cap\bar{J}_2\cap\left(\bigcup_p A_p\right)\neq\{0\},$$

但 $J_1\cap J_2$ 也是 $\bigcup\limits_p A_p$ 的双侧理想，因此p充分大$(>m, n)$，有$A_{p,r}\subset J_1\cap J_2$，即 $x\to z$，$y\to z$，这里 $z=(p,r)$.

3) 推导1)：依3)，对D的任意有限个点必有共同的后裔，因此，可以找到子列$\{n_k\}$，及对每个k，有正整数$j(k)$，$1\leqslant j(k)\leqslant r(n_{k+1})$，使得

$$(n_k, i)\to(n_{k+1}, j(k)),\ 1\leqslant i\leqslant r(n_k).$$

我们的目的是要证明$\{0\}$是A的素理想，因此，对图作必要的缩并与调整，可以假定

$$(n, k)\to(n+1, 1),\quad 1\leqslant k\leqslant r(n),\ \forall n.$$

于是，我们可以归纳地选择A_n的矩阵单位的基$\{e_{ij}^{(n,k)}\}$，使得$e_{11}^{(n,1)}\geqslant e_{11}^{(n+1,1)}$，$\forall n$. 对每个$n$，令

$$\rho_n(e_{ij}^{(n,k)}) = \begin{cases}1, & \text{如果 } i=j=k=1,\\ 0, & \text{其它.}\end{cases}$$

不难见ρ_n是A_n上的纯态. 并且由 $\rho_n(x)=\rho_n(e_{11}^{(n,1)}xe_{11}^{(n,1)})$ 及 $e_{11}^{(n,1)}xe_{11}^{(n,1)}=\lambda(x)e_{11}^{(n,1)}$，$\forall x\in A_n$，$e_{11}^{(n,1)}\geqslant e_{11}^{(n+1,1)}$ 可见

$$\rho_{n+1}(x)=\lambda(x)\rho_{n+1}(e_{11}^{(n,1)})=\lambda(x)=\rho_n(x),\quad \forall x\in A_n.$$

因此，$\rho_{n+1}|A_n=\rho_n$，$\forall n$. 从而可定义 $\bigcup\limits_n A_n$ 上的泛函ρ，使得$\rho|A_n=\rho_n$，$\forall n$. 显然ρ可以唯一开拓为A上的态，仍记以ρ. 由于 $\rho|A_n=\rho_n$ 是纯的，$\forall n$，不难见ρ也是纯的.

设π_ρ是ρ所产生的不可约*表示，令只须证明 $\ker\pi_\rho=\{0\}$. 依引理12.4.1，要证 $\ker\pi_\rho\cap A_n=\{0\}$，$\forall n$. 或者对于每个$A_n$的

每个极小中心投影 z，指出有 $x\in A_{n+1}$，使得 $\rho(xzx^*)\neq 0$（由此，$z\notin\ker\pi_\rho$，即 $\ker\pi_\rho\cap A_n=\{0\}$）．由于 $(n,k)\to(n+1,1)$，$\forall k$，及 $e_{11}^{(n+1,1)}$ 是 A_{n+1} 的极小投影，因此有 $x\in A_{n+1}$，使得 $xx^*=e_{11}^{(n+1,1)}$，$x^*x\leqslant z$．从而

$$\rho(xzx^*)\geqslant\rho(xx^*xx^*)=\rho(e_{11}^{(n+1,1)})=1.\qquad\text{证毕}.$$

注　本节见参考文献 [8]，[66]．

§5. 维　数　群

设 $A=\overline{\bigcup_n A_n}$ 是(AF)代数，$\mathscr{D}=\{D,d,\mathscr{U}\}$ 是相应的图，如果忽略 d 的因素来考虑，由于 $\mathscr{U}$ 中每个矩阵由非负整数构成，从而我们需要研究维数群．

定义 12.5.1　形如

$$G=\varinjlim_n\{\mathbf{Z}^{r(n)},\Phi_n\}$$

的群称为维数群，这里 $\mathbf{Z}$ 是整数的加法群，Φ_n 是 $r(n+1)\times r(n)$ 的非负整数矩阵，$\forall n$．

确切说来，G 是序交换群，它的任意元有这样的形式：$\tilde{a}=(0,\cdots,0,t_n,t_{n+1},\cdots)+\vartheta$，其中 $t_s\in\mathbf{Z}^{r(s)}$，$t_{s+1}=\Phi_s(t_s)$，$\forall s\geqslant n$，而

$$\vartheta=\{(t_1,\cdots,t_m,0\cdots)\,|\,t_i\in\mathbf{Z}^{r(i)},\ m\text{任意}\}.$$

自然地定义 G 中的加法，G 成为交换群．又定义 G 的正部分 G_+，$\tilde{a}\in G_+$，指有 $(0,\cdots,0,t_n,t_{n+1},\cdots)\in\tilde{a}$，$t_s\in\mathbf{Z}^{r(s)}$，$t_{s+1}=\Phi_s(t_s)$，$\forall s\geqslant n$，并且 $t_n\geqslant 0$（指 $t_n\in\mathbf{Z}_+^{r(n)}$，即 t_n 的 $r(n)$ 个分量都是非负整数）．

命题 12.5.2　设 $G=\varinjlim_n\{\mathbf{Z}^{r(n)},\Phi_n\}$，则 G 是可数的、无挠的[1]（即若 $n\tilde{a}=0$，则 $\tilde{a}=0$），$G=G_+-G_+$，$G_+\cap(-G_+)=\{0\}$，并且 G 满足 Riesz 插入性质，即若 G 的元 $\tilde{a},\tilde{b},\tilde{c},\tilde{d}$，满足 $\tilde{a},\tilde{b}\leqslant\tilde{c},\tilde{d}$，则存在元 $\tilde{e}$，使得 $\tilde{a},\tilde{b}\leqslant\tilde{e}\leqslant\tilde{c},\tilde{d}$．

证．只须注意 Φ_n 是保序的，及 $\mathbf{Z}^{r(n)}$ 满足 Riesz 插入性质，

1) torsion-free.

即可得证.

注. 反之，我们有 Shen-Effros 定理：满足 Riesz 插入性质的可数序交换群，必是维数群([107]).

定义 12.5.3 设 $G=\varinjlim_n\{\mathbb{Z}^{r(n)},\Phi_n\}$ 是维数群，则相应的 $\{D,\mathscr{U}\}$ 称为 G 的一个图.

每个(AF)代数，至少相应一个维数群. 反之给出维数群 G 及其图 $(D,\mathscr{U})$，我们可以构造 (AF) 代数，使其有图 $(D,d,\mathscr{U})$. 事实上，只须取

$$d(n+1,i)\geqslant\sum_{j=1}^{r(n)}s_{ij}^{(n)}d(n,j),\ \forall 1\leqslant i\leqslant r(n+1),\ \text{及 } n.$$

定义 12.5.4 设 G 是维数群，G 的子群 J 称为序理想，指 $J=J_+-J_+$，这里 $J_+=J\cap G_+$，并且如果 $\tilde{a},\tilde{b}\in G_+$，$\tilde{a}\leqslant\tilde{b}$，及 $\tilde{b}\in J_+$，则 $\tilde{a}\in J_+$.

G_+ 的非空子集 F 称为面，指 $F+F\subset F$，并且如果 $\tilde{a},\tilde{b}\in G_+$，$\tilde{a}\leqslant\tilde{b}$，及 $\tilde{b}\in F$，则 $\tilde{a}\in F$.

命题 12.5.5 $J\to J_+$ 是 G 的序理想全体到 G_+ 的面全体上的一一映象.

证. 如果 J 是序理想，显然 J_+ 是面，并且由于 $J=J_+-J_+$，$J\to J_+$ 是一一映象. 反之，设 F 是面，令 $J=F-F$. 由于 $F+F\subset F$，因此，J 是 G 的子群. 今只须证明 $J\cap G_+=F$. 显然，$F\subset J\cap G_+$. 另一方面，如果 $\tilde{a},\tilde{b}\in F$，并且 $(\tilde{a}-\tilde{b})\in G_+$，由于 $0\leqslant\tilde{a}-\tilde{b}\leqslant\tilde{a}\in F$，因此，$(\tilde{a}-\tilde{b})\in F$，即 $J\cap G_+\subset F$. 证毕.

命题 12.5.6 设 $G=\varinjlim_n\{\mathbb{Z}^{r(n)},\Phi_n\}$ 是维数群，$\{D,\mathscr{U}\}$ 是相应的图，则 G 的序理想 J 与 D 的理想子集 E 一一对应. 这时 J 也是维数群，且有图 $\{E,\mathscr{U}|E\}$.

证. 对任意的 n，令 $\Phi_{n,\infty}$: $\mathbb{Z}^{r(n)}\to G$,

$$\Phi_{n,\infty}(t_n)=(0,\cdots,0,t_n,t_{n+1},\cdots)+\vartheta,$$

$\forall t_n\in\mathbb{Z}^{r(n)}$，其中 $t_{s+1}=\Phi_s(t_s)$，$\forall s\geqslant n$，而 ϑ 如定义 12.5.1 又记 $\{e_k^{(n)}|1\leqslant k\leqslant r(n)\}$ 是 $\mathbb{Z}^{r(n)}$ 的正则基.

今设 J 是 G 的序理想，令 $E=\{(n,k)|\Phi_{n,\infty}(e_k^{(n)})\in J\}$. 如果 $(n,k)\to(m,p)$，依定义 12.4.2 及 $\Phi_{m,\infty}$ 是保序的，

$$\Phi_{n,\infty}(e_k^{(n)})=\Phi_{m,\infty}(\Phi_{m-1}\circ\cdots\circ\Phi_n(e_k^{(n)}))$$
$$\geqslant\Phi_{m\infty}(e_p^{(m)})\geqslant 0.$$

因此依 J_+ 的性质，$(m,p)\in E$. 又若 $x=(n,k)$，而 $\{y\in D_{n+1}|y$ 是 x 的后裔$\}\subset E$，由于 $J_++J_+\subset J_+$，

$$0\leqslant\Phi_{n\infty}(e_k^{(n)})=\Phi_{n+1,\infty}\left(\sum_{i=1}^{r(n+1)}s_{ik}^{(n)}e_i^{(n+1)}\right)$$
$$=\Phi_{n+1,\infty}\left(\sum_{\substack{i\text{ 使得}\\ s_{ik}^{(n)}>0}}s_{ik}^{(n)}e_i^{(n+1)}\right)$$
$$=\Phi_{n+1,\infty}\left(\sum_{\substack{i\text{ 使得}\\ (n+1,i)\in E}}s_{ik}^{(n)}e_i^{(n+1)}\right)\in J_+.$$

因此，$\Phi_{n,\infty}(e_k^{(n)})\in J_+$，即 $(n,k)=x\in E$. 从而，E 是 D 的理想子集.

命 $J(E)$ 为由 $\{\Phi_{n,\infty}(e_k^{(n)})|(n,k)\in E\}$ 生成的 G 的子群，显然 $J(E)\subset J$ 及 $J(E)$ 序同构于图为 $\{E,\mathscr{U}|E\}$ 的维数群. 如果 $\tilde{a}\in J_+$，由于 $G_+=\bigcup\limits_n\Phi_{n,\infty}(\mathbb{Z}_+^{r(n)})$，因此存在 n 及非负整数 $\lambda_1,\cdots,\lambda_{r(n)}$，使得

$$\tilde{a}=\Phi_{n,\infty}\left(\sum_k\lambda_k e_k^{(n)}\right).$$

于是，$0\leqslant\lambda_k\Phi_{n,\infty}(e_k^{(n)})\leqslant\tilde{a}\in J_+$，当 $\lambda_k>0$ 时，便有 $\Phi_{n,\infty}(e_k^{(n)})\in J_+$，即 $(n,k)\in E$. 由此，$\tilde{a}\in J(E)$，$J(E)=J$. 这样，我们便建立了 G 的序理想到 D 的理想子集的一一映象.

反之，设 E 是 D 的理想子集，如上定义 $J=J(E)$，需证它是 G 的序理想，以及 J 所决定的理想子集正是 E. 由于 E 是理想的，

$$\Phi_{n,\infty}\left(\left\{\sum_{\substack{k\\(n,k)\in E}}\lambda_k e_k^{(n)}\,\middle|\,\lambda_k\in\mathbb{Z}\right\}\right)$$

$$\subset \Phi_{n+1,\infty}\left(\left\{\sum_{\substack{k\\(n+1,k)\in E}} \lambda_k e_k^{(n+1)} \middle| \lambda_k \in \mathbf{Z}\right\}\right)$$

$\forall n$，因此，

$$J = \bigcup_n \Phi_{n,\infty}\left(\left\{\sum_{\substack{k\\(n,k)\in E}} \lambda_k e_k^{(n)} \middle| \lambda_k \in \mathbf{Z}\right\}\right),$$

$$J_+ = \bigcup_n \Phi_{n,\infty}\left(\left\{\sum_{\substack{k\\(n,k)\in E}} \lambda_k e_k^{(n)} \middle| \lambda_k \in \mathbf{Z}_+\right\}\right).$$

从而，$J = J_+ - J_+$. 由于 J_+ 的表达式，也易见如果 $0 \leqslant \tilde{b} \leqslant \tilde{a} \in J$，则 $\tilde{b} \in J$. 因此，J 是 G 的序理想. 今若 $\Phi_{n,\infty}(e_k^{(n)}) \in J$，依 J_+ 的表达式，有 $m > n$ 及 $\lambda_j \in \mathbf{Z}_+$，使得 $\Phi_{n,\infty}(e_k^{(n)}) = \Phi_{m,\infty} \cdot \left(\sum_{j,(m,j)\in E} \lambda_j e_j^{(m)}\right)$. 于是

$$\Phi_{m-1} \circ \cdots \circ \Phi_n(e_k^{(n)}) = \sum_{\substack{j\\(m,j)\in E}} \lambda_j e_j^{(m)}.$$

这说明 (n, k) 在 D_m 中的后裔都 $\in E$. E 是理想的，因此，$(n, k) \in E$. 证毕.

命题 12.5.7 设 $G = \varinjlim_n \{\mathbf{Z}^{r(n)}, \Phi_n\}$，图为 $\{D, \mathscr{U}\}$，$J = J(E)$ 是 G 的序理想，则 G/J 也是维数群，且序同构于 $\varinjlim_n \{\mathbf{Z}^{r(n)} | D\backslash E, \Phi_n | D\backslash E\}$，即有图 $\{D\backslash E, \mathscr{U} | D\backslash E\}$.

证. 对任意的 n，命

$$\mathbf{Z}^{r(n)} = \mathbf{Z}^{p(n)} \dotplus \mathbf{Z}^{q(n)}$$

其中 $\mathbf{Z}^{p(n)} = [e_k^{(n)} | (n, k) \in E]$，$\mathbf{Z}^{q(n)} = [e_k^{(n)} | (n, k) \notin E]$. 依此分解的投影分别是 P_n，Q_n. 再令 $\Psi_n = Q_{n+1}(\Phi_n | \mathbf{Z}^{q(n)})$，则图为 $\{D\backslash E, \mathscr{U} | D\backslash E\}$ 的维数群是 $\varinjlim_n \{\mathbf{Z}^{q(n)}, \Psi_n\}$. 我们有这样的交换图

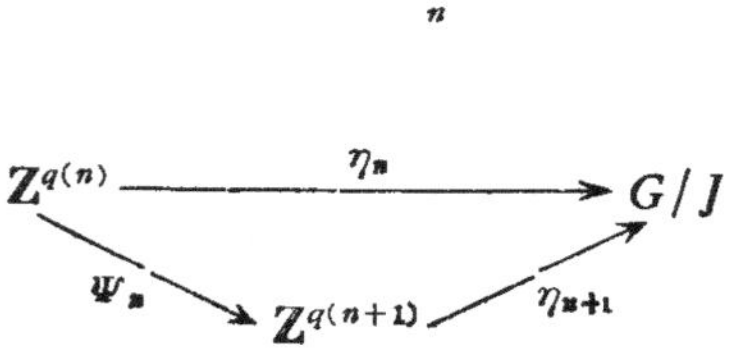

这里 $\eta_n(t_n)=\Phi_{n,\infty}(t_n)+J$，$\forall t_n\in\mathbf{Z}^{q(n)}$，$n$. 事实上，由于 E 是理想的，因此对任意的 $t_n\in\mathbf{Z}^{q(n)}$，

$$\begin{aligned}\eta_n(t_n)&=\Phi_{n+1,\infty}Q_{n+1}\Phi_n(t_n)+\Phi_{n+1,\infty}P_{n+1}\Phi_n(t_n)+J\\&=\Phi_{n+1,\infty}\Psi_n(t_n)+J=\eta_{n+1}(\Psi_n(t_n)).\end{aligned}$$

于是可以定义 $\eta:\ \varinjlim_n\{\mathbf{Z}^{q(n)},\Psi_n\}\to G/J$，

$$\eta(\Psi_{n,\infty}(t_n))=\Phi_{n,\infty}(t_n)+J,\quad \forall t_n\in\mathbf{Z}^{q(n)},\ n,$$

这里 $\Psi_{n,\infty}$ 的定义与 $\Phi_{n,\infty}$ 相仿. 如果 $t_n\in\mathbf{Z}^{q(n)}$，使得 $\Phi_{n,\infty}(t_n)\in J$，由于 E 是理想的，因此，$t_n=0$，即 η 是一一的. 又显然

$$\begin{aligned}G/J&=\bigcup_n(\Phi_{n,\infty}(\mathbf{Z}^{r(n)})+J)\\&=\bigcup_n(\Phi_{n,\infty}(\mathbf{Z}^{q(n)})+J).\end{aligned}$$

因此，η 是满的. 此外，也易见 η 与 η^{-1} 都是保序的，因此，G/J 与 $\varinjlim_n\{\mathbf{Z}^{q(n)},\Psi_n\}$ 序同构. 证毕.

定义 12.5.8 维数群 G 的序理想 J 称为素的，指如果 J_1，J_2 是 G 的序理想，并且 $J=J_1\cap J_2$，则 $J=J_1$ 或者 J_2.

命题 12.5.9 设 G 是维数群，$\{D,\mathscr{U}\}$ 是它的一个图，$J=J(E)$ 是 G 的序理想，则 J 是素的，当且仅当，D 的理想子集 E 是素的.

证. 依命题 12.5.7，可代以考虑 G/J，从而可设 $J=\{0\}$ $E=\varnothing$.

如果零序理想是素的，对任意的 $x_i\in D$，令 $E_i=\{z\in D\mid z$ 是 x_i 的后裔$\}$，$J_i=J(E_i)$，$i=1,2$. 依假定，$J_1\cap J_2\neq\varnothing$. 从而，$E_1\cap E_2\neq\varnothing$，即 x_1 与 x_2 有共同的后裔. 因此，D 的理想子集 $E=\varnothing$ 是素的.

反之，设 $E=\varnothing$ 是素的，于是对 G 的任意序理想 $J_i=J(E_i)$，$i=1,2$，$E_1\cap E_1\neq\varnothing$，$J_1\cap J_2\neq\varnothing$，因此，零序理想是素的. 证毕.

注 本节见参考文献 [28]，[33]，[35]，[107].

§6. 稳定同构定理

定义 12.6.1 设G是维数群，$\Gamma(\subset G_+)$ 称为G的标度，指：1) Γ生成 G_+,即 $G_+=\Gamma+\Gamma+\cdots$; 2) 如果 $\tilde{a}$, $\tilde{b}\in G_+$, $\tilde{a}\leqslant\tilde{b}$, 及 $\tilde{b}\in\Gamma$, 则 $\tilde{a}\in\Gamma$.

在标度Γ中可以定义部分的加法,即 $\tilde{a}$, $\tilde{b}\in\Gamma$称为可加的,指 $\tilde{a}+\tilde{b}\in\Gamma$.

引理 12.6.2 设 a_i, $b_j\in\mathbf{Z}_+$,并且 $a_1+\cdots+a_r=b_1+\cdots+b_s$,则存在 $c_{ij}\in\mathbf{Z}_+$,使得

$$a_i=\sum_{k=1}^{s}c_{ik},$$

$$b_j=\sum_{k=1}^{r}c_{kj},\ 1\leqslant i\leqslant r,\ 1\leqslant j\leqslant s.$$

证. 如果 $b_1\geqslant a_1$, 令 $c_{11}=a_1$, $c_{1j}=0$, $2\leqslant j\leqslant s$, 于是变为要求 $\{c_{ij}|2\leqslant i\leqslant r,\ 1\leqslant j\leqslant s\}$, 使得

$$a_i=\sum_{k=1}^{s}c_{ik}\quad 2\leqslant i\leqslant r,$$

$$\sum_{k=2}^{r}c_{k1}=b_1-a_1,\ \sum_{k=2}^{r}c_{kj}=b_j\ \ 2\leqslant j\leqslant s.$$

如果 $a_1\geqslant b_1$,令 $c_{11}=b_1$, $c_{i1}=0$, $2\leqslant i\leqslant r$. 于是变为要求 $\{c_{ij}|1\leqslant i\leqslant r,\ 2\leqslant j\leqslant s\}$, 使得

$$\sum_{k=2}^{s}c_{1k}=a_1-b_1,\ \sum_{k=2}^{s}c_{ik}=a_i,\ 2\leqslant i\leqslant r,$$

$$\sum_{k=1}^{r}c_{kj}=b_j,\ 2\leqslant j\leqslant s,$$

如此递推即得证.

命题 12.6.3 设 G_i 是维数群，Γ_i 是 G_i 的标度，$i=1,2$,若Φ是 Γ_1 到 Γ_2 上的同构(即Φ一一,并且保持部分加法)，则Φ可以

唯一地开拓为 G_1 到 G_2 上的序同构.

证. 如果 $\tilde{a}_i$, $\tilde{b}_j \in \Gamma_1$, 并且

$$\tilde{a}_1 + \cdots + \tilde{a}_r = \tilde{b}_1 + \cdots + \tilde{b}_s,$$

依引理 12.6.2, 有 $\tilde{c}_{ij} \in (G_1)_+$, 使得

$$\tilde{a}_i = \sum_{k=1}^{s} \tilde{c}_{ik},$$

$$\tilde{b}_j = \sum_{k=1}^{r} \tilde{c}_{kj}, \ 1 \leqslant i \leqslant r, \ 1 \leqslant j \leqslant s$$

依 Γ_1 的性质, $\tilde{c}_{ij} \in \Gamma_1$, 于是, $\{\tilde{c}_{ik}\}_k$, $\{\tilde{c}_{kj}\}_k$ 在 Γ_1 中是可加的, $\forall i, j$. Φ 是同构,从而, $\{\Phi(\tilde{c}_{ik})\}_k$, $\{\Phi(\tilde{c}_{kj})\}_k$ 在 Γ_2 中也是可加的,并且

$$\Phi(\tilde{a}_i) = \sum_{k=1}^{s} \Phi(\tilde{c}_{ik}),$$

$$\Phi(\tilde{b}_j) = \sum_{k=1}^{r} \Phi(\tilde{c}_{kj}), \ \forall i, j.$$

因此,

$$\Phi(\tilde{a}_1) + \cdots + \Phi(\tilde{a}_r) = \Phi(\tilde{b}_1) + \cdots + \Phi(\tilde{b}_s).$$

此外, Γ_1 生成 $(G_1)_+$,因此, Φ 可唯一开拓到 $(G_1)_+$ 上,即对任意的 $\tilde{a} \in (G_1)_+$, 如果 $\tilde{a} = \tilde{a}_1 + \cdots + \tilde{a}_r$,这里 $\tilde{a}_1, \cdots, \tilde{a}_r \in \Gamma_1$, 则命 $\Phi(\tilde{a}) = \Phi(\tilde{a}_1) + \cdots + \Phi(\tilde{a}_r)$. 进而, 由于 $G_1 = (G_1)_+ - (G_1)_+$, 于是, Φ 可唯一地开拓为 G_1 到 G_2 的保持加法的映象, 仍记以 Φ.

由于 Γ_2 生成 $(G_2)_+$, $\Phi(\Gamma_1) = \Gamma_2$, 因此, $\Phi(G_1) = G_2$.

显然 $\Phi((G_1)_+) = (G_2)_+$, 因此, 只须证明 Φ 是一一的. 设 $\tilde{a}$, $\tilde{b} \in (G_1)_+$, 并且 $\Phi(\tilde{a}) = \Phi(\tilde{b})$. 如果 $\tilde{a} = \tilde{a}_1 + \cdots + \tilde{a}_r$, $\tilde{b} = \tilde{b}_1 + \cdots + \tilde{b}_s$, 这里 $\tilde{a}_i$, $\tilde{b}_j \in \Gamma_1$, 则

$$\Phi(\tilde{a}_1) + \cdots + \Phi(\tilde{a}_r) = \Phi(\tilde{b}_1) + \cdots + \Phi(\tilde{b}_s).$$

依引理 12.6.2, 存在 $\tilde{d}_{ij} \in (G_2)_+$,使得

$$\Phi(\tilde{a}_i) = \sum_{k=1}^{s} \tilde{d}_{ik},$$

$$\Phi(b_j) = \sum_{k=1}^{s} \tilde{d}_{kj}, \quad \forall i, j,$$

由于 $\Phi(\tilde{a}_i)$，$\Phi(\tilde{b}_j) \in \Gamma_2$ 及依 Γ_2 的性质，$\tilde{d}_{ij} \in \Gamma_2$，$\forall i, j$，因此，$\{\tilde{d}_{ik}\}_k$，$\{\tilde{d}_{kj}\}_k$ 在 Γ_2 中是可加的，$\forall i, j$. 设 $\tilde{c}_{ij} \in \Gamma_1$，使得 $\Phi(\tilde{c}_{ij}) = \tilde{d}_{ij}, \forall i, j$. 由于 Φ 是同构，因此，$\{\tilde{c}_{ik}\}$，$\{\tilde{c}_{kj}\}$ 在 Γ_1 中也是可加的，并且

$$\Phi\left(\sum_{k=1}^{s} \tilde{c}_{ik}\right) = \sum_{k=1}^{s} \Phi(\tilde{c}_{ik}) = \Phi(\tilde{a}_i),$$

$$\Phi\left(\sum_{k=1}^{r} c_{kj}\right) = \Phi(\tilde{b}_j).$$

由此，$\tilde{a}_i = \sum_{k=1}^{s} \tilde{c}_{ik}$，$\tilde{b}_j = \sum_{k=1}^{r} \tilde{c}_{kj}$，$\forall i, j$. 所以，

$$\tilde{a} = \tilde{a}_1 + \cdots + \tilde{a}_r = \tilde{b}_1 + \cdots + \tilde{b}_s = \tilde{b}.$$

证毕.

命题 12.6.4 设 $A = \overline{\bigcup_n A_n}$ 是(AF)代数，相应的图为 $\{D, d, \mathscr{U}\}$，维数群为 $G = \varinjlim_n \{\mathbf{Z}^{r(n)}, \Phi_n\}$. 对每个 n，令 $t_n = (d(n, 1), \cdots, d(n, r(n)))$，$[0, t_n] = \{t'_n \in \mathbf{Z}_+^{r(n)} \mid t'_n \leqslant t_n\}$，$\Phi_{n,\infty}$: $\mathbf{Z}^{r(n)} \to G$ 如 §5，以及

$$\Gamma = \bigcup_n \Phi_{n,\infty}([0, t_n]),$$

则 Γ 是 G 的标度. 此外，如果 E 是 A 的维数值域（见定义 12.2.2），对任意的 $\tilde{p} \in E$，可取 $p \in \tilde{p} \cap A_n$（见定理 12.2.9 的证明），相应于 $A_n = \bigoplus_{k=1}^{r(n)} A_{n,k}$，可写 $p = p_1 + \cdots + p_{r(n)}$，设 p_k 是 $A_{n,k}$ 的 λ_k 个相互直交的极小投影的直和，命 $\Phi(\tilde{p}) = \Phi_{n,\infty}((\lambda_1, \cdots, \lambda_{r(n)}))$，则 Φ 是 E 到 Γ 上的一一映象，并且保持部分加法.

证明易见，从略.

定理 12.6.5 *同构的 (AF) 代数的维数群是序同构的. 特别，(AF)代数的维数群在序同构的意义下是唯一的.

证. 由定理 12.2.9，12.2.8，命题 12.6.4，12.6.3 立见.

现在分析一下，可数无穷维 Hilbert 空间 $\mathscr{H}$ 中全连续算子全

体的 c^*-代数 $K=C(\mathscr{H})$. 设 $\{\xi_n\}$ 是 $\mathscr{H}$ 的直交规范基，p_n 是 $\mathscr{H}$ 到 $[\xi_1,\cdots,\xi_n]$ 上的投影，则 $K_n=p_nKp_n$ 是 n 阶的矩阵代数，$K_n\subset K_{n+1}$，$\forall n$，及 $K=\overline{\bigcup\limits_n K_n}$. 此外，$K_n$ 的极小投影也是 K_{n+1} 的极小投影，$\forall n$，因此，相应的图为

$$\underset{1}{\cdot}\xrightarrow{\ 1\ }\underset{2}{\cdot}\xrightarrow{\ 1\ }\underset{3}{\cdot}\cdots\underset{n}{\cdot}\xrightarrow{\ 1\ }\underset{n+1}{\cdot}\cdots.$$

当然对任何的正整数列 $n_1<n_2<\cdots<n_k<\cdots$，我们也可写 $K=\overline{\bigcup\limits_k K_{n_k}}$，相应的图便为

$$\underset{n_1}{\cdot}\xrightarrow{\ 1\ }\underset{n_2}{\cdot}\xrightarrow{\ 1\ }\underset{n_3}{\cdot}\cdots\underset{n_k}{\cdot}\xrightarrow{\ 1\ }\underset{n_{k+1}}{\cdot}\cdots.$$

此外，对于任意的 c^*-代数 A，依引理 3.6.1，$A\otimes K_n$ 上仅有空间的 c^*-范 $\alpha_0(\cdot)$，并且 $A\otimes_{\alpha_0}K_n=A\otimes K_n$，$\forall n$，因此，$A\otimes K$ 上也仅有空间的 c^*-范 $\alpha_0(\cdot)$.

引理 12.6.6 设 $A=\overline{\bigcup\limits_n A_n}$ 是(AF)代数，$G(A)$ 是它的维数群，则存在正整数列 $n_1<\cdots<n_k<\cdots$，当写 $A\otimes_{\alpha_0}K=\overline{\bigcup\limits_k(A_k\otimes K_{n_k})}$ 时，相应的 Γ(见命题 12.6.4)即为 $G(A)_+$. 此外，$A\otimes_{\alpha_0}K$ 的维数群序同构于 $G(A)$.

证. 对任意的正整数列 $n_1<\cdots<n_k<\cdots$，显然 $A\otimes_{\alpha_0}K=\overline{\bigcup\limits_k(A_k\otimes K_{n_k})}$. 由于 K_{n_k} 的极小投影仍然是 $K_{n_{k+1}}$ 的极小投影，因此，$A_k\otimes K_{n_k}$ 到 $A_{k+1}\otimes K_{n_{k+1}}$ 中的嵌入方式与 A_k 到 A_{k+1} 中的嵌入方式一样，$\forall k$，从而，$A\otimes_{\alpha_0}K$ 的维数群 $G(A\otimes_{\alpha_0}K)=G(A)$.

设 $A=\overline{\bigcup\limits_k A_k}$ 的图为 $\{D,d,\mathscr{U}\}$，则 $A\otimes_{\alpha_0}K=\overline{\bigcup\limits_k(A_k\otimes K_{n_k})}$ 的图为 $(D,d',\mathscr{U})$，其中 $d'(k,i)=n_kd(k,i)$，$1\leqslant i\leqslant r(k)$，$\forall k$. 因此，相应的

$$\Gamma=\bigcup_k \Phi_{k,\infty}([0, n_k t_k]),$$

这里 $t_k=(d(k, 1), \cdots, d(k, r(k)))$, $\forall k$. 今只须证明可取 $\{n_k\}$,使得 $\Gamma=G(A)_+$.

设 $\mathscr{U}=\{\Phi_k\}$, $\Phi_k=(s_{ij}^{(k)})$, 令 $s_k=\sum\limits_{i,j} s_{ij}^{(k)}$ 及 $n_1=1$, $n_k=2^{k-1}s_1\cdots s_{k-1}$, $\forall k>1$. 此外,记 $1_k=(1, \cdots, 1)\in \mathbf{Z}^{r(k)}$, 于是 $t_k\geqslant 1_k$, $\forall k$.

对任意的 $\tilde{a}\in G(A)_+$,必存在正整数 N, n,使得 $\Phi_{n,\infty}(N1_n)\geqslant \tilde{a}$. 取充分大的 $m(>n)$, 使得 $2^{m-1}\geqslant N$, 于是, $n_m=2^{m-1}s_1\cdots s_{m-1}\geqslant Ns_n\cdots s_{m-1}$. 由于 $\Phi_k(1_k)\leqslant s_k 1_{k+1}$, $\forall k$, 从而

$$n_m t_m\geqslant n_m 1_m\geqslant \Phi_{m-1}\circ\cdots\circ\Phi_n(N1_n).$$

由此, $\tilde{a}\leqslant\Phi_{n,\infty}(N1_n)\leqslant\Phi_{m,\infty}(n_m t_m)\in\Gamma$. 依 Γ 的性质, $\tilde{a}\in\Gamma$ 所以, $\Gamma=G(A)_+$. 证毕.

定理 12.6.7 设 $A=\overline{\bigcup_n A_n}$, $B=\overline{\bigcup_n B_n}$ 是(AF)代数,相应的维数群是 $G(A)$, $G(B)$, 则 $G(A)$ 与 $G(B)$ 是序同构的,必须且只须, $(A\otimes_{\alpha_0}K)$ 与 $(B\otimes_{\alpha_0}K)$ 是*同构的, 这里 K 是可数无穷维 Hilbert 空间中全连续算子全体的 c^*-代数.

证. 充分性. 由 $G(A)=G(A\otimes_{\alpha_0}K)$, $G(B)=G(B\otimes_{\alpha_0}K)$, 及定理 12.6.5 立见.

今设 $G(A)$ 与 $G(B)$ 是序同构的,取严格递增的正整数列 $\{n_k\}$, $\{m_k\}$, 使得当写 $A\otimes_{\alpha_0}K=\overline{\bigcup_k(A_k\otimes K_{n_k})}$, $B\otimes_{\alpha_0}K=\overline{\bigcup_k(A_k\otimes K_{m_k})}$ 时,有

$$\Gamma(A\otimes_{\alpha_0}K)=G(A)_+, \quad \Gamma(B\otimes_{\alpha_0}K)=G(B)_+.$$

于是, 依命题 12.6.4, $E(A\otimes_{\alpha_0}K)$ 与 $E(B\otimes_{\alpha_0}K)$ 同构. 再依定理 12.2.8, 12.2.9, 可见 $(A\otimes_{\alpha_0}K)$ 与 $(B\otimes_{\alpha_0}K)$ 是*同构的. 证毕.

注 本节见参考文献 [30], [107].

参 考 文 献

[1] Akemann, C. A., The dual space of an operator algebra, *Trans. Amer. Math. Soc.*, **126** (1967), 268—302.

[2] Akemann, C. A., Sequential convergence in the dual of a w^*-algebra, *Comm. Math. Phys.*, **7** (1968), 222—224.

[3] Araki, H., and Elliott, G. A., On the definition of c^*-algebras, *Pub. R. I. M. S., Kyoto Univ.*, **9** (1973), 93—112.

[4] Arens, R., Representations of *-algebras, *Duke Math. J.*, **14** (1947), 269—282.

[5] Arveson, W., An invitation to c^*-algebras, Springer-Verlag, New York, 1976.

[6] Bourbaki, N., Intégration, Act. Sc. Ind. nos. 1175, 1244 and 1281, Paris, Hermann, 1965, 1967 and 1959.

[7] Bourbaki, N., Elements of Mathematics, General topology, Part 2, Reading, Mass.: Addison-Wesley, 1966.

[8] Bratteli, O., Inductive limits of finite dimensional c^*-algebras, *Trans. Amer. Math. Soc.*, **171** (1972), 195—234.

[9] Bratteli, O., and Robinson, D. W., Operator algebras and quantum statistical mechanics, I, Springer-Verlag, New York, 1979.

[10] Cuculescu, I., A proof of $(A\otimes B)'=A'\otimes B'$ for von Neumann algebras, *Rev. Roumaine Math. Pures Appl.*, **16** (1971), 665—670.

[11] Connes, A., Une classification des facteurs de type III, *Ann. Sci. Ecole Norm. Sup., Paris* (4), **6** (1973), 133—252.

[12] Dixmier, J., Les anneaux d'operateurs de classe finie, *Ann. Ec. Norm. Sup.*, **66** (1949), 209—261.

[13] Dixmier, J., Les fonctionelles lineaires sur l'ensemble des operateurs bornes d'un espace de Hilbert, *Ann. Math.*, **51** (1950), 387—408.

[14] Dixmier, J., Sur certains espaces consideres par M. H. Stone, *Summa Brasil. Math.* (2), **11** (1951), 151—182.

[15] Dixmier, J., Sur la reduction des anneaux d'operateurs, *Ann. Ec. Norm. Sup.*, **68** (1951), 185—202.

[16] Dixmier, J., Forms lineaires sur un anneau d'operateurs, *Bull. Soc. Math. France*, **81** (1953), 9—39.

[17] Dixmier, J., Dual et quasi-dual d'une algebre de Banach involutive, *Trans. Amer. Math. Soc.*, **104** (1962), 278—283.

[18] Dixmier, J., Traces sur les c^*-algebres, *Ann. Inst. Fourier*, **13** (1963), 219—262.

[19] Dixmier, J., On some c^*-algebres, consideded by Glimm, *J. Functional Analysis*, **1** (1967), 182—203.

[20] Dixmier, J., c^*-Algebras, North-Holland, 1977.

[21] Dixmier, J., Von Neumann algebras, North-Holland, 1981.

[22] Dunford, N., and Schwartz, J. T., Linear operators, Vol. I, N. Y.,

Interscience, 1958.

[23] Dye, H. A., The Radon-Nikodym theorem for finite rings of operators, *Trans. Amer. Math. Soc.*, **72** (1952), 243—280.

[24] Effros, E. G., Order ideals in a c^*-algebra, *Duke Math. J.*, **30** (1963), 391—412.

[25] Effros, E. G., Convergence of closed subsets in a topological space, *Proc. Amer. Math. Soc.*, **16** (1965), 929—931.

[26] Effros, E. G., The Borel space of von Neumann algebras on a separable Hilbert space, *Pacific J. Math.*, **15** (1965), 1153—1164.

[27] Effros, E. G., Global structure in von Neumann algebras, *Trans. Amer. Math. Soc.*, **121** (1966), 434—454.

[28] Effros, E. G., Handelman, D., and Shen, C. L., Dimension groups and their a affine representations, *Amer. J. of Math.*, **102** (1980), 385—407.

[29] Effros, E. G., and Lance, C., Tensor products of operator algebras, *Adv. Math.*, **25** (1977), 1—34.

[30] Effros, E. G., and Rosenberg, J., c^*-Algebras with approximate inner flip, *Pacific J. of Math.*, **77** (1978), 417—443.

[31] Elliott, G. A., A weakening of the axioms for a c^*-algebra, *Math. Ann.*, **189** (1970), 257—260.

[32] Elliott, G. A., On the classification of inductive limits of sequences of semisimple finite dimensional algebras, *J. Alg.*, **38** (1976), 29—44.

[33] Elliott, G. A., On totally ordered groups and K_0, Ring theory, Springer, Lecture Notes, No. 734, 1979.

[34] Feldman, J., Borel sets of states and of representations, *Michigan Math. J.*, **12** (1965), 363—365.

[35] Fuchs, L., Riesz groups, *Annali della Scuola Norm. Sup., Pisa*, **19** (1965), 1—34.

[36] Fuglede, B., and Kadison, R. V., On a conjecture of Múrry and von Neumann, *Proc. Nat. Acad. Sc. U. S. A.*, **37** (1951), 420—425.

[37] Fukamiya, M., On a theorem of Gelfand and Neumark and the B^*-algebra, *Kumamoto J. Sci.*, **1** (1952), 17—22.

[38] Gelfand, I. M., On normed rings, *Dokl. Akad. Nauk SSSR.*, **23** (1939), 430—432.

[39] Gelfand, I. M., and Naimark, M. A., On the imbedding of normed rings into the ring of operators in Hilbert space, *Mat. Sb.*, **12** (1943), 197—213.

[40] Glickfeld, B. W., A metric characterization of C(X) and its generalization to c^*-algebras, *Illinois J. Math.*, **10** (1966), 547—556

[41] Glimm, J., On a certain class of operator algebras, *Trans. Amer. Math. Soc.*, **95** (1960), 216—244.

[42] Glimm, J. G., and Kadison, R. V., Unitary operators in c^*-algebras, *Pacific J. Math.*, **10** (1960), 547—556.

[43] Grothendieck, A., Sur les applications lineaires faiblement compactes

d'espaces du type C(K), *Canad J. Math.*, **5** (1953), 129—173.

[44] Grothendieck, A., Produits tensoriels topologiques et espace nucleaires, *Mem. Amer. Math. Soc.*, **16** (1955).

[45] Grothendieck, A., Un résultat sur le dual d'une c^*-algèbre, *J. Math. Pures Appl.*, **36** (1957), 97—108.

[46] Guichardel, A., Tensor products of c^*-algebras, *Dokl. Akad. Nauk SSSR*, **160** (1965), 986—989.

[47] Halmos, P. R., Measure theory, New York, Springer, 1950.

[48] Halmos, P. R., and von Neumann, J., Operator methods in classical mechanics, II, *Ann. Math.*, **43** (1942), 332—350.

[49] Herman, R., and Takesaki, M., The comparability theorem for cyclic projections, *Bull. London Math. Soc.*, **9** (1977), 186—187.

[50] Ingelstam, L., Real Banach algebras, *Ark. Math.*, **5** (1964), 239—270.

[51] Kadison, R. V., Isometries of operator algebras, *Ann. of Math.*, **54** (1951), 325—338.

[52] Kadison, R. V., On the additivity of the trace in finite factors, *Proc. Nat. Acad. Sci. USA*, **41** (1955), 385—387.

[53] Kadison, R. V., Irreducible operator algebras, *Proc. Nat. Acad. Sci. USA*, (1957), 273—276.

[54] Kaplansky, I., Normed algebras, *Duke Math. J.*, **16** (1949), 399—418.

[55] Kaplansky, I., Projections in Banach algebras, *Ann. Math.*, **53** (1951), 235—249.

[56] Kaplansky, I., A theorem on rings of operators, *Pacific J. Math.*, **1** (1951), 227—232.

[57] Kaplansky, I., Algebras of type I, *Ann. of Math.*, **56** (1952), 460—472.

[58] Kaplansky, I., *Math. Rev.*, **14** (1953), 884.

[59] Kaplansky, I., Modules over operator algebras, *Amer. J. Math.*, **75** (1953), 839—853.

[60] Kelley, J. L., and others, Linear topological spaces, Princeton, N. J., Van Nostrand, 1963.

[61] Kelley, J. L., and Vaught, R. L., The positive cone in Banach algebras, *Trans. Amer. Math. Soc.*, **74** (1953), 44—45.

[62] Kirillov, A. A., Elements of the theory of representations, Berlin, Springer, 1976.

[63] Kuratowski, K., Topology, Vol. I, New York, Academic Press, 1966.

[64] Lance, C., On nuclear c^*-algebras, *J. Funct. Anal.*, **12** (1973), 157—176.

[65] Lance, C., Tensor products of non-unital c^*-algebras, *J. London Math. Soc.*, (2) **12** (1976), 160—168.

[66] Lazar, A. J., and Taylor, D. C., Approximately finite dimensional c^*-algebras and Bratteli diagrams, *Trans. Amer. Math. Soc.*, **259** (1980), 599—619.

[67] Li Bingren, Real c^*-algebras (in Chinese), *Acta Math. Sinica*, **18** (1975), 216—218.

[68] Li Bingren, Real operator algebras, *Scientia Sinica*, **22** (1979), 733—746.

[69] Mackey, G. W., Induced representations of locally compact groups, II; The Frobenius reciprccity theorem Ann, Math., 58 (1953), 193—221.

[70] Mackey, G. W., The theory of group representations, Mimeographed Notes, Univ. of Chicago, Chicago, Ill. (1955).

[71] Mackey, G. W., Borel structures in groups and their duals, *Trans. Amer. Math. Soc.*, **85** (1957), 134—165.

[72] Misonou, Y., On the direct product of w^*-algebras, *Tohoku Math. J.*, **6** (1954), 189—204.

[73] Misonou, Y., Generalized approximately finite operator algebras, *Tohoku Math. J.*, **7** (1954), 192—205.

[74] Murray, F. J., and Von Neumann, J., On rings of operators, *Ann. Math.*, **37** (1936), 116—229.

[75] Murray, F. J., and Von Neumann,J., On rings of operators, II, *Trans. Amer. Math. Soc.*, **41** (1937), 208—248.

[76] Murray, F. J., and Von Neumann, J., On rings of operators, IV, *Ann. Math.*, **44** (1943), 716—808.

[77] Naimark, M. A., Normed rings, (English translation by Boron, L. F.) P. Noord-hoff, Groningen, 1964.

[78] Von Neumann, J., Zur algebra der funktionaloperationen und theorie der normalen operatoren, *Math. Ann.*, **102** (1929), 370—427.

[79] Von Neumann, J., On a certain topology for rings of operators, *Ann. Math.*, **37** (1936), 111—115.

[80] Von Neumann, J., On infinite direct products, *Compisitio Math.*, **6** (1938), 1—77.

[81] Von Neumann, J., On rings of operators, III, *Ann. Math.*, **41** (1940), 94—161.

[82] Von Neumann, J., On some algebraical properties of operator rings, *Ann. of Math.*, **44** (1943), 709—715.

[83] Von Neumann, J., On rings of operators: Reduction theory, *Ann. Math.*, **50** (1949), 401—485.

[84] Nielsen, O., Borel sets of von Neumann algebras, *Amer. J. Math.*, **95** (1973), 145—164.

[85] Palmer, T. W., Real c^*-algebras, *Pacific J. Math.*, **35** (1970), 195—204.

[86] Pedersen, G. K., c^*-Algebras and their automorphism groups, Academic Press, 1979.

[87] Pukanszky, L., Some examples of factors, *Publ. Math. Debrecen*, **4** (1958), 135—156.

[88] Rieffel, M. A., and Van Dale, A., The commutation theorem for tensor products of von Neumann algebras, *Bull. London Math. Soc.*, **7** (1975), 257—260.

[89] Rieffel, M. A., and Van Dale, A., A bounded operator approach to Tomita-Takesakitheory, Pacific T. Math., 69 (1977), 187—221.

[90] Sakai, S., A characterization of w^*-algebras, *Pacific J. Math.*, **6** (1956), 763—773.
[91] Sakai, S., On topological properties of w^*-algebras, *Proc. Japan Acad.*, **33** (1957), 439—444.
[92] Sakai, S., On linear functionals of w^*-algebras, *Proc. Japan Acad.*, **34** (1958), 571—574.
[93] Sakai, S., On topologies of finite w^*-algebras, *Illinois J. Math.*. **9** (1965), 236—241.
[94] Sakai, S., A Radon-Nikodym theorem in w^*-algebras, *Bull. Amer. Math. Soc.*, **71** (1965), 149—151.
[95] Sakai, S., On the central decomposition for positive functionals on c^*-algebras, *Trans. Amer. Math. Soc.*, **118** (1965), 406—419.
[96] Sakai, S., On the tensor product of w^*-algebras, *Amer. J. Math.*, **90** (1968), 335—341.
[97] Sakai, S., c^*-Algebras and w^*-algebras, Springer-Verlag, New York, 1971.
[98] Schatten, R., A theory of cross-space, Ann. Math. Studies, No. 26, Princeton Univ. Press, Princeton, New Jersey, 1950.
[99] Schatten, R., Norm ideals of completely continuous operators, Ergebnisse der Mathematik, No. 27, Springer-Verlag, Berlin and New York, 1970.
[100] Schwartz, J. T., Type II factors in a central decomposition, *Comm. Pure Appl. Math.*, **16** (1963), 247—252.
[101] Schwartz, J. T., w^*-Algebras, Gordon and Breach, New York, 1967.
[102] Segal, I. E., Irreducible representations of operator algebras, *Bull. Amer. Math. Soc.*, **61** (1947) ,69—105.
[103] Segal, I. E., Two-sided ideals in operator algebras, *Ann. Math.*, **50** (1949), 856—865.
[104] Segal, I. E., Equivalence of measure spaces, *Amer. J. Math.*, **73** (1951), 275—313.
[105] Segal, I. E., Decomposition of operator algebras, I and II, Momoirs of the Amer. Math. Soc., **9** (1951), 1—67.
[106] Segal, I. E., A non-commutative extension of abstract integration, *Ann. of Math.*, **57** (1953), 401—457.
[107] Shen, C. L., On the classification of the ordered groups associated with the approximately finite dimensional c^*-algebras, *Duke Math J.*, **46** (1979), 613—633.
[108] Sherman, S., The second adjoint of a c^*-algebra, *Proc. Intern. Congr. Math., Cambridge*, **1** (1950), 470.
[109] Stinespring, W. F., Positive functions on c^*-algebras, *Proc. Amer. Math. Soc.*, **6** (1955), 211—216.
[110] Stone, M. H., Applications of the theory of Boolean rings to general topology, *Trans. Amer. Math. Soc.*, **41** (1937), 375—481.
[111] Takeda, Z., Inductive limit and infinite direct product of operator algebras, *Tohoku Math. J.*, **7** (1955), 67—86.

[112] Takeda, Z., Conjugate spaces of operator algebras, *Proc. Japan Acad.*, **28** (1954), 90—95.

[113] Takesaki, M., On the conjugate space of an operator algebra, *Tohoku Math. J.*, **10** (1958), 194—203.

[114] Takesaki, M., On the singularity of a positive linear functional on operator algebra, *Proc. Japan Acad.*, **35** (1959), 365—366.

[115] Takesaki, M., On the cross-norm of the direct product of c^*-algebras, *Tohoku Math. J.*, **16** (1964), 111—122.

[116] Takesaki, M., Remarks on the reduction theory of von Neumann algebras, *Proc. Amer. Math. Soc.*, **20** (1969), 434—438.

[117] Takesaki, M., Tomita's theory of modular Hilbert algebras and its applications, Lecture Notes in Math. No. 128, Springer-Verlag, Berlin,

[118] Takesaki, M., A short proof for the commutation theorem $(M_1\bar{\otimes}M_2)'=$
Heidelberg, New York, 1970.
$M'_1\bar{\otimes}M'_2$, Lecture Notes in Math., No. 247, 1971, Springer-Verlag, Berlin, and New York, 780—786.

[119] Takesaki, M., Theory of operator algebras, I, Springer-Verlag, New York, 1979.

[120] Taylor, A. E., Introduction to functional analysis, 1963.

[121] Tomita, M., Spectral theory of operator algebras, I, *Math. Okayama Univ.*, **9** (1959), 63—98.

[122] Tomita, M., Quasi-standard von Neumann algebras, Mimeographed Notes, Kyushu Univ. 1967.

[123] Tomita, M., Standard forms of von Neumann algebras, The Vth functional analysis symposium of the Math. Soc. of Japan, Sendai, 1967.

[124] Tomiyama, J., On the projection of norm one in w^*-algebras, *Proc. Japan Acad.*, **33** (1957), 608—612.

[125] Tomiyama, J., Tensor products and projections of norm one in von Neumann algebras, Lecture Notes, Univ. of Copenhagen (1970).

[126] Turumaru, T., On the direct product of operator algebras, *Tohoku Math. J.*, 4 (1952), 242—251; II, *Tohoku Math. J.*, **5** (1953), 1—7; III, *Tohoku Math. J.*, **6** (1954), 208—211; IV, *Tohoku Math. J.*, **8** (1956), 281—285.

[127] Umegaki, H., Conditional expectations in an operator algebra, I, *Tohoku Math. J.*, **6** (1954), 177—181.

[128] Umegaki, H., Weak compactness in an operator space, *Kodai Math. Sem. Rep.*, **8** (1956), 145—151.

[129] Vasilescu, F. H., et al., Theoria operatorilor si algebre de operatori, Bucuresti, 1973.

[130] Vowden, B. J., On the Gelfand-Neumark theorem, *J. London Math. Soc.*, **42** (1967), 725—731.

[131] Vowden, B. J., A new proof in the spatial theory of von Neumann algebras, *J. London Math. Soc.*, **44** (1969), 429—432.

[132] Vowden, B. J., c^*-Norm and tensor product of c^*-algebras, *J. London*

Math. Soc., (2), 7 (1974), 595—596.
[133] Widom, H., Approximately finite algebras, *Trans. Amer. Math. Soc.*, **83** (1956), 170—178.
[134] Wolfsohn, W., Le produit tensoriel de c^*-algebras, *Bull. Sci. Math.*, **87** (1963), 13—27.
[135] Yeadon, F. J., A note on the Mackey topology of a von Neumann algebra, *J. Math. Anal. Appl.*, **45** (1974), 721—722.
[136] Yood, B., Faithful * representations of normed algebras, *Pacific J. Math.*, **10** (1960), 345—363.
[137] Yood, B., On axioms for B^*-algebras, *Bull. Amer. Math. Soc.*, **76** (1970), 80—82.

索　　引

《现代数学基础丛书》已出版书目

1 数理逻辑基础(上册) 1981.1 胡世华 陆钟万 著
2 数理逻辑基础(下册) 1982.8 胡世华 陆钟万 著
3 紧黎曼曲面引论 1981.3 伍鸿熙 吕以辇 陈志华 著
4 组合论(上册) 1981.10 柯 召 魏万迪 著
5 组合论(下册) 1987.12 魏万迪 著
6 数理统计引论 1981.11 陈希孺 著
7 多元统计分析引论 1982.6 张尧庭 方开泰 著
8 有限群构造(上册) 1982.11 张远达 著
9 有限群构造(下册) 1982.12 张远达 著
10 测度论基础 1983.9 朱成熹 著
11 分析概率论 1984.4 胡迪鹤 著
12 微分方程定性理论 1985.5 张芷芬 丁同仁 黄文灶 董镇喜 著
13 傅里叶积分算子理论及其应用 1985.9 仇庆久 陈恕行 是嘉鸿 刘景麟 蒋鲁敏 编
14 辛几何引论 1986.3 J.柯歇尔 邹异明 著
15 概率论基础和随机过程 1986.6 王寿仁 编著
16 算子代数 1986.6 李炳仁 著
17 线性偏微分算子引论(上册) 1986.8 齐民友 编著
18 线性偏微分算子引论(下册) 1992.1 齐民友 徐超江 编著
19 实用微分几何引论 1986.11 苏步青 华宣积 忻元龙 著
20 微分动力系统原理 1987.2 张筑生 著
21 线性代数群表示导论(上册) 1987.2 曹锡华 王建磐 著
22 模型论基础 1987.8 王世强 著
23 递归论 1987.11 莫绍揆 著
24 拟共形映射及其在黎曼曲面论中的应用 1988.1 李 忠 著
25 代数体函数与常微分方程 1988.2 何育赞 萧修治 著
26 同调代数 1988.2 周伯壎 著
27 近代调和分析方法及其应用 1988.6 韩永生 著
28 带有时滞的动力系统的稳定性 1989.10 秦元勋 刘永清 王 联 郑祖庥 著
29 代数拓扑与示性类 1989.11 [丹麦] I.马德森 著
30 非线性发展方程 1989.12 李大潜 陈韵梅 著

31 仿微分算子引论 1990.2 陈恕行 仇庆久 李成章 编
32 公理集合论导引 1991.1 张锦文 著
33 解析数论基础 1991.2 潘承洞 潘承彪 著
34 二阶椭圆型方程与椭圆型方程组 1991.4 陈亚浙 吴兰成 著
35 黎曼曲面 1991.4 吕以辇 张学莲 著
36 复变函数逼近论 1992.3 沈燮昌 著
37 Banach 代数 1992.11 李炳仁 著
38 随机点过程及其应用 1992.12 邓永录 梁之舜 著
39 丢番图逼近引论 1993.4 朱尧辰 王连祥 著
40 线性整数规划的数学基础 1995.2 马仲蕃 著
41 单复变函数论中的几个论题 1995.8 庄圻泰 杨重骏 何育赞 闻国椿 著
42 复解析动力系统 1995.10 吕以辇 著
43 组合矩阵论(第二版) 2005.1 柳柏濂 著
44 Banach 空间中的非线性逼近理论 1997.5 徐士英 李 冲 杨文善 著
45 实分析导论 1998.2 丁传松 李秉彝 布 伦 著
46 对称性分岔理论基础 1998.3 唐 云 著
47 Gel'fond-Baker 方法在丢番图方程中的应用 1998.10 乐茂华 著
48 随机模型的密度演化方法 1999.6 史定华 著
49 非线性偏微分复方程 1999.6 闻国椿 著
50 复合算子理论 1999.8 徐宪民 著
51 离散鞅及其应用 1999.9 史及民 编著
52 惯性流形与近似惯性流形 2000.1 戴正德 郭柏灵 著
53 数学规划导论 2000.6 徐增堃 著
54 拓扑空间中的反例 2000.6 汪 林 杨富春 编著
55 序半群引论 2001.1 谢祥云 著
56 动力系统的定性与分支理论 2001.2 罗定军 张 祥 董梅芳 著
57 随机分析学基础(第二版) 2001.3 黄志远 著
58 非线性动力系统分析引论 2001.9 盛昭瀚 马军海 著
59 高斯过程的样本轨道性质 2001.11 林正炎 陆传荣 张立新 著
60 光滑映射的奇点理论 2002.1 李养成 著
61 动力系统的周期解与分支理论 2002.4 韩茂安 著
62 神经动力学模型方法和应用 2002.4 阮 炯 顾凡及 蔡志杰 编著
63 同调论——代数拓扑之一 2002.7 沈信耀 著
64 金兹堡-朗道方程 2002.8 郭柏灵 黄海洋 蒋慕容 著

65 排队论基础 2002.10 孙荣恒 李建平 著
66 算子代数上线性映射引论 2002.12 侯晋川 崔建莲 著
67 微分方法中的变分方法 2003.2 陆文端 著
68 周期小波及其应用 2003.3 彭思龙 李登峰 谌秋辉 著
69 集值分析 2003.8 李 雷 吴从炘 著
70 强偏差定理与分析方法 2003.8 刘 文 著
71 椭圆与抛物型方程引论 2003.9 伍卓群 尹景学 王春朋 著
72 有限典型群子空间轨道生成的格(第二版) 2003.10 万哲先 霍元极 著
73 调和分析及其在偏微分方程中的应用(第二版) 2004.3 苗长兴 著
74 稳定性和单纯性理论 2004.6 史念东 著
75 发展方程数值计算方法 2004.6 黄明游 编著
76 传染病动力学的数学建模与研究 2004.8 马知恩 周义仓 王稳地 靳 祯 著
77 模李超代数 2004.9 张永正 刘文德 著
78 巴拿赫空间中算子广义逆理论及其应用 2005.1 王玉文 著
79 巴拿赫空间结构和算子理想 2005.3 钟怀杰 著
80 脉冲微分系统引论 2005.3 傅希林 闫宝强 刘衍胜 著
81 代数学中的 Frobenius 结构 2005.7 汪明义 著
82 生存数据统计分析 2005.12 王启华 著
83 数理逻辑引论与归结原理(第二版) 2006.3 王国俊 著
84 数据包络分析 2006.3 魏权龄 著
85 代数群引论 2006.9 黎景辉 陈志杰 赵春来 著
86 矩阵结合方案 2006.9 王仰贤 霍元极 麻常利 著
87 椭圆曲线公钥密码导引 2006.10 祝跃飞 张亚娟 著
88 椭圆与超椭圆曲线公钥密码的理论与实现 2006.12 王学理 裴定一 著
89 散乱数据拟合的模型、方法和理论 2007.1 吴宗敏 著
90 非线性演化方程的稳定性与分歧 2007.4 马 天 汪宁宏 著
91 正规族理论及其应用 2007.4 顾永兴 庞学诚 方明亮 著
92 组合网络理论 2007.5 徐俊明 著
93 矩阵的半张量积:理论与应用 2007.5 程代展 齐洪胜 著
94 鞅与 Banach 空间几何学 2007.5 刘培德 著
95 非线性常微分方程边值问题 2007.6 葛渭高 著
96 戴维-斯特瓦尔松方程 2007.5 戴正德 蒋慕蓉 李栋龙 著
97 广义哈密顿系统理论及其应用 2007.7 李继彬 赵晓华 刘正荣 著
98 Adams 谱序列和球面稳定同伦群 2007.7 林金坤 著

99 矩阵理论及其应用 2007.8 陈公宁 编著
100 集值随机过程引论 2007.8 张文修 李寿梅 汪振鹏 高 勇 著
101 偏微分方程的调和分析方法 2008.1 苗长兴 张 波 著
102 拓扑动力系统概论 2008.1 叶向东 黄 文 邵 松 著
103 线性微分方程的非线性扰动(第二版) 2008.3 徐登洲 马如云 著
104 数组合地图论(第二版) 2008.3 刘彦佩 著
105 半群的 S-系理论(第二版) 2008.3 刘仲奎 乔虎生 著
106 巴拿赫空间引论(第二版) 2008.4 定光桂 著
107 拓扑空间论(第二版) 2008.4 高国士 著
108 非经典数理逻辑与近似推理(第二版) 2008.5 王国俊 著
109 非参数蒙特卡罗检验及其应用 2008.8 朱力行 许王莉 著
110 Camassa-Holm 方程 2008.8 郭柏灵 田立新 杨灵娥 殷朝阳 著
111 环与代数(第二版) 2009.1 刘绍学 郭晋云 朱 彬 韩 阳 著
112 泛函微分方程的相空间理论及应用 2009.4 王 克 范 猛 著
113 概率论基础(第二版) 2009.8 严士健 王隽骧 刘秀芳 著
114 自相似集的结构 2010.1 周作领 瞿成勤 朱智伟 著
115 现代统计研究基础 2010.3 王启华 史宁中 耿 直 主编
116 图的可嵌入性理论(第二版) 2010.3 刘彦佩 著
117 非线性波动方程的现代方法(第二版) 2010.4 苗长兴 著
118 算子代数与非交换 L_p 空间引论 2010.5 许全华 吐尔德别克 陈泽乾 著
119 非线性椭圆型方程 2010.7 王明新 著
120 流形拓扑学 2010.8 马 天 著
121 局部域上的调和分析与分形分析及其应用 2011.4 苏维宜 著
122 Zakharov 方程及其孤立波解 2011.6 郭柏灵 甘在会 张景军 著
123 反应扩散方程引论(第二版) 2011.9 叶其孝 李正元 王明新 吴雅萍 著
124 代数模型论引论 2011.10 史念东 著
125 拓扑动力系统——从拓扑方法到遍历理论方法 2011.12 周作领 尹建东 许绍元 著
126 Littlewood-Paley 理论及其在流体动力学方程中的应用 2012.3 苗长兴 吴家宏 章志飞 著
127 有约束条件的统计推断及其应用 2012.3 王金德 著
128 混沌、Mel'nikov 方法及新发展 2012.6 李继彬 陈凤娟 著
129 现代统计模型 2012.6 薛留根 著
130 金融数学引论 2012.7 严加安 著
131 零过多数据的统计分析及其应用 2013.1 解锋昌 韦博成 林金官 著

132　分形分析引论　2013.6　胡家信　著
133　索伯列夫空间导论　2013.8　陈国旺　编著
134　广义估计方程估计方程　2013.8　周　勇　著
135　统计质量控制图理论与方法　2013.8　王兆军　邹长亮　李忠华　著
136　有限群初步　2014.1　徐明曜　著
137　拓扑群引论(第二版)　2014.3　黎景辉　冯绪宁　著
138　现代非参数统计　2015.1　薛留根　著